中国湿地高等植物图志

（下册）

田自强　张树仁　主编

中国环境科学出版社·北京

图书在版编目（CIP）数据

中国湿地高等植物图志. 下册 / 田自强，张树仁主编. —北京：中国环境科学出版社，2012.9
ISBN 978-7-5111-1120-3

Ⅰ. ①中… Ⅱ. ①田…②张… Ⅲ. ①沼泽化地—植物—中国—图谱 Ⅳ. ①Q949.4-64

中国版本图书馆 CIP 数据核字（2012）第 221454 号

责任编辑 张维平 周 煜
文字编辑 宋慧敏
责任校对 扣志红
封面设计 金 喆

出版发行 中国环境科学出版社
（100062 北京市东城区广渠门内大街 16 号）
网 址：http://www.cesp.com.cn
电子邮箱：bjgl@cesp.com.cn
联系电话：010-67112765（编辑管理部）
发行热线：010-67125803，010-67113405（传真）
印装质量热线：010-67113404
印 刷 北京中科印刷有限公司
经 销 各地新华书店
版 次 2012 年 10 月第 1 版
印 次 2012 年 10 月第 1 次印刷
开 本 787×1092 1/16
印 张 37.25
字 数 880 千字
定 价 159.00 元

前　言

湿地是介于陆地和水域之间的重要生态系统类型，拉姆萨尔（Ramsar）公约联络处公布的湿地分类与目录，将湿地的分类确认为海洋与海岸、内陆及人工湿地三大系列。在人类的发展史中，自然科学的发展与人类利用自然是同时存在的，两者互相促进，共同发展。了解和保护湿地这一重要的生态系统，是人类社会可持续发展所必需的。湿地兼有水、陆两者的生态功能，不仅具有丰富的生物多样性、水及其他资源，还可以维持河川径流平衡、调节区域气候、降解污染物；不仅具有优美的自然景观，还与人类的生存环境息息相关。随着我们认识的逐步加深，湿地在地球生态系统中的重要性得到了比较广泛的关注和认知。对湿地更全面、更深入的研究，将进一步加深人类对湿地的了解，促进对现存湿地的保护以及被人为活动破坏湿地的恢复。

与自然界中的其他生态系统相似，湿地生态系统中的生物多样性既丰富又复杂，其中的湿地植物是湿地生物中的基本组分。湿地植物是湿地生态系统中的初级生产者，它固定能量，启动着湿地生态系统的物质与能量的交换，组建和改善湿地生态系统的功能，维持着湿地生态系统的正常运转。要研究和保护湿地，首先要了解湿地及其生长于此的植物。目前，对于湿地植物并没有明确的定义。按照湿地植物的生活型、分布范围和功能来考虑，湿地植物可包括三种类型，即水生植物、沼生植物和湿生植物。在《中国湿地及其植物与植被》（田自强著，2011）一书中，作者在国家林业局1995—2003年全国湿地资源普查数据的基础上，对湿地植物的类型和数量进行了认真分析、整理和审校，提出了较为详尽的中国湿地植物名录清单，囊括了从苔藓植物到被子植物的主要科属，种类丰富多样。

湿地植物不仅具有丰富的多样性，而且具有地域分布的广泛性和历史地理的悠久性。我国的湿地类型多、面积大、分布广，从寒温带到热带，从海滨到内陆，从平原到山地乃至高原，具有广泛的分布区域。在这样多样化的湿地中，植物的区系性质也非常丰富，有热带植物、温带植物、寒带植物，直至极地植物；有平原低地植物，也有高原山地植物；有海水植物和耐盐碱植物，也有淡水植物。生命起源于水中，最古老的植物也生存于水中。湿地植物与水密不可分，其历史地理悠远绵长，因此，研究湿地植物不仅可以追溯到生命起源的初期，还与地球沧海桑田的变迁相关联。

研究湿地植物，了解湿地植物，对湿地植物进行编目、分类、记述，是湿地研究，也是湿地保护和恢复的基础。从新中国成立以来，我国的专家学者对全国各地的沼泽湿地进行了多次考察，并成立专门的研究机构，积累了许多有关湿地植物的宝贵资料。近年来，对湿地研究和保护愈来愈被重视，时常可见各种有关的论文、专著发表，有关湿地植物的论著也并不鲜见，但是目前尚缺乏一本图文并茂、系统全面、便于使用的关于湿地植物的著作。因此，尽快编写出版一本既面向科研人员又面向普通湿地保护工作者的准确而权威的著作，对深入开展湿地研究和保护、正确鉴定湿地植物以及让公众了解湿地植物，都是很急迫和必要的。

本书以植物分类学为基础，注重科学性和实用性，对我国湿地高等植物进行了比较全面的分类记述，并配有大量插图以利于识别湿地植物。全书记载我国湿地高等植物共 160 科 470 属 1 217 种 16 亚种 63 变种 1 变型，并配有 968 幅插图。内容包括各科、属、种以及种下类群的名称、形态特征和地理分布，种及种下类群的生境和用途，以及用于植物鉴定的分属和分种检索表等。这些湿地高等植物的选择基于全国湿地植物调查统计的结果，并参考了《中国植物志》、《Flora of China》、各种地区性植物志以及相关的湿地植物论著。在编写的过程中，根据最新的植物分类学研究成果，对我国湿地高等植物进行了分类学修订，订正了许多植物的名称。

书中包括苔藓植物 23 科 43 属 114 种 1 亚种 6 变种、蕨类植物 21 科 29 属 54 种 1 亚种 2 变种、裸子植物 3 科 7 属 9 种 2 变种和被子植物 113 科 391 属 1040 种 14 亚种 53 变种 1 变型。苔藓植物各科、属、种的顺序按照《中国苔藓植物志》的分类系统排列，蕨类植物各科按照《中国植物志》的分类系统排列，裸子植物各科按照《中国植物志》的分类系统排列，被子植物各科总体上按照恩格勒系统排列，但个别科根据《Flora of China》做了调整；蕨类植物、裸子植物和被子植物属和种一律按照拉丁文名称的字母顺序排列。

本书中记载的各种及种下类群植物的中文名称根据《中国植物志》和《Flora of China》进行了统一和规范，有些植物在中文名称之后收录有常见的中文别名；拉丁文名称主要依据《Flora of China》进行了修订，其后列有发表该名称的原始文献，并收录有重要的拉丁文异名；各植物的形态描述之后有花果期、在国内的分布和生境以及在全世界的分布，国内的分布基本上以省或地区为单位，各省或地区按照拼音字母顺序排列；有些植物在最后给出了经济价值和用途。

书中插图主要引自《中国植物志》、《中国高等植物图鉴》和《中国苔藓植物志》，个别引自《中国主要植物图说——禾本科》、《中国主要植物图说——蕨类植物》、《东北草本植物志》等书。

本书的编写和出版得到了国家水体污染控制与治理科技重大专项（2008ZX07526-002-009）的资助。

希望本书的出版对深入开展湿地研究和保护，正确鉴定湿地高等植物，以及让公众更多地了解湿地植物有所裨益。由于编者水平有限，本书难免存在疏漏和错误，敬请读者批评指正。

编者

2012 年 8 月

目　录

（上册）

（下册）

夹竹桃科 Apocynaceae

乔木、灌木、藤本，稀为亚灌木或草本，具乳汁或汁液。单叶对生，稀轮生或互生。聚伞花序顶生或腋生，有小苞片；花两性，(4-) 5 数，辐射对称；萼 (4-) 5 深裂，基部常有腺体；花冠 (4-) 5 浅裂，高脚碟状、漏斗状、坛状、稀辐状，雄蕊 (4-) 5，花丝短，花药常箭形，离生或互相黏合并贴生在柱头上，纵裂，花盘环形或杯状，子房上位，稀半下位，1-2 室，每室 (1-) 2 胚珠，花柱 1，柱头 2 裂。浆果、核果、蒴果或蓇葖果。种子有或无种缨，胚乳厚且常角质化，胚直，子叶通常大，胚根圆柱形。

本科约有 155 属 2 000 余种，主要分布于热带、亚热带，温带仅有少数种。我国有 44 属 145 种，其中 1 个特有属 38 个特有种。

1. 罗布麻属 *Apocynum* L.

多年生草本，有时为灌木，乳汁白色。叶对生，稀互生，边缘具细齿。聚伞花序圆锥状，顶生；花冠钟状或盆状，喉部宽，裂片覆瓦状；雄蕊生冠管基部，与花冠裂片互生，花药互相粘合并贴生在柱头上；花盘肉质，鳞片状；子房半下位，心皮 2，每室有数粒胚珠。蓇葖果 2，纤细。种子数粒，先端具簇毛，胚珠直，子叶与胚根等长。

本属有 9 种，分布于亚洲、欧洲和北美。我国有 2 种。

分种检索表

1. 叶常互生。花冠管盆状，有明显暗斑……………………………………………………1. 白麻 *A. pictum*

1. 叶常对生。花冠管钟形，被粒状物……………………………………………………2. 罗布麻 *A. venetum*

1. 白麻

Apocynum pictum Schrenk, Bull. Cl. Phys.-Math. Acad. Imp. Sci. Saint-Pétersbourg 2: 115. 1844.

茎高达 2 m，幼枝被柔毛，后变无毛。叶常互生，叶柄 2-5 mm，稀较短，叶片长圆形至卵形，长 1.5-4 cm，宽 0.2-2.3 cm，边缘具粒状密细齿。萼片卵形至三角形，长 1.5-4 mm；花冠粉色至淡紫红色，常被明显暗斑，冠管盆状，长 2.5-7 mm，裂片宽三角形，长 2.5-4 mm，冠管基部有副花冠，裂片宽三角形，先端长渐尖。蓇葖果纤细，下垂，长 10-30 cm，粗 3-4 mm。种子狭卵球形，长 2.5-3 mm，种缨 1.5-2.5 cm。花期 4-9 月，果期 7-12 月。

分布于甘肃、青海、新疆，生于盐碱地、沙漠、河流边。哈萨克斯坦、蒙古也有分布。

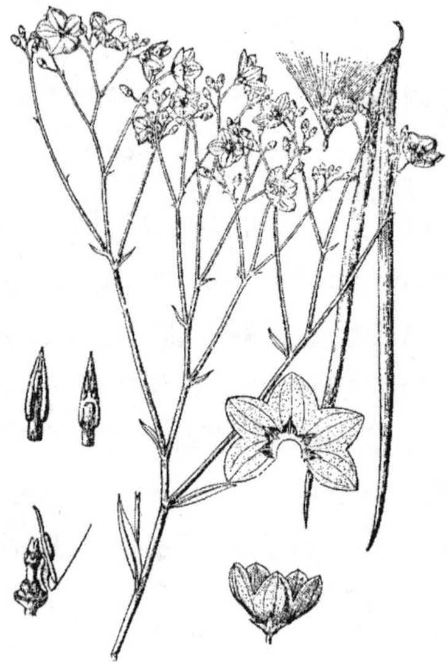

图 464　白麻

2. 罗布麻

Apocynum venetum L., Sp. Pl. 1: 213. 1753.

茎高达 4 m，除花序被毛外，均无毛；分枝及小枝灰白色，圆柱形，有细条纹。叶常对生，叶柄 3-6 mm，叶片狭椭圆形或狭卵形，长 1-8 cm，宽 0.5-2.2 cm，基部圆或楔形，边缘具细齿。萼片狭椭圆形至狭卵形，约 1.5 mm；花冠紫红色或粉色，管钟状，长 6-8 mm，被粒状物，裂片 3-4 mm；花盘肉质，5 深裂，裂片圆形，基部附着于子房。蓇葖果纤细，长 8-20 cm，粗 2-3 mm。种子卵球形或椭圆形，长 2-3 mm，种缨 1.5-2.5 cm。花期 4-9 月，果期 7-12 月。

分布于东北、华北、华东、西北以及江苏，生于盐碱荒地、沙漠边、河流及湖泊周边。印度、日本、蒙古、巴基斯坦、俄罗斯及欧洲也有分布。

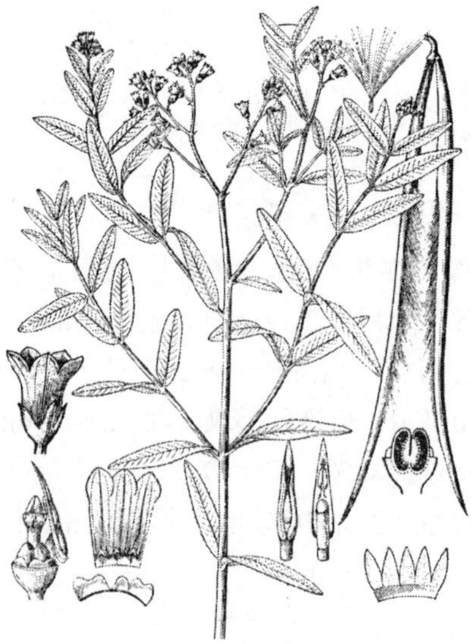

图 465　罗布麻

萝藦科 Asclepiadaceae

草本、灌木、稀乔木状，具乳汁。单叶对生，偶轮生，极少互生，全缘。聚伞花序顶生，腋生或腋外生，常聚合成伞状、总状卷伞花序；花两性，5数，辐射对称；萼片基部合生，常有5至多数腺体；花冠合瓣，坛状或高脚碟状，裂片外弯，常具副花冠；雄蕊生冠管基部，并附着于柱头头部形成合蕊冠，花丝常合生成管状而包围心皮，花药2-4室，顶端有膜质附属物；子房上位，2心皮，胚珠多数，花柱合生，柱头头状，肉质。果为1-2蓇葖果。种子多数，极扁，种缨成束，丝状。

本科约有250属2 000余种，广布于热带、亚热带，以非洲和南美南部为盛，少数分布到温带地区。我国有44属270种，其中有4个特有属153个特有种。

分属检索表

1. 副花冠杯状，5深裂；花丝合生呈管状……………………………………………1. 鹅绒藤属 *Cynanchum*

1. 副花冠管状，3浅裂；花丝分离，短………………………………………………………2. 杠柳属 *Peliploca*

1. 鹅绒藤属 *Cynanchum* L.

亚灌木或多年生草本，直立或缠绕。根木质或肉质。叶对生，稀轮生，具柄，叶腋常有小托叶状叶。花序腋外生或偶有顶生，稀腋生，伞形花序、伞房花序或总状花序；萼片直立，基部常有腺体；花冠辐状或近辐状，冠管短，裂片伸展或反折，副花冠杯状，圆柱状，生心皮柄基部，膜质或肉质，5深裂，内面有5-10附属物；花丝合生成管，花药顶有膜质附属物；柱头头状或短锥形。蓇葖果纺锤形或披针形，平滑，稀有狭翅或刚毛。

本属约有200种，产于非洲、亚洲、欧洲和美洲。我国有57种。

分种检索表

1. 花冠紫色，偶淡黄绿色，或白色、淡黄色、粉色至紫色。

  3. 花冠白色、淡黄色、粉色至紫色；叶卵形，长4.5-11（-16）cm，宽2.6-7（-11.5）cm，先端尖，基部深心形……………………………………………………………………………1. 牛皮消 *C. auriculatum*

  3. 花冠紫色，偶淡黄绿色；叶披针形，长6-13cm，宽0.3-0.9（-1.7）cm，两端渐尖…2. 柳叶白前 *C. stauntonii*

1. 花冠白色。

  2. 叶线形至线状披针形，长3-10cm，宽0.2-1.5（-2.3）cm，几无柄……………3. 地梢瓜 *C. thesioides*

  2. 叶长圆形至长圆状披针形，长4-10（-15）cm，宽1.2-3（-4.5）cm，柄长达1cm……………………………………………………………………………………………4. 蔓白前 *C. volubile*

1. 牛皮消

Cynanchum auriculatum Royle ex Wight, Contr. Bot. India 58. 1834.

植株被微柔毛。茎缠绕。叶对生，卵形，长 4.5-11（-16）cm，宽 2.6-7（-11.5）cm，基部深心形，先端渐尖。总状花序长达 23 cm，多花，花序梗 4.5-15 cm，花梗 0.9-2.8 cm；萼片披针形，长 2.2-5 mm，宽 0.8-2 mm，基部有 5 腺体；花冠白色、淡黄色、粉色至紫色，辐状，冠管短，裂片披针形至披针状长圆形，长 5.5-8（-10）mm，宽 2-3 mm，副冠白色，5 深裂，裂片椭圆形，长达 4.5 mm，肉质，前面有狭三角形附属物；柱头圆锥形。蓇葖果长圆状披针形，长约 8 cm，宽约 1 cm。种子卵形，长约 6 mm，冠毛（种缨）约 2.5 cm。花期 6-8 月，果期 8-12 月。

分布于四川、西藏、云南，生于海拔 2 800-3 600 m 的山坡林缘及路旁灌丛中或河流、水沟边潮湿地。不丹、印度、克什米尔地区、尼泊尔、巴基斯坦也有分布。

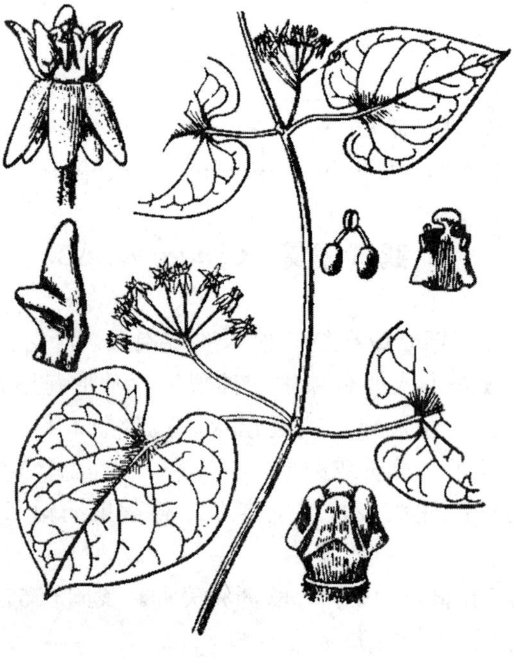

图 466　牛皮消

2. 柳叶白前

Cynanchum stauntonii (Decne.) Schltr. ex H. Lév., Mem. Real Acad. Ci. Barcelona 12 (22): 4. 1916.——*Pentasachme stauntonii* Decne.

草本，植株除花冠外均无毛。根纤细。茎直立，达 1 m。叶对生，叶柄约 5 mm，叶片狭披针形，长 6-13 cm，宽 0.3-0.9（-1.7）cm，两端渐尖。总状花序纤细，花序梗达 1.7 cm，花梗 3-9 mm；萼片卵状长圆形，长 1-1.5 mm，宽 0.4-0.5 mm，基部有数腺体；花冠紫色，稀淡黄绿色，辐状，冠管约 1.5 mm，裂片线状长圆形，长 3-5（-8）mm，宽 0.6-1 mm；副花冠 5 裂，裂片卵形；花药附属物圆形，覆盖柱头头部。蓇葖果线状披针形，长 9-12 cm，宽 3-6mm。种子长圆形，冠毛约 2.5cm。花期 5-8 月，果期 9-12 月。

分布于安徽、福建、甘肃、广东、广西、贵州、湖南、江苏、江西、云南、浙江，生长于低海拔的山谷湿地、水旁以至半浸在水中。

3. 地梢爪

Cynanchum thesioides (Freyn) K. Schum. in Engl. & Prantl, Nat. Pflanzenfam. 4 (2): 252. 1895.——*Vincetoxicum thesioides* Freyn.

亚灌木状草本，有时藤本状，通体密被微柔毛。茎直立或上部缠绕，基部分枝。叶对生或近对生，稀轮生，线形至线状披针形，偶为宽披针形，长 3-10cm，宽 0.2-1.5（-2.3）cm。伞形至总状花序，花序梗 1-15（-20）mm，花梗 2-10mm；萼片披针形，长 1-2.5mm，宽 0.4-0.8mm；花冠绿白色，冠管 1-1.5mm，裂片长 2-3mm，宽 1-1.5mm，圆形；副花冠杯状，管较花药短，5 裂，裂片三角状披针形至线形；花药附属物直，卵状三角形至披针形；柱头凹陷。蓇葖果纺锤形，长 5-6（-7.5）cm，宽 1-2cm。种子卵形，5-9mm，冠毛约 2cm。花期 5-8 月，果期 8-10 月。

分布于东北、华北以及甘肃、河南、湖南、江苏、陕西、山东、新疆，生于海拔 3 000m 以下的灌丛、沟渠边、干河谷、草地。哈萨克斯坦、朝鲜、蒙古、俄罗斯也有分布。

4. 蔓白前

Cynanchum volubile (Maxim.) Hemsl., J. Linn. Soc., Bot. 26: 109. 1889.——*Vincetoxicum volubile* Maxim.

茎缠绕，长达 3m，沿节间基部两侧被微柔毛。叶对生，长圆形至长圆状披针形，长 4-10（-15）cm，宽 1.2-3（-4.5）cm，沿脉被柔毛，基部截形或微心形，有缘毛，先端渐尖。伞形花序短而疏松，或总状花序，长达 6cm，花序梗可达 3.5cm，花梗 1-1.7cm；萼片披针形，长 2-2.3mm，宽 0.5-0.7mm，有缘毛；花冠白色，辐状，冠管约 2mm，裂片线状披针形，长 4-6mm，内面密被柔毛；副花冠裂片卵状三角形，先端急尖；柱头凹陷。蓇葖果披针形，长约 5cm。花期 7-9 月，果期 8-12 月。

分布于黑龙江，生于潮湿草地。朝鲜、俄罗斯东部也有分布。

2. 杠柳属 *Periploca* L.

攀缘灌木，植株除花外全部无毛。叶对生，全缘。聚伞花序顶生或腋生；花萼内有 5 腺体；花冠辐状，冠管短，裂片钝，内面常密被毛，副花冠生花冠基部，每裂片 3 浅裂，中间裂片线形，内弯，侧裂片宽，短，瓣片状；花丝短，花药背面有毛，靠合附着于柱头头部，先端附属物内弯；花柱短，柱头凸。蓇葖果成对，分叉，有时先端连合，靠拢。

本属约有 10 种，分布于亚洲温带、欧洲南部和非洲热带。我国有 5 种。

1. 杠柳

Periplosa sepium Bunge, Enum. Pl. China Bor. 43. 1833.

灌木，高达 4m。叶柄达 5mm，叶片卵状长圆形，长 5-9cm，宽 1.5-2.5cm，膜质。

聚伞花序常成对生于侧枝，花少，花梗约 2cm；萼片三角状卵形，长约 3mm；花冠通常紫色，直径约 1.5cm，冠管约 3mm，裂片长圆状披针形，长约 8mm，内弯，背面无毛，内面边缘附近被疏柔毛，副花冠裂片无毛。蓇葖果圆柱形，长 7-12cm，粗约 5mm，先端常连合。种子长圆形，长约 7mm，宽约 1mm，种缨约 3cm。花期 5-6 月，果期 6-7 月。

除华南和台湾外，遍布全国，生于旷野、林缘、山坡。

图 467 杠柳

旋花科 Convolvulaceae

草本或灌木，茎常缠绕或攀缘。叶互生，全缘、多裂或复叶，寄生种则无叶。单花腋生，或少花至多花组成各式花序；花两性，常 5 数；萼片分离，宿存，果期伸长；花冠合瓣，漏斗形、钟形、高脚碟状或坛状，冠檐近全缘或深裂；雄蕊与花冠裂片互生，花丝等长或不等长，花药内向，侧裂或纵裂；花盘环形或杯形；子房上位，多具 2 心皮，1-2 室，稀 3-4 室，胚珠直立；花柱 1-2 或无，柱头全缘或 2（-3）裂，稀盾形。蒴果瓣裂、环裂或不规则碎裂，极少为浆果或坚果状。种子常三角形。

本科约有 58 属 1 650 余种，广布于热带、亚热带及温带地区。我国有 20 属 129 种。

分属检索表

1. 陆生直立或缠绕草本，叶长圆形至戟形或箭形；花大，漏斗状或管状，具 5 条色带，冠檐 5 裂，开展……………………………………………………………………1. 打碗花属 *Calystegia*
1. 寄生草本，叶退化成鳞片状；花小，花冠内具 5 枚流苏状细齿…………………………2. 菟丝子属 *Cuscuta*

1. 打碗花属 *Calystegia* R. Br.

平卧或直立草本，缠绕至数米高。叶几无柄，长圆形至戟形或箭头形，稀鸟爪状。一至数花呈聚伞花序，腋生，小苞片 2 枚，萼片状，生萼下，卵形，有时鳞片状，宿存；萼裂片几等长，宿存；花冠白色、粉色或淡黄色，漏斗形，具 5 条色带；雄蕊等长，内藏；子房 1 室，4 胚珠，花柱 1，藏于花冠中，柱头 2，棒状。蒴果球形，不开裂。种子 4 粒，平滑或具细瘤。

本属约有 25 种，主产于温带，扩展至热带。我国有 6 种。

1. 打碗花

Calystegia hederaceae Wall. in Roxb., Fl. Ind. 2: 94. 1824.

植株无毛。幼茎直立，后渐平卧或缠绕，长达 1 m。叶柄 1-5 cm，叶互生，箭形、三角形至狭三角形，长 2-8 cm，宽 2-7 cm；上部叶片三裂，侧裂片三角形，2-3 浅裂。单花腋生，有 2 小苞片；小苞片卵形，宿存；萼片 5，长圆形，略较小苞片短，具短尖；花冠钟状，淡粉色或淡紫色，冠檐截形或微裂，直径 2-3.5 cm；雄蕊 1.1-1.9 cm，花药 3-4 mm。蒴果卵球形。种子黑褐色，表面具小瘤。花期 3-9 月，果期 6-9 月。

几乎遍布全国，生于海拔 100-3 500 m 的田野、荒地、路边、河岸。亚洲东部、非洲东北部也有分布。

图 468 打碗花

2. 菟丝子属 *Cuscuta* L.

寄生草本，黄色或淡红色，无毛。茎缠绕，丝状。叶退化成小鳞片。多花聚生呈球状、穗状、总状或聚伞花序；花 4-5 数，苞片小或无；萼合生，深裂或分离；花冠白色、乳白色或粉色，坛状、管状、球状或钟状，边缘流苏状或有细齿，膜质；雄蕊与花冠裂片同数而互生；子房 2 室，每室 2 胚珠，花柱 1-2，柱头 2，近球形或伸长，有时连合。蒴果卵球形或球形，有时肉质，环裂或不规则开裂。种子 1-4，胚无子叶，丝状，螺旋弯曲。

本属约有 170 种，主要分布于美洲，亚洲与欧洲有少数种。我国有 11 种。

1. 菟丝子

Cuscuta chinensis Lam., Encycl. 2: 229. 1786.

茎纤细，黄色，直径约 1 mm。花密集呈团伞花序，具鳞片状苞片及小苞片；花梗约 1 mm；萼杯状，萼片三角形，约 1.5 mm，先端钝，部分肉质；花冠白色，坛状，长约 3 mm，宿存，裂片三角状卵形，先端反折；雄蕊生喉部鳞片附近，鳞片长圆形，边缘流苏状；子房近球形，花柱 2，柱头球形。蒴果卵球形，直径约 3 mm，环裂。种子 2-4，淡棕色。卵球形，长约 1 mm。花期 8 月，果期 9 月。

广布于全国各地，缠绕寄生于其他植物上。非洲、亚洲其他国家及大洋洲也有分布。

图 469 菟丝子

花荵科 Polemoniaceae

一年生或多年生草本，稀亚灌木或藤本。叶互生或对生，羽状至掌状分裂或复叶。伞房状聚伞花序、圆锥花序、头状花序或单花；花（4-）5 数；花萼合生，圆柱状或钟状；花冠合生，辐状、漏斗状或高脚碟状；雄蕊生冠管基部，与裂片互生，伸出或内藏；子房上位，（2-）3 室，中轴胎座，每室 1 至多数胚珠，花柱 1，柱头（2-）3 裂。蒴果。种子球形至纺锤形，有时具翅，受潮即发黏。

本科有 19 属 300 余种，主要分布于美洲，亚洲和欧洲仅有少数种。我国有 1 属 3 种。

1. 花荵属 ***Polemonium*** L.

多年生稀一年生草本。茎生自水平根茎，直立或外倾。茎生叶互生，基生叶常莲座状，叶片常长圆形，羽状分裂或掌状分裂，无毛或被腺毛。花序圆锥状，稀头状；萼钟状，果时革质或纸质；花冠粉色、紫堇色或蓝色，稀白色或黄色，钟状或漏斗状；雄蕊着生于冠管上，花丝等长，基部有微柔毛；子房 3 室，柱头 3，伸长。蒴果卵球形。种子棕色至黑色，略三角形，每室 1-12 粒。

本属约有 20 种，分布于亚洲温带、欧洲和美洲。我国有 3 种。

1. 花荵

Polemonlium caeruleum L., Sp. Pl. 1: 162. 1753.

茎 30-100 cm，无毛或中上部散生腺毛。羽状复叶长 7-14（-25）cm，小叶 11-27，卵形至披针形，长 1-4 cm，宽 0.2-1.4 cm，无毛至疏生柔毛。花梗 3-5（-10）cm，被柔毛或茸毛及细腺体；花萼 5-8 mm，裂片与萼管等长，长圆形至披针形；花冠紫堇色，散生缘毛或无；雄蕊与花冠等长，稀较短或更长；花柱长于雄蕊，略外露。蒴果 5-7 mm。种子棕色，长 3-3.5 mm。花期 6-8 月，果期 6-9 月。

分布于东北以及内蒙古、新疆、云南西北部，生于海拔（1 000-）1 700-3 700 m 的溪边、草甸、湿润林地、林中开阔处。印度、朝鲜、日本、克什米尔地区、蒙古、尼泊尔、巴基斯坦、俄罗斯以及欧洲和北美也有分布。

紫草科 Boraginaceae

草本、灌木或乔木，稀为藤本，常被刚毛或糙毛。单叶对生，稀互生，全缘或具细齿。花序常呈蝎尾状聚伞花序，稀单花；花两性；萼 5 裂，常宿存；花冠管状、钟状、辐状、漏斗状或高脚碟状，常 5 深裂，常有 5 附属物，附属物常为四边形；雄蕊 5，花药内向，2 室，纵裂，蜜腺常生冠管基或子房下方花盘上；子房上位，2 心皮，2 室，每室 2 胚珠，或 4 室每室 1 胚珠，花柱分枝或不分枝，雌蕊托扁平、帚状或钻形。核果或小坚果，小坚果常带纹饰、有皮刺或钩毛。种子直或斜，子叶扁平，肉质。

本科约有 156 属 2 500 余种，分布于温带和热带。我国有 47 属 294 种，其中有 4 个特有属，156 个特有种。

分属检索表

1. 小坚果具钩状毛……………………………………………………………………2. 鹤虱属 *Lappula*
1. 小坚果无上述毛。
  2. 小坚果肾形，密生小瘤，腹面具纵椭圆形环状凹陷……………………1. 斑种草属 *Bothriospermum*
  2. 小坚果或四面体形或双凸镜状。
    3. 小坚果腹面具膜质杯状凹陷…………………………………………4. 皿果草属 *Omphalotrigonotis*
    3. 小坚果无膜质杯状凹陷。
      4. 小坚果双凸镜状…………………………………………………………3. 勿忘草属 *Myosotis*
      4. 小坚果四面体形…………………………………………………………5. 附地菜属 *Trigonotis*

1. 斑种草属 *Bothriospermum* Bunge

一或二年生草本，被糙硬毛或柔毛。茎直立或平卧。叶互生，卵形至倒披针形。聚伞花序，有苞片；花萼 5 深裂，裂片披针形；花冠辐状，蓝色或白色，冠管短，喉部附属物 5，鳞片状，裂片 5；花丝极短，花药卵形，内藏；子房 4 深裂，花柱短，不超过裂片，柱头头状，雌蕊托平。小坚果 4，腹面杯状微突，背面圆，被小瘤突，萌发孔长圆形，椭圆形或圆形，孔缘加厚、突出，全缘或有时具细齿；种子不弯曲。

本属约有 5 种，分布于亚洲。

1. 柔弱斑种草

Bothriospermum zeylanium (J. Jaequin) Druce, Bot. Exch. Cl. Brit. Isles 4: 610. 1917.——*Anchusa zeylaica* J. Jaequin.

一年生草本，高 15-30 cm。茎纤细丛生，直立或平卧，多分枝，贴生糙硬毛。叶椭圆形至狭椭圆形，长 1-2.5 cm，宽 0.5-1 cm，散生短刚毛或糙伏毛。总状花序，苞片披针形，长 1.5-5 mm，上部苞片极小；花萼 1-1.5 mm，果期达 3 mm，被短刚毛；花冠蓝色或淡蓝色，长 1.5-1.8 mm，基部宽约 1 mm，略长于萼，喉部附属物约 0.2 mm，冠檐宽 2.5-3 mm，裂片圆形，长约 1 mm；花柱圆柱形，约 0.5 mm。小坚果灰色，卵状肾形，长 1-1.2 mm，萌发孔纵椭圆形。花果期 2-10 月。

几乎遍布全国，生于田野、山坡草甸、河岸、泥泞湿地。亚洲其他国家也有分布。

图 470 柔弱斑种草

2. 鹤虱属 *Lappula* Moench.

一或二年生草本，通体被疏柔毛、糙伏毛，稀为绢毛。叶互生。镰状聚伞花序，有苞片；花萼 5 深裂达基部，裂片果时延长；花冠淡蓝色，稀白色，钟状或矮高脚碟状，冠管短，喉部有 5 附属物，冠檐 5 深裂；雄蕊内藏；子房球形，4 深裂，花柱内藏，柱头头状；雌蕊托钻形，与小坚果等长或略长。小坚果有 1-3 排钩状毛。

本属约有 61 种，分布于非洲、亚洲、欧洲和北美温带地区。我国有 36 种。

1. 鹤虱

Lappula myosotis Moench.

一或二年生草本，茎直立，高 30-60 cm，多分枝，密生白色短硬毛。基生叶长圆状匙形，密被白色长硬毛，长约 7 cm，宽 3-9 mm，全缘；茎生叶无柄，披针形至线形。花序果时达 17 cm，苞片线形，果期约 3 mm，被柔毛；花萼裂片线形，花期 2-3 mm，果期达 5 mm，被柔毛；花冠淡蓝色，漏斗状或钟状，长约 4 mm，喉部附属物不等四边形，冠檐宽 3-4 mm，裂片长圆形；花柱长于小坚果。小坚果卵球形，长 3-4 mm，有皮刺及小瘤突，边缘有 2 排钩状毛。花果期 6-9 月。

分布于华北、西北以及山东，生于山坡草甸。亚洲北部和中部、非洲南部、欧洲中部和东部及北美也有分布。

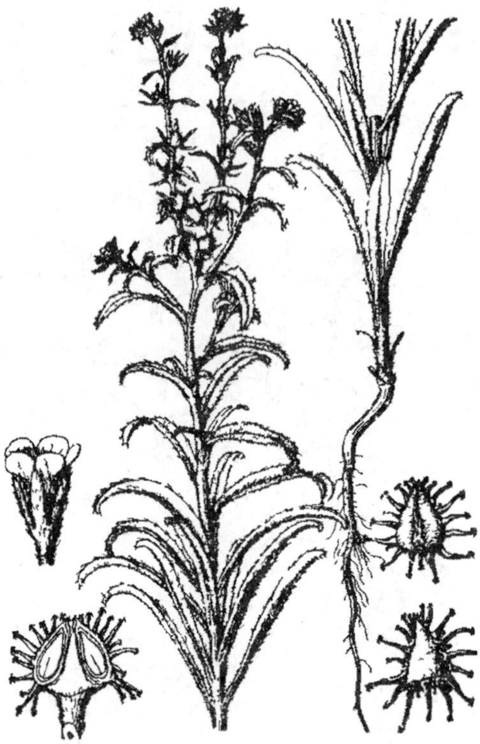

图 471 鹤虱

3. 勿忘草属 *Myosotis* L.

一年或二年生草本，植株被短柔毛，后变无毛。叶互生，全缘。顶生总状花序，无苞片；萼 5 裂，果时略伸长；花冠蓝色、玫瑰红色或白色，常高脚碟状，喉部有 5 枚鳞片状附属物，裂片 5；雄蕊内藏，花药卵形至椭圆形，先端钝；子房 4 裂，花柱线形，柱头盘状有短尖，雌蕊托扁而略弯。小坚果卵形，双凸镜状，平滑，有光泽。

本属约有 50 种，分布于非洲、亚洲、欧洲、大洋洲及北美。我国有 5 种。

1. 湿地忘勿草

Myosotis caespitosa C. F. Schultz, Prodr. Fl. Starg. Suppl. 1: 11. 1819.

多年生草本。茎分枝或不分枝，高 15-50（-70）cm，被稀疏糙伏毛。下部茎生叶具柄，叶长圆形至倒披针形，长 2-3 cm，宽 3-8 mm，疏被糙伏毛，全缘；上部茎生叶无柄，倒披针形至线状披针形，长 3-7 cm，宽 0.5-1.3 cm。花序轴果期延伸，达 10-20 cm，花梗果时 6-8 mm；萼钟状，5 浅裂几达中部，裂片三角形，约 2 mm，果时 3-4 mm，外面疏生糙伏毛；花冠淡蓝色，冠管与萼等长，喉部黄色，有 5 附属物，冠檐宽 3-4 mm，裂片卵形，长约 1.5 mm；花药卵形，附属物圆形，长为花药 3 倍。小坚果暗棕色，卵球形，长 1.5-2 mm，具狭边。

分布于东北以及甘肃、河北、四川、新疆、云南，生于溪边、湿地、草坡。非洲北部、亚洲温带和亚热带、欧洲、北美也有分布。

图 472　湿地勿忘草

4. 皿果草属　*Omphalotrigonotis* W. T. Wang

一年生直立草本。叶互生，具柄，椭圆状卵形，被糙伏毛。聚伞花序，无苞片；花梗短；花萼 5 深裂至基部，裂片长圆形，果时略延长；花冠无毛，钟状，冠管与冠檐等长，喉部有附属物；雄蕊生冠管中部，内藏，花丝短；子房 4 深裂，花柱内藏，雌蕊托扁。小坚果四面体形，腹面具杯状凹陷。

本属有 2 种，为我国特有。

1. 皿果草

Omphalotrigonotis cupulifera (I. M. Johnston) W. T. Wang, Bull. Bot. Res., Harbin 4 (2): 11. 1984.——*Trigonotis cupulifera* I. M. Johnxton.

茎单一，直立或平卧，高 20-40 cm，散生短糙伏毛。叶柄 0.5-4 cm，叶椭圆状卵形至狭卵形，长 1.5-4 cm，宽 1-2.3 cm，被短糙伏毛。聚伞花序果期达 18 cm；花梗 1-3.5 cm；萼裂片长圆形，长约 2 mm，果时达 3.5 mm，被柔毛；花冠淡蓝色或淡紫红色，约 2.5 mm，喉部附属物新月形，檐宽约 4 mm，裂片宽卵形至近圆形，长约 1.8 mm；花药约 0.7 mm；花柱约 0.7 mm。小坚果淡黄棕色，长 0.8-1 mm，背面杯状凹陷直径约 1.5 mm，高约 0.8 mm。花果期 5-7 月。

分布于安徽、广西北部、湖南、江西、浙江，生于海拔 100 m 左右的林中、山坡草甸、稻田旁、溪边湿地、林缘。

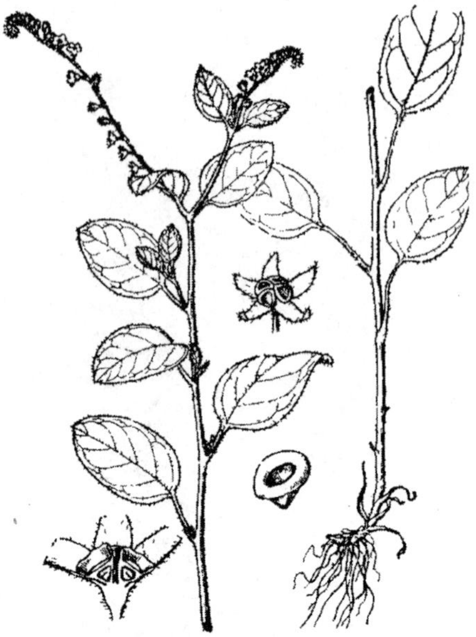

图 473 皿果草

5. 附地菜属 *Trigonotis* Steven

草本。茎丛生、直立或铺散，被糙硬毛或疏柔毛，稀无毛。聚伞花序单一或二歧分枝，仅下部花梗有苞片；花萼 5 裂；花冠蓝色或白色，冠管常短于萼，喉部有新月形或不等四边形附属物 4 枚，裂片 5，平展；雄蕊内藏，花药长圆形至椭圆形；子房 4 深裂，花柱线形，常较冠管短，柱头头状，内藏，雌蕊柄扁。小坚果 4，四面体状，具光泽，稀具小瘤突。胚直，子叶卵形。

本属约有 58 种，分布于亚洲和欧洲东部。我国有 39 种，其中 34 种为特有。

分种检索表

1. 花序仅基部具苞片……………………………………………………………3. 北附地菜 *T. radicans*
1. 花序全部具苞片。
    2. 果期萼筒与花梗连接处不呈棍棒状………………………………………1. 水甸附地菜 *T. myosotidea*
    2. 果期萼筒与花梗连接处明显增粗而呈棍棒状………………………………2. 附地菜 *T. peduncularis*

1. 水甸附地菜

Trigonotis myosotidea (Maxim.) Maxim., Bull. Acad. Imp. Saint-Petersburg 27: 506. 1881.——*Eritrichium myosotideum* Maxim.

多年生草本。根茎匍匐，黑色；茎直立，高 20-50 cm，散生短糙伏毛。叶长圆状披针形至披针形，长 2.5-6 cm，宽 0.7-1 cm，散生短糙伏毛或无毛，基部下延呈狭翅状。花序生茎或枝端，果时达 15 cm；花梗 5 mm，果时达 1 cm，外弯，稀平伸；萼裂片狭披针形，约 1.5 mm，果时达 4-5 mm，散生短糙伏毛；花冠淡蓝色，冠管约 1.8 mm，喉部附属物有短毛，先端微凹，檐宽约 6 mm；花药椭圆形，约 0.6 mm，基部近心形。小坚果暗棕色，三角状四分体形，有光泽，边缘有狭翅。花果期 7-8 月。

分布于东北及河北，生于沼泽、潮湿沟渠边。俄罗斯东部也有。

2. 附地菜

Trigonotis peduncularis (Trevis.) Benth. ex Baker & S. Moore, J. Linn. Soc., Bot. 17: 384. 1879.
——*Myosotis peduncularis* Trevis.

一或二年生草本。常数茎密集，铺散，基部多分枝，高 5-30 cm，有短糙伏毛。基生叶莲座状，具柄，匙形，长 2-5 cm，被糙伏毛；茎生叶无柄或柄短，长圆形至椭圆形。花序顶生，幼时拳卷，长 5-20 cm，基部 2-3 花具叶状苞片，花后期花梗长 3-5 mm，上部加粗，果时棒状；萼片卵形，长 1-3 mm；花冠淡蓝色或粉色，喉部附属物白色或淡黄色，冠檐 1.5-2.5 mm，裂片倒卵形；花药 0.3 mm，具短尖。小坚果斜钻形三角状四面体，长 0.8-1 mm；雌蕊柄约 1 mm，弯曲。

分布于东北、华北、西北以及福建、广西北部、江西、山东、西藏、云南，生于山坡草甸、林缘、田野、荒郊。亚洲热带和欧洲南部也有分布。

图 474　附地菜

3. 北附地菜

Trigonotis radicans (Turcz.) Steven subsp. ***sericea*** (Maxim.) Riedl., Linzer Biol. Beitr. 25: 94. 1993.——*Omphalodes sericea* Maxim.

多年生草本，散生糙伏毛或变无毛。数茎丛生，达 50 cm。基生叶柄达 18 cm，叶长圆状卵形至卵形，长 1-4 cm 或更长；茎生叶柄短，果期达 2 cm。单花生于上部叶腋，花萼 5 深裂，裂片披针形至宽卵形，长约 3 mm，果期达 5 mm；花冠淡蓝色或白色，冠管 1.2-2 mm，喉部附属物约 0.5 mm，被柔毛，冠檐宽 6-8（-12）mm，裂片长圆形；花药约 0.5 mm。小坚果棕色，斜钻形三角状四面体，有柔毛，边缘有狭肋，雌蕊柄约 0.8 mm，弯。花期 6-8 月，果期 7-9 月。

分布于东北及河北东北部，生于林缘、灌丛、溪边草甸。日本、朝鲜、俄罗斯也有分布。

马鞭草科 Verbenaceae

灌木或乔木，有时攀缘，稀草本，有单一或星状或其他复杂毛被。叶对生，稀轮生，无托叶，单叶或 3 小叶，稀为掌状（或羽状）复叶。花序顶生或腋生，总状、聚伞、穗状或聚伞圆锥花序；花两性或杂性，左右对称，稀辐射对称。花萼宿存；花冠 4-5 或更多，裂片常伸展，覆瓦状排列；雄蕊着生冠管，与花瓣对生，花丝分离，花药背着，1-2 室，纵裂或有时圆孔裂；子房全缘或具 4 沟，2-8 室，每室胚珠 1-2 枚，直立或下垂，花柱 1 或 2 裂。核果或不开裂蒴果，有时为小坚果。种子 2-4，无胚乳，种皮薄，胚直，与种子等长，胚根短，下位。

本科有 90 属约 2 000 种：主产于热带及亚热带。我国有 20 属 182 种。本书选入 2 属 2 种。

分属检索表

1. 子房 2 室。叶不分裂，叶缘锯齿整齐……………………………………………………1. 过江藤属 *Phyla*
1. 子房 4 室。叶羽状浅裂，叶缘具齿，不整齐………………………………………………2. 马鞭草属 *Verbena*

1. 过江藤属 *Phyla* Lour.

草本；分枝常具锐 4 棱，有时具刺及长硬毛或腺体。叶对生，穗状花序或头状花序顶生，果期花序延长；苞片倒卵形。花小，花萼膜质唇形，4 浅裂；花冠有时唇形，裂片 5，伸展；雄蕊 4，2 强，着生冠管花盘边，内藏；子房 2 室，每室 1 胚珠，花柱短，柱头头状。果分裂成 2 枚含 1 种子的小坚果。

本属约有 10 种，分布于非洲、美洲、亚洲。我国有 1 种。

1. 过江藤

Phyla nodiflora (L.) E. L. Greene, Pittonia 4: 46. 1899.——*Verbena nodiflora* L.

多年生匍匐草本，多分枝，节端生根，被微细糙伏毛。叶几无柄，叶片匙形，长 1-3 cm，宽 0.5-1.5 cm，纸质，被短柔毛，基部楔形，中部以上具锐齿，脉 4 对，不显。花序圆柱形至卵状头形，1-2.5 cm，花序梗 1-7 cm。花冠淡粉紫色或白色，无毛；雄蕊 4，着生冠管中部。成熟果为 2 片小坚果。花果期 6-10 月。

分布于我国福建、广东、贵州、海南、湖南、湖北、江苏、江西、四川、台湾、云南，生于海拔 300-2 300 m 沿溪杂草丛或草坡。热带及亚热带广泛分布。

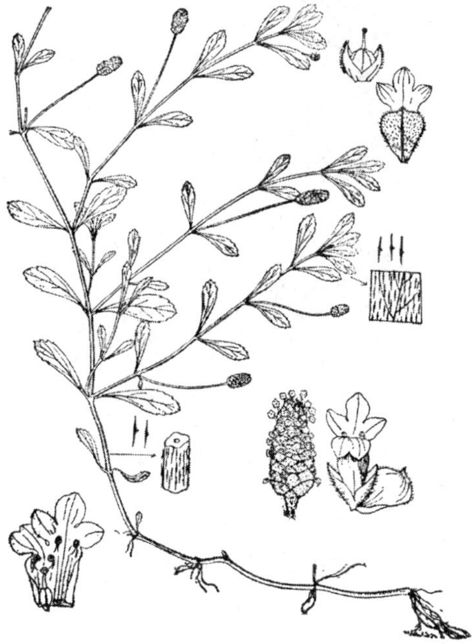

图 475 过江藤

2. 马鞭草属 *Verbena* L.

一年生或多年生草本或亚灌木；分枝具 4 棱。叶对生，无柄，具缘齿，浅裂或羽状浅裂。顶生穗状花序单一或具分枝，苞片小；花几全部为左右对称。花萼膜质，具 5 齿；花冠管明显，裂片 5，不等，伸展；能育雄蕊 4，2 强，生冠管中部，内藏，花药卵形；子房 4 室，胚珠直立，每室 1 粒。蒴果包于萼内，成熟后片裂成 4 小坚果。

本属约有 250 种，主要分布于热带美洲。我国有 1 种。

1. 马鞭草

Verbena officinalis L., Sp. Pl. 1: 20. 1753.

一年生直立草本，稀多年生，高 30-140 cm，被柔毛或近无毛。叶柄 0.3-4 cm，叶宽卵形，倒卵形或长圆形，下延至柄基，长 2-8 cm，宽 1-5 cm，纸质，被长硬毛，以背面叶脉为盛，缘有粗齿，或有时羽状深裂。穗状花序纤细，苞片与萼等长。花萼 1-4 mm，被柔毛及腺体；花冠蓝色至粉色，（2-）4-8 mm，被柔毛；子房无毛。小坚果长圆形，约 2 mm。花果期 7-10 月。

除东北及宁夏、内蒙古、青海外，在我国其他省区均有分布，生于海拔 100-1 800 m 的山坡草地。广布于世界温带及热带地区。

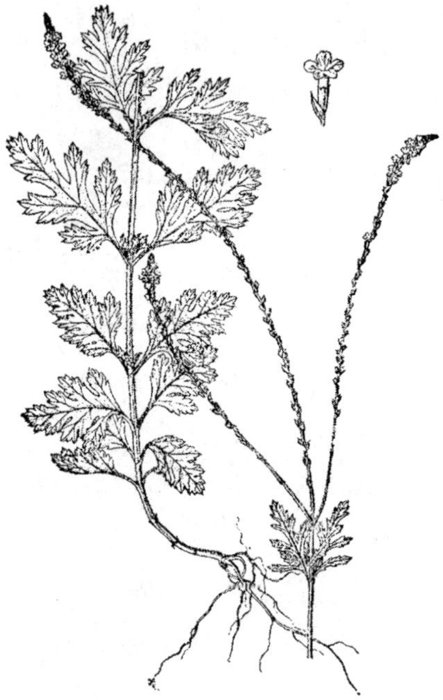

图 476 马鞭草

唇形科 Lamiaceae（Labiatae）

一年生或多年生草本，有时为亚灌木或灌木。茎及分枝具 4 棱。叶对生，稀轮生或互生，单叶至羽状分裂或复叶；无托叶。花序一般为复花序，有时单花腋生，或轮伞花序，2 至多花，抱于叶或苞片内；花两性，左右对称，稀近辐射对称，有或无小苞片；花萼宿存，5 齿裂，2 唇形，上唇 3 齿或全缘，下唇 2-4 齿，有时萼管内具环毛；花冠檐常 2 唇形，上唇 2 浅裂，下唇 3 浅裂，稀上唇全缘，下唇 4 裂，檐亦稀为（4-）5 裂，冠管内有毛；雄蕊 2-4，花冠上着生，花丝稀合生，有时具 1 退化雄蕊；花药 1-2 室，纵裂，花盘宿存；子房上位，2 室，每室胚珠 2 枚，花柱近顶生，子房 4 浅裂，每裂片含 1 胚珠，花柱 1，生子房裂片基部，先端 2 裂。果常由 4 小坚果组成。种子有或无胚乳。

本科约有 22 属 3 500 种，世界广布，以地中海地区和亚洲西南部为主。我国有 96 属 807 种。本书收入 13 属 33 种。

分属检索表

1. 花近辐射对称，萼齿及冠檐裂片近相等。
  2. 花药 2 室，长圆形、卵形至线形，花丝无毛。
    3. 植株无味；花两性；花冠喉部有纠集茸毛……………………………………………8. 地笋属 *Lycopus*
    3. 植株具芳香气；花杂性同株；花冠喉部无毛……………………………………9. 薄荷属 *Mentha*
  2. 花药 1 室，卵球形，花丝具髯毛或无毛。
    4. 叶 3-4 枚轮生；花丝被髯毛……………………………………………………3. 水蜡烛属 *Dysophylla*
    4. 叶对生；花丝有髯毛或无毛。
      5. 花丝无毛…………………………………………………………………………4. 香薷属 *Elshotzia*
      5. 花丝中部具髯毛………………………………………………………………10. 刺蕊草属 *Pogostemon*
1. 花明显 2 唇形。
  6. 地下茎念珠状，肉质…………………………………………………………………12. 水苏属 *Stachys*
  6. 无上述地下茎。
    7. 雄蕊在芽中拳卷。
      8. 花萼 5 裂，不等长；花冠喉部具环毛…………………………………………1. 筋骨草属 *Ajuga*
      8. 花萼裂片近等；花冠无环毛…………………………………………………2. 水棘针属 *Amethystea*
    7. 雄蕊在芽中不拳卷。
      9. 叶圆形、肾形或卵形，基部心形至深心形或楔形半抱茎；轮伞花序顶生或腋生。
        10. 叶具长柄，叶片圆形或肾形，基部深心形；小坚果暗棕色，长圆状卵形……………………………………………………………………………………………5. 活血丹属 *Glechoma*
        10. 叶柄短，叶宽圆形、肾形或卵形，基部心形或楔形半抱茎，小坚果三角形，具 3 棱………………………………………………………………………………………6. 野芝麻属 *Lamium*
      9. 叶 3-7 裂，或掌状、羽状分裂，或全缘，基部浅心形至截形；总状花序、穗状花序或轮伞花序穗状。
        11. 叶 3-7 裂或掌状分裂；轮伞花序穗状、腋生……7. 益母草属 *Leonurus*
        11. 叶全缘或羽状分裂；花序总状或穗状，顶生或成对对生。
          12. 花顶生头状穗状花序；雄蕊花药极分叉，花丝先端具齿………11. 夏枯草属 *Prunella*
          12. 花成对对生，有时腋生或顶生穗状或总状；雄蕊花药贴生，萌发孔具髯毛……………………………………………………………………………………13. 黄芩属 *Scutellaria*

1. 筋骨草属 *Ajuga* L.

草本，稀灌木。单叶纸质，边缘具齿或锐裂，稀全缘。轮伞花序 2 至多花或穗状花序；花叶与茎生叶相似或渐退化成苞片，稀不同或较茎生叶大；花几无柄；花萼卵球形至球形、钟状或漏斗状，具 10 脉，5 齿裂，略不整齐；花冠紫色至蓝色，稀黄色或白色，常宿存，2 唇形，花冠管直或弯，基部肿胀，喉部略膨大，环生茸毛及缘毛，上唇直，全缘至 2 浅裂，下唇长，3 浅裂，中裂片心形至扇形，侧裂片长圆形；雄蕊 4，2 强，由上唇伸出，芽中拳卷，花丝直或略弯，花药 2 室，先端连合；花柱不等 2 裂，裂片钻形。小坚果倒卵状环形，具 3 棱，背有网状皱纹。

本属有 40-50 种，分布于亚洲和欧洲。我国有 18 种，本书收入 4 种。

分种检索表

1. 花冠白色或淡红色……………………………………………………1. 康定筋骨草 *A. campylanthoides*
1. 花冠紫色、蓝紫色或淡蓝紫红色，稀白色。
  2. 多年生草本，茎紫红或紫绿色，高 25-40 cm；叶椭圆形，长 4-7.5 cm，宽 3.2-4 cm………………………………………………………………………………………………2. 筋骨草 *A. ciliata*
  2. 一年或二年生草本，具匍匐茎，叶卵形、宽椭圆形至近圆形或匙形，宽 1.5-2.5 cm。
    3. 叶匙形或倒卵形，叶柄 1-2.5 cm 或更长，成狭翅而被缘毛，叶片长 3-6（-14）cm，宽 1.5-2.5（-5）cm……………………………………………………………3. 金疮小草 *A. decumbens*
    3. 叶宽椭圆形至近圆形或匙形，叶柄长 1-1.5（-2.5）cm，具狭翅，无缘毛，叶片长 2-4.5 cm，宽 1.5-2.5 cm………………………………………………………………4. 紫背金盘 *A. nippoensis*

1. 康定筋骨草

Ajuga campylanthoides C. Y. Wu & C. Chen, Acta Phytotax. Sin. 12: 26. 1974.

草本，具匍匐茎，高 2.5-18 cm，无分枝，被白色茸毛。叶柄 4-7 mm，具沟及狭翅，叶披针状长圆形至宽卵形，长 2.5-4 cm，宽 1-2（-3）cm，被糙毛及缘毛，基部楔形延伸，缘具波状齿，上部叶有时全缘，先端圆或钝。轮伞花序顶生，穗状，长 1-3 cm，顶端花叶退化，卵形至近披针形；花梗约 2 mm；花萼漏斗形，约 4 mm，无毛，有不明显 5 脉，萼齿狭三角形至三角状卵形，约 2 mm，有缘毛及白色茸毛；花冠白色或淡红色，冠管直，1.2-1.8 cm，先端疏生柔毛，内具环茸毛，上唇直，圆形，先端凹，有缘毛，下唇无毛，中裂片倒心形，侧裂片长圆形。花期 7-8 月。

分布于甘肃、四川、西藏、云南，生于海拔 2 000-2 800 m 的草坡、溪边。

2. 筋骨草

Ajuga ciliata Bunge, Mém. Acad. Imp. Sci. St.-Pétersbourg Divers Savans 2: 125. 1833.

多年生草本，高 25-40 cm。茎淡紫红色或绿紫色，幼时被灰白色长茸毛。叶柄有时紫红色，极短，叶椭圆形，长 4-7.5 cm，宽 3.2-4 cm，两面略被毛，边缘具不整齐重锯齿，有缘毛，先端钝或急尖。花序顶生，长 5-10 cm；花萼漏斗状钟形，7-8 mm，萼齿三角形，疏生柔毛及缘毛；花冠紫色，具蓝色条纹，冠管为萼长 2 倍或更长，被疏柔毛，内有环茸毛，上唇直，先端圆或凹，下唇增大，中裂片倒心形，侧裂片线形。小坚果中部以上膨大，长圆状三棱形，具网状皱纹。花期 4-8 月，果期 7-9 月。

分布于甘肃、河北、湖北、陕西、山东、山西、四川、浙江，生于海拔 300-2 500 m 的溪边、湿草地、林中潮湿处及草丛。

图 477 筋骨草

3. 金疮小草

Ajuga decumbens Thunb., Syst. Veg. (ed. 14) 525. 1784.

一年生或二年生草本，具匍匐茎，高 10-30 cm，被白色长茸毛，老茎紫绿色。基生叶数枚，较茎生叶大，叶柄 1-2.5 cm 或更长，具狭翅，淡紫绿色或淡绿色，被茸毛，叶匙形或倒卵形，长 3-6（-14）cm，宽 1.5-2.5（-5）cm，生糙毛及疏柔毛，基部渐狭且下延，有缘毛，先端钝至圆。轮伞花序多花，排成间断穗状花序，长 7-12 cm，先端花叶苞片状，披针形，花梗短；花萼漏斗形，5-8 mm，缘生疏柔毛，萼齿三角形，2.5-4 mm；花冠淡蓝色、淡紫红色、稀白色，冠管直，基部略膨大，8-10 mm，被疏柔毛，内有环生茸毛，上唇直，圆形，先端凹，下唇中裂片狭扇形至倒心形，侧裂片长圆形至近椭圆形。小坚果倒卵形具 3 棱，背部具网状皱纹。花期 3-7 月，果期 5-11 月。

分布于我国安徽、福建、广东、广西、贵州、海南、湖北、湖南、江苏、江西、青海、四川、台湾、云南、浙江，生于海拔 400-2 300 m 溪旁、路边潮湿草坡、竹林潮湿地。日本、朝鲜也有。

4. 紫背金盘

Ajuga nippoensis Makino., Bot. Mag. (Tokyo) 23: 67. 1909.

一年生或二年生草本，茎高（8-）10-20 cm，被茸毛及疏柔毛，基部淡紫色，无基生叶。叶柄长 1-1.5（-2.5）cm，具狭翅，有时淡紫绿色，叶倒卵形、宽椭圆形至近圆形或匙形，长 2-4.5 cm，宽 1.5-2.5 cm，被糙毛及疏柔毛，基部楔形，缘有锯齿或波状圆齿，有缘毛，先端钝。轮伞花序多花，顶端聚生或顶生穗状花序，先端花叶苞片状，卵形至宽披针形，0.8-1.5 cm；花萼钟状，3-5 mm，具茸毛，萼齿三角形，1/2 萼长，先端渐尖；花冠淡蓝色或蓝紫色，稀苍白色、具暗条纹，冠管（6-）8-11 mm，基部略膨大，散生柔内，内生环状茸毛，上唇直，下唇中裂片扇形，先端凹，侧脉片长圆形。小坚果具网状皱纹。花期华东地区 4-6 月，西南地区 12 月至翌年 3 月，果期 6 月至翌年 5 月。

分布于我国福建、广东、广西、贵州、海南、河北、湖南、江苏、江西、四川、台湾、云南、浙江海拔 100-2 300 m 田边、草坡湿地、阳坡林中。

2. 水棘针属 *Amethystea* L.

一年生草本。叶具柄，掌状深裂，稀全缘。顶生圆锥花序，花下叶似茎生叶，退化；苞片线形；花萼钟状，具 10 脉，萼齿 5，近整齐，果时延长；花冠管内藏或略外露，无环毛，2 唇，上唇 2 裂，裂片似下唇侧裂片，下唇略大，3 裂，中裂片近圆形；雄蕊 4，前 2 枚能育，卷于芽内，花丝从上唇凹穴伸出，后 2 枚退化不育，或缺，花药 2 室，纵裂，先端连合；花柱不等 2 裂，后裂片短或不显。小坚果卵状三棱形。

本属为单种属，产于亚洲。

1. 水棘针

Amethystea caerulea L., Sp. Pl. 1: 21. 1753.

茎高 30-100 cm，有时基部木质化，分枝多，淡紫色，被疏柔毛或微柔毛，尤以节上为重。叶柄 0.7-2 cm，紫色或淡紫绿色，有沟，具狭翅，被疏硬毛，叶三角形至倒卵形，有时淡紫色，3-5 深裂，裂片披针形，上面被微柔毛或几无毛，背面无毛，缘有粗齿或重锯齿，中裂片长 2.5-4.7 cm，宽 0.8-1.5 cm，侧裂片长 2-3.5 cm，宽 0.7-1.2 cm，不对称下延。圆锥花序组成疏松而有长总花梗的聚伞花序，花序梗被疏腺体，苞片约 1 mm，有缘毛；花梗 1-2.5 mm，疏生腺体；花萼约 2 mm，外面有乳突状腺体，萼齿 5，披针形，约 1 mm，先端渐尖，具缘毛；花冠蓝色或淡紫蓝色，无毛，檐 5 裂，有腺体，下唇中裂片略大。小坚果倒卵状三棱形，背具网状皱纹，果脐达小坚果 1/2 以上。花期 8-9 月，果期 9-10 月。

分布于我国东北、华北及甘肃、湖南、湖北、陕西、山东、四川、新疆、云南，生于海拔 200-3 400 m 田野、沿河沙地、溪边、路旁。

图 478　水棘针

3. 水蜡烛属 *Dysophylla* Blume

草本，茎中空。叶 3-10 枚轮生，稀对生，无柄，线形至倒披针形，全缘或有波状齿。轮伞花序多花，组成穗状花序，苞片较花短，花无梗；花萼钟状，外面被毛，萼齿 5，短；花冠外露，冠管向上渐宽，4 浅裂，裂片几相等，后裂片全缘或下凹；雄蕊 4，外露，花丝长而直，具髯毛，花药近球形，1 室；花柱与雄蕊近等长，先端 2 裂，裂片钻形，等长，具环状花盘。小坚果近球形，平滑。

本属约有 27 种，主要分布于亚洲，大洋洲有 1 种。我国有 7 种，本书选入 6 种。

分种检索表

1. 花萼具 5 槽；穗状花序近头形，长 1-2.7 cm，宽 0.8-0.9 cm……………………3. 五棱水蜡烛 *D. pentagona*
1. 萼无槽；穗状花序长。
  2. 茎被黄色糙伏毛或柔毛。
    3. 叶全缘，极外卷；茎被黄色糙伏毛……………………………………………1. 毛茎水蜡烛 *D. cruciata*
    3. 叶多少具齿，略外卷；茎被疏柔毛…………………………………………2. 线叶水蜡烛 *D. linearis*
  2. 茎几无毛。
    4. 叶全缘或仅先端呈不明显波状……………………………………………………6. 水蜡烛 *D. yatabena*
    4. 叶有明显锯齿。
      5. 叶长圆形至卵形，宽 4-8 mm，背面绿色………………………………4. 齿叶水蜡烛 *D. sampsonii*
      5. 叶线形至披针形，宽 1.5-4（-7.5）mm，背面灰色…………………………5. 水虎尾 *D. stellata*

1. 毛茎水蜡烛

Dysophylla cruciata Benth., Pl. Asiat. Rar. 1: 30. 1830.

一年生草本，茎高 18-45 cm，有时基部分枝，被黄色糙伏毛。叶无柄，线形，斜展，4 叶轮生，长 1.3-4.5 cm，宽 0.25-0.4 cm，纸质，被糙伏毛，基部宽，全缘并极外卷，先端急尖。穗状花序长 1.5-10 cm，宽 0.7-0.8 cm，紧密；苞片线形至狭披针形，被灰色糙伏毛，灰紫色；花萼长约 1.5 mm，宽 1.2 mm，外面被茸毛，萼齿卵状三角形，约为 1/3 萼管长；花冠约为 2 倍萼长，紫红色，约 4 mm，外面被茸毛，檐片斜 4 浅裂；雄蕊超出。小坚果暗棕色，小而光泽。花期 9-10 月，果期 11 月。

分布于云南，生于海拔 1 100-1 500 m 的草甸、湿地。柬埔寨、印度、老挝、尼泊尔、越南也有分布。

2. 线叶水蜡烛

Dysophylla linearis Benth., Prodr. 12: 157. 1848.

一年生草本，高 80 cm，基部蔓生，无毛，锈色，被腺状疏柔毛。叶 4-6 枚轮生，线状披针形，长 2.5-7.5 cm，宽 0.2-0.45 cm，纸质，上面生微柔毛，背面中脉被腺状柔毛，全缘或前端有不明显疏齿，略外卷，先端渐尖。穗状花序长约 4.5 cm，宽 1.2 cm，苞片披针形，先端紫红色；花萼狭钟状，约长 3 mm，宽 1.6mm，散生柔毛，萼齿直；花冠约为萼 1.5 倍，外面被微柔毛，檐近等 4 浅裂；雄蕊外露，花丝被髯毛。

分布于云南，生于湿地。印度也有分布。

3. 五棱水蜡烛

Dysophylla pentagona C. B. Clarke ex Hook. f., Fl . Brit. India 4: 641. 1885.

一年生草本，高 10-40cm，茎直立上升，基部蔓生，无毛。叶 4 枚轮生，线形至倒披针形，长 10-20 mm，宽 2.5-3.2mm，无毛，背面散生腺体，基部狭，全缘或略外卷，先端钝。穗状花序近头状，长 1-2.7 cm，宽 0.8-0.9cm，苞片紫色，披针形，边缘被灰色茸毛；花萼长约 1 mm，宽 0.8mm，被疏毛及腺体，有 5 槽；花冠淡红色，约为萼长 2 倍；雄蕊极超出。

分布于云南，生于海拔 900-1 500m 的水中或沼泽溪边。印度也有分布。

4. 齿叶水蜡烛

Dysophylla sampsonii Hance, Ann. Sci. Nat. Bot., Sér. 5, 5: 234. 1866.

一年生草本，茎直立，基部蔓生，高 15-50cm，无毛，淡红色。叶 3（-5）枚轮生，稀对生，倒卵状长圆形至倒披针形，长 0.9-6.2 cm，宽 4-8mm，纸质，无毛，密生黑色腺体，基部狭，边缘齿明显，基部约 1/3 处全缘，先端钝至急尖。穗状花序长 1.2-7 cm，宽 0.8 cm，花序轴被腺茸毛；苞片卵状披针形，淡红色；花萼宽钟状，约长 1.4mm，宽 1.4mm，被柔毛，外面基部有黄色腺体，淡紫红色，萼齿卵形，为萼长 1/3；花冠紫红色，约 2mm，裂片近等长；雄蕊外露，花丝有淡紫红色毛。小坚果暗棕色，卵球形，长约 0.7 mm，宽 0.5mm，具光泽。花期 9-10 月，果期 10-11 月。

分布于华南及贵州、江西，生于生沼泽或水边。

5. 水虎尾

Dysophylla stellata (Lour.) Benth., Pl. Asiat. Rar. 1: 30. 1830.——*Mentha stellata* Lour.

一年生草本，直立，高 15-40cm，基部粗达 1cm，无毛，节上有时生灰色茸毛。叶 4-8 枚轮生，线形至披针形，长 2-7cm，宽 0.15-0.4（-0.75）cm，无毛，背面灰色，基部狭，边缘具波状锯齿或全缘，外卷或平展，先端急尖。穗状花序长 0.5-7（-9）cm，宽 0.4-0.6（-0.8）cm，连续而密集；苞片披针形；花萼外面密生灰色绵毛，长约 1.2 mm，宽 1mm，果期达 1.8mm；花冠紫红色，1.8-2mm，裂片近等长。小坚果棕色、卵球形。全年都有花果。

分布于华南及安徽、福建、湖南、江西、云南、浙江，生于海拔 300-1500m 的稻田、溪流边湿地。不丹、印度、印度尼西亚、日本、老挝、马来西亚、泰国、越南及澳大利亚也有分布。

图 479 水虎尾

6. 水蜡烛

Dysophylla yatabena Makino, Bot. Mag. (Tokyo) 12: 55. 1898.

多年生草本，茎高 40-60 cm，除上部被柔毛外，余均无毛，常不分枝或稀有短分枝。3-4 叶轮生，叶狭披针形，长 3.5-4.5 cm，宽 0.5-0.7 cm，纸质，无毛，具不明显棕色腺体，全缘或前部有不明显疏齿，先端钝。穗状花序长 2.8-7 cm，粗约 1.5 cm，紧密；苞片淡紫色，线状披针形；花萼卵状钟形，1.6-2 mm，外面疏生柔毛或锈色腺体，萼齿三角形，为萼管 1/2 长；花冠紫红色，约为花萼 2 倍长，无毛，檐近等 4 浅裂；雄蕊外露，花丝密生紫红色髯毛。花期 8-10 月。

分布于安徽、贵州、湖南、浙江，生于稻田或开阔湿地。日本、朝鲜也有分布。

4. 香薷属 *Elsholtzia* Willd.

草本、亚灌木或灌木。轮伞花序呈连续或间断的穗状或头状，穗状花序圆柱形或侧扁，有时呈圆锥花序，苞片卵形或扇形，小，较花萼狭；花萼钟状或圆柱形，喉部无毛，萼齿 5，近相等或前 2 齿较长；花冠白色、淡黄色或淡紫色，2 唇裂，外面被毛或腺体，内面生环毛或无毛，冠管较萼略长，直或略弯，漏斗形，上唇直，全缘或下凹，下唇伸展，3 浅裂，中裂片最大，全缘，先端啮蚀状或下凹；雄蕊 4，常外露，前 2 枚较长，花丝无毛，花药 2 室；子房无毛，花柱常超出雄蕊，先端 2 裂，裂片钻形、线形或棍棒状。小坚果卵球形至长圆形，无毛或生疏毛，具疣或平滑。

本属约有 40 种，分布于东亚、欧洲和北美。我国有 33 种，本书收入 3 种。

分种检索表

1. 细弱草本，茎平卧，高 10-40 cm；穗状花序卵球形，长 1.5-2.5 cm，宽约 2 cm……3. 水香薷 *E. kachinensis*

1. 直立草本，高（30-）50（-100）cm；穗状花序偏向一侧而不呈卵球形，长 2-7 cm，宽约 1.3 cm。

   2. 苞片被白色茸毛及黄色腺体，背面紫色；萼齿 5，近等长；小坚果暗棕色………1. 紫花香薷 *E. argyi*

   2. 苞片几无毛而有松脂状腺体；萼齿 5，前 2 齿较长；小坚果黄棕色……………………2. 香薷 *E. ciliata*

1. 紫花香薷

Elsholtzia argyi H. Lév., Repert. Spec. Nov. Regni Veg. 8: 425. 1910.

草本，高 50-100 cm。茎紫色，有白色柔毛。叶柄 0.8-2.5 cm，具狭翅，叶卵形至宽卵形，长 2-6 cm，宽 1-3 cm，上面被疏柔毛，背面有腺痕，沿脉生白色柔毛，基部圆至宽楔形，边缘有齿，近基部全缘，先端短渐尖。穗状花序侧偏，2-7 cm，轮伞花序有花 8 朵，苞片圆形，长约 5 mm，宽 5 mm，先端有突刺，刺长约 2 mm，被白色茸毛及黄色腺体，背面紫色，上面无毛，具缘毛，花梗约 1 mm；花萼管状，约 2.5 mm，外被白色茸毛，萼齿 5，钻形，近等长，有缘毛，先端具刺；花冠紫色，约 6 mm，外被白色茸毛，近上部有腺体，喉部宽达 2 mm，上唇下凹，有缘毛，下唇略平展，中裂片圆形，先端常具短尖；花药暗紫色。小坚果暗棕色，长圆形，约 1 mm，具小疣。花果期 9-11 月。

分布于安徽、福建、广东、广西、贵州、湖北、湖南、江苏、江西、四川、浙江，生于海拔 200-1 200 m 的山坡、林中、溪流及河边草地。

2. 香薷

Elsholtzia ciliata (Thunb.) Hyl., Bot. Nat. 1914: 129. 1941.——*Sideritis ciliata* Thunb.

直立草本，高 30-50 cm。茎无毛或疏生柔毛，中部以上具分枝，具钝 4 棱。叶柄 0.5-3.5 cm，具狭翅，叶卵形至椭圆状披针形，长 3-9 cm，宽 1-4 cm，散生小硬毛，上面有稀疏树脂状腺体，基部楔形下延，边缘具齿，先端渐尖。穗状花序侧偏，长 2-7 cm，宽约 1.3 cm，轮伞花序多花，苞片宽卵形至扁圆形，约 4 mm，几无毛，背面疏生树脂状腺体，具缘毛，先端短尖约 2 mm，花梗约 2 mm；花萼约 1.5 mm，被疏毛，外面疏生腺体，萼齿 5，三角形，前 2 齿较长，针状，具缘毛；花冠淡紫色，约 4.5 mm，外被茸毛及腺体，喉部宽约 1.2 mm，被柔毛，上唇下凹，下唇中裂片半圆形，侧脉片较中短；花药黑紫色；花柱内藏。小坚果黄棕色，长圆形，约 1 mm。花期 7-10 月，果期 10 月至翌年 6 月。

除青海、新疆外几乎遍布全国各地，生于海拔 3 400 m 以下的山坡、路旁、荒地、河边。柬埔寨、印度、日本、老挝、马来西亚、蒙古、缅甸、俄罗斯、泰国、越南也有分布。

图 480 香薷

3. 水香薷

Elsholtzia kachinensis Prain., J. Asiat. Soc. Bengal. Pt. 2, Nat. Hist. 73: 206. 1904.

细弱草本，高 10-40 cm，被茸毛。叶柄 3-15 mm，叶宽卵形至卵状披针形，长 1-3.5 cm，宽 0.5-2 cm，草质，散生细柔毛，上面沿中脉生柔毛，基部宽楔形，基部以上边缘有圆锯齿。穗状花序卵球形，长 1.5-2.5 cm，宽约 2 cm，轮伞花序有花 4-6，苞片宽卵形，长 3-4 mm，宽 4-5 mm，有缘毛；花梗约 0.5 mm；花萼管约 1.5 mm，疏生柔毛，外被腺体，萼齿 5，近等长，披针状三角形，先端刺状；花冠白色至紫色，约 7 mm，外被疏柔毛，喉部宽约 2 mm，上唇下凹，下唇略伸展，中裂片全缘，下凹，侧裂片半圆形；雄蕊极外露；花柱与雄蕊几等长。小坚果栗棕色，长圆形，被柔毛。花果期 10-12 月。

分布于广东、广西、贵州、湖北、湖南、江西、四川、云南，生于海拔 1 200-2 800 m 的河边、林中湿地。缅甸也有分布。

5. 活血丹属 *Glechoma* L.

多年生匍匐草本。茎上升或平卧。叶具长柄、圆形或肾形，基部深心形。轮伞花序腋生，有花 2-6 或更多；花萼管状或钟状，喉部附近略弯，具 15 脉，不明显 2 唇形，上唇 3 齿裂，下唇 2 齿裂；花冠管状，上部膨大，上唇直，凹或 2 浅裂，下唇伸展，3 浅裂；雄蕊 4，前 2 雄蕊着生下唇侧裂片下，后 2 雄蕊生上唇喉部附近，花丝无毛，雌花花丝不育，花药长圆形，平行或略分叉；子房无毛，花柱纤细，先端不等 2 裂。小坚果暗棕色、长圆状卵形、平滑或具压痕细点，无毛。

本属约有 8 种，分布于亚洲和欧洲。我国有 5 种，本书选入 2 种。

分种检索表

1. 花冠长为花萼的 1 倍以上；萼齿狭三角形，先端具长芒状细尖；全株被长柔毛及倒向短柔毛…………………………………………………………………………………………1. 白透骨消 *G. biondiana*

1. 花冠长为花萼的 1 倍或 1 倍以下；花萼长 9mm 以上，萼齿较长，卵状三角形，长为花萼全长的 1/3 或 2/5；叶被柔毛……………………………………………………………………2. 活血丹 *G. longituba*

1. 白透骨消

Glechoma biondiana (Diels) C. Y. Wu & C. Chen, Acta Phytotax. Sin. 12: 31. 1974.——*Dracocephalum biondianum* Diels.

茎匍匐上升，节上生根，高 15-30 cm 或更高，幼时散生茸毛至柔毛，后变无毛，基部有时淡紫色。基生叶较小，柄长约为其 3 倍；中部茎生叶柄 1.2-2.5 cm，叶片心形，长 2-4.2 cm，宽 1.9-3.8 cm，被茸毛，背面淡紫色，边缘具粗圆齿，先端针状急尖。轮伞花序有 6-9 花，苞片及小苞片线形，约 4 mm，具缘毛；花萼管状至钟状，略弯，1-1.2 cm，被茸毛及微柔毛，萼齿狭三角形，4-5 mm，先端有刺芒，缘具毛；花冠淡红色或淡紫色，管状钟形，2-2.4 cm，散生茸毛，冠管向上渐膨大，喉部宽达 6 mm，上唇直，宽卵形，先端凹，下唇斜展，中裂片扇形，先端凹，侧裂片卵形。小坚果略三棱形，具压痕。花期 4-5 月，果期 5-6 月。

分布于甘肃、河北、河南、湖北、陕西、四川，生于海拔 1 000-1 200 m 的林缘潮湿处、溪边。

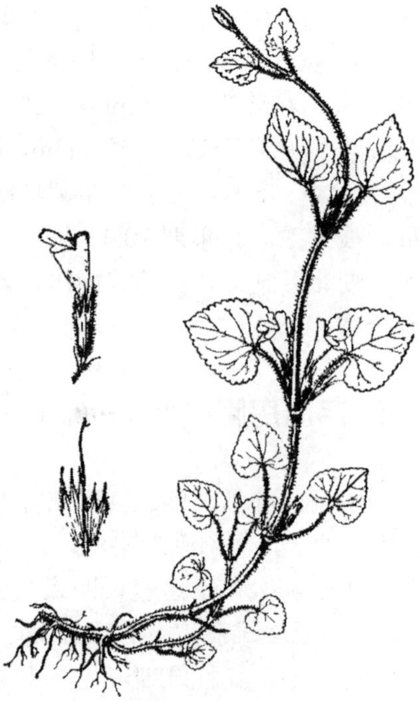

图 481 白透骨消

2. 活血丹

Glechoma longituba (Nakai) Kuprianova, Bot. Zhurn. (Moscow & Leningrad) 33: 236. 1948.——*Glechoma hederacea* L. var. *longituba* Nakai.

茎上升，高 10-20（-30）cm，基部淡紫红色，幼时被茸毛。叶柄为叶片 1-2 倍长，基生叶较小，心形至近肾形，上部叶心形，长 1.8-2.6 cm，宽 2-3 cm，上面散生糙毛或疏柔毛，背面淡紫色，沿脉生疏柔毛或糙硬毛，边缘具齿，先端急尖或钝。轮伞花序有 2（-6）花，苞片和小苞片线形，长达 4 mm，具缘毛；花萼管状，0.9-1.1 cm，沿脉生茸毛，萼齿卵状三角形，3-5 mm，先端具芒，有缘毛，腹面毛较长；花冠蓝色至紫色，管状钟形，长 1-2.2 cm，多少生茸毛及柔毛，上唇直，2 浅裂，裂片近肾形，下唇延长，斜展，有暗色斑，中裂片肾形，2-3 倍上唇长，先端凹，侧裂片长圆形，长约为中裂片 1/2。小坚果长约 1.5 mm，宽 1 mm，基部多少三棱形，先端圆。花期 4-5 月，果期 5-6 月。

除甘肃、青海、西藏、新疆外，其余各省均有分布，生于海拔 100-2 000 m 的草地、林缘、溪边。朝鲜、俄罗斯也有分布。

6. 野芝麻属 *Lamium* L.

一年生或多年生草本。叶宽圆形或肾形至卵状披针形，边缘有锯齿。轮伞花序有 4-14 花，苞片线形，早落；花萼管状至钟形，具 5-10 脉，外面被毛，喉部略斜，萼齿 5，近相等，钻形；花冠紫红色、淡红色、淡黄色至黄白色，2 唇，为萼长 2-3 倍，外面被毛，冠管直或内弯，圆柱形或上部环状扩大近囊状，上唇直，长圆形，多少盔状，下唇平展，3 浅裂，中裂片倒心形，凹或 2 浅裂，侧裂片半圆形，有齿；雄蕊 4，有毛，前 2 枚长，从上唇下方升起，花药 2 室；子房裂片先端截形，无毛或具小瘤，有时有膜质边，花柱先端 2 裂。

本属约有 40 种，分布于非洲、亚洲和欧洲。我国有 4 种，本书选入 2 种。

分种检索表

1. 叶卵形至卵状披针形，基部心形；花冠管内有明显环带……………………………1. 短柄野芝麻 *L. album*
1. 叶圆形至肾形，基部楔形；花冠管内无环带…………………………………………2. 宝盖草 *L. amplexicaule*

1. 短柄野芝麻

Lamium album L., Sp. Pl. 2: 579. 1753.

多年生草本，高 30-60 cm，具刚毛或近无毛。基生叶小，茎生叶柄长 1-6 cm，叶卵形至卵状披针形，长 2.5-6 cm，宽 1.5-4 cm，上面散生硬毛，基部心形，边缘具钝齿，先端急尖至骤渐尖。轮伞花序 8-9 花，苞片线形，长约为花萼 1/6；花萼钟形，长 9-13 mm，宽 2-3 mm，基部有时紫红色，散生刚毛及糙硬毛，萼齿披针形，与萼筒等长，具芒，有缘毛；花冠淡黄色或黄白色，2-2.5 cm，冠管与萼等长，直径 2-2.5 mm，被柔毛，内面有环毛，喉部扩大，上唇倒卵形，长 7-10 mm，宽 6 mm，下唇 1-1.2 cm，中裂片长 4-6 mm，宽 3-4 mm，倒肾形，有缘毛，侧裂片环形，约 2mm，有长约 1mm 的钻形齿；花药暗紫色，被茸毛。小坚果暗灰色，狭卵球形，具 3 棱，长 3-3.5 mm，宽 1.5-1.7mm，无毛，有小瘤。花期 7-9 月，果期 8-10 月。

分布于甘肃、内蒙古、山西、新疆，生于海拔 1 400-2 400m 的落叶松林、潮湿云杉林、半荒漠旱坡。亚洲和欧洲均有分布。

2. 宝盖草

Lamium amplexicaule L., Sp. Pl. 2: 579. 1753.

一年生或二年生草本，高达 30cm。茎基部多分枝，上升，无毛。上部叶对生无柄，基生叶叶柄几与叶等长，叶圆形至肾形，长 1-2cm，宽 0.7-1.5cm，散生硬毛，基部楔形至宽楔形，半抱茎，边缘具深齿至掌状浅裂，先端圆。轮伞花序有 6-10 花，苞片长约 4mm，宽 0.3mm，具缘毛；花萼管状钟形，长 4-5mm，宽 1.7-2mm，密生茸毛，内面顶部生白色茸毛，萼齿披针状钻形，1.5-2mm，具缘毛；花冠紫红色或淡红色，约 1.7cm，被柔毛，冠管约 1.3cm，喉部宽约 3mm，无环带，上唇外密生紫红色柔毛，长圆形，约 4mm，先端略弯，下唇略长，中裂片倒心形，2 裂；花丝无毛，花药生糙硬毛。小坚果淡灰黄色，倒卵形，具 3 棱，基部缢缩，长约 2mm，宽 1mm，有白色小瘤。花期 3-5 月，果期 7-8 月。

分布于安徽、福建、甘肃、贵州、河南、湖北、湖南、江苏、青海、陕西、四川、西藏、新疆、云南、浙江，生于海拔 4 000m 以下的路边、林缘、草甸或田边。亚洲和欧洲均有分布。

图 482 宝盖草

7. 益母草属 *Leonurus* L.

一年生至多年生直立草本。叶3-7浅裂，基部叶多少呈掌状浅裂，早落；茎生叶全缘，锐裂或3浅裂。轮伞花序多花，呈长穗状；小苞片钻形或刺状，质硬或枯萎；花萼倒圆锥形或管状钟形，具5脉，2唇不明显，上唇直，有3齿，下唇具2齿，伸展；花冠白色、淡红色或淡紫色，冠管外露，上唇长圆形或卵形，全缘，被茸毛或否，下唇3浅裂，具色斑，裂片长圆状卵形或中裂片略心形，较侧裂片大；雄蕊4，前2枚较长，后2枚平行，花药2室；花柱先端2裂，裂片钻形。小坚果三棱形，基部楔形，先端截形。

本属约有20种，分布于非洲、亚洲、欧洲和美洲。我国有12种。

1. 益母草

Leonurus japonicus Houtt., Nat. Hist. 99: 366. 1778.

一年生或二年生草本。茎30-120cm，密生糙伏毛。茎生叶柄0.5-3cm，上端具狭翅；下部茎生叶卵形，基部宽楔形，掌状3深裂，裂片长圆状菱形至卵形，长2.5-6cm，宽1.5-4cm，再羽状分裂，上面有糙伏毛，背面生疏柔毛及腺体；中部茎生叶菱形，掌状深裂，裂片长圆状线形，基部楔形。轮伞花序有8-15花，直径2-2.5cm，花下叶近无柄，线形或线状披针形，长3-12mm，宽2-8mm，全缘或有锯齿；小苞片刺状，较萼管短，约5mm，贴生柔毛，花无梗；花萼管状钟形，6-8mm，贴生柔毛，萼齿宽三角形，2-3mm，先端具刺；花冠白色或淡红色至淡紫红色，1-1.2cm，被茸毛，冠管约6mm，上唇长圆形，长约7mm，宽4mm，全缘，有缘毛，下唇略短，基部散生鳞片，中裂片倒心形，基部缢缩，先端凹，侧裂片卵形；花丝被鳞片。小坚果淡棕色，长圆形，具三棱，约2.5mm，基部楔形，先端截形，平滑。花期6-9月，果期9-10月。

遍布全国，生于3 400m以下的各类环境，尤以向阳处为盛。

图483 益母草

8. 地笋属 *Lycopus* L.

多年生草本，常有伸长根茎。叶具齿或羽状半裂。轮伞花序无柄，多花，抱于细小小苞片中，花无柄；花萼钟状，内面无毛，萼齿4-5，等长或1枚较大；花冠钟状，2唇裂，喉部茸毛缠结，上唇全缘或下凹，下唇3裂，中裂片较侧裂片大；前雄蕊直，略外露，能育，后雄蕊不育，丝状，先端棒状或头状，花丝无毛，花药2室；花柱外露，先端2裂，裂片扁平，急尖，等长或后片较小。小坚果棕色，背腹扁，腹面具肋，无毛或腹面有腺体，基部楔形，先端截形。

本属约有10种，分布于东半球温带及北美洲。我国有4种，本书选入2种。

分种检索表

1. 叶较节间短或略长，叶上缘具波状齿或圆齿……………………………………1. 小叶地笋 *L. cavaleriei*
1. 叶远较节间长，边缘无波状齿或圆齿……………………………………………2. 地笋 *L. lucidus*

1. 小叶地笋

Lycopus cavaleriei H. Lév., Repert. Spec. Nov. Regni Veg. 8: 423. 1910.

地下茎长，横伸，匍匐，先端膨大；茎直立，高15-60 cm，被柔毛至几无毛，节上被柔毛。叶无柄，长圆状卵形至卵形，长1.5-3 cm，宽0.6-1.5 cm，几无毛，基部楔形并下延，边缘有波状齿或不规则圆齿，先端急尖。轮伞花序球形，直径5-7 mm，小苞片线状钻形，有肋及刺，长1.5-2.5 mm；花萼2.5-3 mm，被柔毛，脉10-15条，萼齿4-5，约1 mm，三角状披针形，先端具刺；花冠白色，略外露，3-3.5 mm，檐有腺体，内面被缠绕白色毛，略呈2唇裂，裂片几等长，约1 mm，上唇圆，下唇凹；前雄蕊与冠等长，后雄蕊退化呈丝状，不育。小坚果倒卵球形，4棱，腹面略膨大，有腺体，果脐白色。花期7-8月，果期8-9月。

分布于安徽、贵州、吉林、江西、四川、云南、浙江，生于海拔900-1 700 m的山坡、溪流、田边。朝鲜、日本也有分布。

2. 地笋

Lycopus lucidus Turcz. ex Benth., Prodr. 12: 178. 1848.

多年生草本。根茎先端膨大，有时在扩大的匍匐茎上生鳞片叶；茎高20-70 cm，常无分枝，节常紫红色。叶几无柄，线形至长圆状披针形，长4-8 cm，宽1.2-2.5 cm，无毛至微生糙硬毛，基部渐狭，边缘羽状齿裂至全缘，先端渐尖。轮伞花序球形，直径1.2-1.5 cm，小苞片卵形至披针形，有缘毛及刺，最外小苞片达5 mm，有3脉，内小苞片2-3 mm，具1脉；花萼约3 mm，有腺体，萼齿5，披针状三角形，约2 mm，先端有刺及缘毛；花冠白色，约5 mm，具腺体，喉部有白色柔毛，冠管约3 mm，2唇裂，上唇圆形，下唇3浅裂，中间裂片较大。小坚果倒卵球形，具4边，约长1.6 mm，宽1.2 mm，背扁，具腺体，基部狭。花期6-9月，果期8-11月。

分布于东北、华东、华南及甘肃、河北、陕西、山西、四川、台湾、云南，生于海拔300-2 600 m 的沼泽、草地、溪边。日本、俄罗斯也有分布。

图 484 地笋

9. 薄荷属 *Mentha* L.

一年或多年生草本，具芳香气，有匍匐状根茎。上端叶几无柄，叶缘具锯齿，轮伞花序2至多花，苞片披针形至线形，花两性或雌性；花萼漏斗状至钟形，有10-13脉，萼等长5齿裂或2唇裂，上唇3齿裂，下唇2齿裂；花冠漏斗形或不整齐，冠管一般内藏于萼，喉部略膨大或前面囊状，冠檐4浅裂，裂片等大，全缘，上裂片略宽，下凹或2浅裂；雄蕊4，近等长，两性花雄蕊外露，雌花雄蕊常不育而内藏，后2枚略长于前2枚，花丝无毛，花药2室；花柱外露，先端2裂。小坚果卵球形，平滑或略有小瘤，先端圆，稀被毛。

本属约有30种，主要分布于北温带，南半球只有少数种。我国有6种，本书选入2种。

分种检索表

1. 植株多分枝，被柔毛；轮伞花序生叶腋，且叶长于花序……………………………1. 薄荷 *M. canadensis*
1. 植株分枝少，有时紫色；轮伞花序无叶，顶生 ……………………………………2. 兴安薄荷 *M. dahurica*

1. 薄荷

Mentha canadensis L., Sp. Pl. 2: 577. 1753.

多年生草本，具根茎。茎高30-60 cm，多分枝，被柔毛。叶柄2-10 mm，叶卵状披针形至长圆形，长 3-5（-7）cm，宽 0.8-3 cm，被柔毛，基部楔形至圆形，边缘中上部具稀疏粗齿，先端急尖。轮伞花序腋生，球形，直径约 1.8 cm，总花梗 0-3 mm，花梗纤细，2.5 mm；花萼管状钟形，约 2.5 mm，有柔毛及腺体，脉 10 条，不明显，萼齿三角状钻形，约 1 mm，先端急尖；花冠淡紫色或白色，约 4 mm，被柔毛，上裂片最大，2 裂，其余裂片长圆形；雄蕊约 5 mm。小坚果黄棕色，具洼点。花期 7-9 月，果期 10 月。

分布于全国各地，生于海拔 3 500 m 以下的湿润地区。亚洲和北美均有分布。

图 485　薄荷

2. 兴安薄荷

Mentha dahurica Fischer ex Bentham., Labiat. Gen. Spec. 181. 1836.

多年生草本，具根茎。茎高 30-60 cm，分枝少，有时紫色，基部无叶，被倒向柔毛。叶柄 7-10 mm，叶卵形至长圆形，长约 3 cm，宽 1.3 cm，无毛或疏生柔毛，背脉具腺体，基部宽楔形至圆形，近全缘或略具齿，先端急尖至钝。轮伞花序 5-13 花，花序梗 2-10 mm，被微柔毛，小苞片线形，上弯，被柔毛，花梗 1-3 mm；花萼管状钟形，约 2.5 mm，脉明显，被柔毛，萼齿宽三角形，约 0.5 mm，急尖；花冠淡红色或淡紫色，约 5 mm，无毛，喉部被柔毛，基部渐膨大，裂片圆形，约 1 mm，上裂片明显 2 裂；前雄蕊伸出花冠；子房棕色、无毛。小坚果卵球形。花期 7-8 月，果期 10 月。

分布于黑龙江、吉林、内蒙古，生于海拔 600 m 左右的草甸。日本、俄罗斯也有分布。

10. 刺蕊草属　*Pogostemon* Desf.

草本或亚灌木。叶卵形至狭卵形，稀线形或镰刀形，多少被毛，边缘具齿。轮伞花序整齐或侧偏成连续或间断穗状花序、聚伞花序或圆锥花序，苞片及小苞片线形至卵形；花萼卵球状管形或钟形，萼齿5，近相等，被缘毛；花冠2唇裂，上唇3浅裂，下唇全缘，上下唇几等长；雄蕊4，外露，花丝中部具髯毛，花药球形，1室；花柱先端2裂，裂片几相等，钻形。小坚果卵球形，略扁，平滑。

本属约有60种，分布于亚洲和非洲。我国有16种。

1. 水珍珠菜

Pogostemon auricularius (L.) Hassk., Tijdsch. Nat. Geschied. 10: 127. 1843.——*Mentha auricularia* L.

一年生草本，高0.4-2m，基部平卧，节上生根，上部多分枝，密生黄色伸展糙硬毛。叶柄达1.2cm，茎上部叶几无柄；叶长圆形至卵状长圆形，长2.5-7cm，宽1.5-2.5cm，被黄色糙伏毛，边缘具齿，先端钝至急尖，侧脉5-6对。穗状花序6-18cm，顶端尾状，直径约1cm，苞片卵状披针形，边缘具糙伏毛；花萼钟状，长约1mm，宽1mm，无毛，有黄色腺体，萼齿宽三角形，约为萼长1/4，边缘具疏柔毛；花冠紫色至白色，为萼长2.5倍，无毛；雄蕊外露，外露部分被髯毛。小坚果棕色，近球形，直径约0.5mm，无毛。花果期4-11月。

分布于福建、广东、台湾、云南，生于海拔300-1 700m的疏林潮湿地、溪边。柬埔寨、印度、印度尼西亚、老挝、马来西亚、缅甸、菲律宾、斯里兰卡、泰国、越南也有分布。

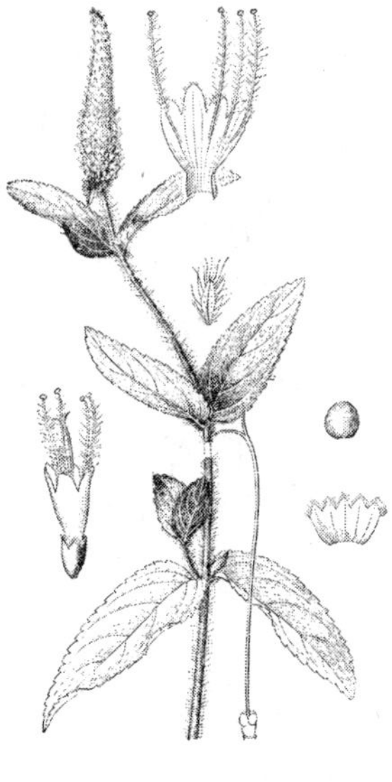

图486 水珍珠菜

11. 夏枯草属 *Prunella* L.

多年生草本。叶羽状分裂至近全缘。轮伞花序有6花，聚成顶生卵球形穗状花序，苞片宽，膜质，具缘毛，花梗极短；花萼管状钟形，具10脉，2唇，基部被毛，喉部无毛，上唇3齿短，下唇2裂达1/2，唇齿披针形，果期封闭；花冠管向一侧膨大，伸出，喉部略缢缩，内面生环形鳞毛，2唇裂，上唇直，盔形，全缘，下唇3浅裂，中裂片最大，凹，具细齿，侧裂片长圆形，反折；雄蕊4，前2枚长，上升达上唇下侧，花丝先端有齿，花药2室；子房无毛，花柱无毛，先端2裂，裂片钻形。小坚果棕色，近球形、卵球形至长圆形，无毛，平滑或有小瘤突，先端圆。

本属约有7种，分布于非洲、亚洲、欧洲和北美洲。我国有4种，其中1种系栽培。

1. 夏枯草

Prunella vulgaris L., Sp. Pl. 2: 600. 1753.

茎高 20-30 cm，基部多分枝，紫红色，散生糙伏毛或几无毛。叶柄 0.7-2.5 cm，叶披针形至卵形，长 1.5-6 cm，宽 0.6-2.5 cm，无毛至散生茸毛，基部截形至宽楔形，边缘波状至全缘，先端钝至圆。穗状花序 2-4 cm，花下叶小于茎生叶，近卵形，柄极短，苞片淡紫色，宽心形，长约 7 mm，宽 11 mm，具短尖，沿脉散生糙硬毛；花萼钟形，约 1 cm，散生糙硬毛，萼管约 4 mm，上唇扁球形，近截形，下唇较狭，萼齿渐尖；花冠淡紫色或白色，无毛，约 1.3 cm，略伸出，冠管约 7 mm，基部宽约 1.5 mm，向上渐扩大，喉部宽约 4 mm，上唇近圆形，直径约 5.5 mm，多少盔形，下凹，下唇长为上唇 1/2，中裂片倒心形，流苏状，侧裂片长圆形，小而平展；前雄蕊极长。小坚果长圆状卵球形，长约 1.8 mm，宽 0.9 mm，具1沟。花期4-6月，果期7-10月。

除东北、华北及安徽、海南、宁夏、青海、山东外，其余各省区均有分布，生于海拔 3 200 m 以下的阳坡、草地、潮湿溪边、丛林。非洲、亚洲、欧洲、北美均有分布。

图 487　夏枯草

12. 水苏属 *Stachys* L.

多年生直立草本或一年生铺散草本，稀为亚灌木或灌木，有时具根茎。轮伞花序有两至多花，呈顶生穗状花序，花梗短或无；花萼管状钟形、倒圆锥状或管状，有5-10脉，萼齿5，等大或后3齿较大，急尖至刚毛状或刺状；花冠红色、紫色、黄色、灰色或白色，2唇裂，冠管圆柱形，有时囊状，先端弯，内面环生茸毛，喉部不膨大，上唇直或近伸展，下唇较大，3浅裂，中裂片全缘，下凹，侧裂片较短；雄蕊4，前2枚较长，弯向喉部，花药2室；花柱先端2裂，裂片钻形。小坚果卵球形至长圆形，平滑或具小瘤，先端钝或圆。

本属约有300种，分布于非洲、亚洲、欧洲和美洲。我国有18种，本书选入4种。

分种检索表

1. 茎多分枝，密生倒向柔毛，节和棱上疏生糙硬毛……………………………4. 沼生水苏 *S. palustris*
1. 茎不分枝或仅顶部或基部偶有分枝，无毛或仅在节和棱上疏生硬毛。
    2. 不分枝，无毛；叶两面无毛，叶柄长3-17mm……………………………………………3. 水苏 *S. japonica*
    2. 茎有时在基部或顶部分枝或不分枝；叶两面疏生糙硬毛，渐变无毛，叶柄极短。
        3. 茎顶部有时具分枝；叶两面疏生糙硬毛，叶柄长0-2mm………………………1. 毛水苏 *S. baicalensis*
        3. 茎不分枝或基部具分枝，无毛，节和棱上疏生糙硬毛；叶两面无毛或疏生微硬毛变无毛，叶柄2-5mm……………………………………………………………………………2. 华水苏 *S. chinensis*

1. 毛水苏

Stachys baicalensis Fischer ex Benth., Labiat. Gen. Spec. 543. 1834.

多年生草本，具根茎。茎直立，高50-100cm，有时顶部具分枝，无毛。叶柄0-2mm，叶长圆状狭披针形，长3-11cm，宽0.4-1.5cm，两面疏生糙硬毛，基部圆，边缘有细齿，先端急尖。轮伞花序有6花，小苞片线形，刺状，早落；花梗约1mm，被糙硬毛；花萼钟状，约9mm，沿脉及边缘被茸毛状糙硬毛，内面无毛，具明显10脉，萼齿披针状三角形，约3mm，先端刺尖；花冠淡紫色至紫色，长达1.5mm，冠管约9mm，无毛，檐片外面被毛，上唇卵形，长约7mm，宽4mm，下唇卵形，长约8mm，宽7mm，中裂片近圆形，直径约4mm，侧裂片卵形，宽约2mm。小坚果棕色，卵球形，无毛。花期7月，果期8月。

分布于东北、华北及山东，生于海拔200-1 700m的潮湿地、河边。朝鲜、俄罗斯、日本也有分布。

图 488 毛水苏

2. 华水苏

Stachys chinensis Bunge ex Benth., Labiat. Gen. Spec. 544. 1834.

多年生直立草本，高约 60 cm，无分枝或基部具分枝，无毛，仅节和棱上疏生倒向茸毛状糙硬毛。叶柄 2-5 mm，叶长圆状披针形，长 5.5-8.5 cm，宽 1-1.5 cm，两面几无毛，基部圆，边缘有细齿，先端钝。轮伞花序有 6 花，小苞片刺状，约 1 mm；花萼钟状，约 1 cm，有 10 脉，沿脉及边缘生茸毛状糙硬毛，萼齿披针形，约 4 mm，先端刺状；花冠紫色，约 1.5 cm，唇片被微柔毛，冠管约 8 mm，上唇长圆形，长约 4 mm，宽 2 mm，下唇伸展，近圆形，长约 7 mm，宽 7 mm，中裂片近圆形，长约 3 mm，宽 4 mm，下凹，侧裂片卵形，宽约 2 mm。小坚果棕色，具 3 棱，卵球形，无毛。花期 6-8 月，果期 7-9 月。

分布于东北、华北及甘肃、陕西，生于海拔 1 000 m 的沙地、峡谷。俄罗斯也有分布。

图 489 华水苏

3. 水苏

Stachys japonica Miq., Ann. Mus. Bot. Lugduno-Batavum 2: 111. 1865.

多年生草本，具根茎。茎不分枝，高20-80cm，无毛，被微细糙硬毛。叶具柄，0.3-1.7cm，叶长圆状披针形，长5-10cm，宽1-2.3cm，无毛，背面灰绿色，基部圆或狭心形，边缘有细锯齿，先端急尖。穗状花序5-13cm，轮伞花序有6-8花，小苞片刺状，约1mm，花梗约1mm；花萼钟状，长达7.5mm，外被腺柔毛，有不明显10脉，萼齿三角状披针形，有刺及缘毛，内面疏生微柔毛；花冠淡红色或淡红紫色，约1.2cm，冠管约6mm，囊状，唇外被柔毛，内无毛，上唇倒卵形，长约4mm，宽2.5mm，下唇伸展，长约7mm，宽6mm，中裂片近圆形，下凹，侧裂片卵形；花丝先端略膨大，被柔毛；花柱较雄蕊略长。小坚果棕色，卵球形，无毛。花期5-6月，果期8-9月。

分布于安徽、福建、河北、河南、江苏、江西、辽宁、内蒙古、山东、浙江，生于海拔2 300m左右的峡谷、湿地、河边。日本、俄罗斯也有分布。

图490 水苏

4. 沼生水苏

Stachys palustris L., Sp. Pl. 2: 580. 1753.

多年生草本，根茎粗壮。茎多分枝，高60-110cm，密生柔毛，节和棱上疏生糙硬毛。茎生叶柄2-3mm，叶长圆状披针形至卵状披针形，长3-8cm，宽1.2-1.5cm，脉及背面密生柔毛，基部圆形至狭心形，边缘有细锯齿，先端急尖至渐尖。穗状花序长，轮伞花序有6花，小苞片早落，约1mm，花梗约1mm；花萼管状钟形，约7mm，具沟，有10脉，外面被柔毛，萼齿三角状披针形，约3mm，先端刺状，多少反折；花冠紫色至红紫色，约1.3cm，外面疏生柔毛，喉部被微柔毛，冠管约7mm，上唇直，宽卵形，长约3mm，宽2mm，下唇平展，长约6mm，宽6mm，中裂片肾形，先端圆，侧裂片卵形。小坚果棕色，三棱，卵球形，无毛。花期6-8月，果期8-9月。

分布于新疆，生于海拔500m左右的沿湖泊和溪流高草丛和沼泽区。

13. 黄芩属 *Scutellaria* L.

草本或亚灌木，稀灌木。叶全缘至羽状分裂。总状或穗状花序顶生或腋生，上端花叶苞片状；花萼管状，背腹扁，2唇裂，唇短而全缘，花后封闭，上唇背部凸起成鳞片，果时脱落而留下痕迹，下唇宿存；花冠2唇，冠管伸出，弧曲或近直，渐宽至喉部，基部囊状扩大或具距，外面常生环柔毛，上唇直，盔形，下唇3裂，中间裂片宽，扇形，全缘，侧裂片伸展，与上唇多少连合；雄蕊4，2强，后2枚最长而居上唇下方，花药成对贴生，具髯毛，后对2室，先端急尖，前对1室，不育；花柱钻形，先端不等2裂。小坚果扁球形、球形至卵球形。

本属约有350种，世界广布。我国有98种，本书选入4种。

分种检索表

1. 花冠白色或下唇白色带紫色，长5-6.5mm……………………………………2. 纤弱黄芩 *S. dependens*
1. 花冠蓝色或蓝紫色，不为白色，长9-25mm。
    2. 叶片披针形至三角状披针形，长1.7-3.3cm，宽0.3-0.6cm，全缘并内卷，先端钝。花冠2-2.5cm，喉部宽约8mm……………………………………4. 狭叶黄芩 *S. regelian*
    2. 叶片心状卵形，圆卵形或三角状卵形，缘多少具齿，不内卷。花冠小于2cm，喉部宽小于5mm。
        3. 叶三角状卵形至卵状披针形，长1.3-3.2cm，宽0.5-1（-1.4）cm，缘齿稀疏不明显；花冠0.9-1.3cm，喉部宽约3.5mm……………………………………1. 半枝莲 *S. barbata*
        3. 叶心状卵形或圆卵形，长0.8-2.6（-3）cm，宽0.8-2.3cm，缘具细齿；花冠1-1.8cm，喉部宽约4.5mm……………………………………3. 韩信草 *S. indica*

1. 半枝莲

Scutellaria barbata D. Don., Prodr. Fl. Nepal. 109. 1825.

茎直立，高12-35（-55）cm，无毛或上部疏生紧贴柔毛。叶柄长1-3mm，被疏柔毛；叶片三角状卵形至卵状披针形，长1.3-3.2cm，宽0.5-1（-1.4）cm，仅沿脉贴生疏柔毛，基部宽楔形至近截形，边缘具疏齿或不明显浅齿，先端急尖。花单生叶腋，苞片叶状，向上渐小，花梗长1-2mm，被柔毛；花萼约2mm，外面沿脉生柔毛及缘毛，果期达4.5mm；花冠蓝紫色，0.9-1.3cm，外被柔毛，内面喉部生疏柔毛，喉宽达3.5mm，冠管基部囊状扩大，宽约1.5mm，上唇半圆形，约1.5mm，下唇中裂片不等四边形，长约2.5mm，宽4mm，全缘，侧裂片三角状卵形，宽约1.5mm，先端急尖。小坚果棕色，扁球形，直径约1mm，具瘤。花果期4-7月。

分布于长江以南各省及河北、河南、陕西、山东，生于海拔2 000m以下的稻田旁、溪水边以及潮湿草地。印度、日本、朝鲜、老挝、缅甸、尼泊尔、泰国、越南也有分布。

图 491 半枝莲

2. 纤弱黄芩

Scutellaria dependens Maxim., Prim. Fl. Amur. 219. 1859.

草本，高 15-35 cm，无毛或散生柔毛，具根状茎，无分枝或少分枝。叶柄 0.8-4 mm，近无毛，叶卵状三角形至三角形，长 0.5-2.4 cm，宽 0.3-1.2 cm，膜质，上面散生柔毛，背面仅脉上有柔毛，基部浅心形至截形，边缘具不规则 1-3 齿至近全缘，有缘毛，先端钝至圆。顶生总状花序，花少，小苞片叶状，约 0.7 mm，成对着生花梗基部，花腋生，花梗 2-3 mm，疏生紧贴柔毛；花萼 1.8-2 mm，果期达 4 mm，沿脉及边缘被毛，盾片约 1 mm，果时达 2 mm；花冠白色或下唇白色带紫色，5-6.5 mm，外被柔毛，下唇内面中部生疏柔毛，冠管略弯，下唇中裂片向上伸展，不等四边形，长约 1.5 mm，宽 2-2.5 mm，先端凹，侧裂片三角状卵形，略长于上唇。小坚果黄棕色，卵球形，长约 0.7 mm，宽 0.5 mm，具小瘤突，上部略膨大，基部附近有脐。花果期 6-9 月。

分布于黑龙江、吉林、内蒙古、山东，生于海拔 300 m 以下的溪水边及林中湿地。日本、朝鲜、俄罗斯也有分布。

3. 韩信草

Scutellaria indica L., Sp. Pl. 2: 600. 1753.

多年生草本。根茎短；茎高 8-28 cm，上端及棱被毛。叶对生，叶心状卵形或圆卵形，长 0.8-2.6（-3）cm，宽 0.3-2.3 cm，两面被微柔毛或糙伏毛，缘具细齿，基部截形至浅心形，先端圆或急尖。花排成总状，2-8（-12）cm，苞片长 3-6 mm，宽 1-2.5 mm，无柄，全缘，基部 1 对叶状，卵形，被柔毛及缘齿；花梗 2.5-3 mm，被柔毛；花萼约 2.5 mm，被长硬毛及柔毛，盾片约 1.5 mm，直立，果期达 3 mm；花冠蓝紫色，1-1.8 cm，外面散生柔毛，唇片内被柔毛，喉部宽约 4.5 mm，下唇中裂片圆卵形，有暗紫色斑，中部略缢缩，先端凹，侧裂片卵形。小坚果栗色至暗棕色，卵球形，直径约 1 mm，有瘤突，腹面近基部有果脐。花果期 2-6 月。

分布于安徽、福建、广东、广西、贵州、河南、湖北、湖南、江苏、江西、陕西、四川、台湾、云南、浙江，生于海拔 1 500 m 以下的山坡、草地、路边。柬埔寨、印度、印尼、日本、老挝、马来西亚、缅甸、泰国、越南也有分布。

4. 狭叶黄芩

Scutellaria regelian Nakai, Bot. Mag. (Tokyo) 35: 197. 1921.

多年生草本，具根茎及匍匐茎，高 26-30 cm，有时有基生长而平卧分枝。叶柄 0.5-1 mm，密生短硬毛，叶披针形至三角状披针形，长 1.7-3.3 cm，宽 0.3-0.6 cm，基部略心形至截形，全缘并内卷，先端钝。花生茎端一侧叶腋，花梗约 4 mm，密生柔毛；花萼约 4 mm，外面密生柔毛，果期达 6 mm，盾片约 0.5 mm，果期达 1 mm；花冠紫色，2-2.5 cm，外面被柔毛，先端内面散生疏柔毛，喉宽约 8 mm，下唇中裂片宽约 9 mm，全缘，侧裂片长圆形，宽约 3.5 mm。小坚果黄棕色，卵球形，直径约 1 mm，具小瘤突，腹面基部有果脐。花期 6-7 月，果期 7-9 月。

分布于河北、黑龙江、吉林、内蒙古，生于海拔 500-1 000 m 的河岸、沼泽地。朝鲜、蒙古、俄罗斯也有分布。

玄参科 Scrophulariaceae

草本，有时灌木，稀乔木。无托叶；叶互生、对生或轮生，或基部对生而上部互生；单叶或羽状分裂。花序为总状、穗状或圆锥聚伞花序，或为单花；花两性，常左右对称，稀辐射对称；花萼常宿存，（2-）4-5 浅裂；花冠（3-）4-5 浅裂，常 2 唇形；雄蕊 4，2 强，有时具退化雄蕊 1-2，花药 1-2 室；蜜腺环形、杯形或退化，着生于子房基部；子房上位，2 室，稀 1 室，每室有多数胚珠，稀 2 枚，倒生或横生中轴胎座上，花柱 1，柱头头状，2 浅裂或片裂。蒴果室间开裂、室背开裂或室轴开裂，有时孔裂或不规则开裂，稀为浆果。种子细小，有时有翅，外种皮网状。

本科约有 220 属 4 500 余种，广布世界。我国有 61 属，681 种，全国遍布，以西南为中心。本书选入 13 属 33 种。

分属检索表

1. 叶背面有腺点；水生或沼泽生……………………………………………………6. 石龙尾属 *Limnophila*
1. 叶无腺点。
  2. 植株多分枝，铺散垫状；叶小于 5 mm……………………………………10. 小果草属 *Microcarpaea*
  2. 直立或匍匐，不呈铺散垫状；叶长于 5 mm。
    3. 植株有时漂浮，基部匍匐；叶及花聚集于基部…………………………………7. 水茫草属 *Limosella*
    3. 水生或陆生，不漂浮，茎直立或匍匐；叶及花绝不于基部聚集。

4. 花萼分离，4-5，覆瓦状，宽度不均……………………………………………1. 假马齿苋属 *Bacopa*
4. 花萼合生至几分离，至少花后不覆瓦状，均宽。
5. 花冠辐状，几无花冠管………………………………………………………………13. 婆婆纳属 *Veronica*
5. 花冠不为辐状，若辐状，则雄蕊仅 2 枚，且花冠管明显。
6. 花冠上唇多少盔状或喙状；药室具短尖或基部具距……………12. 马先蒿属 *Pedicularis*
6. 花冠上唇直或外卷，不呈盔状；花药很少具短尖，基部钝。
7. 小苞片 2；花冠近辐状或不明显 2 唇形。
8. 花萼佛焰苞状，下唇一侧深裂，全缘或 3-5 齿……………2. 胡麻草属 *Centranthera*
8. 花萼钟状，5 等裂…………………………………………………………5. 水八角属 *Gratiola*
7. 无小苞片；花冠明显 2 唇形。
9. 花萼具 5 翅或 5 肋。
10. 果期萼不膨大；花丝具附属物……………………………………8. 母草属 *Lindernia*
10. 果期萼膨大成囊；花丝无附属物…………………………………11. 沟酸浆属 *Mimulus*
9. 萼无翅，无肋，明显 5 裂。
11. 能育雄蕊 4…………………………………………………………………9. 通泉草属 *Mazus*
11. 能育雄蕊 2。
12. 茎无汁液；花丝扭曲，花药被毛………………………3. 泽番椒属 *Deinostema*
12. 茎多汁；花丝先端直，花药无毛………………………4. 虻眼属 *Dopatrium*

1. 假马齿苋属 *Bacopa* Aublet

直立或匍匐草本。叶对生。单花腋生或于端顶呈总状花序，小苞片 1-2 或缺。花萼（4-）5，完全分离，覆瓦状，上萼片最大，下 2 萼次之，侧面 2 枚居内，最狭；花冠管状，冠檐平展，明显或不明显 2 唇形，下唇 3 浅裂，上唇 2 裂；雄蕊 4，2 强或等长，极少 5 枚，药室平行，分离；柱头头状膨大，两浅裂。蒴果卵形或球形，具两槽，4 片裂。种子多而细小。

本属约有 60 种，分布于热带和亚热带，主产于美国。我国有 3 种。

1. 假马齿苋

Bacopa monnieri (L.) Pennell, Proc. Acad. Nat. Sci. Philadelphia 98: 94. 1946.——*Lysimachia monnieri* L.

茎匍匐，节上生根，近肉质，无毛。叶无柄，长圆状披针形，长 0.8-2cm，宽 0.3-0.6cm，全缘或有稀齿，先端圆。花腋生，长约 5mm；上下萼齿卵状披针形，侧萼齿 2，披针形至线形；花冠蓝色、紫色或白色，长 8-10mm，不明显 2 唇形；雄蕊 2 强；柱头头状。蒴果狭卵形，包藏于宿存萼中，先端急尖。种子黄棕色，椭圆球形，一侧截形，具纵条纹。花果期 5-10 月。

分布于福建、广东、广西、台湾、云南，生于海拔 1 000m 以下的水边、湿地、沙滩。热带及亚热带广布。

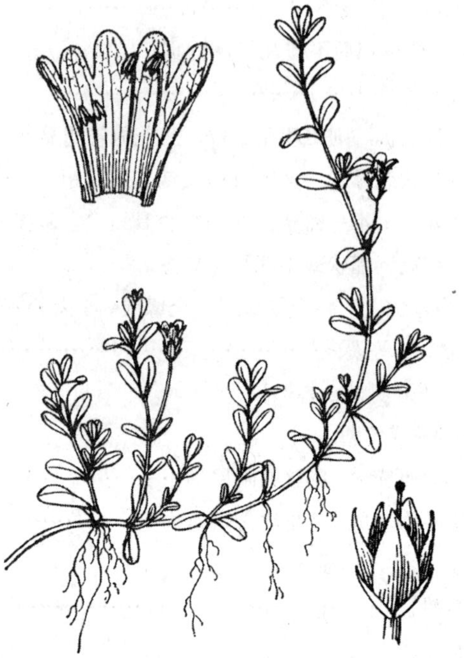

图 492 假马齿苋

2. 胡麻草属 *Centranthera* R. Br.

多为一年生草本。单花腋生，花梗短，苞片 2；花萼常一侧撕裂，佛焰苞状，全缘，先端急尖、渐尖或有时钝；花冠漏斗状，喉部以下膨大或远端渐扩大，多少 2 唇裂，裂片 5，近等大，直或平展；雄蕊 4，2 强，花丝常有毛，花药成对汇合，药室横生，基部距状或有短尖，2 室，1 室能育，1 室退化；花柱先端舌状扩大，柱头状。蒴果室背开裂，裂片全缘。种子多数，种皮松，有螺旋条纹或网纹。

本属约有 9 种，分布于亚洲热带及亚热带。我国有 3 种。

1. 胡麻草

Centranthera cochinchinensis (Lour.) Merr., Trans. Amer. Philos. Soc. 24 (2): 353. 1935.——*Digitalis cochinchinensis* Lour.

草本，高（13-）30-60 cm，被刚毛。茎直立，基部近圆柱形，有沟，中部及中上部具分枝。叶对生，稀互生，无柄，线状披针形，长 2-3 cm，宽 3-4 mm，全缘，背面中脉隆起。苞片较短，稀与花冠等长；花生茎中部以上，花萼长 7-15 mm，宽 4-6 mm，密被毛，先端缢缩，微弯，裂片退化成 3 短尖；花冠黄色、紫红色或白色带紫色，裂片 1.5-4 cm，圆形，下唇裂片 3，上唇裂片 2；前雄蕊长约 1 cm，后雄蕊长 6-7 mm，花丝被绵毛；子房无毛，柱头线状椭圆形，长约 3 mm，宽 1 mm，被毛。蒴果卵形，长约 8 mm，宽 4 mm，先端有短尖。种子黄色，小，有螺纹。花果期 7-10 月。

分布于长江以南省区，生于海拔 1 500 m 以下的路旁、干草坡、草地、潮湿处。亚洲和大洋洲均有分布。

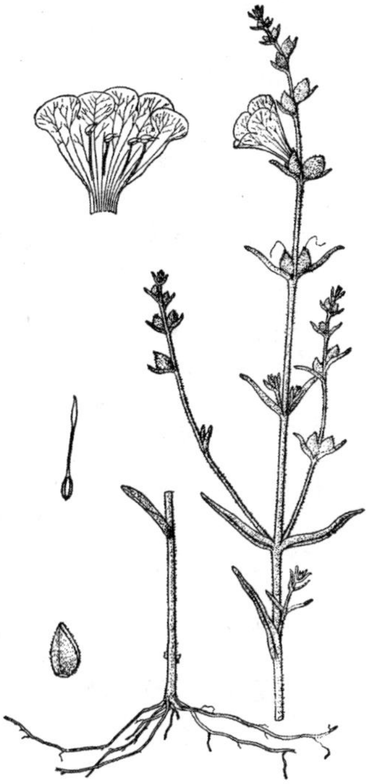

图 493　胡麻草

3. 泽番椒属　***Deinostema*** T. Yamaz.

草本。叶对生，无柄。单花腋生，无小苞片。花萼 5 裂几达基部，裂片芽中镊合状；花冠明显 2 唇，下唇 3（-4）裂，伸展，上唇 2 裂，较下唇短；能育雄蕊 2，花丝先端扭曲，花药有毛，假雄蕊 2，几乎完全退化。蒴果室轴开裂。种子椭圆形，种皮网状。

本属有 2 种，分布东亚。我国 2 种均有。

1. 泽番椒

Deinostema violacea (Maxim.) T. Yamaz., J. Jap. Bot. 28: 132. 1953.——*Gratiola Violacea* Maxim.

一年生草本，茎纤细，高约 20 cm，无毛。叶线状钻形，长达 1 cm，宽 1 mm，全缘。花梗长达 4 mm；花萼果期长 3-5 mm，裂片钻形。蒴果卵状椭圆形，长约 2 mm。种子黄棕色，长约 0.5 mm。

分布于东北及江苏，生于沼泽。日本、朝鲜、俄罗斯（远东地区）也有分布。

图 494 泽番椒

4. 虻眼属 *Dopatrium* Buch.-Ham. ex Benth.

一年生细弱草本，直立或有时外倾，肉质。叶对生，肉质，有时鳞片状。单花腋生，无小苞片；花冠管远较花萼长，上部膨大，冠檐2唇形，下唇3浅裂，上唇2裂，明显短于下唇；雄蕊 2，着生花冠管上唇边，花丝丝状，药室相等而平行，退化雄蕊小，2 枚；花柱短，柱头2片裂，棒状或头状，子房2室，每室胚珠多数。蒴果室背开裂，裂片全缘或先端微2裂。种子小而多。

本属约有10种，分布于非洲、亚洲及大洋洲。我国有1种。

1. 虻眼

Dopatrium junceum (Roxb.) Buch.-Ham. ex Benth., Edwards's Bot. Reg. 21 (4): sub. pl. 1770. No. 46. 1835.——*Gratiola junceum* Roxb.

一年生草本，高 50cm。根纺锤形。茎肉质，直立，基部分枝，分枝纤细，无毛，具纵条纹。叶有时鳞片状，无柄，向上渐小，披针形至匙状披针形，长达2cm，基部抱茎，并渐变狭，全缘，先端急尖至钝，脉不显。花梗纤细，长达1cm；花萼钟状，长约2mm，5深裂几达中部；花冠白色、玫瑰色或淡紫色，约2倍萼长，下唇裂片伸展，上唇短，直；雄蕊无毛。蒴果球形，直径约2mm。种子卵状长圆形，种皮网状。

分布于华南及江苏、江西、山西南部、台湾、云南，生于海拔 1800m 以下的稻田、潮湿地。亚洲热带和亚热带及大洋洲均有分布。

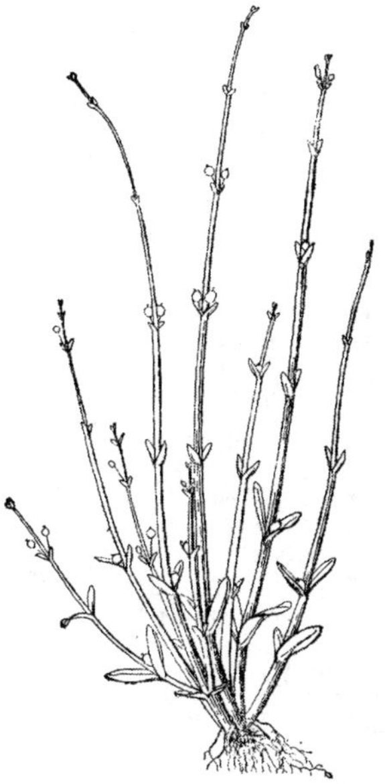

图 495 虻眼

5. 水八角属 *Gratiola* L.

多年生或一年生草本，直立或平卧，肉质，无毛或有腺毛。叶对生，无柄，全缘或有锯齿。单花腋生，花梗丝状，短或长，近萼处有 2 枚叶状小苞片。花萼 5 深裂，裂片狭，多少覆瓦状；花冠近 2 唇形，开展，下唇 3 浅裂，上唇全缘至 2 浅裂；雄蕊 2，生花冠管上唇边，内藏，药室横生或直立，退化雄蕊 2 或无；花柱丝状，柱头 2 片，内藏。蒴果卵形至球形，室轴开裂，4 片裂，裂片内中轴胎座分离，先端急尖。种子多数，种皮具条纹及网纹。

本属约有 25 种，绝大部分产于热带及亚热带。我国有 3 种。

1. 水八角

Gratiola japonica Miq., Ann. Mus. Bot. Luduno-Batavum 2: 117. 1866.

一年生草本，无毛。根状茎纤细而长，茎高 8-25 cm，直立或上升。叶狭椭圆形至披针形，长 7-23 mm，宽 2-7 mm，基部半抱茎，全缘，先端具细尖，3 脉不明显。花无柄或近无柄，小苞片线状披针形，长 4-4.5 mm。花萼长 3-4 mm，裂片线状披针形，边缘膜质；花冠白色或淡黄色，长 5-7 mm，多少 2 唇形，花冠管圆柱形，长 4-4.5 mm，冠檐较冠管短，下唇裂片倒卵形，有时凹，上唇先端钝或凹；花丝长约 0.6 mm，退化雄蕊 2，短，棒状，着生于下唇基部；柱头 2 裂。蒴果暗棕色，球形，直径 4-5 mm。种子纤细，长。花果期 5-7 月。

分布于东北及江苏、江西、云南，生于低海拔田野、水边。日本、朝鲜、俄罗斯东部也有分布。

图 496 水八角

6. 石龙尾属 *Limnophila* R. Br.

一年生或多年生沼生或水生草本，揉之有香气，有半透明腺点。茎直立、平卧或匍匐，单一或多分枝。水中的叶轮生，羽状深裂至细裂；浮水叶对生或轮生，无柄或有柄，披针形或羽状分裂，具腺点，全缘至有锯齿，若叶不分裂，脉羽状或平行。单花腋生，或穗状花序或总状花序腋生或顶生，无梗或有梗，小苞片 2 或缺；花萼管状，裂片近相等或上裂片较其他裂片大；花冠管状或漏斗状，2 唇形，下唇 3 裂，上唇全缘或 2 裂；雄蕊 4，内藏，2 强，药室具柄；子房无毛，柱头 2 裂。蒴果包藏宿存萼内，室间开裂。种子细小，多数。

本属约有 40 种，分布于热带及亚热带非洲、亚洲、大洋洲及太平洋岛屿。我国有 10 种，本书选入 5 种。

分种检索表

1. 植株只有气生叶。
  2. 花萼果时有多数拱起脉；小苞片宿存……………………………………………1. 紫苏草 *L. aromatica*
  2. 花萼平滑或果时具 5 拱起脉；无小苞片……………………………………………4. 大叶石龙尾 *L. rugosa*

1. 植株具沉水及气生 2 型叶。

3. 气生叶不分裂，具 3-5 脉……………………………………………………2. 异叶石龙尾 *L. heterophylla*

3. 气生叶分裂，具 1-3 脉。

4. 花梗常与萼等长或更长；小苞片长 1.5-3.5 mm；花冠长 1-1.4 cm……………3. 有梗石龙尾 *L. indica*

4. 花无梗或极少长达 1.5 mm；小苞片缺或长 1.5 mm 以下；花冠小于 1 cm……5. 石龙尾 *L. sessiliflora*

1. 紫苏草

Limnophila aromatic (Lam.) Merr., Interpr. Herb. Amboin. 466. 1917.——*Ambulia aromatic* Lam.

一年生或多年生草本，高 30-70 cm。茎单一或多分枝，节上生根。叶对生或 3 枚轮生，无柄，卵状披针形或披针状长圆形，长 1-5 cm，宽 3-15 mm，基部半抱茎，边缘有圆齿或锯齿，脉羽状。单花腋生，或顶生或腋生总状花序，花梗长 0.5-2 cm；小苞片线形至线状披针形，长 1.5-2 mm；萼长 4-6 mm，无毛或被腺状柔毛，果期脉隆起；花冠白色、蓝紫色或粉色，长 1-1.3 cm，具腺，内面有白色茸毛；花柱先端膨大，柱头短，2 裂。蒴果卵形，长约 6 mm。花果期 3-9 月。

分布于华南及福建、江西、台湾，生于低海拔水泡或潮湿处。不丹、印度、印度尼西亚、日本、朝鲜、老挝、菲律宾、越南及大洋洲也有分布。

图 497 紫苏草

2. 异叶石龙尾

Limnophila heterophylla (Roxb.) Benth., Scroph. Ind. 25. 1835.——*Columnea heterophylla* Roxb.

多年生水生草本；陆生茎具腺体及疏柔毛，或几乎无毛。水下叶长达 50 mm，多回深裂，裂片毛发状；陆生叶对生或轮生，无柄，长圆形，长约 15 mm，宽约 3 mm，无毛，基部抱茎，边缘有圆齿，3-5 脉平行。顶生穗状花序，无梗或梗短，单生叶腋，无小苞片；

花萼长约3mm，有腺体，果期脉不隆起；花冠淡紫色，长约5mm，无毛。蒴果淡棕色，近球形，长约2.5mm。花期7月。

分布于安徽、广东、江西、台湾，生于低海拔的稻田、淡碱水处。柬埔寨、印度、马来西亚、缅甸、尼泊尔、斯里兰卡、泰国、越南也有分布。

3. 有梗石龙尾

Limnophila indica (L.) Druce, Bot. Soc. Exch. Club Brit. Isles 3: 400. 1914.——*Hottonia indica* L.

多年生两栖草本。水下茎多分枝，无毛；陆生茎达15cm，单一或具分枝，无毛，有腺体或近平滑。水下叶轮生，长1.5-2.5cm，羽状分裂，裂片扁平而毛发状；陆生叶通常轮生，长0.4-2cm，羽状浅裂，有时有少数对生圆齿。单花腋生，花梗纤细，长2-10mm，常较苞片长，有腺体；小苞片2，长1.5-3.5mm，全缘或有疏锯齿，先端急尖；花萼长3.5-5mm，有腺体，果期脉不隆起，裂片长2-3mm，卵形至披针形；花冠白色、淡紫色或红色，长1-1.4cm。蒴果暗棕色，扁，椭圆形至近球形，长约3mm。花果期3-11月。

分布于华南及台湾、云南，生于海拔1 800m以下的池塘、潮湿地。非洲、亚洲及大洋洲均有分布。

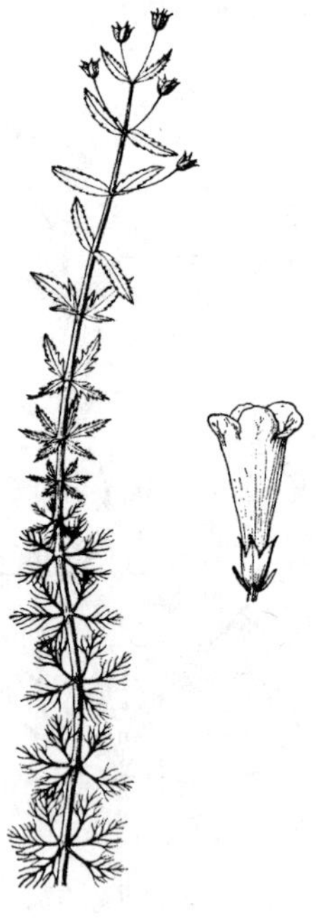

图498 有梗石龙尾

4. 大叶石龙尾

Limnophila rugosa (Roth) Merr., Interpr. Herb. Amboin. 446. 1917.——*Herpestis rugosa* Roth.

多年生草本，高10-50cm。根状茎横生，一至数茎簇生，直立或上升，常不分枝，无毛。叶对生，叶柄1-2cm，具狭翅，叶卵形、菱状椭圆形或椭圆形，长3-9cm，宽1-5cm，背面沿脉具短硬毛，上面无毛或散生短硬毛，边缘有细齿，脉约10对，背面隆起。花序梗长 0.2-3 cm，苞片近匙状长圆形，全缘或前端微具波状齿及缘毛；单花腋生，无梗；花萼长 6-8 mm，具缘毛及腺点；花冠紫红色至蓝色，长达 1.6 cm；花柱纤细，顶端圆柱形，有柔毛，两侧有膜质耳。蒴果淡棕色，卵形，长约 5 mm。花果期 8-11 月。

分布于安徽、福建、广东、广西、湖南、台湾、云南，生于海拔 900 m 以下的近水处、山沟、草地。亚洲南部和东南部及太平洋岛屿也有分布。

图 499 大叶石龙尾

5. 石龙尾

Limnophila sessiliflora (Vahl) Blume, Bijdr. 749. 1826.——*Hottonia sessiliflora* Vahl.

多年生两栖草本。水下茎细长；陆生茎高 6-40 cm，单一或疏具分枝，近无毛。水下叶长 0.5-3.5 cm，多次深裂，裂片平展，毛发状；陆上叶轮生，叶椭圆状披针形，长 5-18 cm，宽 3-4 mm，无毛，密被腺体，边缘具圆齿或浅裂，具 1-3 脉。花无梗或稀长达 1.5 mm；单花腋生，小苞片稀宿存，长达 1.5 mm 或缺；花萼长 4-6 mm，裂片 5，长 2-4 mm，卵形，先端狭渐尖；花冠紫色或淡红色，长 6-10 mm。蒴果扁压，近球形。花果期 7 月至翌年 1 月。

分布于华东、华南及贵州、湖南、辽宁、四川、台湾、云南，生于海拔 1 900 m 以下的池塘、沼泽、稻田、溪边湿地。不丹、印度、印度尼西亚（爪哇）、日本、朝鲜、马来西亚、缅甸、尼泊尔、斯里兰卡、越南也有分布。

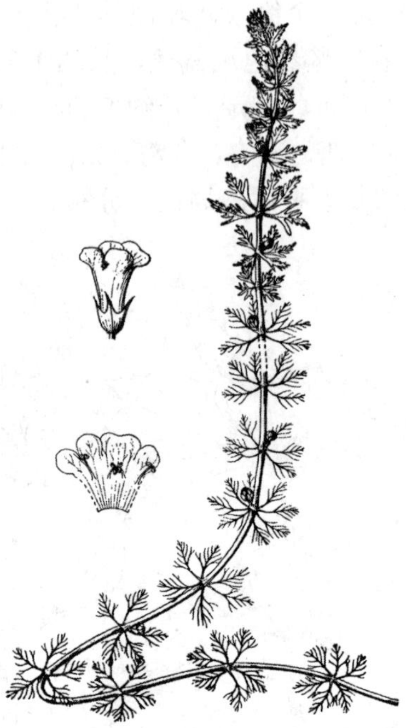

图 500 石龙尾

7. 水茫草属 *Limosella* L.

矮小草本，水生或陆生，丛生，匍匐或漂浮，节上生匍匐根状茎或无茎。叶丛生、对生或互生于延长分枝上，叶柄长。花小，腋生，花梗短，无苞片；花萼钟状，5 裂；花冠辐状钟形，整齐，花冠管短，近相等 5 裂；雄蕊 4，等长，生于花冠管中部附近，花丝丝状，花药汇合，1 室；子房基部 2 室，花柱短，柱头头状。蒴果。种子多数，卵形，细小，种皮有皱纹。

本属约有 7 种，世界广布。我国有 1 种。

1. 水茫草

Limosella aquatic L., Sp. Pl. 2: 631. 1753.

一年生草本，高 3-5（-10）cm，丛生，无毛，匍匐茎短而纤细，节上生根。叶基生、丛生或莲座状，叶柄长 1-4（-9）cm，叶宽线形至狭匙形，长 3-15 mm，多少肉质，全缘，先端钝。花 3-5 朵，花梗长 0.7-1.3 cm，纤细；花萼长 1.5-2.5 mm，膜质，裂片卵状三角形，长 0.5-0.8 mm，先端渐尖；花冠白色、淡紫色或淡红色，常 2-3.5 mm，裂片长圆形至长圆状卵形，长 1-1.5 mm，先端钝。蒴果卵形，长约 3 mm。种子纺锤形。花果期 4-9 月。

分布于黑龙江、吉林、青海、四川、西藏、云南，生于海拔 1 700-2 400（-4 000）m 的溪流边或林缘潮湿草地，有时浮生水面。遍布南北半球温带地区。

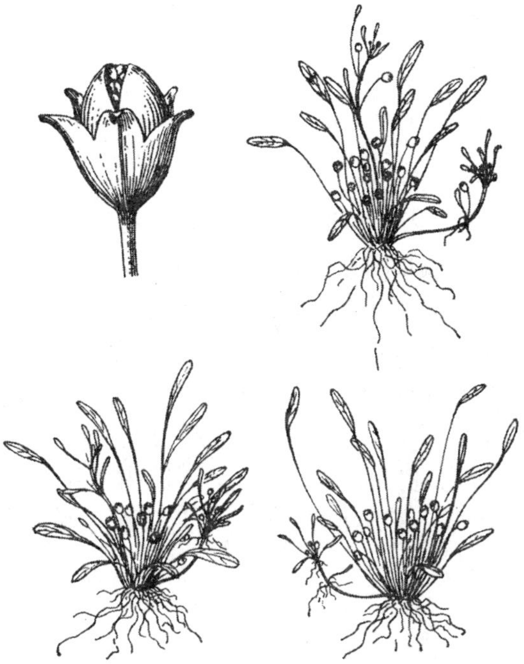

图 501 水茫草

8. 母草属 *Lindernia* Allomi

直立或平卧草本，具匍匐茎。叶对生，有柄或无柄，全缘或具齿，具羽状或掌状脉。总状花序顶生或腋生，有时为假伞形花序，稀呈大型圆锥花序或单花；花对生或互生，常具梗，无小苞片；花萼 5，等长或近等长，深裂或一侧撕裂；花冠下唇较上唇大，外展，上唇直；雄蕊 4，全育或前 2 枚退化，花丝有附属物，花药贴连或成距；花柱常 2 裂，先端扩大。种子多数，细小。

本属约有 70 种，广布于新旧大陆温带地区。我国有 29 种，本书选入 5 种。

分种检索表

1. 蒴果与萼等长或略长。
    2. 蒴果与萼等长；花萼分裂仅 1/3；花冠下唇 3 裂，中裂片大，略长于上唇；叶具柄，1-8 mm，羽状脉……………………………………………………3. 母草 *L. crustacea*
    2. 蒴果与萼等长或略长；萼裂达基部；花冠下唇 3 mm，上唇 1 mm；叶无柄，3-5 脉平行……………………………………………………5. 陌山菜 *L. procumbens*
1. 蒴果长为宿存萼的 2-3 倍。
    3. 根纤维状簇生；顶生总状花序达 15 cm……………………2. 泥花母草 *L. antipoda*
    3. 根纺锤形；单花腋生。
        4. 茎匍匐；叶卵形至长圆形，长 0.4-2 cm，宽 7-12 mm……………1. 长蒴母草 *L. anagallis*

4. 茎直立；叶线形至线状披针形，长 1-4 cm，宽 2-8 mm……………………4. 狭叶母草 *L. micrantha*

1. 长蒴母草

Lindernia anagallis (N. L. Burm.) Penn., J, Anold. Arbor. 24. 252. 1943.——*Ruellia anagallis* N. L. Burm.

一年生草本，高 10-40 cm。根纺锤形。茎匍匐，常具分枝，无毛，有条纹，节上生根。叶几无柄，三角状卵形、卵形或长圆形，长 0.4-2 cm，宽 7-12 mm，基部截形至近心形，边缘略有细齿，先端圆或急尖，侧脉 3-4 对。单花腋生，花梗长 6-10 mm，果期达 2 cm。花萼长约 5 mm，基部连合，裂片狭披针形；花冠白色或淡紫色，长 0.8-1.2 cm，下唇平展，略较上唇长，3 浅裂，裂片近等长，上唇卵形，2 裂；前雄蕊花丝有棒状附属物；柱头 2 裂。蒴果线状卵形，长约为宿存萼 2 倍。种子卵形，具小瘤。花期 4-9 月，果期 6-11 月。

分布于福建、广东、广西、贵州、湖南、江西、四川、台湾、云南，生于海拔 1 500 m 的林缘、溪边、稻田、潮湿地。亚洲热带和亚热带地区及大洋洲也有分布。

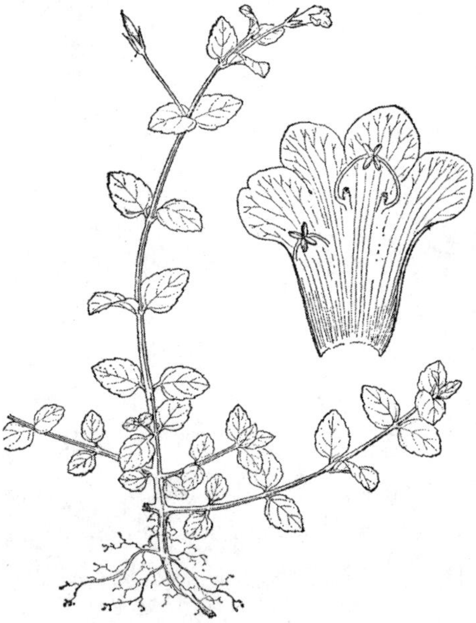

图 502　长蒴母草

2. 泥花母草

Lindernia antipoda (L.) Alston inTrimen, Hand. Fl. Ceylon 6 (Suppl.) 2: 24. 1931. ——*Ruella antipoda* L.

一年生草本，高达 30 cm。根纤维状簇生。茎近直立或基部平卧，下部节上生根，多分枝，具沟。叶柄短而宽，叶长圆形、长圆状披针形或线状披针形，长 0.8-4 cm，宽 0.6-2 cm，基部楔形，先端急尖或圆。总状花序顶生，长达 15 cm，有花 2-20 朵，苞片钻形，花梗长达 1.5 cm，伸展上升，果期反折；花萼裂至基部，裂片披针形，沿中脉及边缘有短硬毛；花冠紫色、淡青色或白色，长达 1 cm，花冠管长约 7 mm，下唇 3 裂，裂片近相等，上唇2裂；后雄蕊2枚，能育，花丝无附属物；前雄蕊2，退化，花丝微弯，有腺体；柱头片状。蒴果圆柱形，长为花萼2倍以上。种子棕色，不规则三角状卵形，种皮网状。花果期从春至秋。

分布于安徽、福建、广东、广西、湖南、湖北、江苏、江西、四川、台湾、云南、浙江，生于海拔1 700m以下的稻田、潮湿草地。亚洲南部和东南部、大洋洲及太平洋岛屿也有分布。

图503　泥花母草

3. 母草

Lindernia crastacea (L.) F. Muell., Syst. Census Austral. Pl. 1: 97. 1882.——*Capraria crustacea* L.

一年生草本，高10-20cm，多分枝，分枝近四棱，无毛，有沟槽。叶柄长1-8mm，叶三角状卵形至宽卵形，长1-2cm，宽5-11mm，背面沿脉生疏柔毛或近无毛，基部宽楔形至圆形，边缘微有圆细齿或锯齿，先端钝或近急尖。单花腋生或少数花在顶端呈总状花序，花梗纤细，长5-22mm，近无毛。花萼坛状，长3-5mm，稍浅裂，裂片三角状卵形，外面疏生柔毛；花冠紫色，长5-8mm，冠管较萼稍长，下唇3裂，中裂片较大，略长于上唇，上唇卵形，或微2裂；雄蕊2强；花柱早落。蒴果宽椭圆形，几与萼等长。种子淡棕色，近球形，具网纹。花果期全年。

分布于华东、华中、华南及西南，生于海拔1 300m以下的潮湿处、稻田、草地、路边。世界热带及亚热带广布。

图 504　母草

4. 狭叶母草

Lindernia micrantha D. Don., Prodr. Fl. Nepal. 85. 1825.

一年生草本，高 40cm。根多，纺锤形。茎常直立，具条纹。叶无柄，线形至线状披针形，长 1-4cm，宽 2-8mm，全缘或有不规则锯齿，脉 3-5，平行。单花腋生，果期花梗长达 3.5cm，有条纹；花萼约 2.5mm，果期 4mm，分裂达基部，裂片狭披针形；花冠紫色、蓝紫色或白色，约 6.5mm，下唇平展，3 裂，较上唇稍长，上唇 2 裂；雄蕊 4，前雄蕊花丝有 1 线状附属物，后雄蕊花药连合其下药室产生 1 与药室等长的长尾；花柱宿存。蒴果线形，长达 1.4cm，为花萼 2 倍以上。种子淡棕色，长圆形。花期 5-10 月，果期 7-11 月。

分布于华东、华南、华中及贵州、云南，生于海拔 1 500m 的稻田、河边、潮湿地。柬埔寨、印度、印度尼西亚、日本、朝鲜南部、老挝、缅甸、尼泊尔、斯里兰卡、泰国、越南也有分布。

图 505　狭叶母草

5. 陌山菜

Lindernia procumbens (Krock.) Borbás, Békés Vámegye 80. 1881.——*Anagalloides procumbens* Kiock.

直立丛生草本，高 5-20 cm，基部多分枝。根纤细。叶无柄，椭圆形至长圆形，长 1-2.5 cm，宽 6-12 mm，全缘或微有钝齿，先端钝或圆，脉 3-5，平行。单花腋生，花梗纤细，长 1.2-2 cm，较上部叶长；花萼分裂至基部，裂片线状披针形，长约 4 mm，外面疏生柔毛，先端钝；花冠粉色至紫色，长 5-7 mm，冠管长约 3.5 mm，下唇长约 3 mm，3 裂，中裂片圆，较其余裂片大，侧裂片椭圆形，上唇长约 1 mm，2 裂；雄蕊 4，均能育，前雄蕊有小腺斑；柱头 2 裂。蒴果球形至卵球形，与萼等长或略长。种子长圆形。花期 7-10 月，果期 9-11 月。

分布于华南、华中、西南及河北、吉林、江苏、浙江，生于海拔 1 200 m 以下的水边、潮湿地。亚洲和欧洲南部均有分布。

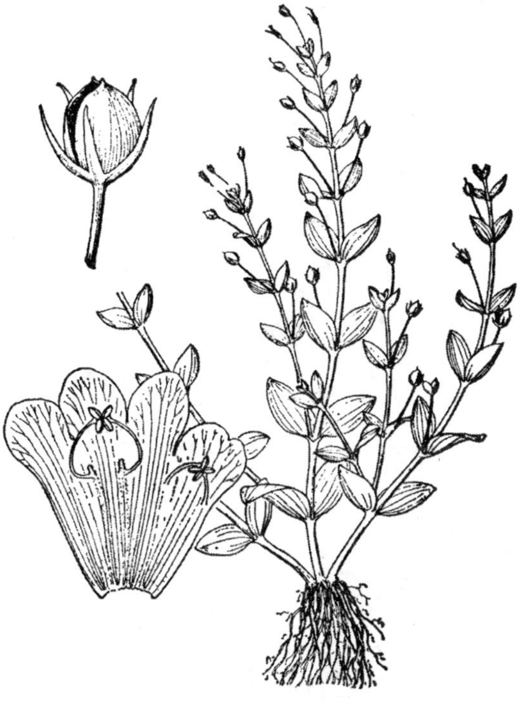

图 506 陌山菜

9. 通泉草属 *Mazus* Lour.

矮小草本。茎圆柱形，稀 4 棱，直立或平铺，下部节上生根。叶丛生（莲座状）或对生，上部叶常互生，叶柄有翅。总状花序，常偏向一侧，苞片小，小苞片宿存或缺，花小；萼漏斗状或钟状，5 裂；花冠 2 唇形，喉部有 2 纵向皱折，下唇 3 裂，上唇 2 裂；雄蕊 4，2 强，生花冠管上，药室分离，先端靠合；子房有毛或无毛，花柱无毛，柱头 2 片裂。蒴果多少扁压，藏于杯状萼中，室背开裂。种子多而小。

本属约有 35 种，分布于亚洲和大洋洲。我国有 25 种，本书选入 2 种。

分种检索表

1. 多年生草本，茎匍匐，纤细；总状花序腋生……………………………………………1. 纤细通泉草 *M. gracilis*
1. 一年生直立草本，茎高 3-30 cm；总状花序顶生……………………………………………2. 通泉草 *M.pumilus*

1. 纤细通泉草

Mazus gracilis Hemsl., J. Linn. Soc., Bot. 26. 181. 1895.

多年生草本。茎匍匐，纤细，长达 30 cm。基生叶有柄，匙形至卵形，薄，长 2-5 cm（含柄），边缘有疏齿；茎生叶对生，有柄，倒卵状匙形至近圆形，长 1-2.5 cm（含柄），全缘或有圆齿。总状花序腋生，稀顶生，疏松，长达 15 cm，花梗纤细，果期长 1-1.5 cm；花萼钟形，长 4-7 mm，果期略伸长，裂片卵状披针形，与萼管等长；花冠黄色带紫斑或白色、蓝紫色、淡紫色，长 1.2-1.5 cm，下唇中裂片狭卵形，较侧裂片狭长，喉部有疏腺毛，上唇直；子房无毛。蒴果球形。种子棕黄色，种皮平滑。花果期 4-7 月。

分布于河南、湖北、江苏、江西、浙江，生于海拔 800 m 以下的潮湿坡地、道旁、水旁。

图 507　纤细通泉草

2. 通泉草

Mazus pumilus (N. L. Burm.) Steenis, Nova Guinea n. s. 9 (1): 31. 1958.——*Lobelia pumilus* N. L. Burm.

一年生草本，高 3-30 cm。初生根垂直，须根多，分散或丛生。茎单一或更多，直立，上升或平卧上升，平卧节上生根。基生叶常早落，或数至多枚丛生，叶片倒卵状匙形至卵状披形针，长 2-6cm，基部楔形下延，边缘齿粗或不规则，或 1-2 羽状深裂，稀近全缘；茎生叶对生或少数互生。总状花序顶生，常有 3-20 朵花，疏松，花梗长 3-12mm；花萼钟状，长 3-8mm，裂片倒卵形，与萼管近等长；花冠白色、紫色或蓝色，长约 1cm，下唇中裂片较侧裂片小，略外展，假卵形，上唇裂片卵状三角形；子房无毛。蒴果球形。花果期 4-10 月。

除新疆、内蒙古、青海、宁夏外，广泛分布于其他省区，生于海拔 1 200-3 800m 的潮湿草地、溪流边、荒野、林缘湿地、高山草地。亚洲其他国家也有分布。

图 508 通泉草

10. 小果草属 *Microcarpaea* R. Br.

匍匐小草本，多分枝，垫状。叶小，对生。花腋生；花萼管状钟形，具 5 棱，有 5 齿；花冠近钟形，4 裂，下唇 3 浅裂，具喉凸，上唇短，直，全缘；雄蕊 2。蒴果略扁，有 2 槽，室背开裂。种子少，卵状纺锤形，平滑。

本属仅有 1 种，产于亚洲东部及太平洋岛屿。

1. 小果草

Microcarpaea minima (J. Konig ex Retz.) Merr., Philipp. J. Sci. 7: 100. 1912.——*Paederota minima* J. Konig ex Retz.

一年生草本。茎纤细，多分枝，无毛。叶无柄，抱茎，宽线形至狭长圆形，长 3-4mm，宽 1-2 mm，全缘，质厚，脉不显。每节 1 花，无梗，互生；花萼长约 2.5 mm，裂片狭三角状卵形，疏生缘毛；花冠粉色，卵形，与萼等长。蒴果卵球形，较萼短。种子淡棕色，长约 0.3 mm。花果期 7-10 月。

分布于广东、贵州、台湾、云南、浙江，生于海拔 500-1 400 m 的水田及沼泽。印度、印度尼西亚、日本、朝鲜、马来西亚、泰国、越南及大洋洲也有分布。

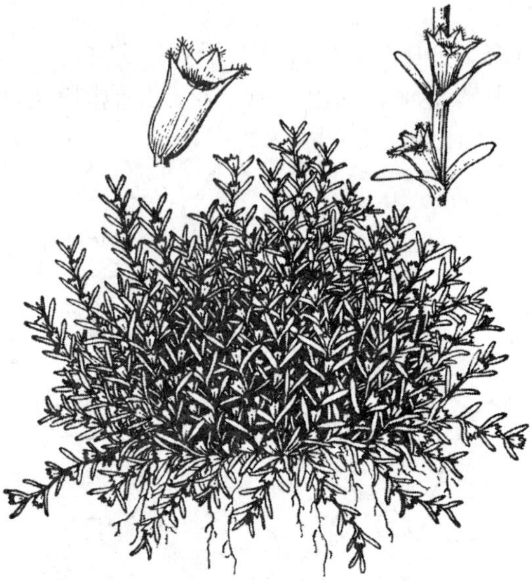

图 509　小果草

11. 沟酸浆属　*Mimulus* L.

一年生或多年生草本，直立、铺散、平卧或匍匐，无毛或有腺体，有时具黏液。茎单一或分枝，圆柱形或四方形并有翅。叶对生，全缘或有齿。单花腋生或总状花序顶生，小苞片宿存或缺；花萼管状至钟状，果期常膨大，无毛至有茸毛，有 5 肋，脉有时狭翅状，5 裂，裂片短，整齐或不整齐；花冠 2 唇形，花冠管圆柱形，较萼长，喉部通常具 1 隆起成 2 瓣状褶襞，下唇 3 裂，裂片常平展，上唇 2 裂，裂片直立或反折；雄蕊 4，2 强，生花冠管上，内藏；花柱 2 片裂。蒴果室背开裂。种子多数，卵形至长圆形，细小，种皮平滑或具网纹。

本属约有 150 种，世界广布。我国有 5 种。

1. 沟酸浆

Mimulus tenellus Bunge, Enum. Pl. China Bor. 49. 1833.

多年生草本，无毛，高达 40 cm。茎纤细，铺散，多分枝，基部匍匐，四棱，有或无狭翅。叶柄长 1-3 cm，纤细；叶卵形、卵状三角形或卵状长圆形，长 1-3 cm，宽 4-15 mm，基部楔形，边缘有疏锯齿，先端急尖。单花腋生，花梗与叶近等长，无小苞片；花萼圆柱形至宽钟形，长 5-10 mm 或更长，果期囊状，有时具狭翅，先端截形或斜，裂片小，刺状；

花冠黄色，喉部有红斑痕，花冠管漏斗状，长为萼的 1.5-3 倍，密生髯毛；雄蕊和花柱无毛，内藏。蒴果椭圆形，较萼稍短。种子卵形，具乳突。花果期 6-9 月。

分布于甘肃、贵州、河北、河南、湖北、湖南、吉林、江西、辽宁、陕西、山东、山西、四川、台湾、西藏、云南、浙江，生于海拔 500-3 800m 的水边、潮湿地、溪边、林中、道旁。印度、日本、尼泊尔、越南也有分布。

本种可根据茎和花萼形态的变异分为多个变种。

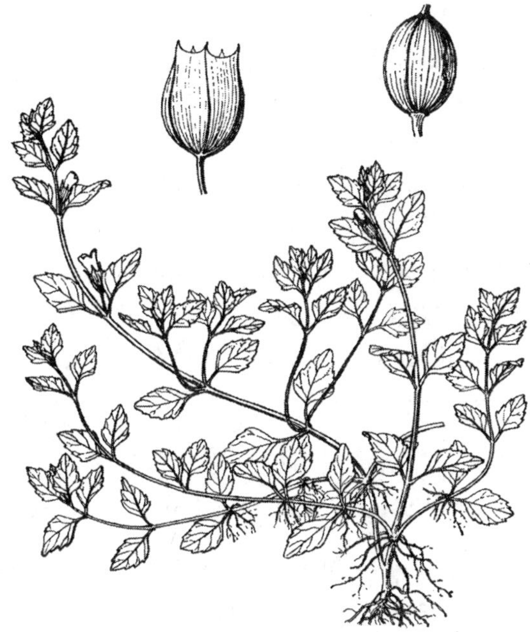

图 510　沟酸浆

12. 马先蒿属　*Pedicularis* L.

多年生或一年生，稀二年生，草本，稀半寄生。叶互生、对生或轮生，羽状半裂至 1-2 回羽状全裂，稀全缘或有齿，下部叶常有长柄，上部叶近无柄。花序顶生或腋生，苞片叶状；花萼管状至钟状，2 唇形，（2-）5 齿裂；花冠紫色、红色、黄色或白色，2 唇形，上唇盔状，侧扁，顶圆或截形或末端成齿或喙，下唇 3 裂，展开；雄蕊 4，2 强，花丝无毛或被柔毛，花药常有短尖；柱头头状。蒴果略扁或不扁，室背开裂。种子多数，表面具网纹或有肋。

本属约有 600 种，广布于北半球温带高山地区。我国有 350 多种，其中特有种 270 多种。本书选入 8 种。

分种检索表

1. 叶对生或 3-4 枚轮生。

　2. 叶对生，远端 3-4 枚轮生；花冠管基部直，盔 8-9mm……………………………1. 密穗马先蒿 *P. densispica*

2. 叶轮生；花冠管基部直角弯曲，盔 3-4（-5）mm。

3. 穗状花序长达 12 cm；盔 3-4 mm，为下唇的 1/2 或更短……………………7. 穗花马先蒿 *P. spicata*

3. 总状花序；盔长约 5 mm，与下唇等长………………………………………8. 轮叶马先蒿 *P. verticillata*

1. 叶互生、对生或假轮生。

4. 花冠黄色。

5. 一年生矮小草本，高 10-18 cm，叶柄长 1-2 cm；花丝密生柔毛；蒴果披针形，直径 6 mm…………………………………………………………………………………3. 长花马先蒿 *P. longiflora*

5. 多年生草本，茎高达 60 cm；叶柄长达 12 cm；花丝上部无毛；蒴果卵形，直径约 2 cm…………………………………………………………………………6. 旌节马先蒿 *P. sceptrum-carolinum*

4. 花冠紫色。

6. 叶几无柄，三角状披针形至线形，羽状全裂，裂片线形至披针形，具羽状齿…………………………………………………………………………………………5. 沼生马先蒿 *P. palustris*

6. 叶具长柄，叶片披针状长圆形或卵状长圆形，2 回羽状全裂，末回裂片具刺或白色胼胝体。

7. 花丝无毛；蒴果卵形，长约 1.3 cm，宽 9 mm……………………2. 野苏子马先蒿 *P. grandiflora*

7. 花丝 2 枚密被茸毛，2 枚无毛；蒴果长卵形，长约 1.1 cm，宽 4.5 mm………………………………………………………………………………4. 长柄马先蒿 *P. longipetiolata*

1. 密穗马先蒿

Pedicularis densispica Franch. ex Maxim., Bull, Acad. Imp. Saint-Pétersbourg 32: 594. 1888.

一年生草本，高 15-60 cm，无干燥暗斑。茎基部多分枝或不分枝。叶对生或上端 3-4 枚轮生，几无柄，被茸毛，长卵形或卵状长圆形，长 2-5 cm，宽 7-15 mm，羽状深裂，裂片 6-10 对，线形至线状长圆形，具缺刻状牙齿。穗状花序极密，长达 6.5 cm，近基部苞片叶状，上端苞片长卵形，全缘；花萼 5-8 mm，裂片 5，不等，密生柔毛；花冠红色至淡紫色，1.3-1.6 cm，冠管基部直，上端略弯，6-8 mm，盔 8-9 mm，有时带淡黄绿色，先端急尖，下唇 6-10 mm，平展，具缘毛，中裂片较侧裂片小；前对花丝密生柔毛。蒴果卵形，略侧扁，8-12 mm，先端斜。花期 4-9 月，果期 8-10 月。

分布于四川西部、西藏南部和东南部、云南西北部，生于海拔 1 900-4 400 m 的沼泽或高山草甸、林中。

2. 野苏子马先蒿

Pedicularis grandiflora Fisch., Mém. Soc. Imp. Naturalistes Moscow 3: 60. 1812.

多年生草本。根丛生，多少肉质。茎高过 1 m，粗，中空，具棱，多分枝，密生紧贴柔毛。基生叶早落，叶柄达 7 cm，叶卵状长圆形，达 23 cm，2 回羽状全裂，裂片披针形，末回裂片齿有白色胼胝体。长总状花序疏松，苞片近三角形；花萼约 8 mm，5 等裂，裂片锯齿状三角形；花冠紫色，长 2.5-3.5 cm，唇片靠合，盔镰刀状，边缘密被髯毛，下唇略较盔短；花丝无毛。蒴果卵形，长约 13 mm，宽 9 mm，具细尖。花期 7-8 月，果期 8-9 月。

分布于吉林、内蒙古，生于海拔 300-400 m 的沼泽草甸。俄罗斯也有分布。

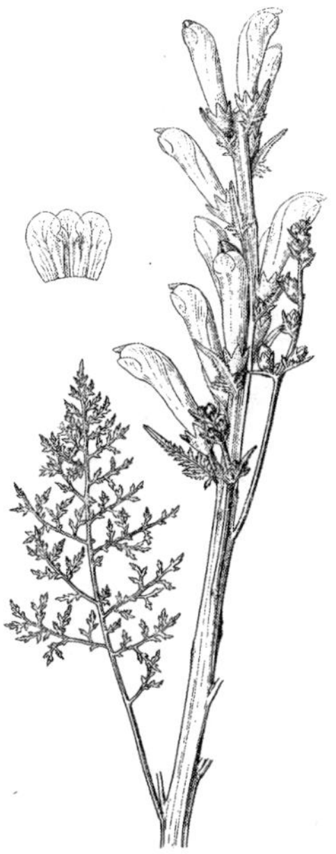

图 511 野苏子马先蒿

3. 长花马先蒿

Pedicularis longiflora Rudolph, Mém. Acad. Imp. Sci. St. Pétersbourg Hist. Acad. 4: 345, pl. 3. 1811.

3a. 长花马先蒿（原变种）

Pedicularis longiflora Rudolph var. ***longiflora***

一年生草本，高 10-18 cm。茎短，无毛。基生叶莲座状，叶柄 1-2 cm，疏生长毛；叶片披针形至狭长圆形，羽状全裂至深裂，裂片 5-9 对，边缘有重圆齿；茎生叶互生或假轮生，柄短。花腋生，花梗短；花萼管状，长 1.1-1.5 cm，2-3 裂，多少掌状，具缘毛；花冠黄色，长 5-8 cm，喉部有栗色狭条纹，花冠管被柔毛，盔弯成喙状，喙半圆，长约 6 mm，先端 2 裂，下唇长 1.1-1.2 cm，宽约 2 cm，有长缘毛，3 裂，裂片均下凹；花丝密生柔毛。蒴果披针形，长达 2.2 cm，宽 6 mm。种子狭卵形，长约 2 mm。花期 7-9 月，果期 8-10 月。

分布于甘肃、河北、青海，生于海拔 3300-3500 m 的高山潮湿草甸及溪流边。哈萨克斯坦、吉尔吉斯斯坦、蒙古、俄罗斯、塔吉克斯坦、土库曼斯坦、乌兹别克斯坦也有分布。

3b. 管状长花马先蒿（变种）

Pedicularis longiflora Rudolph var. ***tubiformis*** (Klotzsch) P. C. Tsoong.

叶互生。萼片 2；花冠小，下唇有栗色狭条纹。花果期 5-10 月。

分布于四川西部、西藏东南部、云南西北部，生于海拔 2 700-5 300 m 的高山草甸、溪流边。尼泊尔、巴基斯坦、印度也有分布。

图 512 管状长花马先蒿

3c. 阴山长花马先蒿（变种）

Pedicularis longiflora Rudolph var. ***yingshanensis*** Z. Y. Chu & Y .Z. Zhao

叶假对生。萼裂片 3；花冠小，下唇有栗色条纹。

分布于内蒙古，生于海拔 2 100 m 的高山潮湿草甸。

4. 长柄马先蒿

Pedicularis longipetiolata Franch. ex Maxim., Bull, Acad. Imp. Saint-Pétersbourg 32: 541. 1888.

多年生草本，高（25-）40-50（-70）cm。根纺锤形，多少肉质。茎直立，多少上升，基部常分枝。基生叶早枯，叶柄长达 10 cm，互生，远端叶柄长达 3 cm，渐无毛，叶披针状长圆形，长 3-10 cm，宽 2-2.5 cm，两面无毛，羽状全裂，裂片 7-14 对，卵状披针形，再次羽状浅裂，裂片具刺状齿。花序头状，花梗 1-2 mm；花萼 7.5-10 mm，裂片 5，不等；花冠紫色，长 2.3-3 cm，直，冠管与萼等长，盔前端弯成直角，被柔毛，一侧具披针状反折齿，喙约 6 mm，下唇较盔长，长 1.1-1.4 cm，宽约 2 cm，疏生缘毛；花丝密生茸毛。蒴果长卵形，长约 11 mm，宽 4.5 mm。花期 7-9 月，果期 8-10 月。

分布于四川西南、云南西北，生于海拔 2 800-3 600 m 的沼泽草甸。

5. 沼生马先蒿

Pedicularis palustris L., Sp. Pl. 2: 607.1753.

5a. 沼生马先蒿（原亚种）

Pedicularis palustris L. subsp. ***palustris***

两年生草本，高 30-60 cm，几无毛。茎直立，多分枝，枝条硬而互生，稀假对生或假轮生。叶互生或对生，稀轮生，几无柄，叶三角状披针形，几无毛，羽状全裂，裂片线形至披针形，边缘羽裂或具齿。总状花序，苞片叶状，花梗 1-2 mm；花萼 7-8 mm，有圆锯齿；花冠紫色，长 1.8-2.5 cm，花冠管直，长近花萼 2 倍，盔直，先端两侧各有 1 钻形齿，下唇较盔稍长，有缘毛；花丝无毛。蒴果斜卵形，具短尖。花期 8 月，果期 9 月。

分布于新疆北部，生于沼泽地。哈萨克斯坦、蒙古、俄罗斯（欧洲部分）、欧洲中部及北部也有分布。

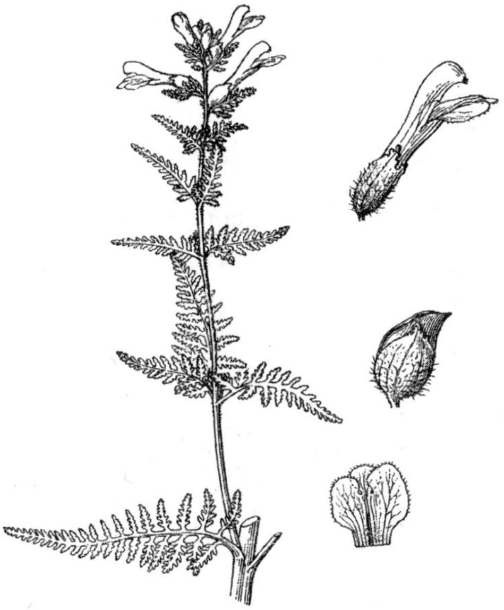

图 513 沼生马先蒿

5b. 卡氏沼生马先蒿（亚种）

Pedicularis palustris L. subsp. ***karoi*** (Freyn) P. C. Tsoong in Fl. Reipubl. Popularis Sin. 68: 117. 1963.

一年生草本。花冠长 1.3-1.6 cm。

分布于黑龙江西北、内蒙古东北，生于海拔约 400 m 的沼泽草甸、低洼沼泽区、水渠边。俄罗斯、蒙古也有分布。

6. 旌节马先蒿

Pedicularis sceptrum-carolinum L., Sp. Pl. 2: 608. 1753.

多年生草本，高达 60cm，无毛或疏生短纤毛。茎通常单一。基生叶莲座状，叶柄长达 12cm，叶倒披针形至线状长圆形，长达 30cm，宽 4 cm，羽状深裂至全裂，裂片 7-17 对，再次羽裂，未回裂片具缺刻状重齿，齿白而有胼胝体；茎生叶数枚，互生或 3 枚假轮生，形似基生叶而较小。花序长达 20cm，花常假对生或假轮生，疏松，苞片宽卵形；花萼 1-1.5cm，裂片锯齿状；花冠黄色，有时下唇和盔端紫红色，长达 3.8cm，花冠管约 1.5 cm，唇片靠合，盔镰刀状，边缘有髯毛，下唇中裂片全缘；花丝上部无毛。蒴果球形，长约 2cm，有短尖。花期 6-8 月，果期 8-9 月。

分布于东北及内蒙古，生于海拔 400-500m 的沼泽丛林、潮湿河岸边以及沼泽草甸。朝鲜、俄罗斯、哈萨克斯坦、日本、欧洲中部及北部也有分布。

7. 穗花马先蒿

Pedicularis spicata Pallas, Reise Russ. Reich. 3: 738. 1776.

一年生草本，高 20-30（-40）cm。根圆锥形，木质。叶常 4 枚轮生，基生叶莲座状，较茎生叶小，早落；茎生叶柄 1cm，有狭翅及柔毛，叶长圆状披针形至线状披针形，长达 7cm，宽 1.3cm，背面沿脉生白色茸毛，上面疏生白色柔毛，羽状分裂，裂片 9-10 对，有圆齿或缺刻状，齿胼胝质。穗状花序长达 12cm，苞片被白色茸毛；花小，花萼钟形，长 3-4mm，萼齿 3，不等；花冠红色，花冠管基部呈直角弯曲，长 1.2-1.8cm，盔 3-4mm，前端急尖，下唇 6-10mm，中裂片倒卵形，较侧裂片小；花丝 2 枚有毛，2 枚无毛。蒴果斜卵形至披针状卵形，长 6-10mm，宽约 4mm，先端急尖至具短尖。花期 6-9 月，果期 8-10 月。

分布于东北、华北及甘肃、湖北北部、陕西、四川，生于海拔 1 500-2 600m 的潮湿地、沼泽草甸、丛林。日本、朝鲜北部、蒙古、俄罗斯（西伯利亚及远东地区）也有分布。

8. 轮叶马先蒿

Pedicularis verticillata L., Sp. Pl. 2: 608. 1753.

多年生草本，高（5-）15-35cm。根纺锤形。茎 1-7 或更多，主茎直立。叶常 4 枚轮生，基生叶多，宿存，叶柄 3cm，有白茸毛，叶长圆形至线状披针形，长 2.5-3cm，宽 1-1.2（-1.8）cm，上面略被柔毛，羽状深裂至全裂，裂片 6-10 对，线状长圆形至三角状卵形，有圆齿；茎生叶与基生叶相似，但较小，几无柄。总状花序密集，苞片叶状，有白色柔毛；花萼常红色，卵形，约 6mm，膜质，密生柔毛，裂片 3-5，不等，锯齿状；花冠紫红色，约 1.3cm，冠管基部呈直角弯曲，盔略镰状，约 5mm，前方圆，下唇与盔等长，中裂片明显较侧裂片小，圆形；花丝被柔毛。蒴果披针形，长 1-1.5cm，宽 4-5mm，具短尖。种子约 1.8mm。花期 6-8 月，果期 7-9 月。

分布于东北、华北及甘肃、青海、陕西、四川、西藏东部，生于海拔 2 100-4 400m 的沼泽、冻原、高山牧场及潮湿地。俄罗斯、日本、北极高地、欧洲、北美西部也有分布。

图 514 轮叶马先蒿

13. 婆婆纳属 *Veronica* L.

多年生或一年生草本，具根状茎。茎直立、平铺或匍匐，基部木质化。叶对生，稀轮生或茎上部互生。顶生或腋生总状花序，有时穗状或头状；花萼 4 裂，若 5 裂，则上裂片较其余裂片明显短；花冠 4 裂，稀 2 唇形，冠管短，冠檐近辐状，内面常被毛，上裂片最宽，下裂片最狭；雄蕊 2，花丝着生于冠管后部，花药平行不分叉，先端汇合；花柱宿存，柱头头状。蒴果略侧扁，具 1 槽，室背开裂。种子 2-50，扁平或两边凸，舟状或杯状。

本属约有 250 种，广布于全世界，主产于亚洲和欧洲。我国有 55 种，本书选入 3 种。

分种检索表

1. 蒴果近肾形，极压扁，长 2.5-3 mm，宽 4-5 mm……………………………2. 小婆婆纳 *V. serpyllifolia*
1. 蒴果近球形，长宽近等。
   2. 总状花序无毛，宽 1 cm；花梗弯曲，花序轴成锐角……………………1. 北水苦荬 *V. anagallis-aquatica*
   2. 总状花序有腺毛，宽 1-1.5 cm；花梗直，花序直角平展…………………………3. 水苦荬 *V. undulata*

1. 北水苦荬

Veronica anagallis-aquatica L., Sp. Pl. 1: 12. 1753.

多年生稀一年生草本，无毛。根状茎前端下倾；茎直立或基部平卧，高 10-100 cm，多少肉质。叶无柄，抱茎，椭圆形至卵形，有时卵状长圆形，稀披针形，长 2-10 cm，宽 1-3.5 cm，全缘或有疏齿。总状花序腋生，多花，较叶长，宽不足 1 cm，果期花梗 4-10 mm，与苞片等长或更长，与花序轴成锐角；花萼 4 裂，裂片卵状披针形，约 3 mm；花冠淡蓝色、淡紫色或白色，辐状，直径 4-5 mm，冠管短，裂片宽卵形，不等宽；雄蕊短于花冠。蒴果近球形，略压扁，与萼等长，先端圆或凹；宿存花柱 1.5-2 mm。种子多数，微扁，两边凸。花果期 4-9 月。

分布于长江以北及西南各省区，生于海拔 4 000 m 以下的水边及沼泽中。亚洲、欧洲及北美均有分布。

图 515　北水苦荬

2. 小婆婆纳

Veronica serpyllifolia L., Sp. Pl. 1: 12. 1753.

多年生草本。根状茎长，纤细。茎匍匐，丛生，中部以上直立，高 10-30 cm，常分枝，具多细胞绒毛，上端有多细胞腺毛。叶在茎端有时互生，无柄，下部叶有短柄，叶片卵形至卵状长圆形，长 8-25 mm，宽 7-15 mm，边缘略有缺刻，稀全缘。总状花序顶生，稀腋生，有 10-40 花，果期达 20 cm，具多细胞腺毛，下部苞片较叶小；花梗 2-4 mm，果期

4-6 mm；花萼 4 裂；花冠近辐状，约 4 mm。蒴果近肾形，极扁，长 2.5-3 mm，宽 4-5 mm，基部圆或近截形，边缘有腺毛，先端钝或具凹槽；宿存花柱约 2.5 mm。种子扁，两边略凸。花期 4-6 月。

分布于甘肃、贵州、湖北、湖南、辽宁、陕西、四川、西藏、新疆、云南，生于海拔 400-3 700 m 的高山草甸。北温带及热带高山广布。

图 516 小婆婆纳

3. 水苦荬

Veronica undulata Wall. ex Jack. in Roxb., Fl. Ind. 1: 147. 1820.

多年生稀一年生草本。植株通体疏生腺状毛；根状茎先端下倾。茎直立或基部平卧，高 100 cm，肉质。叶无柄，抱茎，椭圆形至卵形，有时卵状长圆形或线状披针形，稀披针形，长 2-10 cm，宽 1-3.5 cm，边缘常有锯齿。腋生总状花序比叶长，宽 1-1.5 cm；花梗 3-5 mm，平展，与花序轴成直角；花萼 4 裂，裂片等大，卵状披针形，约 3 mm，先端急尖；花冠淡蓝色、淡紫色或白色，辐状，直径 4-5 mm，花冠管短，裂片卵形，略不等；雄蕊较花冠短。蒴果近球形，略扁，先端圆或微凹；宿存花柱 1-1.5 mm。种子约 30 枚，略扁，两边凸。花果期 4-9 月。

除内蒙古、宁夏、青海、西藏外，遍布我国其他省区，生于海拔 2 800 m 以下的水边、沼泽。阿富汗、巴基斯坦、朝鲜、老挝、尼泊尔、日本、泰国、印度、越南也有分布。

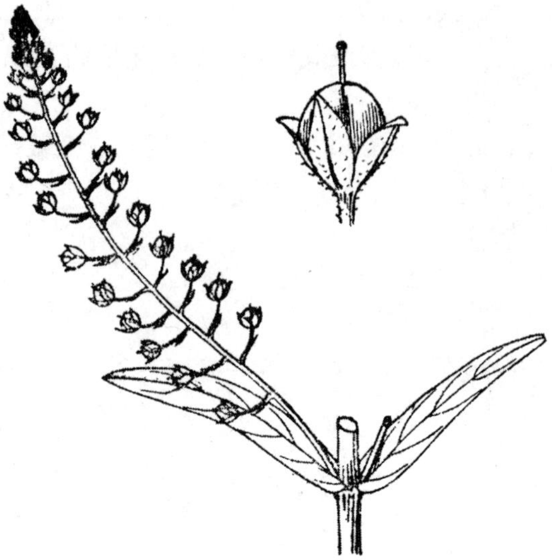

图 517 水苦荬

胡麻科 Pedaliaceae

一年生或多年生草本，稀灌木或乔木，有时茎膨胀。叶对生，茎上部叶有时对生，被覆黏液腺，无托叶，单花腋生，花左右对称，稀数花成伞形花序，花枝有花外蜜腺。花萼（4-）5 深裂；花冠 2 唇形或不明显 2 唇，裂片 5，覆瓦状；雄蕊 4，2 强，有时 2 枚雄蕊，退化雄蕊 1 枚，花药 2 室，纵裂；花盘肉质；子房上位稀下位，2-4 室，中轴胎座，胚珠 2 至多数，倒生，花柱丝形，柱头 2 裂。果开裂或不开裂，有翅，常角质或具沟；种子每室 1 至多数。

本科有约 13-14 属，62-85 种：主要分布于旧大陆温带及亚热带地区，以非洲为主。我国有 2 属 2 种，本书选入 1 属 1 种。

1. 茶菱属 *Trapella* Oliv.

水生草本。浮水叶三角状圆形至心形，沉水叶披针形。单花腋生，大部沉水并闭花授精。萼齿 5，萼管紧贴子房；花冠漏斗形，2 唇形，最下部裂片最大，上面 2 枚形成不明显唇片；雄蕊 2，内藏，基部贴生冠管；子房下位，2 室，1 室退化，1 室含 2 枚胚珠，柱头 2 裂。果柄下垂，果不裂，狭长，宿存萼有 5 钩或刺状附属物，有时具 3-5 纵翅。种子 1 枚。

本属有 1-2 种，分布于东亚。我国有 1 种。

1. 茶菱

Trapella sinensis Oliv. in Hook.f., Icon. Pl. 14: 1595. 1887.

根茎横走。茎绿色，纤细，达 60 cm。叶对生，上面无毛，背面淡紫红色，叶柄 1.5-3 cm，浮水叶宽 2.5-3 cm，先端钝至渐尖，沉水叶长 3-5 cm，宽 0.5-0.7 cm，叶柄 1-3 cm，花期延长。萼齿约 2 mm，宿存；花冠淡红色，长 1-3 cm，宽 2-3.5 cm，裂片圆；花丝约 1 cm，花药 2 室，伸展。果具有 3 枚长达 7 cm 的钩状附属物，及 2 枚直立刺，刺长 0.3-2 cm。花期 6 月。

分布于东北及安徽、福建、广西、河北、湖北、湖南、江苏、江西，生于海拔 300 m 左右池塘、湖泊中。朝鲜、俄罗斯、日本也有分布。

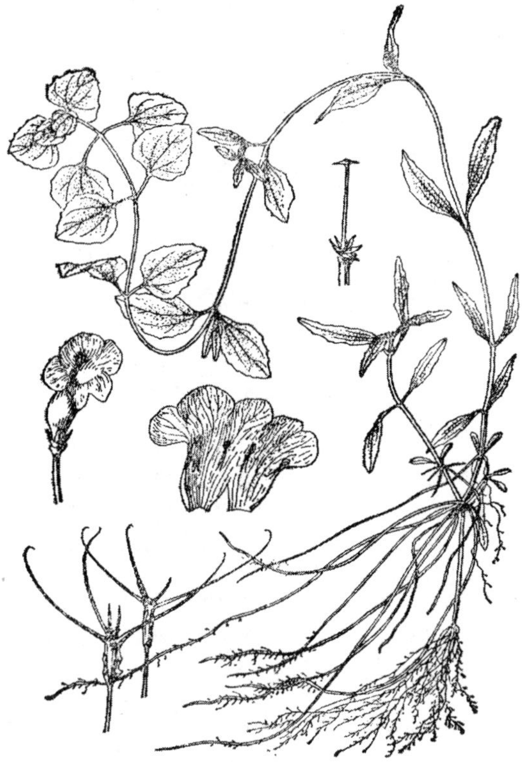

图 518 茶菱

狸藻科 Lentibulariaceae

一年或多年生食虫草本，陆生、附生或水生，茎及分枝常变态，形成根状茎、匍匐枝、叶器官或假根，除捕虫堇属及旋刺草属具叶外，其余均无真叶，除捕虫堇属外均具捕虫囊。花单生或总状排列，序梗直，稀缠绕；花两性，花萼宿存，2-5 裂，常于花后增大；花冠合生，檐部 2 唇形，上唇全缘或 2-3 裂，下唇全缘或 2-3（-6）裂，覆瓦状，冠筒粗短，基部下面呈圆柱状囊或狭圆锥状或钻形距；雄蕊 2，与裂片互生，花丝线形，常弯，花药背着，2 室极叉开，先端汇合或分离；雌蕊 1，2 心皮，子房上位，1 室，特立中央胎座或基底胎座，胚珠 2 至多数，花柱极短，柱头不等 2 裂。蒴果球形至椭圆球形，稀不开裂。种子少数至多数，细小。

本科有 4 属 320 余种，全球大部分地区都分布。我国有 2 属 19 种，本书选入其中 1 属 6 种。

1. 狸藻属 *Utricularia* L.

水生、沼生或附生草本。无真正的根及叶。叶器基生莲座状或生匍匐枝上，全缘或一至多回羽裂，末回裂片线形或毛发状。捕虫囊生于叶器、匍匐枝或假根上，卵球形或球形，侧扁。花序总状或单花，具苞片；花序梗直立或缠绕，有或无鳞片；花萼 2 深裂，宿存，花后增大；花冠 2 唇形，黄色、紫色或白色，稀蓝色或红色，喉部常隆起呈囊状，多少闭合；雄蕊 2，花丝短，基部多少合生，上部膨大，花药 2 室；子房球形或卵球形，胚珠多数，柱头 2 唇形，下唇常较大。蒴果球形至长球形，侧裂、2-4 爿裂、周裂或不规则开裂。种子多数，稀少数或单生。

本属约有 180 种，主产于热带地区，少数分布于北温带地区。我国有 17 种，分布于长江以南省区，长江以北仅有少数种类。本书选入 6 种。

分种检索表

1. 沼生或附生；叶器全缘，圆形、匙形或线形，无毛；具小苞片。
  2. 苞片基部着生……………………………………………………………………2. 挖耳草 *U. bifida*
  2. 苞片中部着生……………………………………………………………3. 短梗挖耳草 *U. caerulea*
1. 水生；叶器一至多回羽裂；无小苞片。
  3. 花冠长 4-6(-8)mm；蒴果室背开裂；种子双凸镜状，无角，环生宽翅……………4. 少花狸藻 *U. exolata*
  3. 花冠长 8-18 mm；蒴果周裂；种子压扁呈盘状，具（5-）6 角，角上无翅或具狭棱翅。
    4. 叶器长 2-10（-15）mm，末回裂片狭线形至线形，扁平；花冠长 8-13 mm……………………………………………………………………………………………5. 细叶狸藻 *U. minor*
    4. 叶器长 15-16 mm，末回裂片毛发状；花冠长 10-18 mm。
      5. 无冬芽；花序梗无鳞片，苞片基部不呈耳状……………………………1. 黄花狸藻 *U. aurea*
      5. 具冬芽；花序梗具鳞片，苞片基部耳状…………………………………………6. 狸藻 *U. vulgris*

1. 黄花狸藻

Utricularia aurea Lour., Fl. Cochinch. 26. 1790.

多年生食虫草本。茎浮水，分枝极长。叶互生、沉水，羽状，2-6 cm，末回裂片发状，具细刚毛及捕虫囊，囊斜卵球形，侧扁，梗长 1-4 mm，口侧生，上唇具 2 刚毛状附属物。花序长 2-25 cm；花梗丝状，长 0.4-2 cm，果期下弯；苞片基部着生，宽卵形，长 1.5-2 mm，先端圆或急尖；无小苞片；萼 2 深裂，裂片近相等，果期增大；花冠黄色，长 10-15 mm，喉部有时具橙色条斑，下唇较大，先端圆或微凹，距长约 4 mm；雄蕊 2，无毛；子房上位，1 室，柱头下唇半圆形，具缘毛，上唇无毛。蒴果球形，直径 4-7 mm，具棱翅，淡褐色，无毛。花期 6-7 月，果期 7-8 月。

分布于华南、华中及安徽、江苏、四川、云南、浙江，生于海拔 500-2 680 m 的湖泊、池塘及稻田。印度、尼泊尔、孟加拉国、斯里兰卡、中南半岛、马来西亚、印度尼西亚、菲律宾、日本、澳大利亚也有分布。

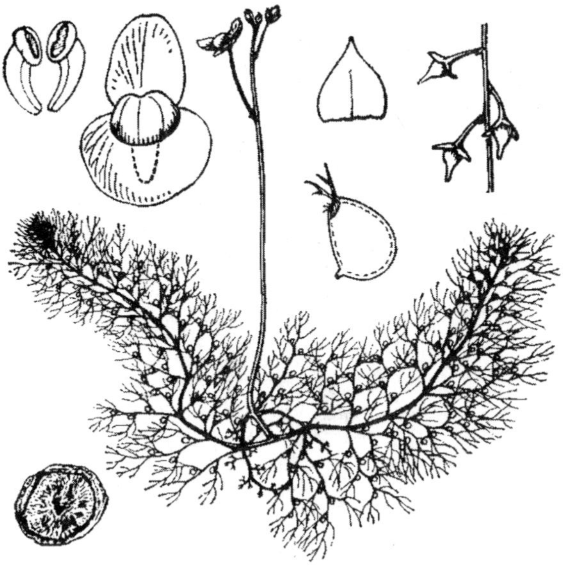

图 519 黄花狸藻

2. 挖耳草

Utricularia bifida L., Sp. Pl. 18. 1753.

一年生食虫小草本。叶基生，线形至线状匙形，长 1-3 cm，宽 0.1-0.4 cm，无毛，具捕虫囊；囊侧扁，0.6-1 mm，具柄，口基生，上唇具 2 条钻形附属物。总状花序 10-20 cm，鳞片 1-5 枚；苞片基部着生，与鳞片相似；小苞片线状披针形，长约 0.5 mm；花梗有翅，花丝下弯；萼 2 裂达基部，果期增大；花冠黄色，长 6-10 mm，下唇较大，先端圆或具 2-3 浅圆齿，距长 3-5 mm；子房卵球形。蒴果卵球形，背腹压扁，室背开裂，果皮膜质。种子多数，具扭曲网状凸起。花期 6-12 月，果期 7 月至翌年 1 月。

分布于华南、华中及安徽、江苏、山东、四川、云南、浙江，生于海拔 40-1350 m 的沼泽、稻田及沟边湿地。印度、孟加拉国、中南半岛、马来西亚、菲律宾、印度尼西亚、日本、澳大利亚北部也有分布。

3. 短梗挖耳草

Utricularia caerulea L., Sp. Pl. 18. 1753.

沼生小草本。叶基生，莲座状，或散生匍匐枝上，匙形，长 5-10 mm，宽 1-1.5 mm，花前凋落；捕虫囊口顶生，边缘密生腺毛。花序 5-44 cm，具 1-12 鳞片；苞片中部着生；小苞片长 1-2 mm；萼 2 裂达基部，裂片不等大，密生小乳突；花冠紫色、蓝色、粉红色或白色，喉部常有黄斑，长 4-10 mm，下唇大，先端微凹，喉凸隆起，距基部宽圆锥形；花药有小乳突；子房球形，柱头下唇圆，上唇极小，近三角形。蒴果球形或长球形，长 2-3 mm，果皮坚硬，室背开裂。种子多数，长球形，0.25-0.3 mm。花期 6 月至翌年春，果期 7 月至翌年春。

分布于华南、华中及安徽、贵州、江苏、山东、四川、浙江，生于海拔 40-2 000m 的沼泽、水湿地或滴水岩壁。印度、孟加拉国、斯里兰卡、中南半岛、马来西亚、印度尼西亚、菲律宾、日本、朝鲜、澳大利亚也有分布。

图 520 短梗挖耳草

4. 少花狸藻

Utricularia exolata R. Br., Prod. Nov. Holl. 1810: 430. 1810.

水生食虫草本。叶互生，长 5-15mm，1-2 回 2 歧深裂，末回裂片毛发状，具多数捕虫囊，囊斜卵形，侧扁，具柄，长 1-1.5mm，口侧生，边缘疏具小刚毛，上唇具 2 细长多分枝刚毛状附属物。花序长 2-15cm，序梗丝状，具鳞片；苞片基着，长约 1mm；无小苞片；萼 2 深裂；花冠黄色，长 4-8mm，上、下唇形似，喉凸浅囊状，距基部圆锥形；子房球形，柱头下唇半圆形，上唇极短。蒴果球形，直径约 3mm，室背开裂。种子少，双凸镜状，具环状宽翅，翅宽 0.9-1.6mm，边缘波状或具不规则小齿，种脐突出。花期 6-11 月，果期 7-12 月。

分布于华南及安徽、湖北、湖南、江苏、四川、云南、浙江，生于海拔 100-135m 的浅水湖泊、池塘、稻田及沼泽地。葡萄牙、热带非洲、印度、孟加拉国、斯里兰卡、中南半岛、马来西亚、印度尼西亚、菲律宾、日本、澳大利亚北部也有分布。

5. 细叶狸藻

Utricularia minor L., Sp. Pl. 18. 1753.

水生食虫草本。分枝二型，绿色，具叶，悬浮或漂浮；无色透明，无叶，半固着。叶长 0.2-1.5 cm，掌状（2-）3 深裂，裂片 1-2 回 2 歧深裂，末回裂片狭线形，毛发状，具稀疏捕虫囊，多数捕虫囊埋于土中退化叶上，囊斜卵球形，侧扁，口侧生，边缘疏生小刚毛，上唇有 2 条长而多分枝的刚毛状附属物。花序直立，长 5-20 cm，无毛，具 2-4 鳞片；苞片基着，圆形或宽卵状三角形，基部耳状；无小苞片；萼裂片近相等；花冠长 8-10 mm，下唇较大，距囊状，内面密生腺点；花丝上部膨大；子房球形，花柱明显，柱头下唇圆形，上唇狭三角形，边缘均流苏状。蒴果球形，长约 3 mm，周裂。种子褐色，扁，具 6 角及棱翅。花期 8-9 月，果期 9-10 月。

分布于黑龙江、内蒙古、山西、四川、西藏、新疆，生于海拔 3 100-3 650 m 的池塘、沼泽中。北温带广布。

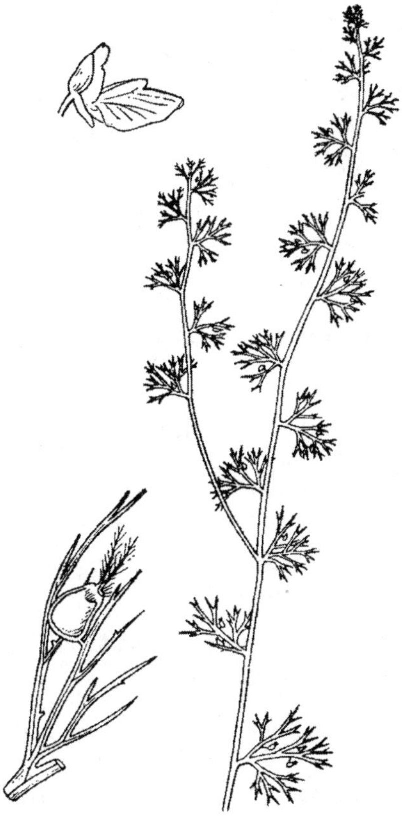

图 521　细叶狸藻

6. 狸藻

Utricularia vulgris L., Sp. Pl. 18. 1753.

多年生食虫草本，茎粗，分枝多，长达 80 cm。叶互生，长 1.5-6 cm，宽 1-2 cm，2 裂达基部再羽裂，末回裂片毛发状，边缘具小齿，齿端具一至数条小刚毛，具多数捕虫囊，囊卵球形，侧扁，长 1-3 mm，口侧生，上唇具 2 分枝刚毛。花序 10-30 cm，具 1-4 鳞片；苞片基着，基部膜质耳状，长 3-7 mm；无小苞片；萼裂片近相等，长 2.5-3.5 mm；花冠黄色，长 12-18 mm；子房球形，柱头下唇边缘流苏状。蒴果球形，周裂。种子褐色，扁，具

6 角及细网突，无毛。花期 6-8 月，果期 7-9 月。

分布于东北、华北、西北及河南、山东、四川、浙江，生于海拔 30-3 500 m 的湖泊、池塘、沼泽及水田中。北半球温带广布。

爵床科 Acanthaceae

草本、灌木或攀缘藤本。叶对生，无托叶，幼枝、叶及花萼可见针形或条形钟乳体。花两性，左右对称，有或无梗，组成各式花序，大苞片各色，小苞片 2 或退化。花萼（4-）5 裂，稀退化或呈环状；花冠合瓣，冠管直或扭曲，不同程度扩大，冠檐 5 裂，整齐或 2 唇形；雄蕊（2-）4，通常呈 2 强雄蕊，生冠管或喉部，后对雄蕊等长或不等长，前对雄蕊短或消失，花丝分离或基部成对连合，花药（1-）2 室，背着，稀基着，基部有时具附属物，纵裂，不育雄蕊（0-）1-3；子房上位，2 室，中轴胎座，胚珠 1 至多数；柱头常 2 裂。蒴果室背开裂。种子具种钩，蒴果开裂时将种子弹出。

本科约有 250 属，3 450 余种，广布热带及亚热带。我国有 60 余属，300 余种，本书选入 1 属 1 种。

1. 水蓑衣属 *Hygrophila* R. Br.

湿生草本。叶对生，全缘。花无柄，两至数花簇生叶腋；苞片椭圆形至披针形，花萼管状，5 裂；花冠浅蓝色或淡紫色，冠管筒状，喉部常一侧膨大，冠檐 2 唇形，上唇直，2 浅裂，下唇略伸展，具喉凸，3 浅裂，裂片旋转排列；雄蕊 4，两两成对，2 强，花丝基部合生，花药 2 室，平行，有时基部有不明显短尖；子房有胚珠 4 至多数，花柱线形，柱头 2 裂，后裂片常萎缩或消失。蒴果圆筒形或长圆形，2 室，每室 2 至多粒种子。种子宽卵形或近圆形，侧扁，被贴生长柔毛，遇水膨胀而有弹性。

本属约有 40 种，广布于热带及亚热带。我国有 6 种，产西南至东南部。

1. 水蓑衣

Hygrophila salicifolia (Vahl) Nees in Wall., Pl. As. Rar. 3: 81. 1832.——*Ruellia salicifolia* Vahl.

草本，高 80 cm。茎 4 棱，幼枝被白色长柔毛，后变无毛。叶几无柄，纸质，长椭圆形，披针形，线形，长 4-11.5 cm，宽 0.8-1.5 cm，两面被白色长硬毛，两端渐尖，先端钝。花簇生叶腋，无梗，苞片披针形，长约 10 mm，宽 6.5 mm，基部圆，外被柔毛，小苞片小，线形，内面无毛；花萼圆筒形，长 6-8 mm，被短糙毛，萼齿 5 深裂至中部，裂片不等，渐尖，被长柔毛；花冠淡紫色或粉红色，1-1.2 cm，被柔毛，上唇卵状三角形，下唇长圆形，喉部被长柔毛，冠管较裂片略长；雄蕊 4，2 强。蒴果淡褐色，无毛。秋季开花。

分布于华南、华中、东南和西南部分省区，生于溪边、洼地、潮湿处。亚洲南部至东部（日本）也有分布。

全草可入药，有健胃消食，清热消肿之效。

图 522 水蓑衣

车前科 Plantaginaceae

草本，稀为灌木，陆生、沼生、稀水生。直根或须根，根茎常直立。叶螺旋状互生，常排列成莲座状；单叶，全缘或有锯齿，稀羽状或掌状分裂，具 3-11 条弧形脉，稀仅 1 脉；叶柄基部常扩大成鞘状；无托叶。穗状花序狭圆柱状，稀为单花或总状花序，花序梗细长；每花 1 苞片；花小、两性，稀杂性或单性，雌雄同株或异株，风媒，稀为虫媒或闭花受粉；花萼 4 裂，前后对萼片常不相等，或后对萼合生，宿存；花冠干膜质，白色、淡黄色或淡褐色，高脚蝶状或筒状，冠檐（3-）4 裂，辐射对称，开展或直立，花后常反折，宿存；雄蕊（1-2-）4，无毛，近等，花丝贴生冠筒内与裂片互生，外伸或内藏，丁字药，先端骤缩成三角形或钻形小突起，纵裂；子房上位，2 室，中轴胎座，胚珠 1-40 余粒，横生至倒生，花柱丝形，被毛。蒴果常周裂。种子盾状着生，腹面隆起，平坦或内凹成船形，无毛。

本科有 3 属，约 200 种，世界广布。我国有 1 属 20 种，分布南北各地。

1. 车前属 *Plantago* L.

陆生或沼生草本。叶螺旋状互生，或于茎上互生，对生或轮生，具长柄，柄基扩大成鞘，叶宽卵形、椭圆形、长圆形、线形至钻形，全缘或有锯齿。花 1 至多数呈穗状花序，苞片及萼片中脉常龙骨状加厚，有时翅状，侧片常干膜质、白色或无色透明；花两性、稀杂性或单性；花冠高脚碟状或筒状，宿存，并随果成熟而增大成壶形抱住蒴果，冠檐4裂；雄蕊4，着生筒内而外露，稀内藏，花药先端三角状卵形；子房2-4室，胚珠2-40粒。蒴果椭圆球形，圆锥状卵形至近球形，果皮膜质，周裂。种子1-40粒，种皮网状或疣状突起，含黏液汁，有种脐，胚直。

本属有190余种，广布温带及热带地区，向北可达北极圈附近。

分种检索表

1. 须根；叶宽卵形至宽椭圆形，基部宽楔形至近圆形；雄蕊生冠筒内近基部；胚珠7枚以上。
  2. 花有短梗，花药白色，胚珠7-15（-18）枚；蒴果基部上方开裂……………………1. 车前 *P. asiatica*
  2. 花无梗，花药淡紫色，胚珠12-40枚；蒴果中部附近开裂……………………………4. 大车前 *P. major*
1. 直根；叶线状披针形，披针形至椭圆形，基部楔形至狭楔形；雄蕊生冠筒中部或顶部；胚珠2-5枚。
  3. 穗状花序近基部间断，长6-12cm；花萼分离；花冠裂片极小，长0.5-1mm；雄蕊着生冠筒近顶部；胚珠5枚，种子4-5，腹面平坦……………………………………………………………2. 平车前 *P. depressa*
  3. 穗状花序紧密，长1-5（-8）cm；前萼片近顶处合生；花冠裂片披针形，长1.5-3mm；雄蕊生冠筒中部；胚珠2-3，种子（1-）2，腹面内凹呈舟形……………………………………3. 长叶车前 *P. lanceolata*

1. 车前

Plantago asiatica L., Sp. Pl. 113. 1753.

二年或多年生草本，须根多，根茎粗、短。叶基生，莲座状，叶片纸质，宽卵形至宽椭圆形，长4-12cm，宽2.5-6.5cm，先端钝圆至急尖，边缘波状，中下部有锯齿，基部宽楔形或近圆形，下延，两面被疏柔毛，5-7脉，叶柄2-15（-12）cm，基部鞘状，疏生短柔毛。花序3-10，序梗5-30cm，疏生白色短柔毛，穗状花序3-40cm，下部花间断，苞片三角状披针形，长2-3mm，龙骨突宽厚，无毛或先端疏生短毛，花梗短；花萼2-3mm，龙骨突不延至顶端，前萼片椭圆形，龙骨突宽，侧萼略不等，后萼宽倒卵形或倒卵状椭圆形；花冠白色，无毛，冠筒与萼片等长，裂片狭三角形，长约1.5mm，中脉明显，先端渐尖或急尖；雄蕊生冠筒近基部，与花柱明显外伸，花药卵状椭圆形，1-1.2mm，顶有白色三角状突起，干后淡褐色；胚珠7-15（-18）。蒴果纺锤状卵形、卵球形或圆锥状卵形，长3-4.5mm，于基部上方周裂。种子5-6（-12），卵状椭圆形或椭圆形，长（1.2-）1.5-2mm，有角，黑褐色至黑色，背腹微隆。花期4-5月，果期6-9月。

我国广布，生于海拔3200m以下河岸湿地。朝鲜、俄罗斯（远东地区）、日本、尼泊尔、马来西亚、印度尼西亚也有分布。

全草及种子药用。有清热利尿功效。

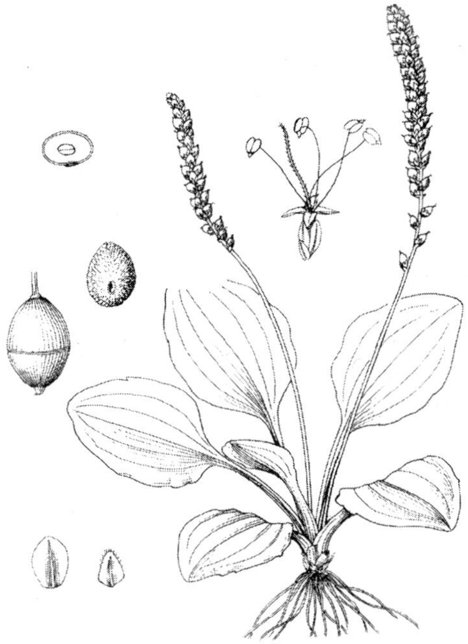

图 523 车前

2. 平车前

Plantago depressa Willd., Enum. Pl. Hort. Berol. Suppl. 8. 1813.

一年或二年生草本；直根长，具多数侧根；根茎短。叶椭圆形、椭圆状披针形或卵状披针形，长 3-12 cm，宽 1-3.5 cm，先端渐尖或微钝，边缘具波状钝齿或不规则锯齿，基部宽楔形或狭楔形，下延至柄，5-7 脉，两面疏生白色短柔毛，柄长 2-6 cm，基部鞘状。花序 3-10，序梗长 5-18 cm，有纵条纹，疏生白色短柔毛；穗状花序圆柱状，上部密集、基部间断，长 6-12 cm；苞片三角状卵形，长 2-3.5 mm，内凹、无毛、龙骨突宽过侧片；花萼无毛，长 2-2.5 mm；花冠白色，无毛，筒与萼等长或略长，裂片极小，椭圆形至卵形，长 0.5-1 mm；雄蕊生冠筒近顶部，花药卵状椭圆形或宽椭圆形，长 0.6-1.1 mm，先端三角状小凸起白色或绿白色，干后淡褐色；胚珠 5。蒴果卵状椭圆形至圆锥状卵形，长 4-5 mm，基部上方周裂。种子 4-5，椭圆形，腹面平坦，长 1.2-1.8 mm，黄褐色至黑色。花期 5-7 月，果期 7-9 月。

分布于东北、华北、华东、西北和西南地区，生于海拔 4500 m 以下的草地、河滩、草甸、田间、路边。朝鲜、俄罗斯（西伯利亚至远东地区）、哈萨克斯坦、阿富汗、蒙古、巴基斯坦、克什米尔地区、印度也有分布。

3. 长叶车前

Plantago lanceolata L., Sp. Pl. 113. 1753.

多年生草本。根直，粗而长；根茎粗短，不分枝或分枝。叶无毛或散生柔毛，线状披针形、披针形或椭圆状披针形，长 6-20 cm，宽 0.5-4.5 cm，先端渐尖至急尖，全缘或有小疏齿，基部狭楔形，下延，脉（3-）5（-7），叶柄长2-10cm，基部鞘状有长柔毛。花序3-15，序梗直或弓曲上升，长10-60cm，纵沟槽明显，棱上贴生柔毛；穗状花序幼时圆锥状，成熟后短圆柱状或头状，长1-5（-8）cm，紧密；苞片卵形至椭圆形，长2.5-5mm，先端膜质，尾状，龙骨突匙形，被长粗毛；花萼长2-3.5mm，背生长粗毛，膜质，前萼近顶端合生，被疏缘毛；花冠白色，无毛，裂片披针形或卵状披针形，长1.5-3mm，先端尾状渐尖，中脉明显；雄蕊生冠筒中部，花药椭圆形，2.5-3mm，先端卵状三角形小凸起白色至淡黄色；胚珠2-3粒。蒴果狭卵球形，长3-4mm，基部上方周裂。种子（1-）2粒，长2-2.6mm，淡褐色至褐色，有光泽，腹面内延呈舟形。花期5-6月，果期6-7月。

在我国甘肃、辽宁、山东、新疆及南方部分地区有栽培，生于海拔900m以下海滩、河滩、草原湿地。欧洲、俄罗斯、蒙古、朝鲜、北美洲也有分布。

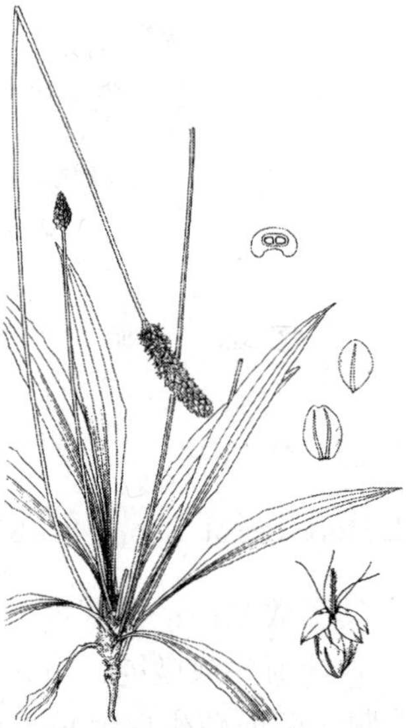

图524 长叶车前

4. 大车前

Plantago major L., Sp. Pl. 112. 1753.

二年生或多年生草本，多须根；根茎粗短。叶长3-18（-30）cm，宽2-11（-21）cm，先端钝或急尖，边缘波状，疏具不规则锯齿或近全缘，脉（3-）5-7，叶柄（1-）3-10（-26）cm，基部鞘状、常被毛。花序序梗（2-）5-18（-45）cm，被短毛或柔毛；穗状花序（1-）3-20（-40）cm，基部常间断；苞片宽三角形，长1.2-2mm；花无梗，花萼1.5-2.5mm，先端圆，无毛或疏生短缘毛；花冠白色，冠筒与萼等长，裂片披针形至狭卵形，长1-1.5mm；雄蕊生冠筒近基部，花药淡紫色，稀白色，干后变褐色；胚珠12-40余枚。蒴果近球形、卵球形或宽椭圆形，长2-3mm，于中部附近周裂。种子（8-）12-24（-34）粒，长0.8-1.2mm，有角，腹面隆起或近平坦，黄褐色。花期6-8月，果期7-9月。

分布于我国东北、华北、华南、西北和西南地区，生于海拔2 800m以下草甸、河滩、沟边、沼泽。欧亚大陆温带及寒温带也有分布。

图 525 大车前

茜草科 Rubiaceae

草本、灌木或乔木，有时攀缘状。单叶对生或轮生，常全缘，有托叶，常有黏液毛。花序常由聚伞花序组成，稀单花；花两性，稀单性或杂性，辐射对称，有时稍左右对称；花萼管状与子房合生，（2-）4-5（-多）裂，花冠合瓣，4-5（-8-10）裂；雄蕊与花冠裂片同数而互生，稀为 2 枚，花药 2 室，纵裂或孔裂；子房下位，（1-）2-（-多）室，每室胚珠 1 至多数。浆果、蒴果或核果。种子裸露或嵌于肉质胎座中，种皮膜质或革质，表面平滑、蜂巢状或具小瘤凸，有时具翅或附属物。

本科约有 500 属，6 000 余种，广布世界热带及亚热带，少数分布至北温带。我国有 98 属 676 种，本书选入 2 属 5 种。

分属检索表

1. 灌木或小乔木；叶对生；花 5 数，头状花序；蒴果分离；种子具翅……………………1. 水团花属 *Adina*
1. 一年或多年生草本，茎 4 棱；三至多叶轮生；花序为聚伞花序组成圆锥花序，稀单花，花（3-）4（-5）数；小坚果；种子背凸，腹具沟纹………………………………………………2. 拉拉藤属 *Galium*

1. 水团花属 *Adina* Saliesb.

灌木或小乔木。叶对生，托叶狭三角形，深 2 裂，宿存。头状花序，花序不分枝或 2

歧分枝或圆锥状排列，花 5 数，小苞片线形至线状匙形；花萼裂片线形至线状棒形或匙形，宿存；花冠高脚碟状至漏斗状；雄蕊着生冠管上部，花丝短而无毛，花药内向，基着；柱头球形，子房上位，胚珠多数，悬垂。蒴果疏松列于果序，内果皮坚硬，4 片裂。种子卵球形至三角形，扁，顶部略具翅。

本属有 3 种，分布于朝鲜、日本、越南和中国，我国有 2 种。

分种检索表

1. 叶有柄；头状花序腋生……………………………………………………………1. 水团花 *A. pilulifera*
1. 叶无柄；头状花序顶生，稀腋生…………………………………………………2. 细叶水团花 *A. rubella*

1. 水团花

Adina pilulifera (L.) Franch. & Drake in J. Bot. (Morot) 9: 207. 1895.——*Cephalanthus pilulifera* L.

常绿灌木至小乔木，高达 5m。叶对生，厚纸质，椭圆形至椭圆状披针形或倒卵状长圆形至倒卵状披针形，长 4-12cm，宽 1.5-3cm，先端短尖至渐尖而钝头，基部钝或楔形，下面有时被疏柔毛，侧脉 6-12 对，叶柄 2-6mm，托叶 2 裂，早落。头状花序腋生，稀顶生，花序轴不分枝，长 3-4.5cm；花萼管基部有毛，裂片线状长圆形或匙形；花冠白色、狭漏斗状，冠管微被柔毛，裂片卵状长圆形；雄蕊 5，着生花冠喉部；子房 2 室，胚珠多数，柱头小，球形或卵球形。果序 8-10mm，小蒴果楔形，长 2-5mm。种子长圆形，两端具翅。果期 6-7 月。

分布于我国长江以南省区，生于海拔 200-350m 的山谷、疏林、溪边、水旁。日本、越南也有分布。

图 526 水团花

2. 细叶水团花

Adina rubella Hance in J. Bot. 6: 114. 1868.

小灌木，高 1-3 m，小枝延伸，被赤褐色微毛。叶对生，薄革质，卵状披针形至卵状椭圆形，全缘，长 2.5-4 cm，宽 0.8-1.2 cm，先端渐尖或短尖，基部楔形或近圆形，侧脉 5-7 对，被毛，托叶小，早落。头状花序，序梗略被毛；花萼管疏被短柔毛；花冠紫红色，裂片三角形。果序直径 8-12 mm，小蒴果卵状楔形，长约 3 mm。花果期 5-12 月。

分布于福建、广东、广西、湖南、江苏、江西、陕西（秦岭以南）、浙江，生于溪流边、河滩湿润地。朝鲜也有分布。

图 527 细叶水团花

2. 拉拉藤属 *Galium* L.

一年生或多年生草本，直立或攀缘或匍匐。茎纤细，常 4 棱，常具毛或小皮刺。叶三至多数轮生，稀 2 枚对生，托叶叶状。花小，两性或稀单性异株，（3-）4（-5）数，聚伞花序再排列呈圆锥状，稀单花，无总苞；萼管卵形或球形；花冠 4 裂，冠管短；雄蕊与花冠同数而互生，花盘盘状；子房下位，2 室，每室 1 胚珠，花柱 2，柱头头状。小坚果小，平滑或有小瘤凸，若具毛，则常为钩状硬毛。种子背面凸，腹面具沟纹，胚弯，胚根圆柱形伸长。

本属有 300 余种，世界广布，主产于温带地区。我国有 58 种，本书选入 3 种。

分种检索表

1. 叶具 3（-5）脉……………………………………………………………………1. 北方拉拉藤 *G. boreala*
1. 叶具 1 脉。
  2. 聚伞花序小而少花，通常 3-4 朵；花冠裂片 3………………………………3. 小叶猪殃殃 *G. trifidum*
  2. 聚伞花序大而多花；花冠裂片 4………………………………………………2. 沼生拉拉藤 *G. palustre*

1. 北方拉拉藤

Galium boreala L., Sp. Pl. 108. 1753.

多年生草本，高 20-60 cm。茎无毛或具短柔毛。叶 4 枚轮生，披针形或线状披针形，长 1-3 cm，宽 0.1-0.4 cm，基部楔形或圆形，边缘反卷被微毛，两面无毛，基出脉 3，背面凸，上面凹，近无柄。聚伞花序花小而密，花梗 0.5-1.5 mm；花萼被毛；花冠白色或淡黄色，直径 3-4 mm，裂片卵状披针形，长 1.5-2 mm；花丝长约 1.4 mm；花柱 2 裂至近基部。果直径 1-2 mm，密生白色略弯糙硬毛，果柄 1.5-3.5 mm。花期 5-8 月，果期 6-10 月。

分布于东北、华北、西北及山东、四川、西藏。生于海拔 580-3 900 m 山坡、沟边、河谷、沼泽、草地。俄罗斯、日本、喜玛拉雅、克什米尔地区、欧洲东北部也有分布。

2. 沼生拉拉藤

Galium palustre L., Sp. Pl. 105. 1753.

多年生草本，高 10-70 cm。茎柔弱、平卧或上升，分枝铺散，无毛而略粗糙。叶 4-5（-6）枚轮生，线状披针形至线状长圆形，长 3-17 mm，宽 0.5-4 mm，基部渐狭，两面无毛或被疏小毛，基出脉 1，近无柄。聚伞花序组成圆锥花序，花多而疏，总花梗 6-10 mm；苞片成对，线形，长 1-3 mm；花梗 1-4 mm；花冠白色，直径 3-4 mm，裂片 4，长圆形；花药顶部 2 裂。小坚果近球形，无毛，直径约 2 mm。花果期 5-8 月。

分布于河北、四川、新疆、云南，生于海拔 400-2 200 m 林下湿地、水边草地。印度、亚洲西部、欧洲、非洲北部、美洲北部也有分布。

3. 小叶猪殃殃

Galium trifidum L., Sp. P1. 105. 1753.

多年生草本，高 15-50 cm。茎纤细，多分枝，近无毛。叶小，4（-5-6）枚轮生，倒披针形或狭椭圆形，长 3-14 mm，宽 1-4 mm，顶端圆或钝，基部渐狭，基出脉 1（-3），近无柄。聚伞花序分枝少，长 1-2（-3.5）cm，有 3-4 花，总花梗纤细，花小，直径约 2 mm，花梗长 1-8 mm；花冠白色，裂片 3（-4），卵形，长约 1 mm，宽 0.8 mm；雄蕊通常 3 枚；花柱长约 0.5 mm，顶部 2 裂。小坚果双生，稀单生，直径 1-2.5 mm，光滑，果柄纤细，长 2-10 mm。花果期 3-8 月。

除西北外，广布全国各省区，生于海拔 300-2 500 m 的沟边、沼泽、旷野、草地。朝鲜、日本、欧洲、美洲北部也有分布。

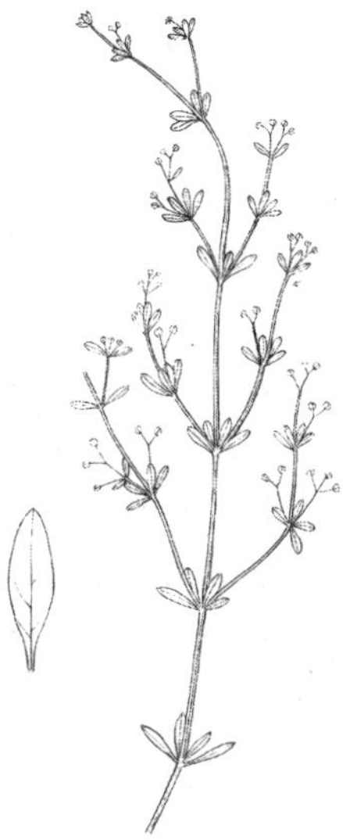

图 528 小叶猪殃殃

葫芦科 Cucubitaceae

草质藤本，具卷须，茎常具纵沟。单叶互生，掌状浅裂至深裂，有时为复叶，具柄，无托叶，叶缘有锯齿稀全缘。花单性同株或异株，稀两性；雄花：花萼辐状、管状或钟状，5 裂，花冠插生萼管檐部，基部合生或完全分离，5 裂，裂片全缘或流苏状，雄蕊（3-）5，插生萼筒或檐部，花丝分离或合生呈柱状，花药分离或靠合，纵向开裂；雌花：花萼与花冠同雄花，有或无退化雄蕊，子房下位，稀半下位，常由 3 心皮组成，稀 4-5 心皮，3 室或 1（-2）室，侧膜胎座，胚珠多数，极少 1 胚珠，花柱单一或顶部 3 裂，柱头膨大，2 裂或流苏状。不开裂肉质浆果，或果皮木质或纸质干果，成熟后盖裂或 3 片纵裂，1-3 室。种子多数，稀少数或至 1 枚，扁，种皮具各种纹饰，无胚乳，胚直，胚根短，子叶大而扁，常富含油脂。

本科有 113 属 800 余种，多分布于热带和亚热带，少数可至温带。我国有 32 属 150 余种，主要分布于西南及南部省区。本书只选入 1 属 1 种。

1. 盒子草属 *Actinostemma* Griff.

缠绕草本，卷须具分叉。叶有柄，心形或戟形或披针状三角形，不分裂或 3-5 裂，叶缘有疏齿或微波状。花单性同株或异株，稀两性；雄花序总状或圆锥状，雄花稀单生或双生，花萼辐状，萼筒杯状，5 裂，裂片线状披针形，花冠辐状，5 裂，裂片披针形，尾状渐尖；雄蕊 5（-6），分离，花丝短，丝状，花药外向，近卵形，基部着生，药隔在药背乳头状突出，1 室，纵裂；雌花单生、簇生或稀雌雄同序，花萼与花冠同雄花；子房近球形，常有疣凸，1 室，花柱短，柱头 3，肾形；胚珠 2（-4），下垂。蒴果小，卵状，具凸刺，常自中部以上环裂，顶盖圆锥形。种子 2（-4）枚，黑色，卵形，具不规则雕纹。

本属仅有 1 种，分布于东亚。

1. 盒子草

Actinostemma tenerm Griff., Pl., Cantor. 25, t. 3, 1837.

一年生纤细草本，茎攀缘，长 1.5-2 m，枝被长柔毛，后无毛。叶具细梗，长 2-6 cm，被短柔毛，叶形变异大，从心状戟形至披针状三角形，不裂或 3-5 裂或仅基部分裂，叶缘波状或具小圆齿或疏锯齿，基部耳状深心形，裂片中部以上狭三角形，顶具小尖头，两面疏被疣状凸起，长 3-12 cm，宽 2-8 cm；卷须细，2 裂。雌雄同株；雄花序总状或圆锥状，雌花单生或稀雌雄同序；花萼裂片线状披针形；花冠裂片披针形，长 3-7 mm，宽 1-1.5 mm；雄蕊 5；子房卵形，1 室，柱头 2 裂，肾形。果卵形，长 1.6-2.5 cm，宽 1-2 cm，盖裂。种子 2-4 粒，表面具不规则雕纹，长 11-13 mm，宽 8-9 mm。花期 7-9 月，果期 9-11 月。

分布于华东及广西、河北、河南、湖南、江西、辽宁、四川、台湾、西藏、云南，多生于水边草丛。朝鲜、日本、印度、中南半岛也有分布。

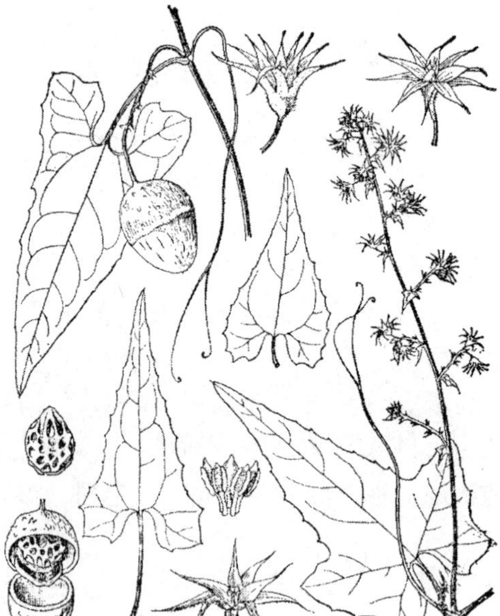

图 529 盒子草

桔梗科 Campanulaceae

一年生或多年生直立或缠绕草本，具根状茎，稀为亚灌木，常有乳汁。叶互生，少对生或轮生，全缘，稀分裂，无托叶。聚伞花序、假总状花序或单花，少为头状花序，花两侧或辐射对称；花萼常宿存，4-5 裂；花冠辐射对称、管状、钟状或轮状，合瓣，5 浅裂至深裂，在芽中裂片镊合状排列，稀覆瓦状；雄蕊（4-）5（-6）枚，花丝基部密生长柔毛，花药内向；花盘上位，分离或环状或无花盘；子房下位或半上位，稀上位，2-5（-6）室，花柱 1，柱头 2-5（-6）裂，柱头下常被毛；中轴胎座，胚珠多数。蒴果爿裂、孔裂或盖裂，或为不规则撕裂干果，稀为浆果。种子多数，胚直，具胚乳。

本科约有 70 属 2 000 余种，世界广布，主产于温带及亚热带。我国有 16 属 170 余种，全国均产，而以西南为主。本书收入 2 属 3 种。

分属检索表

1. 花冠辐射对称，子房 3 室，柱头 3 裂；蒴果沿宿存萼片间开裂……………………………1. 党参属 *Codonopsis*
1. 花冠两侧对称，子房 2 室，柱头 2 裂；蒴果顶端 2 裂……………………………………2. 半边莲属 *Lobelia*

1. 党参属 *Codonopsis* Wall.

多年生直立或缠绕草本，有乳汁；根茎短，常具多数瘤状茎痕；根肥大，肉质。叶互生，对生，簇生或假轮生。花单生枝顶，与叶相对，稀生叶腋，有时形成花葶；花萼 5 裂，萼筒与子房贴生，常具 10 条辐射脉；花冠钟状至管状，5 浅裂或全裂，裂片在芽中镊合状排列；雄蕊 5，花丝基部常扩大，花药基着，直立，药隔无毛或有刺毛；子房下位，3 室，中轴胎座肉质，胚珠多数，花柱无毛或有毛，柱头阔，3 裂。蒴果，具宿存花萼，且常于萼片间开裂。种子棕黄色，细小，多数，有或无翅，胚直，胚乳丰富。

本属有 40 多种，分布于亚洲东部和中部。我国约有 39 种。

1. 羊乳 羊奶参、轮叶党参

Codonopsis lanceolata (Siebold & Zucc.) Trautv., Act. Hort. Petrop. 6: 46. 1879. ——*Campanumoea lanceolata* Siebold & Zucc.

根纺锤形肥大，长 15-20 cm，少侧根。茎紫色，多分枝，长达 1 m。茎生叶细小，互生，披针形或菱状卵形，分枝顶端常 3-4 叶簇生，叶柄短，菱状卵形至椭圆形，长 3-10 cm，宽 1.5-4 cm，顶端钝或尖，全缘或具波状疏锯齿，基部楔形，背面灰白色，叶脉明显。花单生枝顶，花梗 1-9 cm；花萼筒贴生子房中部，5 裂，裂片卵状三角形，宿存；花冠阔钟状，外面黄绿色或乳白色，内面深紫色，5 浅裂，裂片三角形，反卷；雄蕊 5，长约 1 cm；子房下位。蒴果上部 3 爿裂。种子多数，细小，卵形，棕色，有翅。花果期 7-9 月。

我国东北、华北、华东和中南各省均产，生山地灌木林下、沟边阴湿地或阔叶林下。日本、朝鲜、俄罗斯（远东地区）也有分布。

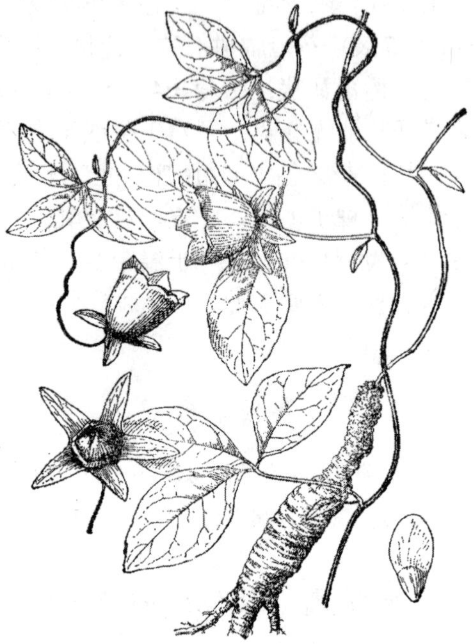

图 530 羊乳

2. 半边莲属 *Lobelia* L.

草本或亚灌木。叶互生。花单生叶腋，或总状花序顶生或穗状圆锥花序；花两性，花萼 5 裂，裂片近等长，全缘或有小齿，宿存；花冠左右对称，二唇形，上唇 2 裂，下唇 3 裂；雄蕊 5，花丝分离，花药合生成管，顶端或下 2 枚具髯毛；子房下位，2 室，柱头 2 裂，胚珠多数。蒴果成熟后顶端 2 裂。种子多数，细小，有时具翅。

本属约有 350 种，世界广布，以热带、亚热带地区为主，少数种分布到温带。我国约有 20 种，分布于长江以南省区，本书选入 2 种。

分种检索表

1. 矮小草本，高 6-18 cm；叶互生；花粉红色或白色，花冠裂片平展，喉部被白色柔毛……………………………………………………………………………………………………1. 半边莲 *L. chinensis*
1. 直立草本，高 60-120 cm；叶于茎中部以上密集成螺旋状排列；花冠蓝紫色，二唇形……………………………………………………………………………………………………2. 山梗菜 *L. sessifolia*

1. 半边莲 急解索、细米草、瓜仁草

Lobelia chinensis Lour., Fl. Cochinoh. 2: 514. 1790.

多年生矮小草本，有白色乳汁；茎匍匐，节上生根，分枝直立，高 6-18 cm。单叶互生，长圆状披针形至条形，长 0.8-2.5 cm，宽 0.3-0.7 cm，先端急尖，全缘或具波状小齿，

基部圆至楔形，近无柄。花两性，常单生上部叶腋，花柄长 1.2-2.5 cm；花萼 5 裂，裂片披针形，约与萼筒等长；花冠粉红色或白色，1-1.5 cm，5 裂，裂片平展，喉部以下有白色柔毛；雄蕊 5，花药合生，花丝中部以下连合；子房下位，2 室，柱头 2 裂。蒴果倒锥形，约 6 mm，顶部 2 裂。种子小，多数，近肉色。花果期 5-10 月。

分布于长江中下游及以南省区，生于水田、沟边及潮湿草地。印度以东的亚洲各国也有分布。

图 531 半边莲

2. 山梗菜

Lobelia sessifolia Lamb., Trans. Linn. Soc. Bot. 10: 260, t. 6, f. 2. 1811.

多年生草本，有白色乳汁，茎高 60-120 cm，不分枝。叶在中部以上密集呈螺旋状排列，长 2.5-5.5（-7）cm，宽 0.3-1.6 cm，边缘具细齿，先端渐尖，基部近圆形或宽楔形。总状花序腋生，长 8-35 cm，无毛，具叶状苞片；花梗长 0.5-1.2 cm；花萼 5 裂，裂片三角状披针形，长 5-7 mm，宽约 2 mm，全缘，无毛；花冠蓝紫色，长 2.5-3（-3.5）cm，近 2 唇形，外面无毛，内生柔毛，上唇 2 裂，裂片匙形，长 1.5-2 cm，宽 0.3-0.4 cm，下唇 3 裂，裂片狭卵形，长约 1.5 cm，宽 0.4-0.5 cm，与冠筒近等长，边缘具睫毛；雄蕊 5，基部以上合生成筒，花药结合处密生柔毛；子房下位，花柱 2 裂。蒴果倒卵形，长 8-10 mm，宽 5-7 mm。种子近半圆形，红棕色，长约 1.5 mm，光滑。花果期 7-9 月。

分布于东北、华北及广西、山东、台湾、云南，生于海拔 900-3 000 m 的平原及山坡湿草地。日本、朝鲜、俄罗斯（远东地区及西伯利亚）也有分布。

图 532　山梗菜

草海桐科　Goodeniaceae

草本或小灌木，无乳汁。叶互生，叶腋常有簇生毛，无托叶。聚伞花序单生或集生呈总状花序，有苞片，花两性，左右对称；花萼 5 数，萼筒与子房贴生，宿存；花冠合瓣，背侧纵裂形成左右对称，裂片 5；雄蕊 5，无毛，花药分离，2 室，纵裂；无花盘；子房下位，（1-）2 室或不完全 2 室，花柱单一，顶端 2-3 裂，柱头顶部扩大成杯状，有缘毛，或 2 裂，胚珠（1-）多数。蒴果爿裂，有时为核果或坚果，种子 1 至多数，具胚乳。

本科约有 14 属 300 余种，主产于大洋洲，其次为热带海岸。我国南方亦有 2 属 3 种。

1. 草海桐属 *Scaevola* L.

草本、亚灌木或灌木。叶互生，螺旋状排列或对生。聚伞花序腋生，或单花簇生，有对生苞片及小苞片；花萼裂片 5，极短或缺，萼筒与子房贴生；花冠背侧分裂至近基部，左右对称，冠檐 5 裂；花药分离；子房下位，1-2 室，每室 1-2 枚直立的胚珠，柱头 2 裂。肉质核果，内果皮坚硬，每室 1 种子。

本属约有 180 种，主产于澳大利亚及热带海岸。我国有 2 种，产于南部海岸及台湾。

1. 小草海桐

Scaevola hainanensis Hance, J. Bot. 7: 229. 1878.

蔓生小灌木，老枝细而秃，小枝短而多，被糙伏毛。叶腋簇生长柔毛，叶螺旋状密集枝顶，无柄或柄极短，叶片肉质，长匙形，长 1-2.5 cm，宽 0.2-0.5 cm，全缘，无毛，背面叶脉清晰。花单生叶腋，花梗长约 1 mm，小苞片对生，条形，长 3-4 mm，腋内簇生绒毛；花萼筒倒卵状长圆形，长约 2 mm，波状 5 裂呈浅杯状；花冠淡蓝色，长约 8 mm，背面开裂至基部，其余裂片裂至中部，外面无毛，内面密生长柔毛，裂片1侧展开，狭长椭圆形，有宽膜质翅，翅缘流苏状；药隔较药室长；子房2室，花柱下部具短毛。

分布于福建、广东、台湾，生于沿海盐田及红树林中。越南沿海也有分布。

图 533　小草海桐

菊科　Compositae

草本、半灌木或灌木，稀乔木，有时有乳汁。叶通常互生，稀对生或轮生。花两性或单性，5基数，少数或多数密集呈头状花序，为1层或多层总苞片组成的总苞所围绕；头状花序单生或数个至多数排列成总状、聚伞状、伞房状或圆锥状；花序托平或凸起；萼片不发育，通常形成鳞片状、刚毛状或毛状的冠毛；花冠常辐射对称，管状，或左右对称，两唇形或舌状；头状花序盘状或辐射状，全部为管状花或舌状花，或外围雌花舌状、中央两性花管状；雄蕊4-5个，花药内向，合生呈筒状；花柱上端两裂；子房下位，合生心皮2枚，1室，具1个直立的胚珠。果为瘦果。种子无胚乳，通常具2子叶。

本科约有1 000属，25 000-30 000种，广布于全世界，热带较少。我国约有233属，近3 000种。

菊科种类繁多，许多植物具有较高经济价值。很多植物可作蔬菜，有些可榨油，有的可提取橡胶，有的可作杀虫剂，很多是重要的药用植物和美丽的观赏植物。

分属检索表

1. 头状花序全为舌状花；植株通常有乳汁。
  2. 冠毛毛状或基部连合呈环状或成组。
    3. 瘦果无刺毛或瘤状突起，冠毛多层，单毛状，基部连合成环或成组…………21. 苦苣菜属 *Sonchus*
    3. 瘦果上部或几乎全部有刺状或瘤状突起，冠毛多层，毛状………………23. 蒲公英属 *Taraxacum*
  2. 冠毛糙毛状。
    4. 瘦果顶端无喙或渐狭成粗短喙……………………………………………27. 黄鹌菜属 *Youngia*
    4. 瘦果顶端骤尖成细丝状喙。
      5. 瘦果有 8-10 条钝纵肋…………………………………………………15. 小苦荬菜属 *Ixeridium*
      5. 瘦果有 10 条尖翅肋………………………………………………………16. 苦荬菜属 *Ixeris*
1. 头状花序全为管状花，或有异型小花，中央花非舌状；植株无乳汁。
  6. 花药基部锐尖、戟形或尾形。
    7. 头状花序直径 3-5 mm，无梗……………………………………………22. 含苞草属 *Symphyllocarpus*
    7. 头状花序具梗。
      8. 花托有托片；花药基部箭形，尾部撕裂；花柱分枝顶端钝………………19. 风毛菊属 *Saussurea*
      8. 花托无托片。
        9. 瘦果无冠毛…………………………………………………………………1. 和尚菜属 *Adenocaulon*
        9. 瘦果有冠毛。
          10. 雌花花冠丝状；花药基部箭形……………………………………13. 鼠麴草属 *Gnaphalium*
          10. 雌花花冠舌状；花药基部戟形……………………………………………14. 旋覆花属 *Inula*
  6. 花药基部钝或具短尖。
    11. 头状花序盘状，有同形管状花。
      12. 花药顶端平截，无附片；总苞片 2 层；冠毛 3-5，棒锤状，基部结合成短环状……………………………………………………………………………………………2. 下田菊属 *Adenostemma*
      12. 花药顶端尖，有附片；总苞片多层或 1-2 层，基部不结合；冠毛多数，刚毛状……………………………………………………………………………………………12. 泽兰属 *Eupatorium*
    11. 头状花序辐射状，或盘状，有舌状雌花或中性。
      13. 舌状花长于冠毛。
        14. 冠毛 1-2 层，外层毛状或膜片状…………………………………………4. 紫菀属 *Aster*
        14. 冠毛多层，极纤细……………………………………………………………25. 碱菀属 *Tripolium*
      13. 舌状花短于冠毛。
        15. 冠毛通常毛状。
          16. 叶倒卵形、线形或线状披针形……………………………………6. 短星菊属 *Brachyactis*
          16. 叶肾形、卵形、箭形、戟形、椭圆形或宽心形。
            17. 叶基部具鞘。
              18. 头状花序下垂，常单生；总苞半球形、钟形，基部近圆形……………………………………………………………………10. 垂头菊属 *Cremanthodium*

18. 头状花序排成复伞房状花序、伞房状花序或总状花序；总苞陀螺形或窄筒形、半球形或钟形……………………………………………………17. 橐吾属 *Ligularia*

17. 叶基部无鞘。

16. 花雌雄异株……………………………………………………………18. 蜂斗菜属 *Petasites*

16. 花雌雄同株；花柱分枝顶端被乳头状毛。

20. 总苞具外苞片；小花同型，全部为管状花…………9. 野茼蒿属 *Crassocephalum*

20. 总苞无外苞片；小花异型，具舌状花和管状花………24. 狗舌草属 *Tephroseris*

15. 冠毛无，或刚毛状、细齿状、刺芒状。

21. 总苞片全部或边缘干膜质。

22. 边缘雌花多层；瘦果 4 棱形，棱上有毛………………………7. 石胡荽属 *Centipede*

22. 边缘雌花 1 层。

23. 头状花序小，在茎顶或分枝上排成花序，常在茎上组成圆锥花序…………………………………………………………………………3. 蒿属 *Artemisia*

23. 头状花序稍大，异型，单生茎顶或在茎顶排成伞房或复伞房花序…………………………………………………………………………8. 菊属 *Dendranthema*

21. 总苞片叶质。

24. 花托有托片。

25. 瘦果倒卵状椭圆形、楔形或线形，顶端平截或渐尖，芒刺 2-4，具倒刺状刚毛……………………………………………………………5. 鬼针草属 *Bidens*

25. 瘦果三角形或扁四角状，顶端平截，有 1-3 刚毛状细齿，两面有瘤突……………………………………………………………11. 鳢肠属 *Eclipta*

24. 花托无托片。

26. 瘦果长椭圆形，有 3 狭翅，翅缘具细锯齿；无冠毛……20. 虾须草属 *Sheareria*

26. 瘦果倒卵形或楔状长圆形，无冠毛或具 1-3 刺芒或冠毛环…………………………………………………………………………26. 蟛蜞菊属 *Wedelia*

1. 和尚菜属 ***Adenocaulon*** Hook.

多年生或一年生草本，茎上部常有腺毛。叶互生，下面被白色茸毛，有长叶柄。头状花序小，在茎和分枝顶端排列成圆锥状，小花异型，外围有 7-12 结实雌花，中央有 7-18 不育两性花；总苞钟状或半球形，总苞片少数，近 1 层，等长，草质；花托短圆锥状或平，无托片；花冠全部管状，雌花花冠管短，有 4-5 个深裂片，花柱短叉状分枝，分枝宽扁，顶端圆形；两性花花冠细，有 4-5 齿，花柱棍棒状，花药基部全缘或有 2 齿，顶端有尖的短附片，雌花有时具退化雄蕊。瘦果长椭圆状棍棒形，有不明显纵肋，被腺毛，无冠毛。

本属约有 3 种，分布于亚洲东部及南北美洲。我国有 1 种。

1. 和尚菜　腺梗菜

Adenocaulon himalaicum Edgew., Trans. Linn. Soc., Bot. 20: 64. 1851.

根状茎匍匐；茎直立，高 30-100 cm，中部以上分枝，被蛛丝状毛。基生叶或有时下部茎生叶花期凋落；下部茎叶肾形，较大，基部心形，边缘具齿，下面密被蛛丝状毛，基出 3 脉；中部茎生叶三角状圆形，向上渐小，最上部的披针形。头状花序排成圆锥状，花梗短，被白色绒毛，花梗花后伸长，密被头状具柄腺毛；总苞半球形，宽 2.5-5 mm，总苞片 5-7 枚；雌花白色，长 1.5 mm，两性花淡白色，长 2 mm。瘦果棒状，长 6-8 mm，被具柄腺毛。花果期 6-11 月。

广布全国，生于湖岸、河边、峡谷、阴湿密林、山坡，海拔 3 400 m 以下。

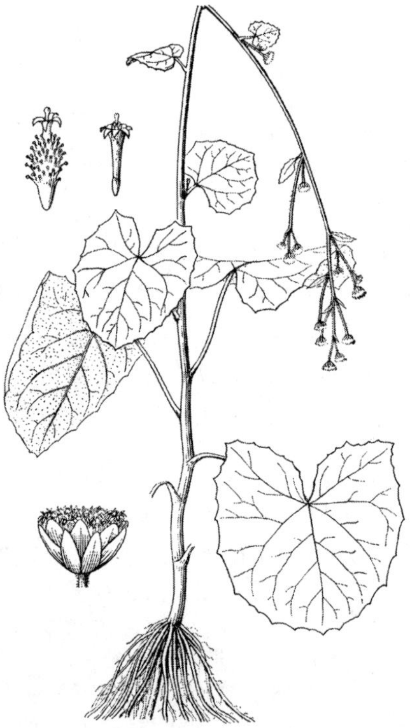

图 534　和尚菜

2. 下田菊属　*Adenostemma* J. R. & G. Forst.

一年生草本，全株被腺毛或无毛。叶对生，3 出脉，有锯齿。头状花序在分枝顶端排成伞房状或伞房状圆锥花序；总苞钟状或半球形，草质，2 层，近等长，分离或结合；花托扁平，无托毛；花两性，花冠白色，管状，辐射对称，管部短，檐部钟状，顶端 5 齿裂；花药顶端平截，无附片，基部近平截；花柱分枝细长，扁平，顶端钝，无附片。瘦果具 3-5 棱，有腺点或乳突；冠毛毛状，3-5，坚硬，果期分叉，基部结合成短环状。

本属约有 20 种，主要分布于热带美洲。我国有 1 种。

1. 下田菊

Adenostemma lavenia (L.) O. Kuntze, Rev. Gen. Pl. 304. 1891.——*Verbesina lavenia* L.

茎直立，坚硬，上部叉状分枝，被白色短柔毛。中部茎生叶长椭圆状披针形，长4-12cm，基部楔形，边缘有圆锯齿，两面疏生柔毛；叶柄有窄翼，长0.5-4cm；上部和下部的叶渐小，叶柄短。花序分枝粗，花序梗长0.8-3cm，被灰白色或锈色柔毛；总苞半球形，直径6-8mm，总苞片2层，窄长椭圆形，近膜质，绿色，外层苞片大部合生，外面疏被白色长柔毛，基部毛较密；花冠下部被黏质腺毛和柔毛。瘦果倒披针形，具腺点。花果期8-10月。

分布于华东、华南、华中、西南及甘肃、台湾、香港，生于水边、路旁、柳林沼泽地、林下及山坡灌丛中，海拔460-2 000m。也分布于朝鲜、日本、印度、中南半岛、菲律宾、澳大利亚。

图535 下田菊

3. 蒿属 *Artemisia* L.

一、二年生或多年生草本，稀灌木状或小灌木，常有浓烈香气，常被毛。茎直立，具纵棱。叶互生，1-3回稀4回羽状分裂或不裂，稀近掌状分裂，叶缘或裂片常有裂齿或锯齿。头状花序小，排成圆锥花序；总苞片（2-）3-4层，外、中层总苞片草质，内层总苞片半膜质或膜质，或总苞片全为膜质；边缘花雌性，花冠窄圆锥状或窄管状，檐部具2-3（-4）裂齿；花柱伸出花冠，顶端2叉；子房下位，2心皮，1室，1胚珠；中央花两性，可育或不育，多朵或少数，花冠管状，檐部具5裂齿；雄蕊5，花药2室，顶端附属物长三角形；可育两性花花柱伸出花冠；不育两性花的雌蕊退化。瘦果小，无冠毛。种子1。

本属有300多种，主要分布于亚洲、欧洲及北美洲温带、寒温带及亚热带地区，少数种分布至亚洲南部热带地区及非洲北部、东部、南部及中美洲、南美洲和大洋洲地区。我国有 187 种。

分种检索表

1. 两性花不育；半灌木状；头状花序在分枝或小枝的上半部排成复总状花序，在茎上端组成开展的圆锥花序……2. 茵陈蒿 *A. capillaria*
1. 两性花可育，开花时花柱与花冠等长或稍长于花冠，先端 2 叉状，子房明显；一、二年生或多年生草本。
    2. 一、二年生草本；主根单一，垂直向下；头状花序半球形或宽卵圆形，具短梗，排成穗状总状花序，在茎上组成疏散、开展的圆锥花序……1. 碱蒿 *A. anethifolia*
    2. 多年生草本。
        3. 总苞背面初时被毛，后脱落，头状花序多数，排成密穗状，在茎上组成狭窄而伸长的圆锥花序……3. 蒌蒿 *A. selengensis*
        3. 总苞背面密被灰白色绵毛，头状花序排成穗状，在茎上组成疏散的圆锥花序……4. 辽宁蒿 *A. verbenacea*

1. 碱蒿

Artemisia anethifolia Weber ex Stechm., Dissert. Artem. 29. 1775.

一、二年生，有浓烈的香气。主根单一，垂直，狭纺锤形。茎高 20-50cm，分枝多而长。叶 2 或 3 回羽状分裂，小裂片狭线形。头状花序半球形或宽卵形，直径 2-3（-4）mm，排成总状，在茎上组成疏散的圆锥状花序；总苞片 3-4 层，背面微毛或无毛；雌花 3-6 朵，花冠狭管状；两性花 18-28 朵，花冠管状，檐部黄色或红色。瘦果椭圆形或倒卵形。花果期 8-10 月。

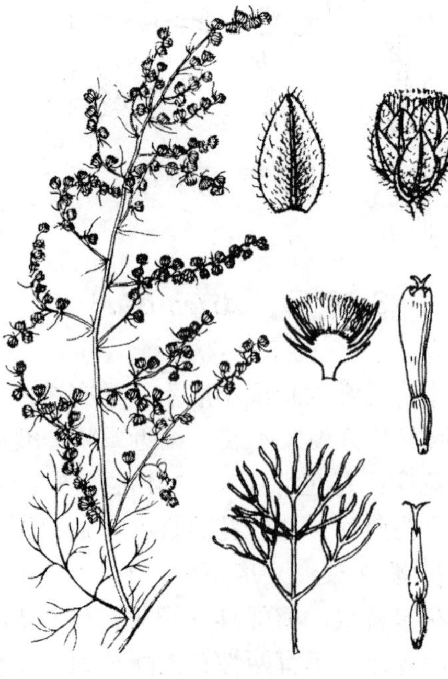

图 536 碱蒿

分布于东北、华北和西北，生于低湿处、干河谷、碱性滩地或盐渍化草原，海拔800-2 300m。蒙古、俄罗斯（西伯利亚）也有分布。

2. 茵陈蒿 棉茵陈、白茵陈

Artemisia capillaris Thunb., Fl. Jap. 309. 1784.

半灌木状草本，有浓烈香气。主根明显木质。茎高 40-120cm，红褐色或褐色，上部分枝多。叶两面被毛，2 或 3 回羽状分裂，小裂片狭线形或狭线状披针形，花期收缩。头状花序卵球形，直径 1.5-2mm，排成复总状，在茎上端组成大型而开展的圆锥状花序；总苞片 3-4 层，背面无毛；雌花 6-10 朵，花冠狭管状或狭圆锥状；两性花 3-7 朵，不育，花冠管状。瘦果长圆形或长卵形。花果期 7-10 月。

分布于华北、华东、华中、西南及吉林、辽宁、陕西、台湾、香港，生于低海拔河岸、海岸沙地、路旁或低山坡。也分布于朝鲜、日本、菲律宾、越南、柬埔寨、马来西亚及俄罗斯（远东地区）。

图 537 茵陈蒿

3. 蒌蒿

Artemisia selengensis Turcz. ex Besser, Nouv. Mém. Soc. Imp. Naturalistes Moscou 3: 50. 1834.

多年生，具清香气味。主根不明显或稍明显。茎高 60-150cm，初时绿褐色，后为紫红色，上部分枝。叶上面无毛，背面密被灰白色绵毛，近掌状或指状分裂或不分裂。头状花序多数，长圆形或宽卵形，直径 2-2.5mm，排成密穗状，在茎上组成狭窄而伸长的圆锥花序；总苞片3-4层，背初时被毛，后脱落；雌花8-12朵，花冠狭管状；两性花10-15朵，花冠管状。瘦果卵形，略扁。花果期7-10月。

分布于东北、华北、华东、华中以及甘肃、广东、贵州、陕西，生于低海拔河边、沼泽地、湿润疏林下、山坡或荒地。蒙古、朝鲜、俄罗斯（西伯利亚及远东地区）也有分布。

植珠可作蔬菜。

图538 蒌蒿

4. 辽东蒿

Artemisia verbenacea (Kom.) Kitag. Lin. Fl. Manshur. 434. 1939.——*A. vulgaris* L. var. *verbenacea* Kom.

多年生。主根稍明显。茎高30-70 cm，紫红色或深褐色，上部具短小分枝。叶1或2回羽状深裂或全裂，每侧有裂片2-3（-4）枚，上部初时被毛，后脱落近无毛，背面密被灰白色绵毛。头状花序长圆形或长卵圆形，直径2-3 mm，排成穗状，在茎上组成疏离的圆锥花序；总苞片3-4层，背面密被灰白色绵毛；雌花5-8朵，花冠狭管状，檐部紫色；两性花8-20朵，花冠管状，檐部紫色。瘦果长圆形或倒卵状椭圆形。花果期8-10月。

分布于东北、华北以及甘肃、宁夏、青海、陕西、四川（西部）；华北、东北分布在中、低海拔地区，西北、西南分布在海拔2 200-3 500 m地区，生于山坡、路旁及河湖岸边等处。

图 539 辽东蒿

4. 紫菀属 *Aster* L.

多年生草本、半灌木或灌木。茎直立。叶互生，有齿或全缘。头状花序排成伞房状或圆锥伞房状，或单生，有多数异形花，放射状，外围有 1-2 层雌花，中央有多数两性花，均结实，稀无雌花；总苞半球状、钟状或倒锥状，总苞片两至多层，外层渐短；花托蜂窝状，平或稍凸起；雌花花冠舌状，舌片窄长，白色、浅红色、紫色或蓝色，顶端有不明显 2-3 齿；两性花花冠管状，黄色或顶端紫褐色，常有 5 裂片；花药基部钝，常全缘，花柱分枝附片披针形或三角形；冠毛宿存，白色或红褐色。瘦果长圆形或倒卵圆形，扁或两面稍凸，有 2 边肋，常被毛或有腺毛。

本属有 250-600 种，广泛分布于亚洲、欧洲及北美洲。我国约有 100 种。

分种检索表

1. 头状花序单生茎端，直径 2.5-5 cm；总苞背面及边缘有紫褐色腺毛，基部有长密毛……………………………………………………………………………………………1. 丽江紫菀 *A. likiangensis*
1. 头状花序长圆形或长卵圆形，直径 2-3 mm，排成穗状，在茎上组成疏离的圆锥花序；总苞背面密被灰白色绵毛……………………………………………………………………………………2. 紫菀 *A. tataricus*

1. 丽江紫菀

Aster likiangensis Franch., J. Bot. (Morot) 10 (22): 370. 1896.

多年生草本。根状茎有块根。茎单生或丛生，常紫色，被长毛和紫色腺毛。基部叶密集，倒卵形、菱形或长圆形，长 1.5-7 cm，近全缘；茎中部叶卵形或线状披针形，无柄；叶上面被长毛。头状花序单生茎端，直径 2.5-5 cm；总苞半球状，直径 1-2 cm；总苞片 2-3 层，披针形，紫绿色，背面及边缘有紫褐色腺毛，基部有长密毛；舌状花 30-50，蓝紫色，稀浅红色，舌片长 1-2 cm，宽 2-3 mm，常有 2 齿；管状花长达 5 mm，上部紫褐色，有腺毛或近无毛，管部长 1-1.5 mm，裂片长 1.5 mm；冠毛 2 层，外层短，膜片状，白色，有白或污白色微糙毛，内层与管状花花冠等长。瘦果长圆形，被白色毛。花果期 6-8 月。

分布于四川、云南、西藏，生于高山草甸、河谷或泥炭沼泽地、开阔坡地，海拔 3 500-4 500 m。不丹也有分布。

图 540 丽江紫菀

2. 紫菀

Aster tataricus L. f., Suppl. Pl. 373. 1781.

草本。茎高 40-50 cm，被稀疏粗毛，具疏生的叶，基部叶花期枯萎；下部叶匙状长圆形，较小；中部叶长圆形或长圆状披针形，无柄，全缘或有浅齿；上部叶狭小；全部叶上面被糙毛，下面被短粗毛。头状花序多数，直径 2.5-4.5 cm，在枝端排列成复伞房状；总苞半球形，3 层，密被短毛；舌状花 20 余朵，舌片蓝紫色，长 15-17 mm，宽 2.5-3.5 mm；管状花长 6-7 mm，稍有毛。瘦果倒卵状长圆形，紫褐色，长 2.5-3 mm，上部疏被粗毛；冠毛污白色，长 6 mm。花期 7-9 月。

分布于东北、华北和西北地区，生于阴坡湿地、沼泽、草地、山顶，海拔400-2 000 m。朝鲜、日本、俄罗斯（西伯利亚东部）也有。

图541 紫菀

5. 鬼针草属 ***Bidens*** L.

一年生或多年生草本。茎直立或匍匐。叶对生或茎上部互生，稀3叶轮生，全缘或具齿或缺刻，或1-3回3出羽裂。头状花序单生或多数排成伞房状圆锥花序；总苞钟状或近半球形，苞片1-2层，基部常合生，外层草质，内层膜质；托片窄，近扁平，干膜质；花杂性，外围1层为舌状花，或无舌状花，舌状花中性，稀雌性，白色或黄色；盘花筒状，两性，可育，冠檐壶状，4-5 裂；花药基部钝或近箭形；花柱分枝扁，顶端有三角形锐尖或渐尖附器，被硬毛。瘦果扁平或具4棱，倒卵状椭圆形、楔形或线形，顶端平截或渐窄，无明显喙，芒刺2-4，具倒刺状刚毛。

本属有230余种，广布于热带至温带地区，主产于美洲。我国有9种。

分种检索表

1. 瘦果具4棱，顶端芒刺4；盘花冠檐5齿裂……………………………………1. 柳叶鬼针草 *B. cernus*
1. 瘦果扁平，顶端芒刺2，稀3或4。
   2. 头状花序高与直径约相等，外层总苞片5-9；瘦果长6-11 mm……………………3. 狼杷草 *B. tripartite*
   2. 头状花序高小于直茎；外层总苞片8-10；瘦果长3-4.5 mm…………2. 羽叶鬼针草 *B. maximowicziana*

1. 柳叶鬼针草

Bidens cernua L., Sp. Pl. 832. 1753.

一年生草本，高 10-90 cm，生岸上者有明显主茎，生水中者常自基部分枝，无明显主茎。叶对生，披针形，长 3-14（-22）cm，宽 5-30 mm，基部半抱茎。头状花序单生茎端和枝端，直径达 4 cm，开花时下垂；总苞盘状，外层苞片 5-8 枚，条状披针形，内层苞片长椭圆形或倒卵形；舌状花中性，舌片黄色，盘花两性，筒状。瘦果狭楔形，长 5-6.5 mm，具 4 棱，棱上有倒刺毛，顶端芒刺 4 枚，长 2-3 mm。

分布于东北、华北和西南地区，生于草甸、沼泽边缘，有时沉于水中。广布于北美、欧洲和亚洲。

图 542　柳叶鬼针草

2. 羽叶鬼针草

Bidens maximowicziana Oett., Trudy Bot. Sada Imp. Yur'evsk. Univ. 6: 219. 1906.

一年生。茎无毛或上部有疏柔毛。上部叶长 5-11 cm，3 裂或羽状分裂，两面无毛，侧裂片线形或线状披针形，具疏齿，顶裂片窄披针形；叶柄长 1.5-3 cm，具极窄翅，基部边缘有稀缘毛。头状花序单生茎枝端，直径约 1 cm，高 5 mm，果时直径 1.5-2 cm，高 0.7-1 cm；外层总苞片叶状，8-10 枚，线状披针形，长 1.5-3 cm，具疏齿及缘毛，内层苞片膜质，披针形，果时长约 6 mm；无舌状花，盘花两性，花冠管细，冠檐壶状，4 齿裂。瘦果扁平，倒卵圆形或楔形，长 3-4.5 mm，边缘浅波状，具倒刺毛，顶端芒刺 2，有倒刺毛。

分布于东北及内蒙古，生于路旁及河边湿地。朝鲜、日本、俄罗斯（西伯利亚东部）也有分布。

图 543 羽叶鬼针草

3. 狼杷草

Bidens tripartita L., Sp. Pl. 2: 831. 1753.

一年生，高 20-150 cm。叶对生，下部的较小，不分裂；中部的具叶柄，叶片长椭圆状披针形，长 4-13 cm，下面有极稀疏的小硬毛，基部有 1 对小裂片，边缘具疏锯齿。头状花序单生茎端和枝端，直径 1-3 cm，高 1-1.5 cm；总苞盘状，外层苞片 5-9 枚，线形或匙状倒披针形，内层苞片长椭圆形或卵状披针形；无舌状花，筒状两性花。瘦果扁，楔形或倒卵状楔形，长 6-11 mm，边缘有倒刺，顶端芒刺通常 2 枚，极少 3 或 4 枚，长 2-4 mm。

分布于东北、华北、华东、华中、西北和西南地区，生于路边荒野及水边湿地。广布于亚洲、欧洲和非洲北部，大洋洲东南部有少量分布。

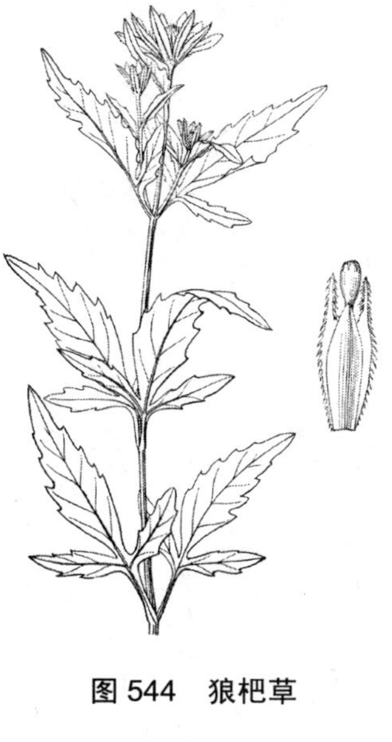

图 544 狼杷草

6. 短星菊属 *Brachyactis* Ledeb.

一年生或多年生草本。叶互生。头状花序具异型花，盘状，多数或较多数排成总状或总状圆锥状，稀单生或数个腋生；总苞半球状，总苞片2-3层，外层常绿色，边缘具窄膜质或具粗缘毛，花托平，无毛，多少具窝孔；花全结实，外围雌花多数，一至数层，花冠管状，管部短于花柱，顶端斜切，具微毛，无舌片，或具极细的舌片，超出花柱；中央两性花常短于冠毛，花冠管状，上端5齿裂；花柱分枝披针形，顶端尖；花药基部钝，全缘。瘦果扁，被贴伏微毛；冠毛2层，糙毛状，外层极短。

本属约有5种，主要分布于亚洲北部和北美洲。我国有4种。

1. 短星菊

Brachyactis ciliata Ledeb., Fl. Ross. 2: 495. 1845.

一年生。茎疏被糙毛，基部分枝。叶线形或线状披针形，长2-6cm，基部半抱茎，全缘，两面无毛或上面被疏毛，边缘有睫毛，无柄。头状花序排成总状圆锥花序，稀单生于枝端，直径1-2cm，花序梗短；总苞半球状钟形，总苞片2-3层，线形，外层绿色，长7-8mm，先端及边缘有缘毛，内层下部边缘膜质，上部草质；雌花花冠细管状，无毛，上端斜切，或有长达1.2mm舌片，上部及斜切口被微毛；两性花花冠管状，长4-4.5mm，上端被微毛，无色或裂片淡粉色，均可结实。瘦果长圆形，长2-2.2mm，红褐色，密被毛；冠毛白色，2层，外层刚毛状，内层糙毛状。花果期8-10月。

分布于东北、华北及河南、陕西、甘肃、宁夏、新疆，生于山坡荒野，山谷河滩或盐碱湿地。蒙古、朝鲜、日本、俄罗斯（西伯利亚）及中亚也有分布。

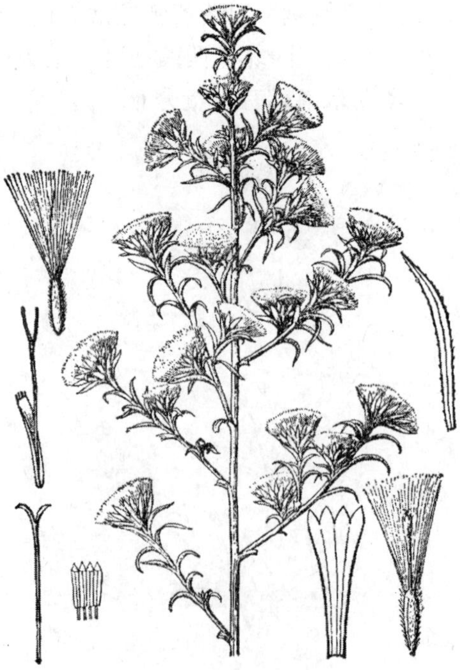

图545 短星菊

7. 石胡荽属 *Centipeda* Lour.

一年生匍匐状小草本。叶互生，楔状倒卵形，有锯齿。头状花序小，单生叶腋，无梗或有短梗，异型，盘状；总苞半球形，总苞片 2 层，平展，长圆形，近等长，具透明边缘，花托半球形，蜂窝状，边缘雌性，能育，多层，花冠细管状，顶端 2-3 齿裂；盘花两性，能育，数朵，花冠宽管状，冠檐 4 浅裂；花药短，基部钝，顶端无附片；花柱分枝短，顶端钝或平截。瘦果 4 棱形，棱上有毛；无冠状冠毛。

本属有 6 种，分布于亚洲、大洋洲及南美洲。我国有 1 种。

1. 石胡荽

Centipeda minima (L.) A. Br. & Aschers., Index Sem. Hort. Berol. App. 6. 1867.——*Artemisia minima* L.

高 5-20 cm。茎多分枝，匍匐，微被蛛丝状毛或无毛。叶楔状倒披针形，长 0.7-1.8 cm，先端钝，基部楔形，边缘有少数细齿，无毛或下面微被蛛丝状毛。头状花序小，扁球形，花序梗无或极短；总苞半球形，总苞片 2 层，椭圆状披针形，绿色，边缘透明膜质，外层较大；边花雌性，多层，花冠细管状，淡绿黄色，2-3 微裂；盘花两性，花冠管状，4 深裂，淡紫红色。瘦果椭圆形，具 4 棱，棱有长毛，无冠状冠毛。花果期 6-10 月。

分布于华东、华南、华中、西南及河北、辽宁、山西、陕西，生于路旁或荒野阴湿处。朝鲜、日本、印度、马来西亚、中南半岛、菲律宾及澳大利亚也有分布。

图 546 石胡荽

8. 菊属 *Chrysanthemum* L.

多年生草本。叶不分裂或 1 回至 2 回掌状或羽状分裂。头状花序异型，单生茎顶，或少数至多数在茎顶排成伞房或复伞房花序；边花雌性，舌状，1层（栽培品种多层），中央盘花两性管状；总苞浅碟状，稀钟状，总苞片4-5层，边缘白色、褐色、黑褐色或棕黑色，膜质或中外层苞片叶状而边缘羽状浅裂或半裂；花托突起，半球形或圆锥状，无毛；舌状花黄色、白色或红色，舌片长2-25 mm或更长；管状花黄色，檐部5齿裂；花柱分枝线形，顶端平截；花药基部钝，顶端附片披针状卵形或长椭圆形。瘦果近圆柱状，下部骤狭窄，有5-8纵纹，无冠状冠毛。

本属有约30余种，主要分布在我国以及日本、朝鲜、俄罗斯。我国有17种。

1. 野菊

Chrysanthemum indicum L., Sp. Pl. 2: 889. 1753.——*Dendrantheum indicum* (L.) Des Moul.

高 25-100 cm，有地下匍匐茎。茎直立或铺散，被毛。基生叶和下部叶花期脱落。中部茎生叶卵形，长3-7（-10）cm，宽2-4（-7）cm，先端渐尖，羽状分裂或边缘有浅锯齿，两面被毛。头状花序直径 1.5-2.5 cm，多数在顶端排成圆锥状或少数排成伞房状；总苞片约5层，边缘宽膜质，顶端钝或圆；舌状花黄色，舌片长 10-13 cm，管状花黄色，顶端5齿裂。瘦果长1.5-1.8 mm。花果期6-11月。

分布于东北、华北、华南、华中、西南地区，生于山坡草地、灌丛、河边湿地、滨海盐渍地、灌丛、田边及路旁。

可入药，野菊花浸液可杀灭孑孓和蝇蛆。

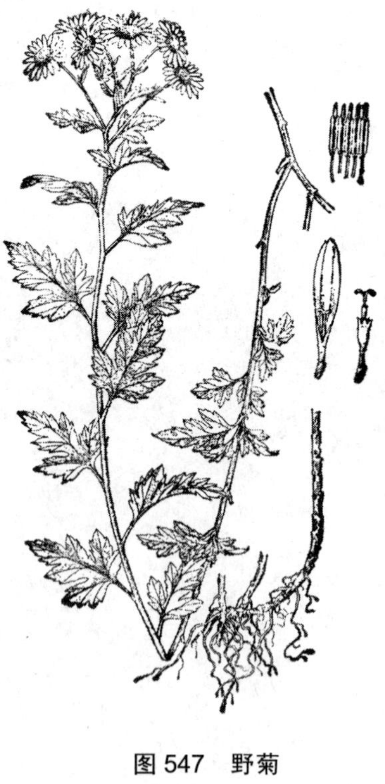

图547 野菊

9. 野茼蒿属 ***Crassocephalum*** Moench.

一年生或多年生草本。叶互生，头状花序盘状或辐射状，中等大，花期常下垂；小花同型，多数，全部为管状，两性，总苞片 1 层，近等长，线状披针形，边缘窄膜质，花期直立，黏合成圆筒状，后开展而反折，基部有数枚不等长外苞片；花序托扁平，无毛，具蜂窝状小孔，窝孔具膜质边缘；花冠细管状，上部逐渐扩大成短檐，裂片 5；花药全缘或基部具小耳；花柱分枝细长，线形，被乳头状毛。瘦果窄圆柱形，具棱，顶端和基部具灰白色环带。冠毛多数，白色，绢毛状，易脱落。

本属约有 21 种，主要分布于热带非洲。我国有 1 种。

1. 野茼蒿

Crassocephalum crepidioides (Benth.) S. Moore, J. Bot. 50: 211. 1912.——*Gynura crepidioides* Benth.

直立草本。高 20-120 cm。叶椭圆形，长 7-12 cm，宽 4-5 cm，先端渐尖，基部楔形，边缘有不规则锯齿或重锯齿或基部羽状分裂。头状花序数个在茎端排成伞房状，直径约 3 cm；总苞钟状，总苞片 1 层，线状披针形，具狭膜质边缘，顶端有簇状毛；小花管状，两性，花冠红褐色或橙红色，檐部 5 齿裂；花柱基部呈小球状，分枝，顶端尖，被乳头状毛。瘦果圆柱形，红色，有肋，被毛；冠毛白色，易脱落。花果期 7-12 月。

分布于华东、华南、西南及台湾、湖北、湖南，生于山坡路旁、水边、灌丛，海拔 300-1 800 m。

图 548 野茼蒿

10. 垂头菊属 *Cremanthodium* Benth.

多年生草本。根肉质。根状茎极短，顶端具莲座状丛叶。茎直立，常呈花葶状，花后枯死。叶大部或全部基生，肾形、卵形、箭形、戟形、长圆形或线形，具柄，叶柄基部膨大呈鞘状；茎生叶互生，少数，苞叶状，有鞘或无鞘。头状花序辐射状或盘状，下垂，通常单生，稀排成总状花序；总苞半球形，具少数小苞片，苞片线形，稀宽卵形或椭圆形；总苞片2层，分离，覆瓦状排列，外层窄，内层宽，常具膜质边缘，或1层，基部合生成浅杯状，等宽或近等宽，全部总苞片先端被睫毛；花托平，裸露；边花雌性，舌状或管状，结实，舌片发达，长为总苞数倍；中央花多数，管状，两性，檐部常5裂；花药基部钝；花柱分枝扁平，顶端钝圆或钝三角形；冠毛糙毛状，多数。瘦果光滑，具肋。

本属约有67种，分布于喜马拉雅及我国青藏高原地区，我国均产。

分种检索表

1. 叶卵形、宽椭圆形或长圆形，叶脉羽状；头状花序1-5，通常单生或排成伞房状总状花序……………………………………………………………………………………2. 车前状垂头菊 *C. ellisii*
1. 叶线形至椭圆形，叶脉平行；头状花序1-13，常排成总状花序。
  2. 总苞密被褐色长柔毛；叶长椭圆形或披针形；头状花序排成总状……1. 褐毛垂头菊 *C. brunneopillosum*
  2. 总苞无毛；叶线形或线状披针形；头状花序单生……………………………………3. 条叶垂头菊 *C. lineare*

1. 褐毛垂头菊

Cremanthodium brunneopilosum S. W. Liu in Acta Biol. Plateau Sin. 3: 63. pl. 3, f. 3. 1984.

植株灰绿或蓝绿色，茎最上部被白色或褐色长柔毛。从生叶与茎基部叶长椭圆形或披针形，长6-40 cm，全缘或有骨质小齿，下面脉上有点状柔毛，叶脉羽状平行或平行；叶柄长6-15 cm，宽1.5-2.5 cm，无毛，基部具宽鞘；茎生叶4-5，窄椭圆形，最上部叶苞叶状；头状花序2-13，辐射状，通常排成总状花序，稀单生；总苞半球形，长1.2-1.6 cm，直径1.5-2.5 cm，密被褐色长柔毛，基部具披针形或线形、草质、绿色小苞片，总苞片10-16，2层，披针形或长圆形，宽3-5 mm，内层边缘褐色膜质；舌状花黄色，舌片线状披针形，长2.5-6 cm，宽2-5 mm；管状花多数，黄色，长8-10 mm，冠毛白色，与花冠等长。

分布于甘肃西南部、青海、四川东南部及西北部、西藏东北部，生于水边、沼泽草地或河滩草地，海拔3 000-4 300 m。

2. 车前状垂头菊

Cremanthodium ellisii (Hook. f.) Kitam. in Hara & al. Enum. Fl. Pl. Nepal 3: 22. 1982.——*Werneria ellisii* Hook. f.

茎高8-60 cm，不分枝或上部花序有分枝，密被铁灰色长柔毛。从生叶卵形、宽椭圆形或长圆形，长1.5-19 cm，全缘或有小齿，稀浅裂，基部下延，两面无毛或幼时疏被白色柔毛，叶脉羽状；叶柄长1-13 cm，宽约1.5 cm，常紫红色，基部具筒状鞘；茎生叶卵形、卵状长圆形或线形，全缘或有齿，半抱茎。头状花序 1-5，通常单生或排成伞房状总状花序，辐射状；总苞半球形，长 0.8-1.7 cm，直径 1-2.5 cm，密被铁灰色柔毛，总苞片 8-14，2 层，宽 2-9 mm，外层披针形，内层宽，卵状披针形；舌状花黄色，舌片长圆形，长 1-1.7 cm，管状花多数，深黄色，长 6-7 mm，冠毛白色，与花冠等长。

分布于甘肃中部、青海东北部、四川西部、西藏西北部、云南，生于河滩、沼泽草地或高山流石滩，海拔 3 400-5 600 m。克什米尔地区及喜马拉雅山西部也有分布。

图 549　车前状垂头菊

3. 条叶垂头菊

Cremanthodium lineare Maxim., Mélanges Biol. Bull. Phys.-Math. Acad. Imp. Sci. Saint-Pétersbourg　11: 238. 1881.

植株蓝绿色。茎高达 45 cm，最上部疏被白色柔毛。从生叶与基部叶线形或线状披针形，长 2-3 cm，先端急尖，全缘，基部下延成柄，两面光滑，叶脉平行，叶无柄或具短柄；茎生叶多数，披针形至线形，苞叶状。头状花序单生，辐射状，总苞半球形，长 1-1.2 cm，无毛或基部疏生柔毛，总苞片 12-14，2 层，披针形或卵状披针形，宽 2-4 mm，具白色睫毛，边缘窄膜质，背部黑灰色；舌状花黄色，舌片线状披针形，长达 4 cm；管状花多数，黄色，长 5-7 mm，冠毛白色，与花冠等长。

分布于甘肃、青海、四川、西藏东南部、云南西北部，生于水边、沼泽草地、灌丛或高山草地，海拔 2 400-4 800 m。印度东北部及不丹也有分布。

图 550　条叶垂头菊

11. 鳢肠属　*Eclipta* L.

一年生草本，茎有分枝，被糙毛。叶对生。头状花序生于枝端或叶腋，具花序梗；总苞钟状，总苞片 2 层，草质，内层稍短；花托凸起，托片膜质，披针形或线形；外围的雌花 2 层，结实，花冠舌状，白色，开展，舌片短而狭，先端全缘或 2 齿裂；中央两性花多数，花冠管状，白色，结实，顶端 4 齿裂；花药基部 2 浅裂；花柱分枝扁，顶端钝，有乳突。瘦果三角形或扁四角形，顶端平截，有 1-3 个刚毛状细齿，两面有瘤突。

本属有 4 种，主要分布于南美洲和大洋洲。我国有 1 种。

1. 鳢肠

Eclipta prostrata (L.) L., Mant. Pl. 2: 286. 1771.——*Verbesina prostrata* L.

茎直立，斜升或平卧，高 60 cm，通常自基部分枝，被贴生糙毛。叶长圆状披针形或披针形，无柄或有极短的柄，长 3-10 cm，宽 5-25 mm，两面密被硬糙毛。头状花序直径 6-8 mm；总苞球状钟形，总苞片绿色，草质，5-6 枚排成 2 层，花白色；外围雌花 2 层，舌状；中央两性花多数，管状。瘦果暗褐色，长 2-8 mm，雌花瘦果三棱形，两性花的瘦果四棱形，边缘有白色的肋，表面有小瘤状凸起，无毛。花期 6-9 月。

分布于全国各地，生于河边、田边或路旁。

全草入药，有凉血、止血、消肿、强壮的功效。

图 551 鳢肠

12．泽兰属 *Eupatorium* L.

多年生草本，半灌木或灌木。叶对生，稀互生，全缘，有锯齿或 3 裂。头状花序在茎枝端排成复伞房花序或单生于长花序梗；花两性，管状，多数，稀 1-4；总苞长圆形、卵形、钟形或半球形，总苞片多层或 1-2 层，覆瓦状排列，外层渐小或全部苞片近等长；花托平、突起或圆锥状，无托片；花紫色、红色或白色，花冠等长，辐射对称，檐部钟状，5 裂或具 5 齿；花药基部钝，顶端有附片；花柱分枝线状半圆柱形，顶端钝或微钝。瘦果 5 棱，顶端平截；冠毛多数，刚毛状，1 层。

本属有 600 余种，主要分布于中南美洲温带至热带地区，欧洲、亚洲、非洲及大洋洲种类很少。我国有 14 种。

1. 林泽兰

Eupatorium lindleyanum DC., Prodr. 5: 180. 1836.

茎直立，高 30-150 cm，带红色或淡紫红色，密被长或短的白色柔毛。下部叶花期脱落；中部叶披针形，长 3-12 cm，宽 5-30 mm，不分裂或 3 全裂，两面粗糙，被长或短粗毛和黄色腺点，基出 3 脉，上部叶渐小。头状花序在茎顶或枝端排成紧密的伞房花序或排成大型的复伞房花序；总苞钟状；花白色、粉红色或淡紫红色，花冠长 4.5 mm，外面散生黄色腺点。瘦果黑褐色，长 3 mm，椭圆形，5 棱，散生黄色腺点；冠毛白色，与花冠等长或稍长。花果期 5-12 月。

除新疆外遍布全国各地，生于山谷阴处水湿地、林下湿地或草原上，海拔 200-2 600 m。朝鲜、日本、俄罗斯（西伯利亚）也有分布。

枝叶入药，有发表祛湿、和中化湿的功效。

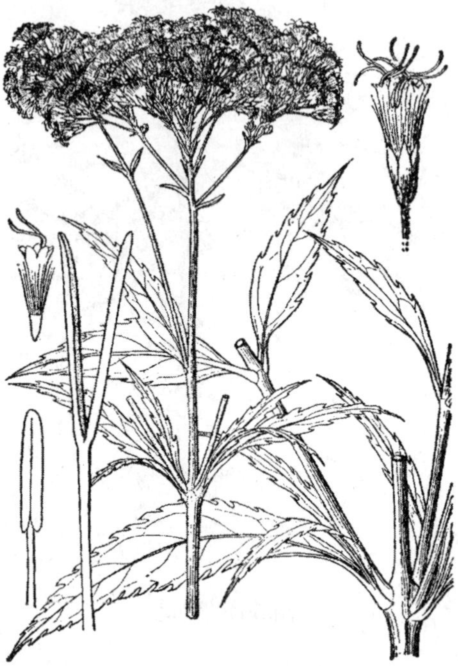

图 552 林泽兰

13. 鼠麴草属 *Gnaphalium* L.

一年生稀多年生草本，被白色绵毛或绒毛。叶互生，全缘，无或具短柄。头状花序小，排成聚伞花序或圆锥状伞房花序，稀穗状、总状或球状；外围雌花多数，中央两性花少数，均结实；总苞卵圆形或钟形，总苞片 2-4 层，覆瓦状排列，顶端膜质或全膜质，背面被绵毛；花托扁平、凸起或凹入，无毛或蜂巢状；花冠黄色或淡黄色；雌花花冠丝状，3-4 齿裂；两性花花冠管状，檐部 5 浅裂；花药 5，顶端尖或略钝，基部箭头形，有尾部；花柱分枝近圆柱形，顶端平截或头状，有乳突。瘦果无毛，稀有疏短毛或腺体；冠毛 1 层，分离或基部连合成环，易脱落，白色或污白色。

本属约有 200 种，广布全球。我国有 20 种。

分种检索表

1. 头状花序密集呈伞房状；总苞片膜质……………………………………………………………1. 鼠麴草 *G. affine*

1. 头状花序密集呈球状、团伞花序或复头状花序，稀单生。

  2. 头状花序有雌花 150-242 朵，直径 4-5 mm，在茎及短侧枝顶端密集呈团伞花序；花托直径 1-1.5 mm……………………………………………………………2. 贝加尔鼠麴草 *G. baicalense*

2\. 头状花序有雌花 75-110（-125）朵，直径 3-3.5 mm，在茎枝顶端或顶部叶腋密集呈球状，稀单生；花托直径 0.5-0.7 mm……………………………………………………3. 东北鼠麴草 *G. mandshuricum*

1. 鼠麴草

Gnaphalium affine D Don, Prodr. Fl. Nepal 173. 1852.

茎直立，高 10-40 cm 或更高，下部分枝，被白色厚绵毛。上部叶较小。头状花序多数或少数，直径 2-3 mm，在枝顶端密集呈伞房花序，花黄色至淡黄色；总苞钟形，总苞片 2 或 3 层，黄色，膜质，有光泽；雌花多数，花冠细管状，长约 2 mm，两性花较少，管状，长约 3 mm。瘦果倒卵形，长约 5 mm，有乳头状突起；冠毛粗糙，污白色，长约 1.5 mm，易脱落，基部连合成两束。花期 1-4 月，果期 8-11 月。

分布于华东、华南、华中、西北和西南地区，生于低海拔湿润草地，常见于稻田中。

茎叶入药，为镇咳、祛痰、治气喘和支气管炎以及非传染性溃疡、创伤的常用药，还有降血压的疗效。

图 553　鼠麴草

2. 贝加尔鼠麴草

Gnaphalium baicalcnse Kirp., Not. Syst. Herb. Inst. Bot. Sci. URSS 20: 300. 1960.

茎高 12-15 cm，不分枝或有开展、弧曲分枝，下部、基部几无毛或被疏柔毛，常变红色，上部被丛卷绒毛。茎生叶线状披针形，长 2.5-4 cm，无明显叶柄，绿色或浅绿带淡红色，两面被白色丛卷绒毛；枝上叶线形，长 1-1.5 cm。头状花序钟状或杯状，直径 4-5 mm，具短梗，在茎枝顶端密集呈团伞花序，呈钟状或近球状复花序；总苞钟形或杯状，直径 4-5 mm，总苞片 2 层，近草质，外层卵形，麦秆黄色，背部被蛛丝状毛，内层长圆形，淡黄色，背面几无毛。花托直径 1-1.5 mm；头状花序有雌花 150-242 朵，两性花 5-11 朵。瘦果卵状椭圆形或纺锤形，长约 0.5 mm，有棱角，稀具乳突。花期 7-9 月。

分布于河北、吉林、辽宁、内蒙古，生于河边或湿地。蒙古、俄罗斯（贝加尔）也有分布。

图 554 贝加尔鼠麴草

3. 东北鼠麴草

Gnaphalium mandshuricum Kirp., Bot. Mater. Gerb. Bot. Inst. Komarova Acad. Nauk SSSR 20: 298. 1960.

细弱草本。茎高达 18 cm，上部密被白色丛卷绒毛。茎中部和上部叶线状披针形，长 1.5-2 cm，两面被白色绒毛。头状花序近头状，直径 3-3.5 mm，具短梗，在茎枝顶端或顶部叶腋密集呈球状，稀单生，花序梗被蛛丝状毛；总苞近杯状，直径 3.5 mm，总苞片 2 层，草质，黄色或淡黄色，外层卵形，背面被白色绒毛，内层卵状披针形；花托直径 0.5-0.7 mm；头状花序有雌花 75-110（-125）朵，花冠丝状，黄色，上部有腺点；两性花 4-6 朵，黄褐色，檐部 5 浅裂，裂片三角形。瘦果卵状圆柱形，长 0.5-0.7 mm，具乳突，冠毛白色，糙毛状。花期 7-9 月。

分布于东北，生于水边湿地或落叶松林下。朝鲜、俄罗斯也有分布。

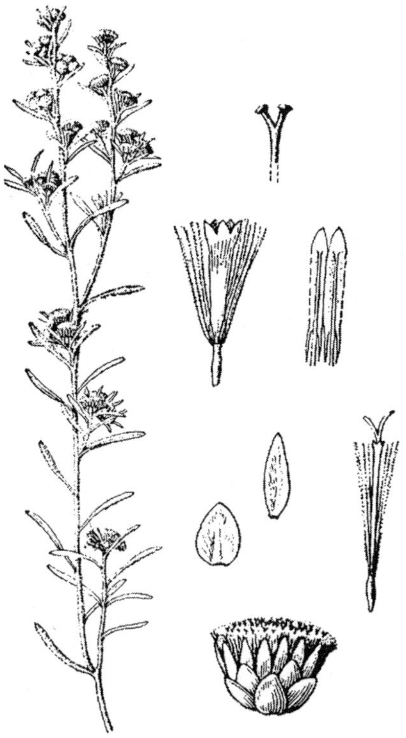

图 555 东北鼠麹草

14. 旋覆花属 *Inula* L.

多年生稀一年或二年生草本，或半灌木，常有腺点，被毛。叶互生或生于茎基部。头状花序多数，排列成伞房状或圆锥伞房状，或单生，外缘有一至数层雌花，中央有多数两性花；总苞半球状、倒卵圆状或宽钟状，总苞片多层，覆瓦状排列，内层常窄，干膜质，外层草质或干膜质，渐短或与内层等长，最外层有时较长而大；花托平或稍凸起，有蜂窝状孔或浅窝孔，无托片；雌花舌状，黄色，稀白色，舌片长，开展，有 3 齿，或短小并直立，有 2-3 齿；两性花管状，黄色，上部窄漏斗状，有 5 裂片；花药上端圆或稍尖，基部戟形，有细长尾部；花柱分枝稍扁；冠毛 1-2 层，稀多层。瘦果近圆柱形，有 4-5 棱或多数纵肋。

本属约有 100 种，分布于欧洲、非洲及亚洲，主产于地中海地区。我国有 20 种。

分种检索表

1. 冠毛较管状花花冠短；瘦果有深沟，无毛……………………………2. 水朝阳旋覆花 *I. helianthus-aquatica*
1. 冠毛与管状花花冠近等长；瘦果有浅沟，被毛。
  2. 叶基部心形或有耳，半抱茎；总苞直径 1.5-2.2 cm………………………………1. 欧亚旋覆花 *I. britanica*
  2. 叶基部有圆形半抱茎小耳；总苞直径 1.3-1.7 cm…………………………………3. 旋覆花 *I. japonica*

1. 欧亚旋覆花　大花旋覆花

Inula britanica L., Sp. Pl. 2: 881. 1753.

茎高 20-70 cm，直立，被长柔毛。叶长椭圆状披针形，基部心形或有耳，半抱茎，边缘有疏浅齿或近全缘，上面无毛或被疏状毛，下面密被柔毛，有腺点。头状花序 1-5 个，生茎和枝端，直径 2.5-5 cm；花序梗长 1-4 cm；总苞半球形，直径 1.5-2.2 cm，总苞片 4-5 层，线状披针形，被缘毛和腺点；舌状花黄色，舌片线形，长 10-20 mm；管状花有三角状披针形裂片；冠毛白色，与管状花花冠近等长。瘦果圆柱形，长 1-1.2 cm，有浅沟，被短毛。

分布于东北、华北及广东、广西、河南、湖北、江苏、山东、新疆，生于河岸、田埂、湿润坡地或路旁。朝鲜、日本、俄罗斯及中亚也有分布。

图 556　欧亚旋覆花

2. 水朝阳旋覆花　水朝阳花

Inula helianthus-aquatica C. Y. Wu ex Ling, Acta Phytoatax. Sin. 10: 178. 1965.

茎高 30-80 cm，直立，被柔毛。叶卵状披针形至披针形，长 4-10 cm，基部渐狭成叶柄，或有小耳，半抱茎，边缘有锯齿，下面有黄色点，腺上有短柔毛。头状花序单生于茎或枝端，直径 2.5-4.5 cm；总苞半球形，直径 1-1.5 cm，总苞片多层，近等长，外层线形，被短柔毛，内层线状披针形，边缘膜质，被缘毛；舌状花黄色，顶端有 3 小齿；管状花花冠黄色，长 3 mm；冠毛污白色，较管状花花冠稍短。瘦果圆柱形，有 10 条深沟，无毛。花期 6-10 月，果期 9-10 月。

分布于甘肃、贵州、四川、西藏、云南，生于湿润坡地、林中溪边、稻田或河旁，很少生于山坡草地或灌丛中，海拔 1 200-3 000 m。

图 557　水朝阳旋覆花

3. **旋覆花**　全佛草

Inula japonica Thunb., Nova Acta Regiae Soc. Sci. Upsal. 4: 35, 39. 1784.

茎直立，高 30-20 cm，被长伏毛，上部分枝。基部叶小，在花期枯萎；中部叶长圆形至披针形，长 4-13 cm，宽 1.5-4 cm，无柄，基部常有圆形半抱茎小耳，上面有疏毛或无毛，下面有疏伏毛和腺点；上部叶渐小。头状花序直径 3-4 cm，多数或少数排成疏散的伞房花序；总苞半球形，直径 1.3-1.7 cm，总苞片约 5 层；舌状花黄色，舌片线形，长 10-13 mm；管状花花管长 5 mm；冠毛 1 层，白色，与管状花近等长。瘦果圆柱形，长 1-1.2 mm，有浅沟，被毛。花期 6-10 月，果期 9-11 月。

图 558　旋覆花

分布于东北、华东、华中以及甘肃、广西、贵州、宁夏、青海、陕西、四川，生于湿润草地、河岸、山坡，海拔150-2 400m。朝鲜、日本、蒙古、俄罗斯也有分布。

根、叶入药，煎服可平喘镇咳，花可健胃祛痰，根和叶治刀伤、疔毒。

15. 小苦荬菜属 *Ixeridium*（A. Gray）Tzvelev

多年生草本。有时有长根状茎，茎直立，有分枝。叶羽状分裂或不裂，基生叶花期生存，稀枯萎脱落。头状花序在茎枝顶端排成伞房状花序，花同型；总苞圆柱形，总苞片2-4层，最外层短，内层长；舌状小花（5）7-27，黄色、稀白色或紫红色；花药基部附属物箭头状；花柱分枝细。瘦果扁，褐色，稀黑色，有8-10纵肋，上部常有小硬毛，顶端具细丝状喙；冠毛白色或褐色，不等长，糙毛状。

本属有20-25种，分布于东亚及东南亚地区。我国有13种。

分种检索表

1. 冠毛白色。
  2. 总苞长8-9mm；果喙长2.8mm……………………………………………1. 中华小苦荬 *I. chinense*
  2. 总苞长5-6mm；果喙长0.8mm……………………………………………4. 抱茎小苦荬 *I. sonchifolium*
1. 冠毛褐色、黄褐色或麦秆黄色。
  3. 叶全缘或中下部叶缘疏生缘毛；舌状小花5-7……………………………2. 小苦荬 *I. dentatum*
  3. 叶边缘有凹齿或羽状深裂；舌状小花10-11………………………………3. 褐冠小苦荬 *I. laevigastum*

1. 中华小苦荬 山苦荬、苦菜、黄鼠草、小苦苣

Ixeridium chinense (Thunb.) Tzvelev in Kom., Fl. URSS 29: 390 1964.——*Prenanthes chinensis* Thunb.; *Ixeris chinense* (Thunb.) Nakai.

茎高10-40cm，无毛。基生叶莲座状，线状披针形或倒披针形，长7-15cm，宽1-2cm，顶端钝或急尖，基部下延成窄叶柄，全缘或具疏小齿或不规则羽裂；茎生叶1-2，无柄，稍抱茎。头状花序排成疏伞房状聚伞花序，总苞圆柱状，长8-9mm，总苞片3-4层，外层宽卵形，长1.5mm，内层长椭圆状倒披针形，长8-9mm；舌状花黄色或白色，长10-12mm，顶端5齿裂。瘦果狭披针形，稍扁平，红棕色，长4-5mm，喙长约2mm；冠毛白色。花果期1-10月。

分布于华东、西南及广西、河北、河南、黑龙江、湖南、山西、陕西、台湾，生于河边灌丛或岩缝中、田野、山坡路旁。朝鲜、俄罗斯（远东地区、西伯利亚）、日本也有分布。

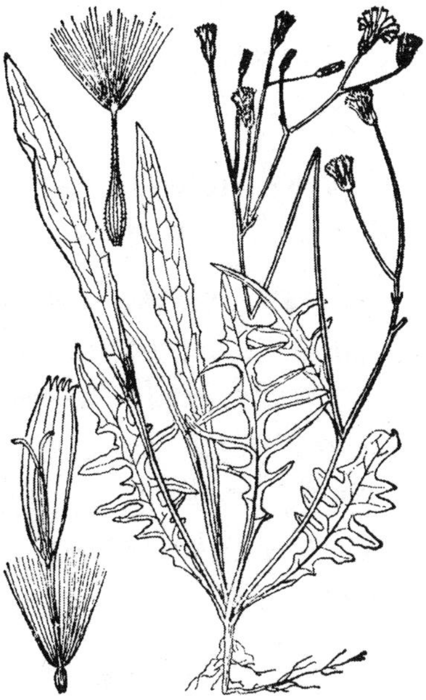

图 559 中华小苦荬

2. 小苦荬 齿缘苦荬

Ixeridium dentatum (Thunb.) Tzvelev in Kom., Fl. URSS 29: 492. 1964.——*Prenanthes dentata* Thunb.

茎高 25-50 cm，无毛。基生叶倒披针形或倒披针状长圆形，长 1.5-15 cm，宽 1-3 cm，不裂，全缘或中下部边缘疏生缘毛或长锯齿，极稀羽状分裂，侧裂片 1-3 对，线状长三角形，基部渐狭成柄；茎生叶 2-3，披针形或长圆状披针形，不裂，基部耳状抱基。头状花序排成伞房状；总苞圆柱状，长 7-8 mm；舌状小花 5-7，黄色，稀白色。瘦果纺锤形，长 3 mm，稍扁，细丝状，喙长约 1 mm；冠毛麦秆黄色或黄褐色。花果期 4-8 月。

图 560 小苦荬

分布于华东、华南及西南地区，生于林下、溪边、田边或山坡路旁，海拔300-1 100m。朝鲜、俄罗斯（远东地区）、日本也有分布。

3. 褐冠小苦荬　平滑苦荬菜

Ixeridium laevigatum (Blume) C. Shih, Acta Phytotax. Sin. 31: 545. 1993.——*Prenanthes laevigata* Blume; *Ixeris laevigata* (Blume) Sch. Bip. ex Maxim.

茎高达60cm，无毛。基生叶椭圆形或披针形，长8-30cm，宽2-3.5cm，先端急尖，基部渐狭成长叶柄，边缘有齿或羽状深裂，叶柄常具睫毛；茎生叶披针形或线状披针形，先端急尖或渐尖，基部渐狭成短柄。头状花序多数，排成伞房状或圆锥状，有细梗；总苞圆柱状，长5-6mm，暗绿色；舌状小花10-11，黄色。瘦果长圆锥状，稍扁，长约4mm，具短而细丝喙，冠毛长3-4mm。冠毛褐色或麦秆黄色。花果期3-8月。

分布于福建、台湾，生于路边阴湿处或林下或草丛中，海拔 500-600m。日本、中南半岛、菲律宾和印度尼西亚也有分布。

图561　褐冠小苦荬

4. 抱茎小苦荬　苦碟子 苦荬菜

Ixeridium sonchifolium (Maxim.) C. Shih, Acta Phytotax. Sin. 31: 543. 1993.——*Youngia sonchifolia* Maxim.; *Ixeris sonchifolia* Hance.

茎高30-80cm，无毛。基生叶莲座状，匙形或长倒披针形，长3.5-8cm，宽1-2cm，先端急尖或圆钝，基部下延成柄，边缘具锯齿或不整齐的羽状深裂；茎生叶较小，卵状长圆形，长2.5-6cm，宽0.7-1.5cm，先端急尖，基部耳状或戟形抱茎，全缘或羽状分裂。头状花序密集呈伞房状，有细梗；总苞圆柱状，长5-6mm；舌状花黄色，长7-8mm，先端截形，5齿裂。瘦果纺锤形，长2-3mm，褐色，有细条纹及粒状小刺；冠毛白色。花果期3-5月。

分布于华北、华中以及安徽、甘肃、贵州、江苏、辽宁、宁夏、陕西、山东、四川、浙江，生于河滩地、河边、疏林下、路旁或岩缝中、山坡，海拔100-2 700m。

全草药用，有清热解毒、活血的功效。

图562 抱茎小苦荬

16. 苦荬菜属 *Ixeris* Cass

一年生或多年生草本。基生叶花期生存。头状花序具舌状小花10-26朵，在茎顶端排成伞房状花序；总苞花期圆柱状或钟状，果期有时卵球形；总苞片2-3层，外层短，内层长；花托平，无托毛；舌状小花黄色，舌片顶端5齿裂；花柱分枝细，花药基部附属物箭头形。瘦果纺锤形或椭圆形，压扁，褐色，无毛，有10条尖翅肋，先端渐狭成细喙，喙细丝状，异色；冠毛白色，2层，纤细，不等长，微粗糙，宿存或脱落。

本属约有20种，分布于东亚或南亚。我国有4种。

分种检索表

1. 叶线形或线状披针形，长6-20cm；冠毛长4mm……………………………………1. 深裂苦荬菜 *I. dissecta*
1. 叶匙状倒披针形或舌形，长3-11cm；冠毛长6.5mm……………………………………2. 剪刀股 *I. japonica*

1. 深裂苦荬菜

Ixeris dissecta (Makino) C. Shih, Acta Phytotax. Sin. 31: 536. 1993.——*Lactuca matsumurae* Makino var. *dissecta* Makino.

一年生，高10-20cm。茎单生，直立，无毛。基生叶线形或线状披针形，长6-20cm，宽 3-15 cm，羽状或倒向羽状深裂，侧裂片 2-5 对；中下部茎叶与基生叶同型或披针形，不分裂或下部羽状分裂，基部箭头状半抱茎。头状花序在茎顶排成伞房花序，花序梗纤细，基部有小苞片；总苞钟状，长 5-7 mm，果期扩大成卵球状，总苞片 2-3 层，外层卵形，长 0.5 mm，内层卵状披针形或长披针形，长达 7 mm；舌状小花黄色，10-25 朵。瘦果长椭圆形，长 2.5 mm，褐色，顶端急尖成细喙，喙长 1.5 mm，有 10 条隆起的尖翅肋；冠毛白色，不等长，微粗糙，长达 4 mm。花果期 6-10 月。

分布于福建、广东、湖南、江苏、陕西、台湾、浙江，生于田边、河边、溪边，海拔 700-1 130 m。朝鲜、日本也有分布。

2. 剪刀股 沙滩苦荬菜

Ixeris japonica (Burm.f.) Nahai, Bot Mag. (Tokyo) 40: 575. 1926.——*Lapsana japonica* Burm. f.

多年生。茎高 12-35 cm，基部平卧，有匍匐茎，节上生不定根与叶。基生叶匙状倒披针形或舌形，长 3-11 cm，宽 1-2 cm，基部渐狭成具狭翼的柄，边缘有锯齿，羽状半裂或深裂，侧裂片 1-3 对，偏斜三角形或椭圆形，顶裂片椭圆形，先端有小尖头；茎生叶与基生叶同型。头状花序 1-6 排成伞房花序；总苞钟状，长 1.4 cm，总苞片 2-3 层，外层卵形，长 2 mm，内层长椭圆状披针形，长 1.4 cm，背面顶端有或无小鸡冠状突起；舌状花 24 朵，黄色。瘦果近纺锤形，长 5 mm，褐色，有 10 条突起尖翅肋，喙长 2 mm，细丝状。冠毛白色，纤细，不等长，长 6.5 mm。花果期 3-5 月。

分布于华中以及福建、广东、贵州、江苏、浙江，生于路边潮湿地或田边。朝鲜、日本也有分布。

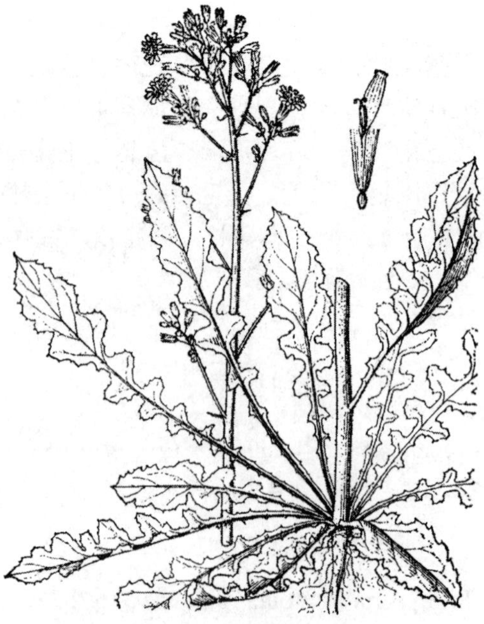

图 563 剪刀股

17. 橐吾属 *Ligularia* Cass.

多年生草本。根肉质或草质，粗壮或纤细，无毛或被短毛。茎直立，常单生，当年开花后枯萎。不育茎的叶丛发达，叶柄长，基部膨大呈鞘状，叶肾形、卵形、箭形、戟形或线形；茎生叶互生，叶柄较短，常具膨大的鞘。头状花序排成复伞房状、伞房状或总状花序，稀单生；具叶状或膜质苞片；总苞半球形、钟形、陀螺形或狭筒形，基部有小苞片；总苞片2层，分离，覆瓦状排列，外层窄，内层宽，常具膜质边缘，或1层合生，先端具2-5齿；花托平，浅蜂窝状；边花雌性，舌状或管状，有时无花冠；中央花两性，管状，檐部5裂；花药顶端附片三角形或卵形，急尖，基部钝，花丝光滑，近花药处膨大；花柱分枝细，顶端钝或近圆。瘦果光滑，有肋；冠毛2-3层，白色，糙毛状，长或极短，稀无冠毛。

本属约有130种，主要分布于亚洲，2种分布于欧洲。我国有118种。

分种检索表

1. 头状花序排列成伞房状花序；叶掌状深裂……………………………………………2. 大头橐吾 *L. japonica*
1. 头状花序排成总状花序；叶全缘。
  2. 叶肾状心形或心形或卵状心形；舌状花4-8朵；冠毛污褐色或白色。
    3. 叶肾状心形或心形，长12-23 cm；舌状花4-6朵；冠毛污褐色…………1. 狭苞橐吾 *L. intermedia*
    3. 叶卵状心形，长10-14 cm；舌状花6-8朵；冠毛白色……………………………4. 橐吾 *L. sibirica*
  2. 叶长圆形、卵形或椭圆状或长圆状披针形；舌状花3-10朵；冠毛红褐色或白色。
    4. 叶长圆形或卵形，长6-15 cm；舌状花3-5朵；冠毛红褐色……………3. 全缘橐吾 *L. mongolica*
    4. 叶椭圆状或长圆状披针形，长10-18 cm；舌状花10余朵；冠毛白色……5. 黄帚橐吾 *L. virgaurea*

1. 狭苞橐吾

Ligularia intermedia Nakai, Bot. Mag. (Tokyo) 31: 125. 1917.

茎高达100 cm，上部被蛛丝状毛。茎生叶有长柄，叶片肾状心形或心形，长8-19 cm，宽12-23 cm，边缘有细锯齿，先端圆形或稍有小尖头，基部有圆耳，脉掌状；茎生叶渐小，有渐短而下部鞘状抱茎的短柄；上部叶多为披针形或条形的苞叶。头状花序极多数，花开后下垂，有短梗及条形苞叶，排成总状；总苞钟形，长9-11 mm，总苞片约8枚，无毛或先端有微毛；舌状花4-6朵，舌片黄色，长圆形；管状花7-12朵。瘦果圆柱形，有纵沟；冠毛污褐色。花果期7-10月。

除华南外分布于全国大部分地区，生于水边、山坡、林下、林缘，海拔120-3 400 m。

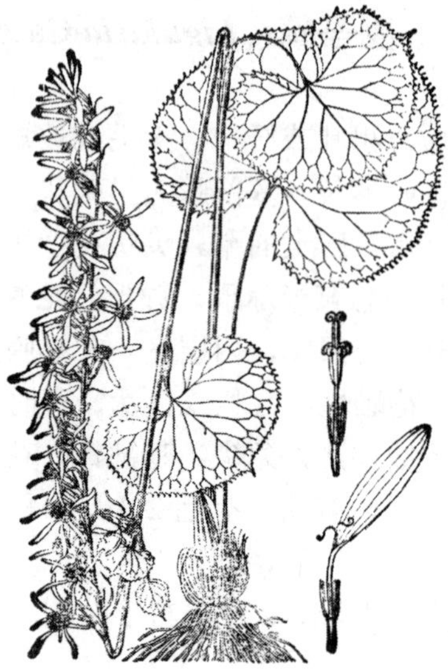

图 564 狭苞橐吾

2. 大头橐吾

Ligularia japonica (Thunb.) Less., Syn. Gen. Comp. 390. 1832.——*Arincavaponica* Thunb.

茎高 50-100 cm，直立，直径达 1 cm。下部叶有长柄，叶片长约 30 cm，宽 30 cm，掌状深裂，裂片又掌状浅裂，小裂片常有锯齿，下面灰绿色；中部叶有短柄；上部叶小，掌状深裂，有抱茎的短柄。头状花序 2-8 个排成伞房状，总花梗细长，无苞叶；总苞宽钟状，长 2-2.4 cm，密被短毛；总苞片 1 层，约 10 枚，宽长圆形；舌状花 1 层，约 10 枚，舌片黄色，长约 4-5 cm，宽 0.8 cm；管状花多数，长约 2 cm。瘦果圆柱形，长 9 mm，有纵条纹；冠毛红褐色。花果期 4-9 月。

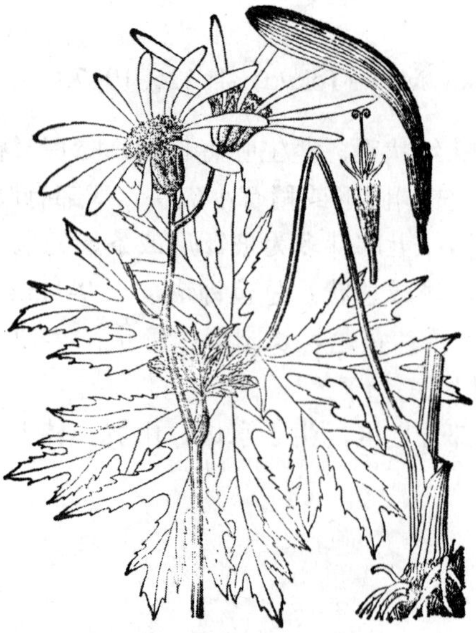

图 565 大头橐吾

分布于华东、华南、华中及贵州、台湾、云南，生于水边、山坡林下或山坡草地，海拔 900-2 300m。朝鲜、日本也有分布。

3. 全缘橐吾

Ligularia mongolica (Turcz.) DC., Prodr. 6: 315. 1837.

茎高 30-110cm，直径约 5mm，直立。基生叶具长柄，叶片长圆形或卵形，长 6-15cm，全缘或下部有波状浅齿，基部急狭而稍下延至柄上，质稍厚，浅灰绿色，无毛，脉羽状；中部叶有较短而下部抱茎的短柄；上部叶小，无柄而抱茎。多数头状花序排成总状，有短梗及狭小的苞片；总苞狭钟形或筒形，长 10（-15）mm；总苞片约 5 枚，条形；舌状花常 3-5 朵，黄色，舌片长圆形，长约 1.5cm；管状花 5-8 朵。瘦果近圆柱形，有纵沟；冠毛红褐色。花果期 5-9 月。

分布于东北和华北，生于沼泽草甸、山坡、林间及草场，海拔 1 500m 以下。朝鲜、俄罗斯（远东地区）、蒙古也有分布。

图 566 全缘橐吾

4. 橐吾 北橐吾

Ligularia sibirica (L.) Cass., Dict. Sci. Nat. 26: 401. 1823.——*Othonna sibirica* L.

茎高 50-110cm，直立，直径 3-4mm，茎部有残叶纤维。茎生叶卵状心形，长 10-14cm，宽 8-10cm，顶端钝或稍尖，边缘有细锯齿，下面色浅，脉掌状，具长柄；茎生叶 2 或 3，渐小，有基部扩大而抱茎的短柄；上部叶多为卵形或披针形的苞叶。头状花序 10-30 个排成总状，花后常下垂；总苞钟状或筒状，长约 10mm，基部有条形苞叶；总苞片 1 层，约

8 枚，条状；舌状花 6-8 朵，黄色，长 10-20 mm；管状花 20 余朵。瘦果圆柱形，有纵沟；冠毛白色。花果期 7-10 月。

分布于东北、华北、西北及安徽、广西、贵州、湖北、湖南、四川，生于沼泽、湿草地、河边、山坡及林缘，海拔 370-2 200 m。欧洲及俄罗斯（西伯利亚）也有分布。

图 567　橐吾

5. 黄帚橐吾

Ligularia virgaurea (Maxim.) Mattf. ex Rehder & Kobuski, J. Arnold Arbor. 14 (1): 40. 1933.——*Senecio virgaureus* Maxim.

茎高 15-80 cm，直立，细，无毛。叶椭圆状或长圆状披针形或卵形，长 10-18 cm，灰绿色，下部渐狭成翅状抱茎的长柄，近全缘或有稀疏微齿，脉羽状；中部叶渐狭，上部叶狭。头状花序数个至 20 余个，初直立后下倾，排成总状；总花梗短，有细条形苞叶；总苞宽钟形，长 8-10 mm，总苞片 10-12 枚，线状长圆形，边缘膜质；舌状花 10 余朵，舌片黄色，条形，长约 15 mm；管状花约 20 朵。瘦果狭圆柱形，有纵沟；冠毛白色。花果期 7-9 月。

分布于甘肃、青海、四川、西藏、云南，生于河滩、沼泽草甸、阴坡湿地及灌丛中。海拔 2 600-4 700 m。不丹和尼泊尔也有分布。

图 568 黄帚橐吾

18. 蜂斗菜属 ***Petasites*** Mill.

多年生草本。基生叶宽心形或肾状心形，具长柄；茎生叶苞片状，无柄，半抱茎；下部茎生叶常有叶痕。头状花序近雌雄异株，小花异形；总苞钟状，基部有小苞片，总苞片1-5层，等长；花序托平，无毛，盾状；雌性头状花序的小花结实，雌花花冠顶端平截，或多少形成短舌片或长舌片，先端3浅裂，花柱丝状；两性花不结实，花冠管状，顶端5裂；花药基部钝，稀短箭状；花柱顶端棒状，2浅裂。瘦果圆柱状，无毛，具肋；冠毛白色，糙毛状。

本属有18种，分布于欧洲、亚洲和北美洲。我国有6种。

1. 蜂斗菜

Petasites japonicus (Siebold & Zucc.) Maxim., Award 34th. Demidov. Prize 212. 1866.——*Nardosmia japonica* Siebold & Zucc.

雌雄异株。基生叶具长柄，叶片圆形或肾状圆形，长15-30cm，边缘有细齿，基部心形，两面被毛；苞叶长圆形或卵状长圆形，具平行脉。雄花葶花后高10-30cm；多数头状花序形成伞房状；总苞片2层，狭长圆形，顶端钝；小花管状，花冠白色；雌性花葶花后伸长达 70cm；花序伞房状，花后总状，稀下部有分枝；雌花多数，花冠丝状。瘦果圆柱形，长3.5mm；冠毛白色。花期4-5月，果期6月。

分布于安徽、福建、湖北、江苏、江西、陕西、山东、四川，生于溪流边、草地或灌丛中，常有栽培。朝鲜、俄罗斯（远东地区）、日本也有分布。

根状茎药用，叶柄和嫩花芽可食。

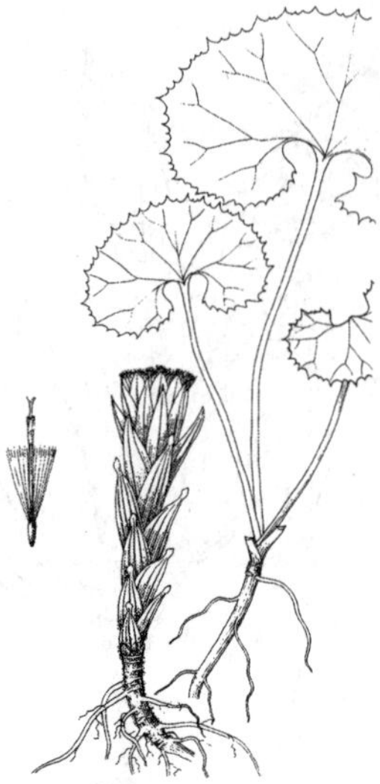

图 569 蜂斗菜

19. 风毛菊属 *Saussurea* DC.

一年生、二年生或多年生草本，有时为亚灌木。叶互生，全缘、有锯齿或羽状分裂。头状花序具多数同型小花，在茎枝端排成伞房花序、圆锥花序或总状花序，或集生茎端，稀单生；总苞球形、钟形、卵形或圆柱状，总苞片多层，覆瓦状排列，紧贴，有时有干膜质红色或绿色附属物；花托密生刚毛状托片，稀无托片；小花两性，管状，结实；花冠紫红色或淡紫色，稀白色，管部细丝状或细，檐部 5 裂至中部；花药基部箭头状，尾部撕裂，花丝分离，无毛；花柱长，顶端 2 分枝线形。瘦果圆柱状或椭圆状，基底着生面平，禾秆色，有时有黑色斑点，稀黑色，具 4 钝肋或多肋，平滑或有横皱纹，顶端平截，有锯齿的小冠或无小冠；冠毛（1）2 层，外层短，糙毛状或短羽毛状，易脱落，内层长，羽毛状，基部连合成环，整体脱落。

本属有 400 余种，分布于亚洲与欧洲。我国约有 264 种，遍布全国。

分种检索表

1. 头状花序多数，密集呈圆球状，生于莲座状的叶丛中，通常为密被绵毛的苞叶所包围；无茎；叶线状披针形呈星状排列……………………………………………………………5. 星状雪兔子 *S. stella*
1. 头状花序多数或少数在茎枝顶端排成伞房状或圆锥状，不为密被绵毛的苞叶所包围；具茎。
  2. 叶羽状分裂。
    3. 茎有翼；叶羽状浅裂，深裂至全裂；总苞长圆状或卵形………………………1. 翼茎风毛菊 *S. alata*
    3. 茎无翼或有不明显的窄翼；叶羽状或大头羽状深裂或全裂，两面无毛；总苞钟状………………………………………………………………………………………4. 倒羽叶风毛菊 *S .runcinata*
  2. 叶全缘。

4. 叶上面无毛，下面密被白色蛛丝状绵毛；总苞被棉状长柔毛…………2. 龙江风毛菊 *S. amurensis*

4. 叶两面无毛；总苞片无毛……………………………………………3. 京风毛菊 *S. chinnampoensis*

1. 翼茎风毛菊

Saussurea alata DC., Ann. Mus. Hist. Nat. Paris 16: 202. 1810.

多年生草本，高 20-50 cm。茎直立，有宽翼，翼边缘有锯齿或全缘，基部被褐色鞘状残迹。基生叶长椭圆形，长 10-11 cm，宽 1.5-4 cm，大头羽状或羽状浅裂、半裂、深裂至全裂，侧裂片三角形、披针形或椭圆形，边缘具深波状锯齿或全缘，顶端有软骨质小尖头；叶柄长 4-9 cm，基部褐色鞘状扩大；中、下部茎生叶与基生叶同形，渐小，有柄或无柄；上部叶全缘，无柄；叶两面白色，被短糙毛及淡黄色小腺点，边缘有糙毛。头状花序多数，在茎枝顶端排成伞房状或伞房圆锥花序，有小花梗；总苞长圆状或卵形，直径 8 mm，总苞片 5 层；小花紫红色，长 14 mm，管部长 6 mm，檐部长 8 mm。瘦果倒圆锥状，长 3 mm；冠毛 2 层，污黄色，外层糙毛状，长 2 mm，内层羽毛状，长 8 mm。花果期 8-9 月。

分布于新疆，生于农田、潮湿地、水塘边，海拔 500-1 200 m。俄罗斯、蒙古也有分布。

2. 龙江风毛菊

Saussurea amurensis Turcz. in DC., Prodr. 6: 534. 1838.

多年生草本。茎被蛛丝毛或几无毛，有叶基沿茎下延的窄翼。基生叶宽披针形、长圆形或卵形，长 20-30 cm，基部渐窄，具长柄，边缘疏生细齿；下部与中部茎生叶披针形或线状披针形，有细齿，基部渐狭成短柄；上部叶线状披针形或线形，全缘，无柄；叶上面无毛，下面密被白色蛛丝状绵毛。头状花序排成紧密伞房状；总苞钟状，直径 6-8 mm，总苞片 4-5 层，被棉状长柔毛；小花粉紫色。瘦果圆柱状，长 3 mm，褐色；冠毛 2 层。污白色。

分布于黑龙江、吉林、内蒙古，生于沼泽化草甸或草甸，海拔 900-1 300 m。朝鲜、俄罗斯（东西伯利亚、远东地区）也有分布。

图 570 龙江风毛菊

3. 京风毛菊

Saussurea chinnampoensis H. Lév. & Vaniot, Bull. Acad. Int. Géogr. Bot. 20 (1): 145. 1909.

一年生或二年生。茎单生，高 10-60 cm，基部分枝。基生叶有短柄，叶片质地厚，线形、线状椭圆形或线状披针形，长 5-12 cm，宽 0.5-10 mm，两面粗糙；下部与中部的叶与基生叶同型，无柄，渐小。头状花序单生茎端或少数排成伞房状或圆锥状；总苞钟形或半球形，直径 1.3-2 cm，总苞片 4-6 层；小花淡紫色，2 层，外层短，长 3 mm，内层长 7-9 mm。花果期 7-9 月。

分布于北京、河北、辽宁、内蒙古、陕西，生于沼泽地、草甸、潮湿处，海拔约 3 200 m。

图 571 京风毛菊

4. 倒羽叶风毛菊 碱地风毛菊

Saussurea runcinata DC., Ann. Mus. Natl. Hist. Nat. 16: 202. 1810.

多年生。茎直立，高（5-）15-60 cm，无毛，基部有纤维状叶柄残迹，上部有稠密的金黄色腺点。基生叶及下部叶有柄，叶片长椭圆形至披针形，长 4-20 cm，宽 0.5-7 cm，羽状或大头羽状深裂或全裂，裂片下弯或平展；中上部叶全缘，无柄，渐小。头状花序多数或少数，在茎枝顶端排成伞房状或伞房圆锥状；总苞钟状，直径 5-10 mm，总苞片 4-6 层；小花紫红色，长 14 mm。瘦果圆柱形，长 2-3 mm，黑褐色；冠毛淡黄褐色，2 层，外层短，长 2-3 mm，内层长 7-9 mm。花果期 7-9 月。

分布于东北和西北地区，生于河滩潮湿地、盐碱地、盐渍低地等，海拔 700-1 300 m。

图 572 倒羽叶风毛菊

5. **星状雪兔子** 星状风毛菊

Saussurea stella Maxim., Bull. Acad. Imp. Sci. Saint-Petersbourg 27: 490. 1886.

一年生或二年生，几无茎。叶多数，密集呈星状莲座状，线状披针形，长 8-19 cm，宽 5-15 mm，顶端钻状长渐尖，基部常扩大，紫红色，全缘，两面无毛。头状花序无梗，直径 7-10 mm，通常 25-30 个或更多数密集呈圆球状；总苞圆球状，长 10-12 mm，总苞片约 5 层，顶端紫红色，有睫毛，外层长圆形，中层狭长圆形，内层条形，钝或稍尖，边缘膜质；托片刚毛状；花冠长 12-15 mm，檐部狭钟状，长约为筒部之半。瘦果 3-4 mm，无毛，顶端有膜质的小冠；冠毛白色，外层短，毛状，内层羽毛状。

分布于甘肃、青海、四川、西藏、云南，生于高山草地、山坡灌丛草地、河边、沼泽草地或河滩地。印度、不丹也有分布。

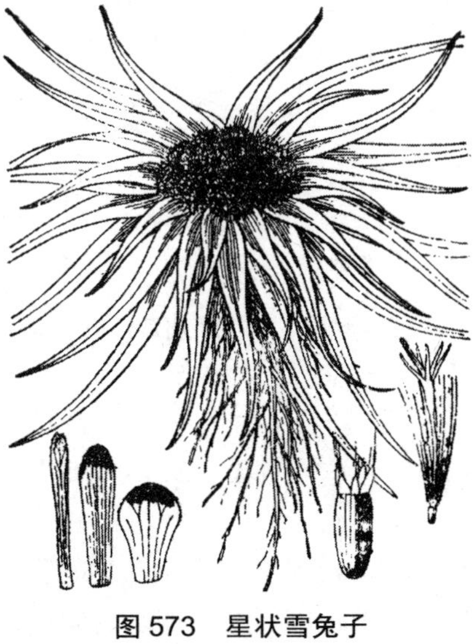

图 573 星状雪兔子

20. 虾须草属 *Sheareria* S. Moore

一年生草本。茎直立，高15-40cm，茎下部分枝，绿色或稍带紫色。叶互生，线形或倒披针形，长1-3cm，宽3-4mm，全缘，无柄；上部叶鳞片状。头状花序顶生或腋生，直径2-4mm；花序梗长3-5mm；总苞钟形，总苞片2层，4-5片，宽卵形，长约2mm；花托稍平，无托片；雌花舌状，白色或淡红色，长1.5mm；舌片宽卵状长圆形，先端全缘或有5钝齿；两性花管状，上部钟形，有5齿；花药长椭圆形，顶端有近三角形附片；花柱棒状，上端被细毛；雌花花柱2裂，裂片线形，圆钝。瘦果长椭圆形，长3.5-4mm，褐色，有3狭翅，翅缘具细齿；无冠毛。

我国特有单种属。

1. 虾须草

Sheareria nana S. Moore, J. Bot. 277, t. 165. 1875.

形态特征同属。

分布于安徽、广东、贵州、湖北、湖南、江苏、江西、云南，生于山坡、田边、湖边草地或河边沙滩上。

图574 虾须草

21. 苦苣菜属 *Sonchus* L.

一年生、二年生或多年生草本。叶互生。头状花序花同型，舌状小花通常80朵以上，在茎枝顶端排成伞房花序或伞房圆锥花序；总苞卵形、钟状、圆柱状或碟状，花后常下垂，总苞片3-5层，覆瓦状排列，草质，内层披针形、长椭圆形或长三角形，边缘常膜质；花托平，无毛；舌状小花黄色，两性，结实，舌片先端平截，5齿裂；花药基部短箭头状；花柱分枝纤细。瘦果卵圆形或椭圆形，稀倒圆锥形，极扁或粗厚，有多达20条纵肋或纵肋少数，常有横皱纹，顶端较窄，无喙；冠毛多层多数，细密，柔软，白色，单毛状，基部连合成环或成组，脱落。

本属约有50种，分布于欧洲、亚洲与非洲。我国有8种。

分种检索表

1. 瘦果肋间无横皱纹，两面各有3条细纵肋……………………………………2. 花叶滇苦菜 *S. asper*
1. 瘦果肋间有横皱纹。
   2. 瘦果两面各有5条细肋……………………………………………………1. 苣荬菜 *S. arrensis*
   2. 瘦果两面各有3条凸起纵肋………………………………………………3. 苦苣菜 *S. oleraceus*

1. 苣荬菜

Sonchus arrensis L., Sp. Pl. 2: 793. 1753.

多年生。根直伸。茎直立，高30-150 cm。叶倒披针形或长椭圆形，长6-25 cm，宽1.5-6 cm，羽状或反羽状分裂，顶裂片稍大，边缘有小锯齿或小尖头；上部叶片无柄，基部耳状半抱茎。头状花序在茎顶排成伞房状；总苞钟状，长1-1.5 cm，宽8-10 mm，有毛，总苞片3层；舌状小花多数，黄色。瘦果长椭圆形，稍压扁，长3.7-4 mm，宽0.8-1 mm，每面有5条细肋，肋间有横皱纹；冠毛白色。花果期1-9月。

分布于西北、西南及福建、广西、湖南、湖北，生于潮湿地或近水旁、河边砾石滩、山坡草地、林间草地，海拔300-2 300 m。

图575 苣荬菜

2. 花叶滇苦菜　续断菊

Sonchus asper (L.) Hill, Herb. Brit. 1: 47. 1769.——*Sonchus oleraceus* L. var. *asper* L.

一年生。高 20-70 cm。根纺锤状或圆锥状。茎直立。叶长椭圆形或倒卵形，长 6-15 cm，宽 1.5-8 cm，不分裂、缺刻状半裂或羽状全裂，边缘具刺状尖刺，下部叶柄有翅，中上部叶无柄，基部耳状。头状花序 5-10 个，在茎顶密集呈伞房状；总苞钟状，长 10-12 mm，宽 10-15 mm；总苞片 2 或 3 层，暗绿色；舌状花黄色，两性，结实。瘦果长椭圆状倒卵形，压扁，褐色或肉色，两面各有 3 条纵肋，肋间无横皱纹；冠毛白色。花果期 5-10 月。

分布几遍及全国，生于水边、山坡、林缘、路边、田野，海拔 1 550-3 650 m。

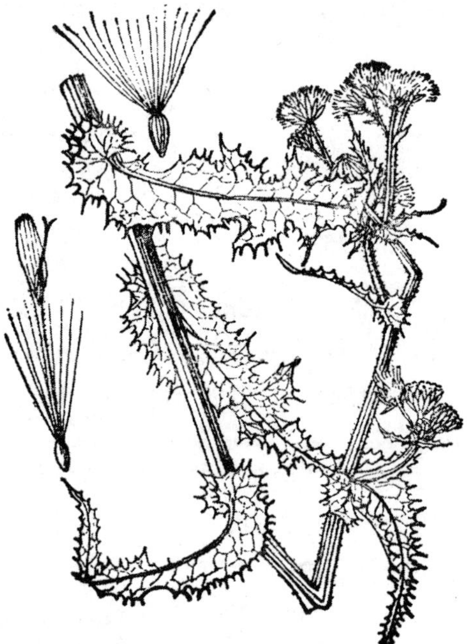

图 576　花叶滇苦菜

附：沼生苦苣荬 *Sonchus alustris* L.

与花叶滇苦菜的区别为：多年生；下部茎生叶披针形；瘦果椭圆形，两面各有 5 条纵肋。花果期 6-9 月。

分布于新疆，生于水边或湖边，海拔 400-900 m。欧洲、地中海地区、哈萨克斯坦、乌兹别克斯坦、俄罗斯（西西伯利亚）也有分布。

3. 苦苣菜

Sonchus oleraceus L., Sp. Pl. 2: 794. 1753.

一年生。高 30-100 cm。根纺锤形。茎不分枝或上部分枝。叶柔软，长 10-18（-22）cm，宽 5-7（-12）cm，羽状深裂或大头羽状全裂，少不分裂，边缘有刺状尖齿，下部的叶柄有翅，基部扩大抱茎；中上部的叶无柄，基部宽大耳状。头状花序在茎端排成伞房状；花序梗或总苞下部初期有蛛丝状毛；总苞钟状，长 10-12 mm，宽 6-10（-25）mm，暗绿色，总苞片 2-3 列；舌状花黄色，两性，结实。瘦果长椭圆状倒卵形，压扁，亮褐色、褐色或肉色，边缘有微齿，两面各有 3 条凸起纵肋，肋间有横皱纹；冠毛白色。花果期 5-12 月。

广布全国各地，生于水边、林下、田间等，海拔 170-3 200 m。

图 577　苦苣菜

22. 含苞草属　*Symphyllocarpus* Maxim.

一年生草本。茎高达 30 cm，细弱，无毛，多分枝，下部叶花期凋落。叶互生，花序枝上端叶近对生或近轮生，披针形或线状披针形，长 1-2.5 cm，宽 2-4 mm，疏生 1-3 齿或全缘，下部渐狭成柄状。头状花序直径 3-5 mm，无梗，淡黄色；总苞半球形，长约 3 mm，总苞片 2 层，卵圆形、倒卵圆形、菱形或披针形，膜质，有细齿；边缘多层雌花；中央两性花 6-20 朵；雌花舌状，有 3 个细小裂片，两性花管状，上部钟状，有 4 卵圆状披针形裂片，雄蕊 4，花药无附片；花柱分枝粗短；雌花子房附有宿存的托片。瘦果长圆柱形，长约 1 mm，疏被腺毛，顶端和茎部被长毛；花冠宿存。

本属为单种属。

1. 含苞草

Symphyllocarpus exilis Maxim., Mém. Acad. Imp. Sci. Saint Pétersbourg, Sér. 7, 9: 151, t. 8, f. l. 1859.

形态特征同属。花期 7-8 月。

分布于黑龙江、吉林，生于淤泥地、淹没地、浅滩或河岸。俄罗斯（远东地区）也有分布。

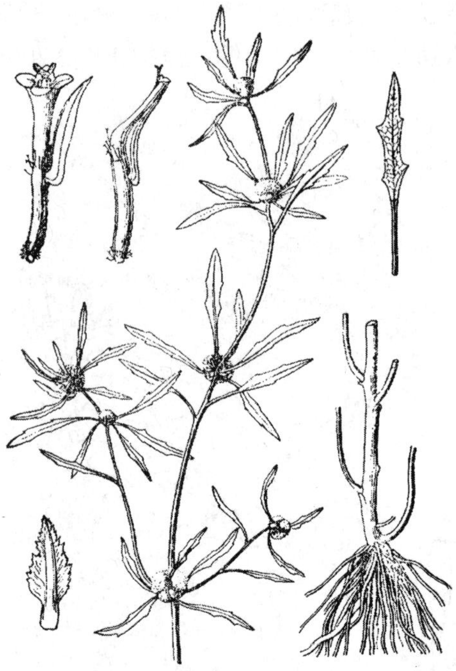

图 578 含苞草

23. 蒲公英属 *Taraxacum* F. H. Wigg.

多年生草本，具白色乳液。茎花葶状，一至数个，直立，中空，上部被蛛丝状柔毛或无毛。叶基生，密集呈莲座状，匙形、倒披针形或披针形，羽状深裂或浅裂，裂片多倒向或平展，具波状齿，稀全缘，具柄或无柄。头状花序单生花葶顶端；总苞钟状或窄钟状，总苞片数层，有时先端背部增厚或有小角，外层短于内层，通常稍宽，常有浅色边缘，线状披针形或卵形，伏贴或反卷，内层多少呈线性，直立；花序托多少平，有小窝孔；全为舌状花，两性，结实，舌片黄色，稀白色、红色或紫红色，先端截平，具5齿，边缘花舌片背面常具暗色条纹；雄蕊5，花药聚合，筒状，基部具尾，戟形，先端有三角形附属物；花柱细长，柱头2裂，线形。瘦果纺锤形或倒锥形，有纵沟，上部或几全部有刺状或瘤状突起，稀光滑，上端缢缩或渐收缩为圆柱形或圆锥形的喙基，喙细长，少粗短，稀无喙；冠毛多层，白色或淡色，毛状，易脱落。

本属有2 000余种，分布于北半球温带至热带地区，少数分布于南美洲。我国有70种。

1. 芥叶蒲公英

Taraxacum brassicaefolium Kitag., Rep. Inst. Sci. Res. Manchoukuo. 2: 308, f. 4-5 .1938.

花葶数个，高30-50 cm，初疏被蛛丝状毛，常紫褐色。叶宽倒披针形或宽线形，长10-35 cm，羽状深裂或大头羽状半裂，基部渐狭成短柄，具翅，侧裂片三角形或线形，常上倾，稀倒向，全缘或有小齿，裂片间无或有钝尖小齿，顶端裂片三角形，全缘。头状花序直径达 5.5cm；总苞宽钟状，长 2.2cm，基部圆形或截圆，先端具短角状突起；花序托有卵形膜质托片；舌状花黄色，边缘花舌片背面具紫色条纹。瘦果倒卵状长圆形，淡绿褐色，长约 4mm，上部具刺，中部有小瘤，顶端微缢缩成圆柱形喙基，喙长 1-1.5cm；冠毛白色，长 7-9mm。花果期 4-6 月。

分布于东北以及河北、内蒙古，生于河边、林缘或路旁。

图 579 芥叶蒲公英

24. 狗舌草属 *Tephroseris*（Rchb.）Rchb.

多年生草本，直立，稀具匍匐枝，稀一年生或二年生。叶基生或茎生，基生叶莲座状，宽卵形或线状匙形，边缘具粗深波状锯齿或全缘，基部心形或楔形，叶柄无翅或具翅，基部扩大。头状花序排成顶生近伞形简单或复伞房状聚伞花序，稀单生；总苞半球形、钟状或圆柱状钟形，总苞片 1 层，18-25 枚，线状披针形或披针形，通常具狭膜质边缘；花托平；舌状花雌性，11-15（-25），舌片黄色、桔黄或紫红色，长圆形，具 4 脉，顶端具 3 小齿；管状花多数，两性，花冠黄色、枯黄色或橘红色，有时带紫色，檐部漏斗状，裂片 5；花药稍宽于花丝；花柱分枝顶端凸，稀平截，被少数乳头状微毛。瘦果圆柱形，具肋，无毛或被柔毛；冠毛细毛状，同形，白色或变红色，宿存。

本属约有 50 种，分布于欧亚温带及极地地区，1 种分布至北美洲。我国有 14 种。

1. 江浙狗舌草

Tephroseris pierotii (Miq.) Holub, Folia Geobot. Phytotax. 8 (2): 174. 1973.——*Senecio Pierotii* Miq.

多年生草本，具根状茎。基生叶莲座状，长圆形或披针形，长 12-20cm，基部楔形或渐狭成柄，边缘具齿或全缘，叶柄长 4-11 cm，具翅，基部扩大；茎生叶无柄，长圆形、披针形或线形，基部半抱茎，最上部的叶苞片状；叶被白色蛛丝状绒毛。头状花序排成近伞形的伞房花序，花序梗长达 5 cm，疏被蛛丝状毛或柔毛，基部具线状钻形苞片 5，总苞半球形，长 7-8.5 mm，直径 1-1.4 cm；总苞片 20-22 枚，宽披针形，草质，边缘膜质，背面疏被蛛丝状毛至无毛；舌状花 20-25 朵，舌片黄色，长圆形，长 7-8 mm；管状花多数，花冠黄色，长 7-9 mm。瘦果圆柱形，无毛；冠毛白色。花期 4-5 月。

分布于福建、江苏、浙江，生于沼泽、潮湿处。朝鲜、日本也有分布。

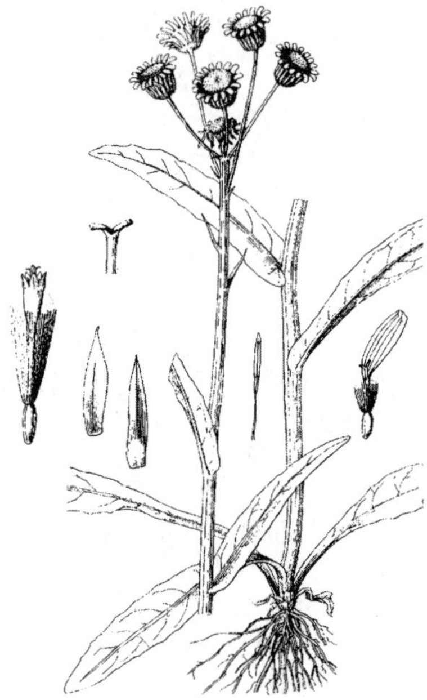

图 580 江浙狗舌草

25. 碱菀属 ***Tripolium*** Nees.

一年生草本。茎直立，高 30-50（-80）cm，下部常带红色。叶互生，基部叶花期枯萎；下部叶线状或长圆状披针形，长 5-10 cm，宽 5-12 mm，全缘或有疏齿，无毛。头状花序排成伞房状，外围有 1 层雌花，中央有多数两性花，后者有时不育；总苞近钟状，总苞片 2-3 层，外层较短，稍覆瓦状排列，肉质，边缘近膜质；花托平，蜂窝状；雌花舌状，舌片蓝紫色或浅红色；两性花黄色，管状，长 8-9 mm，檐部窄漏斗状；花药基部钝，全缘；花柱分枝附片肥厚；冠毛多层，极纤细，白色或浅红色。瘦果狭长圆形，长 2.5-3 mm，扁，有厚边肋，两面各有 1 细肋，无毛或被疏毛。

本属为单种属。

1. 碱菀

Tripolium vulgare Nees, Gen. Sp. Aster. 152. 1833.

形态特征同属。花果期 8-12 月。

分布于东北、华北及安徽、福建、甘肃、河南、江苏、宁夏、陕西、山东、新疆、浙江，生于海岸、湖泊、溪流、沼泽或盐碱地。朝鲜、日本、俄罗斯（西伯利亚）、中亚、伊朗、欧洲、非洲及北美洲也有分布。

图 581 碱菀

26. 蟛蜞菊属 ***Wedelia*** Jacq.

一年生或多年生草本，直立、匍匐或藤本，被糙毛。叶对生，具齿。头状花序单生或2-3生于叶腋或枝端，外围雌花1层，黄色，中央两性花较多，黄色，全部结实；总苞钟形或半球形，总苞片2层，覆瓦状，外层叶质，绿色，被糙毛或柔毛，内层鳞片状；花托平或凸，托片折叠；雌花花冠舌状，舌片长，开展，2-3齿裂，管部短；两性花花冠管状，檐部5浅裂；花药顶端卵状，基部戟形，具两小耳；两性花花柱分枝有多数乳突，顶端有附属物，背面有毛。瘦果倒卵形或楔状长圆形，舌状花瘦果三棱形；无冠毛或具1-3刺芒或冠毛环。

本属有60余种，分布于热带和亚热带地区。我国有5种。

1. 蟛蜞菊

Wedelia chinensis (Osbeck) Merr., Philipp. J. Sci. 12: 111. 1917.——*Solidago chinensis* Osbeck.

多年生草本。茎匍匐，上部近直立，疏被贴生糙毛或下部毛脱落。叶对生，椭圆形、长圆形或线形，长3-7cm，全缘或有1-3对疏粗齿，两面疏被贴生糙毛，侧脉1-2对，无柄。头状花序少数，直径1.5-2cm，被贴生粗毛；总苞钟形，长约1.2cm，总苞片2层，长于托片，外层椭圆形，长1-1.2cm，背面疏被贴生糙毛，内层长圆形，长6-7mm；托片先端渐尖；舌状花 1 层，黄色，舌片卵状长圆形，长约 8mm，背部细短；管状花较多，黄色，花冠近钟形，裂片卵形。瘦果倒卵圆形，多疣突，舌状花瘦果具 3 边，边缘厚；无冠毛，有具细齿冠毛环。花果期 3-9 月。

分布于华南及安徽、福建、江苏、江西、台湾，生于田边、沟边或湿润草地、路旁。日本、印度、中南半岛、印度尼西亚、菲律宾也有分布。

图 582　蟛蜞菊

27. 黄鹌菜属　*Youngia* Cass.

一年生或多年生草本。叶羽状分裂或不裂，头状花序同型，具 5-25 朵舌状小花，在茎枝顶端排成总状、伞房或圆锥状伞房花序；总苞圆柱状、圆柱状钟形、钟状或宽圆柱状，总苞 3-4 层，外层短，先端尖，内层长，背面先端无或有鸡冠状附属物；花托平，蜂窝状；舌状小花两性，黄色，1 层，舌片先端平截，5 齿裂；花药基部附属物箭头形；花柱分枝细。瘦果纺锤形，向上渐狭，近顶端收缩，无喙或渐狭成粗短喙状物，有 10-15 条纵肋；冠毛白色，1-2 层，单毛状或糙毛状，有时基部连合成环，整体脱落。

本属约有 40 种，主要分布于东亚。我国有 37 种。

1. 黄鹌菜

Youngia japonica (L.) DC., Prodr. 7: 194. 1838.——*Prenanthes japonica* L.

一年生。茎高 20-90cm，直立。基生叶丛生，倒披针形，琴状或羽状半裂，长 8-14cm，宽 1.3-3cm，顶裂片稍大，侧裂片向下渐小，有深波状齿，叶柄具翅或有不明显的翅；茎生叶少数，通常 1 或 2 片。头状花序小，有 10-20 朵小花，排成聚伞状圆锥花序；总花梗细，长 2-10mm；总苞果期钟状，长 4-7mm。瘦果红棕色或褐色，纺锤形，长 1.5-2.5mm，稍扁平，有 11-13 条粗细不等的纵肋；冠毛白色。花果期 4-10 月。

除东北和西北部分地区外广布全国，生于潮湿地、河边沼泽、路边、荒野、山坡等处。

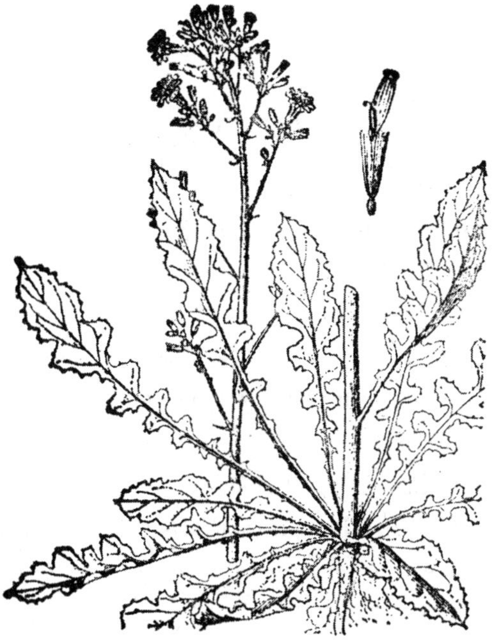

图 583 黄鹌菜

II. 单子叶植物 MONOCOTYLEDONAE

香蒲科 Typhyaceae

多年生沼生、水生或湿地草本。根状茎横走；茎直立，粗壮或细弱。叶基生，2 列，互生，剑形或线形，革质；叶鞘长，抱茎或松散；鞘状叶很短。花单性，雌雄同株，穗状花序构成蜡烛状；雄花序位于上部，花序轴具毛或无毛；雌花序位于下部，与雄花序紧密相接或相互远离；苞片叶状，着生于雌花序基部，也见于雄花序中；雄花无花被，常具 1-4 枚雄蕊，花药长圆形或线形，2 室纵裂，花粉粒单体或四合体；雌花无花被，具小苞片或无，子房柄基部至下部具白色丝状毛；孕性雌花柱头单侧，线形、披针形或匙形；子房上位，1 室，胚珠 1 枚；不孕雌花不发育，无柱头。小坚果纺锤形、椭圆形，果皮膜质，透明或灰褐色，具线形或圆形斑点。种子椭圆形。

本科仅 1 属，有 16 种，分布于热带至温带，主要分布于欧亚和北美洲，大洋洲有 3 种。我国有 11 种，南北广泛分布，以温带地区种类较多。

本科植物经济价值较高。广泛应用于医药、编织、造纸和食品业等。

1. 香蒲属 *Typha* L.

形态特征和分布同科。

分种检索表

1. 雌花无小苞片；雌雄花序紧密连接，或相互远离。
  2. 雌花柱头披针形；白色丝状毛明显短于花柱……………………………………4. 宽叶香蒲 *T. latifolia*
  2. 雌花柱头宽匙形，白色丝状毛与花柱近等长……………………………………6. 香蒲 *T. orientalis*
1. 雌花具小苞片；雌雄花序远离，从不相接。
  3. 植株高 1 m 以下，基部具鞘状叶；白色丝状毛先端呈圆形…………………………5. 小香蒲 *T. minima*
  3. 植株高 1 m 以上，基部无鞘状叶；白色丝状毛先端不呈圆形。
    4. 小苞片匙形；柱头披针形………………………………………………………………3. 达香蒲 *T. davidiana*
    4. 小苞片不呈匙形；柱头细线形、线形或披针形。
      8. 花药长 1.2-1.5 mm；雄花序轴具稀疏白色或黄褐色柔毛，从不分叉；柱头宽线形至披针形，比花柱宽………………………………………………………………………………1. 长苞香蒲 *T. angustata*
      8. 花药长 2 mm；雄花序轴密生褐色扁柔毛，单出或分叉；柱头细线形，与柱头等宽……………………………………………………………………………………………2. 水烛 *T. angustifolia*

1. 长苞香蒲

Typha angustata Bory & Chaub., Exp. Sc. Moree 3: 338. 1832.

沼生草本。茎直立，高 1-3 m，粗壮。叶长 40-150 cm，宽 3-8 mm，横切面呈半圆形；鞘很长，抱茎。雌雄花序远离；雄花序长 7-30 cm，花序轴具弯曲柔毛，不分叉；雄花具 3（-2）枚雄蕊，花药长 1.2-1.5 mm，花粉粒单体；雌花序长 4.7-23 cm；雌花具小苞片；孕性雌花柱头长 0.8-1.5 mm，宽线形至披针形，比花柱宽，子房披针形，长 1 mm，不孕雌花子房长 1-1.5 mm，近倒圆锥形，先端呈凹形；白色丝状毛极多数，短于柱头。小坚果纺锤形。花果期 6-8 月。

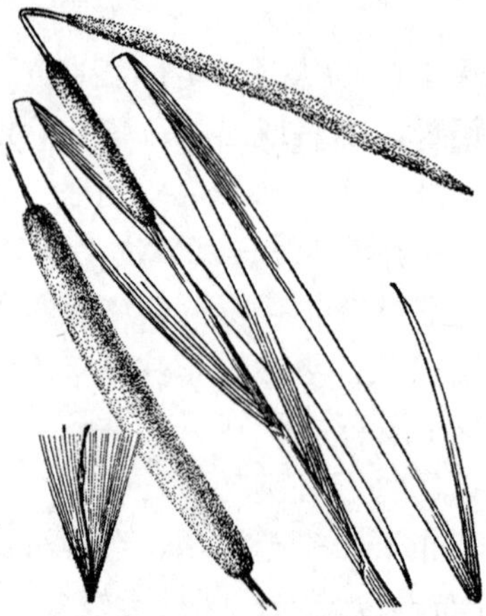

图 584 长苞香蒲

分布于东北、华北及甘肃、贵州、江苏、江西、陕西、山东、新疆、云南，生于湖泊、河流、池塘浅水处、沼泽和沟渠。也分布于俄罗斯及亚洲其他地区。

2. 水烛

Typha angustifolia L., Sp. Pl. 2: 971. 1753.

沼生草本。茎直立，粗壮，高 1.5-3 m。叶长 54-120 cm，宽 4-9 mm，下部横切面呈半圆形；叶鞘抱茎。雌雄花序远离；雄花序长 20-30 cm，雄花序轴具褐色扁柔毛，单出或分叉；雄花具 3 枚雄蕊，花药长 2 mm，花粉粒单体；雌花序长 15-30 cm；雌花具小苞片，孕性雌花柱头细线形或披针形，长 1.3-1.8 mm，花柱长 1-1.5 mm，子房纺锤形，长 1 mm，子房柄长 5 mm；不孕雌花子房倒圆锥形，长 1-1.2 mm；白色丝状毛与小苞片近等长，短于柱头。小坚果长椭圆形，长 1.5 mm。花果期 6-9 月。

分布于东北、华北及甘肃、湖北、江苏、陕西、山东、台湾、新疆、云南，生于湖泊、河流、池塘浅水处、沼泽及沟渠。也分布于巴基斯坦、俄罗斯、尼泊尔、日本、印度及欧洲、美洲、大洋洲等。

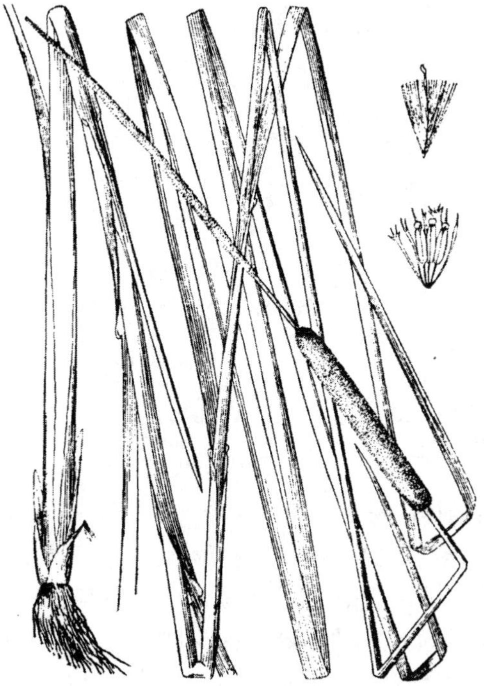

图 585 水烛

3. 达香蒲

Typha davidiana (Kronf.) Hand.-Mazz., Bot. Zeitung (Berlin) 87: 133. 1938.——*T. martini* Jord. var. *davidiana* Kronf.

水生或沼生草本。茎直立，高 1 m。叶长 60-70 cm，宽 3-5 mm，横切面呈半圆形；叶鞘长，抱茎。雌雄花序远离；雄花序长 12-18 cm，穗轴光滑；雌花序长 4.5-11 cm，直径 1.5-2 cm；雌花小苞片匙形或近三角形；孕性雌花柱头线形或披针形，长 1-1.2 mm；子房披针形，子房柄长 3-4 mm；不孕雌花子房倒圆锥形；白色丝状毛与小苞片和柱头近等长。小坚果披针形，长 1.3-1.5 mm，具棕褐色条纹。花果期 5-8 月。

分布于江苏、内蒙古、新疆、浙江，生于湖泊、河流近岸处及沟边湿地。也分布于亚洲北部。

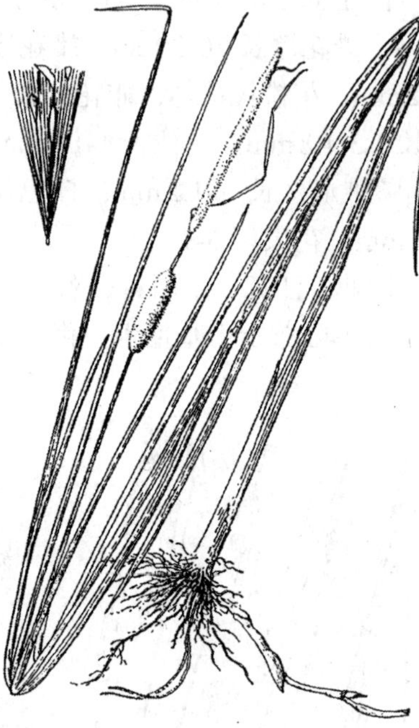

图 586 达香蒲

4. 宽叶香蒲

Typha latifolia L., Sp. Pl. 2: 971. 1753.

水生或沼生草本。茎粗壮，高 1-2.5 m。叶线形，长 45-95 cm，宽 5-15 mm，上部扁平，下部横切面近新月形；叶鞘抱茎。穗状花序圆柱形，雌雄花序紧密相接，雄花序长 3.5-12 cm，花序轴具灰白色弯曲柔毛；雄花常由 2 枚雄蕊组成，花药长 3 mm，花粉粒正四合体；雌花序长 5-22.6 cm，雌花无小苞片；孕性雌花柱头披针形，长 1-1.2 mm，花柱长 2.5-3 mm，子房披针形，长 1 mm，子房柄纤细，长 4 mm；白色丝状毛明显短于花柱；不孕雌花子房倒圆锥形。小坚果披针形。花果期 5-8 月。

分布于东北、华北、华中、西北、西南及浙江，生于湖泊、池塘、沟渠、河流浅水带、湿地和沼泽。也分布于日本、巴基斯坦、俄罗斯、亚洲其他地区及欧洲、美洲、大洋洲。

用途同香蒲。

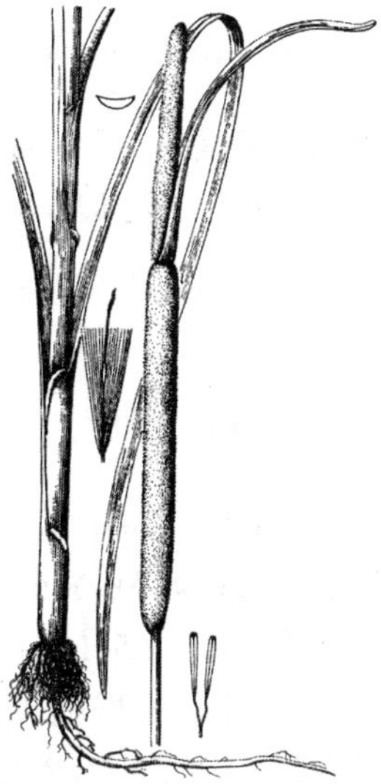

图 587 宽叶香蒲

5. 小香蒲

Typha minima Funck. ex Hoppe, Bot. Taschenb. 118. 181. 1794.

沼生或水生草本。茎直立，细弱，高 16-65 cm。叶通常茎生，鞘状，无叶片，如叶片存在，长 15-40 cm，宽 1-2 mm，短于花葶。雌雄花序远离；雄花序长 3-8 cm，花序轴无毛，雄花无花被，雄蕊通常 1 枚，稀 2 枚合生，花粉粒四合体；雌花序长 1.6-4.5 cm；雌花具小苞片；孕性雌花柱头线形，长 0.5 mm，花柱长 0.5 mm，子房长 0.8-1 mm，纺锤形，子房柄长 4 mm；不孕雌花子房长 1-1.3 mm，倒圆锥形；白色丝状毛顶端膨大呈圆形，与不孕雌花及小苞片近等长，短于柱头。小坚果椭圆形。花果期 5-8 月。

分布于东北、华北及甘肃、湖北、陕西、山东、四川、新疆，生于池塘、水沟边浅水处及低洼处湿地。也分布于巴基斯坦、俄罗斯、亚洲北部及欧洲。

图 588 小香蒲

附：短序香蒲 ***Typha gracilis*** Jord.，Index Sem.（Grenoble）28. 1848.

与小香蒲的区别：具二型叶，叶长于花葶，宽 2-4 mm；雄花序无毛。

分布于河北、内蒙古、山东、新疆，生于沟边、沼泽及湿地。也分布于亚洲北部及欧洲。

6. 香蒲

Typha orientalis C. Presl, Epim. Bot. 239. 1849.

水生或沼生草本。茎粗壮，高 1-2 mm。叶线形，长 40-70 cm，宽 4-9 mm，横切面呈半圆形；叶鞘抱茎。雌雄花序紧密连接；雄花序长 3-9 cm，花序轴具白色弯曲柔毛；雄花具 2-4 枚雄蕊，花粉粒单体；雌花序长 4.5-15 cm；雌花无小苞片；孕性雌花柱头匙形，外弯，花柱长 1-2 mm，子房纺锤形，子房柄细弱，长约 2.5 mm；不孕雌花子房长约 1.2 mm，近倒圆锥形，具多枚基生的白色丝状毛，毛与柱头近等长。小坚果椭圆形。花果期 5-8 月。

分布于东北、华北、华东及广东、河南、陕西、台湾、云南，生于湖泊、池塘、沟渠、沼泽。也分布于菲律宾、日本、俄罗斯及大洋洲。

花药称“蒲黄”入药，雌花称“蒲绒”可作填充用。

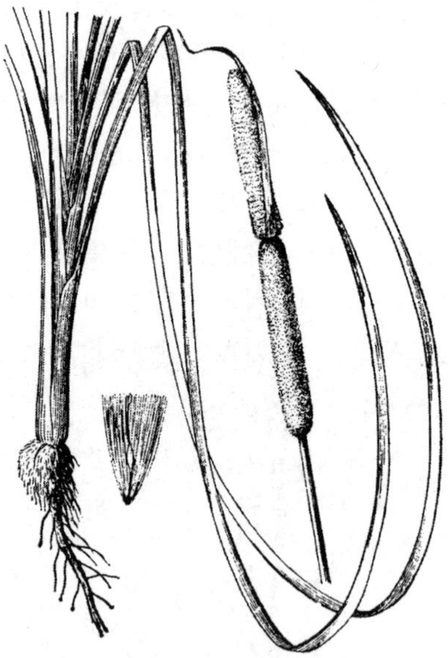

图 589　香蒲

黑三棱科　Sparganiaceae

多年生水生或沼生草本，稀湿生。块茎膨大，具根状茎；茎直立或倾斜，挺水或浮水，粗壮或细弱。叶线形，二列，互生，叶片扁平，或中下部背面隆起呈龙骨状或呈三棱形，基部鞘状抱茎。花单性，雌雄同株，聚集成圆球状的头状花序，由许多雄性或雌性头状花序组成大型圆锥花序、总状化序或穗状花序；雄花序 1 至多数，着生于雌花序之上；雄花被片膜质，雄蕊 3 枚或更多，花药基着，纵裂，花丝基部分离或连合；雌花具膜质鳞片状小苞片，短于花被片，花被片 4-6，生于子房基部或子房柄上，宿存，厚纸质至膜质，线形、楔形或近倒三角形，先端全缘，不整齐，柱头单一或分叉，单侧，花柱较长至无，子房无柄或有柄，1 室，具 1 枚悬垂胚珠。果实具棱或无棱，外果皮较厚，海绵质，内果皮坚纸质。种子具薄膜质种皮。

本科只有黑三棱属 *Sparganium* L.一属，有 19 种，主要分布于北半球的温带或寒带，仅 1 或 2 种分布于东南亚、澳大利亚和新西兰。我国有 11 种，南北均有分布，以温带地区种类较多。

黑三棱属 ***Sparganium*** L.

形态特征和分布同科。

分种检索表

1. 植株浮水或基部斜卧水中；茎叶常浮水；叶片扁平，或背面中下部呈半月状隆起，无龙骨状突起。
  2. 植株细弱，茎长 30-50 cm；叶片宽 1-3 mm；花序主轴劲直；雄花序 1-2 个……………………4. 无柱黑三棱 *S. hyperboreum*
  2. 植株粗壮，茎高 1 m 以上；叶片宽 10 mm；花序主轴中下部弯曲；雄花序 8-10 个……………………7. 云南黑三棱 *S. yunnanense*
1. 植株直立；茎叶挺出水面；叶片背面呈三棱形或呈龙骨状凸起，或呈半月形隆起。
  3. 花序圆锥状，侧枝正常发育，具雄性或雌性花序；子房无柄……………………6. 黑三棱 *S. stoloniferum*
  3. 花序总状或穗状；侧枝退化，只留 1 个雌性花序或全部退化仅留其痕迹；子房具柄。
    4. 头状花序在主轴上呈穗状排列，包住主轴和叶状苞片基部，具不孕雌花；花被片边缘浅裂至深裂……………………1. 穗状黑三棱 *S. confertum*
    4. 头状花序在主轴上不呈穗状排列，不包主轴和叶状苞片基部，无不孕雌花；花被片边缘不整齐至浅裂。
      5. 花序主轴弯曲，雌花序生于凹处；子房下部渐细，基部具短柄……………………2. 曲轴黑三棱 *S. fallax*
      5. 花序主轴劲直，雌花序生于主轴两侧；子房基部骤然收缩，明显具柄。
        6. 花序主轴短粗，长 6-15 cm；雄花序 1-2（-3）个，紧靠近雌花序；雌花序之间相互靠近或连接……………………3. 短序黑三棱 *S. glomeratum*
        6. 花序主轴细长，长 10-20 cm；雄花序 4-8 个，远离雌花序；雌花序之间互不靠近……………………5. 小黑三棱 *S. simplex*

1. 穗状黑三棱

Sparganium confertum Y. D. Chen, Acta Phytotax. Sin. 19 (1): 53. 1981.

浅水生或沼生草本，挺水。茎直立，高 15-45 cm。叶长 25-55 cm，宽 3-5 mm；浸水叶松软，近海绵质。穗状花序长 6-11 cm，雄花序 6-12 个，通常早落，雌花序 1-3 个，紧密贴生于主轴并互相连接，偶见下部遗留 1 个具花梗的雌花序，其花不孕；雌花被片长 3-5 mm，宽 1.5 mm，膜质，上部稍厚，先端浅裂至深裂，楔形或近匙形，着生于子房基部至中部，柱头长 1-1.5 mm，单侧，花柱长 1 mm，子房椭圆形，子房柄长 1.5-2 mm。果实葫芦状，长 4-5 mm。深褐色。果期 9-10 月。

分布于云南（高黎贡山），生于高山沼泽、水塘、河边浅水处。

图 590　穗状黑三棱

2. 曲轴黑三棱

Sparganium fallax Graebn., Allg. Bot. Zeitschr. 4: 32. 1898.

水生或沼生草本，挺水。茎直立，高 40-55 cm。叶长 45-65 cm，先端渐尖，背面呈龙骨状凸起，基部鞘状，海绵质。总状花序长 15-17 cm，中下部弯曲；雄花序 4-7 个，排列稀疏，远离雌花序；雄花被片长 2-2.5 mm，宽 0.5-0.7 mm，线形，先端具齿或不整齐；雌花序 3-4 个，下部 1-2 个具梗；雌花被片长 3 mm，宽 1-1.5 mm，宽匙形，先端具齿或浅裂，柱头长 1.5-2 mm，花柱较短，子房椭圆形。果实纺锤形，长 5-6 mm，具短柄，褐色。花果期 6-10 月。

分布于福建、贵州、台湾、云南、浙江，生于湖泊、沼泽、河沟、水塘边浅水处。也分布于日本、缅甸、印度。

图 591 曲轴黑三棱

3. 短序黑三棱

Sparganium glomeratum Laest. ex Beurl., Öfvers. Förh. Kongl. Svenska Vetensk.-Akad. 9: 192. 1853.

沼生或水生草本，挺水。茎高 20-50 cm。叶长 30-56 cm，背面具龙骨状凸起，或呈三棱形，基部鞘状，边缘膜质。总状花序长 6-15 cm；雄花序 1-3 个，与雌花序相连接；雄花被片长 1.5 mm，膜质，先端尖，具齿裂；雌花序 3-4 个，生于花序轴的两侧，相互靠近，最下部 1 个具梗；雌花被片长 2-2.5 mm，膜质，先端齿裂不整齐，柱头长 0.5 mm，单侧，花柱短粗，子房纺锤形，具柄。果实宽纺锤形，长 3 mm，黄褐色。花果期 6-9 月。

分布于东北及内蒙古、西藏、云南，生于湖边、河湾、沼泽等水域中，海拔 1 200 m。也分布于日本、俄罗斯及欧洲。

图 592 短序黑三棱

4. 无柱黑三棱

Sparganium hyperboreum Laest. ex Beurl., Öfvers. Förh. Kongl. Svenska Vetensk.-Akad. 9: 192. 1853.

水生草本。茎长30-50cm，细弱，浮于水中。叶长30-40cm，宽1-3mm，浮水，常随水位深浅而变化，下部近海绵质，横切面半月形。总状花序长5-7cm，主轴劲直；雄花序1-2个，较小；雄花被片长1mm，膜质，先端不整齐，花药长圆形，长1mm，花丝较短；雌花序2-3个，最下部的1个具梗；雌花被片长1.5mm，宽1-1.3mm，线形至倒三角形，先端齿裂或较深，柱头近椭圆形，长 1mm，花柱不明显或无，子房椭圆形。果实宽倒卵形，长4mm。

分布于黑龙江、吉林，生于湖泊、沼泽、水泡子，海拔 1 500m 以上，低海拔罕见。也分布于日本、俄罗斯、欧洲和北美洲。

5. 小黑三棱

Sparganium simplex Huds., Fl. Angl. (ed. 2) 401. 1778.

沼生或水生草本。茎直立，高30-70cm。叶长40-80cm，挺水或浮水，背面呈龙骨状凸起，基部鞘状。总状花序长10-20cm；雄花序4-8个，排列稀疏；雄花被片长2-2.5mm，线形或匙形，先端浅裂；雄蕊长5mm；雌花序3-4个，互不相接，下部1-2个具梗；雌花被片匙形，长3.5mm，膜质，先端浅裂，柱头长1.5-1.8mm，花柱长1mm，子房纺锤形。果实纺锤形，长7mm，基部短柄具宿存花被片。花果期6-10月。

分布于东北及甘肃、内蒙古、新疆，生于湖边、河沟、沼泽及积水湿地。也分布于日本、俄罗斯。

块茎入药。

图 593 小黑三棱

6. 黑三棱

Sparganium stoloniferum (Buch.-Ham. ex Graebn.) Buch.-Ham. ex Juz. in Kom., Fl. URSS. 1: 219. f. 11. 2. 1934.——*S. ramosum* Huds. subsp. *stoloniferum* Buch.-Ham. ex Graebn.

沼生或水生草本，挺水。根状茎粗壮；茎直立，粗壮，高 0.7-1.2m。叶长 20-90cm，宽 0.7-1.6cm，上部扁平，下部背面呈龙骨状凸起或呈三棱形，基部鞘状。圆锥花序长 20-60 cm，具 3-7 个侧枝，每个侧枝上着生 7-11 个雄花序和 1-2 个雌花序，主轴顶端通常具 3-5 个雄花序或更多；雄花被片匙形，膜质，先端浅裂；花丝长 3mm，弯曲，花药倒圆锥形，长 1-1.2mm；雌花被片倒卵形，长 5-7mm，宽 1-1.5mm，着生于子房基部，宿存，柱头长 3-4mm，花柱长 1.5mm，子房无柄。果实倒圆锥形，长 6-9mm，上部通常膨大呈冠状，具棱，褐色。花果期 5-10 月。

分布东北、华北及甘肃、湖北、江苏、江西、陕西、西藏、新疆、云南，生于湖泊、河沟、沼泽、水塘边浅水处，海拔 1 500m 以下（在西藏达 3 600m）。也分布于阿富汗、朝鲜、日本、俄罗斯（西伯利亚、远东地区）以及中亚地区。

块茎（三棱）为常用中药。

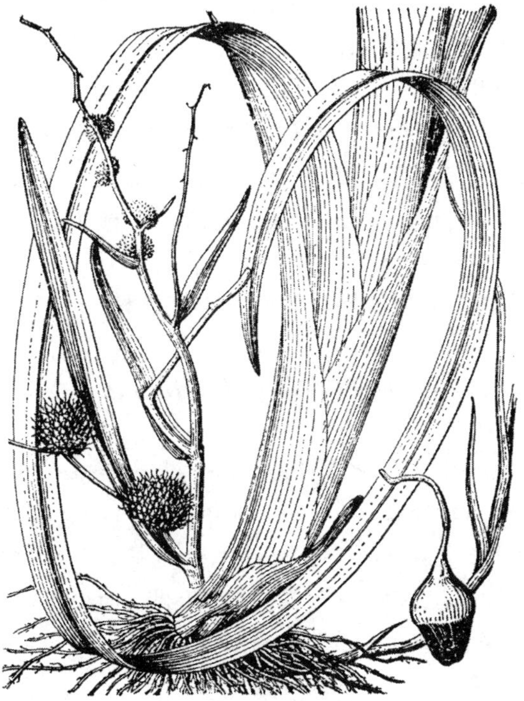

图 594 黑三棱

7. 云南黑三棱

Sparganium yunnanense Y. D. Chen, Acta Phytotax. Sin. 19 (1): 54. 1981.

水生草本。茎长 1.3-1.5m，粗壮，浮于水中，花序挺出水面。叶长 1.5m，宽 10mm，扁平，背面隆起，呈海绵质，叶鞘较长，抱茎。总状花序长 20-35cm，花序轴中部以下弯曲；雄花序 8-10 个；雄花被片较小，长 3-3.5 mm，膜质，匙形，花药线形，长 2 mm，花丝弯曲，长 3-4 mm；雌花序 4-5 个，下部 1-2 个具梗；雌花白色，花被片长 4-5 mm，匙形，膜质，具红褐色斑点，先端有缺刻或齿裂，柱头长 1.5-2 mm，长圆形至宽卵形，单侧，撕裂状或分叉，花柱长 1.5 mm，子房近纺缍形。果实上部膨大，呈冠状，褐色。花果期 5-9 月。

分布于云南（勐海县），生于海拔 1 500 m 的水域。

附：线叶黑三棱 ***Sparganium angustifolium*** Michx.

与云南黑三棱相近，其区别为茎细弱，长 30-50 cm。植株浮水，从不直立；叶鞘多少膨大，显著比叶片宽。雄花序 2-4 个。花果期 7-9 月。

分布于黑龙江、吉林、新疆，生于湖泊、沼泽、河沟，海拔 1 500 m。也分布于日本、欧洲和北美洲。

水麦冬科 Juncaginaceae

多年生或一年生湿生或水生草本，具根状茎。叶通常基生，线形，全缘，基部具鞘。花葶直立，花序顶生，总状或穗状，无苞片；花小，两性或单性，雌雄异株，辐射对称，花被片 6，稀 4 或 8，2 轮，萼片状，绿色或稍带红色；雄蕊 6 或 4，2 轮，贴生于花被片基部，无花丝或花丝极短，花药 2 室，外向，纵裂，心皮 6（有时 3 枚不发育）或 4，离生，基部合生，果时分开；子房上位，花柱极短或无，柱头具不规则裂片，倒生胚珠 1，通常直立，双珠被。蒴果开裂或不裂。

本科有 4 属 18 种，分布于全世界。我国有 1 属 2 种。

1. 水麦冬属 *Triglochin* L.

多年生湿生草本，具根状茎。密生须根。叶基生，线形，具叶鞘，鞘缘膜质。总状花序较长，无苞片；花两性，花被片 6，2 轮，卵形，绿色；雄蕊 6，与花被片对生，花药 2 室，无花丝；心皮 6，有时 3 枚不发育，合生，柱头毛笔状，子房上位，每室胚珠 1。蒴果椭圆形、卵形或长圆柱形，成熟后呈 3 或 6 瓣开裂，内含 1 种子。

本属约有 13 种。我国有 2 种，喜生于湿地或碱滩上。

分种检索表

1. 心皮 6；蒴果棱状椭圆形或卵圆形，成熟时 6 瓣裂；总状花序，花排列较紧密…………………………………………………………………………………………………1. 海韭菜 *T. maritimum*
1. 心皮 3；蒴果棒状线形，成熟时 3 瓣裂；总状花序，花较疏…………………………2. 水麦冬 *T. palustre*

1. 海韭菜

Triglochin maritima L., Sp. Pl. 1: 339. 1753.

沼生草本，植株稍粗壮。叶基生，线形，长 7-30 cm，宽 1-2 mm。花葶直立，高 10-60 cm；总状花序顶生，花排列较紧密，无苞片；花梗长约 1 mm；花被片 6，绿色，外轮呈宽卵形，内轮较狭；雄蕊 6，分离；雌蕊淡绿色，由 6 枚合生心皮组成，柱头毛笔状。蒴果椭圆形或卵形，6 棱，长 3-5 mm，宽 2 mm，成熟后呈 6 瓣开裂。花果期 6-10 月。

分布于东北、华北、西北、西南各省区，生于湿沙地或海边盐滩上，海拔 5 200 m 以下。广布于北半球和南美洲。

图 595 海韭菜

2. 水麦冬

Triglochin palustre L., Sp. Pl. 1: 338. 1753.

湿生草本，植株较小。叶基生，半圆柱形，长达 20 cm，宽 1 mm。花葶直立，高 20-60 cm；总状花序顶生，花排列疏松，无苞片；花梗长约 2 mm；花被片 6，绿紫色，椭圆形或舟形，长 2-2.5 mm；雄蕊 6，花药卵形，长约 1.5 mm；雄蕊由 3 个合生心皮组成，柱头毛笔状。蒴果棒状线形，长 6 mm，宽 1.5 mm，成熟时自下至上呈 3 瓣开裂。花果期 6-10 月。

分布于甘肃、河北、黑龙江、内蒙古、宁夏、青海、山东、四川、西藏、新疆，常生于咸湿地或浅水处及沼泽地，海拔 4 500 m 以下。亚洲、欧洲、北美洲均有分布。

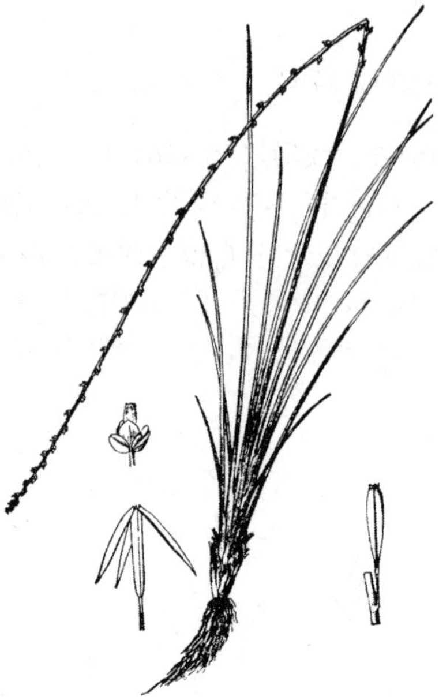

图 596 水麦冬

眼子菜科 Potamogetonaceae

多年生或一年生淡水和咸水生草本。茎圆柱形或稍扁。叶互生或基生，有时对生，漂浮水面或沉没水中；托叶膜质，与叶片离生或贴生于叶片基部而形成叶鞘。穗状花序顶生或腋生，雌雄同株，花小，两性，花被片 4；雄蕊 4，花药无柄，（1 或）2 室，外向，纵裂。心皮 4，分离，胚珠 1。果实核果状。

本科有 3 属约 85 种，广布于全世界。我国有 2 属 24 种。

1. 眼子菜属 *Potamogeton* L.

多年生或一年生水生草本。茎细长，圆柱形或稍扁。叶互生，有时在花序下近对生，单型或两型，漂浮水面或沉没水中；叶片卵形至线形，叶脉相互平行并于顶端汇合；托叶膜质，稀草质，无色或淡绿色，与叶片离生，或贴生于叶片基部形成叶鞘，边缘叠压而抱茎。穗状花序顶生或腋生，花期伸出水面或否，具花两至多轮，每轮 3 花，或 2 花交互对生；花序梗圆形或稍扁；花两性，无梗或近无梗，风媒或水表传粉；花被片 4，排成 1 轮，淡绿色至绿色，有时稍带红褐色，基部具爪，先端钝圆或微凹；雄蕊 4，与花被片对生，几无花丝，花药长圆形，纵裂；雌蕊 1-4，离生，稀基部合生，子房 1 室，花柱缩短，柱头头状或盾形，胚珠 1。果实核果状，具短喙，外果皮近革质或松软呈海绵状；内果皮骨质，背部具萌发时开裂的盖状物，其中肋常凸起形成钝或锐的龙骨脊，有时龙骨脊具附器而呈钝齿或鸡冠状，盖状物与内果皮侧壁相接处常形成侧棱。

本属约有 75 种，广布全世界。我国有 20 余种。

属内大多数种类可作为鱼类或水禽的饲料，有些种类为水田及灌渠的有害杂草。

分种检索表

1. 叶全部为沉水叶，无柄；托叶与叶片基部贴生，形成明显的叶鞘；穗状花序花期漂浮于水面；花为水表传粉；内果皮盖状物较短小，仅自基部达果长的 2/3。
  2. 叶鞘边缘离生，相互套叠抱茎……………………………………………………17. 篦齿眼子菜 *P. pectinatus*
  2. 叶鞘两侧边缘合生，呈套管状抱茎。
    3. 叶丝状，宽 0.3-0.5 mm……………………………………………………5. 丝叶眼子菜 *P. filiformis*
    3. 叶线形，宽 1-2.5 mm……………………………………………………16. 帕米尔眼子菜 *P. pamirieus*
1. 叶漂浮水面或沉没水中，具柄或无柄；托叶与叶片离生，稀基部稍合生，但不形成叶鞘；穗状花序花期伸出水面，花风媒传粉；内果皮背部盖状物自基部直达顶部。
  4. 叶两型，即为浮水叶和沉水叶，浮水叶革质或近革质，沉水叶草质。
    5. 雌蕊 2（稀 1 或 3）……………………………………………………4. 眼子菜 *P. distinctus*
    5. 雌蕊 4。
      6. 浮水叶大，长 4-9 cm，宽 2-5 cm，苗期即出现；沉水叶线形至披针形；宽 1.5-3 mm。
        7. 植株上部多分枝；沉水叶多数，披针形至狭披针形……………6. 异叶眼子菜 *P. heterophyllus*
        7. 植株常不分枝；沉水叶少数，叶柄状，线形…………………………12. 浮叶眼子菜 *P. natans*
      6. 浮水叶小，长 0.8-2.5 cm，宽 0.5-1 mm，只在开花时或近花期时出现；沉水叶线形，宽 1-1.5 mm，无柄。
        8. 果实背脊钝圆，平滑无凸起…………………………14. 钝叶眼子菜 *P. octandrus* var. *miduhikimo*
        8. 果实背脊呈明显的翅状凸起，有时腹面亦有凸起。
          9. 果实背脊呈明显的鸡冠状，脊翅较宽，喙较长，可达 1 mm………3. 鸡冠眼子菜 *P. cristatus*
          9. 果实背脊具 3 个翅状凸起，喙较短，长 0.5 mm……………………7. 湖北眼子菜 *P. hubeiensis*
  4. 叶单型，全为沉水叶。
    10. 叶线形，宽 1-3 mm，无柄。
      11. 茎极扁，横切面呈棱形；雌蕊 1；果实长圆形至近圆形，中脊稍呈波状狭翅……………………………………………………………………1. 单果眼子菜 *P. acutifolius*
      11. 茎圆柱形至近圆柱形；雌蕊 4；果实斜倒卵形至倒卵形，中脊钝圆或锐，但不呈波状。
        12. 叶宽 2-3 mm，基部与托叶鞘合生，边缘具细微的齿………10. 微齿眼子菜 *P. maackianus*
        12. 叶宽 1-3 mm，基部完全与托叶离生，全缘。
          13. 叶宽 1 mm，托叶边缘合生，呈套管状抱茎；休眠芽腋生，呈纺锤状；果实长 1.5-2 mm……………………………………………………20. 小眼子菜 *P. pusillus*
          13. 叶宽 2-3 mm，托叶不合生为套管状，两侧边缘叠压而抱茎；休眠芽侧生，呈短枝状，多叶；果实长 3-3.5 mm。
            14. 茎节处具 1 对腺体；果实斜倒卵形，长 3 mm………13. 钝叶眼子菜 *P. obtusifolius*
            14. 茎节处无腺体；果实倒卵形，长 3-3.5 mm……………15. 尖叶眼子菜 *P. oxyphyllus*

10. 叶非线形，通常宽在 5 mm 以上，无柄、近无柄至短柄或长柄。

15. 果实顶端具长 1-2 mm 的喙，背脊约 1/2 以下具齿……………………………2. 菹草 *P. crispus*

15. 果实顶端具长不超过 0.5 mm 的喙，背脊平滑无齿。

16. 叶无柄，基部心形或近心形，呈耳状抱茎。

17. 叶卵形、卵状披针形或卵状圆形，基部心形呈耳状抱茎，边缘波状………………………………………………………………………………………18. 穿叶眼子菜 *P. perfoliatus*

17. 叶披针形，全缘，顶端常收缩呈匙形……………………19. 白茎眼子菜 *P. praelongus*

16. 叶无柄至具短柄或长柄，基部楔形或近楔形，不呈耳状抱茎。

18. 叶线形至长椭圆形，具长柄…………………………………11. 竹叶眼子菜 *P. malaianus*

18. 叶披针形至椭圆状披针形，无柄或具短柄。

19. 叶披针形至长椭圆形，纵向卷缩或扭曲，宽 1.2-1.5 cm，先端渐尖，无柄；果实长 2.5 mm，中脊钝………………………………………8. 扭叶眼子菜 *P. intortifolius*

19. 叶长椭圆形至卵状椭圆形，宽 0.8-3.5 cm，先端锐尖或具芒尖；无柄或具短柄；果实长 3 mm，中脊稍锐……………………………………9. 光叶眼子菜 *P. lucens*

1. 单果眼子菜

Potamogeton acutifolius Link in Roem. & Schult., Syst. Veg. 3: 513. 1818.

沉水草本，无根状茎。茎极扁，宽 1 mm，近节处近圆柱形，具分枝，近基部常匍匐，茎节无腺体，节间长 3-7 cm。叶线形，无柄，长 3-10 cm，宽 2-3 mm，全缘，脉 9-15 条；托叶膜质，与叶片离生，长 1-3 cm，多脉，仅边缘叠压而抱茎；休眠芽侧生，短枝状，明显特化，色深绿而质硬，多叶。穗状花序顶生，花期伸出水面，具花 4（-2）轮；花序梗圆柱形，长 2-6 cm；花小，花被片绿色；雌蕊通常 1 枚。果长圆形或近圆形，长 3.5 mm，喙稍向后弯，背部中脊稍呈波状狭翅。花果期 7-9 月。

分布于东北及内蒙古、陕西，生于静水湖泊、池塘、水沟中。也分布于亚洲北部及欧洲大陆。

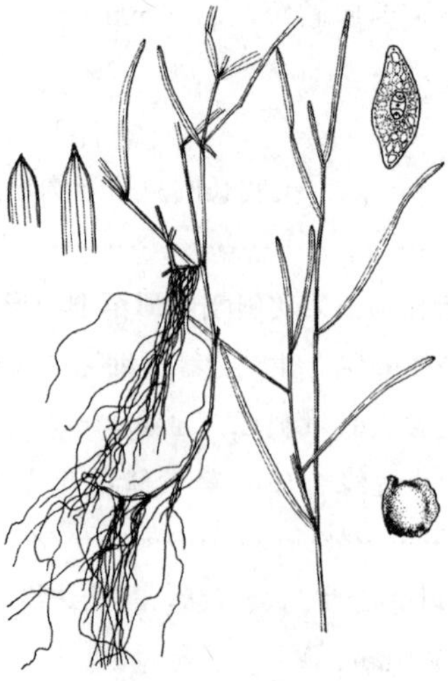

图 597 单果眼子菜

2. 菹草

Potamogeton crispus L., Sp. Pl. 1: 126. 1753.

沉水草本，根状茎细长。茎稍扁，多分枝，近基部常匍匐。叶宽披针形或线状披针形；长 3-8 cm，宽 3-10 mm，脉 3 条，边缘波状而有细锯齿，无柄；托叶薄膜质，长 1 cm，基部与叶合生，早落。休眠芽腋生，长 1-3 cm。穗状花序顶生，梗长 2-5 cm，穗长 1.2-3 cm，具花 2-4 轮；花小，花被片 4，淡绿色，雌蕊 4 枚，基部合生。果实卵形，长 3.5 mm，喙长 2 mm，向后稍弯曲，背脊具齿。花果期 4-7 月。

分布于我国南北各地，生于池塘、水沟、水稻田、灌渠及溪流河水中。世界广布。

本种为鱼类良好的天然食科。

图 598　菹草

3. 鸡冠眼子菜

Potamogeton cristatus Regel & Maack, Mém. Acad. Imp. Sci. Saint Pétersbourg, Sér. 7, 4 (4): 139, 153, pl. 10, f. 3–6. 1861.

水生草本，开花前全部沉没水中。茎纤细，圆柱形，径 0.5 mm，近基部常匍匐。叶两型，沉水叶线形，长 2.5-7 cm，宽 1 mm，全缘，无柄；浮水叶椭圆形、长圆形或披针形，长 1.5-3 cm，宽 0.4-1 cm，脉 7 条，全缘；托叶膜质与叶基部离生。休眠芽腋生，长 1.5-3 cm。穗状花序顶生或假腋生，具花 3-5 轮，密集；花序梗长 0.8-1.5 cm；花小，花被片 4；雌蕊 4 枚，离生。果实斜倒卵形，长 2 mm，具短柄，背脊具鸡冠状突起，喙长 1 mm。花果期 5-9 月。

分布于东北、华中及福建、河北、江苏、江西、四川、台湾、浙江，生于静水池塘及水稻田中。也分布于朝鲜、日本、俄罗斯。

图 599 鸡冠眼子菜

4. 眼子菜

Potamogeton distinctus A. Benn., J. Bot. 42 (9): 72. 1904.

水生草本，根状茎匍匐。茎圆柱形，直径 1.5-2 mm，不分枝。浮水叶互生，宽披针形至卵状椭圆形，长 2-10 cm，宽 1-4 cm，柄长 5-20 cm，脉多条；沉水叶披针形至狭披针形，草质，具柄，常早落；托叶膜质，长 2-7 cm，鞘状抱茎。穗状花序顶生，具花多轮，开花时伸出水面，花后沉没水中；花序梗长 3-10 cm；穗长 4-5 cm；花小，花被片 4，绿色；雌蕊 2。果实宽倒卵形，长 3.5 mm，腹面近于直，背部有 3 脊，中脊锐，侧脊稍钝，基部及上部各具 2 凸起，喙斜生于果实腹面顶端。花果期 5-10 月。

分布于我国南北各地，生于静水池塘、水田和水沟中。也分布于朝鲜、日本、俄罗斯。

图 600 眼子菜

附：泉生眼子菜 *Potamogeton fontigenus* Y. H. Guo & al.

与眼子菜相近，但浮水叶椭圆形，雌蕊 1，果实背部仅 1 狭翅状中脊，喙直立于果实顶端中部。

产于陕西南部，生于泉水汇聚的溪流中。

5. 丝叶眼子菜

Potamogeton filiformis Pers., Syn. Pl. 1: 152. 1850.

沉水草本，根状茎细长，具分枝，常于春末至秋季在主根状茎及其分枝顶端形成卵球形休眠芽体。茎圆柱形，直径 0.5 mm，多枝；节间长 0.5-2 cm。叶线形，长 3-7 cm，宽 0.3-0.5 mm，基部与托叶贴生成鞘，合生成管状抱茎，顶端具透明膜质舌片，长 0.5-1.5 cm，脉 3 条。穗状花序顶生，具花 2-4 轮，间断排列，花序梗长 10-20 cm；花被片 4，近圆形，径 0.8-1 mm；雌蕊 4，离生，常 1-2 枚发育为成熟果实。果实倒卵形，长 2-3 mm，宽 1.5-2 mm，喙极短，呈疣状，背脊通常钝圆。花果期 7-10 月。

分布于宁夏、陕西、新疆，生于静水池塘、水沟、湖泊中。也分布于中亚、欧洲和北美洲。

图 601 丝叶眼子菜

附：钝叶菹草 *Potamogeton amblyophyllus* C. A. Mey.

与丝叶眼子菜相近，但其果喙尖锐，稍向果实后部弯曲。

产于甘肃、云南，生于池沼中。也分布于俄罗斯。

6. 异叶眼子菜

Potamogeton heterophyllus Schreb., Spicil. Fl. Lips. 21. 1771.

水生草本。根状茎发达，植株稍带红色。茎圆柱形，长 5-100 cm，直径 1.5-2 mm，上部常分枝。浮水叶椭圆形至宽披针形，长 8 cm，宽 2 cm，叶柄短于叶片，全缘，脉 7-13 条；沉水叶披针形至线状披针形，长 15 cm，宽 1.5-2.5 cm，全缘，叶脉多条；托叶草质稍厚，微带红棕色，有时略抱茎。穗状花序顶生，长 6-15 cm，开花时伸出水面；花被片 4，黄绿色；雌蕊 4，离生。果实倒卵形，长 3 mm，背脊稍锐，侧脊不明显，具短喙。花果期 7-9 月。

分布于东北及新疆、西藏、云南，生于静水湖泊、水塘、池沼。也分布于日本、中亚、欧洲、北美洲。

图 602　异叶眼子菜

附：禾叶眼子菜 *Potamogeton gramineus* L.

与异叶眼子菜相近，但其浮水叶叶柄长于或等长于叶片，叶缘常具疏细齿，果实长 2.5 mm。花果期 7-9 月。

分布于东北及陕西北部，生于静水池沼、沟塘。也分布于日本、中亚、欧洲和北美洲。

7. 湖北眼子菜

Potamogeton hubeiensis W. X. Wang, Acta Phytotax. Sin. 26 (2): 160. 1988.

沉水草本。具匍匐茎。茎直立，圆柱形，长 40-70cm，直径 0.4-0.5mm，柔弱。叶二型，互生，在花序梗下对生；沉水叶线形，长 2.5-5cm，宽 0.8-1.2mm，无柄，全缘，脉 3 条；浮水叶长圆形或椭圆形，长 0.6-1.2cm，宽 4-7mm，全缘，脉 5-7 条，叶柄长于叶片；托叶膜质抱茎，早落。休眠芽质硬，钻状，长 5-8mm，直径 2mm。穗状花序顶生或腋生，花序梗长 1-1.5cm，具花 3-4 轮；花小，花被片 4，绿色，基部有 1 小凸起；雌蕊 4。果实扁球形，长 1.5mm，宽 1.2mm，喙短，背部具 3 脊，中脊翅状，具细波齿。基部具 0.2mm 的尾状凸起。花果期 4-6 月。

分布于湖北、湖南，生于湖泊、池塘、沟渠中。

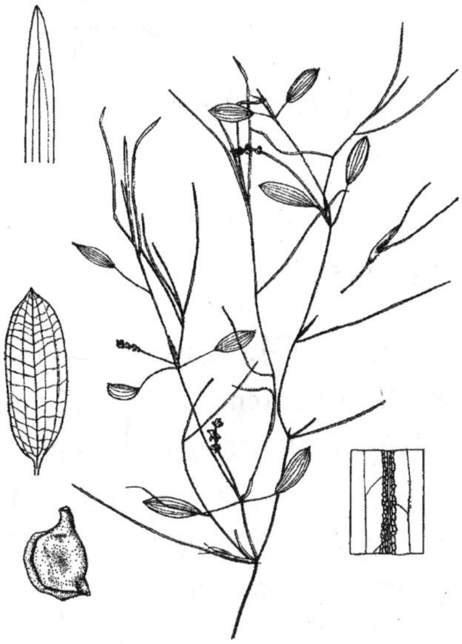

图 603　湖北眼子菜

8. 扭叶眼子菜

Potamogeton intortifolius J. D. He & al., Bull. Bot. Res. Sin. 8 (3): 125. 1988.

沉水草本，具根状茎。茎圆柱形，长 50cm，直径 1mm。叶长椭圆形或披针形，纵向卷缩或扭曲，长 6-9cm，宽 1.2-1.5cm，边缘浅波状，无柄；托叶厚膜质，长 1.5-3cm，抱茎，鞘开裂。穗状花序腋生，具花多轮，密集，每轮 3 花；花序梗长 2-5cm；花小，无柄，花被片 4，黄绿色；雄蕊 4；雌蕊 4，离生。果实近卵形，两侧稍扁，中脊钝，侧脊不明显，喙向背后弯。花果期 6-10 月。

分布于湖北（宜昌），生于河流中，海拔 100m。

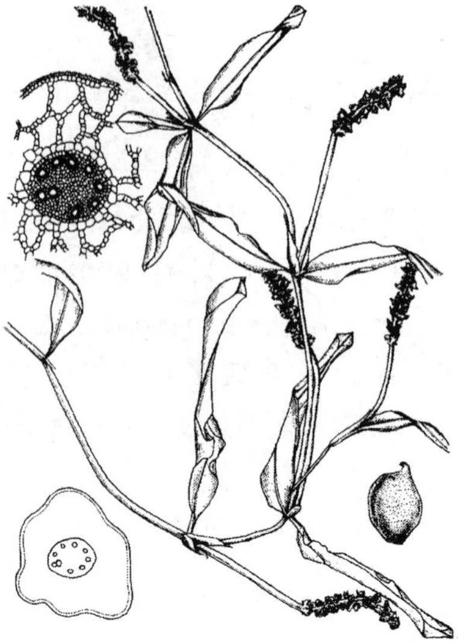

图 604 扭叶眼子菜

9. 光叶眼子菜

Potamogeton lucens L., Sp. Pl. 126. 1753.

沉水草本，具根状茎。茎圆柱形，直径 2mm，上部多分枝。叶长椭圆形、卵状椭圆形至披针状椭圆形，长 2-18cm，宽 0.8-3.5cm，质薄，常具长 0.5-2cm 芒尖，边缘浅波状，具细锯齿，脉 5-9 条，无柄或具短柄；托叶大而显著，绿色，长 1-5cm，与叶片离生。穗状花序顶生，具花多轮，花序梗长 3-20cm；花小，花被片 4，绿色；雌蕊 4，离生。果实卵形，长 3mm，背部 3 脊，中脊稍锐，侧脊不明显。花果期 6-10 月。

分布于东北、华北、华东、西北及云南，生于静水湖泊、沟塘。广布于北半球。

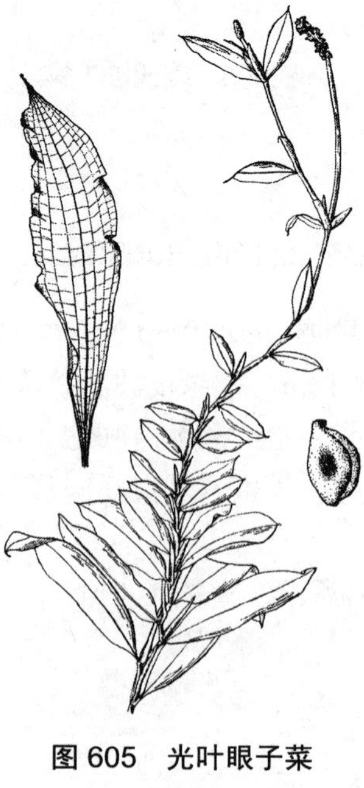

图 605 光叶眼子菜

10. 微齿眼子菜

Potamogeton maackianus A. Benn., J. Bot. 42: 74. 1904.

沉水草本，无根状茎。茎细长，直径 0.5-1 mm，具分枝，节间长 2-10 cm。叶线形，长 2-6 cm，宽 2-4 mm，边缘具微细疏锯齿，脉 3-7 条；叶鞘长 3-6 mm，抱茎，顶端膜质，小舌片长 3-5 mm。穗状花序顶生，具花 2-3 轮；花序梗长 1-4 cm；花小，花被片 4，淡绿色，雌蕊 4，离生。果实倒卵形，长 4 mm，顶端喙长 0.5 mm，背部 3 脊，中脊狭翅状，侧脊稍钝。花果期 6-9 月。

分布于东北、华北、华东、华中、西南，生于静水湖泊、池塘。也分布于朝鲜、日本、俄罗斯。

图 606 微齿眼子菜

11. 竹叶眼子菜

Potamogeton malaianus Miq., Ill. Fl. Arch. Ind. 46. 1871.

沉水草本。根状茎发达；茎圆柱形，直径 2 mm，不分枝或少分枝，节间长达 10 cm。叶线形或线状披针形，长 5-19 cm，宽 1-2.5 cm，先端钝而具小尖头，基部楔形，边缘浅波状，具细锯齿，脉 7-9 条或更多，中脉显著；叶柄长 2-6 cm；托叶膜质，与叶片离生，鞘状抱茎，鞘长 2.5-5 cm。穗状花序顶生，具花多轮，离生。果实倒卵形，长 3 mm，两侧稍扁，背部明显 3 脊，中脊狭翅状，侧脊锐。花果期 6-10 月。

图 607　竹叶眼子菜

分布于我国南北各省区，生于灌渠、池塘、河流。也分布于朝鲜、日本、印度及东南亚和俄罗斯。

12. 浮叶眼子菜

Potamogeton natans L., Sp. Pl. 1: 126. 1753.

水生草本。根状茎发达。茎圆柱形，直径 1.5-2 mm，常不分枝。叶二型，浮水叶革质，卵形至长圆状卵形，长 4-9 cm，宽 2.5-5 cm，基部心形至圆形，脉多条；具长柄；沉水叶质厚，叶柄状，呈半圆柱状，长 10-20 cm，宽 2-3 mm；托叶长 4-8 cm，鞘状抱茎。穗状花序顶生，长 3-5 cm，具花多轮，开花时直立，花后弯曲沉没水中；花小，花被片 4，绿色，肾形至近圆形，直径 2 mm；雌蕊 4，离生。果实倒卵形，长 3.5-4.5 mm，宽 2.5-3.5 mm，背脊钝圆或具不明显的中脊。花果期 7-10 月。

分布于东北、西藏及新疆，生于湖泊、沟塘等静水或缓流中，水体多呈微酸性。广布于北半球。

与本种相近的有 2 种：蓼叶眼子菜 *P. polygonifolius* Pour.，浮水叶披针形，基部圆形或近心形，果实长 2-2.5 mm，背脊钝圆；产新疆，生于静水体中，也分布于日本、蒙古、印度、中亚、欧洲及北美洲。小节眼子菜 *P. nodosus* Poir.，浮水叶长椭圆形或卵状椭圆形，基部楔形或近圆形，果实长 3-4 mm，背部 3 脊，中脊锐；产陕西北部和新疆，生于静水湖泊边、沟塘中，也分布于中亚、欧洲和北美洲。

图 608 浮叶眼子菜

13. 钝叶眼子菜

Potamogeton obtusifolius Merr. & Koch in W. D. J. Roling, Deutschl. Fl. 1: 855. 1823.

沉水草本，无根状茎。茎近圆柱形，径 0.8mm，具分枝；茎节处具 1 对明显的腺体，节间长 3-7cm。叶线形，无柄，长 3-6cm，宽 2mm，全缘；脉 3-5 条；托叶淡绿色或近无色，膜质，与叶片离生，长 1-1.2cm，仅边缘叠压而抱茎；休眠芽为侧生短枝状，多叶。穗状花序顶生或假腋生，通常具 2-3 轮花，花序梗稍扁；花小，花被片绿色，雌蕊 4。果实斜倒卵形。长 3mm，喙近于头状，龙骨脊锐。花果期 6-10 月。

分布于东北及甘肃、陕西、新疆，生于清水河溪之中。也分布于日本、欧洲和北美洲。

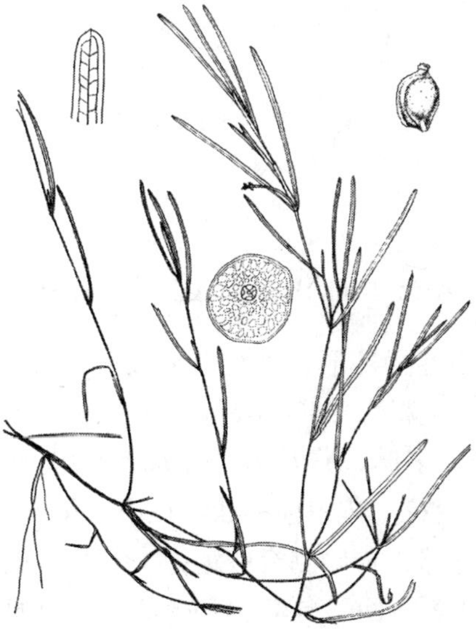

图 609 钝叶眼子菜

14. 钝脊眼子菜

Potamogeton octandrus Poir. var. ***miduhikimo*** (Makino) Hara, J. Jap. Bot. 20: 331. 1944.——*P. miduhikimo* Makino.

水生草本，常在开花前全部沉没水中。无根状茎；茎圆柱形或近圆柱形，直径 0.5 mm，近基部常匍匐，具分枝。叶两型，花期前全部为沉水叶，线形，长 2-6 cm，宽 1 mm，全缘，无柄；脉 3 条；近花期或开花时出现浮水叶，椭圆形、长圆形或长圆状卵形，革质，长 1.5-2.5 cm，宽 0.7-1.2 cm，全缘，脉多条；具柄；托叶膜质，与叶离生。穗状花序顶生，具花 4 轮；花序梗长 1-1.5 cm；花小，花被片 4，绿色，雌蕊 4，离生。果实倒卵形，长 2.5 mm，背脊钝，平滑无凸起。花果期 5-10 月。

分布于东北、湖北、广西、江苏、陕西南部，生于池塘、河沟中。也分布于朝鲜、日本、俄罗斯。

图 610　钝脊眼子菜

15. 尖叶眼子菜

Potamogeton oxyphyllus Miq., Arm. Mus. Bot. Lugd. Batav. 3: 161. 1867.

沉水草本，无根状茎。茎近圆柱形，直径 0.5-1 mm，具分枝，基部常匍匐；茎节无腺体，节间长 2-5 cm。叶线形，无柄，长 3-10 cm，宽 1.5-3 mm，全缘；脉 7-11 条；托叶膜质，与叶离生，长 0.6-1.2 cm，多脉，仅边缘叠压而呈鞘状抱茎；休眠芽侧生，呈短枝状，多叶。穗状花序顶生，具 3-4 轮花；花序梗棒状；花小，花被片绿色；雌蕊 4。果实倒卵形，长 3-3.5 mm，喙长 0.5 mm，背部 3 脊，侧脊较钝，中脊呈锐的狭翅状。花果期 6-10 月。

分布于东北、华北及湖北、陕西、台湾、云南，生于池塘、溪沟之中。也分布于朝鲜、日本、俄罗斯。

图 611 尖叶眼子菜

附：崇阳眼子菜 ***P. chongyongensis*** W. X. Wang.

与尖叶眼子菜极相近，但其主茎上叶呈二列式排列，叶片弯曲如镰刀状，脉 3-7 条，分枝密集，穗状花序长 0.6-1.2 cm，果实长 2.5 mm，宽 2 mm。花果期 6-10 月。

分布于湖北（崇阳），生于水沟。

16. 帕米尔眼子菜

Potamogeton pamiricus Baag. in Vidensk. Medd. Natur. Foren 182. 1903.

沉水草本。根状茎发达；茎圆柱形，直径 0.5-0.8 mm，不分枝。叶硬而挺，线形，长 4-12 cm，宽 1-2.5 mm；叶鞘大，长 1.5-3.5 cm，明显膨松，下部合生成套管状抱茎，顶端具长 1-2 cm 的绿色或无色膜质舌片；脉 3（-5）条。穗状花序顶生，具花数轮，间断排列；花序梗长 3-5 cm；花小，花被片 4，近圆形；雌蕊 4，离生。果实斜倒卵形，具极短的喙。花果期 7-9 月。

分布于甘肃、青海、四川、西藏，生于湖泊、沼泽之中。俄罗斯也有分布。

17. 篦齿眼子菜

Potamogeton pectinatus L., Sp. Pl. 1: 127. 1753.

17a. 篦齿眼子菜（原变种）

Potamogeton pectinatus L. var. ***pectinatus***

沉水草本。根状茎发达，常于春末夏初至秋季之间在根状茎及分枝顶端形成小块茎状的卵形休眠芽；茎圆柱形，长 50-200 cm，直径 0.5-1 mm，上部分枝密。叶线形，长 2-10 cm，宽 0.3-1 mm；鞘长 1-4 cm，绿色，边缘叠压而抱茎，顶端具长 4-8 mm 的膜质小舌片，脉 3 条。穗状花序顶生，具花 4-7 轮，间断排列；花序梗细长；花被片 4，圆形或宽卵形，直径 1 mm；雌蕊 4，仅 1-2 枚发育成果实。果实倒卵形，长 3.5-5 mm，宽 2.2-3 mm，顶端斜生，长 0.3 mm 的喙，背部钝圆。花果期 5-10 月。

图 612 篦齿眼子菜

分布于我国南北各省区，生于河沟、水渠、池塘。全球均有分布。

17b. 铺散根眼子菜（变种）

Potamogeton pectinatus L. var. ***diffuses*** Hagstrom in Kungl. Svenska Vetenskapsakad. Handl. 55 (5): 46. f. 18L. 1916.

植株较粗壮，叶较宽，宽 2-2.5 mm，先端具小突尖。

产陕西（关中）、甘肃（中卫），生于清水河沟。也分布于俄罗斯、挪威等欧洲国家。

17c. 内蒙眼子菜（变种）

Potamogeton pectinatus L. var. ***interruptus*** (Kit.) Asch., Fl. Prov. Brandenb. 1: 666. 1864.

植株粗壮，茎粗达 3-4 mm，根状茎具 4 棱。

产于内蒙古（乌兰察布盟），生于 1-2 m 深的湖水中，海拔 1 200 m。也分布于日本、欧洲、南美洲、北美洲、马达加斯加及北非。

18. 穿叶眼子菜

Potamogeton perfoliatus L., Sp. Pl. 1: 126. 1753.

沉水草本，根状茎发达。茎圆柱形，长 60 cm，直径 0.5-2.5 mm，上部多分枝。叶互生，花梗下的对生，卵形、卵状披针形，长 2-5 cm，宽 1-2.5 cm，无柄，先端钝，基部心形呈耳状抱茎，边缘波状，基出脉 3-5 条；托叶膜质，长 3-7 mm。穗状花序顶生，具花 4-7 轮，密集；花序梗长 2-4 cm；花小，花被片 4，淡绿色或绿色；雌蕊 4，离生。果实倒卵形，长 3-5 mm，顶端具短喙，背部 3 脊，中脊稍锐，侧脊不明显。花果期 5-10 月。

分布于东北、华北、华中、西北及贵州、山东、云南，生于湖泊、池塘、灌渠、河流中。广布于亚洲、欧洲、南美洲、北美洲、非洲及大洋洲。

图 613　穿叶眼子菜

19. 白茎眼子菜

Potamogeton praelongus Wulf. in Roem. Archiv. Bot. 3 (3): 331. 1805.

沉水草本，具根状茎。茎圆柱形，直径 1 mm，节间伸长达 10 cm。叶线状披针形或披针形，无柄，先端常呈匙形，基部稍呈耳状抱茎，中脉显著；托叶膜质，长 1-2.5 cm，无色或淡绿色，抱茎，与叶片离生。穗状花序顶生，具花 4-6 轮，稍密集；花序梗长 2-5 cm；花小，花被片 4，绿色；雌蕊 4，离生。果实未见。花果期 7-9 月。

分布于东北及新疆，生于静水沟塘中。也分布于日本、中亚、欧洲及北美洲。

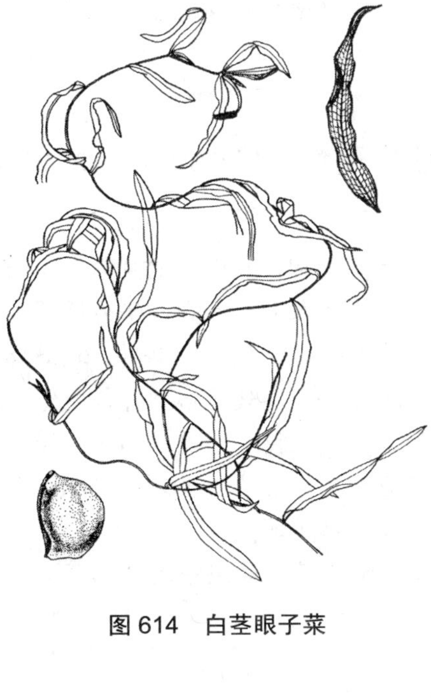

图 614　白茎眼子菜

20. 小眼子菜

Potamogeton pusillus L., Sp. Pl. 1: 127. 1753.

沉水草本。茎近圆柱形，纤细，径 0.5mm，具分枝，近基部常匍匐，节间长 1.5-6cm。叶线形，无柄，长 2-6cm，宽 1mm，全缘；脉 1-3 条；托叶为无色透明膜质，与叶离生，长 0.5-1.2 cm，呈管状抱茎，常早落；休眠芽腋生，呈纤细纺锤状，长 1-2.5cm，下面具 2 或 3 枚伸展的小苞叶。穗状花序顶生，具 2-3 轮花，间断排列；花序梗长 1.5-3cm；花小，花被片 4，绿色；雌蕊 4。果实斜倒卵形，长 1.5-2mm，顶端尖，短喙稍向后弯，龙骨脊钝圆。花果期 5-10 月。

分布于我国南北各地，生于静水池塘、湖泊、沼泽地、沟渠及水田中。北半球温带水域常见。

图 615　小眼子菜

丝粉藻科　Cymodoceaceae

多年生海生沉水草本。根状茎匍匐，具叶或鳞片状叶，节部生须根和直立多叶的茎，直立茎短或长，叶 2 列，线形，丝状带形，稀圆柱状或钻状，全缘或具微齿，叶脉三至数条，基部具鞘，抱茎，叶耳与叶舌明显。花小，单性，雌雄异株，常生于直立茎或其分枝顶端，针叶藻属为腋生聚伞花序；花无花被，常为叶鞘所包；雄花由 2 枚花药背部稍合生的雄蕊组成，几无花丝，花药 2 室，纵裂，药隔常伸长；雌花无梗或具短梗，具 2 枚离生心皮，花柱长，柱头不裂，或花柱短，柱头 2-3 裂，丝状，胚珠 1。小坚果顶端常具喙，外果皮硬。种子无胚乳，有时在母体上萌发。

本科有 5 属约 18 种，分布于热带、亚热带地区的海滩，太平洋南部及印度洋种类最多。我国有 3 属 4 种。

分属检索表

1. 叶钻状或长圆柱状针形；聚伞花序……………………………………………………3. 针叶藻属 *Syringodium*
1. 叶扁平，线形或线状带形；花单生。
   2. 叶具 7-17 脉；根常分枝；柱头 2 裂，2 枚花药等高……………………………1. 丝粉藻属 *Cymodocea*
   2. 叶具 3 脉；根不分枝；柱头 1，不裂，2 枚花药不等高………………………2. 二药藻属 *Halodule*

1. 丝粉藻属 ***Cymodocea*** Koenig

浅海沉水草本。根状茎匍匐，单轴分枝，或合轴分枝，每节疏生 1-5 条稍分枝的根和直立短茎；直立茎具叶 2-7，叶线形，全缘或具微齿，叶脉 7-17 条，平行，基部具鞘，抱茎，上部具叶耳和叶舌。花单性，雌雄异株，单生茎顶，无花被；雄花具梗，雄蕊 2，花药 2，背部稍合生，等高，纵裂，药隔顶部钻状；花粉粒丝状；雌花无梗或几无梗，离生心皮 2，花柱短，柱头 2 裂，丝状，子房具 1 悬垂胚珠。果半卵圆形或椭圆形，侧扁，外果皮骨质，具背脊和短喙，不裂。

本属约有 7 种，分布于东半球热带至亚热带海域，从西太平洋、印度洋至红海。我国有 1 种。

1. 丝粉藻

Cymodocea rotundata Asch. & Schweinf. in Sitzungsber, Ges. Naturf. Freunde Berlin 84. 1870.

根状茎匍匐，较纤细，每节具 1-3 条分枝的根和 1 直立短茎；茎顶簇生 2-5 叶，叶片线形，稍镰状，长 7-15 cm，宽 4 mm 以下，先端钝圆或平截，叶脉 9-15，平行；叶鞘长 1.5-4 cm，微紫，顶端具 1 对叶耳，叶鞘脱落后常形成环痕。雄花花药长 1 cm；雌花子房小，与花柱共长 5 mm。果稍斜半圆形或半卵圆形，侧扁，长 1 cm，宽 6 mm，无柄，外果皮骨质，具 3 条平行背脊，中脊具 6-8 尖突齿，有时腹脊 3-4 齿。

分布于海南，生于浅海低潮浅泥质海滩，多生于红树林下。主产于西太洋热带海域、印度洋及红海等。

图 616 丝粉藻

2. 二药藻属 ***Halodule*** Endl.

浅海生沉水草本。根状茎匍匐，淡黄棕色，纤细而坚硬，单轴分枝，节明显，节生粗短须根；直立茎短缩，基生鳞片 2 枚。茎生叶 1-4，互生，呈两列式；叶片长短不一，自下而上渐长，全缘，先端常具两至数齿；脉 3 条，中脉顶端常扩展或二叉状，侧脉近叶缘，不明显。花雌雄异株，单生于茎顶或侧枝顶端，幼时为叶鞘所包裹，后伸出；雄花具梗，具 2 枚无花丝的雄蕊，花药 2 室，外向纵裂；花粉线形；雌花几无梗，具 2 枚离生心皮，花柱稍长，柱头不分裂。果实卵圆形，稍扁，具喙，不开裂。种子 1 枚，悬垂。

本属有 7 种，广布于全球热带海滩，常生于热带浅海高潮线与低潮线之间的砂质或泥质海滩。我国有 2 种。

1. 二药藻

Halodule uninervis (Forsk.) Asch. in Boiss., Fl. Orient. 5: 24. 1882.

浅海沉水草本。直立茎短，基部常为残存叶鞘所包。叶互生，线形，长 4-11（-15）cm，宽 0.8-1.4 mm，基部渐狭，叶端常具 3 齿，中齿与侧齿等长或稍长于侧齿，多少钝尖或 2 裂，或具数枚极细齿，2 侧齿稍外斜，脉 3 条；叶鞘长 2-3 cm，扁筒形，初时抱茎，后分离。花小，无花被；花药长 3 mm，微红，无花丝，贴生于花梗上，长 10-20 mm，二药不等高；花柱长 3-4 mm，顶生。果实卵球形，长 2.5 mm，宽 2 mm，喙长 1 mm。种子 1 枚，直生。

分布于海南和台湾，生于浅海高潮与中潮带之间的海滩。广布于热带浅海，从西太平洋至印度洋，沿东非延伸至红海的广阔水域。

本种为潮间带海生草甸的先锋植物，对基质及海水盐度的变化无严格选择，常见于河口湾和红树林下。

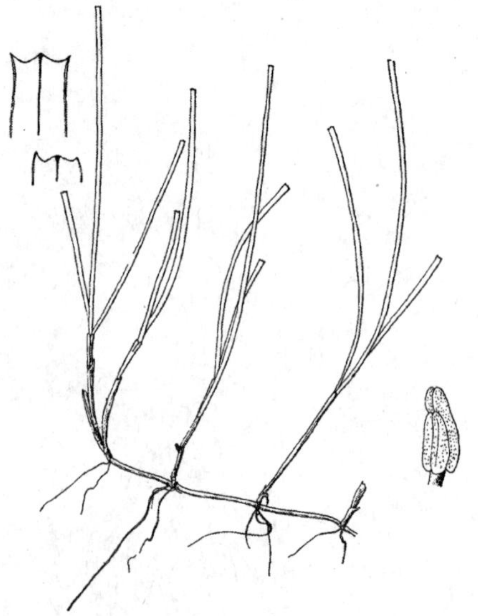

图 617　二药藻

附：羽叶二药藻 *Halodule pinifolia*（Miki）Hartog

与二药藻相近，但其叶先端常平截或稍圆，无中齿，仅具2侧齿，且发育较差，叶宽0.5-0.8 mm。

产于海南、台湾，生于低潮带的沙滩上。广布于西太平洋及其邻海，也分布于南亚及非洲。

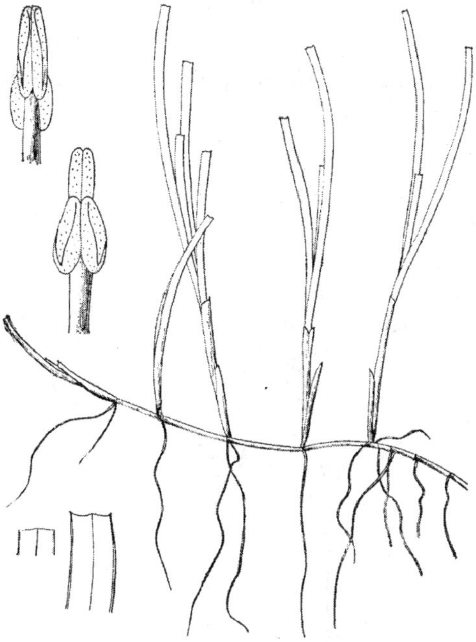

图 618 羽叶二药藻

3. 针叶藻属 *Syringodium* Kütz.

海生沉水草本。根状茎匍匐，单轴分枝，皮层中有多条维管束，节间长1-4 cm，每节具须根一至多条；茎直立，短缩。茎生叶2-3枚，互生，钻状长针形，横断面可见1中心维管束和6-8个薄壁细胞形成的通气腔道，外围有一圈排列规则、数目多变的维管束；叶鞘较宽，长1.5-6 cm，具叶耳和叶舌。聚伞花序腋生，常排列成扇状；花单性，雌雄异株，通常包藏于退化叶片苞鞘内；雄花具梗，雄蕊2枚，无花丝，着生于小花梗上，等高；雌花无梗，具离生雌蕊2枚，花柱极短，柱头2裂。果实长椭圆形或斜倒卵形，长4-7 mm，外果皮质硬，背部中脊不明显，喙顶生，较短。

本属有2种，1种分布于加勒比海，1种分布于西太平洋至印度洋，常生于富含盐分的海底，从低潮线以下至水深6 m处。我国产1种。

1. 针叶藻

Syringodium isoetifolium (Asch.) Dandy, J. Bot. 77: 116. 1939.

多年生海生沉水草本，植株高 25cm。茎直立，节间显著短缩。叶 2-3 枚，互生，钻状针形，长 7-10cm，宽 1-2mm，皮层中具维管束 7-10 条，直径小于中心维管束。聚伞花序下部分枝呈二歧式，上部单歧分枝；花序上具退化叶片的苞鞘最长达 7mm，自下而上渐短；雄花梗长 7mm，花药卵形，长约 4mm；雌花无梗，子房椭圆形，长 3-4mm，花柱长 2mm，柱头二分叉，长 4-8mm。果实斜倒卵形，长 4mm，宽 2mm，喙长 2mm。

分布于广东，喜生于低潮线以下的泥质海底。广布于西太平洋及印度洋的热带海域，从斯里兰卡、印度直至澳大利亚和斐济。

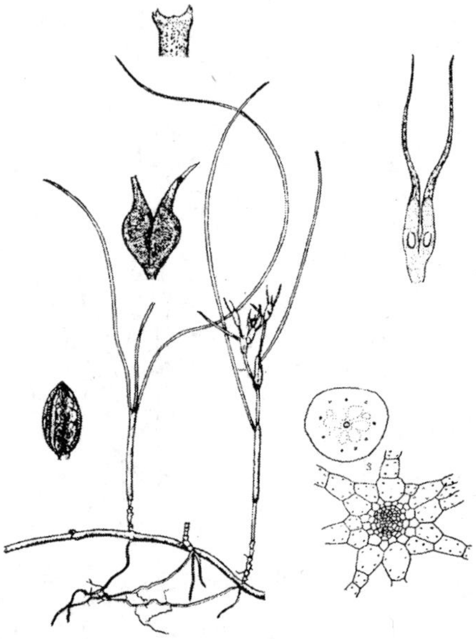

图 619 针叶藻

川蔓藻科 Ruppiaceae

多年生或一年生沉水草本。根状茎细，匍生于泥中，节疏生须根；直立茎细长或极短。叶互生，无柄，叶片细线形，全缘或先端两侧具细齿，基部具鞘，叶鞘离生或抱茎，两侧具叶耳。穗状花序具两至数花，顶生或腋生，初具短花序梗，包于叶鞘内，果时伸长，浮水或沉水；花小，两性，无花被；雄蕊 2，花药 2 室，外向纵裂，花粉粒弓曲；雌蕊具离生心皮 4 枚或更多，柱头小，盾状或盘状，子房颈瓶状，1 室，胚珠 1，悬垂。瘦果，不对称，顶端常具短喙，果柄长，果皮厚，外果皮松软易腐，内果皮质硬。

本科有 1 属，广布于温带和热带海域和盐湖。

1. 川蔓藻属 *Ruppia* L.

属的特征及分布同科。

本属有 3-10 种，我国有 1 种。

1. 川蔓藻 沟草

Ruppia maritima L., Sp. Pl. 1: 127. 1753.——*R. rostellata* Koch ex Reich.

柔弱沉水草本。茎多分枝，高 20-60 cm，散布展开面可达 1 m^2。叶丝状，长 2-10 cm，宽 0.3-0.5 mm，顶端尖锐，基部与托叶合生；托叶鞘状，抱茎，长 8-15 mm。穗状花序具 2 花，最初藏于叶鞘内，花后伸长成假伞形花序，花序梗长 2 mm；花两性，无花被，雄蕊 2，无花丝，心皮 4。果倒卵形，长 2 mm，宽 1.5 mm，具短喙，果柄长 0.5-1.7 cm，4-6 枚簇生于长 5 cm 的总果柄上。花果期 4-6 月。

分布于华南及福建、甘肃、江苏、辽宁、青海、山东、台湾、新疆、浙江，生于海边盐田或内陆盐碱湖。广泛分布于温带和亚热带盐碱湖。

图 620 川蔓藻

角果藻科 Zannichelliaceae

多年生沉水草本，生于淡水或咸水中。根状茎匍匐，每节生须根；茎直立或下部匍匐状，细弱，丝状，多分枝。叶互生，有时近对生，线形，全缘，无柄，基部鞘状，叶鞘离生或贴生于叶，常有叶舌，叶鞘内小鳞片通常 2 枚，丝状。花小，单性，雌雄同株或异株；单生或簇生叶腋；雌花包于杯状佛焰苞内，无花被；雄蕊 1 或 2，具花丝或无，花药 2（1）室，纵裂，花粉球形；雌蕊具 2-6 枚心皮，离生，花柱长，柱头斜盾形。瘦果肾形稍扁，先端具喙，稍向背面弯曲。

本科有 1 属 1 种，广布全世界。

1. 角果藻属 *Zannichellia* L.

属的特征和分布同科。

本属为单种属。

1. 角果藻

Zannichellia palustris L., Sp. Pl. 2: 969——*Z. palustris* L. var. *pedicellata* Wahlenb. & Rosen.

形态特征同属。花果期春季至秋季。

分布于我国南北各地，生于淡水或咸水中以及海滨或内陆盐碱湖泊。全球广布。

图 621 角果藻

大叶藻科 Zosteraceae

多年生海生沉水草本。根状茎匍匐，稀块状，节具先出叶 1 枚，生须根两至多数；营养枝生于匍匐茎节，常具生殖枝。叶丛生或互生，2 列；叶片线形，全缘或具不规则细齿，叶脉三至多条，基部具鞘，叶鞘膜质或近革质，两侧稍扁，边缘抱茎或合生成套管状，常具叶耳和叶舌。肉穗花序腋生，生于佛焰苞鞘内，果时外露；穗轴扁平，两侧具膜质小苞片状附属物或无，花生于轴一侧；花小，单性，雌雄花在花序轴交替排成 2 列，或雌雄异株；雄花具 1 雄蕊，几无花丝，花药背着，贴生穗轴，2-4 室，药隔脊状，花粉丝状；雌花具 1 雌蕊，子房 1 室，花柱极短，柱头 2，胚珠 1。果不裂或自顶端不规则开裂。种子无胚乳。

本科有 3 属约 18 种，除南美洲温带沿海水域外均有分布。我国有 2 属 7 种。

分属检索表

1. 叶革质或近革质，叶鞘形成纤维束；雌雄异株；果弯曲……………………………1. 虾海藻属 *Phyllospadis*
1. 叶非革质，叶鞘凋落，不形成纤维束；雌雄同株；果不弯曲…………………………2. 大叶藻属 *Zostera*

1. 虾海藻属 *Phyllospadix* Hook.

具根状茎。叶丛生，2 列，具叶鞘；叶片线形，长达 2m，革质或近革质，边缘常具鳍刺细胞或不规则的细齿，叶脉 3-7 条。花序腋生，单一或数枚组成复合花序，呈扇形或圆锥状排列；佛焰苞梗扁平，苞鞘两端缢缩，向腹面弯曲呈虾形，苞内肉穗花序无柄；花单性，雌雄异株；雌雄花序均于穗轴两侧各具小苞片 1 列；雄花由单一雄蕊组成，数至多枚贴生于穗轴腹面，无花丝，花药 2 室，药隔脊状；雌花仅由单一雌蕊组成，数枚纵列于穗轴腹面，常有退化雄蕊，花柱极短，柱头 2，呈丝毛状。果实弯曲，外果皮柔软，内果皮硬纤维质。种子椭圆形。

本属约有 5 种，分布于亚洲东海岸和北美西海岸。我国有 2 种。

1. 黑纤维虾海藻

Phyllospadix japonica Makino, Bot. Mag. (Tokyo) 11: 137. 1897.

海生沉水草本。根状茎粗短，匍匐，直径 3-4mm。植株基部常为一丛缠结的黑褐色毛状纤维包围，长 4-5mm；茎短缩，节间长 3-5mm。叶互生，线形，长 25-100cm，宽 1-2.5mm，全缘或近顶端边缘初时具鳍刺状齿，后间断脱落形成稀疏微齿，顶端钝圆，常微凹；叶脉 3 条，侧脉近边缘，中脉与侧脉的距离宽于侧脉与叶缘间的距离；叶鞘长 4-20cm。花序腋生，具佛焰苞 1 枚；佛焰苞梗扁平，长 1-3（-7.5）cm，宽 1mm；佛焰苞鞘长 3-4.5cm，宽 5-6mm，弯虾形，背部绿色；雄花花药线形，小苞片卵状披针形；雌花心皮箭头状至心形，花柱短，柱头 2。果实长 2-2.5mm，宽 4-5mm，向下弯曲呈新月形，具短喙，后期具硬而弯曲的刚毛。花期 3-5 月。果期 6-8 月。

分布于辽东半岛及山东半岛沿岸，生于低潮线礁石或硬质砂地上，最深可达 10cm。也分布于朝鲜、日本、俄罗斯及北美太平洋沿海。

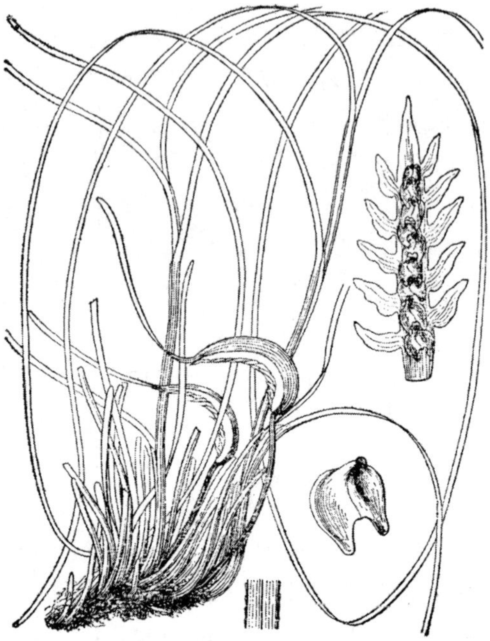

图 622　黑纤维虾海藻

附：红纤维虾海藻 ***Phyllospadix iwatensis*** Makino

与黑纤维虾海藻相近，但其茎基硬毛状纤维红棕色。叶宽 2-4.5mm，先端钝圆，常 5（-3）脉；若 3 脉，侧脉与中脉间和侧脉与叶缘间距离相等。

产于辽东半岛、山东半岛、河北沿海，生于低潮线下岩石上，最深可达 8m。朝鲜、日本也有分布。

2. 大叶藻属　*Zostera* L.

根状茎草质，匍匐或近直立。具营养枝和生殖枝。叶丛生，2 列，线形，全缘，非革质，稀近先端边缘具细齿，顶端钝圆，具突尖或微凹，基出脉 3-11 条，平行，基部具鞘，叶鞘扁，边缘抱茎或合生成套管状，先端具叶耳和叶舌。生殖枝常较长，合轴分枝，每分枝生叶状佛焰苞数枚，苞鞘开放。肉穗花序无梗，生佛焰苞鞘内，穗轴扁平，边缘具膜质小苞片状附属物或无；花单性，雌雄同株，雌雄花在穗的正面交互成 2 列；雄花具 1 雄蕊，几无花丝，花药背着，花粉丝状；雌花具 1 雌蕊，花柱粗短，柱头 2，丝状或钻状，胚珠 1。果卵圆形或椭圆形，光滑或具纵棱，顶端常具侧生短喙，外果皮干膜质，不裂或自顶端不规则撕裂。种子与果实同形，平滑，具脊或纵棱。

本属约有 14 种，广布于世界，北半球温带沿海水域种类较多。我国有 5 种。

分种检索表

1. 叶鞘开放，边缘膜质，抱茎；叶脉3条；肉穗花序穗轴边缘具苞片状附属物……2. 矮大叶藻 *Z. japonica*
1. 叶鞘管状；叶脉5-7条；肉穗花序边缘无苞片状附属物。
   2. 根状茎近直立，节间极短，植物体丛生；叶鞘宿存；叶片顶端微凹………1. 丛生大叶藻 *Z. caespitosa*
   2. 根状茎匍匐，节间多少伸长；叶鞘后期多凋落；叶片顶端钝圆或稍具短尖……3. 大叶藻 *Z. marina*

1. 丛生大叶藻

Zostera caespitosa Miki, Bot. Mag. (Tokyo) 46 (552): 780. 1932.

丛生。根状茎极短或近直立；营养枝具3或4叶，叶鞘长5-12 cm，叶片长达60 cm，宽3-6 mm，顶端微凹，5-7脉；生殖枝长30-60 cm，稀疏分枝；具佛焰苞数枚至十枚，苞梗扁平，宽1-2 mm，苞鞘长35-60 mm，宽3-4 mm；顶端叶片长4-12 cm。肉穗花序生佛焰苞内，穗轴扁平，边缘无苞片状附属物；花药长4-5 mm，宽1 mm；子房长2.5 mm，花柱长2 mm，柱头2，钻形。果实椭圆形，长3.5 mm，具喙，有纵条纹。花果期4-6月。

分布于辽宁等地沿海，生于岸边浅海中。

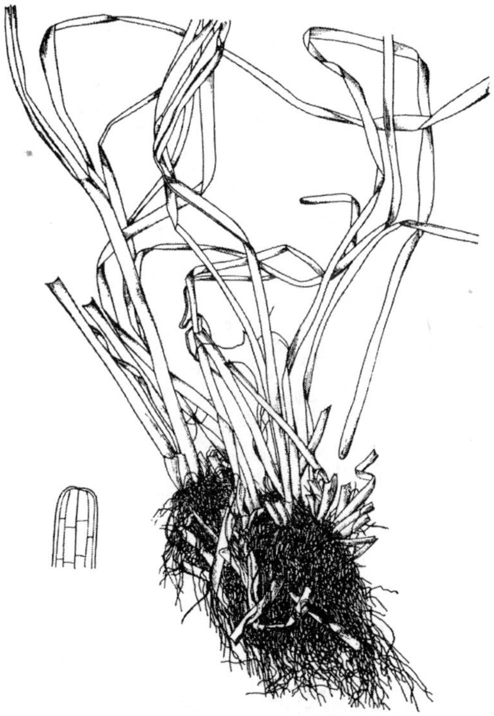

图623 丛生大叶藻

2. 矮大叶藻

Zostera japonica Asch. & Graebn. in Engl., Pflanzenr. 31 (VI. 11): 32. 1907.

根状茎匍匐。营养枝具叶 2-4 枚，叶鞘长 2-10 cm，叶片长 5-35 cm，宽 1-2 mm，顶端钝或微凹，3-5 脉；生殖枝长 10-30 cm，具佛焰苞数枚至多枚，苞梗扁平，长 1-2.5 cm，苞鞘长 1-2 cm，顶端叶片长 3-7 cm。肉穗花序轴扁平，边缘有约与雌花同数、三角形或椭圆形的苞片状附属物；花药纺锤形，长约 2 mm；子房与花柱等长，柱头 2，钻形。果实椭圆形至长圆柱形，长约 2 mm，具喙。花果期 6-9 月。

分布于辽宁、河北、山东、台湾、香港沿海。俄罗斯东部沿海和日本也有分布。

图 624　矮大叶藻

3. 大叶藻

Zostera marina L. Sp. Pl. 1: 968. 1753.

根状茎匍匐。营养枝短，具叶 3-6 枚，叶鞘长 5-15 cm，叶片线形，长 50 cm，宽 3-6 mm，全缘，顶端钝圆或稍具突尖，5-7 脉；生殖枝长达 100 cm，疏生分枝，佛焰苞多数，苞梗扁平，宽 1-2.5 mm，苞鞘绿色，长 4-8 cm，宽 2-4 mm，顶端叶片长 5-20 cm。肉穗花序长 4-6 cm，穗轴扁平；花药长 4-5 mm，宽 1 mm；子房长 2-3 mm，花柱长 1.5-2.5 mm，柱头 2，刚毛状，长 3 mm。果实椭圆形至长圆形，长 4 mm，具喙。种子长圆形，具纵肋。花果期 3-7 月。

分布于辽宁、河北、山东沿海，生于近岸边浅海中。广布于欧亚、北非、北美沿海，南至约北纬 35°，北达北极圈内。

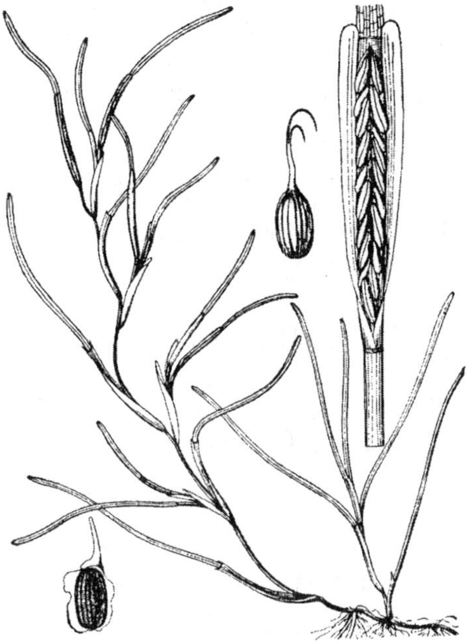

图 625 大叶藻

露兜树科 Pandanaceae

常绿乔木、灌木或攀缘藤本，稀草本。茎多呈假二叉式分枝，偶呈扭曲状，常具气根。叶带状，硬革质，3-4 列或螺旋状排列，聚生于枝顶；叶缘和背面脊状凸起的中脉上有钝刺；叶脉平行；叶基具开放的叶鞘，脱落后枝上留有密集的环痕。花单性，雌雄异株；花序腋生或顶生，有分枝或无，呈穗状、头状或圆锥状，有时呈肉穗状，常为数枚叶状佛焰苞所包围，佛焰苞和花序多有香气；花被缺或呈合生鳞片状；雄花具一至多枚雄蕊，花丝常上部分离而下部合生成束，花药直立，基着，2 室，纵裂，无退化雌蕊或极少；无或有不定数的退化雄蕊包围雌蕊基部，花柱极短或无，柱头形态多样，子房上位，1 室，每室胚珠一至多枚。果实为卵球形或圆柱状聚花果或为浆果状。种子极小。

本科共 3 属，约 800 种，广布于亚洲、非洲和大洋洲热带地区，少数生长在暖温带，为东半球热带特征植物。我国有 2 属 7 种，大多数为海岸或沼泽植物，多散生在热带至亚热带林中。

本科植物雄花界限难以分清，一般认为 1 雄蕊束为 1 朵花，又有认为具离生花丝的单个雄蕊是 1 朵花。

1. 露兜树属 ***Pandanus*** L. f.

多年生常绿乔木或灌木，直立，分枝或不分枝，少数为地上茎极短的草本。茎常具气根。叶常聚生于枝顶，革质，带状，边缘及背面沿中脉具锐刺，无柄，具鞘。花单性，雌雄异株，无花被；花序穗状、头状或圆锥状，具佛焰苞；雄花多数，每花雄蕊多枚；雌花无退化雄蕊，心皮一至多数，有时不定数连合成束，子房上位，一至多室，每室胚珠 1，着生于近基底胎座上。果实为圆球形或椭圆形的聚花果，由多数木质、有棱角的核果或核果束组成；宿存柱头头状、齿状或马蹄状。

本属约有 600 种，分布于东半球热带，个别种分布至亚热带。我国有 5 种，产华南、福建、台湾和西南季雨林、雨林等热带、亚热带地区。

分种检索表

1. 草本。
  2. 非灌木状分枝草本；叶带状，长 70-130 cm，宽 3-5 cm……………………………1. 露兜草 *P. austrosinensis*
  2. 小灌木状分枝草本；叶细线形，长 30-60 cm，宽 1.5 cm…………………………………2. 小露兜 *P. fibrosus*
1. 乔木或灌木。
  3. 具 1 室核果或 2 室核果束，每一核果顶端的宿存柱头呈二歧分叉刺状……5. 分叉露兜 *P. urophyllus*
  3. 具 2 室至多室核果束，每一核果顶端的宿存柱头非二歧分叉刺状。
    4. 核果束 2-3 室，聚花果椭圆形，长 3 cm，宽 1.7 cm…………………………………3. 簕古子 *P. kaida*
    4. 核果束 4-12 室，聚化果头状，长 17 cm，直径 15 cm…………………………4. 露兜树 *P. tectorius*

1. 露兜草

Pandanus austrosinensis T. L. Wu, Fl. Hainan. 4: 535. 1977.

1a. 露兜草（原变种）

Pandanus austrosinensis T. L. Wu var. ***anstrosinensis***

草本，地上茎短。叶带状，长 0.7-1.3 m，宽 3-5 cm，近革质，先端渐狭成三棱形具细齿的鞭状尾尖，基部折叠，边缘具向上的钩状锐刺，背面龙骨状凸起，疏生弯刺。花单性，雌雄异株；雄花序由若干穗状花序组成，长 10 cm；叶状苞片长 25 cm；雄花多数，密生，雄蕊 5-9 枚，花丝下部连合成束，长 3.2 mm，着生于穗轴上，上部离生，长 1 mm，伞状排列，花药线形，长 3 mm，基着；雌花序乳白色，佛焰苞数枚，长、宽各 2 cm，背面中肋呈龙骨状凸起，具密细刺，心皮多数，上端分离，下端与邻近的心皮彼此黏合；子房上位，花柱短，柱头分叉或不分叉。聚花果椭圆状圆柱形或近圆球形，长 10 cm，直径 5 cm，由 250 多个核果组成，核果倒圆锥状，5-6 棱，宿存柱头刺状，向上斜钩。花期 4-5 月，果期 9 月。

分布于华南，生于林中、溪边或路旁。

1b. 长叶露兜草（变种）

Pandanus austrosinensis T. L. Wu var. ***longifolius*** L. Y. Zhou & X. W. Zhong, J. Wuhan Bot. Res. 10 (1): 12. 1992.

与原变种不同在于：叶较长，长达 5 m 以上，宽 5 cm；聚花果较大，长 18 cm，直径 12 cm，由近 300 枚核果组成；每 1 核果长 3.3 cm，宽 1.2 cm。

产于海南（尖峰岭），生于林中、沟旁，海拔800m。

2. 小露兜

Pandanus fibrosus Gagnep. ex Humbet, Notul Syst. (Paris) 6: 177. 1938.

小灌木状，具分枝，高不到1m。叶细线形，长30-60cm，宽1.5cm，边缘和下面中脉有锐刺。雄花序由数个穗状花序组成，长15cm，叶状苞片长6-15cm，穗状花序长3-4cm；雄蕊10-16枚，聚生于柱状体的顶端，花丝长1-1.5mm，花药椭圆形；雌花序头状，长椭圆形，长3cm，宽1.2cm；佛焰苞长10-24cm，宽1-4cm；雌花心皮1枚，子房上位，柱头不分叉。聚花果椭圆形，长5-8cm，由多数小核果组成，小核果倒圆锥形，高12-16mm，直径2-3mm，宿存柱头尖刺状，不分枝，向上斜举。花期4-5月。

分布于海南、台湾，生于林边。越南也有分布。

果实药用；树皮纤维可造纸。

图626 小露兜

3. 簕古子

Pandanus kaida Kurz., J. Roy-Asiat. Soc. Bengal 38: 148. 1869.

灌木，高1-3m。叶带状，长1.5cm或更长，宽3-5cm，先端渐狭而呈长鞭状的尾尖，边缘和下面中脉均具锐刺。雄花序由数个穗状花序组成，长50cm；叶状苞片长20-100cm，上部的渐短小；穗状花序长6-12cm，宽1-2cm；雄蕊10余枚，密生于柱状体上端，柱状体长1cm，花丝长1mm，花药长卵形，长2mm，顶端具小尖头；雌花序头状，圆锥形，长4cm，宽0.7cm，佛焰苞多枚，柱头短，2个齿状分叉或向上斜举。聚花果球形，直径6-8cm，由多数小核果组成，小核果楔形，长3cm，宽12-15mm，顶端突出部分长1mm，五角形，顶端有2个对生、分叉的齿状宿存柱头。花期5-6月。

分布于广东（南部）、海南，生于林中、海边、旷野，或引种作绿篱。也分布于越南。

嫩芽可食。

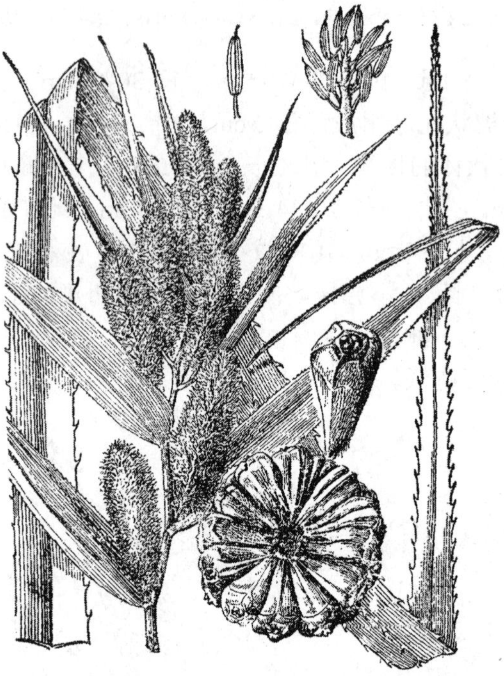

图 627 簕古子

4. 露兜树

Pandanus tectorius Sol., J. Voy. H. M. S. Endeav. 46. 1773.

4a. 露兜树（原变种）

Pandanus tectorius Sol. var. ***tectorius***

小乔木，常具气根。叶革质，带状，长 80-150 cm，宽 3-5 cm，先端渐狭成长尾尖，叶缘和背面中脉均有粗壮的锐刺。雄花序由穗状花序组成，每一穗状花序长 5 cm，佛焰苞长披针形，长 10-26 cm，宽 1.5-4 cm，近白色；雄花芳香，雄蕊 10 余枚，着生于花丝束上，花丝长 1 mm，花药条形，长 3 mm，基部心形，顶端具小尖头；雌花序头状，单生于枝顶，圆球形；佛焰苞多枚，乳白色，长 15-30 cm，宽 1.4-2.5 cm，边缘具细齿；心皮 5-12 枚合为一束，中下部连合，上部分离，子房上位，5-12 室。聚花果大，悬垂，由 40-80 个小核果组成，圆球形或长圆形，长 17 cm，直径 15 cm，橘红色；小核果倒圆锥形，高 5 cm，直径 3 cm，宿存柱头稍凸起呈乳头状、耳状或马蹄状。花期 1-5 月。

分布于华南及福建、贵州、台湾、云南，生于海边沙地或引种作绿篱。也分布于亚洲热带、澳大利亚南部。

叶纤维可编制席、帽等工艺品，嫩芽可食，根与果入药，鲜花可提取芳香油。

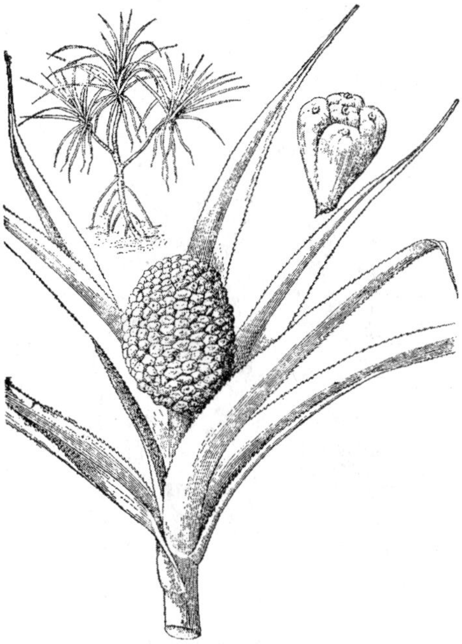

图 628 露兜树

4b. 林投（变种）

Pandanus tectorius Sol. var. ***sinensis*** Warb. in Engl., Pflanzenr. 3 (1V. 9): 48. 1900.

与原变种的区别在于：叶较窄，先端变狭且具长的尾尖，长 15 cm；子房（4-）5-6（-7）室；果较小，圆球形，长 8 cm，直径 8 cm，由 50-60 枚小核果组成，每一小核果高 2.5 cm，直径 2 cm。

分布于华南及台湾，生于海边沙地上。

5. 分叉露兜

Pandanus urophyllus Hance, J. Bot. 13: 68. 1875.

乔木，高 7-13 m，常于茎顶二歧分枝，基部具粗壮的气根。叶聚生茎顶，革质，带形，长 1-4 m，宽 3-10 cm，边缘和下面中脉均具锐刺。雌雄异株；雄花序由若干穗状花序组成，圆柱形，长 10-15 cm，其下佛焰苞长达 1 m，宽 10 cm；雄花多数，雄蕊 3-5 簇生于柱状体顶端，花药长 5 mm，顶端具长而弯的芒尖；雌花序头状，具多数佛焰苞；雌花心皮常 1 枚，柱头呈二歧刺状而弯曲。聚花果椭圆形，长 10-15 cm，直径 10 cm，红棕色；小核果近圆柱形，长 3-4 cm，宽 1 cm，顶端突出部分呈金字塔形，高 1 cm，宿存柱头呈二歧柱状。花期 8 月。

分布于广东及其沿海岛屿、广西、西藏（南部）、云南，生于水边、林中沟边或栽培作绿篱。印度和中南半岛也有分布。

根药用。叶可编席，制蓑衣。

图 629 分叉露兜

茨藻科 Najadaceae

一年生沉水草本。茎节生须根，扎根于水底。茎细长，分枝多，无导管。叶近对生或假轮生，线形至线状披针形，无气孔，具中脉，边缘具齿或无，基部鞘内具 2 小鳞片，无叶舌，常具叶耳，无柄。花单性，雌雄同株或异株，单生或簇生于叶腋，无梗；雄花具 1 长颈瓶状佛焰苞（草茨藻例外），花被膜质，呈短颈瓶状，先端 2 裂，雄蕊 1，花药 1 或 4 室，纵裂或不规则开裂，花粉粒圆球形或椭圆形；雌花裸露，无花被和佛焰苞，少数种类具 1 与子房粘连的佛焰苞，雌蕊 1，花柱短，柱头 2（3-4）裂；子房 1 室，具 1 胚珠。瘦果，果皮薄膜质，常为膜质的叶鞘所包。种子长圆形或卵圆形。

本科有 1 属，广布于温带、亚热带和热带地区。

茨藻属 ***Najas*** L.

形态特征和分布同科。

本属约有 40 种。我国有 9 种，生于淡水或咸水的稻田、静水池沼或湖泊中。

分种检索表

1. 雌雄异株；外种皮细胞排列不规则……………………………………………………5. 大茨藻 *N. marina*
1. 雌雄同株；外种皮细胞排成纵列。

2. 花药 1 室。
  3. 瘦果长椭圆形，常不弯曲；外种皮细胞长方形或多边形，轴向长于横向，或几相等………3. 纤细茨藻 *N. gracillima*
  3. 瘦果狭长椭圆形，顶端渐狭，稍弯曲；外种皮细胞呈纺锤形，横向远长于轴向，呈梯状排列………6. 小茨藻 *N. minor*
2. 花药 4 室，稀 2 室。
  4. 雄花无佛焰苞；叶耳长三角形或披针形……………………………………………4. 草茨藻 *N. graminea*
  4. 雄花具瓶形佛焰苞；叶耳截圆形或倒心形。
    5. 瘦果呈新月形……………………………………………………………1. 弯果茨藻 *N. ancistrocarpa*
    5. 瘦果呈长椭圆形。
      6. 外种皮细胞六边形，横向远大于轴向，排列呈梯状………………7. 澳古茨藻 *N. oguraensis*
      6. 外种皮细胞四边形或稍不规则。
        7. 叶耳倒心形；外种皮细胞壁上无凸起……………………………2. 多孔茨藻 *N. foveolata*
        7. 叶耳截圆形；外种皮细胞壁凸起………………………………8. 东方茨藻 *N. orientalis*

1. 弯果茨藻

Najas ancistrocarpa A. Braun ex Magnus, Beitr. 7. 1870.

沉水草本。高 10-30 cm，茎圆柱形，直径 0.5-1 mm，分枝多，二叉状。叶近对生或 3 叶假轮生，于枝端较密集；叶片线形，长 1-2 cm，宽 0.5 mm，先端具 1-2 枚细齿，边缘每侧具 4-16 枚或更多刺状齿，无柄；叶鞘圆形，抱茎，长 1-1.5 mm，边缘具 5-8 个细锯齿。花单性，雌雄同株，生于叶腋；雄花椭圆形，长 0.5-1.5 mm，佛焰苞短颈瓶形，口缘具 4-5 个黄褐色刺细胞，花被 1，先端 2 裂，雄蕊 1，花药 4 室；雌花佛焰苞囊状，紧裹，口缘具数枚黄褐色刺细胞；花柱长 0.5 mm，超出佛焰苞，柱头 2 裂，不等长。瘦果新月形，长 1-2 mm，直径 0.5 mm，黄褐色。种子弯曲镰刀形，背脊上具 1 纵列瘤状凸起，中部外种皮细胞长方形，两端渐变成四方形至多边形。花果期 7-10 月。

分布于湖北、江西、台湾、浙江，生于 0.5-2 m 深的静水中。日本也有。

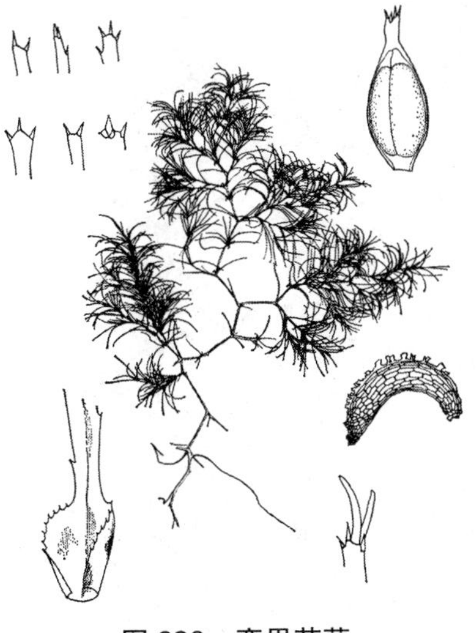

图 630 弯果茨藻

2. 多孔茨藻

Najas foveolata A. Br. ex Magnus, Beitr. 7. 1870.

沉水草本。茎圆柱形，无刺，高 10-20 cm。直径 0.5-1 mm，分枝多，二叉状。叶线形，多为 3 叶假轮生，长 2-2.5 cm，宽 0.2-0.5 mm，先端有 1-2 枚刺状细齿，边缘每侧具 6-24 枚细锯齿，无柄；叶基扩展成鞘，抱茎，长 2-2.5 mm，倒心形，叶耳先端至外侧具 4-9 个细锯齿。花单性，生于叶腋；雄花椭圆形，淡黄绿色，长 1 mm，具 1 短颈瓶状佛焰苞和 1 花被，雄蕊 1，花药 4 室；雌花裸露无花被，椭圆形，雌蕊 1，长 2.5 mm，花柱长 1 mm，柱头 2 裂，宿存。瘦果长椭圆形，长 1.5 mm，直径 0.5 mm。种子长椭圆形，外种皮细胞近四边形至多边形。花果期 8-9 月。

分布于广西（北海），生于水坑和池塘中。马来西亚、印度也有分布。

3. 纤细茨藻

Najas gracillima A. Braun ex Magnus, Beitr. 23. 1870.——*N. japonica* Nakai.

沉水草本。茎圆柱形，高 10-20 cm，直径 0.3-0.5 mm，二叉状。叶多为 5 叶假轮生，常呈簇生的数枚叶与单枚叶拟对生，细线形至刚毛状，长 2 cm，宽 0.5 mm，上部边缘每侧具极小的刺细胞 7-11 枚，无柄；叶鞘长 1-2 mm，圆形至倒心形，黄绿色至褐色，抱茎；叶耳短，先端具 4-7 枚刺细胞。花单性，1-4 朵腋生，雌雄同株，2 朵以上者，只有 1 朵雄花，其余为雌花；雄花椭圆形，黄绿色，具 1 佛焰苞和 1 花被；雄蕊 1，花药 1 室；雌花显著，裸露，雌蕊 1；花柱长 1-2 mm，柱头 2。瘦果长椭圆形，长 2 mm，直径 0.5 mm，褐色，常成对生于茎节上。种皮细胞呈长方形。花果期 6-8 月。

分布于福建、广西、贵州、湖北、海南、吉林、辽宁、内蒙古、云南、浙江，多生于稻田或藕田中，也见于水沟和池塘浅水处，海拔 1 800 m（昆明）。日本和美洲也有分布。

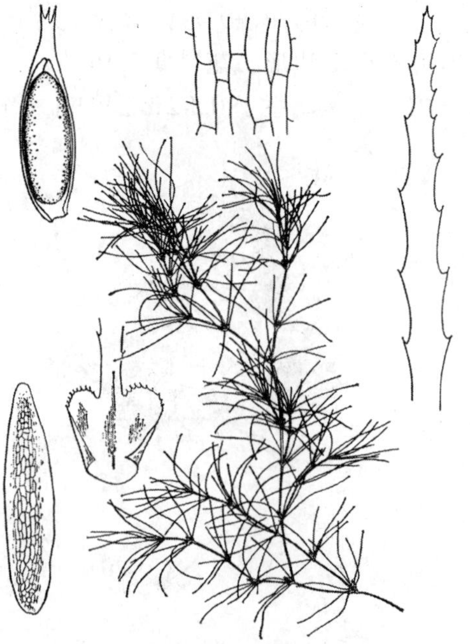

图 631 纤细茨藻

4. 草茨藻

Najas graminea Delile, Fl. Egypt. 282, t. 50, f. 3. 1813.

4a. 草茨藻（原变种）

Najas graminea Delile var. ***graminea***

沉水草本。茎圆柱形，高 10-20 cm，直径 0.5 mm，基部分枝较多。叶三至多枚假轮生或两枚近对生，线形，长 1-2.5 cm，宽 1 mm，边缘每侧具密而微小的细齿 30-50 枚，刺端具刺细胞，无柄；叶基扩大成鞘，抱茎，叶耳长三角形，长 1-2 mm。花腋生，单生或 2-3 朵聚生；雄花椭圆形，长 1 mm，淡黄绿色，无佛焰苞，花被裂片圆形，花药 4 室；雌花无佛焰苞和花被，雌蕊长圆形，长 1.2 mm，直径 0.5 mm，花柱长 1 mm，柱头 2-4。瘦果长椭圆形，长 1.5-2 mm，直径 0.8 mm，褐色，柱头宿存。外种皮细胞在中部呈六边形，向两端渐变成不规则的多边形。花果期 6-9 月。

分布于华南及安徽、福建、河北、河南、湖北、江苏、辽宁、台湾、云南，生于静水池塘、藕田、水稻田和缓流中，水深 0.2-1 m，海拔达 1 800 m（昆明）。也分布于朝鲜、日本、印度、马来西亚及欧洲、非洲、大洋洲和美洲的热带和亚热带地区。

全草可作饲料和绿肥。

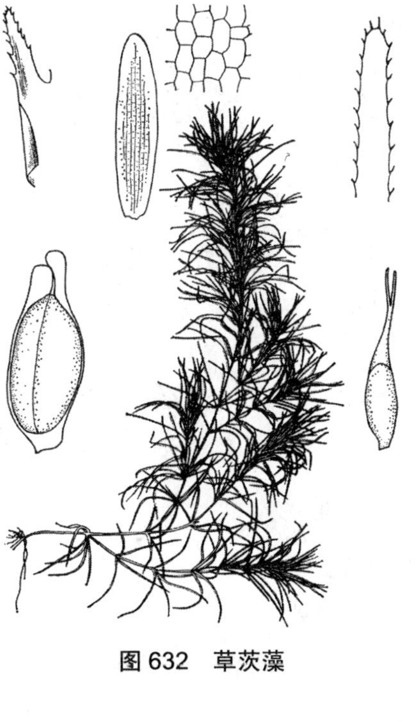

图 632 草茨藻

4b. 弯果草茨藻（变种）

Najas graminea Del. var. ***recurvata*** J. B. He & al., Bull. Bot. Res. 8 (3): 126. 1988.

与原变种的区别在于：叶鞘顶端裂片为短披针形，宽不及 0.5 mm，果先端向背脊弯曲，外种皮细胞长方形。

分布于湖北（利川、咸丰），生于稻田中。

附：高雄茨藻 ***Najas browniana*** Rendle

与草茨藻相似，但叶缘锯齿较疏而粗，叶耳短三角形，花药 1 室。

产于广西、台湾，生于水深 0.5-1 m 的咸水中。也分布于印度尼西亚、巴布亚新几内亚和澳大利亚。

5. 大茨藻

Najas marina L., Sp. Pl. 1015. 1753.——*N. major* All.

沉水草本。茎高 30-100 cm，直径 1-4.5 mm，分枝多，二叉状，常具稀疏锐尖的粗刺，刺长 1-2 mm。叶近对生和 3 叶假轮生，线状披针形，长 1.5-3 cm，宽 2 mm，先端具 1 黄褐色刺细胞，边缘每侧具 4-10 个粗刺，无柄；叶鞘宽圆形，长 3 mm，抱茎，全缘或上部具稀疏细锯齿。花单生于叶腋，雌雄异株，黄绿色；雄花包于瓶状佛焰苞内，长 3-5 mm，花被 2 裂，雄蕊 1，花药 4 室；雌花无花被，雌蕊 1，椭圆形，长 4 mm，柱头 2-3 裂。瘦果椭圆形，长 4-6 mm，直径 3-4 mm，柱头宿存。外种皮细胞多边形，排列不规则。花果期 9-11 月。

分布于华北、华中及江西、江苏、辽宁、台湾、新疆、云南、浙江，生于池塘、湖泊和缓流河水中，长在 0.5-3 m 或更深的水中，海拔 2 700 m。也分布于朝鲜、日本、马来西亚、印度及欧洲、非洲和美洲。

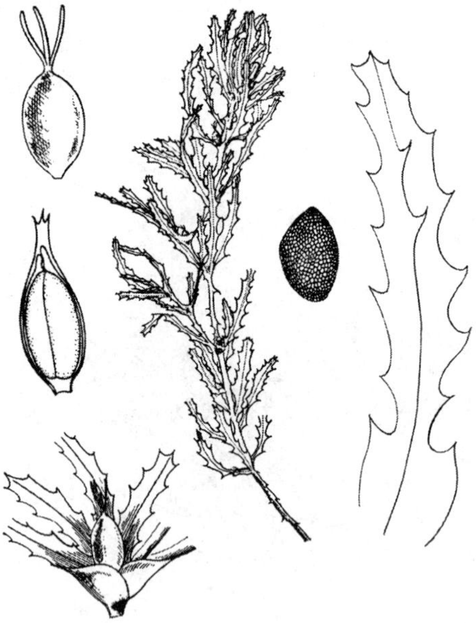

图 633　大茨藻

6. 小茨藻

Najas minor All., Fl. Ped. 2: 221. 1785.

沉水草本。茎圆柱形，高 4-25 cm，直径 0.5-1 mm，无齿，分枝多，二叉状。叶线形，上部叶呈 3 叶假轮生，下部叶近对生，长 1-3 cm，上部狭窄稍弯曲，顶端具 1 个刺状细胞，边缘每侧有 6-12 个锯齿，无柄；叶鞘上部呈倒心形，长 2mm，叶耳截圆形至圆形，上部及外侧具细齿。花小，单性，单生于叶腋，雌雄同株；雄花椭圆形，长 0.5-1.5mm，浅黄绿色，具瓶状佛焰苞，花被 1，囊状，雄蕊 1，花药 1 室；雌花无佛焰苞和花被，雌蕊 1，花柱细长，柱头 2。瘦果狭长椭圆形，长 2-3mm，宽 0.5mm。种子外皮细胞纺锤形，排列整齐呈梯形。花果期 6-10 月。

分布于东北、华中、华南、华东及河北、内蒙古、台湾、新疆、云南，生于静水池塘、湖泊和稻田中，海拔 2 700m。亚洲、欧洲和美洲均有分布。

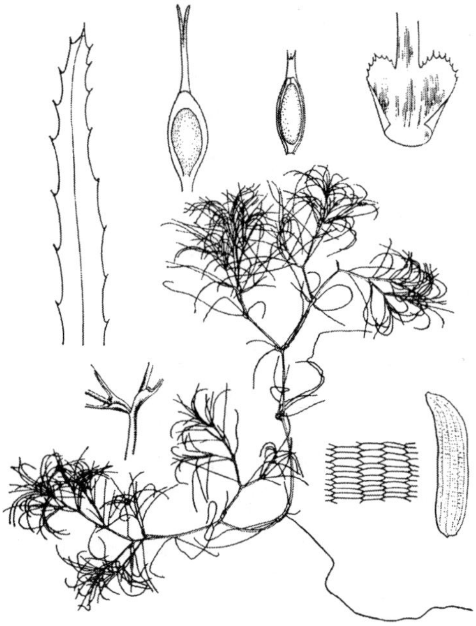

图 634 小茨藻

7. 澳古茨藻

Najas oguraensis Miki, Bot. Mag. (Tokyo) 49 (587): 775. 1935.

沉水草本。茎圆柱形，高 20-30cm，直径 1-2.5mm，分枝多，二叉状。叶狭披针形至钻状，上部 3 叶假轮生，下部有时 2 叶近对生，长 1-2cm，宽 1-3mm，顶端有 1-2 个刺状细胞，边缘每侧具 7-14 个锯齿，无柄；叶鞘截圆形至倒心形，抱茎，长 3-5mm，上半部边缘具数个细锯齿。花单生于叶腋，雌雄同株；雄花椭圆形，长 1mm，直径 0.5mm，淡黄绿色，具 1 瓶状佛焰苞和 1 花被，雄蕊 1，花药 4 室；雌花无佛焰苞和花被，长椭圆形，长 3mm，直径 1mm，雌蕊 1，柱头 2 裂。瘦果长椭圆形，长 3-4mm，直径 1mm，褐色，外种皮细胞呈不规则多边形或四边形，排列整齐。花果期 7-11 月。

分布于湖北、江西，生于 0.5-2m 深的水中。日本也有分布。

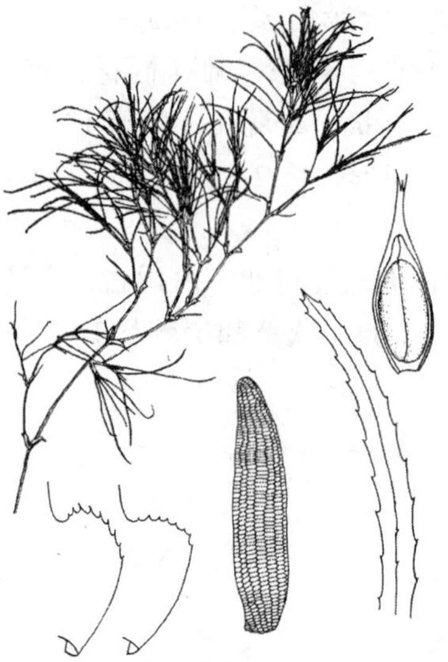

图 635 澳古茨藻

8. 东方茨藻

Najas orientalis Triest & Uotila, Ann. Bot. Fennici 23: 169. 1986.——*N. chinensis* N. Z. Wang.

沉水草本。茎圆柱形，高 10-15 cm，直径 0.5-1 mm，分枝多，二叉状。叶线形至狭披针形，长 1-3 cm，宽 0.2-1 mm，近对生或 3 叶假轮生，顶端有 1-2 个刺状细胞，边缘每侧有 6-20 个刺状细齿，无柄；叶鞘圆形，抱茎，长 2 mm，边缘具细锯齿。花单生，稀 2 朵同生于叶腋，雌雄同株；雄花椭圆形，长 1 mm，宽 0.5 mm，具 1 篦状佛焰苞，花被 1，2 裂，雄蕊 1，花药 4 室；雌花无佛焰苞和花被，椭圆形，雌蕊 1，长 2.5 mm，柱头 2 裂。瘦果长椭圆形，长 2-2.5 mm，直径 0.5 mm。种子肾形，外种皮细胞四方形，排列整齐，细胞壁凸起。花果期 5-8 月。

分布于华南及湖北、吉林、江西、辽宁、台湾、云南、浙江，生于池塘、水沟、藕田、水稻田和缓流河中，水深 0.2-2 m，海拔达 1 800 m。也分布于日本及欧洲。

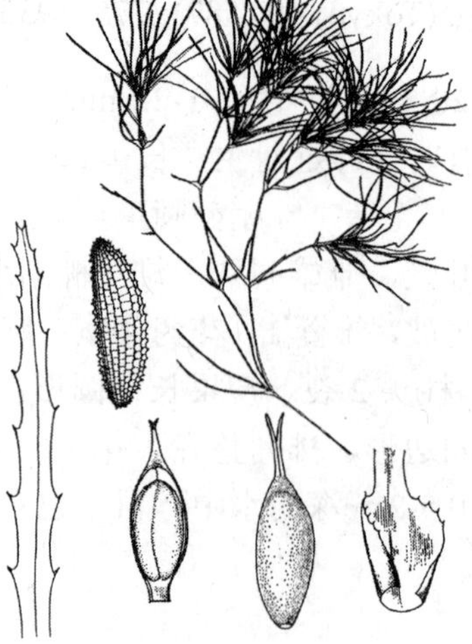

图 636 东方茨藻

波喜荡科 Posidoniaceae

多年生海生沉水草本。根状茎匍匐；直立茎显著短缩。叶基生或互生，线形，扁平，稍镰状，全缘或上部具极浅的钝齿，顶端钝圆，脉多条；叶鞘长，全抱茎，或仅基部边缘相互覆盖呈半抱茎的开口鞘，叶耳和叶舌明显或否。穗状花序包藏于叶状苞内，单一或数枚聚生于花序梗上，每穗 3-6 花；花两性，无花被，具 3 枚早落小鳞片；雄蕊 3，无花丝，花药披针形，具肥厚药隔，药室 2，着生于药隔基部外侧，外向纵裂；花粉线形；雌蕊 1，柱头歪生，具瘤或呈不规则的瓣片或盘状，子房上位，1 室，具长圆形胚珠 1。果实肉质，浆果状，斜长卵形，平滑或具瘤。种子长圆形。

本科只有 1 属，间断分布于西太平洋沿海和地中海，澳大利亚沿海种类最多。

1. 波喜荡属 *Posidonia* Koenig

形态特征及分布同科。

本属约有 8 种，我国有 1 种。

1. 波喜荡

Posidonia australis Hook. f., Fl. Tasman. 2: 43. 1858.

多年生海生沉水草本。叶互生，线形，稍弯，长 60-90 cm，宽 6-15 mm，全缘，顶端钝圆或截形，质韧，脉 11-21 条，叶鞘长 12 cm，宽 10 mm，仅基部边缘相覆盖，呈开口鞘状，边缘内折，具叶耳，叶舌长 5-10 mm。穗状花序着生于伸长的花梗上，最下部的小穗包藏于退化叶状苞内，穗长 3-7.5 cm，每穗 3-6 花；花两性，无花被；雄蕊 3，无花丝，花药 2 室，红色，长 3.5 mm，生于倒披针形肥厚药隔的基部，药隔中肋隆起；雌蕊 1，长 4-5 mm，倒长卵形，柱头不规则浅裂。果实斜倒卵形，长 15-30 mm，平滑。

分布于海南（三亚），喜生于浅海海底低潮线上。主要分布于西太平洋热带沿海、澳大利亚和印度。

水蕹科 Aponogetonaceae

多年生淡水生草本，根状茎块状，有乳汁，根纤维状。叶沉水或浮水，有长柄，长圆状椭圆形至线形，有数条平行纵脉及多数横脉。花两性，无柄，单一或二叉状穗状花序，佛焰苞早落；花被片 1-3 或无，通常宿存；雄蕊六至多枚，分离，花药 2 室；心皮 3-6 枚，分离，子房上位，花柱短，胚珠两至多数。蓇葖果。

本科只有水蕹属 1 属，约 47 种，分布于亚洲、非洲和大洋洲，热带非洲最多。我国有 1 种。

1. 水蕹属 *Aponogeton* L.

属的形态特征和分布同科。

1. 水蕹

Aponogeton lakhonensis A. Camus, Notul. Syst. (Paris) 1: 273. 1909.

根状茎块状，具老叶鞘的丝状遗留物。叶沉水或浮水，长圆形至披针形，长 5-9 cm，宽 1.5-2 cm，基部浑圆或浅心形，全缘或有疏锯齿，沉水叶柄长 13-30 cm，浮水叶柄长 40-60 cm。穗状花序单生，花密集，花被片 2，雄蕊 6，稍长于花被片。蓇突果卵形，顶端具外弯短喙。花期 4-10 月。

分布于福建、广东、江西、浙江，生于流溪、水塘及稻田中。东南亚也有分布。

图 637 水蕹

泽泻科 Alismataceae

多年生稀一年生沼生或水生草本，具根状茎、匍匐茎、球茎或珠芽。叶基生，挺水、浮水或沉水，线形、披针形、卵形、椭圆形或箭形，全缘，叶脉平行；叶柄长短随水位变化，基部具鞘。总状、圆锥状或圆锥状聚伞花序，稀 1-3 花单生或散生；花两性、单性或杂性，辐射对称；花被片 6，排成 2 轮，外花被片宿存，内轮易枯萎凋落；雄蕊六或多数，花药 2 室，外向，纵裂，花丝分离；心皮多数，轮生或螺旋排列，分离，花柱宿存，胚珠 1，着生于子房基部。瘦果两侧压扁，或为小核果。种子褐色或深紫色。

本科有 13 属，约 100 种，全世界广布，主要产于北半球温带至热带地区，大洋洲和非洲也有。我国有 6 属 18 种，野生或引种栽培，南北均有分布。

分属检索表

1. 大型圆锥状聚伞或复伞形花序，分枝达上部；心皮轮生。
   2. 叶片先端渐尖；果实两侧扁，背部具沟……………………………………………1. 泽泻属 *Alisma*
   2. 叶片先端钝圆；果实不扁，背部无沟，具脊………………………………………2. 泽苔草属 *Caldesia*
1. 非大型圆锥花序，最下部 1-2 轮具分枝；心皮螺旋状排列。
   3. 叶片卵形或卵状椭圆形；花序具 1-3 花，花两性；果喙长 5mm…………3. 毛茛泽泻属 *Ranalisma*
   3. 叶片箭形、深心形或披针形；花序具花一至多轮，每轮通常 3 花，花单性或两性；果喙长 1mm……………………………………………………………………………………4. 慈菇属 *Sagittaria*

1. 泽泻属 *Alisma* L.

多年生水生或沼生草本。叶基生，沉水或挺水，全缘；挺水叶具白色小鳞片，脉 3-7。花葶直立，高 7-120cm；花序分枝轮生，常（1-）2 至多轮，组成大型圆锥状聚伞或复伞形花序，分枝基部具苞片和小苞片；花两性或单性，辐射对称，花被片 6，排为 2 轮，外轮萼片状，绿色，宿存，内轮花瓣状，比外轮大 1-2 倍，花后凋落；雄蕊 6，着生于内花被片两侧，花药 2 室，花丝基部宽；心皮多数，分离，两侧压扁，轮生于花托，花柱顶生或侧生，直立或弯曲；花托外凸呈球形。瘦果两侧压扁。种子直立，马蹄形，深褐色或黑紫色。

本属有 11 种，主要分布于北半球温带和亚热带地区，大洋洲有 2 种。我国产 6 种。

分种检索表

1. 挺水叶椭圆形、卵形或浅心形。
   2. 花柱长 0.5mm，内花被片边缘波状；瘦果排列不整齐，果期花托呈凹形……4. 东方泽泻 *A. orientale*
   2. 花柱长 0.7-1.5mm，内花被片边缘具粗齿；瘦果排列整齐，果期花托平凸，不为凹形……………………………………………………………………………5. 泽泻 *A. plantago-aquatica*
1. 挺水叶披针形或宽披针形。
   3. 果实背部边缘光滑，中部具 1 条深沟槽；叶片窄披针形，或稍呈镰状弯曲……………………………………………………………………………1. 窄叶泽泻 *A. canaliculatum*
   3. 果实背部稍具棱，中部具 1-2 条浅沟；叶片直，宽披针形。
      4. 瘦果两侧皮纸质或厚纸质，种子不显；花丝基部宽 1mm；花柱向背卷曲……………………………………………………………………………2. 草泽泻 *A. gramineum*

4. 瘦果两侧果皮薄膜质，可见种子；花丝基部宽 0.6 mm；花柱近直………3. 膜果泽泻 *A. lanceolatum*

1. 窄叶泽泻

Alisma canaliculatum A. Braun & Bouche., Ind. Sem. Hort. Berol. 4. 1867.

水生或沼生草本。叶基生，沉水叶线形，叶柄状；挺水叶披针形，稍呈镰状弯曲，长 6-45 cm，宽 1-5 cm，先端渐尖，基部楔形；叶柄长 9-27 cm。圆锥花序高 40-100 cm，具 3-6 轮分枝；花两性，花梗长 2-4.5 cm，外花被片长圆形，长 3-3.5 mm，内花被片白色，近圆形，边缘不整齐；心皮排列整齐，花柱长 0.5 mm，柱头短于花柱，弯曲；花托果期呈半球形。瘦果倒卵形，长 2-2.5 mm，宽 1.2-2 mm，具 1 条明显的深沟，果喙自顶部伸出。花果期 5-10 月。

分布于安徽、湖北、湖南、江西、江苏、四川、浙江，生于湖边、溪流、水塘、沼泽及积水湿地。日本南部也有分布。

可作花卉观赏，全草入药。

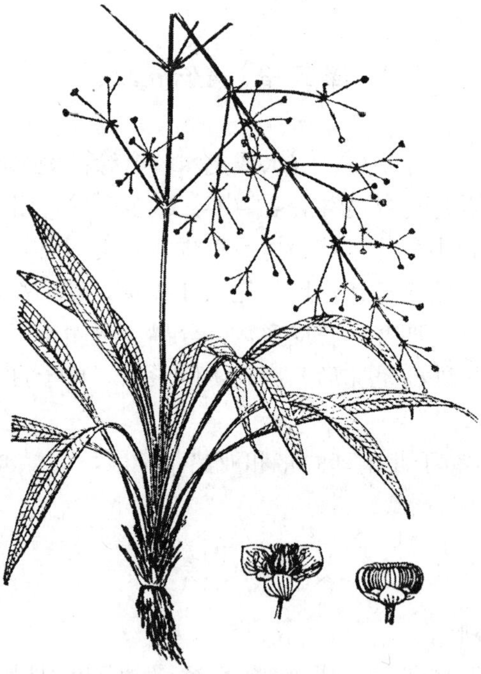

图 638 窄叶泽泻

2. 草泽泻

Alisma gramineum Lej., Fl. Env. Sp. 1: 175. 1811.

沼生草本。叶丛生，披针形，长 2.7-12.4 cm，宽 0.6-1.9 cm，先端渐尖，基部渐狭；叶柄长 2-31 cm，基部膨大呈鞘状。花葶高 13-80 cm，具 2-5 轮分枝，每轮分枝 2-9 枚，分枝粗壮；花两性，花梗长 1.5-4.5 cm，外花被片绿色，宽卵形，长 2.5-4.5 mm，宽 1.5-2.5 mm，内花被片白色，大于外轮，近圆形，全缘；雄蕊6，花药椭圆形，黄色；心皮多数，轮生，花柱长 0.4mm，柱头短于花柱，反卷；花托平凸。瘦果两侧扁，倒卵形，长 2-3mm，宽 1.5-2.5mm，有时具 1-2 条浅沟，两侧果皮厚纸质。花果期 6-9 月。

分布于东北及甘肃、内蒙古、宁夏、青海、山西、新疆，生于湖边、水塘、沼泽、沟边及湿地。亚洲、欧洲、非洲和北美洲均有分布。

图 639 草泽泻

3. 膜果泽泻

Alisma lanceolatum Wither., Bot. Arang. Brit. Pl. ed. 3. 2: 362. 1796.

水生或沼生草本。沉水叶少数，线状披针形或叶柄状；挺水叶多数，披针形至宽披针形，长 9-13cm，宽 2.5-4.5cm，先端急尖，基部楔形，叶柄长 13-25cm，基部较宽。花葶高 35-85cm，具 3-6 轮分枝，每轮分枝 3-9 枚；花两性，花梗长 1.5-2.5cm，外花被片宽卵形，长 1.5-3.2mm，宽 2-2.5mm，内花被片白色，淡红色，长 4-6.5mm，近圆形，顶端有时尖，边缘不整齐；花药长圆形，黄色；心皮排列整齐，花柱短于子房，柱头短于花柱；花托圆形或椭圆形。瘦果倒卵形，扁平，长 1mm。花果期 6-9 月。

分布于新疆，生于湖边、河湾、沟边、沼泽及浅水处。中亚、欧洲、大洋洲和非洲北部也有分布。

4. 东方泽泻

Alisma orientale (Samuel) Juz. in Kom., Fl. URSS 1: 281. 1934.

水生或沼生草本。块茎直径1-2cm。叶基生，挺水叶宽披针形或椭圆形，长3.5-11.5cm，宽1.3-6.8cm，先端渐尖，基部近圆形或浅心形；叶柄长3.2-34cm。花葶高35-90cm，具3-9轮分枝，每轮分枝3-9枚；花两性，直径6mm，花梗长1-2.5cm，外花被片卵形，长2-2.5mm，宽1.5mm，内花被片近圆形，比外轮大，白色或淡红色，边缘波状；花药黄绿色，花丝长1-1.2mm，基部宽0.3mm；心皮排列不整齐，花柱长0.5mm，柱头短于花柱；花托果期凹形。瘦果椭圆形，长1.5-2mm，宽1-1.2mm，背部具1-2条浅沟，果喙自腹侧中上部伸出。

分布于我国南北各地，生于湖泊、水塘、沟渠、沼泽中。日本、俄罗斯、蒙古也有分布。

图640 东方泽泻

5. 泽泻

Alisma plantago-aquatica L., Sp. Pl. 1: 342. 1753.

水生或沼生草本。块茎直径1-3.5cm。沉水叶线形或披针形；挺水叶宽披针形、椭圆形至卵形，长2-11cm，宽1.3-7cm，先端渐尖，基部宽楔形或浅心形；叶柄长1.5-30cm。花葶高78-100cm，具3-8轮分枝，每轮分枝3-9枚；花两性，花梗长1-3.5cm，外花被片宽卵形，长2.5-3.5mm，宽2-3mm，内花被片近圆形，大于外轮，边缘具不规则粗齿，白色、粉红色或浅紫色；花药椭圆形，花丝长1.5-1.7mm，基部宽0.5mm；心皮17-23，排列整齐，花柱直立，长7-15mm；花托平凸。瘦果椭圆形，长2.5mm，果喙自腹侧伸出。花果期5-10月。

分布于东北、华北及陕西、新疆、云南，生于湖泊、河湾、溪流、水塘的浅水带、沼泽、沟渠、低洼湿地。日本、俄罗斯及欧洲、北美洲、大洋洲等地也有分布。

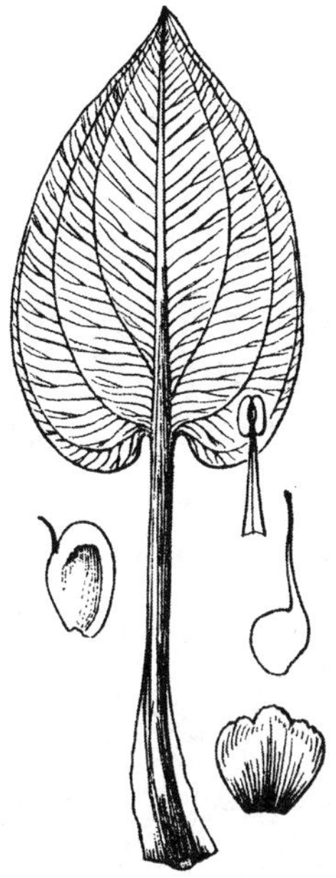

图 641 泽泻

附：小泽泻 ***Alisma nanum*** P. F. Cui

是我国特有种，也是本属中植株最矮小者，高 6-16cm；花药宽大于长，花丝很短；果实小，背部具 1 条浅沟，沟处果皮膜质，透明。

产于新疆，生于沼泽浅水处和积水湿地，海拔 600m。

2. 泽苔草属 *Caldesia* Parl.

多年生水生草本。根粗壮，稍肉质。具匍匐根状茎或无。叶多数，沉水、浮水或挺水；沉水叶通常小，淡绿色；浮水叶较大，深绿色；挺水叶叶柄直立，叶片坚纸质或近革质。花葶直立，挺出水面，稀斜卧；花序圆锥状或圆锥状聚伞花序，分枝轮生，每轮 3-6 枚，基部具披针形苞片；花两性，花被片 6，排成 2 轮，外轮萼片状，内轮花瓣状，大于外轮；心皮多数，分离；雄蕊六至多数，排成一轮。小坚果具脊或不明显，果喙宿存，直立。

本属有 4 种，分布于亚洲、欧洲、非洲及大洋洲。我国有 2 种，一种产长江以南及台湾，另一种南北均有分布。

分种检索表

1. 叶片宽大于长，先端呈凹形，中脉处急尖凸起，基部平直，稀多少下延，不呈心形，叶柄顶端呈叶枕状；雄蕊 9-12……………………………………………………………………1. 宽叶泽苔草 *C. grandis*

1. 叶片长大于宽，先端钝圆而不凹，中脉处不急尖，基部呈深心形，叶柄顶端无叶枕；雄蕊 6……………………………………………………………………………………………2. 泽苔草 *C. panassifolia*

1. 宽叶泽苔草

Caldesia grandis Samuel. in Svensk Bot. Tidskr. 24: 116. f. 1. a. b. 1930.

水生或沼生草本。叶基生，叶片扁圆形，长 4.5 cm，宽 6.5 cm，先端凹，中脉处急尖，凸起，基部平；叶柄长 15-50 cm，有时在叶鞘内生出具繁殖芽的枝条，成熟后可发育成新植株。花葶高 30-60 cm，花序分枝轮生，苞片披针形；花两性，花梗长 1.2-2 cm；外花被片绿色，椭圆形或宽卵形，长 3-4 mm，向下反折；内花被片白色，匙形或近倒卵形，长 6-8 mm；心皮通常 15-17，分离；雄蕊 9-12。小坚果具 3-5 脊，果喙上部多少微弯。花果期 7-9 月。

分布于广东、台湾，生于湖沼浅水处。印度、马来西亚也有分布。

图 642 宽叶泽苔草

2. 泽苔草

Caldesia parnassifolia (Bassi ex L.) Parl., Nuov. Gen. e Spec. Monocot. 57. 1854.

水生草本。沉水叶较小，卵形或椭圆形，淡绿色；浮水叶较大，长 2-10 cm，宽 1.5-7 cm，先端钝圆，基部心形至深心形，叶脉 9-15 条；叶柄长 5-100 cm。花葶高 30-125 cm；花序分枝轮生，组成大型圆锥状聚伞花序，苞片披针形；花两性，花梗长 2.5-4 cm；外花被片卵圆形，先端钝圆，长 3.5-5 mm，宽 2-3 mm，宿存；内花被片大于外轮，白色，脱落；心皮 8-10；雄蕊 6。小坚果倒卵形或椭圆形，长 3 mm，宽 2 mm，具 3-5 脊，果喙直立。花果期 5-10 月。

分布于黑龙江、江苏、内蒙古、云南，生于静水湖泊、水塘、沼泽。也分布于日本、朝鲜、俄罗斯及欧洲、非洲和大洋洲。

为观赏花卉。

图 643 泽苔草

3. 毛茛泽泻属 *Ranalisma* Stapf.

多年生草本。具根状茎。叶基生，卵形至卵状椭圆形，具长柄，直立。花葶直立，花1-3 朵生于顶端；花两性，花被片 6，排成 2 轮；雄蕊 9；心皮多数，密集，花柱直立；花托凸起。果实具长喙，宿存。

全属共 2 种，分布于亚洲和非洲热带至亚热带地区。我国有 1 种。

1. 长喙毛茛泽泻

Ranalisma rostratum Stapf., in Hook., Icon. Pl. ser. 7: 4. t. 2652. 1900.

沼生或水生草本。叶基生，沉水叶披针形，长 3-7 cm，宽 1-1.5 cm，先端渐尖；浮水叶或挺水叶卵圆形或卵状椭圆形，长 3-4.5 cm，宽 3-3.5 cm，先端钝尖，基部浅心形；叶柄长 12-22 cm。花葶高 20 cm，花 1-3 朵，生于花葶顶部；苞片佛焰苞状，2 枚，长 7 mm；花两性，外花被片 3，绿色，宽椭圆形，长 5 mm，先端钝圆，内花被片倒卵状椭圆形与外轮近等长；雄蕊 9；心皮多数，密集于花托上；花托突出呈柱状。果实两侧扁，近倒三角形，长 3-5 mm，宽 1.5-3 mm，具长喙状宿存花柱。花果期 8-9 月。

分布于浙江（丽水四明山），生于池沼浅水中。越南、印度、马来西亚及亚洲热带地区也有分布。

图 644 长喙毛茛泽泻

4. 慈菇属 *Sagittaria*

多年生稀一年生沼生或水生草本，具根状茎、匍匐茎、球茎或珠芽。叶基生，线形、披针形、卵形、心形或箭形，具鞘，有柄或无柄，挺水、浮水或沉水。花序总状或圆锥状，具一至多轮花，最下一轮分枝，每轮 1-3 花，基部具 3 枚离生或基部合生的苞片；花单性或两性，雌花或两性花位于下部，花梗粗短，雄花在上部，花梗细长；雌雄花被片相似，花被片 6，外花被片绿色，萼片状，内花被片花瓣状，白色稀粉红色或基部具紫色斑点；雄蕊六至多枚，花丝线形、钻形或膨大，花药黄色稀紫色；心皮多数，离生，1 室，螺旋排列于球形花托上，胚珠 1。瘦果两侧扁，具喙，长 1mm，背部具翅。种子马蹄形。

本属约有 30 种，广布世界各地。我国有 7 种（2 种特有）。

分种检索表

1. 叶片条形、匙形、披针形或箭形；花序总状无分枝。
    2. 叶有叶片与叶柄之分，叶片披针形或箭形……………………………………4. 小慈菇 *S. potamogetifolia*
    2. 叶无叶片与叶柄之分，条形或匙形………………………………………………5. 矮慈菇 *S. pygmaea*
1. 叶片箭形或深心形；花序圆锥状或总状，多分枝。

3. 叶片浮水；花序总状。

4. 叶片无顶裂片与基部裂片之分，基部深心形；果翅具鸡冠状深裂……………………………………………………………………………………1. 冠果草 *S. guyanensis* subsp. *lappula*

4. 叶片有顶裂片与基部裂片之分；果翅不整齐，无鸡冠状深裂……………………3. 浮叶慈菇 *S. natans*

3. 叶片挺出水面；花序圆锥状。

5. 外花被片不反折，花后仍包心皮或果实一部分；叶鞘内具珠芽………2. 利川慈菇 *S. lichuanensis*

5. 外花被片花后反折，不包果实；叶鞘内无珠芽……………………………………6. 野慈菇 *S. trifolia*

1. 冠果草

Sagittaria guyanensis Kunth. subsp. ***lappula*** (D. Don) Bojin, Mem. New York Bot. Gard. 2: 192. 1955.——*S. lappula* D. Don.

水生浮叶草本。叶基生，沉水或浮水；沉水叶条形、披针形或叶柄状；浮水叶心状卵形，长 1.2-11 cm，先端钝圆，基部深心形；叶柄长短因水深而异。花序总状，挺水，花2-6 轮，下部 1-4 轮为两性花，上部为雄花；苞片 3，基部连合；两性花外花被片萼片状，宽三角状卵形，内花被片花瓣状，白色，基部淡黄色，倒卵形或卵圆形，雄蕊六至多数；心皮多数。聚合果球状；瘦果两侧扁，椭圆形或倒卵形，长 2-3 mm，具短喙，有翅，翅缘有鸡冠状齿裂。花果期 5-11 月。

分布于华南及安徽、福建、贵州、湖北、湖南、江西、台湾、云南、浙江，生于水塘、湖泊、沼泽、稻田、沟渠。也分布于东南亚及非洲。

图 645 冠果草

2. 利川慈姑

Sagittaria lichuanensis J. K. Chen & al., Bull. Bot. Res., Harbin 4 (2): 129. 1984.

沼生。叶基生，挺水，箭形，顶端裂片长4.5-8cm，宽2-9cm，基部裂片长为顶端裂片1-1.5倍，先端和末端均渐尖或急尖；叶柄长26-28cm，基部鞘内具珠芽。花葶挺水，高32-60cm，圆锥花序长15-20cm，花数轮，每轮2-3花；花单性，外花被片卵形，长7mm，宽4mm，花后向上，包至心皮顶部，内花被片白色，与外轮近等长，雌花常1轮，稀2轮；雄花多轮，雄蕊15-18。瘦果小，喙侧生，背翅极窄。花期7-8月。

分布于福建、广东、湖北、江西、浙江，生于沼泽、沟谷浅水湿地及水田中，海拔500-1 650m。

3. 浮叶慈姑

Sagittaria natans Pall., Reise Russ. Reich. 3: 757. 1776.

水生浮叶草本。叶基生，沉水叶披针形或叶柄状；浮水叶宽披针形、椭圆形或箭形，长5-17cm，顶裂片与基部裂片之间缢缩，顶裂片长4.5-12cm，宽0.7-7cm，先端急尖，基部裂片耳状，较短；叶柄长20-50cm。花葶挺水，高30-50cm，总状花序长5-25cm，具花2-6轮，每轮2-3花；花单性，稀两性，外花被片宽卵形，长3-4mm，宽3mm，内花被片倒卵形，基部缢缩，白色，长8-10mm，宽5.5mm；雌花1-2轮，花梗长0.6-1cm，心皮多数；雄花多轮，雄蕊多数。瘦果扁，背翅边缘不整齐，斜倒卵形。花果期6-9月。

分布于东北及内蒙古、新疆，生于静水池塘、沟渠或小溪及缓流水体中。俄罗斯、蒙古及欧洲也有分布。

4. 小慈姑

Sagittaria potamogetifolia Merr., Sunyatsenia 1: 189. 1934.

沼生或水生。沉水叶披针形，长2-9cm，宽2-4mm，叶柄长7-25cm；挺水叶箭形，长3.5-11cm，顶裂片长1.5-5cm，宽2-10mm，先端渐尖，基部裂片长2-6cm，宽1.5-6mm；叶柄长8.5-21cm，基部渐宽，鞘状，鞘内淡紫红色，珠芽1-3枚。花葶挺水，高19-36cm，总状花序花轮生，2-6轮，每轮3花；花单性，外花被片卵形，长3-4.5mm，宽2.5-3mm，绿色，内花被片扁圆形，长4-10mm，宽2.5-3mm，白色；雌花1-2朵，常与1-2朵雄花组成1轮；花梗长0.5-1cm；心皮多数；雄花多数，花梗长1.5-3cm，雄蕊多数。瘦果近倒卵形，长5-7mm，宽4.5-6mm，扁，背翅波状。花果期5-11月。

分布于华南及安徽、福建、江西、浙江，生于水田、沼泽、溪沟浅水处。

附：腾冲慈姑

Sagittaria tengtsungensis H. Li

植株高大，叶线状披针形，无箭形叶；雌花无梗；果翅全缘，光滑。

产云南，生于湖泊、池沼等水域中，海拔1 700-2 100m。

5. 矮慈菇

Sagittaria pygmea Miq., Ann. Mus. Lugd. Bot. 2: 138. 1865.

一年生稀多年生沼生或沉水草本。叶基生，带形稀匙形，长 2-30 cm，宽 0.2-1 cm，顶端钝，基部鞘状。花葶高 5-35 cm，直立，常挺水，总状花序 2-10 cm，具花 2-3 轮；花单性，外花被片倒卵形，长 5-7 mm，宽 3-5 mm，绿色，内花被片圆形或扁圆形，长 1-1.5 cm，宽 1-1.6 cm，白色；雌花 1 朵，无梗，单生或与 2 朵雄花组成 1 轮，心皮多数；雄花 2-8 朵，具梗，雄蕊多数。瘦果近倒卵形，扁，长 3-5 mm，宽 2.5-3.5 mm，背翅具鸡冠状齿裂。花果期 5-11 月。

分布于华南、华中、华东、西南及台湾，生于沼泽、水田、湖边、湿地。越南、泰国、朝鲜和日本也有分布。

全草入药。

图 646 矮慈菇

6. 野慈菇

Sagittaria trifolia L., Sp. Pl. 2: 993. 1753.

6a. 野慈菇（原变种）

Sagittaria trifolia L. var. ***trifolia***

水生或沼生草本。匍匐茎末端球茎长 2-3 cm。挺水叶箭形，叶片长短、宽窄变异很大，顶裂片常短于基部裂片，叶柄基部鞘状。花葶直立，挺水，高 15-70 cm，花序总状或圆锥状，长 5-20 cm，具花多轮，每轮 2-3 花；花单性，花被片反折，外花被片椭圆形或宽卵形，长 3-5 mm，宽 2.5-3.5 mm，内花被片白色或淡黄色，约为外轮的 2 倍；雌花常 1-3 轮，花梗短粗，心皮多数；雄花多轮，花梗长 0.5-1.5 cm，雄蕊多数。瘦果倒卵形，扁，长 4 mm，宽 3 mm，具翅，背翅稍不整齐。花果期 5-10 月。

除西藏等少数地区外，全国均有分布，生于湖泊、池塘、沼泽、沟渠、水田。

6b. 慈菇（变种）

Sagittaria trifolia L. var. ***sinensis*** (Sims.) Makino, Ill. Fl. Nippon 886. Pl. 2657. 1740.——*S. sinensis* Sims.

本变种与原变种不同在于：匍匐茎末端球茎长 5-8 cm，直径 4-6 cm；叶宽大肥厚，顶裂片与基部裂片间常缢缩，顶端裂片宽卵形；圆锥花序分枝多，最下部 1-3 轮每轮常有 3 分枝。

我国长江流域各省区广泛栽培。朝鲜、日本也有栽培。

球茎可作蔬菜。

6c. 剪刀草（变型）

Sagittaria trifolia L. var. ***trifolia*** f. ***longiloba*** (Turcz.) Makino, J. Jap. Bot. 1: 38. 1918.——*S. sagittifolia* L. var. *longiloba* Turcz.

本变型与原变种不同在于匍匐茎末端不膨大呈球茎；叶片明显窄小，呈飞燕状，长 15 cm，顶裂片与基部裂片宽 0.5-1.5 cm；花序常总状，具雌花 1-3 轮，稀圆锥花序具 1 分枝，无雌花。

几乎遍布全国，生于湖泊、沼泽、沟渠、水塘、稻田等的浅水处。

可作家畜、家禽饲料。观赏花卉。

附：欧洲慈菇 *Sagittaria sagittifolia* L.

与野慈菇的区别在于：通常无球茎或球茎很小，叶顶裂片与基部裂片等长，花药紫色。

产于新疆，生于湖边、沼泽、水塘静水处或缓流溪沟中，海拔 600 m。欧洲各国有分布。

花蔺科 Butomaceae

一年生或多年生沼生或水生草本，植株常有乳汁。根状茎粗壮，匍匐。叶基生，三棱状线形或椭圆形，有柄或无柄，基部鞘状。单花或伞形花序，花序基部有苞片 3 枚；花两性，花被片 6，2 轮，外轮 3 枚，萼片状，绿色，近革质，宿存，内轮 3 枚花瓣状，较大，膜质，很快枯萎；雄蕊（6-）9 枚，花丝分离，扁平，基部较宽，花药基着，2 室；雌蕊 6 枚或多数，分离或基部连合，子房上位，1 室，胚珠多数。果为蓇葖果。种子多数。

本科共 4 属，13 种，分布于美洲、亚洲和欧洲，主产于美洲热带。我国有 3 属 3 种，产我国北部和云南。

分属检索表

1. 叶片三棱状线形，无柄……………………………………………………………2. 花蔺属 *Butomus*
1. 叶片椭圆形、卵形至近圆形，具柄。
   2. 雄蕊 8-9；心皮 4-9 或更少；伞形花序柄细长……………………………1. 拟花蔺属 *Butomopsis*
   2. 雄蕊多数，心皮 10-20；伞形花序柄粗壮…………………………………3. 黄花蔺属 *Limnocharis*

1. 拟花蔺属 *Butomopsis* Kunth

一年生半水生或沼生草本，有乳汁。叶基生，叶片椭圆形或椭圆状披针形，长 5-15 cm，宽 1-5 cm，先端锐尖，基部楔形，具 3-7 脉；叶柄长 12-16 cm，基部鞘状。花葶直立，伞形花序顶生，基部具佛焰苞状苞片 3 枚，长约 1.3 cm；花梗长 5-12 cm，基部具膜质小苞片；花两性，花被片 6，2 轮，外轮 3 枚萼片状，宽椭圆形，先端钝圆或稍凹，边缘膜质，长约 5 mm，宽约 3 mm，宿存，内轮 3 枚花瓣状，白色，长约 6 mm，宽约 4 mm，早萎；雄蕊通常 9 枚，花丝长 1.5-3 mm，基部稍宽，花药长 1-1.5 mm；心皮 6-9 枚，子房圆柱形长 5 mm，柱头黄色，外弯。蓇葖果沿腹缝线开裂，长 10 mm。种子多数，长 0.5 mm，褐色，呈钩状弯曲。

本属为单种属。

1. 拟花蔺

Butomopsis latifolia (D. Don) Kunth, Enum. Pl. 3: 165. 1841.——*Butomus latifolia* D. Don.

形态特征同属。

分布于云南（勐腊），生于沼泽中。澳大利亚、印度及非洲北部也有分布。

国家二级保护植物。

图 647　拟花蔺

2. 花蔺属 ***Butomus*** L.

多年生水生草本，具粗壮横走的根状茎。叶基生，线形扭曲，呈三棱状，长30-120cm，宽3-10mm，无柄，基部扩大成鞘，鞘缘膜质。花葶直立，长约70cm，聚伞状伞形花序顶生，苞片3枚，卵形；花多数，两性，花梗长4-10cm；花被片6，宿存，2轮，外轮3枚萼片状，较小，绿色而稍带红色，内轮3枚花瓣状，粉红色；雄蕊9枚，分离，花药基着，2室，纵裂，花丝扁平，基部较宽；心皮6枚，通常基部连合成一环，胚珠多数，着生于心皮的内壁，柱头纵折状向外弯曲。蓇葖果成熟时沿腹缝线开裂，顶端具长喙。种子多数，具沟纹。

本属为单种属。

1. 花蔺

Butomus umbellatus L., Sp. Pl. 1: 372. 1753.

形态特征同属。花果期7-9月。

分布于东北、华北及河南、湖北、江苏、陕西、山东、新疆，生于湖泊、水塘、沼泽及沟渠浅水中。也分布于亚洲、欧洲及其他地区。

图648 花蔺

3. 黄花蔺属 ***Limnocharis*** Humb. & Bonpl.

水生草本。叶丛生，挺水，叶片卵形至近圆形，长6-28cm，宽4.5-20cm，先端圆形或微凹，基部钝圆或浅心形，背面近顶部具1个排水器；叶脉9-13条，横脉多数，与中脉垂直；叶柄三棱形，长 20-65 cm。花葶高 20-90 cm，伞形花序有花 2-15 朵；苞片绿色，圆形至宽椭圆形，长 1.5-2 cm，宽 1-1.5 cm；花梗长 2-7 cm；花两性，花被片 6，2 轮；外轮 3 枚萼片状，宿存；内轮 3 枚花瓣状，淡黄色，基部黑色，宽卵形至圆形，长 2-3 cm，宽 1-2 cm；雄蕊多数，短于花瓣，外围 1 轮为假雄蕊，黄绿色，花丝扁平，绿色，花药基着，2 室，纵裂；心皮多数，分离，两侧压扁，无花柱，柱头线形。果圆锥形，直径 1.5-2 cm，由多数半圆形离生心皮组成，为宿存萼片状花被片所包。种子多数，褐色或暗褐色，马蹄形，具多条横生薄翅。

本属仅有 1 种，分布于亚洲和美洲热带和亚热带。

1. 黄花蔺

Limnocharis flava (L.) Buch., Abh. Nat. Ver. Bremen 2: 2. 1868.——*Alisma flava* L.

形态特征同属。花期 3-4 月。

产于云南（西双版纳）、广东沿海岛屿，生于沼泽地或浅水中，海拔 600-700 m。

图 649 黄花蔺

水鳖科 Hydrocharitaceae

一年生或多年生淡水或海水草本，沉水或浮水，扎根于泥里或浮于水中。茎极短，直立或匍匐。叶基生或茎生，茎生叶对生，互生或轮生，叶形大小多变，具叶柄或无。花序腋生，佛焰苞合生，稀离生，具梗或无，常具肋或翅，先端 2 裂，内含一至多花；花辐射对称，稀左右对称，单性，常雌雄异株，稀两性，常具退化雌蕊或雄蕊；花被片 3 或 6，离生，一般有花萼花瓣之分；雄蕊一至多数，花药基着，2-4 室，纵裂；子房下位，由 2-15 枚心皮合生，1 室，侧膜胎座，花柱 2-5 枚，先端 2 裂；胚珠多数，倒生或直立，珠被 2 层。果实肉果状，果皮腐烂开裂。种子多数，形状多样，光滑或有毛，有时具细刺瘤状凸起。

本科有 17 属，约 80 种，广泛分布于全世界热带和亚热带，少数分布于温带。我国有 9 属 20 种，主要分布于长江以南各省区，东北、华北、西北亦有少数种类。

分属检索表

1. 海水草本。
  2. 植物体柔软；叶卵形或披针形，纸质，常具柄，对生或多枚集中生于枝顶端……………………………………………………………………………………3. 喜盐草属 *Halophila*
  2. 植物体粗壮；叶带形，无柄，革质，二列。
    3. 叶长 30-150cm，宽 13-17mm；雌花序梗极长，呈旋转状…………………………2. 海菖蒲属 *Enhalus*
    3. 叶长 6-12（-40）cm，宽 4-11mm；雌花序梗短，直立……………………………8. 泰来藻属 *Thalassia*
1. 淡水草本。
  4. 叶基生。
    5. 叶线形，无柄；花小……………………………………………………………9. 苦草属 *Vallisneria*
    5. 叶披针形至近圆形，通常具叶柄；花大。
      6. 根浮于水中；具匍匐茎；叶背具垫状贮气组织，叶浮水；佛焰苞无棱或无翅……………………………………………………………………………………5. 水鳖属 *Hydrocharia*
      6. 根生于泥中；无匍匐茎；叶背无垫状贮气组织，叶沉水；佛焰苞常具棱或纵翅……………………………………………………………………………………7. 水车前属 *Ottelia*
  4. 叶茎生。
    7. 叶轮生；花单性异株，雄佛焰苞有刺状凸起，雄花浮于水上开放………………4. 黑藻属 *Hydrilla*
    7. 叶互生或对生。
      8. 花两性，花被片窄线形，内轮比外轮长 2 倍………………………………………1. 水筛属 *Blyxa*
      8. 花单性，花被片卵形，两轮近等长……………………………………………6. 虾子草属 *Nechamandra*

1. 水筛属 ***Blyxa*** Thou. ex Rich.

沉水草本。茎极短或长，直立、斜卧或匍匐，多单一，少有分枝。叶基生或茎生；茎生叶螺旋状排列，披针形或线形，基部具鞘，边缘有齿，绿色。佛焰苞管状，有梗或无，具纵棱，先端 2 裂；花单性或两性；雄佛焰苞内有雄花一至多朵；萼片 3，线形或披针形，宿存；花瓣 3，较萼片长，白色，柔软；雄蕊 3-9 枚，1-3 轮，花丝纤细，花药 4 室，内向或侧向开裂；雌花或两性花单生于佛焰苞内，萼片、花瓣均与雄花相似；花柱 3，子房下位，先端伸长成喙，胚珠多数。果实长圆柱形。种子多数，长圆状纺锤形，平滑或有棘突，两端有或无尾状附属物。

本属约 11 种，分布于热带或亚热带地区。我国有 5 种，产华中、华南、华东和西南等地。

分种检索表

1. 叶茎生……………………………………………………………………………………3. 水筛 *B. japonica*
1. 叶基生。
  2. 花单性，雄蕊 9 枚；种子无尾状附属物，有 8 行刺状凸起………………………4. 八药水筛 *B. octandra*
  2. 花两性。
    3. 种子两端无明显的尾状附属物，表面无明显棘突……………………………1. 无尾水筛 *B. aubertii*
    3. 种子两端具明显的尾状附属物，表面棘突明显………………………2. 有尾水筛 *B. echinosperma*

1. 无尾水筛

Blyxa aubertii Rich., Mém. Inst. Paris 12 (2): 19-23. 77. t. 4. 1812.——*B.ecaudata Hayata.*

茎极短，单一或偶有分枝。叶基生，线形，长 5-17 cm，宽 5-7 mm，绿色，叶缘具细锯齿，中脉明显。佛焰苞梗长 2.7-8 cm，苞鞘扁平，长管状，先端 2 齿裂，长 2.9-5 cm，宽约 2 mm；花两性，单生于佛焰苞内；萼片线状披针形，绿紫红色，长 5-7 mm，宽约 1 mm；花瓣白色，线形，长 9-16 mm，宽约 0.5 mm；雄蕊 3，花丝长 3-6 mm，花药白色或淡黄色；子房长圆柱形，长 2.5-4 cm，先端伸长成喙。果圆柱形，长 4-8 cm。种子长圆状纺锤形，长 1.2-1.5 mm，表面疣状棘突不明显，两端无尾状附属物。花果期 5-9 月。

产于华南及福建、湖南、江西、四川、台湾、浙江，生于水田及水沟中。也分布于马达加斯加、马来西亚、印度及澳大利亚。

图 650 无尾水筛

2. 有尾水筛

Blyxa echinosperma (C. B. Clarke) Hook. f., Fl. Brit. Ind. 5: 661. 1888.——*Hydrotrophus echinosperma C. B. Clarke*

茎极短。叶基生，线形，绿色，有时基部带紫红色，长 10-20（-40）cm，宽 4-7 mm，中脉明显。佛焰苞梗纤细，长 2-12 cm；苞鞘长筒状，扁平，先端 2 裂，长 2-5 cm，宽约 2 mm；花两性，萼片线形，绿色，长约 6 mm，宽约 1 mm，花瓣白色，长线形，长 10-14 mm，宽 0.5-0.8 mm；雄蕊 3，长 4-6 mm；花柱 3，扁平，长 6-15 cm，子房长 3-6 cm，先端伸长成喙。果长圆柱形，长 4-7 cm。种子纺锤形，长 1-1.5 mm，表面具明显的疣状凸起，两端有尾状附属物，长 2-12 mm。花果期 6-10 月。

产于安徽、福建、广东、广西、贵州、湖南、江苏、江西、陕西、四川、台湾，生于水田、沟渠中。也分布于日本、朝鲜和亚洲热带及澳大利亚。

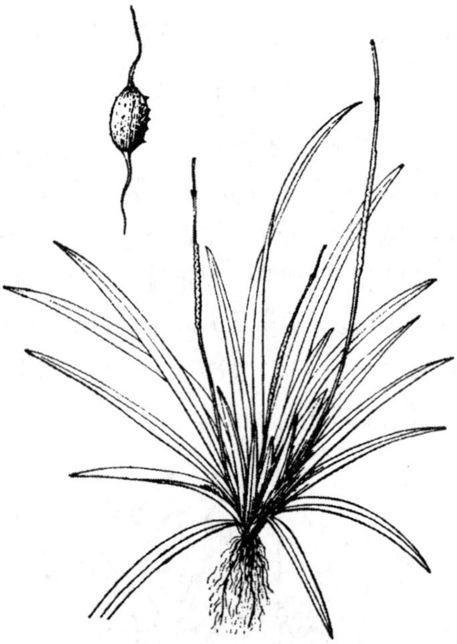

图 651　有尾水筛

3. 水筛

Blyxa japonica (Miq.) Maxim. ex Asch. & Gürke. in Engl. & Prantl, Pflanzenf. 2 (1): 253. 1889. ——*Hydrilla japonica* Miq.; *Blyxa laevissima* Hayata.

直立茎分枝，高 10-20 cm，圆柱形，绿色。叶螺旋状排列，披针形，基部半抱茎，边缘有细锯齿，长 3-6 cm，宽 1-3 mm，绿色微紫，中脉明显，无柄。佛焰苞腋生，无梗，长管状，先端 2 裂，长 1-3 cm，宽 1-3 mm；花两性，萼片线状披针形，绿色，中肋紫色，长 2-4 mm，宽 0.5-1 mm，花瓣白色，线形，长 6-10 mm，宽 0.5-1 mm；雄蕊 3，与萼片对生，花丝长 1-3 mm，花药黄色；花柱 3，长 3-4 mm，子房圆锥形，先端伸长成喙。果圆柱形，长 1-2.5 cm。种子长椭圆形。长 1-2 mm。花果期 5-10 月。

产于华南、华东及湖北、湖南、辽宁、四川，生于水田、池塘和水沟。也分布于印度、孟加拉国、尼泊尔、马来西亚、朝鲜、日本及意大利和葡萄牙。

图 652 水筛

附：光滑水筛 ***Blyxa leiosperma*** Koidz.

与水筛相近，不同在于本种佛焰苞具短梗，雄蕊长 3.5-5 mm，花柱长 3.6-5.8 mm，种子卵形。

产于安徽、福建、广东、江西、台湾、浙江，生于水田中。日本也有分布。

4. 八药水筛

Blyxa octandra (Roxb.) Planch. ex Thw., Enum. Pl. Zeyl. 332. 1864.——*Vallisneria octandra* Roxb.

具根状茎。叶基生，线形，长 40-60 cm，宽 0.5-1.2 cm，基部鞘状。雌雄异株；佛焰苞梗长 20-120 cm；苞长 5-10 cm，先端钝或锐尖，内含 1 朵雌花或 5-10 朵雄花；花萼线形，长 9-10 mm，宽约 1.5 mm，先端匙形内弯，花瓣长 20-25 mm，具 1 脉；雄蕊 9 枚，长 2-5 mm，花药长 1-2 mm，披针形渐狭；子房长 6-9 cm，喙长 8-10 cm；花柱长 2 cm，具毛；雄花中有 3 个基部合生的退化雌蕊的花柱。果圆柱形，长 7.5-10 cm。种子椭圆形，长 1-2 mm，一端渐狭，另一端钝，无尾，表面有 8 行弯刺。

产于广东及其沿海岛屿、广西（防城）、四川、云南，也分布于斯里兰卡、印度、孟加拉国、澳大利亚及巴布亚新几内亚。

2. 海菖蒲属 *Enhalus* R. C. Rich.

海生沉水草本。根状茎匍匐，粗壮，常被纤维状残存叶鞘。叶 2-6 枚，带状，长 30-150 cm，宽 1-2 cm，常扭曲，先端钝圆，全缘，叶脉间有多条气道。花单性，雌雄异株，雄花序具梗，佛焰苞 2 枚，外苞片紧包内苞片；雄花多数，微小，包藏于佛焰苞内，花梗短，成熟花浮于水面开放；萼片 3；花瓣 3，均为白色；雄蕊 3，与花瓣互生，几无花丝，花药 2 室，侧裂；雌花序梗长 50 cm，花后呈螺旋状卷曲，佛焰苞 2，长 4-6 cm，宽 1-2 cm，中肋隆起，具明显粗毛，内有雌花 1 朵；花萼淡红色；花瓣白色，长条形，强烈折叠，受粉后伸展开，长 4-5 cm，宽 3-4 mm，长为花萼 2 倍，有乳头状凸起；花柱 6，2 裂，子房卵圆形，具 6 棱，有长毛，侧膜胎座。果实卵形，长 5-7 cm，具密集二叉状附属物，不开裂。

本属仅 1 种，广布于印度洋和西太平洋一带沿海。

1. 海菖蒲

Enhalus acoroides (L. f.) Royle, Ill. Bot. Himal. Mts. 1: 377. 1839.

形态特征同属。花期 5 月。

分布于海南岛，生于中潮线的海滩上。广布于印度洋和西太平洋沿海。

果实可炒食。

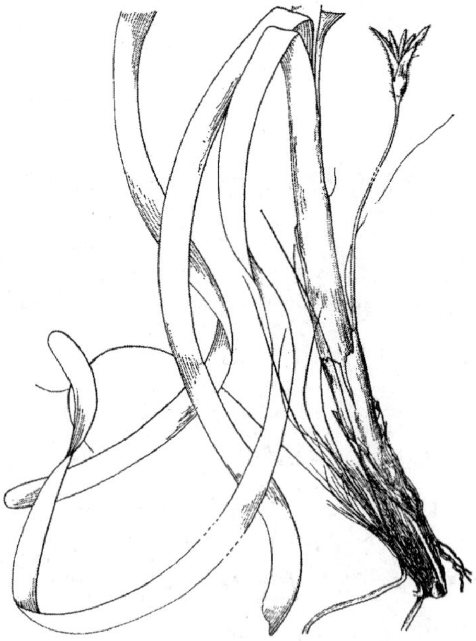

图 653 海菖蒲

3. 喜盐草属 *Halophila* Thou.

海生沉水草本。具细长的匍匐茎，节上生根。叶片线形、披针形、椭圆形或卵圆形，全缘或有锯齿，中脉明显，缘脉 2，其间以横脉相连。花单性，雌雄同株或异株；佛焰苞由 2 枚膜质苞片组成，椭圆形、倒卵形或近圆形，顶端锐尖、钝圆或微缺，中肋稍呈龙骨状凸起，无梗；雄花被片 3；雄蕊 3 枚与花被片互生，无花丝，花药 2-4 室；雌花无梗或近无梗；花柱 3-5；线形，子房 1 室，椭圆形或卵形，上面有 3 枚极小的退化花被片。果实卵形，具喙。种子少数至多数，球形或近球形。

本属约有 9 种，分布于东非、西印度洋直到南太平洋，东达澳大利亚及加勒比海，我国有 3 种。

分种检索表

1. 叶长椭圆形至披针形，直立侧枝较长，长 1-1.5 cm，叶片 6-10 枚簇生枝顶，仅具中脉和缘脉；雌雄同株……………………………………………………………………1. 贝克喜盐草 *H. beccarii*
1. 叶卵形至椭圆形，直立侧枝短，不超过 1 cm，节上生 1 对叶片，除中脉和缘脉外，尚有横脉相连；雌雄异株……………………………………………………………………2. 喜盐草 *H. ovalis*

1. 贝克喜盐草

Halophila beccarii Asch., Nuou. Giorn. Bot. Ital. 3: 302. 1817.

海生草本。茎纤细，多匍匐，节间长 1-2 cm，每节生 1 条根，鳞片 2 枚抱茎。直立茎短，长 1-1.5 cm。叶 6-10 枚簇生直立茎顶端，叶片长椭圆形或披针形，长 6-11 mm，宽 1-2 mm，先端钝圆或尖，基部楔形，全缘，中脉较宽，近基部分出 1 对缘脉，至顶端再与中脉连接，无横脉；叶柄长 1-2 cm，具鞘，鞘膜质，长 3-4 mm，顶端圆形。花单性，雌雄同株；佛焰苞苞片长圆形或披针形，长约 2.5 mm，全缘，苞内雄花或雌花 1 朵；子房长 1 mm，花柱伸长，柱头 2-3。果卵形，长 0.5-1.5 mm，具喙。

分布于广东（雷州半岛）、海南、台湾，生于浅海中。也分布于亚洲大陆东南沿海、东南亚、马来西亚、菲律宾。

2. 喜盐草　卵叶喜盐草

Halophila ovalis (R. Br.) Hook. f., Pl. Tasm. 2: 45. 1858.——*Caulinia ovalis* R. Br.

多年生海生草本。叶 2 枚，长椭圆形或卵形，长 1-4 cm，宽 0.5-2 cm，先端圆或稍尖，基部圆形或楔形，淡绿色具褐色斑纹，全缘呈波状；叶脉 3，中脉明显，缘脉距叶缘 0.5 mm，与中脉在叶端连接，次级横脉 12-16（-25）对，连接中脉与缘脉，与中脉交角 45º-60º；叶柄长 1-4.5 cm。花单性，雌雄异株；雄佛焰苞宽披针形，长 4 mm；雄花被片椭圆形，长 4 mm，宽 2 mm，白色具黑色条纹；花药长圆形；雌佛焰苞苞片 2，宽披针形，外苞片紧裹内苞片，均呈螺旋状扭卷，形似长颈瓶，颈部长约为膨大部分的 2 倍；子房稍呈三角形，长 1-1.5 mm；花柱细长，柱头 3，细丝状，长 2-3 cm。果实近球形，直径 3-4 mm，具 4-5 mm 长的喙。

花期 11-12 月。

分布于广东沿海岛屿、海南岛及台湾。也分布于红海至印度洋、西太平洋沿海。

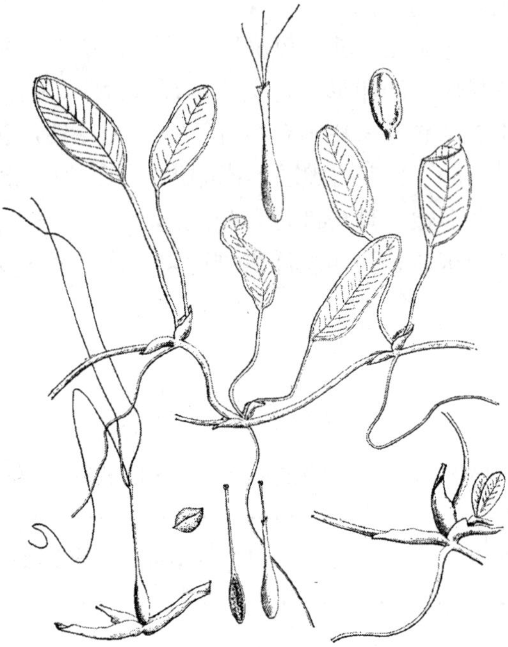

图 654　喜盐草

附：小喜盐草 ***Halophila minor***（Zoll.）Hartog.

与喜盐草极为相似，不同在于本种叶片小，长 0.5-1.5 cm，具 3-8 对横脉，横脉与中脉交角为 70°-90°。

产于海南，生于浅海滩上。也见于西太平洋和印度洋。

4. 黑藻属　*Hydrilla* Rich.

沉水草本。茎纤细，圆柱形，多分枝。叶 3-8 枚轮生，线形、披针形或长椭圆形，无柄。花单性，腋生，雌雄异株或同株；雄佛焰苞膜质，近球形，顶端平截，具数个刺凸，无梗，内含 1 朵雄花，具短梗；萼片 3，白色或绿色，卵形或倒卵形；花瓣 3，白色或淡紫色，匙形，通常较萼片狭长；雄蕊 3；雌佛焰苞管状，先端 2 裂，内含 1 朵雌花，无梗；萼片、花瓣均与雄花相似，但较狭，开放时花伸出水面；花柱 3，稀为 2，圆柱形，表面有流苏状乳突；子房下位，1 室，圆柱形或狭圆锥形；侧膜胎座，胚珠少数，倒生。果实圆柱形或线形，光滑或表面常有 1-9 个刺状凸起或小凸起。种子 1-6，两端尖。

本属为单种属。

1. 黑藻　水王孙

Hydrilla verticillata (L. f.) Royle, Ill. Bot. Him. 1: 376. 1839.——*Serpicula verticillata* L. f.

1a. 黑藻（原变种）

Hydrilla verticillata (L. f.) Royle var. ***verticillata***

休眠芽长卵圆形，芽苞片狭披针形，边缘锯齿大而明显。果实圆柱形或线形，平滑或表面常有 2-9 个刺状凸起。种子 2-6，长圆形，褐色，两端尖。花果期 5-10 月。

分布于华中、华南、华东、西南及河北、黑龙江、陕西，生于淡水中。广布于欧亚大陆热带至温带地区。

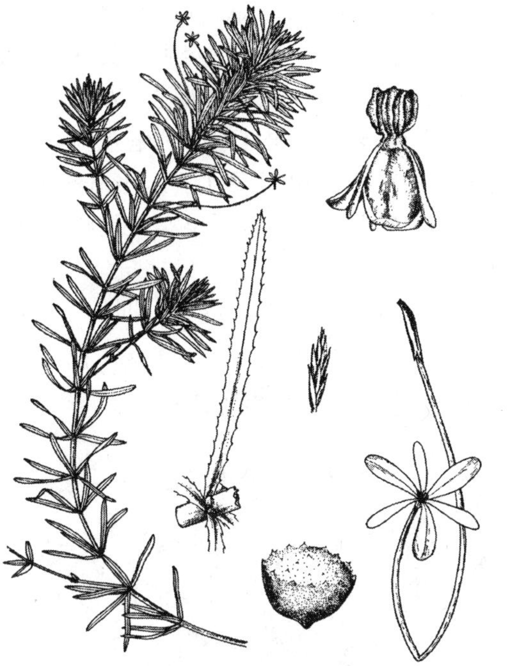

图 655　黑藻

1b. 罗氏轮叶黑藻（变种）

Hydrilla verticillata (L. f.) Royle var. ***roxburghii*** Casp., Jahrb. Wiss. Bot. 1: 494. 1858.

休眠芽长椭圆形，芽苞片为卵圆形，边缘锯齿小而不明显；果实表面常光滑，无刺状凸起，或偶见 1-3 个小凸起；种子 1-3 枚，黑褐色，呈针状，种喙端朝种脊方向弯曲。花期 5-10 月。

分布区与黑藻基本一致。

5. 水鳖属　*Hydrocharis* L.

浮水草本。匍匐茎横走，先端有芽。叶漂浮或沉水，稀挺水；叶片卵形、圆形或肾形，先端圆或急尖，基部心形或肾形，全缘，有时背面具广卵形垫状贮气组织；叶脉 5 条，弧形；具叶柄和托叶。花单性，雌雄同株；雄花序具梗，佛焰苞 2 枚，内含雄花数朵；萼片 3，花瓣 3，白色；雄蕊 6-12 枚，花药 2 室，纵裂；雌佛焰苞内生 1 朵花；萼片 3，花瓣 3，白色，较大；子房椭圆形，不完全 6 室，花柱 6，柱头扁平，2 裂。果实椭圆形至圆形，具 6 肋，顶端不规则开裂。种子多数，椭圆形。

本属有 3 种，均属地区隔离种，1 种产于亚洲和大洋洲，1 种产于西欧、小亚细亚和北美洲，另 1 种产于非洲中部。我国只有 1 种。

1. 水鳖　马尿花、芣菜

Hydrocharis dubia (Blume) Backer, Handb. Fl. Java 1: 64. 1925.——*Pontederia dubia* Blume.

叶簇生，多漂浮，有时伸出水面，具长柄；叶片圆状心形，长 4.5-5 cm，宽 5-5.5 cm，背面有蜂窝状贮气组织。花单性；雄花 5 或 6，聚生于具柄、2 裂的佛焰苞内，萼片 3，长椭圆形，长 6 mm，宽 3 mm，常具红色斑点；花瓣 3，黄色或白色，长 1.3 cm，宽 1.7 cm，雄蕊 12 枚，最内轮 3 枚退化；雌花单生于具梗的佛焰苞内；萼片 3，顶端圆，长 11 mm，宽 4 mm，常具红色斑点，花瓣 3，宽倒卵形至圆形，长 1.5 cm，宽 1.8 cm，白色，具 6 枚退化雄蕊；子房下位，柱头 6，线形，2 深裂。果实浆果状，球形至倒卵形，长 0.8-1 cm，宽 0.7 cm。花果期 8-10 月。

分布于东北、华东、华南、华中及河北、陕西、四川、云南，生于静水池沼中。大洋洲和亚洲其他地区也有分布。

可作饲料及用于沤绿肥，幼叶柄可作蔬菜。

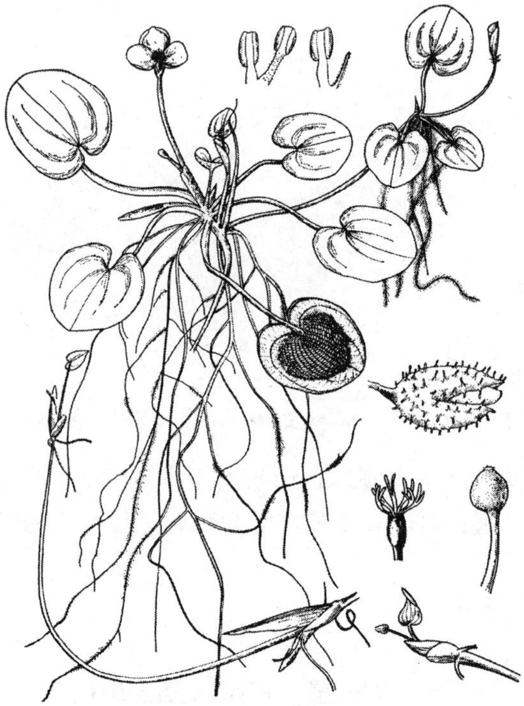

图 656　水鳖

6. 虾子草属 *Nechamandra* Planch.

沉水草本。茎纤细，多分枝。叶线形，互生，下部常对生，侧枝顶端丛生，无毛或具短刚毛，边缘有细锯齿，基部膨大成鞘。花单性腋生，雌雄异株；雄佛焰苞卵形，膜质，长5mm，2裂，内含雄花60-100朵；萼片3，卵形，白色，透明，先端外面淡紫色；花瓣3，短小；雄蕊2-3，与萼片对生，花丝纤细，极短，花药卵形，在顶端集成球状；常具退化雄蕊；雌佛焰苞筒状，白色，膜质，顶端开裂，无梗，内具雌花1朵，与雄花极相似；花柱3，子房下位，长圆形，1室，顶端伸长成喙，无退化雄蕊。果实卵状长圆形。种子多数。

本属为单种属。

1. 虾子草 软骨草

Nechamandra alternifolia (Roxb.) Thw., Enum. Pl. Zeyl. 332. 1864.——*Vallisneria alternifolia* Roxb.

形态特征同属。花期9-10月。

分布于广东、广西，生于池塘、湖泊及缓流河水和沟渠中。也分布于亚洲南部地区。

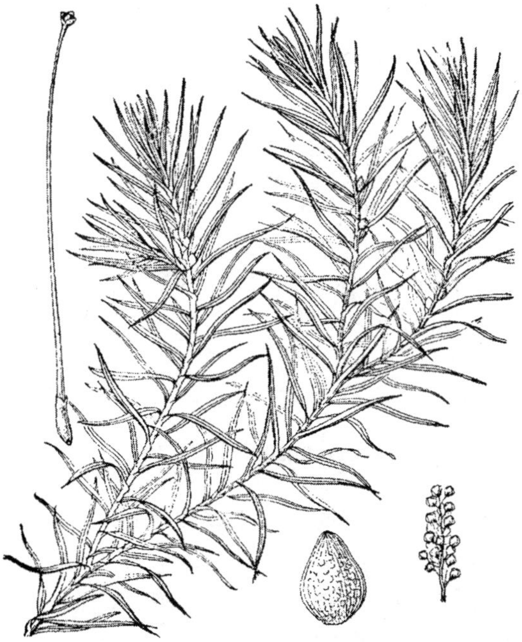

图657 虾子草

7. 水车前属 *Ottelia* Pers.

一年生或多年生草本。无直立茎。叶基生，叶形变化大，从带形至心形。花两性或单性雌雄异株；佛焰苞椭圆形或卵形，具六至更多条脊状凸起，有2-6条翅，还常见成行的刺或瘤，内含一至多花，具梗；两性花或雌花具短梗或无，雄花梗长；萼片3，披针形或卵形，绿色；花瓣3，圆形或宽倒卵形，比萼片大，白色、黄色或紫色等；雄蕊3-15枚，花丝扁平或有腺毛，花药长圆形，侧裂，具3枚退化雄蕊，中央常有退化花柱集成球状体；子房下位，长圆形，心皮3-9，1室或隔成不完全的多室，胚珠多数，花柱3-9枚，2深裂；雌花有3枚退化雄蕊。果实椭圆形或纺锤形，具纵棱或翅，有肉凸或肉刺，含胶质。种子多数，纺锤形，有毛或无毛。

本属约有21种，分布于热带、亚热带和温带。我国有5种4变种，主要分布于华南和西南，个别种类可分布至东北、西北地区，均为淡水生植物。本属植物都是沉水性，植物体型变化与所生长的水的深度有关，水深处的植株长，水浅处的植物短小。

分种检索表

1. 花两性。
  2. 佛焰苞内仅含1朵花；花中无腺体；叶不具鞘……………………………………2. 龙舌草 *O. alismoides*
  2. 佛焰苞内含多朵花；花中有腺体；叶具鞘……………………………………4. 贵州水车前 *O. sinensis*
1. 花单性。
  3. 雌佛焰苞内雌花2朵以上；花柱3枚；果实三棱状圆柱形……………………………1. 海菜花 *O. acuminata*
  3. 雌佛焰苞内含雌花1朵，花柱3枚以上；果实长圆形……………………………3. 水菜花 *O. cordata*

1. 海菜花　异叶水车前、龙爪菜

Ottelia acuminata (Gagnep.) Dandy, J. Bot. 72: 137. 1934.——*Boottia acuminata* Gagnep., *Ottelia esquirolii* H. Lév. & Vaniot.

1a. 海菜花（原变种）

Ottelia acuminata (Gagnep.) Dandy var. ***acuminata***

沉水草本。茎极短，具须根。叶基生，叶形变化较大，线形、披针形、长椭圆形、卵形及宽心形，全缘或有锯齿，叶柄长短因水深浅而异。花单性，雌雄异株；佛焰苞无翅，具2-6棱；雄佛焰苞内含雄花40-50朵，具梗，长4-10 cm，萼片绿色，长8-15 mm，宽2-4 mm；花瓣白色，基部黄色，倒心形，长1-3.5 cm，宽1.5-4 cm；雄蕊9-12枚，花丝扁平，退化雄蕊3枚；雌佛焰苞内含雌花2-3朵，具梗；花萼、花瓣与雄花相似，花柱3，2裂至基部，裂片线形；子房三棱柱形，退化雄蕊3，线形，长3-5 mm。果三棱柱状纺锤形，长约8 cm，棱上有明显的肉刺和疣凸。种子无毛。花果期5-10月。

分布于华南和西南，为我国特有种，生于海拔2 700 m以下的湖泊、池塘、沟渠和深水田中。

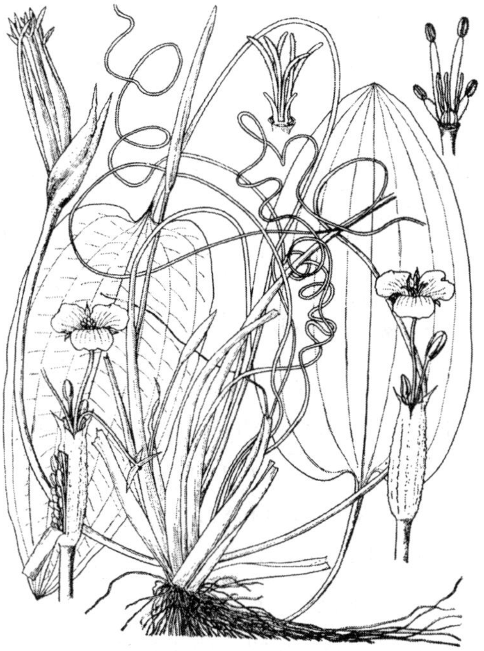

图 658 海菜花

1b. 波叶海菜花（变种）

Ottelia acuminata (Gagnep.) Dandy var. ***crispa*** (Hand.-Mazz.) H. Li, Acta Phytotax. Sin. 19 (1): 36. 1981.——*Boottia crispa* Hand.-Mazz.

与原变种的区别在于叶片更狭长，边缘波状反卷，长达 90 cm，宽 6 cm 以下，基部骤狭、截状圆形或浅心形，常下延成翅，成熟果为弯纺锤形。花果期 5-10 月。

分布于云南（泸沽湖），生于湖泊中。

1c. 通海海菜花（变种）

Ottelia acuminata (Gagnep.) Dandy var. ***tonhaiensis*** H. Li, Acta Phytotax. Sin. 19 (1): 36. 1981.

本变种与波叶海菜花相近，但叶片椭圆状披针形，长达 30 cm，宽约 10 cm，基部渐狭，边缘扁平不卷曲，明显具锯齿。与海菜花不同在于雄花退化雄蕊分叉，雌花子房具 3-6 翅，翅缘有锯齿。

分布于云南（通海杞麓湖），生于水深 4-5 m 以内湖滨。

1d. 靖西海菜花（变种）

Ottelia acuminata (Gagnep.) Dandy var. ***jingxensis*** H. Q. Wang & X. Z. Sun, J. Wuhan Bot. Res. 10 (1): 12. 1992.

与原变种不同在于雄佛焰苞内雄花特别多，高达 60-190 朵，雄花萼片长 18-20 mm，宽 5-7 mm，雄花中退化雄蕊先端 2 裂，退化雌蕊球形，具 6 槽，雌佛焰苞内含雌花 8-9 朵。

分布于广西（靖西），生于河湾或溪沟中。

1e. 路南海菜花（变种）

Ottelia acuminata (Gagnep.) Dandy var. ***lunanensis*** H. Li, Acta Phytotax. Sin. 19 (1): 38. f. 3. 14-17. 1981.

与原变种的区别在于雄佛焰苞内有珠芽，此珠芽萌发迅速，是繁殖后代的主要途径。

分布于云南（路南），生于湖泊中。

2. 龙舌草 水车前、水白菜

Ottelia alismoides (L.) Pers., Syn. Pl. 1: 400. 1805.——*Statiotes alismoides* L., *Ottelia dioecia* Yan.

与海菜花不同在于：佛焰苞具 3-6 条纵翅，翅有时折叠呈波状；花两性，无梗，单生；花瓣白色、淡紫色或浅蓝色；雄蕊 3-9（-12）枚，花丝具腺毛，花药线形，长 3-4 mm，宽 0.5-1 mm；子房近圆形，心皮 3-9（-10）枚，花柱 6-10 枚，2 深裂；果长 2-3 cm，宽 0.8-1.8 cm；种子被白毛。花期 4-10 月。

我国南北各省区均产，以南方较多，生于湖泊、沟渠、水塘、水田及积水洼地。广布于非洲东北部、亚洲东部及东南部至澳大利亚热带地区。

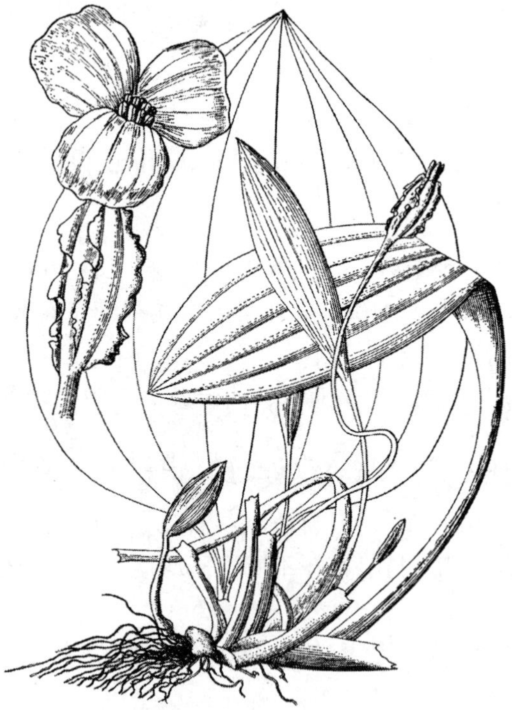

图 659 龙舌草

3. 水菜花

Ottelia cordata (Wall.) Dandy, J. Bot. 72: 137. 1934.——*Boottia cordata* Wall.

水生草本。茎极短。叶异型，基部具鞘；沉水叶长椭圆形、披针形或带形，长 30-60 cm，宽4.5-10cm，薄纸质；叶柄长30-50cm；浮水叶宽披针形或长卵形，长10-20cm，宽4-10cm，先端急尖或渐尖，基部心形，革质；叶柄长50-120cm。花单性，雌雄异株；雄佛焰苞腋生，长卵圆形，内含10-30朵花，只2-4朵伸出开花；萼片3，宽披针形，长1.5-2.8cm，宽0.5cm，淡黄色；花瓣3，倒卵形，白色，基部带黄色，长2.5-4.5cm，具纵条纹；雄蕊12，2轮，退化雄蕊3，腺体3，退化雌蕊1；雌佛焰苞内含雌花1朵，花被与雄花相似，稍大；子房下位，长圆形，花柱9-18，长1.5-1.7cm，顶端2裂，退化雄蕊3-8，腺体3。果实长椭圆形，长4-4.5cm，直径1.6-2cm。种子纺锤形，无毛。花期5月。

分布于海南岛（海口、文昌），生于淡水沟渠、池塘中。也分布于柬埔寨、缅甸、泰国。

附：出水水菜花 ***Ottelia emersa*** **Zhao & Luo**

与水菜花的区别在于：叶同型，叶片均为心形，中部以上乃至全部露出水面；每佛焰苞内雄花47-60朵；种子被毛。

产于广西（贵港），生于池塘中。

4. 贵州水车前

Ottelia sinensis (H. Lév. & Vaniot) H. Lév. ex Dandy, J. Bot. 72: 137. 1934.——*Boottia sinensis* H. Lév. & Vaniot.

沉水草本。叶基生，叶片长圆形或卵形，长20-40cm，宽6-9cm，先端急尖或钝圆，基部心形；叶柄长20cm，基部具鞘。花两性，佛焰苞椭圆形，长3-6cm，宽1.5cm，两侧多具翅；梗长50-70cm；每佛焰苞内含花3-11朵；萼片3，绿色，披针形，长2-2.5cm，宽3mm；花瓣3，白色，倒三角形或倒卵圆形，先端微凹，长2-3cm，宽2.5cm，具纵褶；雄蕊3，腺体3枚，白色；子房三棱状圆柱形，长3.5-5cm，宽3-4mm，棱上有疣刺，心皮3，花柱3，长3mm，有毛，柱头6，有毛。果实三棱状圆锥形，长5-9cm，宽8mm，具宿存萼。花果期6-11月。

分布于广西、贵州、云南，生于池塘、河流及湖泊中。越南北部也有分布。

8. 泰来藻属 ***Thalassia*** Bank & Solander ex König.

海生沉水草本。根状茎长，圆柱形，有气道，幼时节生膜质鳞片；直立茎极短，节密集呈环状。叶2-6，二列，基部包于膜质鞘内；叶片带状，多少呈弯镰形，叶脉平行。花单性，雌雄异株；雄株具1-3个花序，而雌株仅生1个花序；雄花序佛焰苞内有1朵具长梗的雄花；花被片3，椭圆形；雄蕊3-12枚，花丝很短，花药长圆形，2-4室，纵裂；雌花序具梗，佛焰苞内生1朵雌花，近无梗；花被淡黄色；子房具长喙，花柱6枚，柱头2裂。果实球形或椭圆形，平滑或有凸刺，多个果瓣从顶端开裂后呈辐射状排列。种子多数，着生于侧膜胎座上。

本属有2种，分布于印度洋热带、西太平洋及印度西部沿海。我国仅有1种，产于台湾和海南。

1. 泰来藻

Thalassia hemprichii (Ehrenb.) Asch. in Petermannis Geogr. Mitt. 17: 242. 1871. ——*Schizotheca hemprichii* Ehrenb.

根状茎长，直径3-5mm，具明显的节和节间，节上长出直立茎，茎上的节密集呈环状。叶带形略呈镰状弯曲，长6-12（-40）cm，宽4-8（-11）mm，基部膜质鞘常残留。雌雄异株；雄花序具长2-3cm长梗；佛焰苞线形，由2个苞片组成，内有1朵雄花；花被片3，裂片卵形，花瓣状；雄蕊3-12枚，常6枚，花丝极短；无退化雌蕊；雌佛焰苞内有花1朵，无梗；花被片3，花柱6，柱头2裂，长10-15mm，子房圆锥形。果实球形，淡绿色，长2-2.5cm，宽1.8-3.2cm，由顶端开裂成8-20个果瓣，果瓣向外卷。

分布于海南、台湾，生于高潮带及中潮带的沙质河滩上。

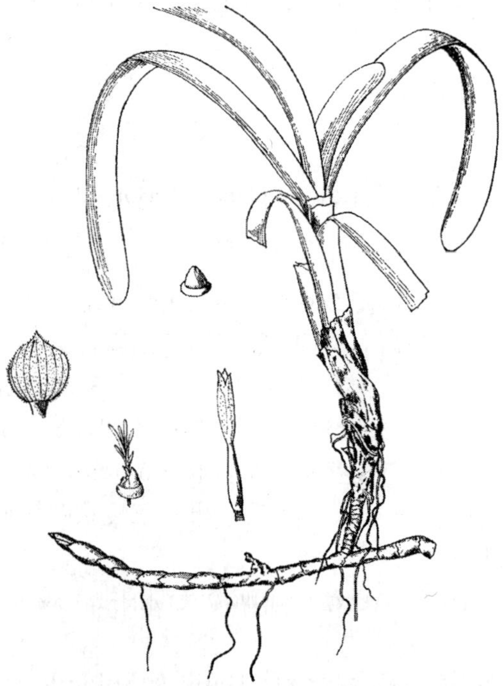

图660 泰来藻

9. 苦草属 ***Vallisneria*** L.

沉水草本。匍匐茎光滑或粗糙，无直立茎。叶基生，线形或带形，先端钝，基部鞘状，全缘或有细锯齿，气道多行纵列；基出叶脉3-9条，平行，直达叶端，有的中脉上有刺，脉间有横脉连接。花单性，雌雄异株；雄佛焰苞卵形或宽披针形，扁平，具短梗，含有多数具短柄的雄花，成熟后先端开裂，雄花浮出水面开放；雄花小；萼片3，卵形或长卵形，大小不等，花期反折；花瓣3，极小，雄蕊1-3；雌佛焰苞管状，先端2裂，裂片圆钝或三角形，花梗极长，将花托出水面，受精后螺旋状卷曲，雌花1朵；萼片3，质较厚；花瓣

3，极小，膜质，子房下位，圆柱形或长圆柱形，光滑或有翅。种子多数，长圆形或纺锤形，光滑或有翅。

本属约有 6-10 种，分布于热带、亚热带和暖温带。我国有 3 种，南北各省均产。

分种检索表

1. 叶脉光滑无刺；雄蕊 1；果实圆柱形，光滑；种子无翅……………………………………2. 苦草 *V. natans*

1. 叶脉上有刺；雄蕊 2；果实三棱状圆柱形。

  2. 种子无翅……………………………………………………………………………1. 密刺苦草 *V. denseserrulata*

  2. 种子有 2-5 翅……………………………………………………………………3. 刺苦草 *V. spinulosa*

1. 密刺苦草

Vallisneria denseserrulata (Makino) Makino, J. Jap. Bot. 2: 19. 1921.——*V. spiralis* L. var. *denseserrulata* Makino.

沉水草本。叶基生，线形，长 20-70 cm，宽 6-12 mm，深绿色，顶端钝圆或急尖，基部稍呈鞘状，叶缘具密钩刺。雌雄异株；雄佛焰苞三角形，扁平，长 1-1.5 cm，宽 6 mm，梗长 2-3 cm；雄花 200 余朵；萼片 3，反卷；雄蕊 2；雌佛焰苞圆筒状，长 1.5-2 cm，顶端 2 裂，梗的长度与水深成正比；雌花 1，具紫色斑纹；萼片 3，卵状匙形，长 3 mm，宽 2 mm，稍内卷；雌蕊 1，柱头 3，顶端 2 裂，子房下位，三棱状圆柱形。果实三棱状圆柱形。种子无翅。花期 9-10 月。

分布于广东、广西，生于溪沟和湖泊中。日本也有分布。

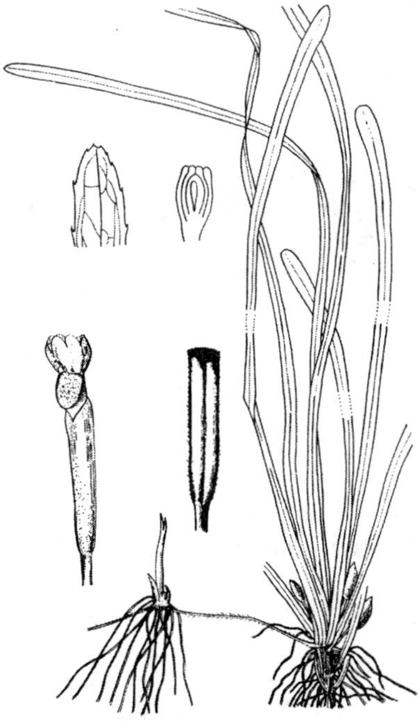

图 661　密刺苦草

2. 苦草

Vallisneria natans (Lour.) Harain, J. Jap. Bot. 49: 136. 1974.——*Physkium natans* Lour.

沉水草本。具匍匐茎。叶基生，线形或带形，长20-100cm，宽0.5-2cm，绿色或稍带紫红色，常具棕色条纹和斑点，无柄。雄佛焰苞卵状圆锥形，长1.5-2cm，宽0.5-1cm；雄花多数，浮于水面，极小；萼片3，不等大，雄蕊1；雌佛焰苞筒状，顶端2裂，绿色或暗紫色，长1.5-2cm，梗绿色或淡红色，长30-50cm，随水深而改变，受精后螺旋状卷曲将子房拖入水中；雌花单生于佛焰苞内；萼片3，绿紫色，长2-4mm，宽3mm；花瓣3，极小，白色；花柱3，顶端2裂，退化雄蕊3，子房下位，圆柱形。果实圆柱形。长5-30cm，直径5mm。种子长倒卵形，有腺毛状凸起。

分布于华东、西南及吉林、广东、广西、河北、湖北、湖南、陕西、台湾，生于溪沟、河流、池塘、湖泊之中。也分布于日本、伊拉克、印度、中南半岛、马来西亚和澳大利亚。

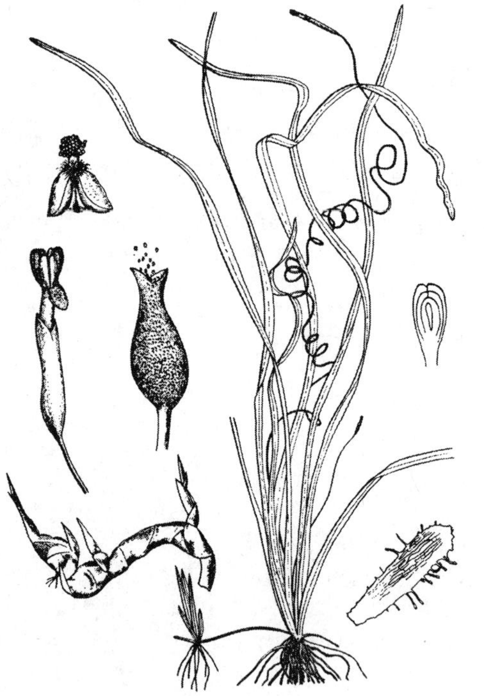

图662　苦草

3. 刺苦草

Vallisneria spinulosa Yan, J. Sci. Med. Jinan Univ. 2: 161, f. 108. 1982.

沉水草本。叶基生，线形，长20-50cm，宽0.4-1cm，绿色，具少数棕红色条纹或斑点，顶端钝，边缘有锯齿，中脉上有一排小刺。雄佛焰苞圆锥形，长1-1.5cm，宽5-8mm，梗长2-6cm；雄花300-800朵；萼片3，不等大；花瓣2，雄蕊2；雌佛焰苞扁筒形，长1-2cm，顶端2裂，梗纤长，受精后卷曲；雌花1；萼片3，长圆形，长4mm，宽2mm；花瓣3，极小；花柱3，深2裂，裂缝基部具退化雄蕊；子房下位，三棱状圆柱形。果实三棱状圆柱形，长 8-20 cm，宽 4-7 mm，棱上有刺。种子倒卵形，具 2-5 翅。花期 8-10 月。

分布于湖北、湖南、江苏，生于池塘、湖泊中。

图 663 刺苦草

冰沼草科 Scheuchzeriaceae

多年生沼生草本。根状茎横走，长 15-30 cm。地上茎短，直立。叶基生或茎生，具开放叶鞘，鞘内生有多数长毛，鞘顶部具叶舌，叶舌长 3-5 mm；基生叶直立，长 20-30 cm；茎生叶互生，对折，长 2-13 cm，线形，半圆柱形，上部筒状，先端近轴面有孔。总状花序，顶生，具（3-）5（-12）朵花，花茎高 12-30 cm，无毛；花两性，花梗长 2-4 mm，基部具叶状苞片；花被片 6，2 轮，黄绿色，萼片状，外轮花被片宿存，内轮易枯萎凋落；雄蕊 6 或多数，花药 2 室，外向，纵裂；心皮 3（6），基部稍合生，每心皮具乳突，柱头无柄，胚珠 2。蓇葖果长 5-7 mm，几无喙。果柄长 0.6-2.2 cm。

本科仅有 1 属 1 种，主要分布于北半球寒温带地区。

1. 冰沼草属 *Scheuchzeria* L.

属的特征及分布同科。

本属为单种属。

1. 冰沼草

Scheuchzeria palustris L., Sp. Pl. 1: 338. 1753.

形态特征同科。花果期 6-7 月。

分布于河南、吉林、宁夏、青海、陕西、四川西部，生于沼泽和湿地。蒙古、朝鲜、日本、俄罗斯及亚洲东南部、欧洲、北美洲也有分布。

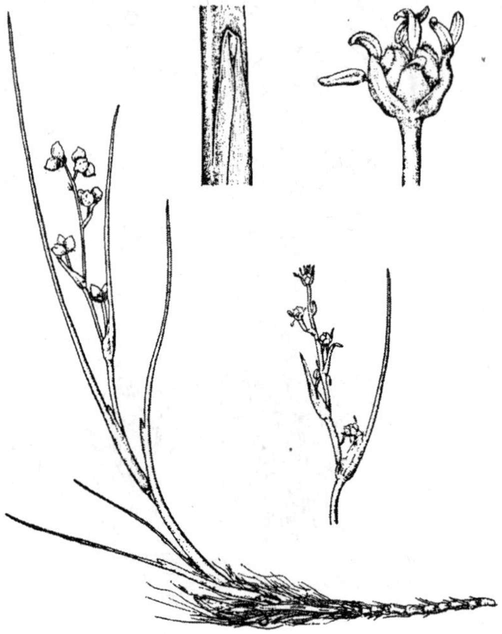

图 664 冰沼草

须叶藤科 Flagellariaceae

草质或半木质藤本，攀缘。茎顶端常假二叉分枝，常以叶卷须攀缘。叶 2 列，多脉，有时顶端变成卷须状，叶鞘抱茎。花小，两性或单性，辐射对称，顶生圆锥花序；花被片 6，白色，2 轮，宿存；雄蕊 6，花丝分离，花药 2 室，内向，纵裂；子房上位，3 室，花柱 3 裂；每室具单一胚珠，倒生。果肉质或核果状。

本科有 1 属约 4 种，分布于亚洲、非洲、澳大利亚的热带地区及太平洋岛屿。我国有须叶藤属 1 种，产于海南和台湾。

1. 须叶藤属 *Flagellaria* L.

属的形态特征和分布同科。

1. 须叶藤

Flagellaria indica L., Sp. Pl. 1: 333. 1753.

草质藤本，长 2-15 cm，茎下部粗壮，分枝具有紧密包裹的叶鞘。叶稠密，披针形，长 10-25 cm，宽度变化较大，顶端渐尖，延长成细长的卷须，以此缠绕在其他植物上，叶面深绿色，有光泽，平行脉多数，叶柄顶端稍扭曲，有 2 个耳状物。圆锥花序顶生，长 10-25 cm，有不整齐的分枝；花小，两性，密集，无柄；苞片鳞片状；花被片 6，2 轮，长 2-3 mm，黄白色；雄蕊 6，伸出于花被外；子房狭窄呈三棱形，花柱 3，毛绒状。核果球形，直径约 4 mm，成熟时黄红色。花期 4-7 月，果期 9-11 月。

分布于广东、广西、海南及台湾，生于河边、沟边疏林或丛林湿地。海拔 1 500 m 以下。亚洲热带其他地区和非洲也有分布。

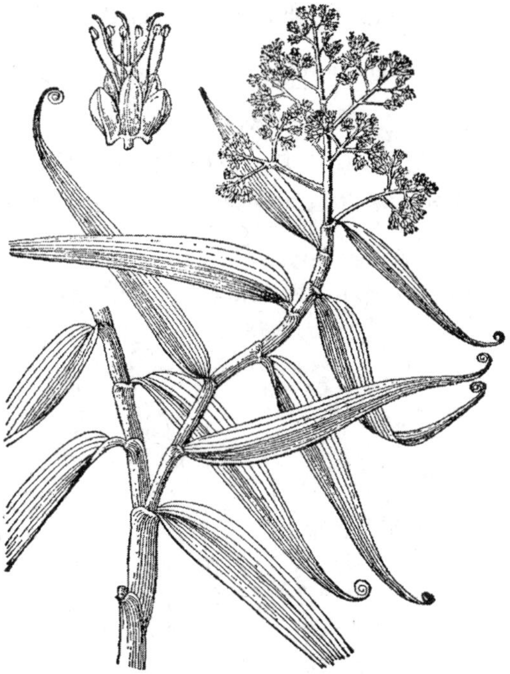

图 665 须叶藤

帚灯草科 Restionaceae

多年生草本。根状茎匍匐，有鳞片状的鞘。茎四方形或扁平，实心或中空，每节有脱落或宿存的叶鞘。有时只有叶鞘无叶片。花小，单性，雌雄异株，少同株或两性；小穗一至多花，排列成穗状或圆锥花序；花被辐射对称，花被片 3-6，颖状，2 轮或少有花被不存在；雄蕊 3，与内轮花被片对生，花药 1 室或少有 2 室，子房上位，1-3 室，花柱 1-3，分离或合生，有时羽毛状。果为坚果状或蒴果。

本科约有 55 属 490 种，广泛分布于南半球，非洲西南部和澳大利亚尤盛。

1. 薄果草属 *Dapsilanthus* Briggs & Johns.

茎单一或分枝，圆柱形。叶几乎由叶鞘组成，无叶片和叶舌。雄花序和雌花序近相似或明显不同；雌、雄小穗常密集成簇。小穗多花，稀雌小穗仅具 1 花，排成圆锥花序；花单性，雌雄异珠，稀同珠或两性；花被片 4-6；雄花：雄蕊 3 或 2，稀 1，花药 1 室，退化雌蕊小或无；雌花：子房上位，1 室，1 胚珠；花柱 3，稀 2，退化雄蕊 3 或无，两性花具 1 雌蕊或 1-3 雄蕊。果实椭圆形。

本属有 4 种，分布于东南亚、马来西亚、澳大利亚。我国只有 1 种。

1. 薄果草

Dapsilanthus disjunctus (Mast.) Briggs & Johnson, Telopea 8: 25. 1998.

茎直立，不分枝或极少二歧分枝，圆柱形中空，叶鞘紧密抱茎，长 12-13 mm，黄褐色，革质，渐尖，上部和边缘透明膜质。雌雄同株，花序为松散中断的狭圆锥状花序；小穗长 3-4 mm，苞片长圆状披针形，革质，具芒尖；花被片 5-6，颖状，膜质，外轮花被片长圆形，舟状对褶，内轮花被片较小；雄花具 3 雄蕊，离生，花药 1 室；雌花子房三棱形，花柱短，柱头 3。成熟果不开裂，种子 1 枚。

产于广西、海南，生于林中或湿地。越南、老挝、柬埔寨、泰国、马来西亚也有分布。

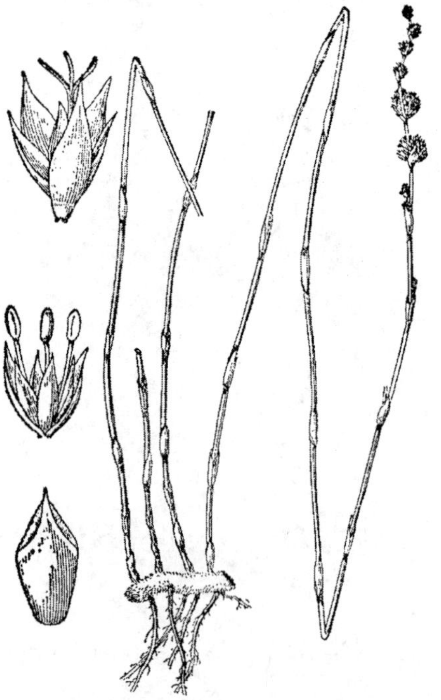

图 666 薄果草

黄眼草科 Xytidaceae

一年生或多年生草本。叶基生，狭剑形或丝状，基部鞘状，两性花，花小，排成稠密的顶生头状花序；苞片覆瓦状排列，鳞片状，革质且硬，褐黄色；萼片3，左右对称，2片侧生萼片有棱脊，舟形，第3片较大，膜质，呈1风帽状，芽时包裹花冠；花瓣3，黄色，具长短不一的爪；雄蕊3，与花瓣贴生，有时有退化雄蕊3个；子房上位，侧膜胎座、中轴胎座或基生胎座，胚珠多数，花柱不分枝或有3分枝。蒴果3裂。种子小，有纵条纹。

本科约有5属约300种，分布于热带和亚热带地区，美洲最多。我国有1属6种（1种特有）。

1. 黄眼草属 *Xyris* L.

多年生或一年生草本。叶基生，剑形或线形。头状花序生于花葶顶端；花两性，稍左右对称，小，为1黄褐色、革质的苞片所覆盖，苞片紧密覆瓦状排列；萼片3，大小不等，侧萼片较小，颖状，中萼片较阔，帽状；花瓣3，具柄；雄蕊3，与花冠裂片对生，有时有3枚互生的退化雄蕊；子房上位，1室、3室或不完全的3室，侧膜胎座，花柱上端3分枝，胚珠多数。蒴果。种子多数，椭圆形至倒卵形。

本属约有280种，主要分布于美洲的热带和亚热带地区，有些种类分布于非洲、亚洲和澳大利亚。我国有6种，产西南部至东部，喜生于湿地上。

分种检索表

1. 叶肉质，长20-60cm，苞片顶端圆钝或微凹……………………………………………1. 黄眼草 *X. indica*
1. 叶革质，长7-30cm，苞片顶端有1绿色的小突尖…………………………………………2. 葱草 *X. pauciflora*

1. 黄眼草

Xyris indica L., Sp. Pl. 1: 42. 1753.

一年生草本。叶基生，线形，套折，肉质，长20-60cm，宽5-8mm，顶端略钝，有时基部带红色。花葶粗壮，几与叶等长，有深槽纹；头状花序卵形或长圆状卵形，长1.2-3.5cm，苞片近圆形或宽大于长，黄褐色，有光泽，革质；萼片3，包于苞片内，2片侧生，线状匙形，背面龙骨状凸起，中萼片风帽状，脱落；花冠黄色，花瓣3，圆形，基部具爪；雄蕊3，贴生于花瓣，退化雄蕊3，与花瓣互生，顶端2裂，羽状；子房卵圆形，花柱丝状，上端3分枝。蒴果倒卵圆形。

分布于华南，生于田间、山谷潮湿地、湿草地，海拔250-600m。印度至马来西亚也有分布。

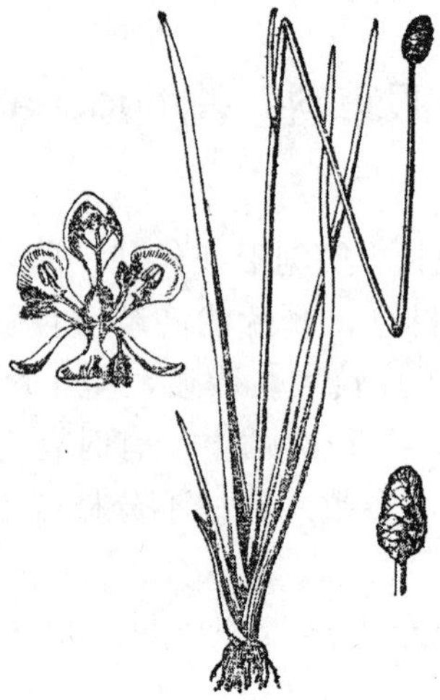

图 667　黄眼草

2. 葱草

Xyris pauciflora Willd., Phytographia. 1: 2. 1794.

直立、簇生或散生草本。叶狭线形，长 7-30 cm，宽 1-3 mm，顶端短尖，两边瘤状粗糙。花葶近圆柱形，长 20-70 cm；头状花序卵形或球形，宽约 6-10 mm；苞片紧密覆瓦状排列，鳞片状，近圆形或宽卵形，宽 2-4 mm，暗褐色，边缘色较淡，顶端具绿色小突尖；萼片 3，2 片侧生的在外，倒披针状舟形，长约 4 mm，透明，有棱脊，中萼片风帽状，脱落；花冠黄色，长约 5 mm，花瓣 3，下部具爪；雄蕊 3，贴生于花瓣，退化雄蕊 3，花丝羽状；子房倒卵形，花柱长丝状，顶端 3 分枝。蒴果卵圆形。

分布于福建、广东、广西、台湾及云南，生于山谷、田野沼泽及稻田中，海拔 350-900 m。印度、斯里兰卡、印度尼西亚、马来西亚、菲律宾至澳大利亚也有分布。

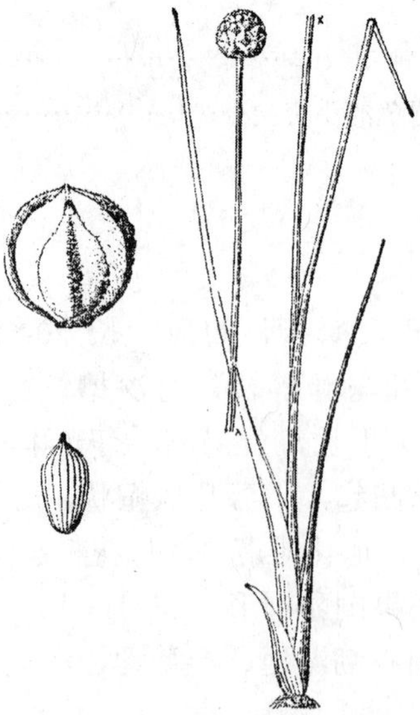

图 668　葱草

禾本科 Poaceae（Graminae）

一至多年生草本，竹类常为木本。秆常中空有节，稀实心。叶互生，常2列，叶鞘常一侧开裂或闭合，叶片常具平行脉，有或无横隔脉，叶鞘与叶片间常有一膜质透明或有缘毛的叶舌，有时叶鞘顶端两侧具叶耳。由小穗组成穗状、总状、头状、指状或圆锥状花序；小穗常由颖片与小花组成，颖片通常2片，或退化为1片或完全退化；小花两性或单性，具2稃片，下部的称外稃，其对面稍上部的称内稃；每一小花内有鳞被（或浆片）2-3或5-6片或完全退化，雄蕊3枚或1、2、4、6或更多，雌蕊1枚；子房1室，花柱2（1-3），花柱羽毛状或帚刷状，胚珠1。果常为颖果，具有淀粉质胚乳。

本科有约700属11 000种，广布世界各地，我国有226属（7属为特有），1 795种（809种为特有）。

禾本科植物经济价值很大，有许多粮食作物及饲料、饵料，竹类可作纤维及建筑材料，香茅、香根草可作香料，甘蔗为制糖原料，菰与竹笋是鲜美的蔬菜，还有很多药用植物。

分属检索表

1. 秆木质化；叶披针形，有明显的短叶柄，横脉明显。
  2. 地下茎单轴散生型；秆每节2分枝，一粗一细，近分枝一侧扁平或有纵槽；雄蕊3……………………………………………………………42. 刚竹属 *Phyllostachys*
  2. 地下茎合轴型，地面竹秆丛生；有节无芽，地面竹秆疏散成多丛。
    3. 地面竹秆通常为较密的单丛；植株具枝刺……………………7. 簕竹属 *Bambusa*
    3. 地面竹秆疏生或成多丛……………………………………57. 玉山竹属 *Yushania*
1. 秆常草质；叶片常为线形，若为披针形，则无明显的短柄。
  4. 小穗常单性，雌雄小穗同株或异株。
    5. 雌雄小穗常同株，雌小穗包藏于骨质念珠状总苞内……………13. 薏苡属 *Coix*
    5. 雌雄小穗不在同一穗轴上，常异株，雌小穗集成星芒状头状花序……55. 鼠刺属 *Spinifex*
  4. 小穗两性，若为单性，则雌雄小穗同时生于同一穗轴上。
    6. 小穗常具（1）2朵小花，第一小花雄性或不育，小穗轴常不延伸于顶生小花之外。
      7. 外稃常较颖为厚或至少同质；小穗单生或成对着生。
        8. 小穗成熟时脱节于颖之上，若脱节于颖之下，则仅有1朵小花。
          9. 小穗仅有1小花，脱落于颖之下；叶片卵状心形，基部心形抱茎；一年生……………………………………………………54. 稗荩属 *Sphaerocaryum*
          9. 小穗有2朵小花，脱节于颖之上。
            10. 发育小花常为圆柱形；叶线形或披针形……………5. 野古草属 *Arundinella*
            10. 发育小花卵形或近球形；叶卵形或披针形。
              11. 第二外稃纸质；颖长为小穗一半，宿存…………12. 小丽草属 *Coelachne*

11. 第二外稃质硬而近革质；颖几等长于小穗，迟缓脱落………28. 柳叶箬属 *Isachne*

8. 小穗成熟时常脱落于颖之下。

12. 小穗下有刚毛或总状花序轴延伸成长刚毛。

13. 总状花序轴顶端延伸成长刚毛…………………………46. 伪针茅属 *Pseudoraphis*

13. 小穗下有刚毛，小穗脱落，刚毛宿存在花序主轴上……………51. 狗尾草属 *Setaria*

12. 小穗下无刚毛；总状花序轴亦不延伸出顶生小穗之外。

14. 花序圆锥状或穗状；小穗明显有柄。

15. 圆锥花序穗状；第二颖弓起呈囊状………………………49. 囊颖草属 *Saociolepis*

15. 圆锥花序开展或呈指状。

16. 两颖不等长，第二颖等长或较短于第一外稃…………17. 马唐属 *Digitaria*

16. 两颖几等长或第一颖较短小，但第二颖等长于小穗而同型……………………………………………………………………………36. 黍属 *Panicum*

14. 花序总状；小穗单生或孪生。

17. 颖或第一外稃具芒，如无芒则第二外稃不紧包其穗。

18. 叶线形，无叶舌；第一颖先端尖或短芒状……………20. 稗属 *Echinochloa*

18. 叶卵形或披针形，有叶舌；第一颖常具长芒……34. 求米草属 *Oplismenus*

17. 颖或第一外稃无芒，第二外稃紧包其内穗。

19. 小穗的第一颖退化与第二颖下肿胀的小穗轴愈合呈环状或珠状，小穗基盘至外形上不见第一颖…………………………………24. 野黍属 *Eriochloa*

19. 小穗无上述形态的基盘；第二外稃的背部隆起………37. 雀稗属 *Paspalum*

7. 外稃透明膜质或膜质，较颖质薄；小穗常成对着生，一穗无柄，另一穗有柄或单生，但外稃透明膜质。

20. 小穗多少两侧扁，通常单生于穗轴各节，若双生，则叶片为披针形。

21. 叶披针形；小穗成对着生于穗轴各节，有柄小穗多变化，由发育至完全退化以至小穗柄均完全退化而形成每节小穗单生；第二外稃全缘或微具 2 齿，芒由其背之下部伸出……………………………………………………………………………4. 荩草属 *Arthraxon*

21. 叶窄线状披针形；小穗单生于穗轴各节；第二外稃 2 裂，裂齿间伸出一芒……………………………………………………………………………18. 觿茅属 *Dimeria*

20. 小穗大部背腹扁，通常成对，稀 3 个着生于穗轴各节。

22. 穗轴节间常肥厚，通常圆筒形；小穗无芒，常不同形，不同性，有柄小穗的小穗柄与穗轴分离至完全愈合而容纳无柄小穗的腔穴。

23. 总状花序排成圆锥状或伞房状兼指状，稀单生…………38. 束尾草属 *Phacelurus*

23. 总状花序单生或生于成束腋生的分枝顶端。

24. 总状花序轴节间常棒状，迟落…………………………23. 蜈蚣草属 *Eremochloa*

24. 总状花序轴坚韧，不逐节断落…………………………26. 牛鞭草属 *Hemarthria*

22. 穗轴节间细弱，线形或呈三棱形或近卵球形；小穗常有芒。

25. 成对小穗异形且异性，小穗常背腹扁；无柄小穗的第一颖背部凸起或扁平……………………………………………………………………………52. 高粱属 *Sorghum*

25. 成对小穗均可成熟，多同形同性，如不同形或同性，则小穗常两侧扁。

26. 总状花序各节的小穗均有柄；总状花序轴延伸不逐节断落；小穗具芒…………………………………………………………………31. 芒属 *Miscanthus*

26. 总状花序各节的小穗一具柄一无柄，总状花序轴常连同其无柄小穗逐节断落。

27. 总状花序排成圆锥状；叶线形；小穗基盘具长于小穗的毛……………………………………………………………………48. 甘蔗属 *Saccharum*

27. 总状花序单生；叶线形或线状披针形…………44. 金发草属 *Pogonatherum*

6. 小穗具多数小花，通常两侧扁，脱节于颖之上，并在各小花间逐节断落，顶生小花多少退化至不存在，或不孕小花位于结实小花之下；小穗轴多延伸出顶生小花之外，有些小穗仅具1朵小花，其小穗轴顶端的节间业已退化，无延伸小穗轴。

28. 小穗两性或单性（菰属），其中1小花可结实，结实小花常位于不孕小花上部；颖常较短小或极退化；外稃草质或硬纸质，具5脉或多脉；颖果多包裹在边缘紧扣的稃片内，若不被包裹，则叶片具横脉或小穗嵌生于穗轴凹穴中。

29. 颖完全退化或极小，至少第一颖完全退化或长不及0.5 mm。

30. 第一颖完全退化，第二颖对折呈舟形……………………………59. 结缕草属 *Zoysia*

30. 两颖完全退化；小穗除顶生两性小花外，位于其下有2退化外稃片，内稃具3脉……………………………………………………………………35. 稻属 *Oryza*

31. 小穗单性……………………………………………………………58. 菰属 *Zizania*

31. 小穗两性。

32. 小花无柄状基盘；叶线状披针形……………………………29. 假稻属 *Leersia*

32. 小花具柄状基盘。

33. 叶卵状披针形；雄蕊6……………………………27. 水禾属 *Hygroryza*

33. 叶线形；雄蕊1……………………………………11. 山涧草属 *Chikusichloa*

29. 颖正常发育或退化，第一颖长于0.5 mm。

34. 小穗除1朵两性小花外，尚有退化的不孕小花或稃片。

35. 花序圆锥状；小穗下2个不育小花的外稃退化为鳞片状……39. 虉草属 *Phalaris*

35. 花序由两至多数穗状花序总状排列于主轴上；小穗无退化的不孕小花…………………………………………………………………………53. 米草属 *Spartina*

34. 小穗具1朵两性花，无退化的不孕小花。

36. 花序圆锥状。

37. 两颖完全退化；外稃具短芒，内稃先端2深齿裂；无鳞被…14. 莎禾属 *Coleanthus*

37. 两颖存在，不等长；外稃无芒，内稃具2脉；鳞被2，宽楔形…………………………………………………………………56. 鼠尾粟属 *Sporobolus*

36. 花序指状或穗状单生于秆顶。

38. 小穗脱节于颖之下。

39. 小穗无柄，常圆形……………………………………8. 菵草属 *Beckmannia*

39. 小穗具柄，两侧扁。

40. 两颖基部连合，顶端钝或渐尖…………………3. 看麦娘属 *Alopecurus*

40. 两颖基部不连合，先端2裂，裂片间伸出细直芒…………………………………………………………45. 棒头草属 *Polypogon*

38. 小穗脱节于颖之上。
41. 圆锥花序圆柱状或穗状；两颖等长，中脉成脊，先端具尖头或短芒……………………………………………………40. 梯牧草属 *Phleum*
41. 圆锥花序开展或稍紧缩；颖不等长或近等长，中脉不成脊。
42. 外稃的基盘无毛或簇生短毛……………………2. 剪股颖属 *Agrostis*
42. 外稃的基盘有柔毛。
43. 外稃长为颖的 1/2-2/3；基盘的毛通常长于外稃……………………………………………………9. 拂子茅属 *Calamagrostis*
43. 外稃长为颖的 3/4；基盘的毛短于外稃……16. 野青茅属 *Deyeuxia*
28. 小穗中两至多朵小花可结实，若仅 1 朵小花结实，则尚有不孕小花。
44. 花序穗状或总状。
45. 植株基部无碎裂的纤维状叶鞘；叶片柔软，多扁平………………21. 披碱草属 *Elymus*
45. 植株基部常为纤维状叶鞘所包，叶质较硬，常内卷…………………30. 赖草属 *Leymus*
44. 花序为圆锥花序，开展或紧缩呈穗状。
46. 圆锥花序穗状或紧缩呈头状；多年生；颖常短于小穗……………1. 獐毛属 *Aeluropus*
46. 圆锥花序多少开展，常有光泽或无光泽。
47. 圆锥花序有光泽；外稃背圆，先端平截或啮蚀状，芒自背脊中部以下伸出或无芒……………………………………………………15. 发草属 *Deschampsia*
47. 圆锥花序无光泽。
48. 一年生……………………………………………………43. 早熟禾属 *Poa*
48. 多年生。
49. 叶鞘全部或部分闭合；内稃稍长于外稃或几等长…25. 甜茅属 *Glyceria*
49. 叶鞘不闭合。
50. 外稃背圆，至少下部圆，常无脊。
51. 小花基盘通常无毛；叶片线形，内卷……47. 碱茅属 *Puccinellia*
51. 小花基盘被长 1-1.6 mm 的髯毛…………50. 水茅属 *Scolochloa*
50. 外稃背部具脊。
52. 外稃或其基盘具长丝状毛或边缘具柔毛。
53. 外稃无毛，基盘棒状，有丝状柔毛…41. 芦苇属 *Phragmites*
53. 外稃有毛，基盘短小或短柄状，有较短柔毛。
54. 外稃至少中部以下有丝状柔毛；基盘短小，上部两侧有毛…………………………………………6. 芦竹属 *Arundo*
54. 外稃近缘侧脉有毛，基盘短柄状，具柔毛………………………………………………33. 类芦属 *Neyraudia*
52. 外稃或基盘均无长丝状毛。
55. 颖果熟时肿胀而使内外稃张开常外露；叶片显著反转；雄蕊 3……………………………………32. 麦氏草属 *Molinia*
55. 颖果及叶非上述情况。

56. 小穗具 1-3 朵小花；外稃无芒，具 3 脉，先端钝或平截或啮蚀状……………………10. 沿沟草属 *Catabrosa*
56. 小穗具数至多朵小花；圆锥花序，小穗脱节于颖之上。
57. 外稃无芒，具 3 脉…………22. 画眉草属 *Eragrostis*
57. 外稃具短芒，背部脊明显，先端常 2-4 齿……………………………………………19. 双稃草属 *Diplachne*

1. 獐毛属 ***Aeluropus*** Trin.

多年生草本，多分枝。叶坚硬。圆锥花序紧密呈穗状或头状；小穗卵状披针形，具四至多数小花，成 2 行排列于穗轴一侧，小花紧密排成覆瓦状，小穗轴脱节于颖之上及各小花之间；颖常短于小穗，稍不等长，革质，边缘膜质，1-7 脉；外稃卵形，先端尖或具小尖头，7-11 脉；内外稃几等长，先端平截，脊微粗糙或具纤毛；雄蕊 3，花药线形。颖果卵圆形。

本属约有 20 种，分布于亚洲北部、喜马拉雅山区、中亚细亚和地中海地区。我国有 4 种。

1. 獐毛

Aeluropus sinensis (Deb.) Tzvelev, Rast. Tsentr. Azii 4: 128. 1968.

秆高 15-35 cm，直径 1.5-2 mm，多节，节上有柔毛。叶鞘长于节间或上部的短于节间，鞘口被柔毛；叶舌截平，长 0.5 mm，叶片长 3-6 cm，宽 3-6 mm，圆锥花序穗状，长 2.5-6 cm，宽 5-12 mm；小穗卵形或卵状披针形，长 4-6 mm，宽 3-4 mm，具 4-6 朵小花，颖及外稃背脊粗糙；颖革质，具膜质边缘，第一颖长约 2 mm，第二颖长约 3 mm；第一外稃卵形，长约 3.5 mm，内稃等长于外稃；雄蕊 3，花药长 1.5 mm。颖果长圆形。花果期 5-8 月。

分布于东北、华北、西北及江苏、山东，生于海边和内陆盐碱地，海拔 3 200 m。

为沿海地区优良固沙植物。

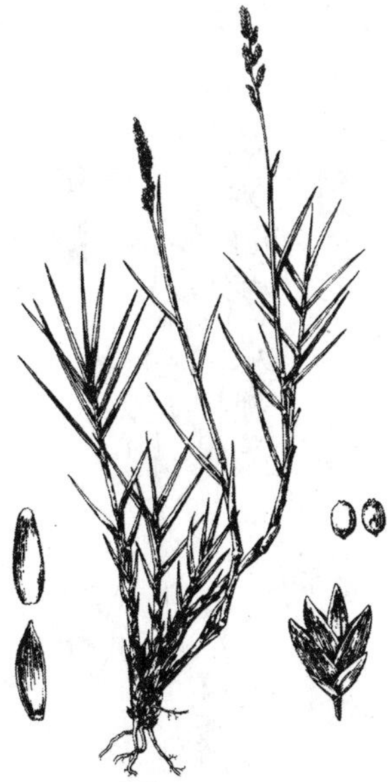

图 669　獐毛

2. 剪股颖属 *Agrostis* L.

一年生或多年生草本。圆锥花序疏散至紧缩，稀穗状；小穗具1小花，小穗轴不延伸；颖等长或不等长，等于或长于小花，膜质，有光泽，1脉；外稃透明膜质或软骨质，较颖薄，无毛或被毛，先端钝圆，5脉，稀3脉，脉有时在顶端稍突出，无芒或基部或近顶部具1直立或膝曲芒，基盘光滑或两侧簇生短毛；内稃通常短于外稃且非常小，有时退化仅残留一点痕迹，具2脉；鳞被2，近披针形，透明膜质；雄蕊3，花药长为外稃的1/10-3/4；子房光滑，柱头2，羽毛状。颖果与外稃分离或被外稃所包，长圆形，具纵槽。

本属约有220种，分布于温带地区和热带山地。我国约有30种。

多为家畜喜食的禾草，有些种类是很好的草坪植物。

分种检索表

1. 内稃较大，长为外稃2/3-3/4，外稃无芒……………………………………………1. 巨序剪股颖 *A. gigantea*

1. 内稃较小，长为外稃1/4以下，外稃具芒，芒长0.8-2mm，细直或微弯，芒自外稃1/2处以下伸出………………………………………………………………………………………2. 台湾剪股颖 *A. sozanensis*

1. 巨序剪股颖

Agrostis gigantean Roth, Fl. Germ. 1: 31. 1788.

秆高30-130cm，具2-6节，平滑。叶鞘短于节间；叶舌长圆形，长3-11mm，先端齿裂；叶片线形，长5-30cm，宽3-10mm，边缘和脉粗糙。圆锥花序长圆形或尖塔形，疏松和紧缩，长10-25cm，宽3-10cm，每节具五至多数分枝，有小穗在基部腋生；小穗长2-2.5mm，绿色或带紫色，具1朵小花；颖片舟形，两颖等长或第一颖稍长，先端尖，背部具脊；外稃长1.8-2mm，先端钝圆，内稃长圆形，长1.2-1.5mm，顶端圆或微有小齿；雄蕊3，花药长1-1.2mm。花果期7-9月。

图670 巨序剪股颖

分布于东北、华北、华东、华中、西北、西南，生于山坡草地、山谷潮湿处，海拔 3 800 m 以下。也分布于亚洲温带和欧洲及北美洲。

为优良饲用禾草，也为很好的草坪植物。

2. 台湾剪股颖

Agrostis sozanensis Hayata, Icon. Pl. Formosan 7: 85. 1918.——*A. canina* L. var. *formosana* Hack.

秆丛生，直立或基部稍倾斜上升，高达 90 cm，直径 1 mm，具 3-5 节。叶鞘上部的短于节间；叶舌先端钝或平截，长 2-6 mm；叶片线形，长 7-30 cm，宽 2-5 mm，有时先端内卷或锥形，稍粗糙。圆锥花序尖塔形或长圆形，长 15-30 cm，宽 3-10 cm，疏松，分枝 2-10 余枚；小穗具 1 朵小花；两颖近等长或第一颖稍长，先端渐尖，脊上微粗糙；外稃长 1.5-2 mm，先端钝或平截，微具齿，中部以下具长 0.8-2 mm 的芒，内稃长 0.5 mm；雄蕊 3，花药线形，长 1-1.2 mm。花果期夏秋季。

分布于安徽、河南、湖北、湖南、江苏、江西、四川、台湾、浙江，生于山坡潮湿处、路边。海拔 1 000-2 000 m。也分布于亚洲温带、欧洲及北美洲。

3. 看麦娘属 ***Alopecurus*** L.

一年生或多年生草本。叶片扁平。圆锥花序穗状，圆柱形；小穗具 1 小花，两侧扁，脱节于颖之下；颖等长，膜质或薄革质，稍长于小花，常于基部合生，先端钝或渐尖，3 脉，外稃膜质，下部边缘合生，具不明显 5 脉，有脊，先端平截或尖，背面中部以下具直立或弯曲芒；内稃常很小或无；无鳞被；雄蕊 3；柱头被柔毛。颖果与稃体分离。

本属有 36 种，分布于北温带和南美洲。我国有 9 种。

多数种类为优良牧草。

分种检索表

1. 小穗长 4-6 mm；花药淡黄色或白色，长 1 mm……………………2. 日本看麦娘 *A. japonicus*
1. 小穗长 2-3 mm；花药橙黄色，长 0.5-0.8 mm。
    2. 芒长 2-3 mm，内藏或稍外露；花药长 0.5-0.8 mm，橙黄色……………………1. 看麦娘 *A. aequalis*
    2. 芒长 6-10 mm，自稃体基部伸出，膝曲……………………3. 长芒看麦娘 *A. longiaristatus*

1. 看麦娘

Alopecurus aequalis Sobol., Fl. Petrop. 16. 1799.

一年生。秆少数，丛生，高 15-40 cm，较细，节处常曲折。叶鞘短于节间，叶舌长 2-5 mm，叶片长 3-10 cm，宽 2-6 mm。圆锥花序圆柱状，长 2-7 cm，宽 3-6 mm，灰绿色；小穗椭圆形或卵状长圆形，长 2-3 mm，具 1 朵两性花；颖基部连合，脊上被纤毛，侧脉下部具短毛；外稃先端钝，下部边缘连合，稃体下部具 1.5-3.5 mm 的芒，内藏或稍外露；雄蕊 3，花药长 0.5-0.8 mm。颖果约长 1 mm。花果期 4-8 月。

分布于我国大部分地区，生于海拔 3 500 m 以下的田边及潮湿处。欧亚大陆的寒温带及温暖地带和北美洲也有分布。

图 671 看麦娘

2. 日本看麦娘

Alopecurus japonicus Steud., Syn. Pl. Glumac. 1: 149. 1854.

一年生。秆少数，丛生，直立或基部曲折，高 20-50 cm，具 3-4 节。叶鞘松弛；叶舌膜质，长 2-5 mm；叶片长 3-12 cm，宽 3-7 mm，上面粗糙。圆锥花序圆柱状，长 3-10 cm，宽 4-10 mm；小穗长圆状卵形，长 5-6 mm，具 1 朵两性花；颖的基部连合，脊上具纤毛；外稃稍长于颖，下部边缘连合，近稃体基部生出一芒，芒长 8-12 mm，中部稍曲折，上部粗糙；雄蕊 3，花药长约 1 mm。颖果半椭圆形，长 2-2.5 mm。花果期 2-5 月。

分布于华东、西南及广东、广西、湖北、湖南、陕西，生于低海拔地区、田边、湿地。日本、朝鲜也有分布。

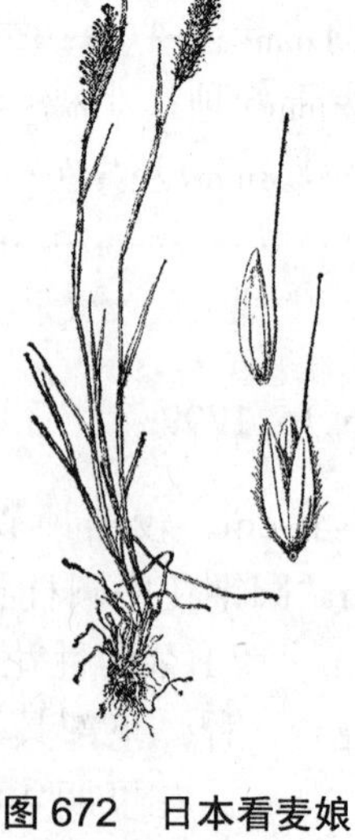

图 672 日本看麦娘

3. 长芒看麦娘

Alopecurus longiaristatus Maxim., Prim. Fl. Amur. 327. 1859.

一年生。秆少数，丛生，高 15-30 cm，细，节处有时膝曲。叶鞘短于节间，松弛；叶舌膜质，长 2-4 mm；叶片扁平，质薄，长 3-9 cm，宽 1-2 mm。圆锥花序圆柱状，长 4-7 cm，下部包于叶鞘中；小穗椭圆形，长约 3 mm；颖基部连合，具 3 脉，脊与脉上具纤毛；外稃膜质，具 3 脉，芒自稃体基部伸出，膝曲，长 5-8 mm，芒上小刺向上；花药橙黄色，长约 0.8 mm。颖果长约 1.5 mm。花果期 5-7 月。

分布于我国东北地区，生于潮湿沙地、河边、湖边。俄罗斯（远东地区）也有分布。

4. 荩草属 *Arthraxon* Beauv.

一年生或多年生纤细草本。叶披针形或卵状披针形，基部心形抱茎。总状花序一至数枚指状排列于秆顶；无柄小穗两侧扁或第一颖背腹扁，具 1 两性小花，有芒或无芒；第一颖厚纸质，第二颖等长或稍长于第一颖，对折使主脉成 2 脊，先端尖；第一小花退化，仅具透明外稃；第二小花外稃膜质，全缘或先端具 2 微齿，基部具芒；内稃微小或无；雄蕊 2-3；柱头 2，基部分离；鳞被 2。颖果近线形。

本属约有 20 种，分布于东半球热带和亚热带。我国有 12 种（1 种特有）。

1. 荩草

Arthraxon hispidus (Thunb.) Makino, Bot. Mag. (Tokyo) 26: 214 1912.——*Phalaris hispidus* Thunb.

1a. 荩草（原变种）

Arthraxon hispidus (Thunb.) Makino var. ***hispidus***

一年生。秆高 30-60 cm，细弱，多节，常分枝。叶鞘短于节间，被短硬毛；叶舌长 0.5-1 mm，具缘毛；叶片卵状披针形，长 2-4 cm，宽 0.8-1.5 cm，基部心形，抱茎。总状花序长 1.5-4 cm，指状排列或簇生于秆顶；小穗卵状披针形，两侧压扁，长 3-5 mm，灰绿色或带紫色，具 1 小花；第一颖先端锐尖，被短硬毛，第二颖与第一颖等长，舟形，先端尖；第一外稃长圆形，长为第一颖的 2/3，第二外稃长于第一外稃，近基部生一曲折的芒，芒长 6-9 mm；雄蕊 2，花药长 0.7-1 mm。颖果长圆形，与稃体几等长。花果期 8-11 月。

分布于全国各地，生于山坡草地阴湿处。东半球温暖地区均有分布。

图 673 荩草

1b. 中亚荩草（变种）

Arthranxon hispidus (Thunb.) Makino var. ***centrasiaticus*** (Griseb.) Honda, Bot. Mag. (Tokyo) 39: 278. 1925.——*Pleurophtis centrasiatius* Griseb.

与荩草区别在于：叶片两面有毛；小穗具较长的芒。花果期 8-9 月。

分布于东北、华中、华东、西北。中亚、西亚。日本也有分布。

1c. 匿芒荩草（变种）

Arthraxon hispidus (Thunb.) Makino var. ***cryptatherus*** (Hackel) Honda, Bot. Mag. (Tokyo) 39: 277. 1925.——*A. ciliaris* Beauv. subsp. *longsdoffii* var. *cryptatherus* Hackel

与荩草的主要区别在于：芒甚短或长、为小穗的 1/2，通常包于小穗内而不外露。

分布于华北、华中、华东、华南、西南。日本也有分布。

5. 野古草属 ***Arundinella*** Raddi

多年生或一年生草本。秆直立或基部倾斜。叶线形或披针形，叶舌短小或近无，常具纤毛。圆锥花序开展或紧缩；小穗孪生，稀单生，具柄，具 2 小花；发育小花常为圆柱形，第一小花常为雄性或中性，稀雌性或两性；第二小花两性，短于第一小花；颖近等长或第一颖稍短，3-5（-7）脉；第一外稃膜质或坚纸质，3-7 脉，等长或稍长于第一颖；第二外稃花时纸质，果时坚纸质，带棕褐色，边缘内卷，背部粗糙或具疏柔毛，先端有或无芒，芒基部两侧具刺毛或齿，基盘半月形，有或无毛；第二内稃膜质，为外稃紧包而与其近等长；鳞被 2，楔形；雄蕊通常 3，花药紫、褐或黄色；子房无毛，柱头 2，带紫红色，帚刷状。颖果背腹扁，长卵圆形或长椭圆形，成熟时褐色。

本属约有 60 种，分布于热带和亚热带地区，主产于亚洲。我国有 20 种（8 种特有）。

分种检索表

1. 花序柄及秆均无毛；叶片宽 5-6mm……1. 溪边野古草 *A. fluviatilis*
1. 花序柄及秆具硬疣毛；叶片宽约 10mm……2. 毛秆野古草 *A. hirta*

1. 溪边野古草

Arundinella fluviatilis Hand.-Mazz., Kaiserl. Akab. Wiss. Wien, Math.-Naturwiss. Kl., Anz. 63: 111. 1926.

多年生。秆密丛生，高 40-80cm，直径 1-2mm。叶鞘光滑，边缘膜质；叶舌平齐，两侧有长柔毛；叶片长 6-20cm，宽 5-6mm，挺直。圆锥花序狭窄，长 10-18cm，孪生小穗柄分别长 1mm 和 2.5mm；小穗长 3.5-4.5mm，淡紫色；第一颖长 2.6-3.5mm，第二颖等长或略短于小穗；第一小花雄性，外稃顶端尖，内稃稍短，第二小花两性，长 2.6-3.4mm，背面上部粗糙，具长 0.3-1.5mm 的芒状尖头；雄蕊 3，花药长 1.3mm。花果期 9-11 月。

分布于贵州、湖北、湖南、江西、四川，生于河边石灰岩或砂岩缝隙间或沙滩上，海拔 50-500m。

图 674 溪边野古草

2. 毛秆野古草

Arundinella hirta (Thunb.) Tanaka, Bull. Sci. Fak. Terk. Kjusu Imp. Univ. 1: 196, 208. 1925.

多年生。根状茎粗壮；秆高 0.9-1.5m，直径 2-4mm，直立，具脱落性白色疣毛及长柔毛；节密被柔毛。叶鞘被疣毛，边缘具纤毛；叶舌长约 0.2 mm，平截，具长纤毛；叶长 15-40 cm，宽约 1 cm，两面被疣毛，先端长渐尖。圆锥花序长 15-40 cm，花序柄、主轴及分枝节均被疣毛；孪生小穗柄分别长约 1.5 mm 及 4 mm，较粗糙，具疏长柔毛；颖具 5 脉或第一颖具 3 或 7 脉，第一颖长 2.4-3.4 mm，先端渐尖，第二颖长 2.8-3.6 mm；第一小花雄性，长 3-3.5 mm，外稃具 3-5 脉，内稃略短；第二小花长卵形，外稃长 2.4-3 mm，无芒，常具小尖头，基盘具毛长约为稃体的 1/2。花果期 8-10 月。

分布于东北、华北、华东、华中、西南及甘肃、广东、广西、宁夏、陕西、台湾，生于河边、田边、路边、山坡草地，海拔 1 000-1 500 m。日本、朝鲜、俄罗斯东部也有分布。

可固堤，也可作纤维原料，幼嫩植株可作饲料。

图 675　毛秆野古草

6. 芦竹属　*Arundo* L.

多年生草本。具长匍匐根状茎；秆直立，高大粗壮，具多节。叶鞘无毛；叶舌纸质，背面及边缘具毛；叶片宽大，线状披针形。圆锥花序大型，分枝密生，具多数小穗；小穗具 2-7 花，两侧扁，小穗轴脱节于孕性花之中；两颖近相等，约与小穗等长或稍短，披针形，3-5 脉；外稃宽披针形，厚纸质，背部近圆，无脊，通常具 3 主脉，中部以下密生长柔毛，基盘短小，顶端具尖头或短芒；内稃短，长为外稃之半，两脊上部有纤毛；雄蕊 3，花药长 2-3 mm。颖果较小，纺锤形。

本属有 3 种，从地中海地区分布至我国。我国有 2 种。

1. 芦竹

Arundo donax L., Sp. Pl. 1: 81. 1753.

1a. 芦竹（原变种）

Arundo donax L. var. ***donax***

秆高 2-6 m，直径 1-1.5 cm，坚韧，多节，常分枝。叶鞘长于节间，有时被长柔毛；叶舌截平，长 1.5 mm，先端具短纤毛；叶片长 30-50 cm，宽 3-5 cm，基部抱茎。圆锥花序大型，长 30-90 cm，宽 3-6 cm，分枝密；小穗长 10-12 mm，具 2-4 朵小花；外稃中脉延伸成长 1-2 mm 短芒，背面中部以下密生长柔毛，毛长 5-7 mm，第一外稃长约 1 cm，内稃长约为外稃的 1/2；雄蕊 3。颖果细小，黑色。花果期 9-12 月。

分布于华东、华南、西南及河北、台湾，生于河边砂质土壤上，南方各地庭园引种栽培。

秆为制管乐器中的簧片原料，也是优良的造纸和人造丝原料，幼嫩枝叶可作饲料。

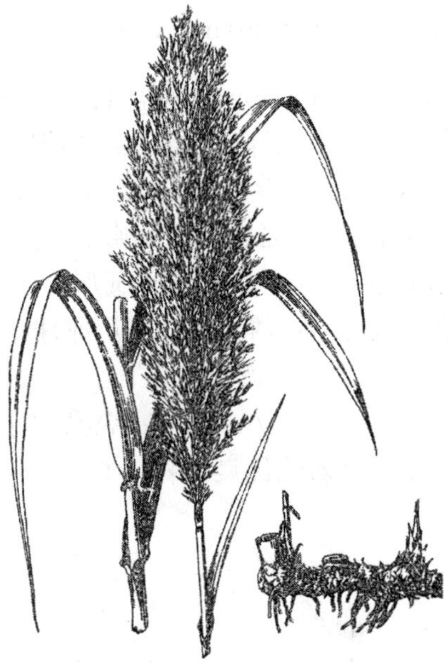

图 676　芦竹

1b. 毛鞘芦竹（变种）

Arundo donax L. var. ***coleotricha*** Hack.

与原变种的区别在于：叶鞘被毛及圆锥花序分枝腋间具柔毛。

分布于广东、台湾，生于河边。

1c. 变叶芦竹（变种）

Arundo donax L. var. ***versiocolor*** (Mill.) Stokes

与原变种的区别在于：叶片伸展，具白色纵长条纹。

分布于台湾，常栽培作庭园观叶植物。

7. 簕竹属 ***Bambusa*** Retz.

灌木状或乔木状竹类。地下茎合轴丛生型；秆丛生，直立，稀梢端攀缘状，节间圆筒形，秆环不明显，每节具多数分枝，通常有粗大主枝，秆下部分枝有刺或无刺。秆箨早落、迟落或近宿存，箨耳发达或不明显，箨叶直立、外展或反曲。花序逐次发生，假小穗单生或数枚至多数簇生于花枝各节，每小穗具两至多数小花，小穗具关节，果熟时逐节折断；颖片 1-3，或无；内稃具 2 脊，与外稃近等长；鳞被 2 或 3；雄蕊 6；子房常具柄，柱头 3，羽状。颖果，顶端与种子分离。

本属有 100 余种，分布于亚洲热带、亚热带地区。我国有 80 种，分布于南部和西南部（67 种特有）。

1. 米筛竹

Bambusa pachinensis Hayata, Icon. Pl. Formosan 6: 150, 1916.

秆高 3-8 m，直径 1-4.5 cm，节间 30-70 cm，疏被刺毛，分枝簇生。箨鞘微呈不对称的宽拱形，革质，背面贴生刺毛；箨耳不相等，边缘具卷曲细长毛；箨舌边缘呈规则齿裂；箨片稍呈不对称的卵形或卵状三角形，为箨鞘的 1/3-1/2，背面疏被刺毛，边缘下部被纤毛。叶片线形或线状披针形，长 8-18 cm，宽 1-2 cm，下面密生长柔毛。假小穗单生或数枚簇生；小穗具 4-6 朵小花，中间小花两性；颖 1 片，卵状长圆形；外稃卵状椭圆形，内稃披针形，长 11 mm；鳞被不相等，边缘被长纤毛；雄蕊 6；子房卵球状，子房顶端和花柱均被长硬毛，柱头 3，羽毛状。

分布于福建、广东、广西、江西、台湾、浙江，常栽培于江河两岸、村落附近。

竿的节间长，质柔韧，为编制竹器的优良用材。

图 677 米筛竹

8. 菵草属 *Beckmannia* Host

一年生草本。叶片扁平。圆锥花序窄，具多数短而斜生的穗状花序；小穗常圆形，具1（2）小花，两侧扁，近无柄，成2行覆瓦状排列于穗轴一侧，小穗轴脱节于颖之下，亦不延伸于内稃之后；颖等长，半圆形，草质，具较薄白色边缘，3脉，先端钝或锐尖；外稃披针形，5脉，稍露出颖外，先端尖或具短尖；内稃稍短于外稃，具脊；雄蕊3。

本属有2种，分布于北半球温带地区。我国有1种。

1. 菵草

Beckmannia syzigachne (Steud.) Fernald, Rhodora 30: 27. 1928.——*Panicum syzigachne* Steud.

1a. 菵草（原变种）

Beckmannia syzigachne (Steud.) Fernald var. ***syzigachne***

秆高15-90cm，具2-4节。叶鞘长于节间；叶舌长3-8mm，膜质；叶片长5-20cm，宽3-10mm。圆锥花序长10-30cm，分枝稀疏；小穗圆形，扁平，灰绿色，长约3mm，具1小花；颖草质，边缘薄，白色，背部灰绿色，具淡色的横纹；外稃披针形，具伸出颖外的短尖；雄蕊3枚，花药长1mm。颖果长圆形，长1.5mm，黄褐色，先端具丛生短毛。花果期4-10月。

分布于全国各地，生于水沟边、浅的流水中及水边湿地、亚高山草甸、半沼泽、河漫滩，海拔3 800m以下。也分布于日本、朝鲜、蒙古、俄罗斯、中亚及欧洲和北美洲。

为优良饲料，再生力强，耐盐碱。

图678 菵草

1b. 毛颖菵草（变种）

Beckmannia syzigachne (Steud.) Fernald var. ***hirsutiflora*** Roshev. in Kom., Fl. URSS 2: 288, 291. 1934.

与原变种的区别在于：颖具硬毛。

分布于东北各地，生于水边或湿地。

9. 拂子茅属 *Calamagrostis* Adans.

多年生草本。圆锥花序穗状或开展；小穗常具1（2）小花，脱节于颖之上，有或无常被丝状柔毛的小穗轴；颖近膜质，1-3 脉，先端尖或渐尖；外稃膜质或草质，短于颖，具3-5 脉，先端 2 裂或不规则齿裂，有时脉端延伸，芒自外稃先端齿间、中部或基部伸出，直立或膝曲，稀无芒，基盘两侧密生柔毛，毛长超过或短于外稃长度 1/2；内稃质薄，具2脉，与外稃近等长或较短。

本属约有 20 种，分布于北温带或北极地区。我国有 6 种（1 种特有）。

分种检索表

1. 芒从外稃背面中部伸出；圆锥花序紧密具间断··············1. 拂子茅 *C. epigeios*
1. 芒从外稃顶端或稍下伸出；圆锥花序紧密无间断··············2. 假苇拂子茅 *C. pseudophragmites*

1. 拂子茅

Calamagrostis epigeios (L.) Roth., Tent. Fl. Germ. 1: 34. 1788.——*Arundo epigeios* L.

1a. 拂子茅（原变种）

Calamagrostis epigeios (L.) Roth. var. ***epigeios***

秆高 45-100 cm，直径 2-3 mm。叶舌长圆形，先端易开裂，长 5-9 mm；叶片长 12-27 cm，宽 4-13 mm，平展或边缘内卷。圆锥花序圆筒形，长 10-30 cm，宽 1.5-4 cm，具分枝；小穗长 5-7 mm，淡绿色或带淡紫色，具 1 朵小花；两颖近等长或第二颖微短，先端渐尖；外稃长为颖的 1/2，顶端具 2 齿，自稃体背面中部生出 1 芒，芒长 2-3 mm，基盘的柔毛几与颖等长，内稃长为外稃的 2/3，顶端细齿裂；雄蕊 3，花药长 1.5 mm。花果期 5-9 月。

分布于全国各地，生于河边、沟边、潮湿地或盐碱地，海拔 100-3 900 m。也分布于日本、蒙古、巴基斯坦、克什米尔地区、俄罗斯、中亚及欧洲。

可作牧草，也可固沙保护堤岸。

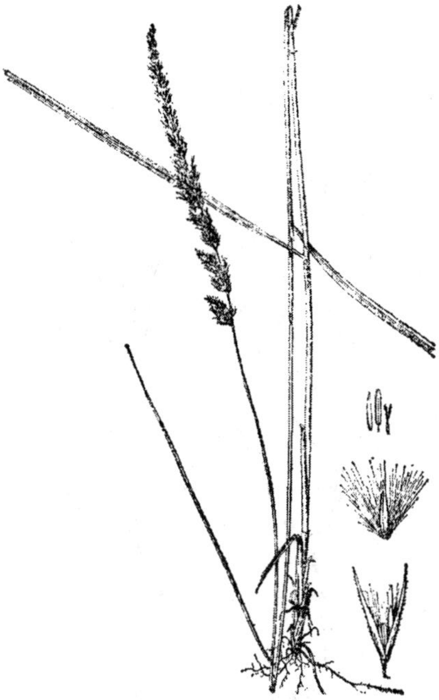

图 679　拂子茅

1b. 密花佛子茅（变种）

Calamagrostis epigeios (L.) Roth. var. ***densiflora*** Griseb.

与拂子茅的区别在于：圆锥花序更紧缩而密集。

分布于全国各地，生于河边、沟边、潮湿地或盐碱地，海拔 160-3 000 m。

2. 假苇拂子茅

Calamagrostis pseudophragmites (Haller f.) Koeler, Descr. Gram. 106. 1802.——*Arundo pseudophragmites* Haller f.

秆高 40-100 cm，直径 1.5-4 mm。叶舌长圆形，顶端钝，易碎，长 4-9 mm；叶片长 10-30 cm，宽 1.5-7 mm，有时内卷。圆锥花序长圆状披针形，疏松，长 10-55 cm，宽 2-5 cm，分枝簇生；小穗长 5-7 mm，草黄色或紫色，具 1 朵小花；颖线状披针形，顶端长渐尖，成熟后张开，第二颖较第一颖短；外稃长 3-4 mm，顶端全缘，稀微齿裂，芒自顶端或稍下伸出，长 1-3 mm，基盘的柔毛等长或稍短于小穗，内稃长 1-2.6 mm；雄蕊 3。花果期 7-9 月。

分布于东北、华北、西北、西南及湖北，生于山坡草地或河边阴湿处。也分布于不丹、印度、日本、朝鲜、蒙古、俄罗斯、中亚及欧洲。

可作饲料和固沙护堤用。

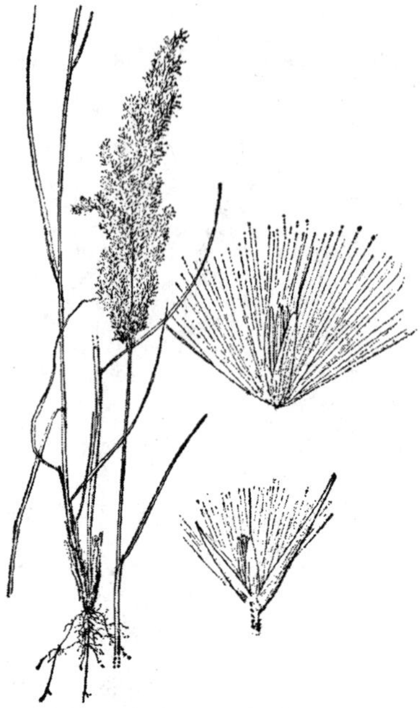

图 680 假苇拂子茅

附：短芒拂子茅

Calamagrostis hedini Pily. Ostenf. & Paulsen in Hedin, S. Tibet 6 (3): Bot. 93. 1922.

与假苇拂子茅的区别在于：圆锥花序长 4-13 cm；小穗长 4-5 mm；第一颖长 4-5 mm，第二颖长 2-4 mm；外稃长 2-3 mm，顶端微齿裂；芒自裂齿间伸出，长 0.5-1 mm。

分布于青海、四川、新疆、西藏，生于水沟边潮湿处、山坡草地、林下灌丛中，海拔 700-4 200 m。也分布于印度、克什米尔地区、吉尔吉斯斯坦、巴基斯坦、塔吉克斯坦。

图 681 短芒拂子茅

10. 沿沟草属 *Catabrosa* Beauv.

多年生草本。常具匍匐地面或沉水的茎。叶鞘闭合达 1/2-3/4；叶片线形，扁平，柔软，无毛。圆锥花序密集或疏展，分枝光滑。小穗具（1）2（3）小花，小穗轴无毛，每小花下具关节；颖膜质，不等长，近圆形或宽卵形，均短于小花，脉不清晰，先端钝或平截或蚀食状；外稃草质，宽卵形或长圆形，先端钝，干膜质，无芒，具 3 脉；基盘短，无毛；内稃约等长于外稃，具 2 脊，无毛；鳞被 2；雄蕊 3。种脐宽椭圆形。

本属有 2-4 种，分布于温带。我国有 2 种。

1. 沿沟草

Catabrosa aquatica (L.) Beauv., Ess. Agrostogr. 97. t. 19. f. 8. 1812.——*Aira aquatica* L.

秆高 20-70 cm，直立，基部具横卧或斜升的长匍匐茎。叶鞘闭合达中部，松散，光滑，上部的短于节间；叶舌长 2-5 mm；叶片扁平，长 5-20 cm，宽 4-8 mm，先端舟形。圆锥花序开展，长 10-30 cm，宽 4-12 mm，分枝细长，斜升或稀与主轴垂直，在基部各节多半轮生，主枝长 2-6 cm，基部裸露，小穗柄长于 0.5 mm；小穗具（1）2（3）小花，长 2-4（-8）mm；颖半透明膜质，第一颖长 0.5-1.2 mm，第二颖长 1-2 mm，脉不清晰；外稃边缘及脉间质薄，长 2-3 mm，先端平截，3 脉隆起，内稃与外稃近等长；花药黄色，长约 1 mm。颖果纺锤形，长约 1.5 mm。花果期 4-8 月。

分布于西南及甘肃、河北、内蒙古、青海、新疆，生于河旁、池沼或溪边。亚洲温带地区、欧洲及北美洲均有分布。

图 682 沿沟草

11. 山涧草属 *Chikusichloa* Koidz.

多年生水生草本。具短根状茎。秆直立，扁。叶鞘长于节间，扁，具脊；叶舌较长，纸质；叶片线形或披针状线形。圆锥花序大而疏散。小穗具1枚两性小花，稍两侧扁，成熟时连同柄状基盘脱落；无颖，外稃膜质，5脉，顶端有芒或无芒；内稃稍短于外稃，2-3脉；鳞被2；雄蕊1；花柱2，分离，子房无毛。颖果坚硬，纺锤形。

本属有3种，分布于印度尼西亚至日本。我国有2种。

分种检索表

1. 小穗有芒；柄状基盘长4-6mm，长于小穗柄；花药长约1mm；叶片宽0.5-1cm……1. 山涧草 *C. aquatica*
1. 小穗无芒；柄状基盘长1-2mm，与小穗柄等长；花药长约2mm；叶片宽约2cm……………………………………………………………………………………………2. 无芒山涧草 *C. mutica*

1. 山涧草

Chikusichloa aquatica Koidz., Bot. Mag. (Tokyo) 39: 23. 1925.

秆高约1m，疏丛生，直立，具5-8节，下部节间长约10cm，约为上部的2倍。叶鞘长于节间，平滑，具脊；叶舌膜质，长约2mm；叶片扁平，长30-40cm，宽0.6-1cm，先端长渐尖。圆锥花序长约30cm，宽5-7cm，分枝直立或斜上，多单性；小穗披针形，长约4mm，带紫色；外稃具5脉，芒长约5mm，芒与脉均粗糙；柄状基盘长4-6mm，较小穗柄长，粗糙；花药长约1mm。颖果平滑，长约2mm，黄棕色。花果期9-10月。

分布于江苏南部，生于山涧溪沟边。日本也有分布。

图683 山涧草

2. 无芒山涧草

Chikusichloa mutica Keng, J. Wash. Acad. Sci. 21: 527. 1931.

秆高 0.6-1 m，丛生，直立。叶鞘平滑，长于节间，背部扁，具脊；叶舌纸质，长约 4 mm；叶片披针状线形，扁平或对折，长 20-50 cm，宽 1.5-2.5 cm，中脉粗，具小横脉，边缘具刺状齿。圆锥花序长达 40 cm，宽约 10 cm；分枝细长，基部主枝长 7-15 cm；小穗披针形，长约 4 mm；外稃具 5 脉，脉生微刺毛，先端渐尖无芒，基盘柄状，长 1-2 mm，与小穗柄近等长，被糙毛；内稃稍短于外稃，窄披针形，3 脉，脉具微刺；花药长约 2 mm。颖果深棕色，长约 2 mm。花果期 8-10 月。

分布于华南，生于山林间溪涧旁。

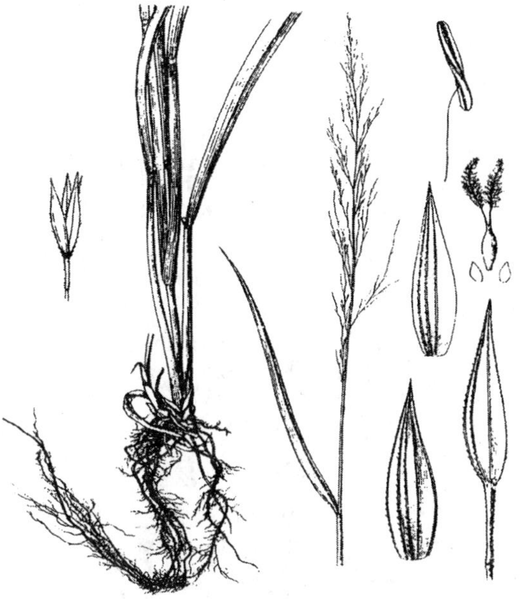

图 684 无芒山涧草

12. 小丽草属 *Coelachne* R. Br.

柔弱直立或匍匐草本。秆纤细。叶鞘松散包茎；叶舌常无；叶常柔软。圆锥花序；小穗具柄，通常具 2 小花，均两性或第二小花雌性，小穗脱节于颖之上；两颖几等长，约为小穗之半，膜质或草质，先端钝，1-3（5）不明显；外稃纸质，无脉，边缘稍内卷，内稃等长于外稃，边缘内卷，背部有凹槽；雄蕊 2-3；花柱 2，分离，柱头帚状。颖果卵状椭圆形。

本属有 7 种，分布于非洲和亚洲的热带地区，生于沼泽地或溪边。我国有 1 种。

1. 小丽草

Coelachne simpliciuscula (Wight & Arn. ex Steud.) Munro ex Benth., J. Linn. Soc., Bot. 19: 93. 1881.——*Panicum simpliciusculum* Wight & Arn. ex Steud.

一年生草本。秆高 10-15 cm，基部常伏卧。叶鞘无毛或上部边缘具微毛；无叶舌；叶片柔软，披针形，长 1-3 cm，宽 2-5 mm，无毛或沿脉具短刺毛。圆锥花序窄，长 3-8 cm，宽 0.5-1 cm；小穗 3-7，长 2-3 mm，淡绿或微带紫色；颖边缘膜质，第一颖长约 1.2 mm，1-3（-5）脉，第二颖长约 1.5 mm，5-7 脉；外稃纸质，长 2.5-3 mm；内稃等长于外稃；雄蕊 3，花药长约 0.3 mm；第一小花两性，第二小花雌性，小花梗长约 0.7 mm。颖果棕色，卵状椭圆形，长约 1.2 mm。花果期 9-12 月。

分布于华南和西南，生于潮湿山谷或溪旁草丛中。不丹、印度、缅甸、斯里兰卡、柬埔寨、泰国、越南也有分布。

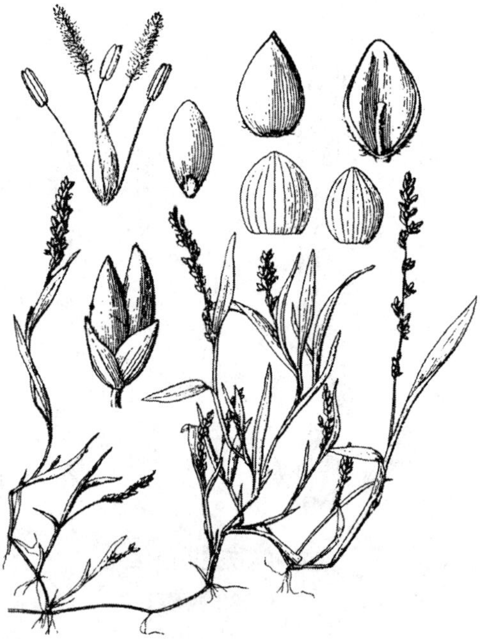

图 685 小丽草

13. 薏苡属 *Coix* L.

一年生或多年生草本。秆直立，常实心。叶扁平。总状花序腋生成束，总梗较长；小穗单生，雌雄小穗位于同一花序不同部位；雄小穗具 2 小花，2-3 枚生于一节，排列于细弱而连续的总状花序上部而伸出念珠状总苞外；雌小穗常生于总状花序基部而被包于一骨质或近骨质念珠状总苞内，2-3 枚生于一节，常仅 1 枚发育，孕性小穗第一颖宽，下部膜质，上部质厚渐尖；第二颖与第一外稃较窄；第二外稃及内稃膜质；柱头细长，自总苞顶端伸出。颖果近球形。

本属有 4 种，分布于亚洲热带。我国有 2 种。

1. 薏苡

Coix lacryma-jobi L., Sp. Pl. 2: 972. 1753.

一年生草本。秆高 1-1.5 m。叶披针形，长 10-40 cm，宽 1.5-3 cm。总状花序成束腋生，长 4-10 cm；小穗单性；雄小穗排列于总状花序上部，自骨质呈球形或卵形的总苞中抽出，2-3 枚生于各节，1 无柄，其余 1-2 有柄，无柄小穗长 6-7 mm；雌小穗位于总状花序的基部，包藏于总苞内，2-3 枚生于一节，只 1 枚结实。花果期 6-12 月。

我国南北各地野生和栽培均有，生于池塘、河沟、山谷、溪涧、屋旁湿润处。亚洲东南部与太平洋岛屿也有分布。

图 686 薏苡

14. 莎禾属 *Coleanthus* Seidel

矮小一年生草本。秆高约 5 cm，直立。叶鞘膨大，鞘内常有分枝，叶舌膜质，长约 0.5 mm；叶片常镰刀形，长约 1 cm。花序长 0.5-1 cm，托以苞片状叶鞘，具 2-3 轮分枝，分枝（小穗柄）多数轮生；小穗具 1 孕性小花，二颖完全退化；外稃透明膜质，窄卵形，先端具短芒；内稃较宽而短，先端 2 深齿裂；无鳞被；雄蕊 2；花柱 2。颖果窄长圆形，长于稃体。

本属为单种属。

1. 莎禾

Coleanthus subtilis (Tran.) Seidel in Roem. & Schult., Syst. Veg. 2: 276. 1817.——*Schmidtia subtilis* Tran.

形态特征同属。

分布于东北和江西，生于河边、湖泊边或沼泽等水湿处。欧亚大陆寒温带均有分布。

图 687　莎禾

15. 发草属　*Deschampsia* P. Beauv.

多年生草本。叶片卷折或扁平。圆锥花序顶生，开展或穗状。小穗具 2-3 小花，稀 3-5；小穗轴脱节于颖以上，被柔毛，并延伸于顶生内稃之后；颖膜质，几相等，1-3 脉。外稃膜质或骨质，先端常平截或啮蚀状，稃体背圆，1/2 以下具芒，稀无芒，基盘被柔毛或髯毛；内稃薄膜质，几等于外稃；鳞被 2；雄蕊 3；花柱短，柱头帚刷状。

本属约有 40 种，分布于全世界的温带和寒冷地区。我国有 3 种。

1. 发草

Deschampsia caespitosa (L.) P. Beauv., Ess. Agrost. 160. 1812.——*Aira caespitosa* L.

秆高 30-150 cm，丛生，具 2-3 节。叶鞘上部的短于节间，无毛；叶舌膜质，先端渐尖或 2 裂，长 2-7 mm；叶片纵卷或平展，长 3-7 cm，宽 1-5 mm。圆锥花序开展，长 10-20 cm，疏生小穗；小穗具 2 小花，长 2.5-7 mm；颖不等长，第一颖具 1 脉，第二颖具 3 脉；第一外稃长 2.5-3.5 mm，先端啮齿状，基盘两侧毛长达稃体 1/3，芒自稃体基部 1/5-1/4 处伸出，劲直，稍短于或略长于外稃；内稃等长或略短于外稃；花药长 1.2-2 mm。花果期 7-9 月。

分布于东北、华北、西北、西南及湖北、台湾，生于潮湿草地、高山草甸、河边灌丛，海拔 1 500-4 500 m。非洲高山及欧亚广泛分布。

秆细长柔韧，适于编制草帽。

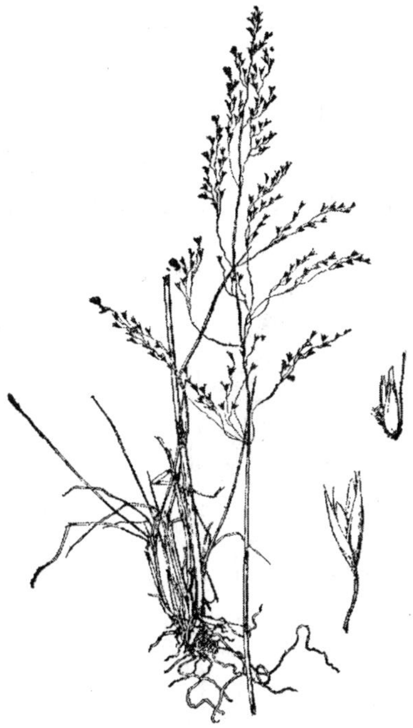

图 688 发草

16. 野青茅属 *Deyeuxia* Clarion ex P. Beauv.

多年生草本。秆丛生。叶扁平，有时内卷；叶舌膜质。圆锥花序紧缩或开展；小穗具 1 花，稀 2 花，脱节于颖之上，小穗轴延伸于内稃之后而常被丝状柔毛；颖几相等或第一颖较长，先端尖或渐尖，1-3 脉；外稃稍短于颖，草质或膜质，3-5 脉，芒从稃体基部或中部以上延伸，稀无芒；内稃质薄，2 脉，等长或较短于外稃；基盘两侧之毛通常短于，稀长于外稃；雄蕊 3，稀 2 或 1。

本属约有 200 种，分布于温带地区。我国有 34 种（15 种特有）。

分种检索表

1. 圆锥花序紧缩，常呈穗状；外稃长 2-3 mm；芒长 1-2 mm……………………1. 小花野青茅 *D. neglecta*
1. 圆锥花序疏散开展；外稃长 3-4 mm；芒长 3-4 mm……………………………………2. 大叶章 *D. purpurea*

1. 小花野青茅

Deyeuxia neglecta (Ehrh.) Kunth, Revis Gramin. 1: 76. 1829.

秆高 60-100 cm，直径 1-3 mm，2-3 节。叶鞘短于节间，无毛；叶舌膜质，长 1.5-4 mm，

顶端平截或钝圆；叶片扁平或内卷，长 10-30（-60）cm，宽 1-5 mm，上面脉及边缘均被微刺毛。圆锥花序紧缩呈穗状，有间断，长 5-20 cm，宽 2-4 cm；分枝短，簇生，粗糙；小穗紫褐色，长 3-4.5 mm；颖宽披针形，近等长，第一颖具 1 脉，第二颖具 3 脉，中脉粗糙；外稃长 2.5-3.5 mm，先端钝具细齿，基盘两侧毛长为稃体 2/3-3/4；芒自稃体基部伸出，细直，长 1-2 mm；内稃较外稃短，先端钝且具细齿；延伸小穗轴与毛共长约 2 mm；花药淡紫色，长约 2 mm。花果期 7-9 月。

分布于华北及甘肃、黑龙江、辽宁、四川、新疆，生于沼泽草甸、沟旁潮湿处、林下草地，海拔 1 200-4 300 m。蒙古、俄罗斯（西伯利亚）、中亚及欧洲也有分布。

图 689　小花野青茅

2. 大叶章

Deyeuxia purpurea (Trin.) Kunth, Revis. Gramin. 1: 77. 1829.——*Arundo purpurea* Trin.; *A. langsdorfii* Link; *Calamagrostis langsdorfii* (Link) Trin.

秆高 30-150 cm，直径 1-4 mm，6-8 节，具分枝。叶鞘短于节间；叶舌长圆状椭圆形，长 3-10 mm，顶端钝或易撕裂；叶片长 10-30 cm，宽 4-20 mm。圆锥花序开展，长 5-20 cm，宽 2.5-8 cm，分枝细弱；小穗长 3.5-5 mm，黄绿带紫色或黄褐色；颖片披针形，近等长或第二颖稍短，边缘膜质，1-3 脉，中脉被纤毛；外稃膜质，长 3-4 mm，先端 2 裂，基盘两侧毛近等长或稍长于稃体，芒自背中部伸出，细直，长 1-4 mm；内稃较短，膜质，先端细齿裂；延伸小穗轴长 0.5-1 mm，与毛共长达 2-4 mm；花药长 2-2.5 mm，淡褐色。花果期 6-9 月。

分布于东北、华北及河南、湖北、陕西、四川、新疆，海拔 100-3 600 m，生于林下、沟谷潮湿处或山坡草地。朝鲜、日本、蒙古、俄罗斯及北美洲和欧洲也有分布。

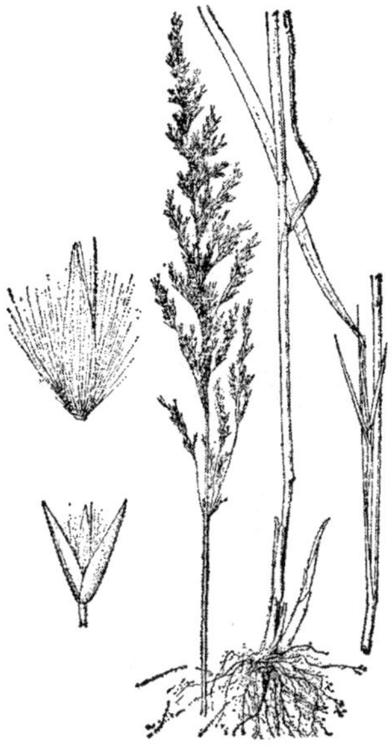

图 690 大叶章

17. 马唐属 *Digitaria* Hall.

一年生或多年生草本。秆直立或基部横卧。叶线形或线状披针形，扁平。总状花序纤细，二至多数呈指状排列或散生于茎顶；小穗具 1 两性花，2-3（-4）枚着生于穗轴各节，互生或 4 行排列于穗轴一侧；穗轴扁平具翼或窄三棱形，小穗柄长短不等，下部的 1 枚无柄或柄极短，上部的具较长的柄；第一颖微小或无；第二颖等长或较短于第一外稃；第二外稃厚纸质，先端尖，背部突起，边缘透明膜质，扁平，覆盖同质内稃而不内卷；雄蕊 3；鳞被 2；柱头 2。颖果长圆状椭圆形。

本属约有 250 种，分布于热带和暖温带地区。我国有 22 种（3 种特有）。

1. 止血马唐

Digitaria ischaemum (Schreb.) Muhl., Descr. Gram. 131. 1817.

一年生草本。秆高 15-40 cm，下部常有毛。叶鞘具脊，无毛或疏生柔毛；叶舌长 0.6 mm；叶片线状披针形，长 5-12 cm，宽 4-8 mm，被长柔毛。总状花序长 2-9 mm，穗轴具白色中肋；小穗长 2-2.2 mm，宽 1 mm，具 1 朵小花，2 或 3 枚生于各节；第一颖不存在，第二颖等长或稍短于小穗；第一外稃与小穗等长，脉间及边缘有毛，第二外稃长 2 mm，成熟时紫褐色。花果期 6-11 月。

我国南北各省均有分布，生于河边、田野及荒野湿润处。亚洲、欧洲和北美温带地区均有分布。

是富有营养价值的牧草。

图 691 止血马唐

18. 觿茅属 *Dimeria* R. Br.

一年生或多年生细弱草本。秆直立或基部倾斜。叶窄线状披针形，最上部的叶常钻状，两面具柔毛或无毛。总状花序单生或数枚着生于秆顶呈指状；小穗具 1 两性小花或 1 退化小花，两侧扁，单生，成 2 行互生于花序轴一侧，花序轴三棱形或一面较扁平，细弱，不逐节脱落；第一颖较窄，对折，具脊；第二颖较宽，脊翼状或不明显；第一小花外稃较小，膜质，无脉，无内稃；第二小花外稃膜质，先端 2 裂，裂齿间具芒，芒膝曲或微扭转或无芒；鳞被 2，小或无；雄蕊 2，花丝短；花柱短，基部分离。颖果窄长圆形，两侧扁。

本属约有 40 种，分布于亚洲热带和澳大利亚，主产于亚洲东南部。我国有 6 种（3 种特有）。

1. 觿茅

Dimeria ornithopoda Trin., Fund. Agrost. 167. 1820.

一年生草本。秆高 3-40 cm，末端常纤细呈丝状。叶鞘具脊，被长毛，顶生叶鞘上的叶片钻状；叶舌披针形，边缘撕裂；叶片长 1.5-5 cm，宽 1-2.5 mm，老时浅红色，两面被毛。总状花序 2 或 3 个顶生，长 1-6 cm；小穗线状长圆形或狭椭圆形，长 1.7-3 mm，紫色或红棕色，具 1 朵小花；第一颖短于小穗，线形，第二颖等长于小穗；外稃长圆状披针形，长 0.5-1.5 mm，第二外稃狭椭圆形，长 1.6 mm，顶端 2 裂，裂齿间生出一细芒；雄蕊 2；花柱 2。颖果线状长圆形，长 1.8 mm。花果期 10-11 月。

分布于华东、西南及广东、广西、河南、台湾，生于溪边、潮湿处、岩缝中阴湿处，海拔 2 000 m 以下。日本、朝鲜及东南亚、澳大利亚和太平洋岛屿也有分布。

幼嫩茎叶供作牲畜饲料。

图 692 鳞茅

19. 双稃草属 ***Diplachne*** P. Beauv.

一年生或多年生草本。叶线形；叶舌膜质。圆锥花序具多数总状花序；小穗两侧扁，具数朵小花，有短柄，成 2 行排列于穗轴一侧，脱节于颖之上和各小花之间；颖不等，1 脉，顶端锐尖；外稃顶端 2-4 齿，具 1-3 脉，主脉隆起成脊，延伸成短芒或小尖头；雄蕊 3；花柱分离。

本属有 32 种，多分布于全世界的热带及温暖地区。我国有 3 种。

1. 双稃草

Diplachne fusca (L.) P. Beauv., Ess. Agrost. 80. 163. 1812.——*Festuca fusca* L.

多年生。秆高 20-100 cm。叶鞘疏松；叶舌长 3-6 mm；叶片长 5-30 cm，宽 1.5-3 mm，边缘常内卷。圆锥花序长 15-25 cm，分枝长 4-10 cm；小穗近圆柱形，长 6-14 mm，灰绿色，具 5-12 朵小花；第一颖长 2-3 mm，第二颖长 3-4 mm；外稃先端全缘或具 2 齿，齿间生一短芒，芒长 1 mm，第一外稃长 4-5 mm，内稃略短于外稃，先端近截平，脊上部呈短纤毛状；雄蕊 3；花柱分离。颖果长 2 mm。花果期 6-9 月。

分布于华东及广东、海南、河北、河南、湖北、辽宁、山西、台湾、云南，生于浅水中、沼泽、盐碱荒地。亚洲东南、非洲及大洋洲也有分布。

可作饲料。

图 693 双稃草

20. 稗属 *Echinochloa* P. Beauv.

一年生或多年生草本。常无叶舌；叶扁平，线形。圆锥花序由总状花序组成；小穗具1-2 小花，背腹一面扁平一面凸起，单生或 2-4 个聚集在穗轴一侧，近无柄；颖草质，第一颖三角形，长为小穗 1/3-1/2 或 3/5，第二颖与小穗等长或稍短，先端尖或短芒状；第一小花中性或雄性，外稃草质或近革质，先端渐尖或具长芒，内稃膜质，稀缺；第二小花两性，外稃成熟时硬，平滑，光亮，先端渐尖呈喙状，边缘厚而抱内稃，内稃先端外露；鳞被 2，折叠，5-7 脉；花柱基部分离。

本属约有 35 种，分布于全世界热带和暖温带地区。我国有 8 种，至少有 1 种引进。

多为田间杂草，有的为优良牧草。栽培种的颖果富含淀粉，可食用或制糖与酿酒。

分种检索表

1. 第一外稃革质或中部革质…………………………………………………………4. 硬稃稗 *E. glabrescens*
1. 第一外稃草质。
   2. 圆锥花序柔软，下垂；第一外稃顶端具长 1.5-5 cm 的芒……………………………1. 长芒稗 *E. caudata*
   2. 圆锥花序常挺直；第一外稃无芒或具长 0.5-3 cm 的芒。
      3. 小穗长 2-2.5 mm，先端急尖而无芒；叶宽 3-7 mm，圆锥花序狭窄……………2. 光头稗 *E. colona*
      3. 小穗长 3-4 mm，有粗糙的芒，芒长 0.5-3 cm；叶宽 0.5-2 cm；圆锥花序开展……3. 稗 *E. crusgalli*

1. 长芒稗

Echinochloa caudata Roshev., Trudy Bot. Inst. Akad. Nauk. SSSR. Ser. 1, Sist. Vyssh. Rost. 2: 91. 1936.

一年生。秆高 1-2 m。叶舌缺；叶片长 10-40 cm，宽 1-2 cm，边缘增厚。圆锥花序柔软，稍下垂，长 10-25 cm，宽 1.5-4 cm，分枝密集；小穗卵状椭圆形，长 2.5-4 mm，常带紫色，脉上具硬刺毛；第一颖三角形，长 1-1.6 mm，先端尖，第二颖等长于小穗，顶端具长 0.1-0.2 mm 的芒；第一外稃草质，顶端具长 1.5-5 cm 的芒，脉上疏生刺毛，内稃膜质，先端和边缘具毛，第二外稃革质，边缘包着内稃；鳞被 2，楔形，折叠；雄蕊 3，花柱基部分离。花果期夏秋季。

除西藏外，几遍布全国，生于田边、路旁或河边湿润处。朝鲜、日本、俄罗斯也有分布。

2. 光头稗

Echinochloa colona (L.) Link, Hort. Berol. 2: 209. 1833.——*Panicum colonum* L.

一年生。秆高 10-60 cm。叶鞘压扁，背面具脊；叶舌缺；叶片长 3-20 cm，宽 3-7 mm，边缘稍粗糙。圆锥花序狭窄，挺直，长 5-10 cm，分枝长 1-2 cm，排列稀疏；小穗卵圆形，长 2-2.5 mm，具短硬毛，成 4 行排列于穗轴一侧；第一颖三角形，长 1-1.2 mm，第二颖与第一外稃等长而同型，顶端具小短尖；第一小花外稃稍长于内稃，内稃脊上被短纤毛，第二外稃椭圆形，边缘内卷，包着内稃；鳞被 2，膜质。花果期为夏秋季。

分布于华东、华南、华中、西南及河北等地，生于田野、园圃、路边等潮湿处。全世界温暖地区均有分布。

图 694 光头稗

3. 稗

Echinochloa crusgalli (L.) P. Beauv., Ess. Agrost. 53. 1812.——*Panicum crusgalli* L.

3a. 稗（原变种）

Echinochloa crusgalli (L.) P. Beauv. var. ***crusgalli***

一年生。秆高 50-150 cm。叶舌缺；叶片长 10-40 cm，宽 0.5-2 cm，边缘粗糙。圆锥花序近尖塔状，挺直，开展，长 6-20 cm，具分枝；小穗卵形，长 3-4 mm，密集于穗轴的一侧，具 1 或 2 朵小花；第一颖三角形，长 1-2 mm，脉上具毛，第二颖与小穗等长，先端渐尖或具短尖，脉上具毛；第一小花外稃革质，顶端延伸出一粗壮的芒，芒长 0.5-3 cm，内稃薄膜质，狭窄，具 2 脊；第二外稃椭圆形，顶端具短尖，尖头上有一圈细毛，边缘内卷包着内稃，内稃顶端外露。花果期夏秋季。

分布几乎遍布全国，生于沼泽地、沟边及稻田中。全世界温暖地区均有分布。

图 695 稗

3b. 无芒稗（变种）

Echinochloa crusgalli (L.) P. Beauv. var. ***mitis*** (Pursh) Peterm.

与稗的不同：秆高 50-120 cm，粗壮；叶片长 20-30 cm，宽 6-12 mm；圆锥花序长 10-20 cm；小穗卵状椭圆形，长 3 mm；第一外稃上无芒或具极短的芒，芒长不超过 0.5 mm。

分布于东北、华北、西北、华东、华南、西南；多生于水边或路边草地。全世界温暖地区和亚热带地区均有分布。

3c. 西米稗（变种）

Echinochloa crusgalli (L.) P. Beauv. var. ***zelayensis*** (Kunth) Hitche.

与稗的不同：秆高 50-75 cm；叶片长 5-20 cm，宽 4-12 mm；圆锥花序长 11-19 cm，只具分枝，无小分枝；小穗卵状椭圆形，长 3-4 mm；第一外稃顶端具小短尖，无长芒，脉上疏生硬刺毛。

分布于华北、华东、华南、西北、西南，生于水边或稻田中。

4. 硬稃稗

Echinochloa glabrescens Koss., Bot. Mater. Gerb. Bot. Inst. Komarora Akad. Nauk SSSR 11: 40. 1949.

秆直立或基部稍倾斜，高 50-120 cm。叶鞘光滑无毛；叶舌缺；叶片长 10-30 cm，宽 6-12 mm，边缘变厚呈绿白色。圆锥花序狭窄，长 8-15 cm，宽 1-3 cm，分枝长 1-3 cm；小穗长 3-3.5 cm，具 1 或 2 朵小花；第一颖长为小穗 1/3-1/2，先端尖，第二颖与小穗等长，脉上具硬刺毛；第一外稃革质或仅中部革质，脉上具毛，内稃膜质，第二外稃革质，边缘包着内稃；鳞被 2，折叠。颖果宽椭圆形，长约 3 mm。花果期夏秋季。

分布于西南及广东、广西、江苏、台湾，生于田间、水塘边或潮湿处。朝鲜、日本也有分布。

21. 披碱草属 *Elymus* L.

多年生草本。秆丛生。叶柔软，多平展，稀内卷。穗状花序顶生，直立或下垂；小穗常 2-4（-6）同生于穗轴的每节，或在上、下两端每节有单生，具 3-7 朵小花，颖锥形、线形至披针形，先端尖或渐尖成长芒，3-5（-7）脉，脉粗糙，外稃具 5 脉，先端具长芒、短芒或无芒，芒多少反曲；内稃与外稃通常等长。

本属约有 170 种，分布于温带地区，主要在亚洲。我国有 88 种（62 种特有）。

1. 缘毛披碱草

Elymus pendulina (Nevski) Tzvelev, Rast. Tsentr. Azii 4: 218. 1968.——*Roegneria pendulina* Nevski

秆高 60-110 cm。叶鞘无毛或基部被毛；叶片扁平，长 10-25 cm，宽 3-9 mm，无毛或上表面疏被柔毛。穗状花序长 12-25 cm，穗轴棱边具纤毛；小穗长 1.5-2.5 cm，具 4-9 朵小花，小穗轴密被毛；颖长圆状披针形，先端钝尖或长渐尖，具 3-7 脉，第一颖长 7-9 mm，第二颖长 7-10 mm；外稃长圆状披针形，边缘具纤毛，背脊无毛或被柔毛，基盘具长 0.4-0.7 mm 的毛，第一外稃长 8-11 mm，先端芒长 15-30 mm，内稃与外稃几等长，脊上部具纤毛，脊间被毛。花果期 5-7 月。

分布于东北、华北及甘肃、青海、陕西、山东、四川、云南，生于山沟、河边、路旁及山坡林下、灌丛中，海拔 100-2 400 m。朝鲜、日本、俄罗斯也有分布。

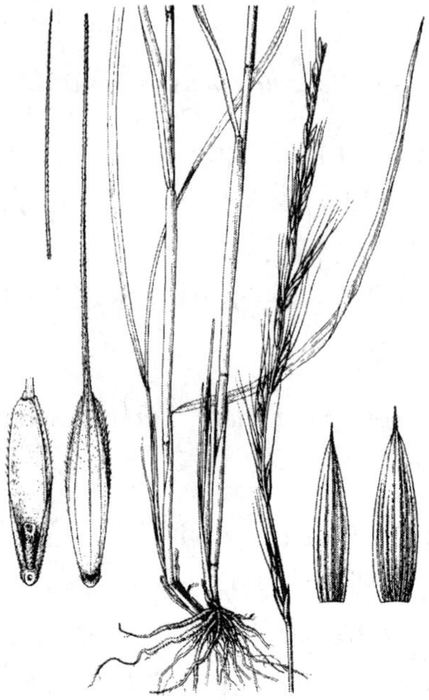

图 696 缘毛披碱草

22. 画眉草属 *Eragrostis* Wolf.

多年生或一年生草本。秆常丛生。叶线形。圆锥花序；小穗两侧扁，有柄，有数朵至多朵小花，小花常疏散或紧密覆瓦状排列；小穗轴常“之”字形曲折，脱节于颖之上，渐断落或不折断；颖不等长，通常短于第一小花，具 1 脉，宿存或个别脱落；外稃无芒，具 3 脉，内稃具 2 脊，常弓形弯曲，宿存或与外稃同落。颖果球形或扁，与稃体分离。

本属约有 350 种，遍布全世界热带和亚热带。我国有 32 种（11 种特有）。

1. 乱草

Eragrostis japonica (Thunb.) Trin., Mem. Acad. Imp. Sci. St. Petersb. Ser. 6, Sci Math 1: 405. 1831.——*Poa japonica* Thunb.

一年生。秆直立或曲折，丛生，高 30-100 cm，直径 1.5-2.5 mm，具 3-4 节。叶鞘常比节间长；叶舌干膜质，长 0.5 mm；叶片平展，长 3-25 cm，宽 3-5 mm，无毛。圆锥花序长圆形，长 6-15 cm，宽 1.5-6 cm，分枝纤细，簇生或轮生；小穗卵圆形，长 1-2 mm，具 4-8 朵小花，成熟后紫色，小穗轴由上而下逐节断落；颖近等长，长 0.8 mm，先端钝；第一外稃宽椭圆形，先端钝；内稃长 0.8 mm，先端 3 齿裂，具 2 脊，脊上疏生短纤毛；雄蕊 2。颖果卵形，长 0.5 mm，棕红色。花果期 6-11 月。

分布于华东、华南、华中及贵州、台湾、云南，生于河边、潮湿处及田野、路旁。朝鲜、日本、印度、澳大利亚及非洲也有分布。

图 697 乱草

23. 蜈蚣草属 *Eremochloa* Buse

多年生草本。秆直立，有时具匍匐茎。叶线形，扁平。总状花序单生秆顶；花序轴节间常棒状，迟落；无柄小穗扁平，不嵌入轴中，常覆瓦状排列于总状花序轴一侧；第一颖平滑，两侧常具栉齿状刺；第二颖略舟形，具 3 脉；第一小花两稃膜质，无雄蕊；第二小花两性或雌性，外稃膜质，全缘，内稃较窄。颖果长圆形。

本属有 11 种，分布东南亚至大洋洲。我国有 5 种。

1. 假俭草

Eremochloa ophiuroides (Munro) Hackel in A. DC. & C. DC., Monogr. Phan. 6: 261. 1889.——*Ischaemum ophiuroides* Munro

秆斜升，高 20-30 cm。叶鞘压扁，多密集于秆基部，鞘口具短毛；叶片长 3-8 cm，宽 2-4 mm，顶端钝，顶生叶片退化。总状花序顶生，稍弯，长 4-6 cm，宽 2 mm，花序轴被短柔毛；无柄小穗长圆形，覆瓦状排列于花序轴一侧，长 3.5 mm，宽 1.5 mm，具 2 小花；第一小花雄性，具 3 雄蕊；第二小花两性，雌蕊具 2 分离花柱；有柄小穗退化仅存 1 柄，长约 3 mm，与花序轴贴生。花果期夏秋季。

分布于华南、华东、华中及台湾、贵州、四川，生于潮湿草地、河边及路旁。越南也有分布。

可作饲料，也可铺建草地和固土护堤。

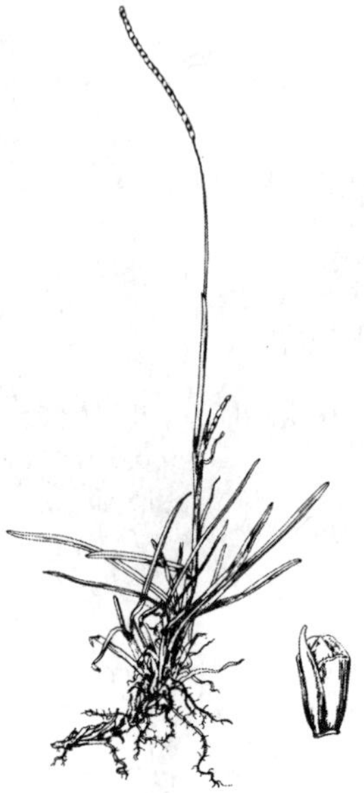

图 698 假俭草

24. 野黍属 *Eriochloa* Kunth

一年生或多年生草本。秆分枝。叶平展或卷合。圆锥花序顶生而窄，具数枚总状花序。小穗背腹扁，柄短或近无柄，单生或孪生，成 2 行覆瓦状排列于穗轴一侧，有 2 小花；第一颖退化，与第二颖之下穗轴愈合膨大成环状或珠状小穗基盘；第二颖、第一外稃均与小穗等长，近膜质；第一小花中性或雄性，外稃包裹内稃或无内稃；第二小花两性，第二外稃革质，边缘内卷，包被内稃；鳞被 2，折叠，5-7 脉；花柱基部分离。

本属约有 30 种，分布于全世界热带和暖温带地区，尤其是在热带非洲和热带美洲。我国有 2 种。

1. 野黍

Eriochloa villosa (Thunb.) Kunth., Revis. Gramin. 1: 30. 1829.——*Panicum villosum* Thunb.

一年生。秆直立，基部分枝。高 30-100 cm。叶鞘有毛或一侧边缘被毛，松散抱茎；节具髭毛；叶舌具纤毛；叶片长 5-25 cm；宽 5-15 mm，上面被微毛，下面无毛。圆锥花序窄长，具 4-8 总状花序，总状花序长 1.5-4 cm，密生柔毛，常排列于主轴一侧；小穗卵状椭圆形，长 4.5-5 mm；基盘长约 0.6 mm；小穗柄极短，密被长柔毛；第一颖微小，第二颖与第一外稃均膜质并被细毛，第二外稃革质，稍短于小穗，具细点状皱纹。花果期 7-10 月。

分布于华东、西南及广东、河北、河南、黑龙江、湖北、吉林、内蒙古、陕西、台湾，生于潮湿处、山坡。朝鲜、日本、俄罗斯（远东地区）、越南也有分布。

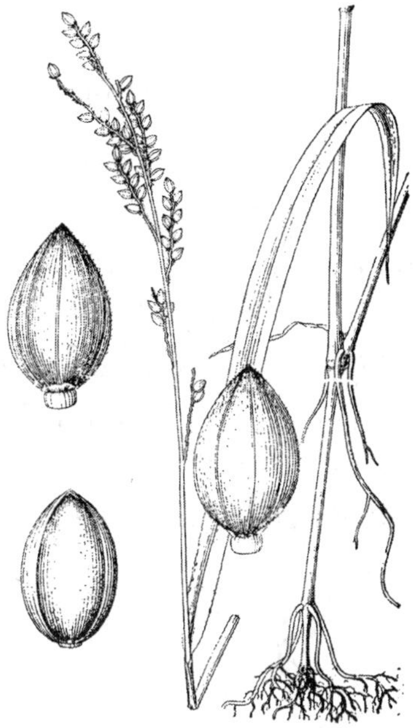

图 699 野黍

25. 甜茅属 *Glyceria* R. Br.

多年生水生或沼生草本。通常具匍匐根状茎；秆直立、上升或平卧。叶片扁平；叶鞘全部或部分闭合。圆锥花序开展或紧缩；小穗具数朵至多朵小花，两侧扁或稍圆柱形，小穗轴无毛或粗糙，脱节于颖之上及小花之间；颖膜质或纸质兼膜质，具 1 脉，稀第二颖具 3 脉，不等或几等长，均短于第一小花；外稃卵圆形或披针形，草质或兼革质，先端及边缘常膜质，具 5-9 条隆起的脉，沿脉粗糙；基盘钝，无毛或粗糙；内稃稍短、等长或稍长于外稃，具 2 脊，脊粗糙，具窄翅或无翅；鳞被 2，小；雄蕊 2-3；子房光滑，花柱 2，柱头羽毛状。颖果倒卵圆形或长圆形，具腹沟，与内外稃分离或黏合。

本属约有 40 种，分布于全世界温带地区。我国有 10 种（1 种特有）。

本属植物牲畜喜食，若颖果感染黑粉菌，则具有氢氰酸的糖体，可使牲畜中毒。

分种检索表

1. 小穗线形；内稃的脊具窄翅；雄蕊 3……………………………………1. 甜茅 *G. acutiflora* subsp. *japonica*

1. 小穗卵形或长圆形，内稃的脊无翅；雄蕊 2-3。

  2. 雄蕊 2，花药长 0.5-0.8 mm；叶舌长 0.3-1 mm……………………………………2. 假鼠妇草 *G. leptolepis*

  2. 雄蕊 3，花药长 1-2 mm；叶舌长 2-4 mm。

    3. 颖披针形，第一颖长 3-4 mm，第二颖长 4-4.5 mm；叶片宽 3-5 mm…………3. 狭叶甜茅 *G. spiculosa*

    3. 颖卵形，第一颖长 1.5-2 mm，第二颖长 2-3 mm；叶片宽 5-10 mm…………4. 东北甜茅 *G. triflora*

1. 甜茅

Glyceria acutiflora Torr. subsp. japonica (Steud.) T. Koyama & Kawanoin, Canad. J. Bot. 42 (7): 869. 1964.——*Hemibromus japonicus* Steud.

秆高40-70 cm，常单生，扁，柔软，基部常横卧，节处生根。叶鞘闭合达中部以上，长于节间；叶舌膜质，长4-7 mm，顶端钝圆或急尖，有时齿状；叶片长5-15 cm，宽4-5 mm，两面及边缘微粗糙。圆锥花序退化，近总状，长15-30 cm；小穗线形，长2-3.5 cm，具5-12小花，密集或稍疏松；颖长圆形或披针形，边缘膜质，第一颖长2.5-4 mm，第二颖长4-5 mm；外稃草质，第一外稃长7-9 mm，内稃较长，顶端2裂，背部略呈弓形，脊具狭翅；雄蕊3。颖果长圆形，长3 mm，具腹沟。花果期3-6月。

分布于华中、西南及安徽、福建、江苏、江西、浙江；生于农田、小溪旁及沟边，海拔400-1 000 m。朝鲜、日本也有分布。

图700　甜茅

2. 假鼠妇草

Glyceria lepitolepis Ohwi, Bot. Mag. (Tokyo) 45: 381. 1931.

秆高80-110 cm，直径5-8 mm，单生，直立或基部斜升，坚挺，具13-16节。叶鞘闭合几达鞘口，具横脉；叶舌质厚，长0.3-1 mm；叶片长达40 cm，宽5-10 mm，质厚，边缘内卷。圆锥花序密集或疏松，长15-25 cm，每节具2或3分枝；小穗卵形或长圆形，成熟时黄褐色，长6-8 mm，宽2-3 mm，具4-7朵小花；第一颖卵形，长1.5-2 mm，第二颖长2-2.5 mm；第一外稃草质，顶端狭膜质，长3-3.5 mm，内稃等长或稍长于外稃，顶端微凹，脊上粗糙；雄蕊2，花药长0.5-0.8 mm。颖果倒卵形，红棕色，长1.5 mm。花果期6-9月。

分布于安徽、福建、甘肃、河南、黑龙江、湖北、江西、内蒙古、陕西、山东、台湾、浙江，生于溪边、湖边、水沟中、山坡、林下和湿草地。也分布于朝鲜、日本、俄罗斯远东地区。

图 701 假鼠妇草

3. 狭叶甜茅

Glyceria spiculosa (F. Schmidt) Roshev. in Fedtschenko, Fl. Zabaik. 1: 85. 1929.——*Scholochloa spiculosa* F. Schmidt.

秆高 50-120 cm，直径 2.5-7 mm，单生或基部分枝呈疏丛生，具 5-12 节。叶鞘闭合几达口部，具横脉纹；叶舌膜质，长约 1 mm；叶片长 20-30 cm，宽 3-5 mm，扁平或纵卷，稍带灰色。圆锥花序长 10-25 cm，花期稍密集，成熟时展开，每节具 3 或 4 分枝，分枝细长；小穗长 4-10 mm，黄绿色稍带灰白色或紫色，具 5-9 朵小花；颖披针形，膜质，第一颖长 3-4 mm，第二颖长 4-4.5 mm，草质，有时带紫色，内稃短于或等长于外稃，顶端微凹或尖，长 3-4 mm；雄蕊 3。花果期 6-7 月。

图 702 狭叶甜茅

分布于黑龙江、辽宁、内蒙古，生于草甸、湿地、湖泊及沼泽。朝鲜、俄罗斯（远东地区、东西伯利亚）也有分布。

4. 东北甜茅

Glyceria triflora (Korsh.) Kom., Fl. URSS 2: 459. 1934.——*G. aquatica* (L.) Wahlb. var. *triflora* Korsh.

秆单生，高 50-150 cm，直径 4-8 mm。叶鞘闭合几达口部，具横脉纹；叶舌膜质，长 2-4 mm；叶片长 12-25 cm，宽 5-10 mm，有时边缘纵卷。圆锥花序开展，长 20-30 cm，每节具 3-4 分枝；小穗卵形或长圆形，长 5-8 mm，具 3-8 朵小花，成熟后带紫色；颖卵形，膜质，第一颖长 1.5-2 mm，第二颖长 2-3 mm；第一外稃草质，长 2.5-3 mm，脉上粗糙，内稃较短或等长于外稃，具粗糙的脊；雄蕊 3。颖果倒卵形，长 1.2 mm，红棕色。花果期 6-9 月。

分布于河北、黑龙江、内蒙古、陕西、四川、云南，生于溪边、沼泽地、湿地，海拔 200-3 300 m。朝鲜、蒙古、俄罗斯（远东地区、西伯利亚）、哈萨克斯坦也有分布。

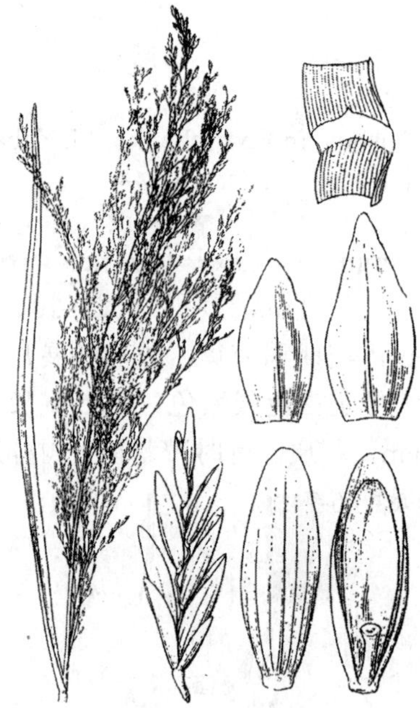

图 703 东北甜茅

26. 牛鞭草属 *Hemarthria* R. Br.

多年生草本。秆直立，丛生或平卧上升。叶扁平，线形。总状花序圆柱形，微扁，单一顶生或 1-3 腋生，穗轴坚韧，不逐节脱落；小穗孪生，同形或有柄小穗窄小；有柄小穗的小花中性或雄性，无柄小穗嵌生于穗轴凹穴内；第一颖革质或纸质，背部扁平，先端钝或渐尖；第二颖膜质，舟形；内、外稃均膜质，无芒；具 1 小花，两性；雄蕊 3。颖果卵圆形或长圆形，稍扁。

本属有 14 种，分布于非洲、亚洲和欧洲的热带、亚热带地区。我国有 6 种（1 种特有）。

分种检索表

1. 无柄小穗长 5-7 mm；第一颖背面边缘粗糙；叶片基部近心形……………………1. 大牛鞭草 *H. altissima*
1. 无柄小穗长 3-5 mm；第一颖背面边缘平滑；叶片基部圆形…………………2. 扁穗牛鞭草 *H. compressa*

1. 大牛鞭草

Hemarthria altissima (Poir.) Stapf & C. E. Hubb., Bull. Misc. Inform. Kew. 1934. 109. 1934.

秆高达 160 cm，直径 3 mm，一侧有槽。叶鞘边缘膜质，鞘口具纤毛；叶舌膜质，长 0.5 mm，上缘撕裂；叶片长 15-25 cm，宽 3-6 mm。总状花序单生或簇生，长 5-10 cm，宽 2 mm；无柄小穗卵状披针形，长 5-7 mm，具 1 小花；第一颖草质，等长于小穗，两侧具脊，先端尖或长渐尖，边缘粗糙，第二颖厚纸质，贴生于花序轴凹穴中；第一小花仅存膜质外稃；第二小花两性，外稃长卵形，长 4 mm，膜质，内稃长 2.6 mm；有柄小穗长 8 mm 或更长。花果期夏秋季。

分布于安徽、贵州、河北、河南、黑龙江、湖北、山东、云南、浙江，生于田中、水沟河滩等潮湿处，海拔 700-1 900 m。亚洲其他国家及地中海沿岸也有分布。

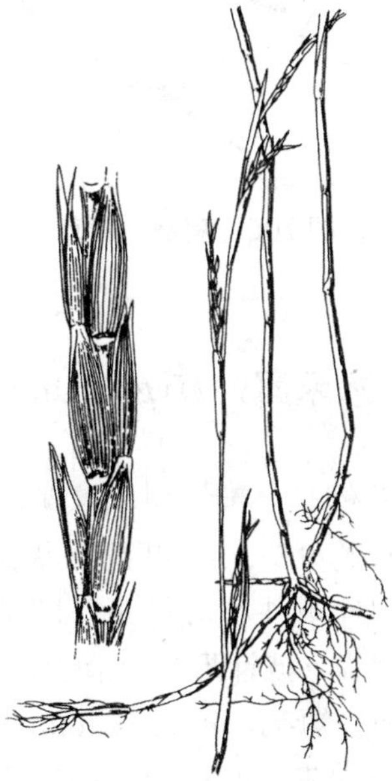

图 704　大牛鞭草

2. 扁穗牛鞭草

Hemarthria compressa (L.) R. Br., Prodr. 207. 1810.——*Rottboellia compressa* L. f.

秆高 20-40 cm。叶鞘口具纤毛；叶舌具纤毛；叶片线形，长达 10 cm，两面无毛。总状花序长 5-10 cm，稍扁，无毛；有柄小穗披针形，第一小花中性，第二小花两性；无柄小穗长 3-5 mm，长卵形，第一颖近革质，背面扁平，边缘平滑，5-9 脉，下部不明显收缩，第二颖纸质，与总状花序轴的穴凹愈合；第一小花具外稃；第二小花两性；外稃膜质，稃稍短；雄蕊 3。颖果长卵形长约 2 mm。花果期 7-9 月。

分布于华南、西南及福建、内蒙古、陕西、台湾，生于沼泽、湿地、田边及路旁，海拔 2 000 m 以下。中南半岛及印度也有分布。

图 705 扁穗牛鞭草

27. 水禾属 *Hygroriza* Nees

多年生漂浮水生草本。根状茎细长，节上生羽状须根。茎露出水面部分长约 20 cm。叶鞘肿胀，具横脉；叶舌膜质，长约 0.5 mm；叶片卵状披针形，长 3-8 cm，宽 1-2 cm，开展，先端钝，基部圆心形，下面具小乳头；叶柄短。圆锥花序疏散，长宽 4-8 cm，基部包于叶鞘内；小穗具 1 两性花，两侧扁，披针形，脱节于柄状基盘之下；无颖；外稃厚纸质，长 6-8 mm，5 脉，脉被纤毛，脉间生短毛，芒长 1-2 mm，基盘长约 1 cm；内稃与其外稃同质，等长，3 脉，中脉被纤毛，先端尖；鳞被 2，披针形；雄蕊 6，花药线形，黄色，长 3-3.5 mm；花柱 2。

本属为单种属。

1. 水禾

Hygroriza aristata (Retz.) Nees ex Wight & Ann., Edinb. New Phil. J. 15: 380. 1833.——*Pharus aristatus* Retz.

形态特征同属。秋季开花。

分布于福建、广东、海南、台湾、云南，生于池塘、湖沼或小溪。印度、缅甸及东南亚也有分布。

植株可供猪、牛及鱼作饲料。

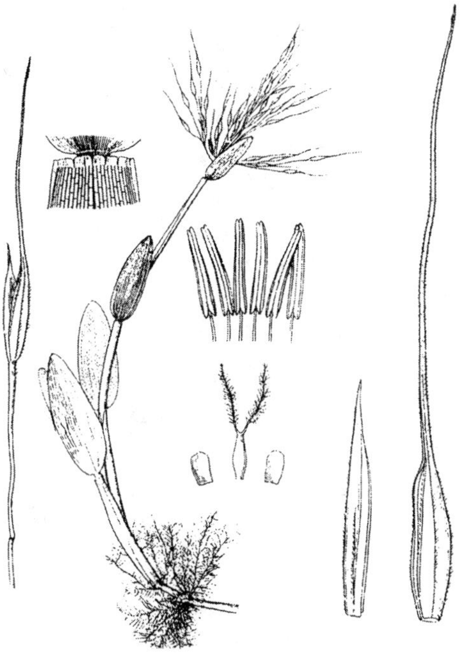

图 706 水禾

28. 柳叶箬属 *Isachne* R. Br.

多年生或一年生草本。秆直立或基部倾斜横卧。叶鞘常短于节间，叶片扁平。圆锥花序疏散顶生；小穗具 2 小花，均两性或第一小花雄性，第二小花雌性，均无芒，两小花节间甚短，连同两小花一起脱落；两颖近等长，草质，迟落；小花背部拱凸，腹面扁平；两小花内外稃均革质，或第一小花内外稃为草质，第二小花为革质，无毛或被毛；鳞被 2，微小；雄蕊 3；花柱 2 叉裂，柱头帚状。颖果椭圆形或近球形，与稃体分离。

本属约有 90 种，分布于热带，主要在亚洲。我国有 18 种（4 种特有）。

1. 柳叶箬

Isachne globosa (Thunb.) Kuntze, Rev. Gen. Pl. 2: 778. 1891.——*Milium globosum* Thunb.

多年生。秆丛生，高 30-80 cm，直立或基部节上生根而倾斜。叶鞘一侧边缘的上部或全部被毛；叶舌纤毛状，长 1-2 mm；叶片披针形，长 3-10 mm，宽 3-8 mm，两面被微毛，边缘软骨质，全缘或微波状。圆锥花序卵圆形，长 3-11 cm，宽 1.5-4 cm，每一分枝生 1-3 小穗，分枝和小穗柄具黄色腺斑；小穗椭圆状球形，长 2-2.5 mm，成熟时带紫褐色，具 2 朵小花；两颖近等长，顶端钝或圆，硬纸质；第一小花雄性，第二小花雌性，近球形，外稃被微毛，鳞被楔形。颖果近球形。

分布于华南、华中及广东、广西、贵州、河北、辽宁、陕西、台湾、云南，生于湿地、稻田中、草地或平原。朝鲜、日本、印度、东南亚及澳大利亚及太平洋岛屿也有分布。

图 707 柳叶箬

29. 假稻属 *Leersia*

多年生水生或沼生草本。具长匍匐茎或根状茎；秆多节，节常生微毛，下部伏卧地面或漂浮水面，上部直立或倾斜。叶鞘短于节间，叶舌纸质，叶片线状披针形。顶生圆锥花序较疏散，具粗糙分枝；小穗具 1 小花，两侧极扁，无芒，无柄状基盘，自小穗柄顶端脱落；两颖退化；外稃硬纸质，舟状，5 脉，脊上生硬纤毛，边脉近边缘而紧扣内稃边脉；内稃与外稃同质，3 脉，脊具纤毛；鳞被 2；雄蕊 6 或 1-3，花药线形。颖果长圆形，扁。

本属约有 20 种，分布于全世界的热带和暖温带地区。我国有 4 种。

分种检索表

1. 雄蕊 3(2)，花药长 1-2 mm；圆锥花序的分枝具小枝……………………………………3. 秕壳草 *L. sayanuka*
1. 雄蕊 6，花药长 2.5-3 mm；圆锥花序的分枝不具小枝。
   2. 小穗长 3.5-4 mm；花药长 2-2.5 mm；圆锥花序主轴较细弱……………………………1. 李氏禾 *L. hexandra*
   2. 小穗长 5-6 mm；花药长 3 mm；圆锥花序主轴较粗壮……………………………………2. 假稻 *L. japonica*

1. 李氏禾

Leersia hexandra Swartz, Prodr. 21. 1788.

具发达匍匐茎和细瘦根状茎。秆斜卧地面，节处生根，直立部分高 40-50 cm，节部膨大密被倒生微毛。叶鞘短于节间，多平滑；叶舌长 1-2 mm，基部两侧下延与叶鞘边缘愈合成鞘边；叶片披针形，长 5-12 cm，宽 3-6 mm，粗糙，质硬，有时卷折。圆锥花序开展，长 5-10 cm，分枝较细，直升，无小枝，长 4-5 cm，具棱；小穗长 3.5-4 mm，柄长约 0.5 mm；无颖，外稃具 5 脉，脊与边缘具刺状纤毛，两侧具微刺毛；内稃与外稃等长，较窄，具 3 脉，脊生刺状纤毛；雄蕊 6 枚，花药长 2-2.5 mm。颖果长约 2.5 mm。花果期 5-12 月。

分布于华南、西南及福建、台湾，生于河沟、田边、水边。全球热带地区均有分布。

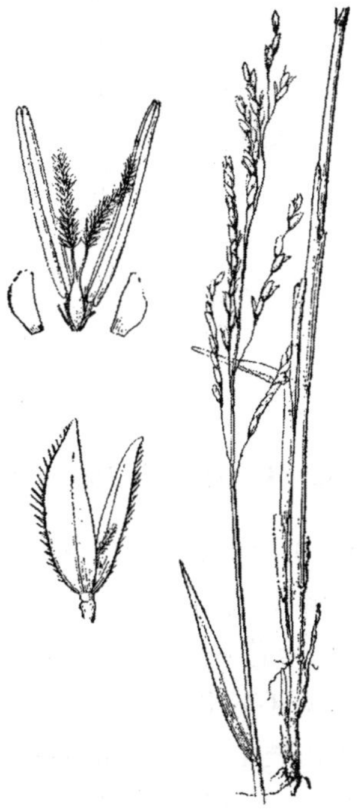

图 708　李氏禾

2. 假稻

Leersia japonica (Makino ex Honda) Honda, J. Fac. Sci. Univ. Tokyo Sect. 3. Bot. 3: 7. 1930.
——*Leersia japonica* Makino

秆下部伏卧地面，节上生多分枝的须根，上部斜升，高 60-80 cm，节密被毛。叶鞘短于节间，微粗糙；叶舌长 1-3 mm，基部两侧下延与叶鞘连合；叶片长 6-15 cm，宽 4-8 mm，粗糙或下面平滑。圆锥花序长 9-12 cm，分枝有棱角，稍压扁，不具小枝；小穗长 5-6 mm，两侧平滑无毛，带紫色，具 1 小花；外稃脊具刺毛，内稃中脉生刺毛；雄蕊 6，花药长 3 mm，花柱 2，分离。花果期为夏秋季。

分布于华中、西南及安徽、广西、河北、江苏、陕西、山东、浙江，生于池塘、水田、溪旁、沟边及湖边水湿地。朝鲜、日本也有分布。

图 709 假稻

3. 秕壳草

Leersia sayanuka Ohwi, Acta Phytotax. Geobot. 7: 36. 1938.

秆丛生，基部倾斜上升，高 30-110 cm，节凹陷，被倒生微毛。叶鞘粗糙；叶舌长 1-2 mm，质硬，基部两侧下延与叶鞘边缘连合；叶片长 10-20 cm，宽 5-15 mm，灰绿色。圆锥花序疏松，长达 20 cm，基部常为苞片鞘所包，分枝互生，具小分枝；小穗长 6-8 mm，宽 1.5-2 mm，具 1 小花；外稃脊上刺毛较长，两侧脉间具小刺毛，内稃脉间被细刺毛，中脉上刺毛较粗长；雄蕊 3（2），花药长 1-2 mm。颖果长圆形，长 5 mm。花果期秋季。

分布于华东及广东、广西、贵州、湖北，生于溪边或湖边水湿草地、林下。朝鲜、日本也有分布。

图 710 秕壳草

30. 赖草属 *Leymus* Hochst.

多年生草本。秆基部具纤维状宿存叶鞘；叶耳小，叶舌短，平截；叶常内卷，质较硬。穗状花序顶生；小穗 1-5 簇生穗轴每节，具两至数朵小花；小穗轴多少扭转，外稃背面裸露；颖椎针状，窄披针形或披针形，质硬，（1）3-5 脉；外稃披针形，无芒或具小尖头，内稃脊被细刺毛或无毛；子房被毛。颖果扁长圆形。

本属约有 50 种，分布于北半球温带地区。我国有 24 种（11 种特有）。

1. 滨麦

Leymus mollis (Trin.) Pilg., Bot. Jahrb. Syst. 74: 6. 1947.

秆单生或少数丛生，高 30-80 cm，花序下部被茸毛。叶鞘无毛，基生的常撕裂成纤维状；叶舌长 1-2 mm；叶片厚而硬，长 10-15 cm，宽 4-7 mm，通常内卷，上面微粗糙。穗状花序长 9-15 cm，宽 1-1.5 cm；小穗长 15-20 mm，2 或 3 枚生于穗轴每节，或在花序两端为单生，每小穗具 2-5 小花；颖长圆状披针形，长 12-20 mm，宽 2-2.5 mm，背面具脊，被细毛，边缘膜质，外稃披针形，先端具短尖，被微柔毛，第一外稃长 12-14 mm，内稃长 10-12 mm，脊具纤毛；雄蕊 3；花柱 2。花果期 5 月。

分布于我国沿海地区，生于海边沙滩上。

图 711 滨麦

31. 芒属 *Miscanthus* Anders

多年生高大草本。具根状茎；秆细或粗壮，直立。叶基生或秆生，叶片线形，扁平；叶舌膜质。顶生圆锥花序具多数总状花序；小穗具一两性花，小穗柄不等长，孪生于总状花序轴各节，基盘具长丝状柔毛；两颖近相等，厚纸质或膜质，第一颖背腹扁，先端尖，边缘内卷折成2脊，2-4脉；第二颖舟形，1-3脉；外稃膜质，第一外稃内空，第二外稃具1脉，先端2裂，微齿间有扭转膝曲芒，内稃微小；鳞被2，楔形；雄蕊3，先雌蕊成熟；柱头2，短，柱头帚刷状，近小穗中部之两侧伸出。颖果长圆形。

本属有14种，多数种类在亚洲东南部和太平洋岛屿，少数种类延伸到热带非洲。我国有7种（2种特有）。

分种检索表

1. 小穗具芒……………………………………………………………1. 五节芒 *M. floridulus*
1. 小穗无芒。
   2. 秆高300-700cm，节上具分枝；花序长20-40cm……………………2. 南荻 *M. lutarioriparius*
   2. 秆高65-160cm；不分枝；花序长7-30cm……………………………3. 荻 *M. sacchariflorus*

1. 五节芒

Miscanthus floridulus (Lab.) Warb. ex Schum. & Laut., Fl. Schutzgeb. Sudsee 166. 1901.——*Saccharum floridulus* Lab.

秆高2-4m，节下具白粉。叶舌长1-2mm，顶端具纤毛；叶片线形，长25-60cm，宽1.5-3cm，中脉粗而隆起，边缘粗糙。圆锥花序长30-50cm，稠密，分枝稍细，簇生于基部各节；小穗卵状披针形，长3-3.5mm，黄色，具1朵两性花，基盘具长于小穗的丝状柔毛；第一颖上部和边缘粗糙，第二颖等长于第一颖，具缘毛；第一外稃长圆状披针形，稍短于颖，具缘毛，第二外稃卵状披针形，长约2.5mm，芒长7-10mm，微粗糙，直或下部稍扭曲，内稃微小；雄蕊3；柱头极短。花果期5-10月。

分布于华东、华南、西南及河南、湖北、台湾，生于低海拔撂荒地、潮湿谷地、山坡或草地。亚洲东南部也有分布。

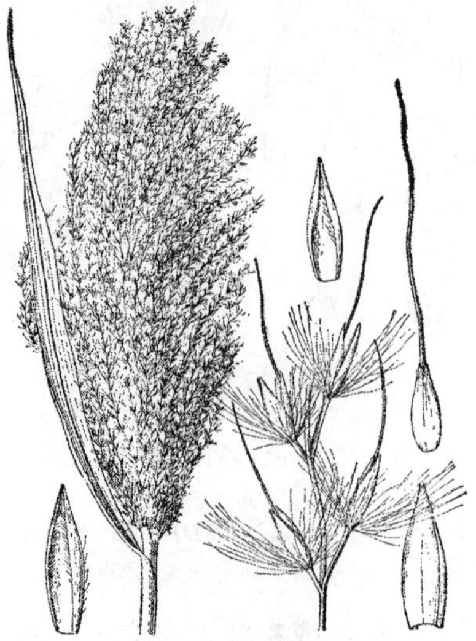

图712 五节芒

2. 南荻

Miscanthus lutarioriparia L. Liou ex Renvoize & S. L. Chen, Kew Bull. 60: 605. 2006.

秆高 3-7m，直径 10-20mm，具 42-47 节，节部膨大，上部节具分枝，叶鞘淡绿色；叶舌具纤毛；叶片线形，长 50-90cm，宽 1.5-3cm，边缘具短锯齿，中脉粗，白色。圆锥花序长 20-40cm，宽 10-15cm，由 100 枚以上总状花序组成，稠密；小穗长 4-6.5mm，具 1 朵两性花；第一颖顶端渐尖，长于第二颖 1/4，边缘与上部被长柔毛；基盘柔毛长为小穗的 2 倍左右；第一外稃与第二外稃均短于颖，顶端无芒，边缘具纤毛；雄蕊 3。颖果黑褐色，长 2mm，顶端具宿存的二叉状花柱基。花果期 9-11 月。

分布于长江下游以南地区，生于河边、湖边潮湿滩地，海拔在 100m 以下。

可用于造纸。

3. 荻

Miscanthus sacchariflora (Maxim.) Hackel in Engl. & Prantl, Nat. Pflanzenfam. 2: 23. 1887.

具长的根状茎；秆高 65-160cm，具 10 余节，节上生柔毛。叶舌长 0.5-1mm，具纤毛；叶片长 20-50cm，宽 5-18mm，边缘锯齿状，中脉白色。圆锥花序伞房状，长 7-30cm，宽约 1cm，具 10-20 朵小花，基盘具长 10-11mm 的长柔毛，第二颖近等长于第一颖，边缘膜质并具纤毛；第一外稃稍短于颖，第二外稃短于颖片的 1/4，有时具芒状小尖，第二内稃长为外稃的 1/2；雄蕊 3。颖果长圆形，长 1.5mm。花果期 8-10 月。

分布于甘肃、河北、河南、陕西，生于山坡和平原草地、河边湿地。朝鲜、日本、俄罗斯也有分布。

为优良的固沙护堤植物。

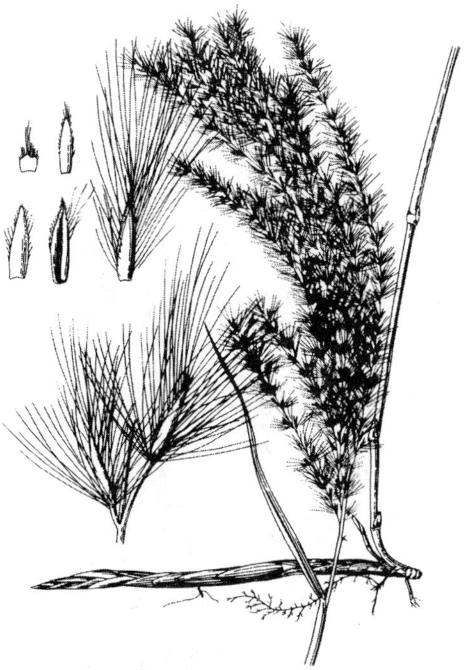

图 713 荻

32. 麦氏草属 *Molinia* Schrank

多年生草本。具匍匐根状茎。秆直立，节常聚集基部。叶鞘闭合，顶端有柔毛；叶舌具长约 0.5 mm，有白柔毛；叶片线状披针形，扁平或稍内卷。顶生圆锥花序开展，分枝较长，粗糙；小穗具 2-5 朵小花，两侧扁或圆柱形，小穗轴脱节于颖之上及小花之间，节间具微毛；颖披针形，1-3 脉，短于小穗；外稃厚纸质，3 脉，背部圆，无脊，先端短尖无芒；基盘短，具短毛或柔毛；内稃稍短于外稃，具 2 脊；雄蕊 3，花药长约 2 mm。

本属有 2 种，一种从欧洲西部分布至西伯利亚西部，另一种在亚洲东部。我国有 1 种。

1. 拟麦氏草

Molinia japonica Hackel, Bull. Herb. Boisser 7: 704. 1899.——*M. hui* Pilg.

秆直立，单生，高 50-100 cm，直径 2-5 mm，常 2-3 节聚集秆基。叶鞘多闭合，长于节间，上部具柔毛，基生叶鞘被柔毛；叶舌密生一圈白柔毛，毛长 0.5-1 mm；叶片长 30-60 cm，宽 3-14 mm，下面中脉隆起，有横脉，多少具柔毛，粉绿色。圆锥花序开展，长 15-40 cm，分枝粗糙，多枚簇生，斜上，腋间生柔毛，基部分枝长达 10 cm；小穗长 6.5-10 cm，具 3-5 朵小花，黄色；小穗轴节间较粗，长 2 mm；颖披针形，3 脉，第一颖长 2-4 mm，第二颖长 3-5 mm；外稃厚纸质，背部圆，3 脉，先端短尖，无芒，长 5-7 mm，基盘具长 1-2 mm 的柔毛；内稃等长或稍短于外稃，脊具微纤毛。

分布于安徽、浙江，生于潮湿的山顶草甸山地。

图 714 拟麦氏草

33. 类芦属 *Neyrandia* Hook. f.

多年生草本。秆具多节，有分枝，节间有髓部。叶鞘颈部常具柔毛；叶舌密生柔毛；叶片扁平或内卷，较硬，与叶鞘连接关节处脱落。圆锥花序大型稠密；小穗具3-8花，第一小花两性或不孕，第二小花正常发育，上部花渐小或退化；小穗轴脱节于颖之上或于小花之间，无毛；颖具1-3脉，短于小花；外稃披针形，3脉，背部圆，近边缘有开展白柔毛，中脉自先端2裂齿间延伸成短芒；基盘短柄状，具柔毛；内稃狭窄，稍短于外稃；鳞被2；雄蕊3。

本属有5种，分布于非洲和亚洲热带。我国有4种（2种为特有）。

1. 类芦

Neyrandia reynaudiana (Kunth) Keng ex Hitchc., Amer. J. Bot. 21: 131. 1934.——*Arundo reynandiana* Kunth

秆直立，高2-3 m，直径5-10 mm，节具分枝，节间被白粉。叶鞘无毛，沿颈部具柔毛；叶舌密生柔毛；叶片长30-60 cm，宽5-10 mm，扁平或卷折，先端长渐尖，无毛或上面生柔毛。圆锥花序长30-60 cm，分枝细长，开展或下垂；小穗长6-8 mm，具5-8朵小花，第一外稃不孕，无毛；颖片长2-3 mm；外稃长约4 mm，边脉有长约2 mm柔毛，具长1-2 mm反曲短芒；内稃短于外稃。花果期8-12月。

分布于华南、西南及安徽、福建、湖北、湖南、江苏、江西、台湾、浙江，生于溪边、山坡路旁或砾石草地，海拔300-1 500 m。日本、印度、缅甸及亚洲东南部也有分布。

图715 类芦

34. 求米草属 *Oplismenux* Beauv.

一年生或多年生草本。秆基部多横卧，具分枝。有叶舌；叶薄，卵形或披针形。圆锥花序窄，分枝或不分枝，常为数枚小穗聚生于主轴一侧，或为穗状总状花序排列于其上；小穗卵圆形或卵状披针形，多少两侧扁，近无柄，孪生或单生，具2小花；颖近等长，第一颖具长芒，第二颖的芒短或近无芒；第一小花中性，外稃与小穗等长，无芒或具小尖头，内稃有或无；第二小花两性，外稃纸质，后坚硬，先端具尖头，边缘薄，内卷，包被同质内稃；鳞被2，膜质，折叠，3脉；花柱基部分离。颖果椭圆形。

本属有5-9种，遍布热带和亚热带。我国有4种（1种特有）。

1. 求米草

Oplismenus undulatifolius (Arduino) Beauv., Ess. Agrost. 54. 168. 171. 1812.——*Panicum undulatifolius* Arduino

秆高20-50 cm，纤细，基部横卧，节生根。叶鞘密被疣基毛；叶舌膜质，长约1 mm；叶片卵状披针形，通常皱，长2-8 cm，宽5-18 mm，基部略圆或斜心形，具细毛。圆锥花序长2-10 cm，轴密被柔毛；分枝短，基部的长达2 cm；小穗卵圆形，长3-4 cm，簇生或部分孪生；颖革质，第一颖具3脉，具硬而直的芒，第二颖具短芒，较第一颖长；第一外稃草质，7-9脉，先端具短芒，第二外稃革质，平滑，边缘内卷，包被内稃。

分布于华东、华中、西南及广东、广西、河北、陕西、山西、台湾，生于林下潮湿处。北半球的暖温带和亚热带区域、印度的山地和非洲也有分布。

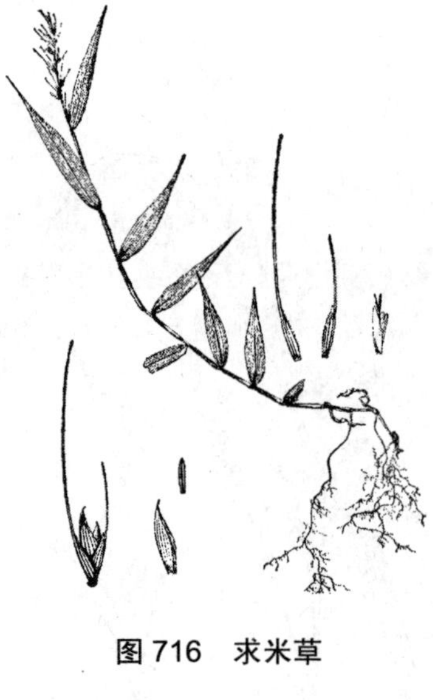

图716 求米草

35. 稻属 *Oryza* L.

一年生或多年生草本。秆直立，丛生，叶鞘无毛；叶舌长，膜质，或具叶耳；叶片线形。顶生圆锥花序疏散开展，常下垂，小穗具 1 两性小花，其下附有 2 退化外稃，两侧甚扁；颖退化，仅在小穗柄顶端呈 2 半月形痕迹；孕性外稃硬纸质，具小疣点或细毛，5 脉，先端有长芒或尖头；内稃与外稃同质，3 脉，侧脉接近边缘而为外稃之二边紧握；鳞被 2；雄蕊 6；柱头 2，帚刷状，自小穗两侧伸出。颖果长圆形，平滑。

本属有 24 种，分布于非洲、亚洲、大洋洲及美洲的热带和亚热带地区。我国有 5 种，其中 2 种为引进栽培。

分种检索表

1. 小穗长 5-6 mm，成熟后脱落；叶舌长 1-4 mm。
    2. 植株高 30-70 cm；叶片长 5-20 cm；圆锥花序长 5-15 cm；外稃无芒……………1. 疣粒稻 *O. meyeriana*
    2. 植株高 150-300 cm；叶片长 30-50 cm；圆锥花序长 30-50 cm；外稃芒长 5-10 mm………………………………………………………………………………………………2. 药用稻 *O. officinalis*
1. 小穗长 8-10 mm；小穗宿存或成熟后易脱落；叶舌长 1.7-2.5 cm。
    3. 多年生；小穗成熟后易脱落；叶舌长 1.7 mm……………………………………3. 野生稻 *O. rufipogon*
    3. 一年生；小穗宿存，成熟后穗轴连续而不易脱落；叶舌长 1-2.5 mm…………………………4. 稻 *O. sotiva*

1. 疣粒稻

Oryza meyeriana (Zoll. & Mori) Baill. subsp. ***granulata*** (Nees & Arn. ex Watt) Tateoka, Bot. Mag. (Tokyo) 75: 460. 1962.——*Oryza granulata* Nees & Arn. ex Watt.

多年生。秆高 30-70 cm，扁，5-9 节。叶鞘无毛，长 5-8 cm，短于节间；叶舌长 1-2 mm，无毛，具叶耳；叶片线状披针形，长 5-20 cm，宽 6-20 mm，上面沿脉粗糙，下面平滑，内卷，先端尖，基部圆。圆锥花序简单，直立，长 3-12 cm，分枝 2-5，上升，疏生小穗，棱粗糙；小穗长圆形，长约 6 mm，约为宽的 3 倍，浅绿或灰色；颖退化仅留痕迹；不孕外稃锥状，长约 1 mm，1 脉，无毛，孕性外稃无芒，先端钝或有短小的 3 齿，背面具不规则小疣点；花药长 3.5-4.5 mm，黄白色。颖果长 3-4 mm。花果期 10 月至翌年 2 月。

分布于华南及云南，生于溪边潮湿处、丘陵或林下及海岸沙滩，海拔 500-1 000 m。印度及东南亚也有分布。

2. 药用稻

Oryza officinalis Wall. ex Watt, Dict. Econ. Prod. India 5: 501. 1891.

多年生。秆高 1.5-3 m，直径 7-10 cm，8-15 节。叶鞘长约 40 cm；叶舌长约 4 mm，无毛；叶耳不明显；叶片长 30-80 cm，宽 2-3 cm，基部渐狭呈柄状，上面散生长柔毛，基部贴生微毛。圆锥花序疏散，长 30-50 cm，基部常为顶生叶鞘所包，主轴节间长约 5 cm，分枝长 10-15 cm，3-5 着生各节，具细毛，下部裸露，腋间生柔毛；顶端具 2 枚半月形退化颖片；小穗长 4-5 mm，宽约 2.5 mm，黄绿色或带褐黑色，成熟时易脱落，不孕外稃披针形，1 脉，外稃宽卵形，脉纹隆起；脊上部或边缘生硬毛，背面疣状突起；芒自外稃顶端伸出，长 0.5-1 cm；内稃与外稃同质，宽约为外稃之半，脊疏生硬毛；花药长约 2.5 mm。颖果扁平，红褐色，长约 3.2 mm。

分布于华南及云南，生于丘陵、山坡中下部冲积地和沟边。海拔 600-1 100 m。印度、缅甸、泰国及中南半岛也有分布。

3. 野生稻

Oryza rufipogon Griff., Not. Pl. Asiat. 3: 5. 1851.

多年生水生草本。秆高 1.5 m。叶鞘较松；叶舌长达 17 mm；叶耳明显；叶片长 40 cm，宽 1 cm。圆锥花序长约 20 cm，后期下垂；小穗长 8-9 mm，宽 2-3 mm，具 1 朵小花，基部具 2 枚微小的退化颖片，成熟后脱落；第一外稃和第二外稃退化呈鳞片状，长约 2.5 mm，具 1 脉或 1 脊；孕性外稃，长圆形，厚纸质，长 7-8 mm，粗糙，脊上部具长纤毛，芒生于外稃顶端，长 5-40 mm，内稃与外稃同质，被糙毛；鳞被 2；雄蕊 6；柱头 2，羽状，颖果长圆形，易脱落。花果期 4-5 月和 10-11 月。

分布于华南及台湾和云南，生于平原地区的池塘、沟渠、稻田、溪边、沼泽等低湿处，海拔 700 m 以下。印度、缅甸、泰国、越南及东南亚广泛分布。

4. 稻

Oryza sativa L., Sp. Pl. 1: 333. 1753.

一年生水生草本。秆高 0.5-1.5 m。叶鞘松弛，叶舌长 1-2.5 mm，叶片线状披针形，长 40 cm，宽 1 cm。圆锥花序疏展，长约 30 cm，分枝多，较粗糙，成熟时下垂；小穗长圆状卵形或椭圆形，长 10 mm，宽 2.4 mm，具 1 朵小花；颖极小，仅在小穗先端留一痕迹；退化外稃 2 枚，锥刺状，长 2-4 mm；两侧孕性花外稃厚纸质，中脉成脊，表面具乳头状小突起，被细毛，顶端毛较密，具芒或无芒，内稃与外稃同质，先端尖；雄蕊 6。颖果长 5 mm，宽 2 mm。

我国南北各地区均有栽种，品种很多。

是主要的粮食作物。

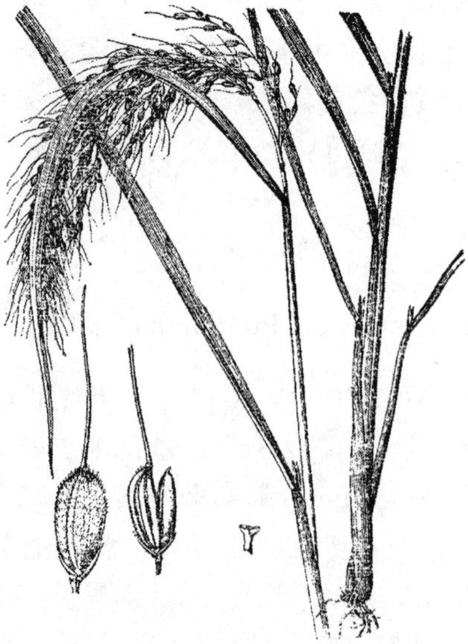

图 717 稻

36. 黍属 *Panicum* L.

一年生或多年生草本。具根状茎；秆直立或基部膝曲或匍匐。叶舌膜质，顶端无毛或具毛，或具 1 列毛；叶线形卵状披针形，通常扁平。圆锥花序顶生，分枝开展；小穗具柄，成熟时脱节于颖下或第一颖先落，背腹扁，具 2 朵小花；第一小花雄性或中性，第二小花两性；第一颖较小穗短小，有时基部包小穗，第二颖等长而同形；第一外稃同第二颖，具内稃或无；第二外稃硬纸质或革质，边缘包内稃；鳞被 2；雄蕊 3；花柱 2，分离，柱头帚状。

本属约有 500 种，泛热带分布，延伸至北美洲温带区域。我国有 21 种（4 种引种）。

分种检索表

1. 一年生……………………………………………………………………1. 糠稷 *P. bisulcatum*
1. 多年生。
   2. 秆坚硬……………………………………………………………………2. 铺地黍 *P. repens*
   2. 秆柔软，草质………………………………………………………3. 洋野黍 *P. dichotomiflorum*

1. 糠稷

Panicum bisulcatum Thunb., Nova Acta Regiae Soc. Upsal. 7: 141. 1815.

一年生。秆直立或基部平卧并在节上生根，高 30-180 cm。叶鞘光滑，边缘具纤毛；叶片线形或线状披针形，长 5-20 cm，宽 5-15 mm。圆锥花序长 10-40 cm，分枝细，疏生小穗；小穗椭圆形，长 2-2.5 mm，具 2 小花，仅第二小花结实，第一颖长为小穗的 1/3-1/2，第二颖与外稃等长，具 5 脉，均具细毛；第二外稃薄革质，成熟后黑褐色，边缘卷包内稃。花果期 9-11 月。

分布于华东、华中、西南及广东、海南、黑龙江、台湾，生于潮湿处、水边。印度、日本、朝鲜、菲律宾、太平洋岛屿也有分布。

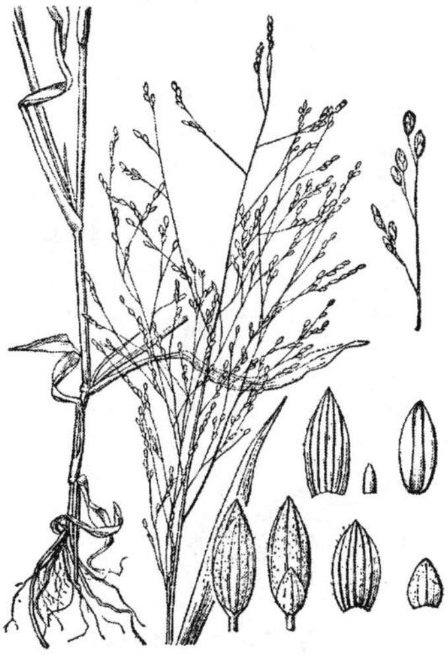

图 718　糠稷

2. 洋野黍

Panicum dichotoniflorum Mich., Fl. Bot.-Amer. 1: 48. 1803

一年生为水生，具根状茎为多年生。秆高 30-110 cm，膝曲，下部节上生根，分枝柔软草质，多汁。叶鞘较松；叶舌长 1-2 mm；叶片线形，扁平，长 7-35 cm，宽 5-10 mm。圆锥花序顶生或腋生，长 10-20 cm，多分枝；小穗披针形或窄卵形，长 3-4 mm；第一颖宽卵形，为小穗长的 1/6-1/3，包着小穗的基部，膜质，顶端钝至急尖，第二颖与小穗等长，7-9 脉，第一外稃与第二颖相似，内稃不存在或存在，上部的小花为小穗长的 2/3，绿色或淡黄色。花果期 6-10 月。

分布于福建、广东、广西、台湾、云南，生于浅水中、沼泽地。印度、马来西亚、美洲热带地区也有分布。

3. 铺地黍

Panicum repens L., Sp. Pl. ed. 2, 1: 87. 1762.

多年生。秆高 50-100 cm，直立，坚挺。叶鞘光滑，边缘被纤毛；叶舌长 0.5 mm，顶端被长纤毛；叶片长 5-25 cm，宽 2.5-5 mm，干时边缘常内卷呈锥形，上面粗糙或被毛。圆锥花序开展，长 5-20 cm，分枝具棱槽；小穗长圆形，长 3 mm；第一颖长为小穗的 1/4，基部包着小穗，顶端截平或钝圆，第二颖与小穗近等长，顶端尖；第一小花雄性，外稃与第二颖等长；雄蕊 3，花丝极短，第二小花结实，长圆形，长 2 mm；鳞被长 0.3 mm，宽 0.24 mm。花果期 6-11 月。

分布于华南及福建、江西、四川、台湾、云南、浙江，生于海边、溪边和潮湿处。广布于热带和亚热带地区。

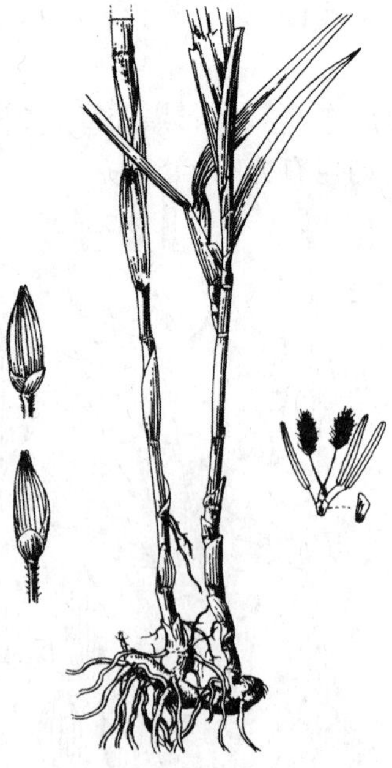

图 719 铺地黍

37. 雀稗属 *Paspalum* L.

多年生或一年生。秆丛生，直立或具匍匐茎和根状茎。叶舌膜质；叶片线形或狭披针形，扁平或卷折。穗状总状花序两至多枚呈指状或总状排列于秆顶或伸长的主轴上；穗轴扁，常具翅；小穗具 1 花，几无柄或具短柄，单生或孪生，2 至 4 行互生于穗轴一侧，背腹压扁，椭圆形或近圆形；第一颖不存在，稀存在，第一小花中性，内稃缺；第二外稃背部隆起，近革质，顶端钝圆，有光泽，边缘狭窄内卷，内稃背部外露；鳞被 2；雄蕊 3；柱头帚刷状，自顶端伸出。

本属约有 330 种，分布于热带和亚热带，热带美洲最丰富。我国有 16 种（2 种特有，8 种引种）。

1. 双穗雀稗

Paspalum distichum L., Syst. Nat. ed. 10, 2: 855. 1759.

秆丛生，直立，粗壮，高 50-150 cm，直径约 5 mm。叶片长 10-40 cm，宽 5-10 mm，中脉明显，无毛。总状花序长 5-8 cm，4-10 枚呈总状着生，主轴，长 4-10 cm，形成大型的圆锥花序，分枝腋间具长柔毛；小穗柄微粗糙，小穗卵形，长 3-3.5 mm，宽约 2.5 mm；第二颖等长于小穗，7-9 脉，表面散生短毛，边缘具长纤毛；第一外稃相似于第二颖，但边缘不具纤毛。花果期 5-7 月。

分布于华东、华中、西南及广西、海南、台湾，生于田野、路边、沟边及潮湿地肥沃的土壤。

图 720 双穗雀稗

38. 束尾草属 *Phacelurus* Griseb.

多年生草本。秆粗壮，多节。叶舌常厚膜质，叶扁平，中脉显著。总状花序数枚，指状或伞房兼指状排列于秆顶，稀单生；总状花序轴节间和小穗柄均三棱形，无毛，脱节面平截；小穗孪生，同形，背腹扁或有柄小穗近两侧扁，均无芒；无柄小穗具 2 小花，第一小花雄性或中性，有或无内稃，第二小花两性；第一颖膜质或革质，边缘内折呈 2 脊，脊缘有或无翼；第二颖常舟形；有柄小穗多少退化。

本属有 10 种，分布于非洲、亚洲和欧洲东南部。我国有 3 种（1 种特有）。

1. 束尾草

Phacelurus latifolius (Steud.) Ohwi, Acta Phytotax. Geobot. 4: 59. 1935.——*Rottboellia latifolia* Steud.

1a. 束尾草（原变种）

Phacelurus latifolius (Steud.) Ohwi var. ***latifolius***

秆高 100-200 cm，直径 3-10 mm，节上常有白粉。叶鞘无毛；叶舌长 3 mm，厚膜质，两侧有纤毛；叶片线状披针形，长 10-40 cm，宽 1.5-3 cm，质稍硬。总状花序 4-10 枚，长达 20 cm，总状花序轴节间及小穗柄均等长于或稍短于无柄小穗；无柄小穗披针形，长 8-10 mm，具 2 朵小花；第一颖革质，两脊上疏生细刺，第二颖舟形，脊上部具细刺，内外稃均为膜质，稍短于颖；第一小花雄性，雄蕊 3；第二小花两性；有柄小穗稍短于无柄小穗，两侧压扁。颖果披针形，长 4 mm。花果期为夏秋季。

分布于福建、河北、江苏、辽宁、山东、浙江，成片生于河滩、海边潮湿滩地上，海拔 1 400 m 以下。日本、朝鲜也有分布。

秆叶可供盖草屋，作燃料。

图 721 束尾草

1b. 狭叶束尾草（变种）

Phacelurus latifolius (Steud.) Ohwi var. ***monostachyus*** Keng ex S. L. Chen

与束尾草不同在于：总状花序 1 枚，顶生，长 10 cm。花果期为夏秋季。

分布于江苏、浙江沿海地区和云南（昆明滇池）。

39. 虉草属 *Phalaris* L.

一年生或多年生草本。叶片平展。圆锥花序穗状；小穗两侧扁，具 1 枚两性小花及其下的（1）2 枚线形或鳞片状外稃；小穗脱节于颖之上，通常不延伸或很少延伸于内稃之后；颖草质，近等长，披针形，长于小花，3-5 脉，主脉成脊，脊具翼；可孕小花的外稃短于颖，软骨质，无芒，5 脉不明显；内稃与外稃同质；鳞被 2；雄蕊 3；子房光滑，花柱 2。颖果包于稃体内。

本属有 18 种，主产于地中海地区，其次是南北美洲。我国有 5 种（4 种引种）。

1. 虉草

Phalaris arundiacea L., Sp. Pl. 1: 55. 1753.

多年生。秆单生或少数丛生，高 60-150 cm，具 6-8 节。下部叶鞘长于节间，上部的短于节间；叶舌长 2-3 mm，薄膜质；叶片长 10-35 cm，宽 1-1.8 cm。圆锥花序长 8-15 cm，狭窄，紧密，具密生小穗的分枝；小穗长 4-6 mm，具 1 朵两性花；颖沿脊上粗糙，上部具极狭的翅；可育花外稃宽披针形，长 3-4 mm，上部有柔毛，内稃舟形，背面 1 脊，脊两侧疏生柔毛；雄蕊 3；不孕外稃 2 枚，退化为线形，被柔毛。花果期 6-8 月。

分布于东北、华北、华中、西北及安徽、江苏、江西、四川、台湾、云南，生于沼泽草地、河边和湖边，海拔 100-3 200 m。广泛分布于北半球温带地区。

幼嫩时是优良牧草，秆可作编织材料并可用于造纸。

图 722 虉草

40. 梯牧草属 *Phleum* L.

一年生或多年生草本。常具根状茎。叶片扁平。圆锥花序圆柱状或穗状；小穗具 1 小花，两侧扁，脱节于颖之上，几无柄；颖等长，膜质，长于并包小花，3 脉，中脉成脊，脊具纤毛，先端平截或尖，具粗尖头或短硬芒；外稃质薄，短于颖，3-7 脉，先端平截或稍尖，无芒；内稃常短于外稃，脊具微纤毛；雄蕊 3；子房光滑，花柱细，柱头细长，伸出颖外。

本属有 16 种，分布于北半球温带和寒带地区，向南至南美洲。我国有 4 种。

分种检索表

1. 多年生；小穗长圆形；颖质较薄，具硬纤毛，先端近平截，具长 1.5-3 mm 的短芒……1. 高山梯牧草 *P. alpinum*
1. 一年生；小穗倒卵状楔形；颖质较厚，脊无毛或具硬纤毛，先端具长 0.5 mm 的尖头………2. 鬼蜡烛 *P. paniculatum*

1. 高山梯牧草

Phleum alpinum L., Sp. Pl. 1: 59. 1753.

多年生。秆高 14-60 cm，直立，基部倾斜，3-4 节，叶鞘松散，下部的长于节间，上部的稍膨大，短于节间，无毛；叶舌长 2-3 mm，膜质；叶片长 2-13 cm，宽 2-9 mm，先端尖或渐尖，基部圆。圆锥花序长圆状圆柱形或卵形，常暗紫色，长 1-3 cm，宽 8-10 mm；小穗长圆形，长 3-4 mm；颖脊具硬纤毛，先端近平截，具长 1.5-3 mm 的短芒；外稃长约 2 mm，先端钝圆，5 脉，脉具微纤毛；内稃稍短于外稃，2 脊具微纤毛；花药长 1-1.5 mm。颖果长圆形，短于稃体。花果期 6-9 月。

分布于甘肃、河南、湖北、黑龙江、吉林、陕西、四川、台湾、西藏、新疆、云南，生于高山湿草地、水边、灌丛，海拔 2 500-3 900 m。欧亚大陆北部和美洲也有分布。

图 723 高山梯牧草

2. 鬼蜡烛

Phleum paniculatum Huds., Fl. Angl. 23. 1762.

一年生。秆丛生，高 3-45 cm，直立，基部常膝曲，具 3-5 节。叶鞘短于节间，无毛或稍粗糙；叶舌长 2-4 mm，膜质；叶片长 1.5-15 cm，宽 2-6 mm，先端尖。圆锥花序窄圆柱形，成熟后草黄色，长 0.8-10 cm，宽 4-8 mm；小穗倒卵状楔形，长 2-3 mm；颖脉间具深沟，脊无毛或具硬纤毛，先端具长约 0.5 mm 的尖头；外稃卵形，长 1.3-2 mm，被贴短毛；内稃几等长于外稃；花药长约 0.8 mm。颖果长约 1 mm。花果期 4-8 月。

分布于安徽、甘肃、河南、湖北、江苏、陕西、山西、四川、新疆、浙江，生于河边、田边、路边和山坡草地、灌木林下，海拔约 1 800 m。欧亚大陆温带地区也有分布。

图 724　鬼蜡烛

41. 芦苇属　*Phragmites* Adans.

多年生沼生草本，具发达根状茎。茎直立，多节。叶鞘常无毛；叶舌厚膜质，边缘具毛；叶片披针形，多无毛。圆锥花序大型密集，具多数粗糙分枝；小穗具 3-7 小花，小穗轴节间短而无毛，脱节于第一外稃与成熟花之间；颖不等长，3-5 脉，先端尖或渐尖，均短于小花；第一外稃通常不孕，具雄蕊或中性，小花向上渐小，窄披针形，3 脉，先端渐尖或芒状，无毛，外稃基盘捧状，具丝状柔毛，内稃窄小，短于外稃；鳞被 2；雌蕊 3，花药长 1-3 mm。颖果与稃体分离。

本属有 4 或 5 种，广布世界，我国有 3 种。

分种检索表

1. 秆高 1-3 m；第二颖长 6-9 mm；基盘密生长于外稃的丝状毛……………………………1. 芦苇 *P. australis*
1. 秆高 4-6 m；第二颖长 3.5-5 mm；基盘疏生短于稃体的丝状柔毛…………………………2. 卡开芦 *P. karka*

1. 芦苇

Phragmites australis (Cav.) Trin. ex Steud., Nomencl. Bot., ed. 2, 1: 143. 1840.——*Arunda australis* Cav.

秆高 1-3 m，直径 1-6 cm，具 20 多节，被蜡粉。下部叶鞘短于节间，上部的长于节间；叶舌边缘密生一圈纤毛，两侧毛长 3-5 mm，易脱落；叶片披针状线形，长达 30 cm，宽 1-3 cm。圆锥花序长 20-50 cm，宽约 10 cm，多分枝，分枝长 5-20 cm，密生下垂的小穗；小穗长 10-18 mm，具 2-5 朵花；第一颖长 4 mm，第二颖长 6-9 mm；第一外稃长 12 mm，具雄蕊，第二外稃长 11 mm，基盘延长，两侧密生长于外稃的丝状柔毛，与小穗轴连接处具关节，成熟后易脱落，内稃长 3 mm；雄蕊 3。颖果长 1.5 mm。

分布于全国各地，成片生于江河、湖、池塘、沟渠沿岸和低湿地。遍布全世界。

2. 卡开芦

Phragmites karka (Retz.) Trin. ex Steud., Nomencl. Bot. ed. 2, 1: 144.1840.

秆高 4-6 m，直径 1.5-2.5 cm，具 30 余节，中下部节间长达 35 cm。叶鞘平滑，具横脉；叶舌长 1 mm；叶片长达 5 cm，宽 1-3 cm，顶端渐尖成丝状。圆锥花序长 20-50 cm，宽 10-20 cm，具密分枝和小穗，基部分枝长 10-30 cm；小穗长 10-12 cm，具 4-6 朵小花；颖狭椭圆形，顶端渐尖，第一颖长 3 mm，第二颖长 3.5-5 mm；第一外稃长 6-9 mm，不孕，第二外稃长 8 mm，上部渐尖呈芒状，基盘细长，稍弯，疏生长 5 mm 的丝状柔毛，毛长为稃体的 1/2-2/3。花果期 8-12 月。

分布于华南及福建、四川、台湾、云南，生于江河或湖边湿地，海拔 1 000 m 以下。日本、印度也有分布。

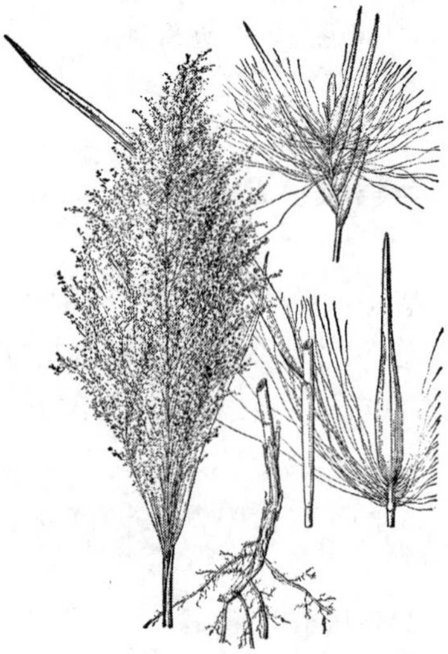

图 725 卡开芦

42. 刚竹属 *Phyllostachys* Siebold & Zucc.

乔木状。地下茎单轴型，顶芽不出土，横生成竹鞭，部分侧芽出土成竹；秆散生，节间在分枝一侧通常扁平或成沟槽，每节通常 2 分枝，一粗一细，再分枝的基部均裸露。笋期早春至初夏。秆箨草质，早落，具斑点或无；箨叶带状披针形或三角形。每小枝一至数叶，通常 2-3 叶；叶通常较小，有细锯齿，或一边全缘，方格状网格明显。复穗状花序或密集呈头状，由多数假小穗组成，生于枝顶或小枝上部叶丛间；假小穗无柄，外被数枚叶状或苞片状佛焰苞；小花 2-6 朵，颖片 1-3 或不发育；外稃先端锐尖；内稃有 2 脊，2 裂，裂片先端锐尖；鳞被 3，小；雄蕊 3，花丝细长；雌蕊花柱细长，柱头羽状，3 裂。颖果。

本属至少 51 种，分布于印度、日本、缅甸和中国，我国有 51 种（49 种特有）。

1. 水竹

Phyllostachys heteroclada Oliv., Hooker's Icon. Pl. 23: Pl. 2288. 1894.

秆高 8 m，直径 2-5 cm，分枝角度大，冠开展，直立（小竹秆常之字形曲折，尤其分枝部分），中部节间长 30 cm；新秆被白粉，疏生倒毛；秆绿色，节内长约 5 mm。笋期 4 月中下旬。秆箨短于节间，深绿或绿色，有紫色脉纹，上部边缘有时略带紫色，无毛或疏生刺毛，无斑点，边缘有整齐缘毛；箨耳小，淡紫色，具紫色长繸毛；箨舌宽短，先端平截或微波状，有纤毛；箨叶三角形或三角状披针形，绿色，舟状隆起，直立。每小枝 2 叶，稀 3 叶，叶长 6.5-11 cm，宽 1.3-2 cm，下面基部有毛。

分布于华中、西南及安徽、福建、甘肃、广东、广西、江西、江苏、陕西、浙江，生于山沟、溪边或河旁、山坡灌丛中，海拔 1 300 m 以下。

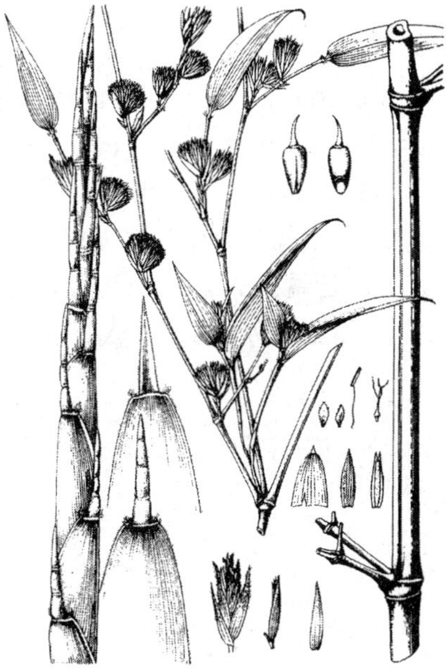

图 726 水竹

43. 早熟禾属 *Poa* L.

多年生，稀一年生。疏丛或密丛。有的具匍匐根状茎。叶鞘开放，或下部闭合；叶舌膜质；叶片扁平，对折或内卷。圆锥花序开展或紧缩。小穗具2-8朵小花，上部小花不育或退化；小穗轴脱节于颖之上及花之间；两颖不等或近相等，第一颖较短窄，1脉或3脉，第二颖具3脉，均短于外稃。外稃卵状披针形或卵形，纸质或较厚，先端尖或稍钝，无芒，边缘多少膜质，5脉，中脉成脊，背部多无毛，脊与边脉下部具柔毛，基盘短而钝，有绵毛，稀无毛；内稃等长或稍短于外稃，两脊微粗糙，稀具丝状纤毛；鳞被2；雄蕊3；柱头2，柱头羽毛状，子房无毛。颖果长圆状纺锤形，与内外稃分离。

本属约有500种，广布全球温寒带、热带、亚热带高海拔山地；我国有81种（14种特有，至少引种1种）。

分种检索表

1. 第一颖具3脉，颖与外稃较厚；花药长1.2-1.5mm……………………………3. 泽地早熟禾 *P. palustris*
1. 第一颖具1脉，颖与外稃多较薄；花药长0.6-2mm。
  2. 多年生，植株具细长匍匐茎；基盘具稠密的绵毛……………………………4. 草地早熟禾 *P. pratensis*
  2. 一年生；基盘无绵毛或具疏绵毛。
    3. 外稃基盘具绵毛，内稃短于外稃；花药淡黄色，长0.8-1mm……………1. 白顶草熟禾 *P. acroleuca*
    3. 外稃基盘无绵毛，内稃与外稃近等长；花药黄色，长0.6-0.8mm………………2. 早熟禾 *P. annua*

1. 白顶草熟禾

Poa acroleuca Steud., Syn. Pl. Glumac. 1: 256. 1854.

一年生或二年生草本。秆高30-85cm，直径0.6-1mm，具3-4节。叶鞘闭合，顶生叶鞘短于其叶片；叶舌膜质，长0.5-2mm；叶片长7-15cm，宽2-6mm。圆锥花序金字塔形，长10-20cm，宽3-10mm，分枝2-5枚生于各节，细弱；小穗卵圆形，长2.5-5mm，灰绿色，具2-4小花；颖披针形，具狭膜质边缘，脊上部微粗糙，第一颖长1.5-2mm，1脉，第二颖长1.5-2.4mm；外稃长圆形，顶端钝，具膜质边缘，脊与侧脉下部具长柔毛，基盘具疏绵毛，第一外稃长2-3mm，内稃短于外稃，脊具细长柔毛；雄蕊3。颖果纺锤形，长约1.5mm。花果期5-6月。

分布于华中、西南及广东、广西、陕西、台湾，生于沟边阴湿草地，海拔500-2 400m。也分布于朝鲜、日本。

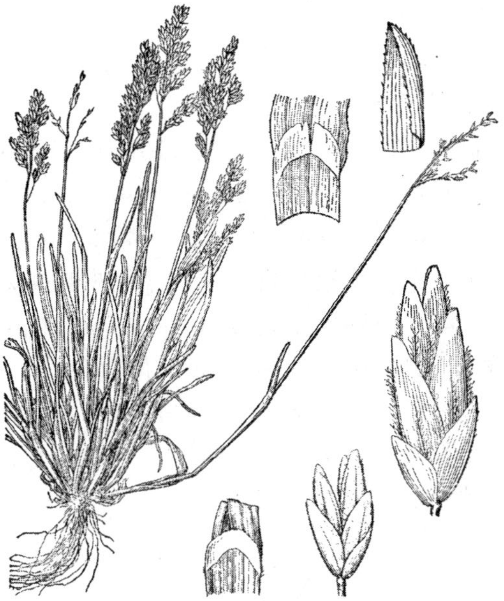

图 727 白顶草熟禾

2. 早熟禾

Poa annua L., Sp. Pl. 1: 68. 1753.

一年生草本。秆高 6-45 cm，质软。叶鞘中部以下闭合；叶舌长 0.6-3 mm；叶片扁平或对折，长 2-12 cm，宽 1-3.5 mm，质软，常有横脉。圆锥花序宽卵形，长 3-10 cm，开展；分枝 1-3 枚生于各节；小穗卵形，长 4-5.5 mm，绿色，具 3-5 朵小花；颖质薄，具宽膜质边缘，第一颖披针形，长 1.5-3 mm，1 脉，第二颖长 2-4 mm；外稃卵形，顶端与边缘宽膜质，脊与侧脉下部被柔毛，基盘无绵毛，第一外稃长 3-4 mm，内稃与外稃近等长，两脊密生丝状毛；雄蕊 3；颖果纺锤形，长约 2 mm。花期 4-5 月，果期 4-7 月。

分布于全国各地，生于沟边或湿地，海拔 100-4 800 m。亚洲、欧洲及北美洲均有分布。

3. 泽地早熟禾

Poa palustris L., Syst. Nat. ed. 10, 2: 874. 1759.

多年生。秆疏丛，高 40-120 cm，5-6 节。叶鞘无毛；叶舌长 2-3 mm；叶片长 8-20 cm，宽 2-5 mm。圆锥花序长 10-30 cm；分枝长约 5 mm，下部裸露，4-6 枚簇生主轴下部，粗糙；小穗卵状长圆形，具 3-5 朵小花，长 4-4.5 mm，黄绿色；第一颖长约 2.5 mm，3 脉，脊上部粗糙，先端尖，第二颖较宽，长约 3 mm；外稃长 3-3.5 mm，脊与边脉下部具柔毛，基盘有绵毛；内稃与外稃近等长，两脊具细密小刺；花药长 1.2-1.5 mm。花期 6-7 月。

分布于安徽、河北、河南、黑龙江、内蒙古、新疆，生于山坡疏林灌丛草甸或沼泽草地，海拔 300-3 500 m。广布于北半球温带地区。

4. 草地早熟禾

Poa pratensis L., Sp. Pl. 1: 67. 1753.

多年生。具细匍匐根状茎。秆疏丛生，高 10-120 cm，直径 1-2.5 mm，2-4 节。叶鞘平滑或粗糙，长于节间；叶舌膜质，长 0.5-5 mm；叶片线形，扁平或内卷，长 5-25 cm，宽 3-5 cm。花序分枝开展，每节 3-5；小穗卵圆形，具 3-4 朵小花，长 4-6 mm；颖卵圆状披针形，第一颖长 2-4 mm，1 脉，第二颖长 3-4 mm，3 脉；外稃膜质，脊与边脉中部以下密生柔毛；基盘具稠密长绵毛；第一外稃长 3-3.5 mm；内稃短于外稃，脊粗糙或具小纤毛；花药长 1.5-2 mm。颖果纺锤形，具三棱，长约 2 mm。花期 5-6 月，果期 7-9 月。

分布于东北、华北、华中、西北、西南及台湾，生于湿润草甸、沙地或草坡，海拔 500-4 400 m。广布欧亚大陆温带及北美。

为重要牧草，可作草坪及水土保持植物。

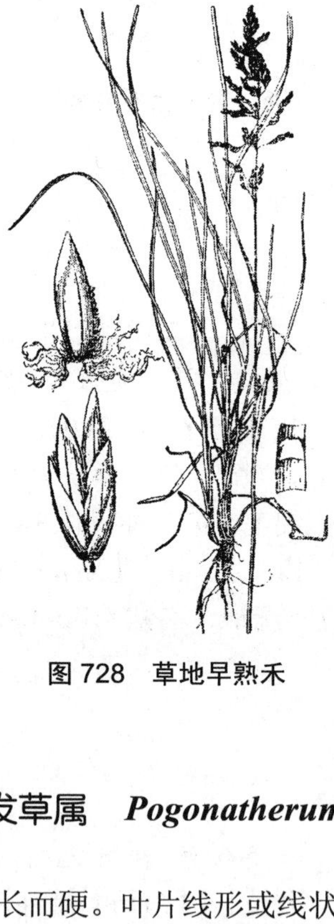

图 728 草地早熟禾

44. 金发草属 *Pogonatherum* Beauv.

多年生草本，常分枝。秆细长而硬。叶片线形或线状披针形，近直立。穗状总状花序单生秆顶；小穗孪生，1 有柄，1 无柄，覆瓦状排列于易逐节折断的花序轴一侧；无柄小穗有 1-2 朵小花，第一小花雄性或仅具外稃，第二小花两性；有柄小穗具 1 小花，两性或雌性；颖膜质，近等长，第一颖背腹扁，先端平截或稍凹，具纤毛，或两侧扁，具脊并延伸成芒；第二颖背具脊，先端 2 齿裂，齿间具稍曲折的芒；外稃膜质，第一外稃无芒，先端有纤毛，第二内稃有或无；第二外稃膜质，先端 2 裂，裂齿间具细长曲折芒；第二内稃膜质；雄蕊 1 或 2；花柱 2，柱头帚刷状，伸出小穗。颖果长圆形。

本属有 4 种，分布于印度至亚洲东南部至澳大利亚东北部。我国有 3 种（1 种特有）。

分种检索表

1. 秆高 10-30 cm；无柄小穗长 1.3-2 mm，第一小花退化或仅具外稃；第二小花具 1 雄蕊，花药长约 1 mm……1. 金丝草 *P. crinitum*
1. 秆高 30-60 cm；无柄小穗长 2.3-3 mm，第二小花具 2 雄蕊，花药长 1.8 mm………2. 金发草 *P. paniceum*

1. 金丝草

Pogonatherum crinitum (Thunb.) Kunth, Enum. Pl. 1: 478. 1833.——*Andropogon crinitum* Thunb.

秆丛生，高 10-30 cm，节被白色髯毛。叶线形，扁平，长 5-15 cm，宽 1-4 mm。穗状总状花序单生秆顶，乳黄色，花序轴节间与小穗柄均扁，两侧具纤毛；无柄小穗长 1.3-2 mm，具 1 朵两性花，基盘毛长与小穗等长或稍长；第一颖背腹扁，先端具流苏状纤毛，第二颖与小穗等长，舟形，先端 2 裂有纤毛，脉延伸成弯曲的金黄色芒；第一小花退化或仅具外稃；第二小花外稃稍短于第一颖，先端裂齿间具弯曲芒；内稃宽卵形，短于外稃；雄蕊 1，花药长约 1 mm。颖果卵状长圆形。花果期 5-9 月。

分布于华南、西南及安徽、福建、湖北、湖南、江西、台湾、浙江，生于溪边和路边潮湿处、田埂、石缝、灌木林下阴湿处，海拔 2 000 m 以下。日本、印度及中南半岛和澳大利亚也有分布。

全草药用。

图 729 金丝草

2. 金发草

Pogonatherum paniceum (Lam.) Hack., Allg. Bot. Zeitschr. Syst. 12: 178. 1906.——*Saccharum paniceum* Lam.

秆高 30-60 cm，直径 1-2 mm，3-8 节，节常被髯毛，上部多回分枝。叶鞘短于节间，分枝叶鞘长于节间，上部边缘和鞘口被毛；叶舌长约 0.4 mm，具毛；叶片线形，扁平或内卷，长 1.5-5.5 cm，宽 1.5-4 mm。总状花序长 1.3-3 cm，直径约 2 mm，花序轴节间与小穗柄几等长，两侧具纤毛；无柄小穗长 2.5-3 mm，基盘毛长 1-1.5 mm；第一颖扁平，稍短于第二颖，先端平截密具纤毛，背部 3-5 脉，无芒；第二颖舟形，与小穗等长，近先端边缘被纤毛，1 脉延伸成芒，芒长 1.3-2 cm，稍曲折；第一小花雄性，外稃长圆状披针形，膜质，无芒，内稃长圆形，膜质，先端平或稍凹，具纤毛；雄蕊 2，花药长 1.8 mm；第二小花两性，外稃先端 2 裂，芒长 1.5-1.8 mm，内稃与外稃等长，膜质，雄蕊 2，花药长 1.8 mm；有柄小穗较小，第一小花缺，第二小花雄性或两性，雄蕊 1。花果期 4-10 月。

分布于西南及广东、广西、湖北、湖南、台湾，生于溪边、路旁、山坡草地，海拔 100-3 000 m。印度、马来西亚、东南亚及大洋洲均有分布。

全草入药。

图 730 金发草

45. 棒头草属 *Polypogon* Desf.

一年生或多年生草本。叶片扁平。圆锥花序穗状，稀金字塔形。小穗具 1 小花，两侧扁，小穗轴不延伸，小穗柄具关节，自节处脱落而使小穗具柄状基部；两颖基部不连合，颖近相等，先端 2 浅裂或深裂，1 脉，粗糙，芒细直，自裂片间或顶端以下伸出；外稃膜质，长约为小穗之半，5 脉，光滑，中脉延伸为 1 易脱落的短芒或无芒；内稃长为外稃 1/2，透明膜质，2 脉；雄蕊 3 或 1，花药细小。颖果与外稃等长，连同稃体脱落。

本属有 12-15 种，分布于温带地区和热带山地。我国有 6 种（1 种特有）。

分种检索表

1. 圆锥花序紧密；颖端芒长 1-3 mm，与小穗近等长；外稃芒长 2 mm……………1. 棒头草 *P. fugax*
1. 圆锥花序疏松；颖端芒长 3-7 mm；长为小穗的 1.5-3 倍；外稃芒长 1-1.2 mm……………………………………………………………………2. 长芒棒头草 *P. monspeliensis*

1. 棒头草

Polypogon fugax Nees ex Steud., Syn. Pl. Glumac. 1: 184. 1854.

一年生。秆丛生，高 10-75 cm，基部曲折。叶舌长圆形，长 3-8 mm，顶端 2 裂或不整齐齿裂；叶片长 2.5-15 cm，宽 3-4 mm。圆锥花序长圆形或卵形，有时间断，分枝长达 4 cm；小穗长 2.5 mm（包括基盘），灰绿色或部分带紫色，具 1 朵小花；颖长圆形，先端 2 浅裂，疏被短纤毛，芒从裂口处伸出，长 1-3 mm，微粗糙；外稃长约 1 mm，先端具微齿，中脉延伸成长 2 mm 的芒，易脱落；雄蕊 3。颖果椭圆形，长 1 mm。花果期 4-9 月。

分布于华东、西南及广东、广西、河南、湖北、山西、陕西、台湾、新疆，生于山坡、田边、潮湿处，海拔 100-3 600 m。朝鲜、日本、俄罗斯、巴基斯坦、印度、尼泊尔、不丹、缅甸也有分布。

图 731 棒头草

2. 长芒棒头草

Polypogon monspeliensis (L.) Desf., Fl. Atlant. 1: 67. 1798.

一年生。秆直立或基部曲折，高 8-60 cm，具 4-5 节。叶舌长 2-8 mm，先端 2 深裂或撕裂状；叶片长 2-13 cm，宽 2-9 mm。圆锥花序长 1-10 cm，宽 5-20 mm；小穗长 2-2.5 mm，具 1 朵小花，成熟时枯黄色；颖倒卵状长圆形，先端 2 浅裂，芒生于裂口处，长 3-7 mm，粗糙，颖片被短纤毛；外稃长 1-1.2 mm，先端具微齿，中脉延伸成与稃体等长的芒，易脱落；雄蕊 3。颖果倒卵状长圆形，长 1 mm。花果期 5-10 月。

分布于华北、华东、西北及广东、河南、四川、台湾、西藏、云南，生于湿润草地、溪边或浅水流中，海拔 3 000 m 以下。广布于热带和温带地区。

图 732 长芒棒头草

46. 伪针茅属 *Pseudoraphis* Griff. ex Pilg.

多年生水生或沼生草本。叶舌膜质，无毛；叶线形或披针形。圆锥花序顶生，分枝花序穗轴纤细，延伸于顶生小穗之外成 1 纤细刚毛；小穗披针形，有 2 朵小花；第一小花雄性，第二小花雌性，具极短柄或近无柄，小穗成熟后整个穗轴自花序主轴脱落；第一颖微小，薄膜质，无脉；第二颖与小穗近等长，先端渐尖或有短尖，背部无毛或有短硬毛；第一外稃几等长或稍短于第二颖，内有透明膜质内稃；第二外稃纸质或先端膜质，与内稃均短于第二颖；雄蕊 2-3；子房椭圆形，花柱 2，柱头帚刷状。颖果倒卵状椭圆形，成熟后露出稃外。

本属有 6 种，分布于印度至日本、亚洲东南部至澳大利亚。我国有 3 种。

1. 伪针茅

Pseudoraphis brunaniana (Wall. & Griff.) Pilg., Notizbl. Bot. Gart. Berlin-Dahlem 10: 210. 1928.——*Panicum brunamiana* Wall. & Griff.

多年生。秆高 20-40 cm，基部匍匐并于节处生根。叶鞘长于节间，鞘口具 2 叶耳；叶舌长 1 mm，膜质，呈撕裂状；叶片线状披针形，长 3-9 cm，宽 3-6 mm。圆锥花序长 6-14 cm，分枝具 1-2（4）小穗；小穗披针形，长 4-7 mm，具 2 朵小花，第一小花雄性，第二小花雌性，基部刚毛长为小穗 2-3 倍；第一颖长 0.5-1 mm，膜质，第二颖纸质，几等长于小穗，脉上具刚毛；第一外稃略短于第二颖，内稃长 2-4 mm，雄蕊 3，第二外稃长约 2 mm，内外稃均为厚纸质。颖果成熟后裸露。花果期 7-8 月。

分布于安徽、广东、台湾，生于低海拔的田边、池旁、沟边潮湿处。孟加拉国、印度、缅甸、泰国、越南、菲律宾也有分布。

是一种优良牧草。

图 733 伪针茅

附：**瘦脊伪针茅** ***Pseudoraphis sordida***（Thwait.）S. M. Phillips & S. L. Chen

与伪针茅不同在于：秆细弱，多分枝；叶片长 1-5 cm，宽 2-4 mm；圆锥花序长 2-5 cm，分枝仅具 1 小穗；雄蕊 2 枚。花果期秋季。

分布于福建、湖北、湖南、江苏、山东、云南、浙江，生于池塘、沟旁、溪边潮湿处，海拔 100-500 m。朝鲜、日本、印度、斯里兰卡也有分布。

是一种优良牧草。

47. 碱茅属 *Puccinellia* Parl.

多年生草本。秆直立，丛生。叶鞘散生或聚集于秆基部，无毛；叶舌膜质；叶片线形，内卷，粗糙或无毛。圆锥花序开展或紧缩；小穗具 2-8 朵小花，两侧稍扁或圆筒形；小穗轴无毛，脱节于颖之上与小花之间；小花覆瓦状排列成 2 列；颖披针形或宽卵形，纸质，不等长，均短于第一小花，常干膜质，第一颖较小，1（-3）脉，第二颖具 3 脉；外稃长圆形、披针形或卵形，有平行脉 5 条，具缘毛或不整齐细齿裂；内稃等长或稍短于外稃；鳞被 2，常 2 裂；雄蕊 3，较小。颖果小，长圆形，无沟槽，与内外稃分离。

本属约有 200 种，分布于温带和寒带。我国有 50 种（14 种特有）。

分种检索表

1. 外稃基部无毛；小穗长 3 mm，具 2-4 朵小花；第一颖长 0.6 mm……………………5. 星星草 *P. tenuiflora*
1. 外稃被毛；小穗长（2.5）4-6 mm，具（2）3-8 朵小花；第一颖长 0.6-1.5 mm。
  2. 外稃长 1.8-2.2 mm；花药长 1.2 mm……………………………………………1. 朝鲜碱茅 *P. chinampoensis*
  2. 外稃长 1.5-2.2 mm；花药长 0.5-0.8 mm。
    3. 第一颖长 1-1.5 mm，第二颖长 1.5-2 mm………………………………………………2. 碱茅 *P. distans*
    3. 第一颖长 0.6-1 mm，第二颖长 1.2-1.5 mm。
      4. 圆锥花序开展，长 6-20 cm；小穗长 4-5 mm，具 5-8 朵小花…………3. 鹤甫碱茅 *P. hauptiana*
      4. 圆锥花序广金字塔形，长 5-8 cm；小穗长 2.5 mm，具 2-3 朵小花………4. 微药碱茅 *P. micrandra*

1. 朝鲜碱茅

Puccinellia chinampoensis Ohwi, Acta Phytotax Ceobot. 4: 31. 1935.

秆丛生，高 30-80 cm，直径 1.5 mm，具 2-3 节。叶鞘灰绿色；叶舌长 1-1.7 mm，干膜质；叶片长 4-9 cm，宽 1.5-3 mm，扁平或内卷。圆锥花序疏松，长 7-15 cm，宽 4-8 cm，每节具 3-5 分枝；小穗长 4-6 mm，具 4-7 朵小花；颖边缘具纤毛状细齿，第一颖长 0.7-1.3 mm，第二颖长 1-1.7 mm；外稃长 1.8-2.2 mm，先端截平，具不整齐细齿，膜质，近基部生短毛，下部黄色，后带紫色，内稃等长或稍长于外稃，脊上部微粗糙，下部有柔毛；雄蕊 3，花药线形，长 1.2 mm。颖果卵圆形。花果期 6-8 月。

分布于河北、辽宁，生于较湿的盐碱地、滨海的盐渍土上、海边沙地。朝鲜也有分布。

图 734 朝鲜碱茅

2. 碱茅

Puccinellia distans (Jacq.) Parl., Fl. Ital. 1: 367. 1848.——*Poa distans* Jacq.

秆丛生，有时基部平卧，节上生根，高 20-60 cm，直径 1 mm，具 2-3 节，常扁。叶鞘长于节间；叶舌长 1-2 mm，先端截平或具齿；叶片长 2-10 cm，宽 1-2 mm，平展或对折。圆锥花序长 5-15 cm，宽 5-6 cm，每节具 2-6 分枝，分枝细长，平展或下垂；小穗长 4-6 mm，具 5-7 朵小花；颖质薄，顶端具细齿，第一颖长 1-1.5 mm，第二颖长 1.5-2 mm；外稃顶端截平或钝圆与边缘均具不整齐细齿，基部具短柔毛，第一外稃长 1.8-2.2 mm，顶端截形或圆形；内稃等长或稍短于外稃，脊微粗糙；雄蕊 3，花药长约 0.8 mm。颖果纺锤形，长 1.2 mm。花果期 5-7 月。

分布于东北及河北、河南、山西、江苏、陕西、山东、新疆，生于轻度盐碱性湿润草地、田边、河边、溪旁、河谷、低草甸盐沙地，海拔 100-2 000 m。

是 1 种牧草。

图 735 碱茅

3. 鹤甫碱茅

Puccinellia hauptiana (Trin. ex Krecz.) Kitag., Rep. Inst. Sci. Res. Manchoukuo 1: 255. 1937. ——*Atropis hauptiana* Trin. ex Krecz.

秆疏丛生，高 15-60 cm，直径 1-2 mm。叶舌长 1-1.5 mm；叶片长 20-60 mm，宽 1-2 mm。圆锥花序长 6-20 cm，分枝长 3-5 cm，平展或反折；小穗长 4-5 mm，具 5-8 朵小花；颖卵形，第一颖长 0.7-1 mm，第二颖长 1.2-1.5 mm；外稃倒卵形，先端钝圆，具纤毛状细齿，长 1.6-1.8 mm，绿色，基部具短纤毛，内稃等长或长于外稃，脊上粗糙；雄蕊 3，花药窄椭圆形，长 0.5-0.6 mm。花果期 6-7 月。

分布于东北、华北及安徽、甘肃、江苏、青海、陕西、山东、新疆，生于河滩、湖畔沼泽地、田边、沟旁和低湿盐碱地，海拔 100-3 000 m。朝鲜、日本、蒙古、俄罗斯、中亚及欧洲东部及北美洲也有分布。

是家畜喜食的牧草。

图 736　鹤甫碱茅

4. 微药碱茅

Puccinellia micrandra (Keng) Keng & S. L. Chen, Bull. Bot. Res. Harbin 14 (2): 140. 1994.——*P. distans* (L.) Parl. var. *micrandra* Keng

秆疏丛生，高 10-20 cm，直径 1 mm，具 3 节。叶鞘长于节间，顶生的长达 10 cm；叶舌三角形或截平，长 1 mm；叶片长 20-40 cm，宽 1-2 mm，内卷，质较硬。圆锥花序金字塔形，开展，长 5-8 cm，宽 5 cm，每节具 2 分枝，分枝长 2-4 cm；小穗长约 2.5 mm，具 2 或 3 朵小花，淡黄色，后带紫色；颖先端尖，其边缘具缘毛，第一颖长 0.6-1 mm，第二颖长 1.2 mm；外稃长圆形，长 1.5 mm，先端截平，具缘毛，基盘有短毛，内稃两脊上平滑，先端具毛状细齿；雄蕊 3，花药长约 1.5 mm。花果期 6-8 月。

分布于华北及黑龙江和江苏，生于水边湿地或草丛中，海拔 1 000-3 100 m。

图 737 微药碱茅

5. 星星草

Puccinellia tenuiflora (Griseb.) Scribn. & Merr., Contr. U. S. Natl. Herb. 13: 78. 1910.——*Atropis tenuiflora* Griseb.

秆疏丛生，高 30-70 cm，直径 1 mm，具 3-4 节。叶鞘短于节间，顶生的长 5-10 cm；叶舌长 0.7-1.5 mm，钝圆，膜质；叶片长 20-80 mm，宽 1-3 mm，对折或稍内卷。圆锥花序长 6-15 cm，疏松开展，各节生 2 或 3 分枝，分枝细，平展；小穗长 3 mm，带紫色，具 2-4 朵小花；颖质薄，边缘具纤毛状细齿，第一颖长 0.6 mm，1 脉，顶端尖，第二颖长 1.2 mm，顶端稍钝；外稃长 1.5-2.2 mm，宽 0.8 mm，顶端钝，内稃等长于外稃，有时脊上有少数小刺；雄蕊 3。花果期 6-8 月。

图 738 星星草

分布于东北、华北及安徽、甘肃、青海、新疆，生于草原盐化湿地、沙滩、沟旁草地上，海拔 500-4 000 m。日本、蒙古、俄罗斯（西伯利亚）及中亚和亚洲西南部也有分布。

是优良牧草。

48. 甘蔗属 *Succharum* L.

多年生草本。秆高大粗壮，常实心，具多节，基部数节生气根。叶舌发达，叶片线形，中脉粗壮。顶生圆锥花序大型稠密，由多数总状花序组成；小穗孪生，1 无柄，1 有柄，均具 1 两性小花；总状花序轴逐节折断；有柄小穗自柄上脱落，无柄小穗连同小穗柄一并脱落；两颖近等长，草质或上部膜质，背部无毛或具长柔毛，第一颖常具 2 脊，第二颖常为舟形；基盘多具长于其小穗的丝状柔毛；外稃透明膜质，边缘具纤毛，第一外稃内空，有时具 1 脉；第二外稃窄线形，顶端无芒；第二内稃常存在；雄蕊 3；柱头自小穗中部两侧伸出，花柱短。

本属有 35-40 种，分布于热带和亚热带，主要分布在亚洲。我国有 12 种（2 种特有，2 种引种）。

分种检索表

1. 第一颖背部具长柔毛；基盘具短于其小穗的柔毛；第二外稃披针形；秆中不含蔗糖，无甜味……………………………………………………………………………………………………1. 斑茅 *S. arundinaceum*
1. 第一颖背部不具长柔毛；基盘具长于其小穗 3-4 倍的丝状柔毛；第二外稃窄线形；秆中含蔗糖，味甜…………………………………………………………………………………………2. 甜根子草 *S. spontaneum*

1. 斑茅

Saccharum arundinaceum Retz., Observ. Bot. 4; 14. 1786.

秆丛生，高 70-600 cm，直径 1-2 cm，具多节。叶鞘长于节间，边缘和鞘口具柔毛；叶舌长 1-2 mm，顶端截平；叶片长 60-200 cm，宽 1-5 cm，边缘锯齿状。圆锥花序长 30-80 cm，宽 5-10 cm，稠密，每节生 2-4 分枝；小穗狭披针形，长 3.5-4 mm，黄绿色或带紫色，具 1 朵两性花，基盘小，具短于其小穗的柔毛；两颖近等长，第一颖背部具长于小穗 1 倍以上的丝状柔毛；第一外稃等长或稍长于颖，第二外稃披针形，稍短或等长于颖，第二内稃长圆形，长约为其外稃的 1/2；雄蕊 3。颖果长圆形，长 3 mm。花果期 8-12 月。

分布于华南、华中、西南及安徽、福建、甘肃、河北、江西、陕西、台湾、浙江，生于山坡、溪边草地或干河床。也分布于印度、缅甸、泰国、越南和马来西亚。

秆可编席和造纸，叶供作饲料。

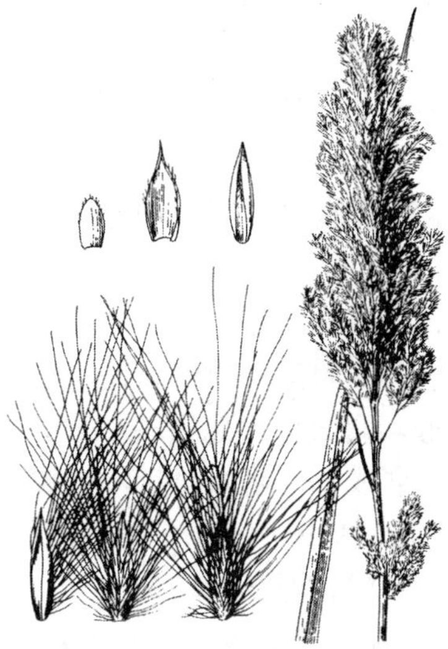

图 739 斑茅

2. 甜根子草

Saccharum sponianeum L., Mant. Alt. 2: 183. 1771.

秆高 1-2 m，直径 4-8 mm，中空，具多节，节具短毛，节下常有白色蜡粉，花序以下部分被白色柔毛。叶鞘口具柔毛；叶舌膜质，长约 2 mm，褐色，顶端具纤毛；叶片线形，长 30-70 cm，宽 4-8 mm，边缘粗糙。圆锥花序长 20-40 cm，稠密，主轴密生丝状柔毛；分枝细弱；无柄小穗披针形，长 3.5-4 mm，基盘具长于小穗 3-4 倍的丝状柔毛；两颖近相等，无毛，下部厚纸质，上部膜质，渐尖；第一颖上部边缘具纤毛；第二颖中部成脊，边缘具纤毛；第一外稃卵状披针形，等长于小穗，边缘具纤毛；第二外稃窄线形，长约 3 mm，宽 0.2 mm；边缘具纤毛，第二内稃微小；鳞被倒卵形，长约 1 mm，顶端具纤毛；雄蕊 3；柱头紫黑色，长 1.5-2 mm，自小穗中部两侧伸出。有柄小穗与无柄小穗相似。花果期 7-8 月。

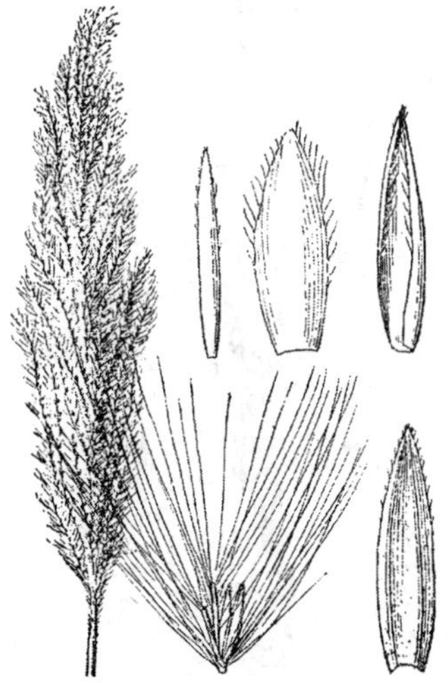

图 740 甜根子草

分布于华南、西南及安徽、福建、湖北、湖南、江苏、江西、陕西、台湾、浙江，生于山坡、河旁、溪流岸边、砾石沙滩，海拔 2 000 m 以下。也分布于日本、印度、缅甸、泰国、越南、马来西亚、印度尼西亚及澳大利亚。

49. 囊颖草属 *Sacciolepis* Nash

一年生或多年生草本。秆直立或基部膝曲。叶片较狭窄。圆锥花序紧缩呈穗状，小穗一侧偏斜，有 2 小花，自小穗柄顶端脱落；颖不等长，第一颖较短，具透明的狭边和数条粗脉；第二颖较宽，三角状卵形，背部呈浅囊状，7-11 脉，脉粗；第一小花雄性或中性；第一外稃较第二颖窄，等长，平展或背部略圆凸状，具数脉；第一内稃窄，膜质透明；第二小花两性；第二外稃长圆形，厚纸质或薄革质，背部圆凸，边缘内卷，包被同质的内稃；鳞被 2，宽楔形，折叠，3 脉；花柱自基部分离。

本属约有 30 种，分布于热带和温带地区，主产非洲。我国有 3 种。

1. 囊颖草

Sacciolepis indica (L.) A. Chase, Proc. Biol. Soc. Wash-ington 21: 8. 1908.——*Aira indica* L.

一年生。秆丛生，高 20-100 cm，基部常曲折。叶舌长 0.2-0.5 mm，上端被短纤毛；叶片长 5-20 cm，宽 2-5 mm。圆锥花序圆筒形，长 1-16 cm，宽 3-5 cm，具很短的分枝；小穗卵状披针形，长 2-2.5 mm，顶端稍弯曲，绿色或稍带紫色，具 2 小花，第一小花雄性，第二小花两性；第一颖长 0.7-1.8 mm，基部包裹小穗，第二颖背部囊状，与小穗等长；第一外稃等长于第二颖，第一内稃退化或短小，第二外稃长为小穗的 1/2，包着较小的内稃；鳞被 2，阔楔形，折叠；花柱基分离。颖果椭圆形，长 0.8 mm，宽 0.4 mm。花果期 7-11 月。

分布于华南、华东、西南及河南、黑龙江、湖北、台湾，生于潮湿地、溪边、稻田边、山谷。印度、日本、东南亚、大洋洲、非洲及太平洋岛屿也有分布。

图 741　囊颖草

50. 水茅属 *Scolochloa* Link

多年生。具匍匐根状茎；秆高基部节生根。叶鞘无毛，不闭合；叶舌膜质，叶片扁平，边缘粗糙。圆锥花序稍开展，分枝稍粗糙；小穗具 3-4 朵小花，小穗轴脱节于颖之上及小花之间；颖膜质，宽披针形，先端撕裂状，第一颖长 5-9 mm，第二颖近等长于小穗；外稃厚膜质至近革质，宽披针形，背部圆，上半部粗糙，先端常具 3 齿，齿有短芒；基盘尖，基部两侧各具 1 簇髯毛，毛长 1-1.6 mm；内稃披针形，先端具尖齿，脊上部具短毛；鳞被 2；雄蕊 3；子房长圆形，长约 0.8 mm，上半部被毛。

本属有 2 种，分布于北温带，其中 1 种为广布种。我国有 1 种。

1. 水茅

Scolochloa festucacea Link, Enum. Pl. 1: 137. 1827.

秆粗壮，高 70-200 cm。叶鞘无毛。叶舌长 3-8 mm，截形，叶片长 15-40 cm，宽 4-10 mm。圆锥花序疏松，椭圆形至卵形，长 15-30 cm；每节具 2-4 分枝，小穗长 7-10 mm，具（2-）3-4（-5）小花；颖宽披针形，第一颖长 6.5-8 mm，第二颖长 7.3-10 mm；外稃长 6-8 mm，内稃披针形，长约 6 mm；花药长 2.5-3.4 mm。花果期 6-8 月。

分布于东北及内蒙古，生于水边或沼泽地。蒙古、俄罗斯、欧洲及北美洲也有分布。

植株作饲料，颖果为鸟食。

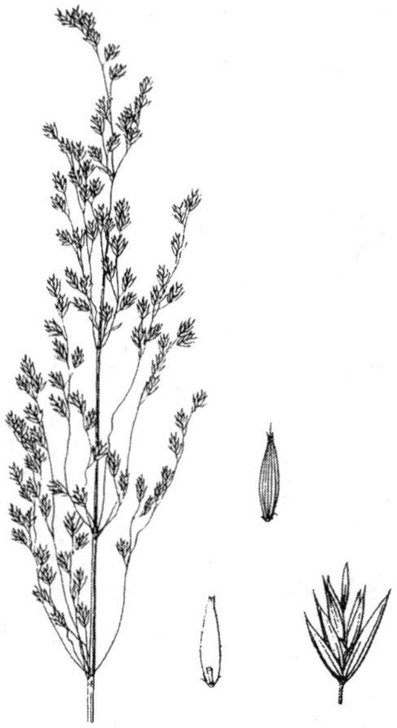

图 742 水茅

51. 狗尾草属 *Setaria* Beauv.

一年生或多年生草本。秆直立或基部膝曲。叶线形或长披针形，扁平或具折襞。圆锥花序通常呈穗状或总状，圆柱形，少数疏散而开展呈塔状；小穗具 1-2 朵小花，椭圆形或披针形，全部或部分小穗基部具一至数枚芒状刚毛，脱节于极短且呈杯状的小穗柄上，并与宿存刚毛分离；颖不等长，第一颖宽卵形或三角形，第二颖与第一外稃等长或较短；第一小花雄性或中性，第一外稃与第二颖同质，通常包被纸质或膜质内稃；第二小花两性，第二外稃软骨质或革质，成熟时背部隆起或否，平滑或具点状、横条状皱纹，包被同质内稃；鳞被 2，楔形；雄蕊 3；花柱 2。颖果椭圆状球形或卵圆形，稍扁。

本属约有 130 种，分布于热带和亚热带并延伸至暖温带。我国有 14 种（3 种特有，1 种引种栽培）。

1. 皱叶狗尾草

Setaria plicata (Lam.) T. Cooke, Fl. Bombay 2: 919. 1908.——*Panicum plicatum* Lam.

多年生。秆细弱，高 45-130 cm。叶鞘疏生细疣毛或短毛，毛易脱落；叶薄，椭圆状披针形或线状披针形，长 4-43 cm，宽 0.5-3 cm，基部渐窄呈柄状，具较浅纵皱折。圆锥花序窄长圆形或线形，疏散开展，下部具分枝；小穗常着生于一侧，卵状披针形，长 3-4 mm，部分小穗下具 1 刚毛；颖薄纸质，第一颖宽卵形，先端钝圆，边缘膜质，长为小穗 1/4-1/3，第二颖长为小穗 3/4-1/2；第一小花通常中性或具 3 雄蕊，第一外稃与小穗等长或稍长，5 脉，内稃膜质，稍短于外稃，边缘内卷；第二小花两性，第二外稃等长或稍短于第一外稃，具横皱纹。颖果窄长卵形。花果期 6-10 月。

分布于华南、华东、西南及湖北、湖南、台湾，生于山坡林下、沟谷阴湿处或路边杂草地。印度、尼泊尔、斯里兰卡、马来西亚、泰国也有分布。

全草入药，果酿酒或制饴糖，嫩叶作牲畜饲料，叶供造纸。

图 743 皱叶狗尾草

52. 高粱属 *Sorghum* Moench

一年生或多年生草本。秆粗壮直立。叶片宽线形、线形或线状披针形。圆锥花序直立，稀弯曲，具多数总状花序；小穗孪生，1 无柄，1 有柄，花序节间与小穗柄线形；边缘常具纤毛；无柄小穗两性，有柄小穗雄性或中性，无柄小穗第一颖革质，背部凸起或扁平，成熟时硬而有光泽，边缘窄而内卷，向先端渐内折；第二颖舟形，具脊；第一外稃膜质，第二外稃长圆形或椭圆状披针形，全缘，无芒，或具 2 齿裂，裂齿间具芒。

本属约有 30 种，分布于热带、亚热带和温带地区。我国有 5 种（3 种为引种栽培）。

1. 石茅

Sorghum halepense (L.) Pers., Syn. Pl. 1: 101. 1805.——*Holcus halepense* L.

多年生。秆高 50-150 cm，基部直径 4-6 mm。叶舌硬膜质，顶端无毛；叶线形或线状披针形，长 20-70 cm，宽 0.5-2.5 mm，两面无毛，边缘具微细齿。圆锥花序长 20-40 cm，分枝一至数枚在主轴轮生或一侧着生，基部腋间具灰白色柔毛，具 2-5 节，节间易折断；无柄小穗椭圆形或卵状椭圆形，长 4-5 mm，具柔毛，基盘钝，被柔毛；颖薄革质，第一颖具 5-7 脉，先端两侧具脊，延伸成 3 小齿；第二颖上部具脊，略舟形；第一外稃披针形，膜质，2 脉；第二外稃先端多少 2 裂或几乎不裂，有芒或无芒而具小尖头。有柄小穗雄性，较无柄小穗窄。花果期为夏秋季。

广东、四川及台湾引入栽培，现已归化，生于山谷、河边、荒野或耕地。地中海沿岸及西非、印度、斯里兰卡有分布。

秆、叶作饲料和造纸原料。但含少量氢氰酸，饲养时需注意。

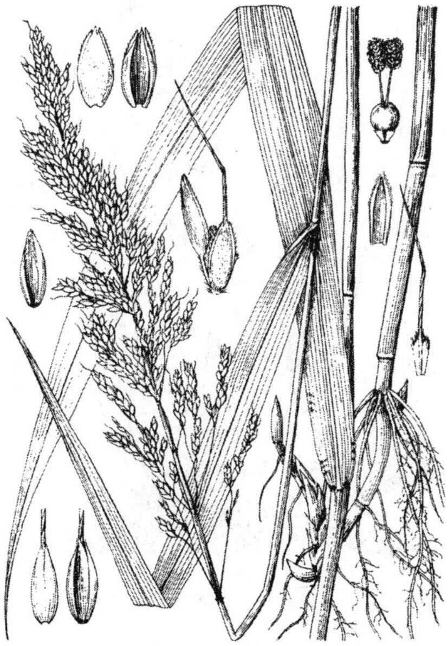

图 744 石茅

53. 米草属 *Spartina* Schreb

多年生直立草本，常有地下茎。叶片质硬。2 至多枚穗状花序总状着生于主轴；小穗无柄，脱节于颖之下，具 1 朵小花，两侧压扁，覆瓦状排列于穗轴上；小穗轴不延伸至小花之后；颖具 1 脉，顶端尖或有 1 短芒，背部常具脊，第一颖常较短，第二颖有时具 3 脉且较外稃为长，外稃质稍硬，中脉在背面常凸起成脊，侧脉不明显；内稃有时稍长于外稃，2 脉相距较近，亦可成脊。

本属有 17 种，分布于欧、美沿海地区，主产于北美及欧洲沿海海滩。我国从英国和丹麦引入数种，大米草目前在我国沿海已广泛栽培。

1. 大米草

Spartina anglica Hubb., J. Linn. Soc., Bot. 76: 364. 1978.

秆丛生，高 10-120 cm，直径 3-5 mm。基部叶鞘常纤维状；叶舌长 1 mm，具白色纤毛；叶片长 10-45 cm，宽 7-15 mm，中脉不明显。穗状花序长 7-11 cm，先端常呈芒刺状，常 2-6 个生于秆的上端；小穗卵状披针形，长 12-21 mm，疏生短柔毛，具 1 小花，无柄；第一颖长 6-7 mm，先端渐尖，第二颖 14-16 mm，先端略钝；外稃长 10 mm，草质，脊上微粗糙，内稃长 11 mm，膜质；雄蕊 3；柱头 2，顶端呈羽毛状。颖果圆柱形，长 10 mm，平滑。花果期 8-10 月。

广泛栽培于沿海各地，北起辽宁，南至广东，多栽培于海滩上，常形成稠密的群落。

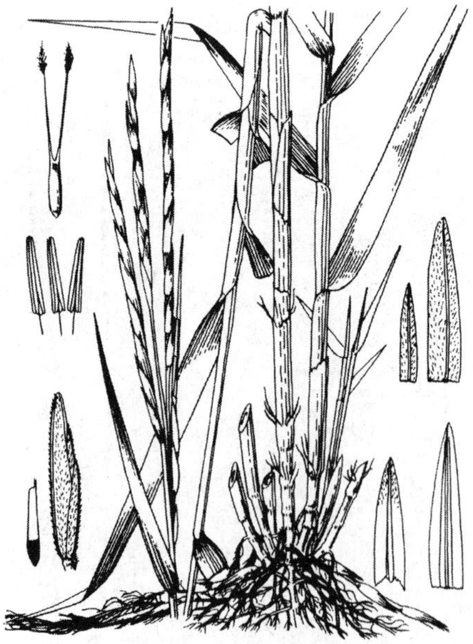

图 745 大米草

54. 稗荩属 ***Sphaerocaryum*** Nees ex Hook. f.

一年生矮小草本。秆下部常卧伏地面，节生根，上部常斜升，多节。叶鞘短于节间，被基部膨大的柔毛；叶舌短小，边缘有纤毛；叶片卵状心形，基部常抱茎，长 1-1.5 cm，宽 0.6-1 cm，边缘粗糙，疏生硬毛。圆锥花序卵形，长 2-3 cm，宽 1-2 cm；小穗具 1 朵小花，长约 1 mm，脱落于颖之下；小穗柄长 1-3 mm，中部具黄色腺点；颖透明膜质，无毛，第一颖长约为小穗 2/3，无脉，第二颖与小穗等长或稍短，具 1 脉；稃片为薄膜质，常被微毛；雄蕊 3；花柱自子房顶端 2 叉裂，柱头帚状。颖果卵圆形，与稃体分离。

本属为单种属。

1. 稗荩

Sphaerocaryum malaccense (Trin.) Pilg., Repert. Spec. Nov. Regni Veg. 45: 2. 1938.——*Panicum malaccense* Trin.

形态特征同属。

分布于安徽、福建、广东、广西、江西、台湾、云南、浙江，生于沼泽地和潮湿灌丛，海拔 1 500 m 以下。印度、斯里兰卡、马来西亚、菲律宾、越南及缅甸也有分布。

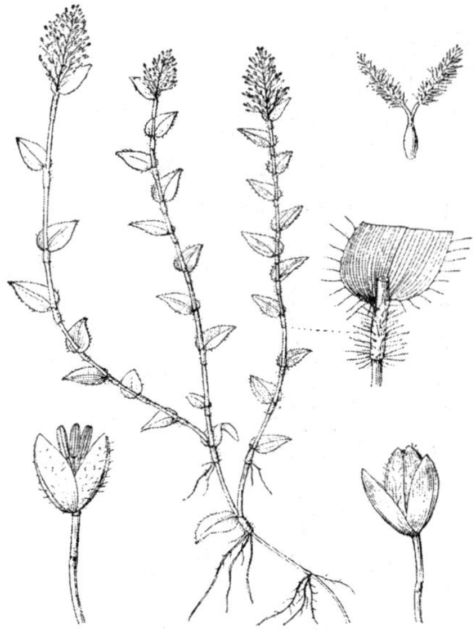

图 746 稗荩

55. 鼠刺属 ***Spinifex*** L.

多年生草本。秆坚硬。叶线形，边缘内卷。花单性，雌雄异株；小穗披针形；雄小穗具 1-2 朵小花，单生于总梗穗状花序，多数穗状花序组成有苞片的伞形花序；雌小穗无毛，单生于每一穗轴的基部，此穗轴下均托以佛焰苞而多数聚集成星芒状的头状花序；颖草质，具数脉，雄小穗第一颖长为小穗 1/2，雌小穗第一颖与小穗等长或稍短；第一外稃与小穗近等长，先端渐尖；雌小穗的第二外稃厚纸质，包同质内稃。

本属有 4 种，分布于亚洲和大洋洲。我国有 1 种。

1. 老鼠艻

Spinifex littoreus (Burm. f.) Merr., Philipp. J. Sci. 7: 229. 1912.——*Stipa littorea* Burm. f.

秆粗壮，坚实，平卧长达数米，向上直立，具数节，高 30-100 cm，直径 4-8 mm。叶鞘宽，有缘毛；叶片线形，厚而坚，长 5-20 cm，宽 2-3 mm，上部卷折如针。雄穗轴长 4-9 cm；雄小穗长 0.9-1.1 cm；颖草质，宽披针形，第一颖长为小穗 1/2，第二颖稍长；外稃长 0.8-1 cm，内稃与其相等；雌穗轴针状，长 6-16 cm；雌小穗长约 1.2 cm；颖草质，具 11-13 脉，第一颖稍短于小穗；第一外稃与小穗等长，无内稃，第二外稃纸质，等长于内稃。

分布于华南及福建、台湾，生于海边沙滩。菲律宾、越南、马来西亚、缅甸、斯里兰卡和印度也有分布。

为优良海岸固沙植物。

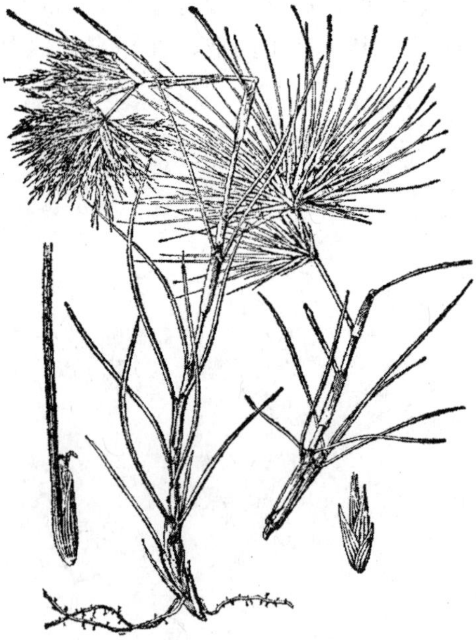

图 747　老鼠艻

56. 鼠尾粟属　*Sporobolus* R. Br.

一年生或多年生草本。秆常丛生。叶舌极短，纤毛状；叶窄披针形或线形，通常内卷。圆锥花序紧缩或开展；小穗近圆柱形或两侧扁，具 1 朵两性小花，脱节于颖之上；颖透明膜质，不等长，具 1 脉或第一颖无脉，先端钝或渐尖；外稃膜质，1-3 脉，无芒；内稃透明膜质，几等长于外稃但常较宽，成熟后自脉间纵裂；鳞被 2，宽楔形；雄蕊 2-3。囊果成熟后易从稃体脱落，果皮质薄，成熟后遇湿易破裂，与种子易分离。

本属约有160种，分布于热带、亚热带并延伸至暖温带。我国有8种，其中1种为引种栽培。

分种检索表

1. 一年生；叶线状披针形，两面疏生细毛……………………………………………2. 毛鼠尾粟 *S. piliferus*
1. 多年生；叶线形，无毛。
    2. 第一颖长约0.5mm；无脉，先端钝，第二颖长为外稃的1/2-2/3；叶长15-65cm……1. 鼠尾粟 *S. fertilis*
    2. 第一颖长约2mm，具1脉，先端尖或稍钝，第二颖长于或稍长于外稃；叶长3-10cm……………………………………………………………………………………3. 盐地鼠尾粟 *S. virginicus*

1. 鼠尾粟

Sporobolus fertilis (Steud.) W. D. Clayt., Kew Bull. 19: 291. 1965.——*Agrostis fertilis* Steud.

多年生。秆丛生，高25-120cm，直径2-4mm。叶舌长约0.2mm，纤毛状；叶片常内卷，长15-65cm，宽2-5mm。圆锥花序线形，间断或稠密近穗状，长7-44cm，宽0.5-1.2cm，分枝长1-6cm，具密集的小穗；小穗长1.7-2mm，略带紫色，具1朵两性花；颖膜质，第一颖长0.5mm，先端钝或截平，第二颖长1-1.5mm，先端尖或钝；外稃等长于小穗，先端稍尖；雄蕊3。囊果长圆状倒卵形或倒卵状椭圆形，长1-1.2mm，顶端截平。花果期3-12月。

分布于华东、华中、西南及甘肃、广东、海南、陕西、台湾，生于田野路边、山坡草地、山谷阴湿处和林下，海拔120-2 600m。俄罗斯、日本、印度、缅甸、斯里兰卡、泰国、越南、马来西亚、印度尼西亚也有分布。

图748 鼠尾粟

2. 毛鼠尾粟

Sporobolus piliferus (Trin.) Kunth, Enum. Pl. 1: 211. 1833.——*Vilfa piliferus* Trin.

一年生。秆细弱，高 5.5-25 cm，直立或近基部膝曲。叶鞘具长疣基纤毛；叶舌长约 0.5 mm，纤毛状；叶片线状披针形，扁平或稍内卷，两面疏生细毛，长 1.5-6.5 cm，宽 1-4 mm。圆锥花序线形，长 1.5-8 cm，宽 3-7 mm，每节一至数分枝，分枝极短，直立而贴生；小穗紫色，长 2-3 mm；颖先端渐尖，第一颖无脉，长约为小穗 1/2，第二颖具 1 脉，等长或稍短于小穗；外稃等长于小穗，先端渐尖，内稃等长或稍短于外稃，先端钝，成熟后易纵裂；雄蕊 3，花药黄色或带紫色，长约 0.5 mm。囊果椭圆形，成熟后红褐色，长约 1.8 mm。花果期 4-9 月。

分布于华南及安徽、贵州、河北、湖北、江苏、江西、浙江，生于湿地或田野。日本、朝鲜、印度、尼泊尔、菲律宾也有分布。

图 749　毛鼠尾粟

3. 盐地鼠尾粟

Sporobolus virginicus (L.) Kunth, Rev. Gramin. 1: 67. 1821.——*Agostis virginica* L.

多年生。秆细硬，直立或基部倾斜，无毛，高 15-60 cm，直径 1-2 mm，上部多分枝。叶鞘紧抱茎，无毛，鞘口常有毛；叶舌长约 0.2 mm，纤毛状；叶片较硬，扁平或内卷成针状，长 3-10 cm，宽 1-3 mm，表面粗糙。圆锥花序穗状，长 3.5-10 cm，宽 0.4-1 cm；分枝直立贴生，下部分出小枝与小穗；小穗灰绿至黄色，披针形，长 2-3 mm；颖薄，无毛，先端尖，第一颖长约为小穗 2/3，第二颖长或稍长于外稃，具 2 脉；雄蕊 3，花药黄色，长 1-1.5 mm。花果期 6-9 月。

分布于福建、广东、海南、台湾、浙江，生于海滩、田野沙土、河岸或石缝中。全世界热带地区有分布。

为海边或沙滩固土植物。

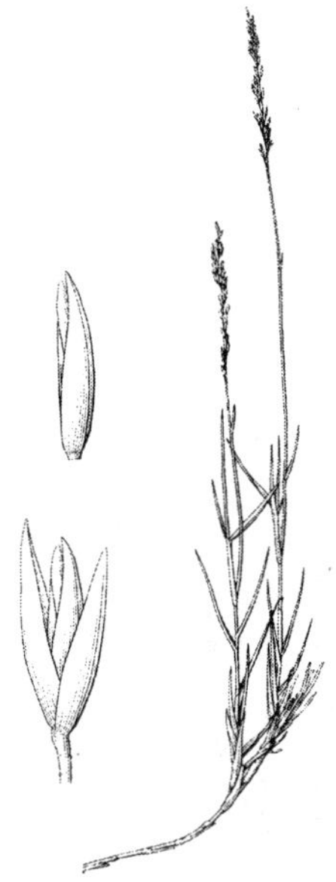

图 750 盐地鼠尾粟

57. 玉山竹属 *Yushania* Keng f.

灌木或小乔木状竹类。地下茎合轴型；秆柄短或长；秆木质化，丛生或散生，圆筒形，无沟槽或分枝一侧具沟槽，秆芽单生，每节分枝三至多枚，节内有时具1圈刺状气生根。秆箨常稍被刺毛，稀无毛。叶通常较小，网脉多明显。圆锥花序或总状花序，顶生，苞片细小；小穗具柄，具两至数花，稀1花；颖片2；外稃先端钝尖或渐尖，脉7-11，内稃背部具2脊，先端2裂或微凹；鳞被3，膜质，边缘具纤毛；雄蕊3，花丝细长，花药黄色；子房无毛，花柱短，柱头通常2裂，羽毛状。颖果长椭圆形或纺锤形。

本属约有80种，分布于非洲和亚洲东南部。我国有58种（57种特有）。

1. 短锥玉山竹

Yushanica brevipaniculata (Hand.-Mazz.) T. P. Yi, J. Bamboo Res. 5 (1): 44. 1986.——*Arundinaria brevipaniculata* Hand.-Mazz.

秆高2-2.5 m，直径0.5-1 cm，中部节间长达32 cm；新秆密被白粉，有紫色小斑点，老时黄色，秆壁厚约2.5 mm；秆环平或微隆起；箨环隆起，初被棕色小刺毛；每节分枝3-7，枝斜展，长达70 cm。笋紫绿色，间有深绿色条纹；秆箨宿存，长为节间1/3，具黑褐色斑块，疏生淡黄褐色刺毛，先端圆弧形；箨耳发达，紫色，抱秆贴生，边缘具长7-8 mm缘毛；箨舌圆弧形，高达4 mm；箨叶窄长披针形，外翻。每小枝通常具3叶，稀达6叶；具叶耳和缘毛；叶披针形，长7-12 cm，宽0.8-1.6 cm，两面无毛，下面淡绿色，侧脉3-5对。花期6-8月。

分布于四川，生于针叶林下或溪沟两岸，海拔1 800-3 800 m。

为大熊猫主要食用竹之一。

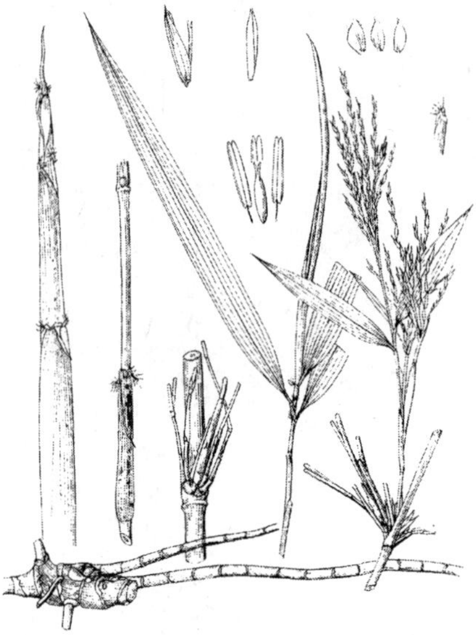

图 751 短锥玉山竹

58. 菰属 *Zizania* L.

一年生或多年生水生草本。秆高大粗壮，直立，节生柔毛。叶舌长，膜质；叶片扁平，宽大。顶生圆锥花序大型，雌雄同株；小穗单性，具 1 朵小花；雄小穗两侧扁，多位于花序下部分枝上，脱节于细弱小穗柄之上；颖退化；外稃膜质，紧抱内稃；雄蕊 6，花药线形；雌小穗圆柱形，位于花序上部分枝上，脱节于小穗柄之上，其柄较粗壮，顶端杯状；颖退化；外稃厚纸质，5 脉，中脉顶端延伸成直芒，内稃窄披针形，3 脉，先端尖或渐尖；鳞被 2。颖果圆柱形，为内外稃所包。

本属有 4 种，分布于亚洲东部和北美洲。我国有 1 种。

1. 菰

Zizania latifolia (Griseb.) Turcz. ex Stapf, Bull. Misc. Inforn Kew 1909. 385. 1909.——*Hydropyrum latifolium* Griseb.

多年生。秆高 100-200 cm，直径 1 cm，具多节。叶鞘有小横脉；叶舌长 1.5 cm，膜质，顶端尖；叶片长 50-90 cm，宽 1.5-3 cm。圆锥花序长 30-50 cm，果期开展；雄小穗长 10-15 mm，两侧压扁，生于花序下部或分枝上部，带紫色；外稃顶端渐尖，具 5 脉，内稃具 3 脉，中脉成脊，具毛；雄蕊 6；雌小穗圆筒形，长 18-25 mm，宽 1.5-2 mm，生于花序上部和分枝下部与主轴贴生处；外稃具 5 脉，粗糙，芒长 20-30 mm，内稃具 3 脉。颖果圆柱形，长约 12 mm。花果期为夏秋季。

分布于东北、华南、华中、西南及河北、陕西、台湾，生于浅水或沼泽地，常栽培。朝鲜、日本、俄罗斯、印度、缅甸也有分布。

秆嫩时被一种真菌寄生后，变得粗大肥嫩，称茭白或茭瓜，是一种蔬菜。颖果称菰米，作饭食用。全草可作饲料。

图 752 菰

59. 结缕草属 *Zoysia* Willd.

多年生草本。具根状茎或匍匐枝。叶质坚，常内卷而窄。总状花序穗状；小穗两侧扁，一侧贴向穗轴，紧密覆瓦状排列，斜向脱节于小穗柄之上；小穗通常具 1 两性花，稀单性；第一颖退化或稍有痕迹，第二颖对折呈舟状，硬纸质，成熟后革质，无芒，或由中脉延伸成短芒，两侧边缘基部连合，包被外稃；内稃退化；无鳞被；雄蕊 3；花柱 2 叉，分离或基部连合，柱头帚状，花时伸出颖片外。颖果卵圆形，与稃体分离。

9 种，分布于非洲、亚洲和大洋洲的热带和亚热带地区。我国有 5 种。

分种检索表

1. 小穗长 2-3 mm，宽约 1 mm；叶片内卷成针状……………………………………1. 沟叶结缕草 *Z. matrella*
1. 小穗长 4-5 mm，宽 1-1.5 mm；叶片平展或边缘内卷……………………………………2. 中华结缕草 *Z. sinica*

1. 沟叶结缕草

Zoysia matrella (L.) Merr., Phillipp. J. Sci. 7: 20. 1912.——*Agrostis matrelia* L.

秆直立，高 12-20 cm，基部节间短，每节具一至数枚分枝。叶鞘长于节间，鞘口具长柔毛；叶舌短而不明显，顶端撕裂为短柔毛；叶质硬，内卷成针状，上部具沟，无毛，长达 3 cm，宽 1-2 mm，先端尖锐。总状花序细柱状，长 2-3 cm，宽约 2 mm；小穗柄长约 1.5 mm，紧贴穗轴；小穗长 2-3 mm，宽约 1 mm，卵状披针形，黄褐色或略带紫褐色；第一颖退化，第二颖革质，3（5）脉，沿中脉两侧扁；外稃膜质，长 2-2.5 mm，宽约 1 mm；

花药长约 1.5 mm。颖果长卵圆形，成熟后棕褐色，长 1.5 mm。花果期 7-10 月。

分布于广东、海南、台湾，生于海岸沙地。亚洲及大洋洲热带地区也有分布。

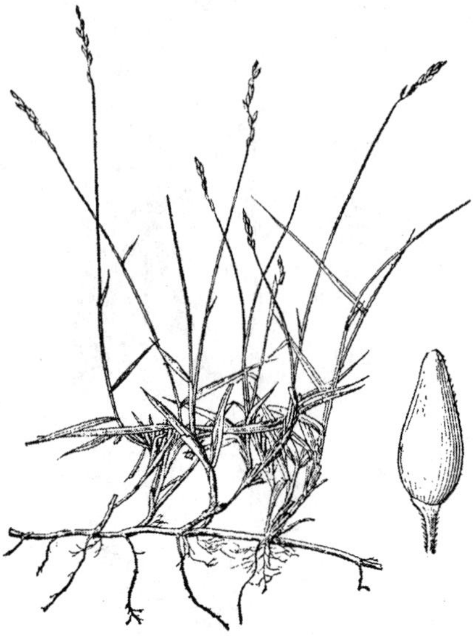

图 753　沟叶结缕草

2. 中华结缕草

Zoysia sinica Hance, J. Bot. 7: 168. 1869.

秆高 13-30 cm，常具枯萎叶鞘。叶鞘口具长柔毛；叶舌很短而不明显；叶片平展或边缘内卷，长约 10 cm，宽 1-3 mm。总状花序穗状，长 2-4（-8）cm，宽 4-5 mm；小穗排列稍疏松，披针形，长 4-5 mm，宽 1-1.5 mm，黄褐色或稍带紫色，具 1 朵两性小花，具长约 3 mm 的小穗柄；颖侧脉不明显，中脉在近顶端处与颖分离且延长成小芒尖；外稃长 3 mm，膜质；雄蕊 3；花柱 2，柱头帚状。颖果长椭圆形，长约 3 mm。花果期 5-10 月。

图 754　中华结缕草

分布于安徽、福建、广东、广西、河北、江苏、辽宁、山东、台湾、浙江，生于海边沙滩、河边、路旁草丛中。

耐践踏，可用于铺球场草坪。

莎草科 Cyperaceae

多年生、较少一年生草本；多数具根状茎少有兼具块茎。大多数秆为三棱形。叶基生或秆生，一般具闭合的叶鞘和狭长的叶片，有时仅具鞘而无叶片。穗状花序、总状花序、圆锥花序、头状花序或长侧枝聚伞花序；小穗单生，簇生或排列成穗状或头状，具两至多数花或退化仅具1花；花两性或单性，雌雄同株，稀雌雄异株，着生于鳞片腋间，鳞片复瓦状螺旋排列或2列，无花被或花被退化成下位鳞片或下位刚毛，有时雌花为先出叶所形成的果囊所包裹；雄蕊3，稀2或1；子房1室，花柱单一，柱头2-3。果实为小坚果，三棱形、双凸状、平凸状或球形。

本科有160属5 400种，中国有33属865种（326种特有，5种引种），广布全国。

分属检索表

1. 花单性；支小穗为部分合生或全部合生的先出叶形成的果囊所包。
  2. 支小穗具1朵单性花，包裹支小穗的先出叶合生成囊状……………………………4. 薹草属 *Carex*
  2. 支小穗两性或单性，具一至几朵单性花；两性支小穗通常雄雌顺序，单性支小穗具1朵雄花或1朵雌花；包裹支小穗的先出叶边缘分离或部分合生，稀合生成囊状…………………10. 嵩草属 *Kobresia*
1. 花两性或单性，无先出叶形成的果囊。
  3. 花单性，稀两性。
    4. 小穗组成的穗状花序单生或两至多数组成圆锥状或头状花序；小坚果无下位盘……………………………………………………………………………12. 湖瓜草属 *Lipocarpha*
    4. 小穗少数至多数组成圆锥花序，稀成间断穗状或簇生；小坚果具下位盘。
      5. 小穗簇生叶腋；小坚果为2片对生鳞片所包……………………………6. 裂颖茅属 *Diplacrum*
      5. 小穗排成圆锥花序或间断穗状花序；小坚果不为上述鳞片所包…………18. 珍珠茅属 *Scleria*
  3. 花两性或兼有单性。
    6. 鳞片2列；花无下位刚毛。
      7. 柱头3；小坚果三棱状………………………………………………………5. 莎草属 *Cyperus*
      7. 柱头2；小坚果双凸状或平凸状。
        8. 小穗轴基部无关节，宿存，鳞片脱落；小坚果两侧扁，棱向小穗轴………14. 扁莎属 *Pycreus*
        8. 小穗轴基部具关节，鳞片宿存，与小穗轴一起脱落；小坚果腹面扁，面向小穗轴……………………………………………………………………………11. 水蜈蚣属 *Kyllinga*
    6. 鳞片螺旋状排列，花具下位刚毛或下位鳞片，稀无下位刚毛。
      9. 小穗具1-4朵两性花，有的兼有单生花，基部2或3-4片鳞片内无花。
        10. 小坚果双凸状，顶端具圆锥形花柱基，柱头2…………………15. 刺子莞属 *Rhynchospora*

10. 小坚果三棱状，顶端无宿存花柱基，柱头 3……………………13. 鳞籽莎属 *Lepidosperma*
9. 小穗具多数两性花，通常基部 1-2 片鳞片内无花，稀基部 3-4 片鳞片内无花。
11. 花柱基膨大，宿存或脱落，与小坚果连接处明显。
12. 小穗单一顶生；叶具叶鞘无叶片；花柱基部膨大，宿存，具下位刚毛…………………………………………………………………………………7. 荸荠属 *Eleocharis*
12. 小穗多数，稀单一，簇生或排成长侧枝聚伞花序；叶具叶片；花柱基部膨大，无下位刚毛。
13. 花柱基部盘状或小球状，宿存……………………………3. 球柱草属 *Bulbostylis*
13. 花柱基部膨大，脱落……………………………………9. 飘拂草属 *Fimbristylis*
11. 花柱基部不膨大，与小坚果连接处不明显。
14. 下位刚毛丝状，多数……………………………………8. 羊胡子草属 *Eriophorum*
14. 下位刚毛全刚毛状。
15. 小穗排列成 2 列穗状花序……………………………………1. 扁穗草属 *Blysmus*
15. 小穗簇生或排列成长侧枝聚伞花序，稀单生。
16. 秆稀具节，通常具叶片；花序基部具伸展的叶状苞片。
17. 小穗长 2-9mm，宽 2-4mm，鳞片无毛…………………17. 藨草属 *Scirpus*
17. 小穗长 10-20mm，宽 4-8mm，鳞片外面被毛…2. 三棱草属 *Bolboschoenus*
16. 秆稀无节，基部叶鞘通常无叶片；苞片鳞片状或为秆的延长。
18. 苞片鳞片状；花序顶生……………………………19. 针蔺属 *Trichophorum*
18. 苞片为秆的延长；花序假侧生…………………16. 水葱属 *Schoenoplectus*

1. 扁穗草属 *Blysmus* Panz. ex Schult.

多年生草本，具匍匐根状茎。秆三棱形或圆柱形，有节或无。叶基生或秆生。苞片叶状，小苞片鳞片状；穗状花序单一顶生，具几个至 10 余个小穗，排成 2 列或近 2 列；小穗暗褐色，具少数两性花；鳞片复瓦状，近 2 列，下位刚毛存在或不发育，通常生倒刺；雄蕊 3，药隔突出于花药顶端；花柱基部不膨大，脱落，柱头 2。小坚果平凸状。

本属约有 4 种，分布于温带地区或亚洲和欧洲。我国有 3 种。

分种检索表

1. 秆圆柱形；小坚果长 3.5-4mm；下位刚毛短于小坚果或通常不存在…………1. 内蒙古扁穗草 *B. rufus*
1. 秆三棱形；小坚果长 2mm；下位刚毛长约为小坚果的 2-3 倍………………2. 华扁穗草 *B. sinocompressus*

1. 内蒙古扁穗草

Blysmus rufus (Huds.) Link, Hort. Berol. 1: 278. 1827.——*Schonus rufus* Huds.

匍匐根状茎细；秆高 3-20cm，近圆柱形。秆生叶细线形，与秆近等长或较短。苞片鳞片状，顶端尖，棕褐色；花序由 4-7 个小穗排列成 2 列的穗状花序，长 0.7-1.7cm；小穗长圆状卵形，长 5-6mm，具 2-3 花；鳞片椭圆状卵形，顶端钝，长 5mm；下位刚毛通常不存在；雄蕊 3，柱头 2。小坚果长圆状卵形，平凸状，长 3.5 mm。

分布于东北及内蒙古、宁夏、青海、新疆，生于盐碱草甸或湿沙地。也分布于蒙古、俄罗斯、中亚及欧洲和北美。

2. 华扁穗草

Blysmus sinocompressus Wang & Tang, Fl. Reipubl. Popularis Sin. 11: 224. 1961.

匍匐根状茎长；秆高 5-20 cm，扁三棱形，中部以下具叶。叶片线形，宽 1-3.5 mm。苞片叶状，通常长于花序；穗状花序顶生，长圆形，长 15-30 mm，宽 6-10 mm，3-10 个小穗排成 2 列；小穗卵状披针形，长 5-7 mm，有 2-9 花；鳞片长卵形，锈褐色，长 3.5-4.5 mm；下位刚毛 5-6 条，卷曲，比小坚果长约 2-3 倍；雄蕊 3，柱头 2，比花柱长 1 倍。小坚果宽倒卵形，平凸状。花果期 6-9 月。

分布于华北、西北、西南及辽宁，生于山溪边、沼泽地、河床、草地潮湿处，海拔 500-4 800 m。也分布于蒙古。

图 755 华扁穗草

附：扁穗草 ***Blysmus compressus***（L.）Panz. ex Link

本种与华扁穗草很近似，不同在于下位刚毛直或稍弯曲，与小坚果近等长。花果期 7-9 月。

产于山西、青海、西藏、新疆，生于沼泽草甸、山谷、湿地，海拔 500-5 000 m。也分布于阿富汗、不丹、印度、尼泊尔、俄罗斯、中亚及非洲北部和欧洲。

2. 三棱草属 ***Bolboschoenus***（Aschers.）Palla

多年生草本。根状茎顶端生球茎；秆单生，多节。叶基生或秆生，叶片线形，叶鞘管状，叶舌不存在。苞片叶状，长于花序；长侧枝聚伞花序顶生，伞房状或头状至只有 1 个小穗；鳞片螺旋状排列，其顶端有缺刻状撕裂并具芒；下位刚毛 3-6；雄蕊 3；柱头 2-3。小坚果双凸状至三棱状，平滑，表面细胞近六角形，具喙。

本属约有 8 种，主要分布于北美和东亚。我国有 4 种。

分种检索表

1. 小坚果双凸状，柱头 2，下位刚毛 4-6，长为小坚果的 1/2-2/3··················1. 扁秆荆三棱 *B. planiculmis*
1. 小坚果三棱形，柱头 3，下位刚毛 6，几乎与小坚果等长································2. 荆三棱 *B. yagara*

1. 扁秆荆三棱

Bolboschoenus planiculmis (F. Schmidt) Egorova, Trudy Bot. Inst. Akad. Nauk. S. S. S. R., Ser. 1. Fl. Sist. Vyssh. Rast. 3: 20. 1967.——*Scirpus planiculmis* F. Schmidt.

具匍匐根状茎和块茎。秆高 60-100 cm，三棱形，基部膨大。叶基生和秆生，线形，宽 2-5 mm，基部具长鞘。苞片 1-3，叶状，长于花序；长侧枝聚伞花序短缩成头状，有 1-6 个小穗；小穗卵形或长圆状卵形，长 10-16 mm，宽 4-8 mm，具多数花；鳞片膜质，长圆形或椭圆形，长 6-8 mm，褐色或深褐色，外被疏毛，顶端具撕裂状缺刻，有芒；下位刚毛 4-6，有倒刺，短于小坚果；雄蕊 3；柱头 2。小坚果宽倒卵形，扁，长 3-3.5 mm。花期 5-6 月，果期 7-9 月。

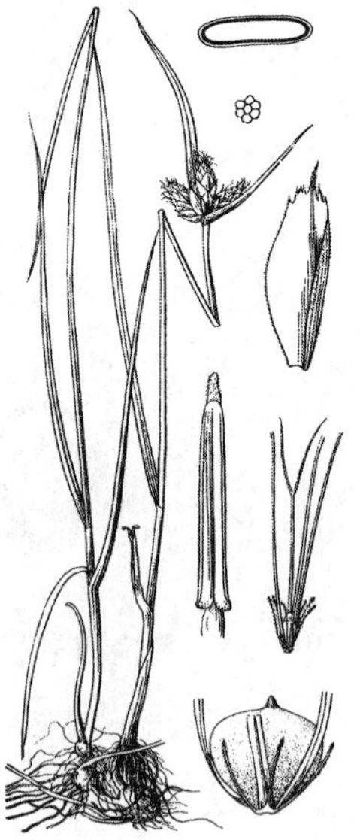

图 756 扁秆荆三棱

分布于东北、华北、西北及安徽、河南、湖北、江苏、山东、台湾、云南、浙江，生于湖边、河边、沼泽地，海拔达 2 900 m。也分布于印度、日本、朝鲜、蒙古、巴布亚新几内亚、菲律宾、俄罗斯、中亚及亚洲西南部和欧洲。

2. 荆三棱

Bolboschoenus yagara (Ohwi) Y. C. Yang & M. Zhan, Acta Biol. Plateau Sin. 6: 14. 1987.——*Scirpus yagara* Ohwi.

匍匐根状茎长而粗，顶端生球茎；秆粗壮，高 60-150 cm，锐三棱形。叶基生和秆生，宽线形，宽 5-10 mm，叶鞘长达 20 cm。苞片 3 或 4，叶状，长于花序；长侧枝聚伞花序简单，有 3 个或 8 个辐射枝，每个辐射枝有 1-3 个小穗；小穗卵形或卵状长圆形，长 1-2 cm，宽 5-8 mm，锈褐色，具多数花；鳞片长圆形，长 7 mm，膜质，外被短柔毛，顶端具芒；下位刚毛 6，有倒刺，与小坚果近等长；雄蕊 3；柱头 3。小坚果倒卵形，有三棱，具圆锥形短喙。花果期 5-7 月。

分布于东北、华中及安徽、贵州、河北、江苏、内蒙古、山东、新疆、云南、浙江，生于湖边、浅水中、沼泽、湿地。也分布于印度、日本、哈萨克斯坦、朝鲜、俄罗斯、越南及欧洲。

图 757 荆三棱

3. 球柱草属 ***Bulbostylis*** Kunth

一年生或多年生草本。秆丛生，细。叶基生，极细；叶鞘顶端有长柔毛或长丝状毛。长侧枝聚伞花序简单或复出或呈头状，有时仅有 1 个小穗；苞片极细，叶状；小穗具多花；花两性；鳞片覆瓦状排列，最下部的 1-2 片鳞片内无花；无下位刚毛；雄蕊 1-3；花柱细长，基部呈球茎状或盘状，不脱落；柱头 3。小坚果倒卵形，三棱形。

本属约有 100 种，分布于热带和温带地区，主要集中于热带非洲和热带美洲。我国有

3 种。

分种检索表

1. 小穗成簇地排列成头状长侧枝聚伞花序；鳞片棕色或黄绿色，顶端具外弯芒状短尖……1. 球柱草 *B. barbata*
1. 小穗单个排列为简单或复出的长侧枝聚伞花序；鳞片棕色或暗棕色……………2. 丝叶球柱草 *B. densa*

1. 球柱草

Bulbostylis barbata (Rottb.) C. B. Clarke in Hook. f., Fl. Brit. Ind. 6: 651. 1893.——*Scirpus barbata* Rottb.

秆丛生，高 6-25 cm，细，无毛。叶极细，长 4-8 cm，宽 0.4-0.8 mm，背面疏被微柔毛，叶鞘边缘和顶部具白色长柔毛。苞片 2-3，细线形，背面疏被微柔毛，长 1-2.5 cm；长侧枝聚伞花序头状，具三至多个小穗；小穗披针形或卵状披针形，长 3-6.5 mm，宽 1-1.5 mm，具 7-13 朵花；鳞片卵形，长 1.5-2 mm，宽 1-1.5 mm，棕色或黄绿色，顶端有向外弯的短尖，背面有龙骨状突起，棕色或黄绿色；雄蕊 1（2），花药长圆形；柱头 3。小坚果倒卵形，三棱形，长 0.5 mm，宽 0.5-0.6 mm，白色或淡黄色，表面有方形网纹，花柱基盘状。花果期 4-11 月。

分布于华南、华东及河北、湖北、辽宁、台湾，生长于海边沙地或河滩沙地及田边、沙田中的湿地上，海拔 100-2 000 m。亚洲、北非、大西洋岛屿、澳大利亚、印度洋岛屿均有分布。

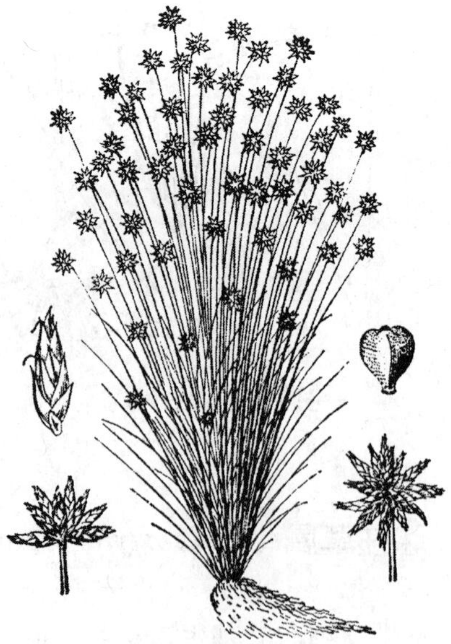

图 758 球柱草

2. 丝叶球柱草

Bulbostylis densa (Wall.) Hand.-Mazz., Vegetation Sbilder 20 (7): 16. 1930.——*Scirpus densus* Wall.

与球柱草不同在于其长侧枝聚伞花序简单或复出，小穗单生，长圆状卵形或卵形；鳞片褐色；雄蕊 2，花药长圆状卵形或卵形。小坚果三棱状倒卵形，灰紫色，表面具排列整齐的透明小突起，花柱基盘状。花果期 4-12 月。

分布于华南、华东、西南及河北、湖北、湖南、台湾，生于海边、河边沙地、荒坡、路边、林下，海拔 100-3 200 m。本种分布甚广，从印度至美国均有分布。

图 759　丝叶球柱草

4. 薹草属　*Carex* L.

多年生草本，具根状茎。秆丛生或散生，中生或侧生，三棱形。叶基生或兼具秆生，线形，极少数为披针形，基部通常具鞘。苞片叶状，少数鳞片状或刚毛状。花单性，由 1 雌花或 1 雄花组成 1 个支小穗，雌性支小穗外面包以边缘完全合生的先出叶即果囊，果囊具或长或短的喙，基部具 1 枚鳞片，有的囊内具退化小穗轴；小穗单性或两性，两性小穗为雄雌顺序或雌雄顺序（即雌花在上雄花在下），通常雌雄同株，稀雌雄异株，具柄或无柄，小穗柄基部具枝先出叶或无，鞘状或囊状，小穗一至多数，单一顶生或排列成穗状、总状或圆锥花序；雄花具三枚雄蕊，少数 2 枚；雌花具 1 雌蕊，柱头 2-3。小坚果三棱形或平凸状。

本属约有 2 000 种，我国有 500 余种，分布于全国。

分种检索表

1. 小穗多数，全部为两性，无柄，常密集排列成穗状花序，枝先出叶不发育；柱头通常2个，稀3个。
  2. 小穗为雌雄顺序。
    3. 柱头3个……………………………………………………………19. 穹隆薹草 *C. gibba*
    3. 柱头2个。
      4. 果囊无脉或仅基部多少有脉…………………………………………18. 无脉薹草 *C. enervis*
      4. 果囊具脉。
        5. 基部苞片叶状，明显长于花序；小穗密集成头状花序；果囊长圆状披针形，平凸状，长10mm，基部渐狭成长柄，上部边缘具锯齿状狭翅，先端渐狭成长喙，喙口深裂，裂片锥状，叉开……………………………………………………………………………5. 莎薹草 *C. bohemica*
        5. 基部苞片刚毛状，短于花序；花序穗状；果囊卵形，平凸状，长3-3.2mm，基部近圆形，无柄，上部边缘的狭翅具稀疏锯齿，先端渐狭成中等长的喙，喙口2齿裂……………………………………………………………………35. 卵果薹草 *C. maackii*
  2. 小穗为雄雌顺序。
    6. 柱头3个，通常雌雄异株…………………………………………………28. 筛草 *C. kobomugi*
    6. 柱头2个，雌雄同株。
      7. 根状茎短，秆丛生。
        8. 果囊中部以上具宽而微波状不整齐的翅，密生锈点……………40. 翼果薹草 *C. neurocarpa*
        8. 果囊边缘加厚或无翅。
          9. 果囊密生锈点，边缘无翅…………………………………………31. 尖嘴薹草 *C. leiorhyncha*
          9. 果囊不具锈点，边缘加厚…………………………………………41. 云雾薹草 *C. nubigena*
      7. 根状茎长而匍匐。
        10. 果囊宽卵形，两边具极宽的海绵质（两边海绵质的宽度相加超过小坚果的宽度）………………………………………………………………………………34. 二柱薹草 *C. lithophila*
        10. 果囊卵形或椭圆形，边缘无海绵质。
          11. 小穗单性，雌雄异株，稀同株；果囊具锈点……………………55. 单性薹草 *C. unisexualis*
          11. 小穗两性，稀单性；果囊无锈点………………………………45. 漂筏薹草 *C. pseudocuraica*
1. 小穗单性或单性与两性兼有，稀全为两性，小穗单个或多个生于苞片腋内，常排列为总状，少数排列成圆锥状，小穗基部的枝先出叶鞘状，内无花。
  12. 小穗单一顶生，雄雌顺序，长圆状披针形，长5-12mm……………………9. 发秆薹草 *C. capillacea*
  12. 小穗两至多数，常一至几个生于每苞片腋内，少数排列成圆锥花序。
    13. 小坚果三棱形，柱头3。
      14. 果囊近于无喙或具短喙，喙口截形，微缺或微呈2齿。
        15. 雌小穗具疏生的支小穗，苞片通常具鞘。
          16. 果囊无毛，具密的细点…………………………………………33. 湿生薹草 *C. limosa*
          16. 果囊被毛，少数无毛。
            17. 苞片佛焰苞状；小坚果顶端不膨大呈环状；花柱基部不增粗……………………………………………………………………29. 明亮薹草 *C. laeta*

17. 苞片短叶状，至少基部的具短鞘；小坚果顶端常膨大呈环状；花柱基部膨大呈各种形状。

18. 小坚果顶端缢缩呈环盘状，宿存花柱基膨大呈圆锥状，形似僧帽状；雌花鳞片顶端具长 2-3.5 mm 的长芒……………6. 青绿薹草 *C. breviculmis*

18. 小坚果顶端多少圆柱状，顶端凹陷，宿存花柱基部不膨大呈僧帽状；雌花鳞片顶端具短尖…………………………53. 截鳞薹草 *C. truncatigluma*

15. 雌小穗具密生的支小穗，苞片通常无鞘或具很短的鞘。

19. 雌小穗间距较长，具柄；果囊密生紫红色乳头状凸起……36. 斑点果薹草 *C. maculata*

19. 雌小穗密集或接近，少数下部 1-2 个小穗间距较长，无柄或具很短的柄。

20. 顶生小穗雌雄顺序；果囊显著膨胀，成熟后水平开展…………………………………………………………………22. 点叶薹草 *C. hancockiana*

20. 顶生小穗雄性；果囊斜展。

21. 果囊平滑，黄绿色，上部紫色，脉不明显………38. 青藏薹草 *C. moocroftii*

21. 果囊具乳头状凸起，灰绿色或绿褐色，脉明显。

22. 小穗长 8-20 mm；果囊鼓胀三棱形，淡绿褐色…………………………………………………………………20. 米柱薹草 *C. glauciformis*

22. 小穗长 5-10 mm；果囊扁三棱形，灰绿色……37. 乌拉草 *C. meyeriana*

14. 果囊具长喙或中等长的喙，喙口具或长或短的两齿，少数截形或微具两齿。

23. 叶片上无小横隔脉。

24. 雌花鳞片紫褐色，中间黄绿色，具窄的白色膜质边缘；果囊扁三棱形…………………………………………………………………13. 扁囊薹草 *C. coriophora*

24. 雌花鳞片深棕色、灰绿色、淡绿色或淡绿黄色。

25. 秆侧生，少数中生；小坚果棱上常缢缩或具刻痕，极少棱上不缢缩。

26. 小坚果中部缢缩；雌花鳞片线状披针形，顶端具短尖…………………………………………………………………7. 短尖薹草 *C. brevicuspis*

26. 小坚果中部不缢缩；雌花鳞片卵状披针形或长圆状披针形，顶端渐狭成芒尖…………………………………………51. 相仿薹草 *C. simulans*

25. 秆中生；小坚果棱上不缢缩也不具刻痕；花柱基部不增粗也不膨大。

27. 雌小穗通常具疏生的支小穗；苞片明显具鞘；果囊直立或稍斜展，淡绿色或淡绿黄色，脉不明显。

28. 雌小穗长圆形或短圆柱形；果囊较小，长约 3 mm…………………………………………………………………11. 绿穗薹草 *C. chlorostachys*

28. 雌小穗圆柱形、狭圆柱形或长圆形；果囊较大，长 4-8 mm。

29. 雌小穗圆柱形，长 2-3.5 cm；果囊倒卵状椭圆形，长 4-4.5 cm，喙口具两裂齿………………………………4. 麻根薹草 *C. arnellii*

29. 雌小穗狭圆柱形或长圆形，长 1.2-6 cm；果囊倒披针形，钝三棱，长 7-8 mm，喙口截形或微凹………46. 紫鳞薹草 *C. purpureosquamata*

27. 雌小穗具密生的支小穗；苞片通常无鞘或具很短的鞘；果囊后期叉开或水平张开或向下反折，少数斜展，具多条明显的脉。

30. 雌花鳞片具短尖或无短尖；果囊斜展或后期水平张开，淡绿黄色或麦秆黄色。

31. 叶片宽 5-12mm；雌小穗长 3-7cm；雌花鳞片卵状披针形，长约 2.5mm，顶端具短尖；果囊长圆状卵形，长 3.5-4mm，淡绿黄色……………………………………………………16. 签草 *C. doniana*

31. 叶片宽 3-4mm；雌小穗较短，长 1.5-2.5mm；果囊长 4-5mm，黄绿色或麦秆黄色………………………27. 日本薹草 *C. japonica*

30. 雌花鳞片具长芒或短尖；果囊后期水平张开或微向下反折。

32. 雌小穗线形，长 1.5-3cm；雌花鳞片卵形，长 1.5-1.8mm，长不及果囊的 1/2，顶端无短尖或芒………26. 狭穗薹草 *C. ischnostachys*

32. 雌小穗圆柱形，长 3-10cm；雌花鳞片狭披针形或卵状披针形，顶端具粗糙的长芒；果囊的喙弯。

33. 果囊平滑无毛…………………………15. 皱果薹草 *C. dispalata*

33. 果囊被短硬毛……………………39. 条穗薹草 *C. nemostachys*

23. 叶片上具小横隔脉。

34. 果囊或多或少被毛，少数无毛或边缘具缘毛。

35. 雌花鳞片卵形或宽卵形，顶端急尖，具短尖；果囊倒卵形，钝三棱形，长 4-5 mm，密被白色短硬毛，具短喙，喙口具两短齿……………32. 舌叶薹草 *C. ligulata*

35. 雌花鳞片披针形，狭卵形或长圆状卵形，顶端渐尖，具芒或短尖；果囊稍鼓胀或鼓胀三棱形，长 5-10mm，具中等长的喙，口具两长齿或中等长的齿。

36. 苞片通常无鞘或下部的具很短的鞘；果囊长 4-5mm，黄绿色，密被淡灰色绒毛，喙口具稍向外弯的两齿………………30. 毛薹草 *C. lasiocarpa*

36. 苞片通常具鞘；果囊长 5-10mm，被稀疏的短柔毛或无毛，喙口的两齿通常较长。

37. 果囊边缘具糙毛…………17. 黑水薹草 *C. drymophila* var.*abbreviata*

37. 果囊无毛。

38. 果囊卵形，长 6-7mm，喙口不斜截，具背腹面等裂的两齿………………………………………………………42. 直穗薹草 *C. orthostachys*

38. 果囊长圆状披针形，长 8-10mm，喙口斜截，具背腹面不等裂的两齿……………………………………………………47. 锥囊薹草 *C. raddei*

34. 果囊无毛。

39. 雌花鳞片具长芒，芒与鳞片近等长；果囊狭披针形，扁三棱形，顶端渐狭成长喙，喙具两长齿，齿向两侧外弯；花柱细长，多次弯曲……10. 弓喙薹草 *C. capricornis*

39. 雌花鳞片无短尖或具短尖，少数具芒；果囊鼓胀三棱形，具中等长或很短的喙。

40. 雌花鳞片长圆状披针形或狭卵形，无短尖或芒；果囊鼓胀三棱形，膜质或近革质，具中等长的喙。

41. 叶片宽 8-15mm；雄小穗 3-7 个，有时基部具几朵雌花；雌小穗顶部偶具几朵雄花；雌花鳞片长圆状披针形；果囊成熟时水平展开，圆卵形，顶端骤缩成中等长的喙………48. 大穗薹草 *C. rhynchophysa*

41. 叶片宽 2-5 mm；雄小穗常 2-3 个，基部不具雌花；雌小穗顶端无雄花；雌花鳞片狭卵形或卵状披针形；果囊成熟时斜展，卵形或圆锥状卵形，顶端渐狭成短喙……………………………56. 胀囊薹草 *C. vesicaria*

40. 雌花鳞片卵形或宽卵形，具短尖或芒；果囊稍膨胀三棱形，革质或木栓质，具很短的喙。

42. 雌小穗长圆形；雌花鳞片宽卵形。

43. 果囊长 5-6.5 mm，革质，淡褐黄色带有暗血红色斑块，脉多条……………………………………………3. 阿齐薹草 *C. argyi*

43. 果囊长 6-8.5 mm，近木栓质，棕色，具微凹的多条脉，棕色……………………………………………50. 糙叶薹草 *C. scabrifolia*

42. 雌小穗圆柱形；雌花鳞片卵形或狭卵形；果囊长 5-6 mm，革质，具隆起的脉，褐绿色或褐黄色。

44. 雌花鳞片卵形或狭卵形，长 3.5 mm，顶端渐尖具粗糙芒尖；果囊卵形，革质，长 4 mm，喙口具齿，稍向外叉开…21.叉齿薹草 *C. gotoi*

44. 雌花鳞片卵形，长 3.5-4 mm，顶端急尖具短尖，淡锈褐色；果囊椭圆形或卵状椭圆形，木栓质，长 5-6 mm，喙口微凹，具两短钝齿……………………………………………49. 粗脉薹草 *C. rugulosa*

13. 果囊平凸状或双凸状，柱头 2。

45. 苞片具鞘；雌小穗具疏生的支小穗。

46. 果囊无毛，长 6-8 mm……………………………………………………25. 湿薹草 *C. humida*

46. 果囊被短硬毛或喙缘被疏缘毛。

47. 雌花鳞片卵形，长约 2 mm，顶端急尖，无短尖………………23.亨氏薹草 *C. henryi*

47. 雌花鳞片长圆状卵形或披针形，长 4-5 mm，顶端具长糙芒……………………………………………………………………………52. 长柱头薹草 *C. teinogyna*

45. 苞片无鞘；雌小穗的支小穗密集。

48. 小穗具柄，多少有些下垂。

49. 花序每苞片腋内具 2-4 个小穗……………………………54. 图们薹草 *C. tuminensis*

49. 花序每苞片腋内具单生小穗。

50. 雌花鳞片顶端渐尖，具短尖…………………………44. 粉被薹草 *C. pruinosa*

50. 雌花鳞片顶端平截或微凹，具粗糙芒尖。

51. 顶生小穗雌雄顺序，雌性部分宽 5 mm，雄性部分宽约 3 mm；侧生的雌小穗较粗，宽 5-6 mm………………………14. 二形鳞薹草 *C. dimorpholepis*

51. 顶生小穗雄性，线状圆柱形，宽 1.5-2 mm；侧生雌小穗较细，宽 3-4 mm…………………………………………………………43. 镜子薹草 *C. phacota*

48. 小穗近无柄或基部的具较长的柄。

52. 果囊具明显的喙，长 0.5 mm，喙口具两齿………………24. 异鳞薹草 *C. heterolepis*

52. 果囊无喙或具短喙，喙口截形或微凹。

53. 雌花鳞片中间具 1 脉……………………………………2. 北疆薹草 *C. arcatica*

53. 雌花鳞片中间具 3 脉。

54. 苞片最下部的刚毛状；雌小穗长圆形或圆柱形，长 0.5-2.5 mm，宽 3-5 mm，具短柄；果囊具短喙……………………………………8. 丛薹草 *C. caespitosa*

54. 苞片最下部的叶状。

55. 果囊具明显的脉；叶宽 2 mm……………1. 灰脉薹草 *C. appendiculata*

55. 果囊脉不明显；叶片宽 2-4 mm……………12. 灰化薹草 *C. cinerascens*

1. 灰脉薹草

Carex appendiculata (Trautv.) Kük., Bull. Herb. Boiss. sér. 2, 4: 54. 1904.

秆密丛生，锐三棱形，高 30-75 cm。叶与秆近等长，宽 2 mm。基部的苞片叶状，等于或长于花序，无鞘；小穗 3-5，上部 1-2 个雄性，狭圆柱形，长 0.8-2.5 cm；其余小穗雌性，有时小穗顶端具雄花，长圆形或狭圆柱形，长 1-3 cm，宽 3-4 mm，花密生，具短柄；雌花鳞片狭椭圆形，顶端钝，长 1.6-2 mm，紫黑色，边缘具狭的白色膜质，中部色淡；果囊椭圆形，平凸状，长 2.2-3 mm，宽为鳞片的 2 倍，淡绿色，密生小瘤状凸起，具脉，顶端急缩成短喙，喙口微凹。小坚果倒卵形，平凸状，长 1.5 mm；柱头 2。花果期 6-7 月。

分布于黑龙江、吉林、内蒙古，生于湿地或沼泽，海拔 600 m。也分布于朝鲜、俄罗斯（东西伯利亚、远东地区）。

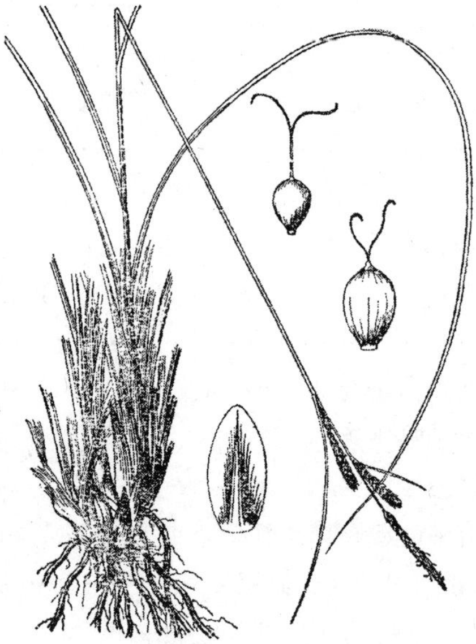

图 760 灰脉薹草

2. 北疆薹草

Carex arcatica Meinsh., Trudy Imp. S.-Peterburgsk Bot. Sada. 18: 336. 1901.

秆三棱形，高 20-50 cm，纤细。叶短于秆，宽 2-3 mm。基部的苞片刚毛状，短于花序，无鞘，上部的鳞片状；小穗 2-4，顶生的雄性，圆柱形，长 2-3.5 cm，柄长 1.5-2 cm；侧生的雌性，圆柱形或长圆形，长 1-3 cm，宽 4-6 mm，花密生，基部的柄长 1-1.8 cm；雌花鳞片窄长圆形，顶端钝或锐尖，长 2.5 mm，宽 0.7-0.9 mm，紫棕色，具狭的白色膜质边缘，中脉绿色；果囊近圆形或倒卵圆形，平凸状，长 2.5 mm，宽 1.8 mm，黄棕色，密生瘤状小突起，顶端具短喙，喙口微凹，口缘生小刺。小坚果倒卵圆形，长 2 mm，褐色；柱头 2。花果期 4-7 月。

分布于甘肃、宁夏、青海、新疆，生于沼泽地、河岸阶地或水旁，海拔 100-3 300 m。也分布于俄罗斯。

图 761 北疆薹草

附：木里薹草 ***Carex muliensis*** Hand.-Mazz.

与北疆薹草主要区别在于：基部的苞片叶状，雌小穗顶端有雄花，果囊宽卵形或宽椭圆形，长 2.5-3 mm。花果期 7-8 月。

分布于四川、云南，生于高山草甸和沼泽草甸，海拔 3 400-3 600 m。

3. 阿齐薹草

Carex argyi H. Lév. & Vant., Bull. Soc. d'Agric. De la Sarthe 60: 78. 1905.

秆三棱形，坚挺，高 30-60 cm。叶短于秆，宽 3-4 mm，具横脉，具鞘。苞片叶状，具短鞘；小穗 5-7，上部 2-4 个雄性，线状圆柱形，长 2-5 cm，近无柄；其余小穗雌性，长圆柱形，长 2.5-5 cm，宽 8-10 mm，密生多花；雌花鳞片披针形，长 5 mm，顶端渐尖，具短芒，苍白色；果囊长圆状卵形，鼓胀三棱形，长 5-6.5 mm，革质淡褐黄色带有暗血红色斑块，脉多条，顶端渐狭成中等长的喙，喙口二深裂。小坚果倒卵形或卵形，三棱形，长 3 mm；柱头 3。花果期 4-6 月。

分布于安徽、湖北、江苏，生于溪边、沟边湿地。

图 762 阿齐薹草

附：显脉薹草 ***Carex kirganica*** Kom.

与阿齐薹草不同在于：果囊披针形或长圆状披针形，黄绿色，具明显的脉。

分布于黑龙江、内蒙古，生于沼泽地和多沼泽的草原。也分布于朝鲜、俄罗斯（远东地区）。

4. 麻根薹草

Carex arnellii Christ ex Scheutz. in Sven. Vet.-Acad. Handl. N. F. 22: 177. 1887.

秆密丛生，三棱形，高 25-90 cm。叶与秆近等长，宽 3-4 mm，具长鞘。苞片叶状，具短鞘；小穗 5-7，上部 2-3 个雄性，狭长圆形，近无柄；下部的雌性，圆柱形，长 2-3.5 cm，小穗柄细长；雌花鳞片卵状披针形，顶端具芒，长 3.5-5 mm，麦秆黄色或淡黄褐色；果囊倒卵状椭圆形，长 4-4.5 mm，鼓胀三棱形，绿黄色，顶端急缩成中等长的喙，口具两齿。小坚果倒卵形，三棱形，长 2.5 mm，淡黄色；柱头 3。花果期 5-6 月。

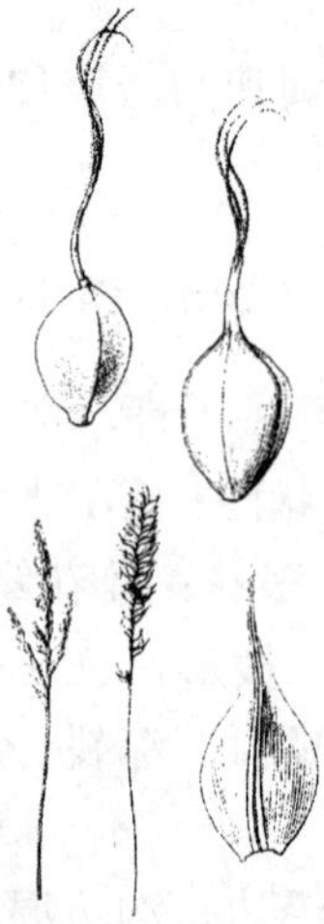

图 763 麻根薹草

分布于河北、黑龙江、吉林、内蒙古，生于草甸、水边湿地、山坡、林下，海拔200-1 700m。也分布于朝鲜、日本、蒙古、俄罗斯。

5. 莎薹草

Carex bohemica Schreb., Beschr. Gras. 2 (2): 52. 17721.——*C. cyperoides* L.

秆丛生，扁三棱形，高 25-40cm，宽 2mm。叶短于秆，宽 2-4mm。苞片叶状，长于花序；小穗多数，卵状长圆形，长 1-1.5cm，雌雄顺序，聚集成头状花序，长 1.5-2cm，宽 1.5-2.5cm；雌花鳞片狭披针形，渐尖，长 5-7mm，淡褐色；果囊长圆状披针形，平凸状，长 1cm，黄绿色或锈黄色，具细脉，基部渐狭成长柄，边缘具锯齿状狭翅，先端渐狭成长喙，喙口深裂，裂齿锥状叉开。小坚果长圆形，长 1.3-1.5mm，基部具长 2mm 的短柄；柱头 2。花果期 7 月。

分布于黑龙江、吉林、内蒙古，生于河边沙地、湿地或沼泽，海拔 400-700m。也分布于朝鲜、日本、俄罗斯（西伯利亚）及欧洲。

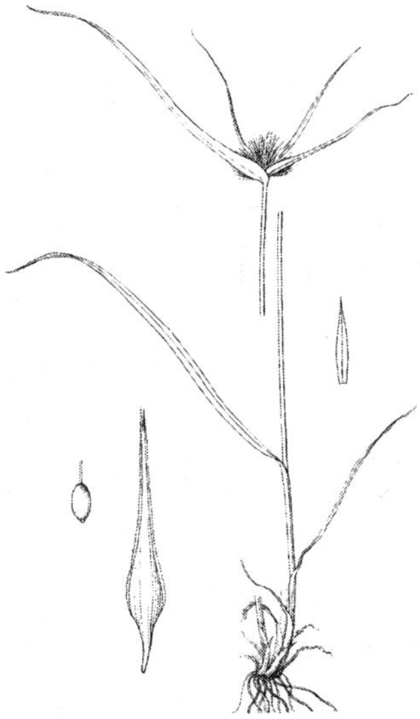

图 764 莎薹草

6. 青绿薹草

Carex breviculmis R. Br., Prodr. Fl. Nov. Holl. 242. 1810.

秆丛生，高 8-40cm，三棱形。叶短于秆，宽 2-5mm。苞片短叶状，基部 1 枚具短鞘；小穗 2-5，顶生的雄性，长圆形，长 1-1.5cm，宽 2-5mm，紧贴其下的雌小穗；侧生的雌性，长圆形，长 6-15mm，宽 3-4mm，鳞片长圆形或倒卵状长圆形，先端截形或圆形，长 2-2.5mm，宽 1.2-2mm，膜质，苍白色，中间绿色，有 3 脉，具长 2-3.5mm 的芒；果囊倒卵形，钝三棱形，与鳞片近等长，淡绿色，上部密被短柔毛，脉多条，顶端骤尖成短喙，喙口微凹。小坚果卵形，长 1.8mm，栗色，顶端具环盘；花柱基部圆锥状，柱头 3。花果期 3-6 月。

分布于东北、华东、华中、西南及甘肃、广东、河北、陕西、山西，生于山谷沟边、山坡草地、路边，海拔 500-2 300m。也分布于朝鲜、日本、印度、缅甸、俄罗斯。

图 765　青绿薹草

7. 短尖薹草

Carex brevicuspis C. B. Clarke, J. Linn. Soc., Bot. 36: 277. 1903.

秆高 20-55 cm，三棱形。叶长于秆，宽 5-10 mm。苞片短叶状，具长鞘；小穗 4-5，顶生的雄性，细圆柱形，长 2.5-4 cm；侧生的雌性，顶端有少数雄花，圆柱形，长 3.7-7 cm，宽 9-10 mm，花密生，小穗柄包藏于苞鞘内；雌花鳞片线状披针形，顶端具短尖，黄褐色，3 脉绿色；果囊卵形或倒卵形，长 6-7 mm，革质，棕色，无毛或有时疏被短硬毛，脉多条，先端急缩成长喙，喙口具 2 尖齿。小坚果三棱状卵形，长 2 mm，黑紫色，基部具弯柄，中部棱上缢缩，下部棱面凹陷，喙长 1 mm，顶端呈杯状；柱头 3。花果期 4-5 月。

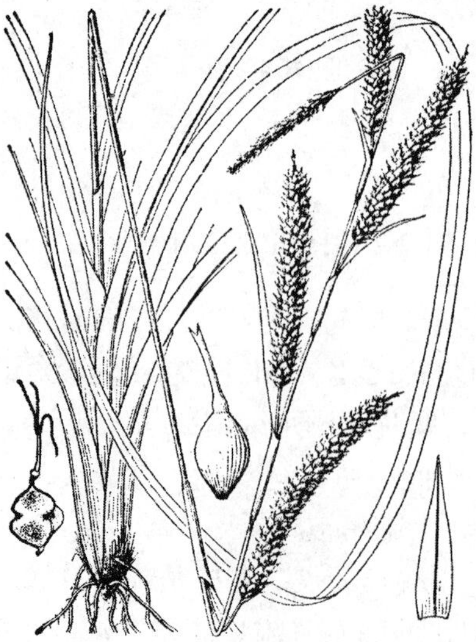

图 766　短尖薹草

分布于安徽、福建、湖南、江西、台湾、浙江，生于山坡林下、溪旁，海拔 600-700 m。

8. 丛薹草

Carex caespitosa L., Sp. Pl. 2: 978. 1753.

秆密丛生，三棱形，高 40-90 cm，纤细。叶短于秆，宽 2-3.5 mm。苞片刚毛状，与小穗近等长，无鞘；小穗 3-4，顶生的雄性，线形或长圆形，长 2-3 cm；其余的雌性，有时顶端具少数雄花，长圆形或圆柱形，长 0.5-2.5 cm，宽 3-5 mm，具短柄；雌花鳞片狭卵形，紫褐色或锈褐色，中部淡绿色，边缘白色膜质；果囊卵形至椭圆形或卵圆形，近双凸状或平凸状，长 2-2.5 mm，宽 1.2 mm，灰绿色或淡绿褐色，顶端收缩为短喙，喙口全缘。小坚果倒卵形，双凸状，长 1.5 mm；柱头 2。花果期 6-7 月。

分布于黑龙江、吉林、内蒙古、陕西、青海、新疆，生于沼泽和湿地。也分布于朝鲜、日本、俄罗斯（高加索、西伯利亚、远东地区）、瑞典、芬兰。

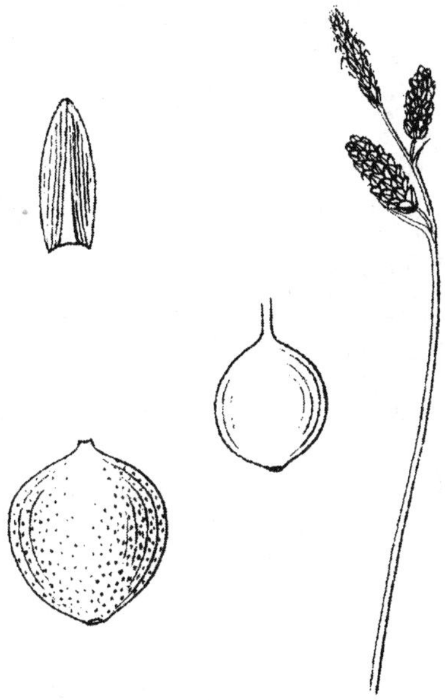

图 767　丛薹草

附：瘤囊薹草 ***Carex schmideii*** Meinsh.

与丛薹草主要不同在于果囊倒卵形或近圆形。花果期 6-7 月。

分布于黑龙江、吉林、内蒙古，生于沼泽、溪边或林缘。也分布于朝鲜、日本、蒙古、俄罗斯（东西伯利亚、远东地区）。

9. 发秆薹草

Carex capillacea Boott, Illustr. Carex 1: 44. t. 110. 1858.

秆密丛生，高 15-40 cm。叶短于秆，宽 0.5-1 mm，丝状。小穗单一顶生，雄雌顺序，雄花部分线形，长 4-7 mm，具 3-7 花，雌花部分卵圆形，长 3-6 mm，具 4-10 花；雌花鳞片椭圆状卵形，长 2 mm，两侧棕色，中间 1-3 脉色淡；果囊披针状卵形，肿胀三棱形，长 2.5-3 mm，两侧的脉明显，成熟时水平展开，顶端具短喙，喙口微凹或具 2 微齿。小坚果椭圆形，三棱形，长 1.8 mm；柱头 3。花果期 4-5 月。

分布于安徽、福建、江西、台湾、云南、浙江，生于山地湿草地、溪旁。也分布于日本、印度尼西亚、缅甸、泰国、菲律宾。

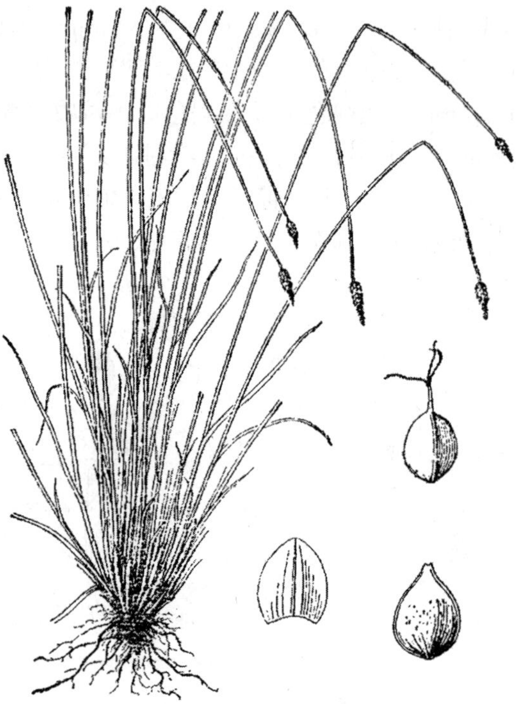

图 768　发秆薹草

10. 弓喙薹草

Carex capricornis Meinsh. ex Maxim., Melang. Biol. 12: 569. 1887.

秆丛生，高 30-70 cm，稍粗，三棱形。叶长于或稍短于秆，宽 3-18 mm，具鞘。苞片叶状，长于小穗，无鞘；小穗 3-5，顶生小穗雄性，棍棒形或线状圆柱形，长 2-3 cm，近无柄；侧生小穗雌性，长圆状卵形或短圆柱形，长 2-3 cm，宽 1.5 cm，密生多花，具短柄或近无柄；雌花鳞片长圆形，长 4-5 mm，先端渐尖成长芒，芒几与鳞片近等长，中间淡绿色，两侧淡褐色；果囊狭披针形，扁三棱形，长 6-8 mm，淡黄绿色，脉多条，先端渐狭成长喙，喙口具两长齿，齿向两侧外弯。小坚果椭圆形，三棱形，长 1-1.5 mm，深褐色；花柱细长，多次弯曲；柱头 3。花果期 3-8 月。

分布于东北及江苏，生于河边、湖边、沼泽地或潮湿处。也分布于朝鲜、日本、俄罗斯（远东地区）。

图 769 弓喙薹草

11. 绿穗薹草

Carex chlorostachys Stev., Mém. Soc. Imp. Naturalistes Moscou 4: 68. 1813.

秆密丛生，钝三棱形，高 10-50 cm。叶短于秆，宽 2-2.5 mm。苞片叶状，具长鞘；小穗 3-6，顶生的雄性，长圆状披针形，长 6-10 mm；侧生的雌性，圆柱形或长圆形，长 8-18 mm，具 6-12 朵花，小穗柄纤细下垂；雌花鳞片倒卵形或近椭圆形，长 2 mm，顶端钝圆，淡黄褐色或麦秆黄色，中脉 1 条；果囊卵状或倒卵状棱形，钝三棱形，长 3 mm，棕褐色，喙短，口斜截。小坚果宽倒卵形，三棱形，长 1.5 mm，褐色；柱头 3。花果期 6-8 月。

图 770 绿穗薹草

分布于华北及甘肃、青海、四川、西藏、新疆，生于河边、湖边、高山灌木丛中、草地，海拔 1 000-3 200 m。也分布于朝鲜、日本、俄罗斯（西伯利亚）、中亚及欧洲。

12. 灰化薹草

Carex cinerascens Kük., Bull. Herb. Boiss. ser. 2, 2: 1017. 1902.

具长匍匐茎。秆丛生，锐三棱形，高 25-60 cm。叶短于秆，宽 2-4 mm。基部的苞片叶状，长于或等长于花序，无鞘，上部的刚毛状；小穗 3-5，上部 1-2 个雄性，狭圆柱形，长 2-5 cm；其余的雌性，稀顶端具少数雄花，狭圆柱形，长 1.5-3 cm，宽 2-4 mm，花密生，下部的具柄；雌花鳞片长圆状披针形，顶端锐尖具小短尖，长 2.5 mm，深棕色或带紫色，3 脉淡黄绿色，边缘为窄的白色膜质；果囊卵形，长 3 mm，灰色或黄绿色，脉不明显，具锈点，顶端近无喙。小坚果倒卵状长圆形，长 1.5 mm；柱头 2。花果期 4-5 月。

分布于东北及安徽、湖北、湖南、江苏、内蒙古、陕西、浙江，生于湖边、沼泽或湿地。也分布于日本。

图 771　灰化薹草

13. 扁囊薹草

Carex coriophora Fisch. & C. A. Mey. ex Kunth, Enum. Pl. 2: 463. 1847.

秆高 50-70 cm，三棱形。叶短于秆，宽 3-5 mm。苞片叶状，短于花序，具鞘；小穗 3-5，顶生的雄性，长圆形，长 1-1.5 cm，宽 3-4 mm；侧生的雌性，椭圆形或长圆形，长 1-1.7 cm，宽 5-10 mm，密花，柄长 2-3 cm，弯曲或下垂；雌鳞片长圆形，长 4-4.2 mm，宽 2 mm，下部淡锈色，上部紫褐色，中间黄绿色，边缘具窄的白色膜质；果囊宽椭圆形，极压扁，三棱形，长 4.8-5.2 mm，宽 3 mm，褐色，具淡绿色边缘，无脉，有时上部边缘疏生小刺，具短喙，口具 2 微齿。小坚果疏松地包于果囊中，长 1.5 mm，淡黄色，基部具长 1 mm 的柄；柱头 3。花果期 6-8 月。

分布于华北及甘肃、黑龙江、青海，生于河岸旁湿草地、沼泽地踏头上、山坡，海拔 700-3 500 m，也分布于蒙古、俄罗斯。

图 772 扁囊薹草

14. 二形鳞薹草

Carex dimorpholepis Stend., Syn. Pl. Glumae. 2: 214. 1855.

秆丛生，锐三棱形，高 35-80 cm。叶短于或近等长于秆，宽 4-7 mm。苞片叶状，长于花序，无鞘；小穗 5-6，顶生的雌雄顺序，长 4-6 mm，雌花部分宽 5 mm，雄花部分宽 3 mm；侧生的雌性，上部 3 个基部具雄花，圆柱形，长 4.5-5.5 cm，宽 5-6 mm，小穗柄纤细下垂，长 1.5-6 cm；雌花鳞片倒卵状长圆形，顶端微凹或截平，具粗糙长芒，长 4-4.5 mm，中间淡绿色，两侧白色膜质，疏生锈色点线；果囊椭圆形或椭圆状披针形，长 3 mm，略扁，红褐色，密生乳头状凸起和锈点，喙短；柱头 2。花果期 4-6 月。

分布于华东、华中及甘肃、广东、辽宁、陕西、四川，生于沟边潮湿处、路边、草地，海拔 200-1 300 m。也分布于朝鲜、日本、越南、印度、尼泊尔、缅甸、斯里兰卡。

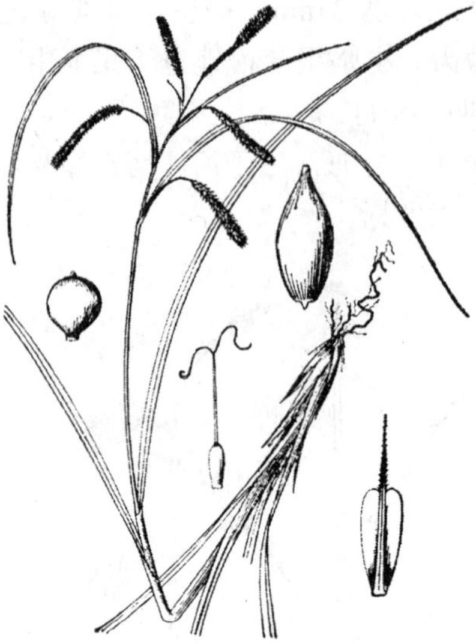

图 773 二形鳞薹草

15. 皱果薹草

Carex dispalata Boott ex A. Gray, Narr. Exped. Perry 2: 325. 1856.

秆高 40-80 cm，锐三棱形，稍粗。叶与秆近等长，宽 4-8 mm。苞片叶状，具鞘；小穗 4-6，常集中生于秆的上端，顶生的雄性，圆柱形，长 4-6 cm，具柄；侧生的雌性，圆柱形，长 3-9 cm，密生多花，有时顶端具少数雄花，无柄；雌鳞片卵状披针形，顶端渐尖，具小短尖或芒，长 3 mm，两侧红褐色，中间黄绿色；果囊卵形，稍鼓胀三棱形，长 3-4 mm，淡褐绿色，具横皱纹，具中等长的喙，喙上部紫红褐色，稍弯，喙口斜截。小坚果倒卵形，三棱形，长 2 mm；柱头 3。

图 774 皱果薹草

分布于华北及安徽、吉林、江苏、辽宁、陕西、浙江，生于潮湿地、沟边或沼泽地，海拔 500-2 900 m，也分布于朝鲜、日本。

16. 签草

Carex doniana Spreng., Syst. Veg. 3: 825. 1826.

秆高 30-60 cm，扁锐三棱形，较粗。叶近等长于秆，宽 5-12 mm，具鞘。苞片叶状，长于小穗，无鞘；小穗 3-6，顶生的雄性，线状圆柱形，长 3-7.5 cm；侧生的雌性，有时顶端具少数雄花，长圆柱形，长 3-7 cm，密生多花；雌花鳞片卵状披针形，长约 2.5 mm，顶端具短尖，淡黄色或稍带淡褐色；果囊长圆状卵形，稍鼓胀三棱形，长 3.5-4 mm，淡绿黄色，具短而直的喙，喙口具 2 短齿。小坚果倒卵形，三棱形，长 1.8 mm，深黄色，顶端具小短尖；柱头 3。花果期 4-10 月。

分布于福建、广东、广西、湖北、江苏、陕西、四川、台湾、云南、浙江，生于溪边、沟边、林下、灌木丛和草丛中潮湿处，海拔 500-3 000 m。也分布于朝鲜、日本、菲律宾、印度尼西亚、尼泊尔、喜马拉雅山东部。

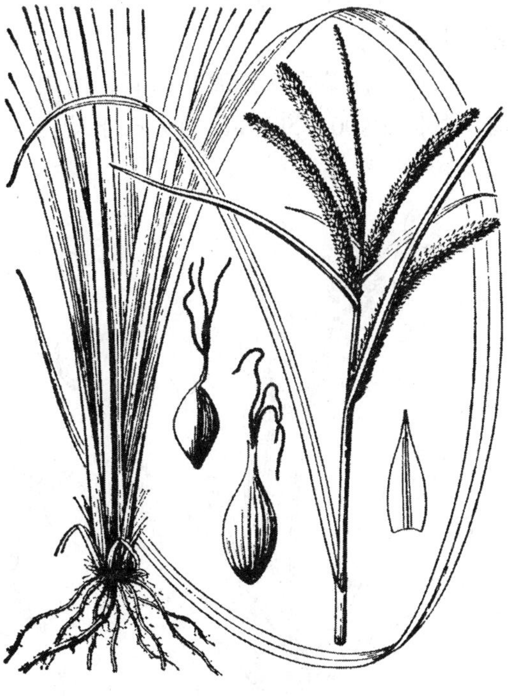

图 775　签草

17. 黑水薹草

Carex drymophila Turcz. ex Steud. var. ***abbreviata*** (Kük.) Ohwi, Acta Phytotax. & Geobot. 12: 107. 1943.

秆钝三棱形，较粗壮，高 60-100 cm。叶短于秆，宽 5-8 mm，背面常具疏柔毛，具长鞘，鞘口密被短绒毛。苞片叶状，长于或短于花序，具短鞘；小穗 5-7，上部 2-3 个雄性，线形或狭披针形，长 2-4 cm，近无柄；其余的雌性，长圆状圆柱形或圆柱形，长 3-5 cm，疏生多花，具柄；雌花鳞片狭卵形或披针形，长 4-4.5 mm，顶端渐尖具短芒，两侧淡锈色，中间淡绿色，边缘白色半透明；果囊卵圆形，鼓胀三棱形，长 7-8 mm，橄榄绿色，脉多条，顶端渐狭成中等长稍宽的喙，喙缘具糙毛，喙口具直的两裂齿。小坚果倒卵形，三棱形，长 3 mm，顶端具小尖头；柱头 3。花果期 6-8 月。

分布于黑龙江、吉林、内蒙古，生于湖、河岸边潮湿处、沼泽地、草甸。也分布于朝鲜、日本、俄罗斯（远东地区）。

18. 无脉薹草

Carex enervis C. A. Mey. in Ledeb., Fl. Altaic. 4: 209. 1833.

根状茎长而匍匐。秆高 10-30 cm。叶短于秆，宽 2-3 mm。苞片刚毛状或鳞片状；穗状花序卵形或长圆形，长 1-2 cm，宽 7-14 mm；小穗多数，雄雌顺序；雌花鳞片长圆状卵形，先端渐尖具短尖，长 3-3.5 mm，宽 1.8-2 mm，淡褐色至锈色，边缘狭白色膜质；果囊长圆状卵形，平凸状，长 3 mm，宽 1.2 mm，禾秆色至锈色，通常无脉或脉不明显或仅基部有脉，顶端具中等长的喙，喙缘粗糙，喙口 2 齿裂。小坚果椭圆形，长 1.2-1.5 mm，浅灰色，具锈色花纹；柱头 2。花果期 6-8 月。

分布于甘肃、黑龙江、吉林、内蒙古、青海、山西、四川、西藏、新疆、云南，生于潮湿处、沼泽草地或草甸，海拔 2 400-4 500 m。也分布于蒙古、俄罗斯（西伯利亚）。

图 776　无脉薹草

19. 穹隆薹草

Carex gibba Wahlenb., Kongl. Vetensk. Acad. Nya Handl. 24: 148. 1803.

秆丛生，高 20-60 cm，三棱形。叶近等长于秆，宽 3-4 mm。苞片叶状，长于花序；小穗 4-10，长圆形或卵形，长 5-12 mm，宽 3-4 mm，雌雄顺序，排成间断的穗状花序；雌花鳞片圆卵形，长 1.8-2 mm，中间绿色，两侧白色膜质，顶端具芒，脉 3 条；果囊宽卵形或倒卵形，平凸状，长 3.2-3.5 mm，宽 2 mm，膜质，淡绿色，无脉，边缘具翅，上部边缘具细齿，喙短，具 2 齿。小坚果圆卵形，长 2 mm，淡绿色；柱头 3。花果期 4-8 月。

分布于华东、华南、华中及甘肃、贵州、辽宁、陕西、山西、四川，生于山谷湿地、山坡草地或林下，海拔 200-1 300 m。也分布于朝鲜、日本。

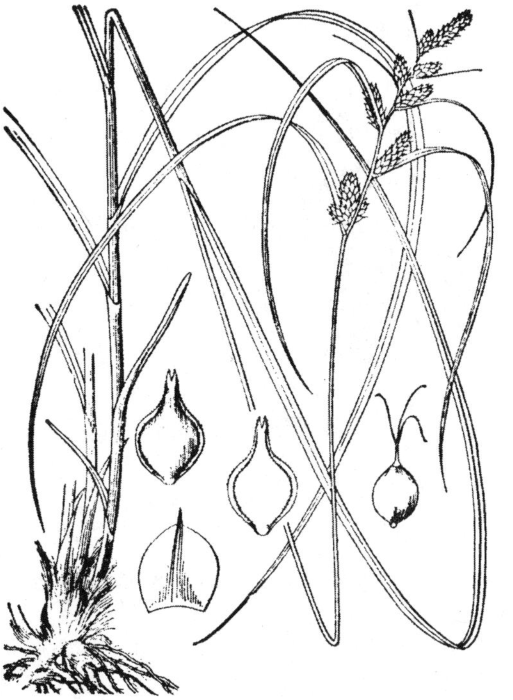

图 777　穹隆薹草

20. 米柱薹草

Carex glaucaeformis Meinsh., Trudy Imp. S.-Peterburgsk. Bot. Sada. 18: 389. 1901.

根状茎具细匍匐茎；秆疏丛生，高 30-70 cm，锐三棱形，基部具紫褐色无叶片的鞘。叶短于秆，宽 2-3 mm，叶鞘较长，红褐色。苞片叶状，线形，稍短于花序，无鞘；小穗 3-4 个，疏远，顶端 1-2 个雄性，狭长圆形或披针形，长（1）2-3 cm，近无柄；雌小穗 2-3 个，长圆形或卵圆形，长 0.8-2 cm，密生多花，近无柄；雌花鳞片卵形或长圆状卵形，长 3 mm，膜质，两侧暗红色，中脉淡褐色；果囊椭圆形或近卵圆形，稍鼓胀三棱形，长

2.5-3 mm，近革质，具多条明显的脉，淡绿褐色，无毛，具细小乳头状凸起，喙短，口微凹。小坚果宽倒卵形，三棱形，长 2 mm，麦秆黄色；花柱基部增粗，柱头 3 个。花果期 5-6 月。

分布于东北及内蒙古，生于山坡湿处或河边、沟边。也分布于朝鲜、俄罗斯（东西伯利亚、远东地区）。

图 778　米柱薹草

21. 叉齿薹草

Carex gotoi Ohwi, Mem. Coll. Sci. Kyoto Imp. Univ. ser. B. 5: 248. 1930.

秆疏丛生，三棱形，高 30-50 cm。叶短于秆，宽 2-3 mm，具长鞘。苞片叶状，基部苞片与花序等长，近无鞘；小穗 3-5 个，上部 1-3 个雄性，圆柱形或披针形，长 2.5-3 cm，近无柄，其余的雌性，圆柱形或近长圆形，长 1.5-3.5 cm，宽 5-6 mm，密生多花，柄短；雌花鳞片卵形或狭卵形，长 3.5 mm，顶端渐尖，具短尖或芒，栗褐色，边缘色浅；果囊卵形，钝三棱形，长 4 mm，革质，暗红褐色或带麦秆黄色，脉多条，顶端急缩成短喙，喙口具稍长而叉开的两齿。小坚果宽倒卵形或倒卵形，三棱形，长 1.5-2 mm，顶端具短尖；花柱基部稍弯曲，柱头 3。花果期 5-6 月。

分布于东北及甘肃、河北、内蒙古、陕西，生于河边湿地或草甸，海拔 1 000-1 300 m，也分布于朝鲜、日本、俄罗斯（西伯利亚、远东地区）。

图 779 叉齿薹草

22. 点叶薹草

Carex hancokiana Maxim., Bull. Soc. Naturalistes Moscou 54 (1): 66. 1879.

根状茎具短匍匐茎；秆丛生，高 30-80 cm，三棱形，基部叶鞘紫红色，细裂成网状。叶短于或长于秆，宽 2-5 mm，背面密生小点。苞片叶状，长于花序，无鞘；小穗 3-5，顶生的雌雄顺序，圆柱形，长 1-2 cm，密花，小穗柄纤细下倾；侧生的雌性，长圆形，长 1-1.5 cm，小穗柄纤细，基部的长 1.5-3 cm；雌花鳞片卵状披针形，长 2 mm，紫褐色，中间淡绿色，边缘宽白色膜质；果囊椭圆形或倒披针形，肿胀，成熟后水平开展，长 2.5-3 mm，黄绿色，脉不明显，具短喙，喙口具 2 齿。小坚果倒卵形，三棱形，长 1.5 mm；柱头 3。花果期 6-7 月。

分布于甘肃、河北、吉林、内蒙古、青海、陕西、山西、新疆，生于林中草地、水旁湿地和高山草甸，海拔 400-2 700 m。也分布于朝鲜、蒙古、俄罗斯（西伯利亚）。

图 780 点叶薹草

附：白头山薹草 ***Carex peiktusani*** Kom.

与点叶薹草不同在于：雌花鳞片淡锈色或苍白色，果囊具明显的5-6条脉。花果期6-8月。

产于河北、黑龙江、辽宁、山东、山西，生于林下、河边，海拔1 000-1 700m。也分布于朝鲜、俄罗斯（远东地区）。

23. 亨氏薹草

Carex henryi C. B. Clarke ex Franch., Nouv. Arck. Mus. 3, Sér 8: 243. 1896.

秆密丛生，钝三棱形，高80-140cm，稍粗壮。叶短于秆，宽3-4mm，具长鞘。苞片叶状，具鞘；小穗多数，雄雌顺序，排列成疏松的圆锥花序；雌花鳞片卵形，长2mm，顶端急尖，无短尖，褐黄色，中脉绿色；果囊椭圆形，平凸状，长3mm，黄绿色，背面具5-7脉，顶端具长1mm的喙，边缘被疏缘毛，喙口具两短齿。小坚果椭圆形，扁双凸状，长1.7mm，淡黄色；柱头2。花果期8-10月。

分布于安徽、湖北、陕西、浙江及西南，生于沟边、溪边、水稻田边、山坡路旁及林下湿处，海拔500-3 000m。

图781 亨氏薹草

24. 异鳞薹草

Carex heterolepis Bunge, Enum. Pl. Chin. Bor. 69. 1832.

具长匍匐茎；秆三棱形，高40-70cm。叶与秆近等长，宽3-6mm。苞片叶状，基部的长于小穗，无鞘；小穗3-6，顶生的雄性，圆柱形，长2-4cm，宽4mm，具柄；侧生的雌性，圆柱形，长1-4.5cm，宽6mm，无柄；雌花鳞片狭披针形或狭长圆形，长2-3mm，淡褐色，中间淡绿色；果囊倒卵形或椭圆形，扁双凸状，长 2.5-3 mm，淡褐绿色，具密的乳头状突起和树脂状点线，顶端急缩成长 0.5 mm 的短喙，喙口具 2 齿。小坚果倒卵形，长 2-2.2 mm，暗褐色；柱头 2。花果期 4-7 月。

分布于东北、华北及湖北、江西、陕西、山东，生于沼泽地、水边，海拔 500-1 900 m。也分布于朝鲜、日本。

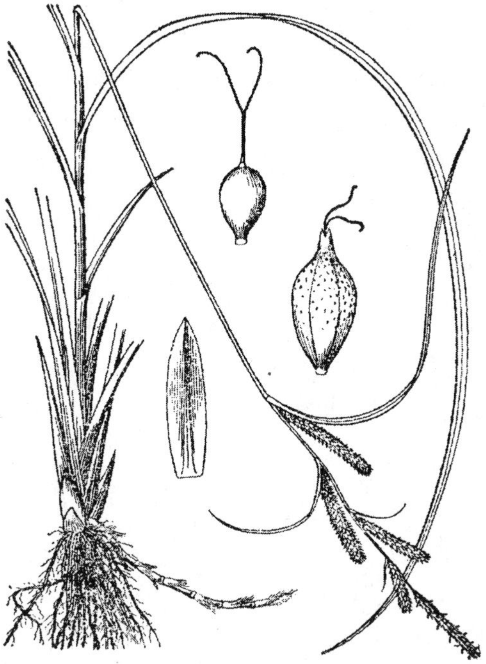

图 782 异鳞薹草

附：溪水薹草 ***Carex forficula*** Franch. & Sav.

与异鳞薹草主要不同在于果囊上部边缘具细锯齿，喙长 1.2-1.5 mm。花果期 6-7 月。

分布于安徽、河北、吉林、辽宁，生于林下、溪边、溪流中或潮湿处，海拔 700-900 m。也分布于朝鲜、日本、俄罗斯（远东地区）。

25. 湿薹草

Carex humida Y. L. Chang & Y. L. Yang, Fl. Plant. Herb. Chin. Bor.-Orient. 11: 204. 82. Pl. 34: 1-6. 1976.

秆密丛生，钝三棱形，高 50-70 cm。叶短于秆，宽 4-6 mm，具小横脉，具长鞘，疏被毛。苞片叶状，长于或短于花序，具短鞘；小穗 3-7 个，上部 2-4 个雄性，狭披针形，长 2-3 cm，近无柄；其余雌性，圆柱形，长 3-5 cm，密生多花，近无柄；雌花鳞片长圆状卵形或卵状披针形，长 6-7.5 mm，顶端渐尖，具长芒，淡锈色；果囊卵形，平凸状，长 6-8 mm，淡绿色或黄绿色，脉多条，顶端渐狭成中等长的喙，喙口深裂成 2 齿。小坚果倒卵形，双凸状，长 2.5 mm；柱头 2。花果期 6-7 月。

分布于黑龙江、吉林、内蒙古，生于沼泽地、沟谷等水边湿地。

26. 狭穗薹草

Carex ischnostachya Steud., Synops. Cyper. 222. 1855.

秆丛生，高30-60 cm，三棱形。叶稍短于或近等长于秆，宽4-6 mm，具长鞘。苞片叶状，长于花序，具鞘；小穗4-5个，顶生的雄性，线形，长1.5-3 cm；其余雌性，狭圆柱形，长2-6 cm，具较疏的多数花；雌鳞片卵形，顶端急尖，长1.2-1.8 mm，淡黄白色；果囊卵状椭圆形，钝三棱形，长4-5 mm，褐绿色，顶端渐狭成中等长的喙，喙口微缺呈小短齿。小坚果椭圆形，三棱形，长2 mm，淡黄褐色，顶端具小短尖；柱头3。花果期4-5月。

分布于福建、广东、广西、贵州、湖南、江苏、江西、四川、浙江，生于水边或山坡路旁草丛中。也分布于朝鲜、日本。

图783　狭穗薹草

27. 日本薹草

Carex japonica Thunb., Fl. Jap. 38. 1783.

秆疏丛生，扁锐三棱形，高20-40 cm，较细。叶长于或短于秆，宽3-4 mm，具鞘。苞片叶状，长于或短于小穗，无鞘；小穗3-4个，顶生的雄性，线形，长2-4 cm，具柄；侧生的雌性，长圆状圆柱形或长圆形，长1.5-2.5 cm，密生多花，具短柄或近无柄；雌花鳞片狭卵形，长2.5-3 mm，顶端渐尖，苍白或稍带淡褐色；果囊椭圆状卵形或卵形，稍鼓胀三棱形，长4-5 mm，黄绿色或麦秆黄色，顶端急缩成中等长的喙，喙口具2短齿。小坚果椭圆形或倒卵状椭圆形，三棱形，长2 mm，淡棕色；柱头3。花果期5-8月。

分布于河北、河南、湖北、江苏、辽宁、内蒙古、陕西、山西、四川、云南，生于林下或林缘阴湿处或山谷沟边湿地，海拔1 200-2 000 m。也分布于朝鲜、日本。

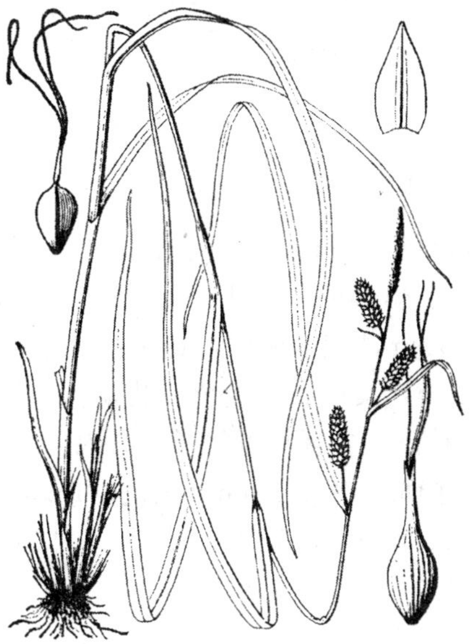

图 784 日本薹草

28. 筛草

Carex kobomugi Ohwi, Mém. Coll. Sci. Kyoto Univ. Sér. B, Biol. 5 (3): 281. 1930.

根状茎长而匍匐；秆高 10-20 cm，宽 3-4 mm，粗壮，钝三棱形。叶短于或近等长于秆，宽 3-8 mm，革质，黄绿色，边缘锯齿状。苞片短叶状；花序穗状，雌雄异株，稀同株；雄花序长圆形，长 4-5 cm，宽 1.2-1.3 cm；雌花序卵形至长圆形，长 4-6 cm，宽 3 cm；雌花鳞片卵状披针形，长 12-16 mm，宽 4-5 mm，革质，黄绿色带栗色，脉多条；果囊卵状披针形，平凸状，长 10-15 mm，宽 4 mm，革质，栗色，脉多条，边缘具齿状狭翅，喙长，口具 2 尖齿。小坚果倒卵状长圆形，长 5-5.5 mm，橄榄色；柱头 2。花果期 6-9 月。

图 785 筛草

分布于河北、黑龙江、江苏、辽宁、山东、台湾、浙江，生于海滨或河边、湖边沙地。也分布于朝鲜、日本、俄罗斯（远东地区）。

29. 明亮薹草

Carex laeta Boott, Illustr. Carex I: 69. t. 188. 1858.

秆密丛生，高 10-30 cm，直径 1 mm，钝三棱形。叶短于秆，宽 1-1.5 mm。苞片佛焰苞状，边缘白色膜质，鞘长；小穗 3-4 个，顶生的雄性，长圆形，长 8-10 mm；侧生的雌性，圆柱形，长 1-2.5 cm，宽 3 mm，花多密生，最下部 1 个有时基生，最上部 1 个接近雄小穗；鳞片长圆形，长 3-3.5 mm，具短尖，褐色或紫褐色，无白色膜质边缘，中脉 1 条，绿色；果囊倒卵状长圆形，三棱形，与鳞片近等长，黄褐色或淡绿色，密被短柔毛，喙短，口斜截形。小坚果倒卵形，三棱形，长 2.2 mm，褐色，顶端具短喙；柱头 3。

分布于四川、西藏东部、云南，生于高山灌丛草甸、林边或河边草地。也分布于印度、尼泊尔。

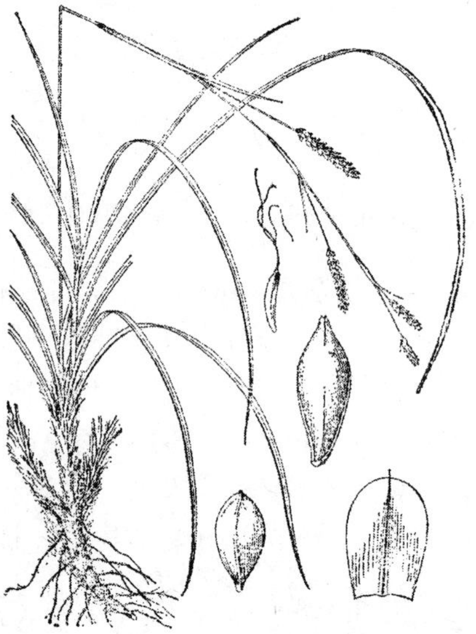

图 786　明亮薹草

30. 毛薹草

Carex lasiocarpa Ehrh., Hanmoev. Magaz. 9: 132. 1784.

秆疏丛生，钝三棱形，高 50-100 cm。叶短于或近等长于秆，宽 1-2 mm，具长鞘。苞片叶状，线形，与花序近等长或稍长，具短鞘；小穗 3-5 个，上部 1-3 个雄性，线状圆柱形，长 2-3 cm，近无柄；其余雌性，卵形或长圆状圆柱形，长 1.3-3 cm，宽 5-6 mm，密生多花，具短柄；雌花鳞片长圆状卵形或披针形，长 4.5-5 mm，顶端渐尖具短尖，两侧褐色或红褐色，中间绿色；果囊卵形或长圆状卵形，鼓胀三棱形，长 4-5 mm，黄绿色，密被淡灰色绒毛，顶端渐狭成宽而短的喙，喙口具稍外弯的两齿。小坚果倒卵形，三棱形，长 2 mm；花柱短，常弯曲，柱头 3。花果期 6-7 月。

分布于黑龙江和内蒙古，生于沼泽或沼泽化草甸。也分布于朝鲜、蒙古、俄罗斯及欧洲和北美洲。

图 787 毛薹草

31. 尖嘴薹草

Carex leiorhyncha C. A. Mey., Mém. Acad. St.-Pétersbourg Divers Savans 1: 217. 1831.

全株密生锈色点线，秆丛生，三棱形，高 20-80 cm，宽 1.5-3 mm。叶短于秆，宽 3-5 mm。苞片刚毛状，基部的长于小穗；穗状花序圆柱形，长 5-8 cm；小穗多数，长圆状卵形，长 5-12 mm，宽 4-6 mm，雄雌顺序；雌鳞片卵形，先端渐尖成芒尖，长 2.2-3 mm，锈黄色，具紫红色点线；果囊卵状披针形，平凸状，长 3.5-4 mm，淡黄色，具锈点，细脉多条，具中等长的喙，喙口具 2 齿。小坚果椭圆形或卵状椭圆形，平凸状，长 1-1.2 mm；柱头 2。花果期 6-7 月。

图 788 尖嘴薹草

分布于东北、华北及甘肃、河南、陕西、山东，生于山坡草地、湿地、林缘或路旁，海拔 200-2 000 m。也分布于朝鲜、俄罗斯（东西伯利亚、远东地区）。

32. 舌叶薹草

Carex ligulata Nees in Wight, Contr. Bot. Ind. 127. 1834.

秆疏丛生，三棱形，高 35-70 cm，稍粗壮。叶长于或短于秆，宽 6-12 mm，背面具小横脉，具长鞘。苞片叶状，长于花序，具鞘；小穗 6-8 个，顶生的雄性，圆柱形，长 2-3 cm；侧生的雌性，圆柱形，长 2.5-4 cm，宽 5-6 mm，密生多花，具柄；雌鳞片卵形或宽卵形，长 3 mm，顶端急尖，具短尖，淡褐黄色，具锈色短条纹；果囊倒卵形，钝三棱形，长 4-5 mm，绿褐色，具锈色短条纹，密被白色短硬毛，顶端急缩成中等长的喙，喙口具 2 短齿。小坚果椭圆形，三棱形，长 2.5-3 mm，棕色；花柱短，柱头 3。花果期 5-7 月。

分布于华中、西南及福建、江苏、陕西、山西、台湾、浙江，生于山坡林下、草地、山谷沟边或河边湿地，海拔 600-2 000 m。也分布于日本、尼泊尔、印度、斯里兰卡。

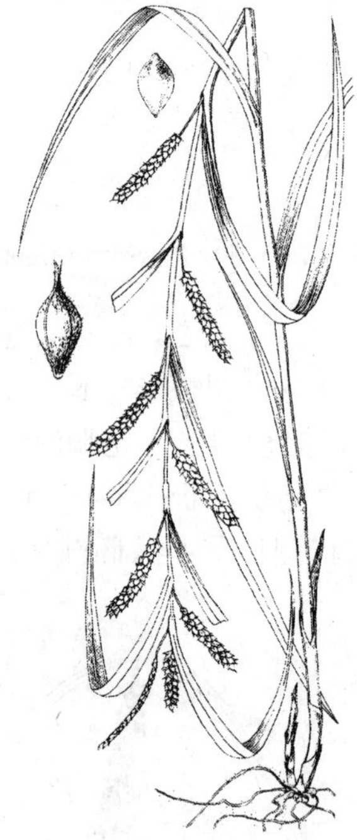

图 789　舌叶薹草

33. 湿生薹草

Carex limosa L., Sp. Pl. 977. 1753.

根状茎具长匍匐茎。秆高 20-45 cm，三棱形。叶短于秆，宽 1.5-2.5 mm，具鞘。苞片叶状具短鞘；小穗 2-3 个，顶生的雄性，线形，长 2-2.5 cm，具柄；侧生的雌性，有时顶端具雄花，长圆形或卵形，长 1-2 cm，密生多花，具细长的柄，常下垂；鳞片卵形或披针状披针形，长 4-6 mm，顶端具短尖，淡黄褐色，中间绿色，脉 1-3；果囊卵形或椭圆形，扁三棱形，长 3.5-4 mm，具多条脉，具密细点，顶端具短喙，喙口截形或微凹。小坚果椭圆形，扁三棱形，长 2 mm；花柱伸出果囊之外，宿存，柱头 3。花果期 5-7 月。

分布于东北，生于沼泽和水边草地。也分布于朝鲜、日本、蒙古、俄罗斯（西伯利亚、远东地区）。

图 790 湿生薹草

附：稀花薹草 ***Carex laxa*** Wahlenb.

与湿生薹草相近，不同在于本种苞片具长鞘，鞘长达 2 cm，雌鳞片钝，较果囊短，果囊长圆状椭圆形。

产于吉林、内蒙古，生于沼泽和河、湖边的潮湿处。也分布于朝鲜、日本、俄罗斯及欧洲的一些国家。

34. 二柱薹草

Carex lithophila Turcz., Bull. Soc. Imp. Naturalistes Moscou 28: 328. 1855.

秆高 10-60 cm。叶短于秆，宽 2-4 mm。苞片鳞片状；穗状花序圆柱形，长 2-5.5 cm，宽 7-15 mm；上部及下部小穗雌性，中部为雄性，少有小穗为雄雌顺序；雄小穗椭圆形，雌小穗卵形至长圆形，长 7-10 mm，宽 5-7 mm；雌鳞片卵状披针形，长 3.5 mm，淡锈褐色，边缘白色膜质；果囊宽卵状披针形，平凸状，长 3.5-4 mm，淡黄褐色，里面两侧具海绵状组织。小坚果长圆形，平凸状，长 1.5-1.8 mm，淡黄褐色；柱头 2。花果期 5-6 月。

分布于东北、华北及甘肃、陕西、山东，生于沼泽、河岸湿地或草甸上，海拔 100-700 m。也分布于朝鲜、日本、蒙古、俄罗斯（东西伯利亚、远东地区）。

图 791 二柱薹草

35. 卵果薹草

Carex maackii Maxim., Prim. Fl. Amur. 308. 1859.

秆丛生，高 20-70 cm，粗 1.5-2 mm。叶短于秆，宽 2-4 mm。基部的苞片刚毛状，其余鳞片状；穗状花序长圆柱形，长 2.5-6 cm；小穗 10-14 个，卵形，长 5-10 mm，宽 4-6 mm，雌雄顺序；雌鳞片卵形，顶端急尖，长 2.2-2.8 mm，淡褐色，中间绿色，具 1 脉；果囊卵形或卵状披针形，平凸状，长 3-3.2 mm，脉多条，边缘具狭翅，顶端渐狭成中等长的喙，喙口 2 齿裂。小坚果长圆状卵形，微双凸状，长 1.5 mm，淡棕色；柱头 2。花果期 5-6 月。

图 792 卵果薹草

分布于东北及安徽、河南、江苏、浙江，生于溪边或湿地。也分布于朝鲜、日本、俄罗斯（远东地区）。

36. 斑点果薹草

Carex maculata Boott, Trans. Linn. Soc. London 20: 128. 1846.

秆丛生，高 30-55 cm，三棱形。叶短于秆，宽 3-6 mm，具鞘。苞片叶状，长于花序，具鞘；小穗 3-4 个，顶生的雄性，圆柱形，长 2-6 cm，无柄；侧生的雌性，圆柱形，长 2-4 cm，密生多花；雌鳞片长圆状卵形或卵形，长 2 mm，淡黄褐色，稍带锈色短条纹；果囊宽倒卵形或近宽椭圆形，三棱形，长 2.2-2.5 mm，黄棕色，后期暗紫色，密生紫红色乳头状突起，顶端具很短的喙，喙口近截形或微缺。小坚果宽倒卵形或宽椭圆形，三棱形，长 1.5 mm，淡黄褐色，顶端具弯的短尖；柱头 3。

分布于福建、广东、湖南、江苏、江西、四川、台湾、浙江，生于山谷沟边湿地、林下湿地、山脚路边草地，海拔 500-1 300 m。也分布于印度、印度尼西亚和斯里兰卡。

图 793 斑点果薹草

附：鸭绿薹草 ***Carex jaluensis*** Kom.

本种与斑点果薹草相近，不同在于其果囊不具紫红色乳头状突起，只具紫色斑点。花果期 5-7 月。

产于河北、吉林、辽宁，生于山谷河边、沟边湿地或林下，海拔 400-1 400 m。也分布于朝鲜、俄罗斯（远东地区）。

37. 乌拉草

Carex meyeriana Kunth, Enum. Pl. 2: 438. 1837.

根状茎短，形成踏头；秆密丛生，高 20-50 cm，宽 1-1.5 mm，三棱形，坚硬，基部叶鞘无叶片，棕褐色，细裂成纤维状。叶短于或近等长于秆，刚毛状，质硬。小穗 2-3 个，接近，顶生的雄性，圆柱形，长 1.5-2 cm；侧生的雌性，球形或卵形，长 5-12 mm，宽 5 mm，花密生，无柄；雌鳞片卵状椭圆形，顶端钝，长 2.8-3.5 mm，深紫黑色或红褐色，边缘具狭的白色膜质；果囊卵形或椭圆形，长 2.5-3 mm，灰绿色，密被乳头状突起，顶端具短喙。小坚果倒卵状椭圆形，三棱形，长 1.5-2 mm，褐色；柱头 3。

分布于东北及内蒙古、四川，生于沼泽，海拔 3 500 m。也分布于日本、朝鲜、蒙古、俄罗斯（远东地区、西伯利亚）。

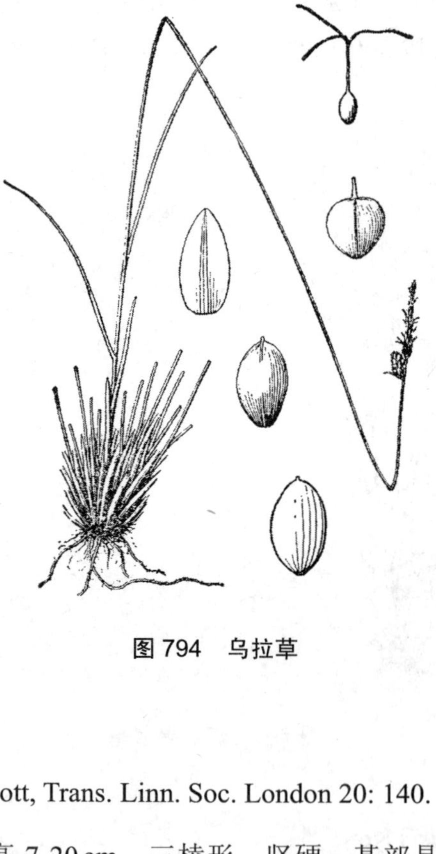

图 794　乌拉草

38. 青藏薹草

Carex moocroftii Falc. ex Boott, Trans. Linn. Soc. London 20: 140. 1846.

匍匐根状茎粗壮；秆高 7-20 cm，三棱形，坚硬，基部具褐色纤维。叶短于秆，宽 2-4 mm，革质。苞片刚毛状，无鞘，短于花序；小穗 4-5 个密生，顶生的雄性，长圆形至圆柱形，长 1-1.8 cm；侧生的雌性，卵形或长圆形，长 0.7-1.8 cm，基部小穗具短柄，其余无柄；雌鳞片卵状披针形，长 5-6 mm，紫红色，具宽的白色膜质边缘；果囊椭圆状倒卵形，三棱形，平滑，革质，黄绿色，上部紫色，脉不明显，顶端具短喙，喙口具 2 齿。小坚果倒卵状三棱形，长 2-2.3 mm；柱头 3。

分布于青海、四川、西藏，生于高山灌丛草甸、高山草甸、湖边草地或低洼处，海拔 3 400-5 700 m。也分布于印度东北部。

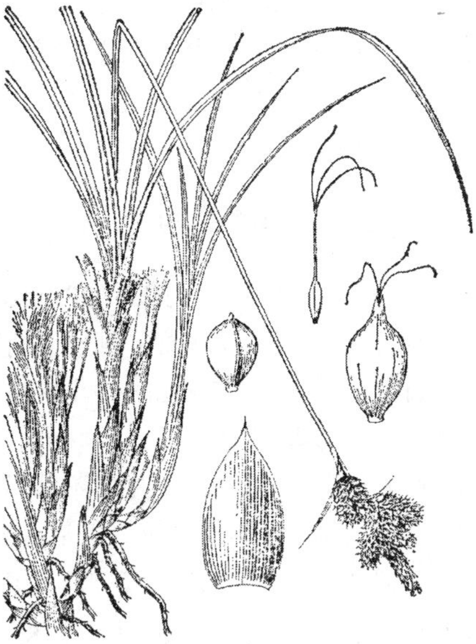

图 795 青藏薹草

39. 条穗薹草

Carex nemostachys Steud., Flora 29: 23. 1846.

秆疏丛生，高 40-90 cm，三棱形，稍粗。叶长于秆，宽 6-8 mm。下部苞片叶状，上部的刚毛状，无鞘；小穗 5-8 个，顶生的雄性，线形，长 5-10 cm，近无柄；侧生的雌性，长圆柱形，长 4-12 cm，密生多花，近无柄；雌鳞片狭披针形，长 3-4 mm，苍白，顶端具粗糙的芒；果囊卵形或宽卵形，钝三棱形，长 3 mm，褐色，疏被短硬毛，顶端急缩成长喙，喙向外弯，喙口斜截形。小坚果宽倒卵形或近椭圆形，三棱形，长 1.8 mm，淡棕黄色；柱头 3。花果期 9-12 月。

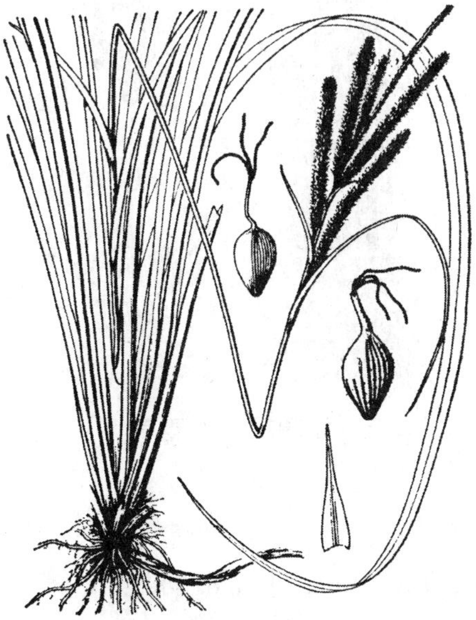

图 796 条穗薹草

分布于安徽、福建、广东、贵州、湖北、湖南、江苏、江西、云南、浙江，生于小溪旁、沼泽地、林下阴湿处，海拔300-1 600m。也分布于印度、孟加拉国、泰国、越南、柬埔寨和日本。

40. 翼果薹草

Carex neurocarpa Maxim., Prim. Fl. Amur. 306. 1859.

全株密生锈色点线，秆丛生，扁钝三棱形，高15-100cm，宽2mm。叶短于或长于秆，宽2-3mm，具鞘。下部的苞片叶状，长于花序，无鞘；穗状花序尖塔状圆柱形，长2.5-8cm，宽1-1.8cm；小穗多数，卵形，雄雌顺序，长5-8mm；雌花鳞片长圆形，长2-4mm，淡锈色，密生锈色点线，顶端具芒尖；果囊宽卵形，长2.5-4mm，锈黄色，密生锈点，具多条细脉，里面具海绵状组织，中部以上边缘具宽而微波状不整齐的翅，顶端急缩成喙，喙口2齿裂。小坚果卵形，平凸状，淡棕色；柱头2。花果期6-8月。

分布于东北、华北及安徽、甘肃、河南、江苏、陕西、山东，生于水边湿地或草丛中，海拔100-1 700m。也分布于朝鲜、日本、俄罗斯（远东地区）。

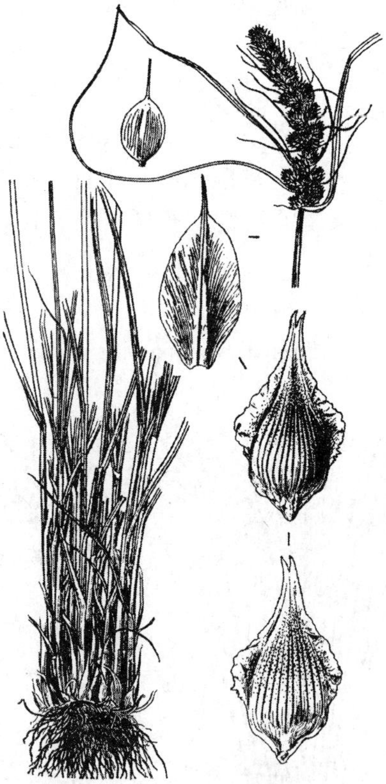

图797 翼果薹草

41. 云雾薹草

Carex nubigena D. Don, Trans. Linn. Soc. 14: 326. 1825.

秆丛生，三棱形，高10-70cm，粗1mm。叶短于秆，宽1-2mm，线形。基部的苞片叶状，长于花序；穗状花序长圆状圆柱形，长 2.5-5 cm，宽 7-10 mm；小穗多数，卵形，雄雌顺序，长 5-9 mm，宽 4-6 mm，有时基部有分枝；雌花鳞片卵形，顶端锐尖，具芒尖，长 2.5-2.8 mm，白绿色，中脉绿色；果囊卵状披针形，平凸状，边缘加厚，长 2.5-3.5 mm，宽 1 mm，淡绿色，无翅，先端渐狭成中等长的喙，喙口 2 齿裂。小坚果宽椭圆形，平凸状，长 1.2 mm，淡棕色；柱头 2。花果期 7-8 月。

分布于西南及甘肃、陕西，生于水边、林缘或山坡路旁，海拔 1 100-3 700 m。也分布于阿富汗、印度、斯里兰卡、印度尼西亚。

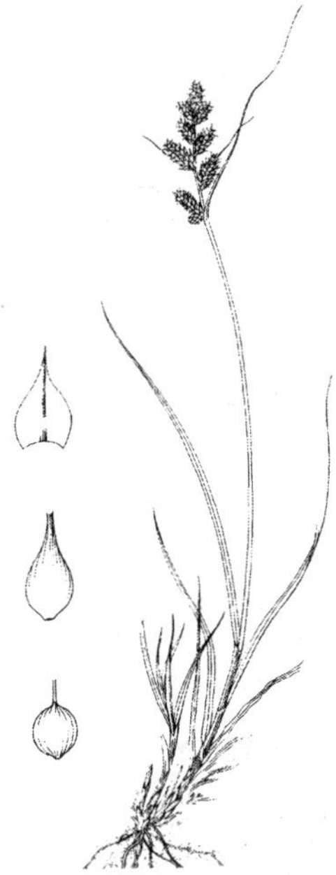

图 798　云雾薹草

42. 直穗薹草

Carex orthostachys C. A. Mey. in Ledeb., Fl. Alt. 4: 231. t. 324. 1833.

秆疏丛生，锐三棱形，高 40-70 cm，较粗。叶短于秆，宽 3-5 mm，具小横脉，具鞘。苞片叶状，稍长或近等长于花序，具短鞘；小穗 5-7 个，上部 2-3 个雄性，狭披针形或线形，长 2-4 cm，近无柄；其余雌性，圆柱形，长 3-6 cm，具柄；雌花鳞片长圆状卵形或披针形，长 4-5 mm，顶端渐尖成芒，淡锈色；果囊卵形，鼓胀三棱形，长 6-7 mm，麦秆黄色，脉多条，顶端渐狭成中等长的喙，喙口深裂成直的 2 齿。小坚果椭圆状倒卵形，三棱形，长 2.5 mm，顶端具小短尖；柱头 3。花果期 5-7 月。

分布于东北及河北、内蒙古、新疆，生于沼泽地、河边潮湿处。也分布于蒙古、俄罗斯。

图 799 直穗薹草

43. 镜子薹草

Carex phacota Spreng., Syst. Veg. 3: 826. 1826.

秆丛生，锐三棱形，高 20-75 cm。叶与秆近等长，宽 3-5 mm。苞片叶状，长于花序，无鞘；小穗 3-5 个，顶生的雄性，线状圆柱形，长 4.5-6.5 cm，宽 1.5-2 mm，具柄；侧生的雌性，圆柱形，长 2.5-6.5 cm，宽 3-4 mm，花密集，小穗柄纤细下垂；雌鳞片长圆形，长 2 mm，顶端截形或凹，具粗糙芒尖，中间淡绿色，两侧苍白色，具锈色点线；果囊宽卵形或椭圆形，长 2.5-3 mm，宽 1.8 mm，双凸状，密生乳头状突起，暗棕色，具短喙，喙口全缘或微凹。小坚果近圆形，长 1.5 mm，褐色；柱头 2。花果期 3-5 月。

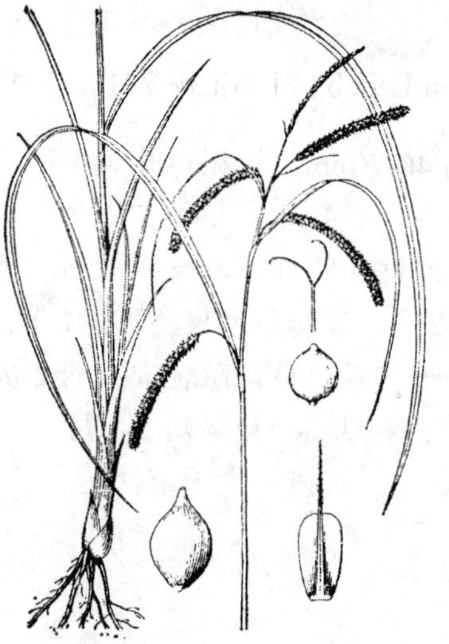

图 800 镜子薹草

分布于华南、华东、西南及湖南、台湾，生于沟边草丛中、水边和路旁潮湿处。也分布于日本、印度、尼泊尔、印度尼西亚、马来西亚、斯里兰卡。

44. 粉被薹草

Carex pruinosa Boott, Proc. Linn. Soc. London 1: 255. 1849.

秆丛生，高 30-80 cm。叶与秆近等长，宽 3-5 mm。苞片叶状，长于花序；小穗 3-5 个，顶生的雄性，窄圆柱形，长 2-3 cm，小穗柄纤细；侧生的雌性，圆柱形，长 2-4 cm，宽 5-6 mm，柄纤细，长 1.5-3 cm，下垂；雌鳞片长圆状披针形，顶端渐尖，具短尖，长 2.5-3 mm，中间绿色，两侧膜质，密生锈色点线，脉 3 条；果囊长圆状卵形，长 2.5-3 mm，宽 2 mm，密生乳突和红棕色树脂状小突起，顶端具短喙，喙口微凹。小坚果宽卵形，双凸状，长 2 mm，黄褐色；柱头 2。花果期 3-6 月。

分布于华东、华南、西南及湖南，生于山谷、溪旁潮湿处、草地，海拔 100-2 500 m。也分布于印度、印度尼西亚。

图 801 粉被薹草

45. 漂筏薹草

Carex pseudocuraica F. Schmidt, Mém. Acad. Imp. Sci. Saint Pétersbourg Ser 7, 12 (2): 67. 1868.

根状茎较粗，地上匍匐茎水平伸长达 1-2 m；秆单生于根状茎上，排列成行或 2-3 束生，高 15-40 cm，扁三棱形。叶短于秆，宽 1.5-3 mm。苞片鳞片状；穗状花序长圆状圆柱形，长 1.5-3 cm；小穗两性，稀单性，5-10 个，椭圆形，长 5-10 mm，雄雌顺序或上部常为雄小穗，下部为雌小穗，稀全部均为雌小穗；雌花鳞片卵形，顶端急尖，长 2.5-4 mm，宽 1.5 mm，锈黄色，边缘白色膜质；果囊椭圆形，平凸状，长 2.5-4 mm，边缘上部具狭翅，内侧周围稍具海绵质，淡褐色或禾秆色，顶端急缩成短喙，喙口斜截形，腹面微 2 齿。小坚果椭圆形，平凸状，长 1.2-1.7 mm；柱头 2。果期 6 月。

分布于黑龙江、吉林、内蒙古，生于沼泽、湖边及水甸子浅水中或河岸泛滥水中。也分布于朝鲜、日本、俄罗斯（东西伯利亚、远东地区）。

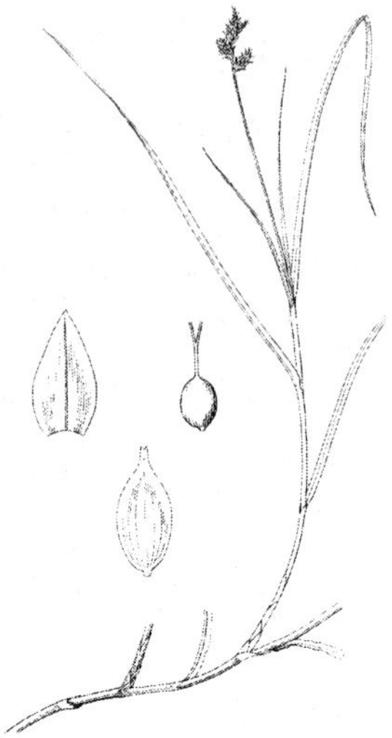

图 802　漂筏薹草

46. 紫鳞薹草

Carex purpureosquamata L. K. Dai, Acta Phytotax. Sin. 37 (2): 183. 1999.

秆丛生，高 60-65cm，扁三棱形。叶短于秆，宽 4-7mm，具鞘。苞片叶状，长于小穗，具鞘；小穗 11-15 个，先端 2 个为雄性，最下部的苞鞘内仅具 1 雌小穗，其余各苞鞘内具 3 个小穗，其中 1 雄 2 雌；雄小穗线形，长 3.5-5.5cm，柄细长；雌小穗狭圆柱形或长圆形，长 1.2-6cm，具 10-20 朵花；鳞片长圆形，长 5mm，顶端钝圆，深棕色，顶端边缘淡黄色；果囊倒披针形，钝三棱形，长 7-8mm，灰绿色，下部淡褐色，顶端喙长 3-3.5mm，喙口截形或微凹。小坚果椭圆形，三棱形，长 2mm，棕色，顶端具小短尖；柱头 3。花果期 6-7 月。

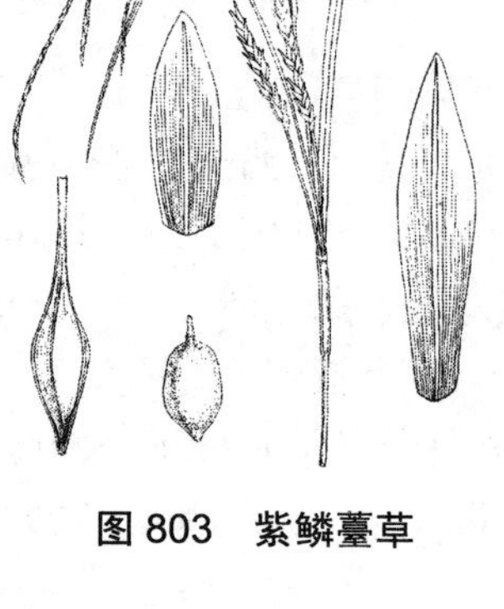

图 803　紫鳞薹草

分布于云南，生于河谷路边草丛中，海拔 3 200 m。

47. 锥囊薹草

Carex raddei Kük., Bot. Centralbl. 77: 67. 1899.

秆疏丛生，锐三棱形，较粗壮且坚挺，高 35-100 cm。叶短于秆，宽 3-4 mm，具小横脉，具长鞘，下部的鞘被毛。苞片叶状，长于小穗，具稍长的鞘；小穗 4-6 个，上部 2-3 个雄性，线形或线状披针形，长 2-4 cm，近无柄；其余雌性，长圆状圆柱形，长 3-5 cm，多花；雌花鳞片卵状披针形或披针形，长 6-8 mm，顶端渐尖成芒，两侧淡锈色，中间 3 脉色浅；果囊长圆状披针形，鼓胀三棱形，长 8-10 mm，麦秆黄色，脉多条，顶端渐狭成短喙，喙口深裂成 2 齿，背面裂口较腹面深且呈半圆形，齿长 1 mm。小坚果宽卵形，三棱形，长 3 mm，顶端具短尖；花柱有时弯，柱头 3。花果期 6-7 月。

分布于东北及河北、江苏、内蒙古，生于河边沙地、田边湿地或浅水中、沼泽草甸、山坡潮湿处。也分布于朝鲜、俄罗斯（远东地区）。

图 804　锥囊薹草

48. 大穗薹草

Carex rhynchophysa C. A. Mey., Index Semin. Hort. Bot. Petrope 9. Suppl.: 9. 1844.

秆高 60-100 cm，粗壮，三棱形。叶长于秆，宽 8-15 mm，表面具短的横脉，具鞘。苞片叶状，长于秆，具短鞘；小穗 7-11 个，上部 3-7 个雄性，有时基部具几朵雌花，狭圆柱形，长 1.5-4.5 cm，近无柄；其余的雌性，有时顶端具少数雄花，长圆柱形，长 3-7.5 cm，宽 1-1.5 cm，密生多花，具短柄；雌花鳞片长圆状披针形，长 4.2 mm，顶端急尖，淡棕色或淡黄褐色，边缘白色透明；果囊圆卵形或宽卵形，鼓胀，长 6.5-7 mm，黄绿色，脉多条，成熟时水平展开，顶端急缩成稍长的喙，喙口具2齿。小坚果倒卵形，三棱形，长2mm；花柱细长，扭曲，柱头3。花果期6-7月。

分布于黑龙江、吉林、新疆，生于沼泽地、河边、湖边潮湿处。也分布于朝鲜、日本、蒙古、俄罗斯及欧洲。

可作牧草，茎叶可作造纸原料。

图805 大穗薹草

49. 粗脉薹草

Carex rugulosa Kük., Bull. Herb. Boiss. 2. Sér. 4: 58. 1904.

秆钝三棱形，高50-80cm。叶近等长于秆，宽3-5mm，具鞘。苞片叶状，长于花序，具鞘；小穗4-6个，上部2-3个雄性，狭披针形，长1-3.5cm，近无柄；其余的雌性，圆柱形，长2-4cm，宽1cm，密生多花，具短柄；雌花鳞片卵形，长3.5-4mm，顶端急尖，具短尖，淡锈褐色，中脉3条；果囊椭圆形或卵状椭圆形，钝三棱形，木栓质，长5-6mm，褐绿色或褐黄色，脉多条，顶端急缩成短喙，喙口微凹，具2短钝齿。小坚果椭圆形或卵状椭圆形，三棱形，长3mm，顶端具长而弯曲的花柱，柱头3。花果期6-7月。

分布于河北、黑龙江、吉林、内蒙古，生于河边、湖边草坡或海滩上。也分布于日本北部、俄罗斯（远东地区）。

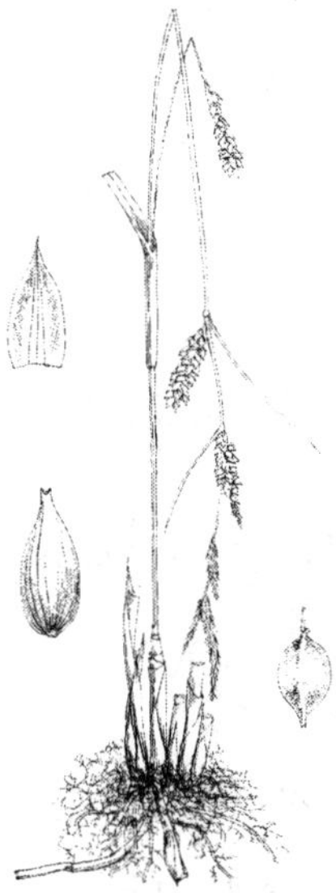

图 806 粗脉薹草

50. 糙叶薹草

Carex scabrifolia Steud., Synops. Cyper. 237. 1855.

秆常 2-3 株簇生于匍匐茎上，三棱形，高 30-60 cm，较细。叶短于或稍长于秆，宽 2-3 mm，边缘粗糙，稍内卷，具长鞘。下部的苞片叶状，长于花序，无鞘，上部的近鳞片状；小穗 3-5 个，上部 2-3 个雄性，狭圆柱形，长 1-3.5 cm，近无柄；其余的雌性，长圆形或近卵形，长 1.5-2 cm，宽 1 cm，具密生的 10 余朵花，近无柄；雌花鳞片宽卵形，长 5-6 mm，棕色；果囊长圆状椭圆形，鼓胀三棱形，近木栓质，较厚，长 6-8.5 mm，棕色，脉多条，顶端急缩成短而稍宽的喙，喙口微凹或具两短齿。小坚果长圆形或狭长圆形，钝三棱形，长 4-5.5 mm，棕色；花柱短，柱头 3。花果期 4-7 月。

图 807 糙叶薹草

分布于福建、河北、江苏、辽宁、山东、台湾、浙江，生于海滩沙地或沿海地区的湿地和田边。也分布于朝鲜、日本、俄罗斯（远东地区）。

植株纤维韧性强可制绳索。

附：矮生薹草

Carex pumila Thunb.

与糙叶薹草的区别在于：果囊卵形，长 6-6.5 mm，小坚果倒卵形，长 3.5 mm。花果期 4-6 月。

分布于福建、河北、江苏、辽宁、山东、台湾、浙江，生于沿海地区的海边沙地。也分布于朝鲜、日本、俄罗斯（远东地区）。

51. 相仿薹草

Carex simulans C. B. Clarke, J. Linn. Soc., Bot. 36: 310. 1964.

秆侧生，高 30-70 cm，纤细，钝三棱形。叶短于秆，宽 3-5 mm。苞片短叶状，具长鞘；小穗 3-4 个，顶端的雄性，圆柱形，长 3-6 cm；侧生的雌性，顶端多少具雄花，圆柱形，长 1.5-4.5 cm，花稍密；雌花鳞片卵状披针形或长圆状披针形，长 5-5.5 mm，两边锈褐色，中间绿色，顶端微凹，具糙芒；果囊卵形，长 6-8 mm，绿色，脉多条，顶端渐狭成长喙，喙口具 2 长齿。小坚果卵形，三棱形，长 5 mm，中部不缢缩，喙直，长 1 mm，喙顶端稍膨大；柱头 3。花果期 3-5 月。

分布于湖北、四川、浙江，生于林下或溪边、山坡路旁。

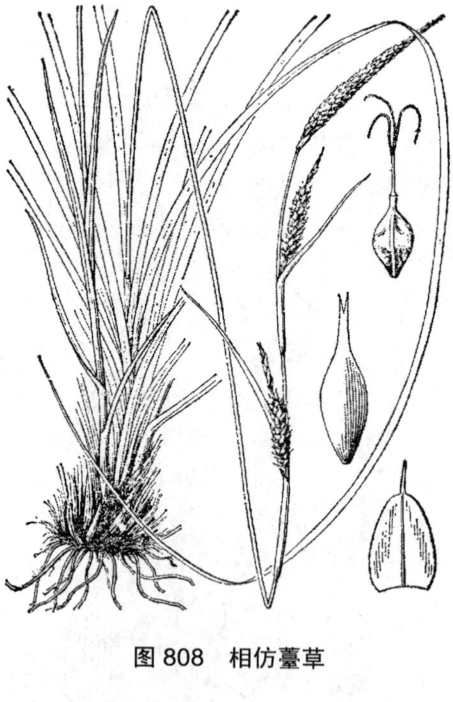

图 808　相仿薹草

附：长嘴薹草

Carex longerostrata C. A. Mey., Mem. Acad. St.-Petersb. 1: 220. t. 11. 1831.

本种与相仿薹草的不同在于：小穗通常 2 个，雌花鳞片顶端具长糙芒，果囊倒卵形，被疏毛。

产于东北及河北、陕西、山西、浙江，生于山坡草丛中、水边或林下，海拔 1 200-2 500 m。也分布于朝鲜、日本、俄罗斯（远东地区、堪察加半岛）。

52. 长柱头薹草

Carex teinogyna Boott, Illustr. Carex 1: 60. t. 158. 1858.

秆密丛生，三棱形，高 25-90 cm，较细。叶短于秆，宽 2.5-3 mm。苞片叶状，短于花序，具鞘；小穗多数，雄雌顺序，1-3 个生于同一苞鞘内，线形，长 1-5 cm，具疏生的花，下部的小穗有时具分枝；雌花鳞片长圆状卵形或披针形，长 4-5 mm，顶端急尖或具芒或短尖，黄褐色或淡黄褐色，3 脉绿色；果囊长圆形或近椭圆形，平凸状，长 4.5 mm，暗绿色，被短硬毛，脉多条，顶端渐狭成长喙，喙口具 2 齿。小坚果椭圆形，扁双凸状，长 2 mm，淡黄色；花柱基部稍增粗，柱头 2，很长。花果期 9-12 月。

分布于安徽、广东、广西、湖南、江西、云南、浙江，生于山谷疏林下、溪旁、水沟边、潮湿处或岩石或沙地上，海拔 500-2 000 m。也分布于朝鲜、日本、印度、缅甸、越南、孟加拉国。

图 809 长柱头薹草

53. 截鳞薹草

Carex truncatiglum C. B. Clarke, J. Linn. Soc., Bot. 36: 315. 1904.

秆侧生，高 10-30 cm，三棱形。叶长于秆，宽 6-10 mm。苞片短叶状，鞘长 6-9 mm；

小穗4-9个，顶生的雄性，狭圆柱形，长1-1.5cm，宽1mm；侧生的雌性，长圆柱形，长2-5cm，宽2.5-3mm，花稍疏，最上的1个长于雄小穗；雌鳞片宽倒卵形，顶端微凹或具短尖，深黄色，具宽的白色膜质边缘；果囊纺锤形，钝三棱形，长4-6mm，褐绿色，膜质，被短柔毛，脉多条，喙口具2齿。小坚果纺锤形，三棱形，长2.5-3.5mm，顶端具圆柱状喙，3个棱面中部凸出，上下凹；柱头3。花果期3-5月。

分布于华南、西南及安徽、福建、湖南、江西、台湾、浙江，生于林中、溪旁或山坡草地，海拔500-1 200m。也分布于越南、马来半岛。

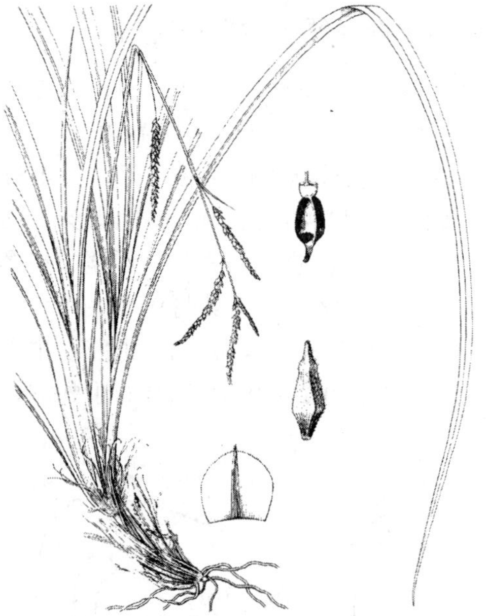

图810 截鳞薹草

54. 图们薹草

Carex tuminensis Kom., Trudy Imp. S.-Peterburgsk. Bot. Sada. 18: 444. 1901.

根状茎具长匍匐茎。秆丛生，三棱形，高60-100cm，粗壮。叶短于秆，宽6-11mm。苞片叶状，长于花序；小穗通常10-30个，每2-4个从苞片腋内生出，上部3-6个雄性，圆柱形，长1.5-5cm；其余小穗雌性，圆柱形，长1.5-5.5cm，小穗柄纤细，长1-12cm，下垂；雌花鳞片椭圆状披针形，长3-3.8mm，淡褐色或锈色，中间绿色，脉3条；果囊椭圆形，双凸状，长2.5-3mm，褐绿色，具褐紫色斑点，顶端具短喙，喙口全缘。小坚果长圆形，长2mm，深栗色；花柱基部弯，柱头2。花果期6-9月。

分布于黑龙江、吉林，生于水边潮湿处，海拔1 200-1 800m。也分布于朝鲜、俄罗斯（远东地区）。

图 811 图们薹草

55. 单性薹草

Carex unisexualis C. B. Clarke, J. Linn. Soc., Bot. 36: 316. 1904.

匍匐根状茎，细长。秆高 10-50 cm，扁三棱形。叶短于秆，宽 1.5-2.5 mm。苞片刚毛状或鳞片状；花序穗状，小穗单性，雌雄异株，稀同株；雄花序直径 7-10 mm；雌花序圆柱形，直径 5-6 mm；雄小穗椭圆形，长 6 mm，宽 2-3 mm；雌小穗长圆状卵形，长 5-8 mm，宽 4 mm；雌花鳞片卵形，长 2-3 mm，两侧白色膜质，中脉绿色，疏生锈点，顶端具芒尖；果囊长圆状披针形，长 2-4.2 mm，平凸状，淡绿色或苍白色，具锈点，边缘具狭翅，顶端喙长，喙口 2 深裂。小坚果卵状长圆形，长 2-2.5 mm，深褐色；柱头 2。花果期 4-6 月。

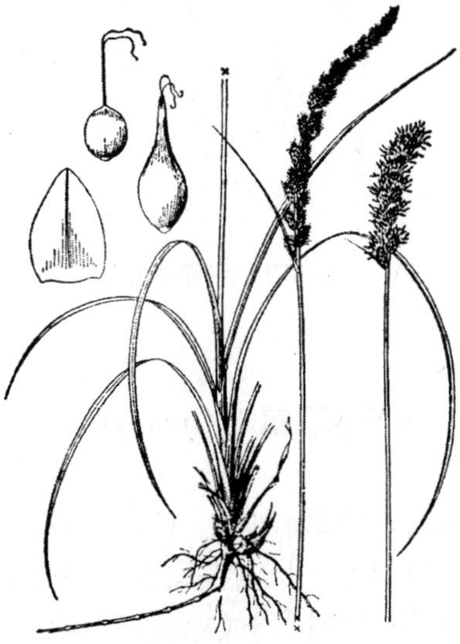

图 812 单性薹草

分布于安徽、湖北、湖南、江苏、江西、云南、浙江，生于湖边、池塘、沼泽地或杂草中。也分布于日本。

56. 胀囊薹草

Carex vesicaria L., Sp. Pl. 1: 979. 1753.

秆锐三棱形，坚挺，高 30-100 cm。叶稍短于秆，宽 2-5 mm，具横脉，具鞘。苞片叶状，长于小穗，具短鞘；小穗 4-6 个，上部 2-3 个雄性，圆柱形，长 2-3.5 cm，近无柄；其余的雌性，长圆形或圆柱形，长 3-7 cm，宽 1-1.5 cm，密生多花，具短柄；雌花鳞片卵状披针形，长 3.2 mm，顶端渐尖，锈色，中间黄绿色，边缘白色膜质；果囊卵形或圆锥状卵形，鼓胀三棱形，长 6-8 mm，淡黄绿色，脉多条，顶端渐狭成短喙，喙口具 2 短齿。小坚果倒卵形，三棱形，长 1.7-3 mm；花柱细长，常扭曲，柱头 3，较短。花果期 5-7 月。

分布于东北及内蒙古，生于河边、湖边潮湿处、沼泽或草甸。也分布于朝鲜、日本、蒙古、俄罗斯、欧洲和北美洲。

可作牧草，茎叶可作造纸原料。

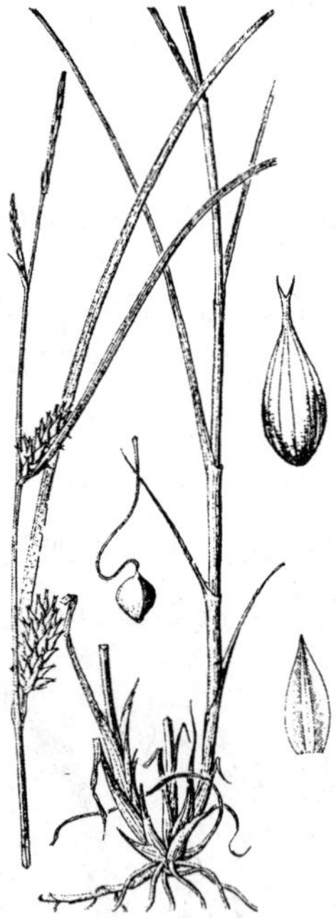

图 813 胀囊薹草

5. 莎草属 *Cyperus* L.

一年生或多年生草本，具根状茎或匍匐茎。秆丛生或单生，直立，通常三棱形或锐三棱形，粗壮或细弱，基部生叶。叶具鞘。长侧枝聚伞花序简单或复出，或有时短缩成头状，基部具叶状苞片数枚；小穗几个至多数排列成穗状、指状、头状于辐射枝上端，小穗轴宿存，通常具翅；鳞片 2 列，极少为螺旋排列，最下部 1-2 枚为空的，其余均具 1 朵两性花，有时最上部 1-3 朵花不结实；无下位刚毛；雄蕊 3，少数 1-2；花柱基部不增大，柱头 3，极少 2 个，成熟时脱落。小坚果三棱形。

本属约有 600 种，广布于温带、亚热带和热带。我国有 60 种（8 种特有）。

分种检索表

1. 小穗排列于辐射枝顶端成穗状花序。
  2. 小穗轴无翅或仅具极窄的翅和白色膜质边缘；花柱短。
    3. 多年生；具细长根状茎；鳞片背面无龙骨状突起，顶端钝，通常无短尖；穗状花序轴上密被黄色粗硬毛……………………………………………………………………14. 毛轴莎草 *C. pilosus*
    3. 一年生，具须根；鳞片背面具龙骨状凸起，顶端具短尖至尾尖；穗状花序轴上无粗毛（只有三轮草的小穗轴上被白色粗硬毛）。
      4. 长侧枝聚伞花序简单；小穗近于展开……………………………12. 三轮草 *C. orthostachyus*
      4. 长侧枝聚伞花序复出；小穗直立或斜展。
        5. 小穗轴无翅；鳞片顶端微凹，并具极短的短尖……………………………8. 碎米莎草 *C. iria*
        5. 小穗轴具白色透明的狭边；鳞片顶端圆，具较长的短尖………11. 具芒碎米莎草 *C. microiria*
  2. 小穗轴具翅；花柱通常长或中等长，少有短。
    6. 穗状花序圆筒形，具多数小穗。
      7. 小穗轴具宽翅，翅披针形；鳞片椭圆形，顶端钝或急尖，无短尖………2. 砖子苗 *C. cyperinus*
      7. 小穗轴具白色透明的狭翅，宿存；鳞片宽卵形，两侧棕黄色，中间绿色向顶延伸成外弯的小短尖……………………………………………………………………7. 迭穗莎草 *C. imbricatus*
    6. 穗状花序近卵圆形、椭圆形或轮廓为陀螺形。
      8. 一年生，具须根；小穗极多数，长 0.5-1 cm，宽 1.5-2 mm，密聚成近圆形或椭圆形的穗状花序……………………………………………………………………………5. 头状穗莎草 *C. glomeratus*
      8. 多年生，具匍匐根状茎或椭圆形块茎；小穗长 1-3 cm，宽 1.5 mm，3-10 个疏松地排成轮廓为陀螺形的穗状花序……………………………………………………………16. 香附子 *C. rotuntus*
1. 小穗排列成指状或成簇地着生于极短缩的花序轴上（只有水莎草例外）。
  9. 长侧枝聚伞花序密集呈头状；鳞片螺旋排列……………………………10. 旋鳞莎草 *C. michelianum*
  9. 长侧枝聚伞花序简单，少有复出；鳞片 2 列。
    10. 小坚果平凸状，面向小穗轴。
      11. 一年生；小穗扁，长 3-4 mm，宽约 1.5 mm；鳞片长 1-2 mm；雄蕊 2，花药椭圆形……………………………………………………………………………………9. 沼生水莎草 *C. limosus*
      11. 多年生；小穗肿胀，长 5-20 cm，宽约 3 mm；鳞片长 2.5-3 mm；雄蕊 3，花药线形。
        12. 秆高 35-100 cm；叶片宽 3-10 mm；长侧枝聚伞花序复出或简单，具长的辐射枝，5-17 个小穗排列成穗状花序…………………………………………………………17. 水莎草 *C. serotinus*
        12. 秆高 4-18 cm；叶片宽 1 mm；长侧枝聚伞花序简单，具 1-8 个小穗，聚集成头状花序，假侧生……………………………………………………………13. 花穗水莎草 *C. pannonicus*
    10. 小坚果三棱形。
      13. 多年生草本；鳞片长 3.5-4 mm；小坚果长 1.8-2 mm……………15. 辐射穗砖子苗 *C. radians*

13. 一年生草本（畦畔莎草为多年生）；鳞片长 1-1.5mm；小坚果长 0.5-0.7mm。
14. 叶极狭窄，边缘内卷；鳞片纸质，顶端截形并具较长外弯的芒……………………1. 长尖莎草 *C. cuspidatus*
14. 叶平张；鳞片膜质，顶端钝，具短尖或无。
15. 多年生；鳞片长圆状卵形，顶端圆，具短尖，中间绿色，两侧紫红色或白色；雄蕊 1-3；小坚果长 0.7mm……………………6. 畦畔莎草 *C. haspan*
15. 一年生；鳞片近扁圆形或宽卵形，顶端圆，无短尖。
16. 小穗多数，密聚成球形头状花序；鳞片近扁圆形………3. 异型莎草 *C. difformis*
16. 小穗 5-10 余个排成指状或近头状花序；鳞片宽卵形……4. 褐穗莎草 *C. fuscus*

1. 长尖莎草

Cyperus cuspidatus Kunth in Humboldt & al., Nov. Gen. Sp. ed. 4, 1: 204. 1816.

一年生草本。秆丛生，高 1.5-15 cm，三棱形。叶短于秆，极狭窄，边缘内卷，宽 1-2 mm。简单长侧枝聚伞花序具 2-5 个辐射枝；小穗线形，5 至多数排列成折扇状，长 4-12 mm，宽 1.5 mm，具 8-26 朵花；鳞片长圆形，长 1-1.5 mm，顶端截形，背面龙骨状凸起，绿色，且向顶延伸成较长而外弯的芒，两侧紫红色或褐色；雄蕊 3；花柱长，柱头 3。小坚果长圆状倒卵形或长圆形，三棱形，长为鳞片的 1/2，深褐色，具疣状凸起。花果期 6-9 月。

分布于华东、华南、华中及台湾、西藏东南部、云南南部，生于河边沙地、沟谷、湿地、疏林下、山坡草地，海拔达 1 600 m。全世界热带广泛分布。

图 814　长尖莎草

2. 砖子苗

Cyperus cyperoides (L.) Kuntze, Revis. Gen. Pl. 2: 333. 1898.——*Mariscus cyperoides* (L.) Urb., *Scirpus cyperoides* L.

秆疏丛生，高 10-15 cm，锐三棱形，稍粗，基部叶较多。叶短于秆或几等长于秆，宽 3-6 mm。长侧枝聚伞花序简单，具 6-10 余个辐射枝，辐射枝顶端具 1 穗状花序；穗状花序圆柱形或长圆形，长 10-25 mm，宽 6-10 mm；小穗多数密生，平展或稍下垂，狭披针形，长 3-5 mm，宽 0.7 mm，小穗轴具宽翅，翅披针形；鳞片长圆形，长约 3 mm，淡黄色或绿白色，边缘常内卷；雄蕊 3；花柱短，柱头 3。小坚果狭长圆形，三棱形，长约 2 mm，淡黄色，表面具微凸起细点。花果期 4-10 月。

分布于华东、华南、华中、西南及甘肃、陕西、台湾、西藏，生于沟边、河边、湿地、路边草地、山坡阳处，海拔 100-1 000（-3 200）m。也分布于朝鲜、日本、东南亚及热带非洲、大西洋岛屿、澳大利亚北部、印度洋岛屿、太平洋岛屿。

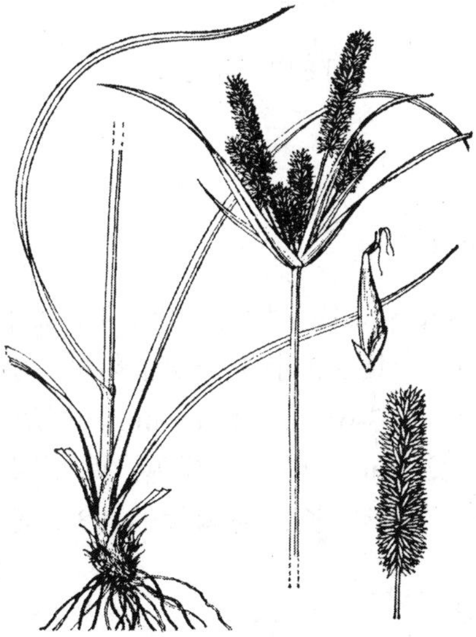

图 815　砖子苗

3. 异型莎草

Cyperus difformis L., Cent. Pl. 2: 6. 1756.

一年生。秆丛生，高 2-65 cm，扁三棱形。叶短于秆，宽 2-6 mm，叶鞘稍长，褐色。长侧枝聚伞花序简单，少数复出，具 3-9 个辐射枝，辐射枝长短不等；头状花序球形，具多数小穗，直径 5-15 mm；小穗披针形或线形，长 2-8 mm，宽 1 mm，具 8-28 朵花，小穗轴无翅；鳞片膜质，近扁圆形，顶端圆，长不及 1 mm，中间淡黄色，两侧深紫红色或栗色，边缘白色透明；雄蕊 2（1）；花柱极短，柱头 3。小坚果倒卵状椭圆形，三棱形，与鳞片近等长，淡黄色。花果期 7-10 月。

分布于东北、华东、华南、华中、西南及甘肃、宁夏、陕西、新疆，生于浅水中、水边、湖边、湿草地、稻田、山坡草地，海拔 100-2 000 m。全世界热带广泛分布。

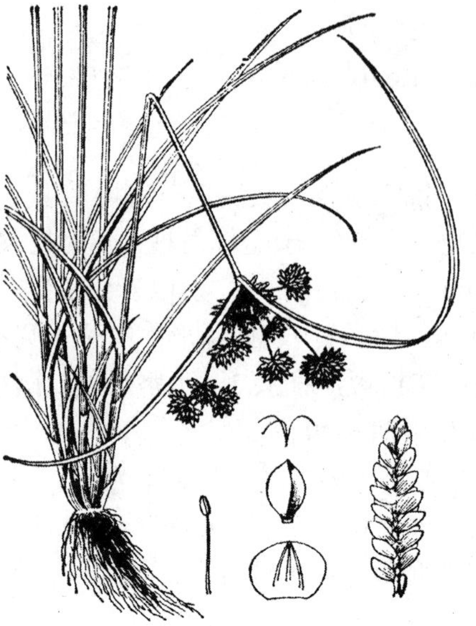

图 816 异型莎草

4. 褐穗莎草

Cyperus fuscus L., Sp. Pl. 1: 46. 1753.

一年生。秆丛生，高 6-30cm，扁，锐三棱形。叶基生，短于秆或与秆近等长，宽 2-4mm。长侧枝聚伞花序复出或有时简单，具 3-5 个第一次辐射枝；小穗 5-10 余个密聚成略疏松的头状花序，线状披针形或线形，长 3-6mm，宽 1.5mm，稍扁，具 8-24 朵花，小穗轴无翅；鳞片膜质，宽卵形，顶端钝，长 1mm，中间黄绿色，两侧深紫褐色或褐色；雄蕊 2；花柱短，柱头 3。小坚果椭圆形，三棱形，长约为鳞片的 2/3，淡黄色。花果期 7-10 月。

图 817 褐穗莎草

分布于东北、华北及安徽、甘肃、河南、江苏、宁夏、陕西、山东、四川、新疆、云南，生于沼泽、水边、沟边、河边、山谷阴处、路边、湿地、稻田，海拔 100-2 000m。亚洲、非洲北部、大西洋岛屿及欧洲均有分布。

5. 头状穗莎草

Cyperus glomeratus L., Cent. Pl. 2: 5. 1756.

一年生，具须根。秆散生，高 50-95cm，粗壮，钝三棱形。叶短于秆，宽 4-8mm，叶鞘长，红棕色。长侧枝聚伞花序复出，具 3-8 个辐射枝，辐射枝不等长，每个辐射枝顶端具几个近圆形、椭圆形或长圆形的穗状花序，穗状花序具极多数小穗；小穗线状披针形或线形，长 5-10mm，宽 1.5-2mm，具 8-16 朵花，小穗轴具白色透明的翅；鳞片近长圆形，顶端钝，长约 2mm，棕红色，边缘内卷；雄蕊 3；花柱长，柱头 3。小坚果长圆形三棱形，长约 1mm，灰色，表面具网纹。花果期 6-10 月。

分布于东北、华北及安徽、甘肃、河南、湖北、江苏、宁夏、陕西、山东。亚洲和欧洲均有分布。

图 818 头状穗莎草

6. 畦畔莎草

Cyperus haspan L., Sp. Pl. 1: 45. 1753.

多年生。秆高 10-100cm，稍细，扁三棱形。叶短于秆，宽 2-3mm，有时仅有叶鞘而无叶片。长侧枝聚伞花序复出或简单，具多数细长辐射枝；小穗常 3-6 个呈指状排列于辐射枝顶端，线形或线状披针形，长 2-12mm，具 6-24 朵花；鳞片膜质，长圆状卵形，长约 1.5mm，顶端具短尖，两侧紫红色或苍白色；雄蕊 3-1；花柱中等长，柱头 3。小坚果宽倒卵形，三棱形，长约 0.8mm，淡黄色，具疣状小凸起。花果期很长，随地区而异。

分布于华东、华南、华中及台湾、西藏东南部、云南，生于河边沙地、沼泽、山谷沟边、路边湿地、水田或浅水塘、疏林、山坡草地，海拔达 1 600 m。从非洲分布至美洲。

图 819 畦畔莎草

7. 迭穗莎草

Cyperus imbricatus Retz., Observ. Bot. 5: 12. 1788.

秆粗壮，高达 150 cm，钝三棱形。叶短于秆，宽 5-15 mm，叶鞘长，红褐色或深褐色。长侧枝聚伞花序复出，具 6-10 个第一次辐射枝，辐射枝长短不等，每个辐射枝具 3-10 个第二次辐射枝；穗状花序无总花梗，具多数小穗，紧密排列成圆柱状，长 1.5-4 cm，宽 6-11 mm；小穗卵状披针形或长圆状披针形，长 4-6 mm，宽 1.5-2 mm，具 8-20 朵花，小穗轴具白色透明的狭翅；鳞片宽卵形，长 1.5 mm，两侧黄色，背面龙骨状凸起绿色，顶端延伸出向外弯的小短尖；雄蕊 3；花柱长，柱头 3。小坚果倒卵形或椭圆形，三棱形，长为鳞片的 1/2。花果期 9-10 月。

分布于华南及台湾，生于浅水塘中或阴湿处，海拔 100-1 400 m。从非洲分布至美洲。

8. 碎米莎草

Cyperus iria L., Sp. Pl. 1: 45. 1753.

一年生。秆丛生，高 8-85 cm，细或稍粗，扁三棱形，基部具少数叶。叶短于秆，宽 2-5 mm，平张或折合，叶鞘红棕色或棕紫色。长侧枝聚伞花序复出，稀简单，具 4-9 个辐射枝，每辐射枝上端具 5-10 余个穗状花序，穗状花序具 5-22 个小穗；小穗长圆形或狭披针形，长 4-10 mm，具 6-22 朵花，小穗轴无翅；鳞片宽倒卵形，长约 1.5 mm，顶端微凹，具极短的短尖，两侧黄色；雄蕊 3；花柱短，柱头 3。小坚果倒卵形或椭圆形，三棱形，长约 1.5 mm，褐色，具密的微凸起细点。花果期 6-10 月。

分布于全国各地，生于河边、稻田、湿地、山谷路边、水边的山坡、林缘或林下，海拔 100-2 000 m。从非洲分布至美洲。

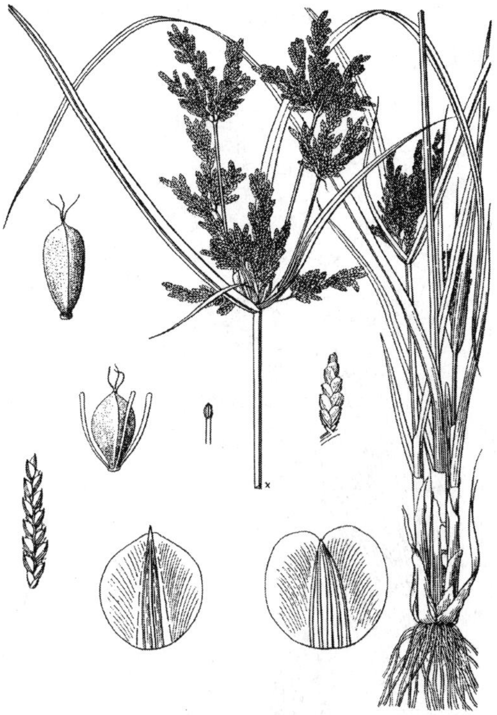

图 820 碎米莎草

9. 沼生水莎草

Cyperus limosus Maxim., Prim. Fl. Amur. 294. 1859.——*Juncellus limosus* (Maxim.) C. B. Clarke.

一年生。秆高 4-10 cm，扁三棱形，具少数叶。叶常短于秆，宽 2-3 mm，常折合，有时平张。苞片 3-4，叶状，较花序长很多倍；长侧枝聚伞花序简单，近头状，具 3-6 个很短的辐射枝，每一辐射枝具多数小穗，密聚成小头状花序；小穗扁，线状长圆形，长 3-4 mm，宽约 1.5 mm，具 10-18 朵花；鳞片膜质，长圆形，长 1-2 mm，顶端钝，具小短尖，背面麦秆黄色、有时两侧呈锈色；雄蕊 2，花药椭圆形，花柱长，柱头 2。小坚果长圆形，平凸状，与鳞片等长，黄色。花果期 8-9 月。

分布于黑龙江，生于河边或湖边潮湿的沙土上。也分布于俄罗斯（远东地区）。

10. 旋鳞莎草

Cyperus michelianum (L.) Link, Hort. Berol. 1: 303. 1827.

一年生。秆密丛生，高 2-25 cm，扁三棱形。叶长于或短于秆，宽 1-2.5 mm，平张或有时对折，基部叶鞘紫红色；长侧枝聚伞花序呈头状，卵形或球形，直径 5-15 mm，具极多数密集的小穗；小穗卵形或披针形，长 3-4 mm，宽约 1.5 mm，具 10-20 余朵花；鳞片螺旋排列，膜质，长圆状披针形，长约 2mm，淡黄白色，有时上部中间具黄褐色或红褐色条纹，中脉呈龙骨状凸起，向顶延伸成短尖；雄蕊 2（1）；花柱长，柱头 2（3）。小坚果狭长圆形，三棱形，长 0.7-1mm。花果期 6-9 月。

分布于东北、华东、华中及西藏、新疆、云南东南部，生于水边、湖边湿地、稻田，海拔 300m。从非洲分布至美洲。

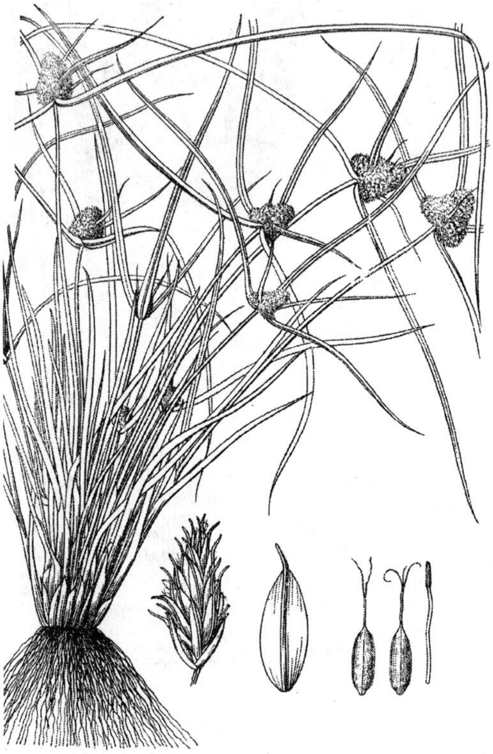

图 821 旋鳞莎草

11. 具芒碎米莎草

Cyperus microiria Steud., Syn. Pl. Glumac. 2: 23. 1855.

一年生。秆丛生，高 20-50cm，稍细，锐三棱形，具基生叶。叶短于秆，宽 2.5-5mm。长侧枝聚伞花序复出，具 5-7 个辐射枝，每辐射枝具多个穗状花序，穗状花序具多数小穗；小穗线形或线状披针形，长 6-15mm，具 8-24 朵花，小穗轴具白色透明的狭边；鳞片宽倒卵形，顶端圆，具短尖，长约 1.5mm，两侧麦秆黄色或色很淡；雄蕊 3；花柱极短，柱头 3。小坚果倒卵形，三棱形，长约 1.5mm，深褐色。具微凸起细点。花果期 8-10 月。

分布于全国各地，生于河边湿地、沟边、水边、海边、稻田、路边、林下及山坡草地。也分布于印度、日本、朝鲜、泰国、越南。

12. 三轮草

Cyperus orthostachyus Franch. & Sav., Enum. Pl. Jap. 2: 539. 1879.

一年生。秆散生，细弱，高 8-65cm，扁三棱形。叶基生，短于秆，宽 3-5mm，边缘具密刺，叶鞘较长，褐色。长侧枝聚伞花序简单，具4-9个辐射枝；穗状花序宽卵形或卵状长圆形，长1-3.5cm，宽1-4cm，具5-32个小穗；小穗披针形或线状披针形，长4-25mm，宽1.5-2mm，具6-46朵花，小穗轴具膜质狭翅，被白色短硬毛；鳞片膜质，宽卵形或椭圆形，顶端圆形，有时微凹，长约1.5mm，中间绿色，两侧紫红色，背面有龙骨状凸起；雄蕊3；花柱短，柱头3。小坚果倒卵形，三棱形，顶端具短尖，近与鳞片等长，棕色，具密的小点。花果期8-10月。

分布于东北、华东、华中及贵州、河北、内蒙古、陕西，生于水边、沟边、湿地、稻田及山坡，海拔300-1 500m。也分布于朝鲜、日本、俄罗斯（远东地区、西伯利亚）和越南。

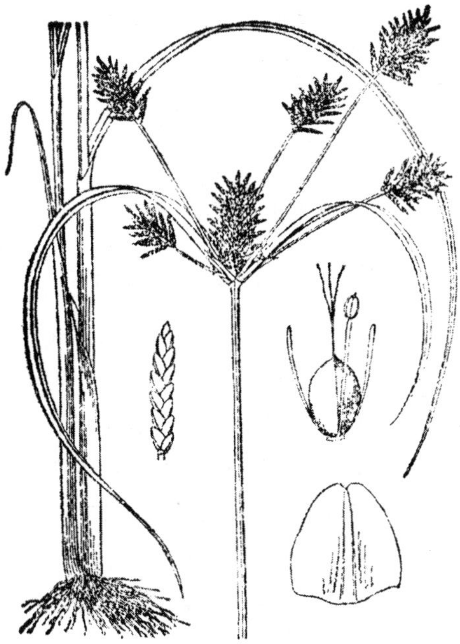

图822 三轮草

13. 花穗水莎草

Cyperus pamonicus Jacq., Fl. Austriac. 5: 29. 1778.——*Juncellus pamonicus* (Jacq.) C. B. Clarke.

秆密丛生，高4-18cm，扁三棱形，稍细，基部具2或3叶鞘，最上部的叶鞘具叶片。叶片长2.5-30cm，宽1mm。长侧枝聚伞花序简单，短缩成头状，假侧生，具1-8个小穗；小穗卵状长圆形或长圆形，长5-15mm，宽2.5mm，具10-32朵花；鳞片圆卵形，长约3mm，顶端钝，有时具短尖，中间黄绿色，两侧暗红色；雄蕊3，花药线形；花柱稍长，柱头2。小坚果近圆形或椭圆形，平凸状，长约2mm，黄色，表面具网纹。花果期8-9月。

分布于东北、华北及甘肃、河南、宁夏、陕西、新疆，生于沼泽、河边、沟边、盐碱地，海拔100-1 300m。也分布于蒙古、俄罗斯、亚洲中部和西南部及欧洲。

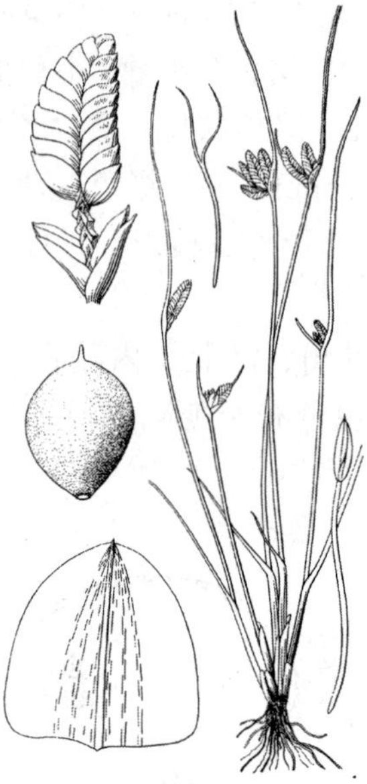

图 823 花穗水莎草

14. 毛轴莎草

Cyperus pilosus Vahl, Enum. Pl. 2: 354. 1805.

多年生，具细长根状茎。秆散生，高 25-80 cm，较粗，锐三棱形。叶短于秆，宽 6-8 mm。长侧枝聚伞花序复出，具 3-10 个第一次辐射枝，每个辐射枝具第二次辐射枝 3-7 个，穗状花序生于第二次辐射枝上端，具较多小穗，穗状花序轴上密被黄色粗硬毛；小穗 2 列，线状披针形，长 5-14 mm，具 8-24 朵花；鳞片宽卵形，长 2 mm，两侧褐色或红褐色，边缘白色透明；雄蕊 3；花柱短，柱头 3。小坚果宽椭圆形或倒卵形，三棱形，长 1-1.2 mm，顶端具短尖，褐色。花果期 8-11 月。

图 824 毛轴莎草

分布于华东、华南、西南及湖北、湖南、台湾、西藏东南部。亚洲、澳大利亚及太平洋岛屿均有分布。

15. 辐射穗砖子苗

Cyperus radians Nees & Meyen ex Kunth, Enum. Pl. 2: 95. 1837.——*Mariscus radians* (Nees & Meyen ex Kunth) Tang & Wang

秆丛生，高 1.5-5 cm，钝三棱形，稍粗。叶基生，长于秆，宽 2-3 mm。长侧枝聚伞花序简单，具 2-7 个辐射枝，每一辐射枝顶端簇生 5 至多数小穗呈球形的头状花序；小穗卵形或披针形，长 5-12 mm，宽 2-5 mm，具 4-12 朵花；鳞片宽卵形，长 3.5-4 mm，顶端具外弯的短尖，中间龙骨状凸起绿色，两侧苍白色具紫红色短条纹，有时为紫红色，具 11-13 条脉；雄蕊 3；花柱长，柱头 3。小坚果宽椭圆形，三棱形，棱面稍凹，长 1.8-2 mm，黑褐色，具稍凸起的细点。花果期 8-9 月。

分布于福建、广东、海南、山东、台湾、浙江，生于海边沙地上，海拔 100 m 以下。也分布于印度尼西亚、马来西亚、缅甸、斯里兰卡、泰国、越南。

16. 香附子

Cyperus rotundus L., Sp. Pl. 1: 45. 1753.

匍匐根状茎长。秆散生，高 15-95 cm，稍细，锐三棱形，基部增粗呈块茎状。叶短于秆，宽 2-5 mm。长侧枝聚伞花序简单或复出，具 3-10 个辐射枝，每辐射枝具 1 个穗状花序，穗状花序具 3-10 个小穗，轮廓为陀螺形；小穗线形，长 1-6 cm，小穗轴具较宽的白色透明的翅；鳞片卵形或长圆状卵形，长约 3 mm，两侧紫红色或红棕色；雄蕊 3；花柱长，柱头 3。小坚果长圆状倒卵形，三棱形，长 1-1.2 mm，具细点。花果期 5-11 月。

图 825　香附子

分布于华东、华南、华中、西南及河北、辽宁、陕西、山西、台湾、西藏东南部，生于水边湿地、沟边、水稻田边、路边及山坡荒地草丛中，海拔达2 100m。几乎广布于全世界。

块茎药用，名香附子，有理气、止痛、调经解郁之效。

17. 水莎草

Cyperus serotinus Rottb., Descr. Icon. Rar. Pl. 31. 1773.——*Juncellus serotinus* (Rottb.) C. B. Clarke.

秆散生，高35-100cm，扁三棱形，粗壮，基部具少数叶。叶短于或稍长于秆，宽3-10 mm。长侧枝聚伞花序复出或简单，具4-7个第一次辐射枝，每一辐射枝具1-5个穗状花序，每一穗状花序具5-17个小穗；小穗肿胀，近平展，披针形，长8-20mm，具10-34朵花；鳞片宽卵形，长2.5mm，中脉绿色，两侧红褐色，边缘黄白色；雄蕊3，花药线形；花柱很短，柱头2，细长。小坚果宽椭圆形或近圆形，平凸状，长约2mm，棕色，具凸起细点。花果期7-10月。

除西藏以外分布于全国各地，生于浅水中、水边沙地，也见于海滩上，海拔400-1 300（-2 500）m。亚洲和欧洲均有分布。

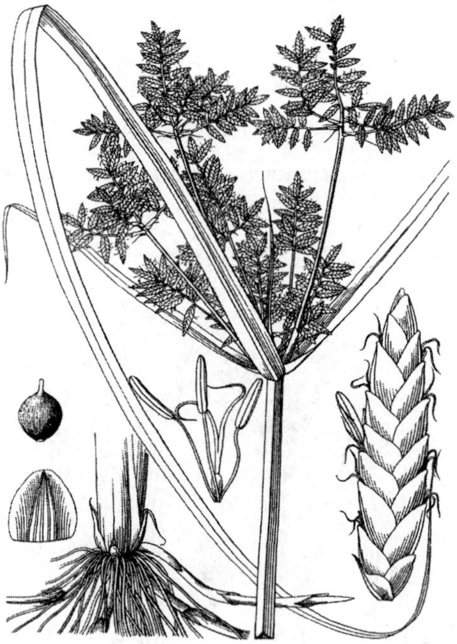

图826 水莎草

6. 裂颖茅属 ***Diplacrum*** R. Br.

一年生细弱草本，须根较纤细。叶秆生，线形，短，无叶舌。聚伞花序头状，从叶鞘中抽出。小穗较小，花单性；雌小穗生于分枝顶端，具2鳞片和1雌花，鳞片对生，等大，具多脉或仅中脉明显，先端3裂或不裂，具硬尖；雄小穗侧生于雌小穗的下部，具3鳞片和 1-3 雄花；鳞片质薄而窄；雄蕊 1-3；柱头 3。小坚果球形，具纵肋和网纹，有时顶部被毛，基部具下位盘，为 2 片对生鳞片所包。

本属约有 6 种，分布于热带地区。我国有 2 种。

1. 裂颖茅

Diplacrum caricinum R. Br., Prodr. 241. 1810.

须根紫色。秆斜生，后直立，三棱形，高 10-40 cm，细弱。叶线形，长 1-4 cm，宽 1.5-3 mm，叶鞘具窄翅。聚伞花序短缩成小头状，1-2 个生于秆的每节上，直径 3-5 mm，总花梗从叶腋中抽出；小穗单性，黄绿色；雄小穗生于分枝基部，狭长圆形，有 3 鳞片和 3 雄花，鳞片狭长圆形，长 1.5 mm；雌小穗生于分枝顶部，椭圆形，有 2 鳞片和 1 雌花，鳞片长圆形，长约 1.8 mm，多脉隆起，顶端 3 裂；雄花具 1-2 雄蕊；雌花子房球形，柱头 3，被短柔毛。小坚果包于 2 鳞片之内，球形，直径约 1 mm，有 3 纵肋和粗网纹，顶部具粗毛，下位盘碟状。花果期 9-10 月。

分布于华南及福建、江苏、浙江、台湾，生于田边、水边或荫蔽山坡。也分布于日本、印度、越南、马来西亚、菲律宾及大洋洲。

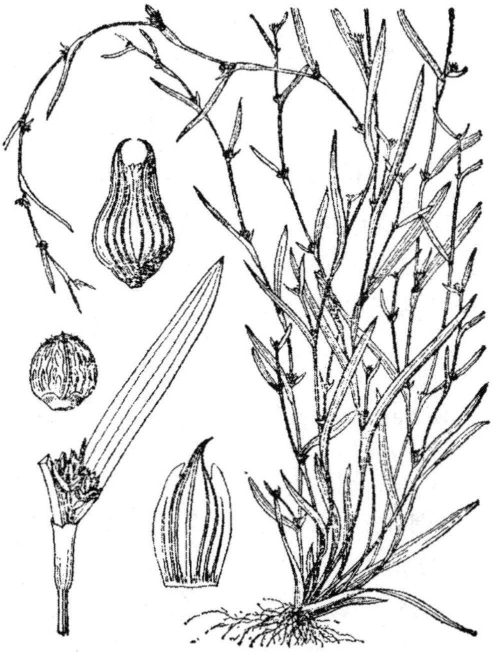

图 827 裂颖茅

7. 荸荠属 *Eleocharis* R. Br.

多年生或一年生草本。根状茎不发育或很短，通常具匍匐茎；秆丛生或单生。叶只有叶鞘而无叶片。无苞片，小穗 1 个，顶生，直立，极少从小穗基部生嫩枝；鳞片螺旋状排列，极少近 2 列，最下部 1-2 片内无花；花两性，下位刚毛 4-8，其上具倒刺，雄蕊 1-3，花柱细，花柱基膨大，不脱落，柱头 2-3。小坚果倒卵形或圆倒卵形，三棱形或双凸状，平滑或有网纹，极少有凹穴。

本属约有 250 种，广布全世界。我国有 34 种（9 种特有）。

分种检索表

1. 柱头 2；小坚果平凸状。
   2. 具匍匐茎；小穗长圆状卵形或线状披针形，长 7-20 mm，宽 2.5-3.5 mm；下位刚毛 4 条，花柱基宽卵形……6. 具刚毛荸荠 *E. valleculosa* var. *setosa*
   2. 无匍匐茎；小穗卵形或宽卵形，长 4-8 mm，宽 3-4 mm；下位刚毛 6 条，花柱基扁三角形……4. 卵穗荸荠 *E. soloniensis*
1. 柱头 3；小坚果三棱形。
   3. 花柱基具领状环；小穗宽 6-7 mm……2. 荸荠 *E. dulcis*
   3. 花柱基不具领状环；小穗宽 1.5-5 mm。
      4. 秆毛发状，高 2-12 cm；小穗花少；鳞片内全部具花；小坚果具横长圆形网纹……8. 牛毛毡 *E. yokoscensis*
      4. 秆高 15-90 cm；小穗花多；小穗基部 1-3 鳞片内无花；小坚果平滑。
         5. 小穗斜生；小坚果淡褐色，花柱基圆锥形，长为小坚果的 2/3-3/5。
            6. 下位刚毛疏生倒刺……5. 龙师草 *E. tetraquetra*
            6. 下位刚毛密生白毛，呈羽毛状……7. 羽毛荸荠 *E. wichurai*
         5. 小穗直立；小坚果淡黄色，花柱基三角形，长为小坚果的 1/4。
            7. 花柱基的基部下延呈蕈盖状，下位刚毛等长于或短于小坚果……1. 渐尖穗荸荠 *E. attenuata*
            7. 花柱基的基部不下延呈蕈盖状，下位刚毛长为小坚果的 1.5 倍…3. 透明鳞荸荠 *E. pellucida*

1. 渐尖穗荸荠

Eleocharis attenuata (Franch. & Sav.) Palla, Monde Pl. 12: 40. 1910.

秆丛生，细弱，高 20-50 cm，基部有 2 个长叶鞘。叶鞘长 2.5-7 cm，下部血红色或淡血红色，口截形，具短芒。小穗卵形或长圆形，长 6-10 mm，直径约 3 mm，麦秆黄色，顶端微锈色，花多数，基部 1 鳞片无花，其余鳞片均有花；鳞片长圆形，顶端圆，长约 2 mm，宽约 1 mm，苍白或淡锈色，边缘干膜质；下位刚毛 6，等长于或短于小坚果，具倒刺；柱头 3。小坚果倒卵形，三棱形，长 1-2 mm，淡黄色；花柱基三角形，顶端急尖或渐尖，基部下延呈蕈盖状，长等于小坚果的 1/4-1/3，微狭于小坚果。花果期 5-9 月。

分布于华中及安徽、广西、江苏、陕西、四川、浙江，生于水田中、水塘边和河边，海拔 100-600 m。分布于日本、朝鲜、巴布亚新几内亚、俄罗斯（远东地区）和越南。

2. 荸荠

Eleocharis dulcis (Burm. f.) Trin ex Henschel, Vita Rumphu. 186. 1833.

匍匐茎细长，顶端生块茎。秆丛生，圆柱状，高 15-60 cm，基部具 2 个或 3 个叶鞘，无叶片。小穗顶生，圆柱状，长 15-40 mm，直径 6-7 mm，具多数花，基部 2 鳞片内无花，其余鳞片均具 1 朵两性花；鳞片宽长圆形或卵状长圆形，顶端钝圆，长 3-5 mm，灰绿色，边缘干膜质，具淡棕色细点；下位刚毛 7 条，长为小坚果的 1.5 倍，具倒刺；柱头 3。小坚果宽倒卵形，双凸状，长 2.4 mm，棕色，上端具隆起的领状环，环宽为小坚果的 1/2；花柱基三角形。花果期 5-10 月。

全国各地均有栽培，海拔达 1 500 m。朝鲜、日本及东南亚、热带非洲、澳大利亚、印度洋岛屿、太平洋岛屿也有分布。

块茎供食用或提取淀粉，药用可消食健胃。

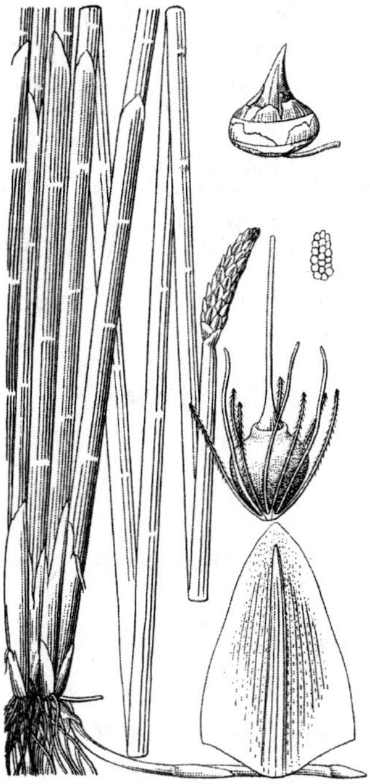

图 828 荸荠

3. 透明鳞荸荠

Eleocharis pellucida J. Presl. & C. Presl., Reliq. Haenk 1: 196. 1828.

秆丛生，细弱，高 5-30 cm，基部具 2 个较长的鞘，无叶片。小穗披针形或长圆状卵形，长 3-8 mm，直径 1.5-3 mm，密生少数至多数花，常从小穗基部生出小苗，基部 1 鳞片内无花，其余鳞片均有 1 朵两性花；鳞片长圆形，长 2 mm，淡锈色，顶端钝或圆，边缘干膜质；下位刚毛 6 条，长为小坚果的 1.5 倍，具倒刺；柱头 3。小坚果倒卵形，三棱形，长 1.2 mm，棱上具狭边，淡黄色或橄榄绿色；花柱基正三角形，长为小坚果的 1/4，宽为小坚果的 1/2。花果期 4-11 月。

分布于华东、华中、西南及辽宁、陕西、山西，生于水塘边、稻田、湖边及浅水中，海拔 200-1 700 m。也分布于印度、印度尼西亚、日本、朝鲜、马来西亚、缅甸、菲律宾、俄罗斯（远东地区）、斯里兰卡。

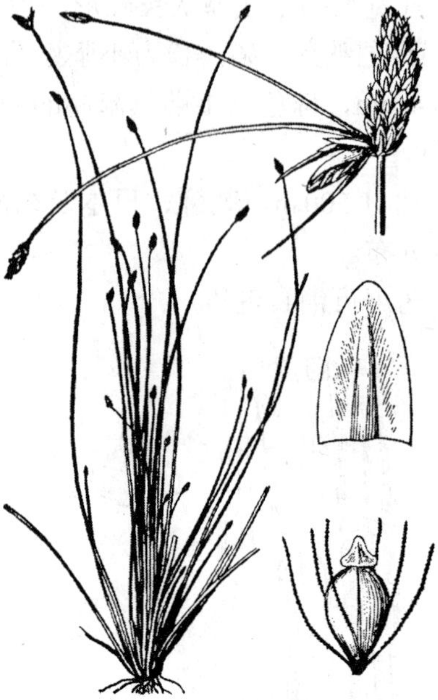

图 829 透明鳞荸荠

4. 卵穗荸荠

Eleocharis soloniensis (Dubois) Hara, J. Jap. Bot. 14: 338. 1938.

秆密丛生，圆柱形，高 4-50 cm，基部有 1-3 枚叶鞘，无叶片。小穗卵形或宽卵形，长 4-8 mm，宽 3-4 mm，锈色，密生多花，基部 2 鳞片内无花，其余鳞片内均有花；鳞片卵形、宽卵形或长圆形，顶端钝，长 1.5 mm，膜质，脉 1 条；下位刚毛 6 条，较小坚果长 1 倍半，有倒刺；柱头 2。小坚果倒卵形，背面凸，腹面微凹，长 0.8 mm，宽 0.5 mm，淡棕色；花柱基扁三角形，顶端渐尖，长约为小坚果的 1/3。花果期 8-12 月。

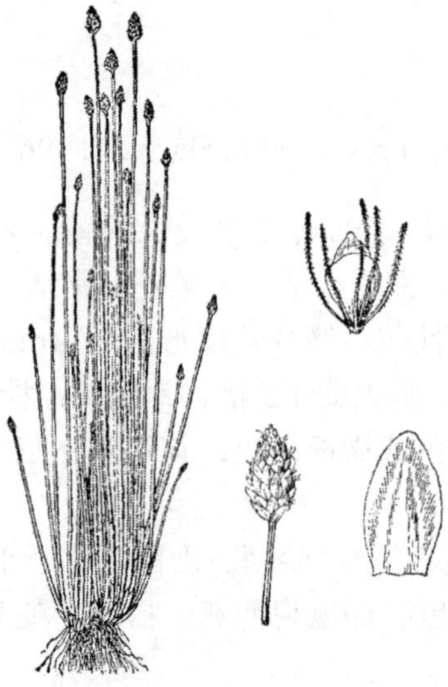

图 830 卵穗荸荠

分布于东北及河北、内蒙古、宁夏、青海、云南，生于沼泽中，海拔 100-3 600 m。也分布于日本、俄罗斯、哈萨克斯坦及欧洲、北美洲。

5. 龙师草

Eleocharis tetraquetra Nees in Wight, Contr. Bot. India 113. 1834.

秆丛生，锐四棱柱形，高 25-90 cm，较细，基部具 2-3 个叶鞘，无叶片。小穗稍斜生，长圆状卵形或宽披针形，长 7-20 mm，直径 3-5 mm，具多数花，基部 3 鳞片内无花，其余鳞片具 1 朵两性花；鳞片长圆形，顶端钝，舟状，长约 3 mm，中间绿色，两侧近锈色，边缘狭干膜质；下位刚毛 6 条，等长于小坚果和花柱基，具倒刺；柱头 3。小坚果倒卵形或宽倒卵形，微扁，三棱形，长 1.2 mm，淡褐色；花柱基圆锥形，扁三棱状，长为小坚果的 2/3。花果期 9-11 月。

分布于华东、华南、西南及河南、湖南、台湾，生于水塘、沟边、河边，海拔 100-1 900 m。也分布于日本、俄罗斯（远东地区）、亚洲西南部和东南部及澳大利亚。

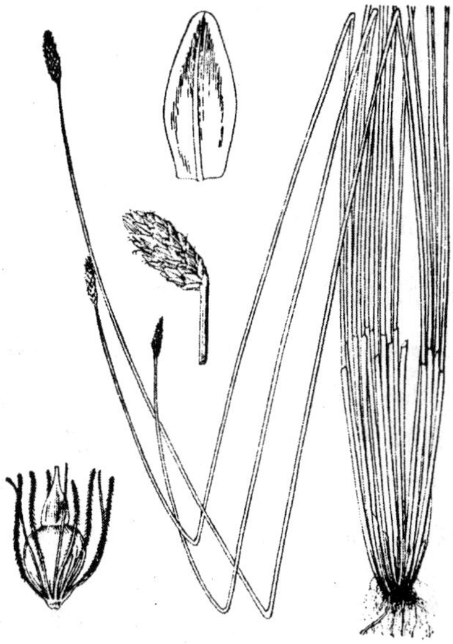

图 831　龙师草

6. 具刚毛荸荠

Eleocharis valleculosa Ohwi var. ***setosa*** Ohwi, Acta Phytotax. Geobot. 2: 29. 1933.

秆单生或丛生，圆柱形，高 6-50 cm，宽 1-3 mm，具锐肋条，基部具 1-2 个长叶鞘，无叶片。小穗长圆状卵形或狭披针形，长 7-20 mm，直径 2.5-3 mm，具多数密生的两性花，基部 2 鳞片内无花，其余鳞片均有花；鳞片卵形或长圆状卵形，顶端钝，长 3 mm，中间淡绿色，两侧血红色，具宽干膜质边缘；下位刚毛 4 条，长为小坚果的 1.5 倍，具密倒刺；柱头 2。小坚果圆倒卵形，双凸状，长约 1 mm，淡黄色；花柱基宽卵形，长为小坚果的 1/3，海绵质。花果期 6-8 月。

分布于全国各地，生于浅水中，海拔 100-4 300 m。也分布于日本和朝鲜。

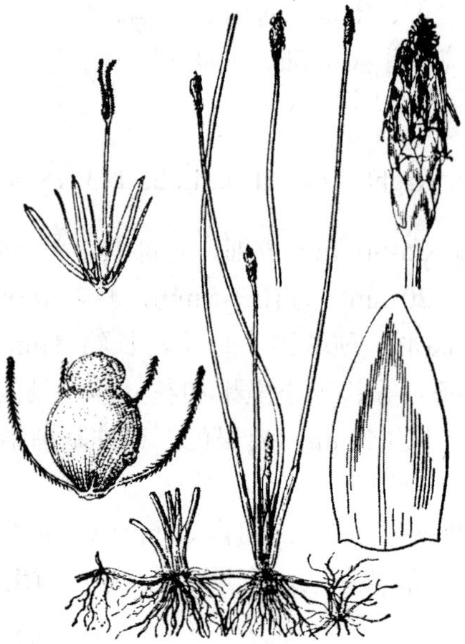

图 832 具刚毛荸荠

7. 羽毛荸荠

Eleocharis wichurai Boeck., Linnaea 36: 44. 8. 1870.

秆少数，丛生，高 30-50 cm，锐四棱柱状，细弱，基部有 1-2 个叶鞘，红色或紫红色。小穗卵形、长圆形或披针形，顶端急尖，稍斜生，长 8-12 mm，直径 3-5 mm，具多数花，基部 2 鳞片内无花，其余鳞片均有花；鳞片长圆形或椭圆形，顶端钝圆，长 3 mm，宽 2 mm，膜质，舟状，淡绿色，两侧有锈色条纹，边缘为干膜质；下位刚毛 6 条，密生白毛呈羽毛状，与小坚果和花柱基近等长，锈褐色；柱头 3。小坚果倒卵形，微扁，有三钝棱，长 1.3-1.5 mm；花柱基圆锥形或长圆形，长为小坚果的 3/5。

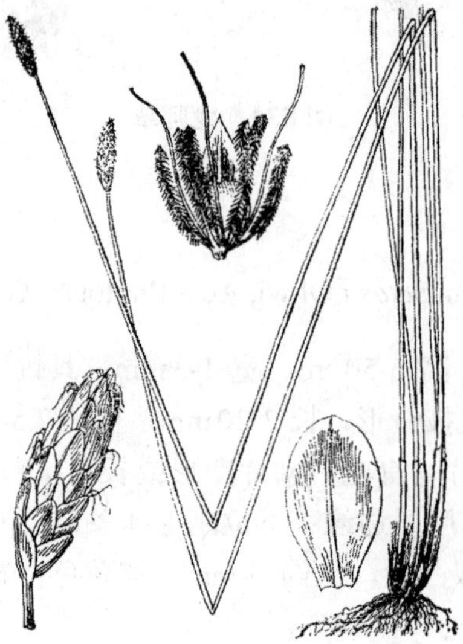

图 833 羽毛荸荠

分布于东北、华北及安徽、甘肃、河南、湖北、江苏、陕西、山东、浙江，生于山谷浅水中、水边草地、沼泽地，海拔 900-1 700 m。也分布于日本、朝鲜、俄罗斯（远东地区、西伯利亚）。

8. 牛毛毡

Eleocharis yokoscensis (Franch. & Sav.) Tang & Wang, Fl. Reipubl. Popularis Sin. 11: 54. 1961. ——*Scirpus yokoscensis* Franch. & Sav.

秆密丛生，细如毫发，高 2-12 cm，基部具叶鞘，叶片鳞片状。小穗卵形，长 3 mm，直径 2 mm，具数朵两性花；鳞片卵形，顶端急尖，长 3.5 mm，中间淡绿色，两侧紫色，边缘白色透明；下位刚毛 1-4 条，长为小坚果的 2 倍，具倒刺；柱头 3。小坚果狭长圆形，无棱，长 1.8 mm，黄白色，顶端缢缩，表面呈横长圆形网纹，网纹稍隆起；花柱基稍增粗呈圆锥状，宽为小坚果的 1/3。花果期 4-11 月。

几乎遍布全国，生于水田中、池塘边或湿润处及湿黏土上，海拔 300-3 000 m。也分布于印度、印度尼西亚、日本、朝鲜、蒙古、缅甸、菲律宾、俄罗斯（远东地区）和越南。

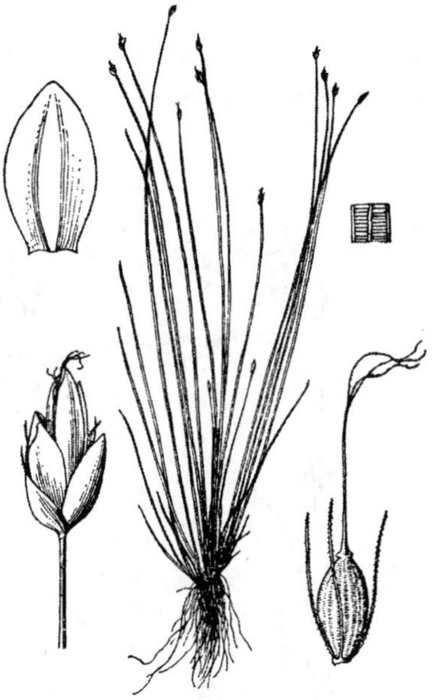

图 834 牛毛毡

8. 羊胡子草属 *Eriophorum* L.

多年生草本。根状茎匍匐。秆丛生或近散生，钝三棱形。具基生叶和秆生叶，秆生叶有时只具鞘而无叶片。苞片佛焰苞状或鳞片状，少有叶状；长侧枝聚伞花序简单或复出，顶生，具几个至多数小穗，或只有 1 个小穗；鳞片螺旋状排列，通常下部几个鳞片内无花；花两性；下位刚毛多数，丝状，极少只有 6 条，开花后延长为鳞片的数倍；雄蕊 2-3 个；花柱单一，基部不膨大，柱头 3。小坚果三棱形。

本属约有 25 种，主要分布于寒温带、高山和北极地区。我国有 7 种（1 种特有）。

分种检索表

1. 小穗数个；苞片佛焰苞状……………………………………………………1. 东方羊胡子草 *E. angustifolium*
1. 小穗单一；苞片鳞片状……………………………………………………2. 白毛羊胡子草 *E. vaginatum*

1. 东方羊胡子草

Eriophorum angustifolium Honck., Verz. Gew.-Teutschl. 153. 1782.

根状茎短，具匍匐茎。秆散生，粗壮，高 30-114 cm，圆柱形或三棱形。叶基生的线形，宽 2-9 mm，秆生的 1-3 枚基部具长鞘。苞片佛焰苞状，1 或 2 枚，基部呈鞘状；长侧枝聚伞花序简单，具 3-10 个不等长的辐射枝，下垂；小穗多数，卵形或椭圆形，长 10-15 mm，宽 5-7 mm；鳞片卵状披针形，长 5-5.5 mm，宽 1.8-2 mm，脉 1 条，淡灰褐色；下位刚毛多数，白色，不分枝，花后伸长，长 3-4 cm；雄蕊 3；柱头 3。小坚果长倒卵形，三棱形，长 2-3 mm。花果期 6-8 月。

分布于东北及内蒙古、四川，生于潮湿草甸、浅水中、潮湿平原、沼泽、岸边，海拔（100-）400-800 m。也分布于朝鲜、日本、哈萨克斯坦、蒙古、俄罗斯及欧洲和北美洲。

图 835　东方羊胡子草

附：细秆羊胡子草 ***Eriophorum gracile*** Koch. ex Roth.

与东方羊胡子草相近，不同在于本种秆较细弱，叶片宽 1-1.5 mm，鳞片具多条脉。

分布于东北及内蒙古、四川、新疆，生于沼泽、草甸。也分布于朝鲜、日本、哈萨克斯坦、俄罗斯及欧洲和北美洲。

2. 白毛羊胡子草

Eriophorum vaginatum L., Sp. Pl. 1: 52. 1753.

根状茎短。秆密丛生，高 15-80 cm，钝三棱形。叶基生的线形，三棱状，宽 1 mm，秆生叶 1-2，只有叶鞘而无叶片。苞片鳞片状，卵形，顶端急尖，灰黑色，脉 1 条，下部约 10 多个鳞片内无花；下位刚毛极多数，白色，长 15-25 mm。小坚果三棱状倒卵形，褐色，长约 2 mm。宽约 1 mm。花果期 7-9 月。

分布于东北及内蒙古，生于沼泽、湿地。也分布于朝鲜、日本、蒙古、俄罗斯、哈萨克斯坦、亚洲西南部及欧洲和北美洲。

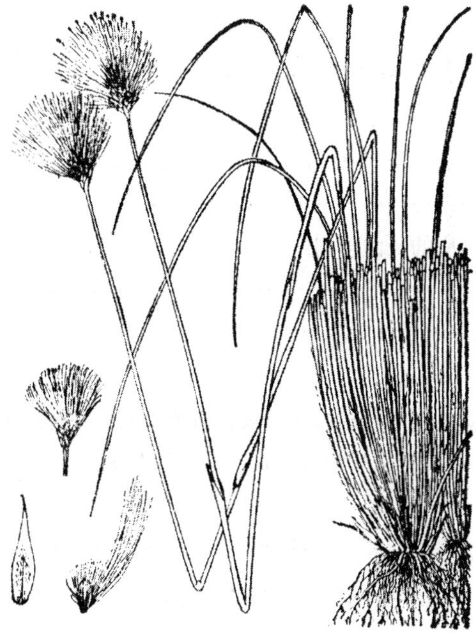

图 836　白毛羊胡子草

9. 飘拂草属　*Fimbristylis* Vahl

一年生或多年生草本，具根状茎。秆通常丛生，稍细。叶基生，有时仅具叶鞘而无叶片。花序顶生，为简单、复出或多次复出的长侧枝聚伞花序，稀仅具 1 个小穗；小穗单生或簇生，具几朵至多朵两性花；鳞片通常为螺旋状排列，稀近于二列；无下位刚毛；雄蕊 1-3；花柱基部膨大，有时上部被缘毛，柱头 2-3。小坚果倒卵形，三棱形或双凸状，表面有网纹或疣状凸起，或两者兼有，具柄或无柄。

本属有 200 余种，广布全世界，主要分布于亚热带和热带。我国有 54 种（10 种特有）。

分种检索表

1. 柱头 3，花柱不扁，顶端无缘毛。
  2. 秆基部具 1-3 个无叶片的鞘。
    3. 叶片背腹扁，具槽，线形，叶鞘管状；小穗长圆状卵形……………………5. 拟二叶飘拂草 *F. diphylloides*
    3. 叶片两侧扁，剑形，叶鞘两侧扁；小穗球形或近球形…………………………7. 水虱草 *F. littoralis*
  2. 秆生叶全部具叶片。
    4. 雄蕊 3，柱头 3；苞片极短于花序………………………………………………3. 扁鞘飘拂草 *F. complanata*
    4. 雄蕊 1，柱头 2；苞片长于或短于花序或与之等长……………………………6. 宜昌飘拂草 *F. henryi*
1. 柱头 2，花柱扁，顶端具缘毛。
  5. 小穗具棱，长 2-7 mm。
    6. 花柱基部具下垂的丝状长柔毛……………………………………………10. 畦畔飘拂草 *F. squarrosa*
    6. 花柱基部无毛。
      7. 小坚果倒卵形，几乎平滑，但有时有极不明显的六角形网纹；叶鞘褐色，叶片宽 0.5-1 mm………………………………………………………………………………1. 夏飘拂草 *F. aestivalis*
      7. 小坚果宽倒卵形，具横的长圆形网纹；叶鞘黄绿色，具锈色斑纹，叶片宽 0.7-1.5 mm……………………………………………………………………………………2. 复序飘拂草 *F. bisumbellata*
  5. 小穗圆柱形，长 4-30 mm。
    8. 小穗 1-3。
      9. 鳞片黄白色，长约 3 mm；小坚果黄白色，具黄白色短柄……………9. 少穗飘拂草 *F. schoenoides*
      9. 鳞片褐色，长 5-7 mm；小坚果褐色或黄褐色，具褐色短柄………11. 双穗飘拂草 *F. subbispicata*
    8. 小穗多数。
      10. 小坚果具横的长圆形网纹，具纵肋和柄………………………………4. 两歧飘拂草 *F. dichotoma*
      10. 小坚果具六角形网纹，无纵肋和柄…………………………………8. 长穗飘拂草 *F. longispica*

1. 夏飘拂草

Fimbristylis aestivalis (Retz.) Vahl, Enum. Pl. 2: 288. 1805.

一年生。秆密丛生，高 3-12 cm，纤细，扁三棱形。叶基生，短于秆，宽 0.5-1 mm，两面被柔毛，叶鞘被长柔毛。长侧枝聚伞花序复出，具 3-7 条辐射枝；小穗单生，卵形、长圆状卵形或披针形，长 2.5-6 mm，宽 1-1.5 mm；鳞片膜质，卵形或长圆形，长约 1 mm，红棕色，背面有绿色龙骨状凸起，顶端圆，具短尖；雄蕊 1；花柱长而扁，基部膨大，上部具缘毛，柱头 2。小坚果倒卵形，双凸状，长约 0.6 mm。花期 5-8 月。

分布于华南、西南及安徽、福建、黑龙江、湖北、湖南、江西、陕西、台湾、浙江，生于沼泽、稻田及草地，海拔 400-2 200 m。亚洲、澳大利亚及太平洋岛屿均有分布。

图 837 夏飘拂草

2. 复序飘拂草

Fimbristylis bisumbellata (Forssk.) Bubani, Dodecanth. 30. 1850.——*Scirpus bisumbellata* Forssk.

一年生。秆密丛生，高 4-20 cm，纤细，扁三棱形。叶基生，细线形，短于秆，宽 0.7-1.5 mm，叶鞘被疏毛。苞片叶状，2-5 枚，下部 1 或 2 枚近等长于花序，其余较短；长侧枝聚伞花序一至多次复出，具 4-10 个辐射枝；小穗单生，长圆状卵形或卵形，长 2-7 mm，宽 1-1.8 mm；鳞片膜质，宽卵形，长 1.2-2 mm，棕色，背面有龙骨状凸起；雄蕊 1 或 2；花柱长而扁，具缘毛，基部膨大，无毛，柱头 2。小坚果宽倒卵形，双凸状，长约 0.8 mm，表面具横长圆形网纹。花果期 7-11 月。

图 838 复序飘拂草

分布于华东、华南、华中、西南及河北、陕西、山西、台湾、新疆，生于河边、沟边、溪边、沼泽、山坡潮湿处，海拔 100-1 500 m。非洲、亚洲、澳大利亚及欧洲均有分布。

3. 扁鞘飘拂草

Fimbristylis complanata (Retz.) Link, Hort. Berol. 1: 292. 1827.——*Scirpus complanatus* Retz.

秆丛生，高 20-50 cm，较粗壮，扁三棱或四棱形，花序以下有时具翅。叶基生，短于秆，宽 3-5 mm，叶鞘两侧压扁，背部具龙骨状凸起。苞片 2-4 枚，叶状，短于花序；长侧枝聚伞花序多次复出，长 7.5-10.5 cm，宽 4-7 cm，有多数小穗；小穗单生，长圆形或卵状长圆形，长 5-9 mm，宽 1.2 mm；鳞片卵形，长 3 mm，褐色，背面具黄绿色龙骨状突起，具 1 脉，延伸成短尖；雄蕊 3；花柱三棱形，基部膨大呈圆锥状，柱头 3。小坚果倒卵形，长 1.5 mm，有三钝棱，具横长圆形网纹。

分布于华东、华南、华中、西南及台湾，生于山谷潮湿处、溪边、草地、沟边、沼泽地、山坡，海拔 100-3 000 m。世界泛热带分布。

图 839 扁鞘飘拂草

4. 两歧飘拂草

Fimbristylis dichotoma (L.) Vahl, Enum. Pl. 2: 287. 1805.——*Scirpus dichotoma* L.

秆丛生，高 15-50 cm。叶线形，稍短于秆，宽 1-2.5 mm，叶鞘基部近革质，鞘口近截形。苞片叶状，3-4 枚，其中 1-2 枚长于花序；长侧枝聚伞花序复出，有 1-5 条辐射枝；小穗单生，长圆形或卵形，长 4-12 mm，宽 2.5 mm；鳞片卵形或长圆形，长 2-2.5 mm，褐色，有光泽，顶端具短尖；雄蕊 1 或 2；花柱扁，上部有缘毛，柱头 2，具疣状凸起。小坚果宽倒卵形，双凸状，长约 1 mm，具 7-9 条纵肋，有横长圆形网纹，具柄。花果期 7-10 月。

分布于华北、华东、华南、西南及湖北、湖南、辽宁、陕西、台湾、新疆，生于稻田、草地，沼泽浅水中，海拔达 2 600 m。非洲、美洲、亚洲及大洋洲均有分布。

图 840 两歧飘拂草

5. 拟二叶飘拂草

Fimbristylis diphylloides Makino ex Makino & Nemoto, Fl. Jap. 1389. 1925.

秆丛生，高 15-50 cm，细，四棱形。叶短于或近等长于秆，线形，宽 0.7-1.5 mm。苞片刚毛状，4-5 枚；长侧枝聚伞花序简单或复出，长 1.5-6 cm，宽 2-6 cm，有 4-6 条辐射枝；小穗单生，卵形或长圆状卵形，长 2.5-7.5 mm，宽 1.5-2.5 mm；鳞片膜质，褐色或红褐色，宽卵形，长约 2 mm，具 3 条绿色脉；雄蕊 2；花柱稍扁，基部稍膨大，无缘毛，柱头 2 或 3。小坚果宽倒卵形，长约 1 mm，疏生乳头状凸起，有横长圆形网纹。花果期 6-8 月。

图 841 拟二叶飘拂草

分布于华南、华中及安徽、福建、贵州、江苏、江西、浙江，生于稻田、溪边、山谷湿地、池塘，海拔 100-2 100 m。也分布于日本、朝鲜。

6. 宜昌飘拂草

Fimbristylis henryi C. B. Clarke, J. Linn. Soc. Bot. 36: 237. 1903.

秆丛生，三棱形，高 3-20 cm，基部具 2 叶。叶长于秆，宽 1-3 mm，鞘腹面膜质，口斜裂，锈色，长 1-3.5 cm，叶舌截形。苞片叶状，2-3 枚，稀 4 枚，长于或短于花序，小苞片钻状；长侧枝聚伞花序简单、复出或多次复出，有 2-4 个辐射枝，直径 1-5 cm，辐射枝长 0.5-3 cm；小穗单生，长椭圆形，稀卵形，顶端钝或近急尖，长 3-8 mm，宽 1-1.5 mm，有 8-10 余朵花；鳞片卵形或卵状披针形，长 2 mm，顶端具硬尖，黄绿色或淡褐色，背面具绿色龙骨状凸起，边缘宽膜质，有 3 条脉；雄蕊 1；花柱基部膨大呈圆锥形，柱头 2。小坚果椭圆状倒卵形，椭圆形，平凸状，表面有横长圆形网纹，长约 1 mm。花果期 8-11 月。

分布于华中、西南及广东、广西、江苏、江西、陕西、浙江，生于耕地、沼泽、河边、山溪边、山谷水塘边、水沟边，海拔 100-2 000 m。

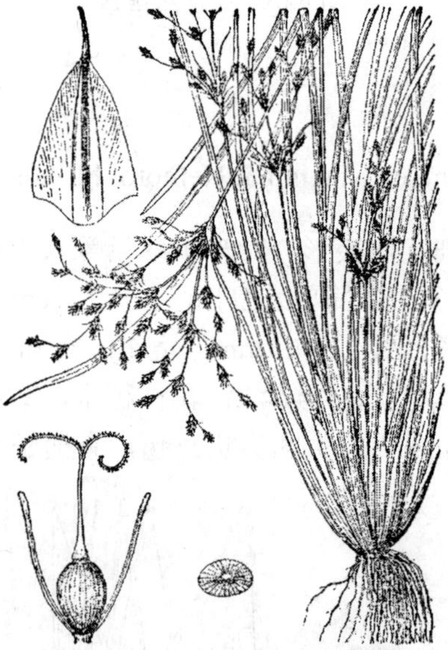

图 842　宜昌飘拂草

7. 水虱草

Fimbristylis littoradis Gaudich., Voy Uranie 10: 413. 1829.

一年生。秆丛生，高 10-60 cm，扁四棱形。叶线形，与秆近等长，宽 1.5-2 mm，叶鞘侧扁，背面呈锐龙骨状。苞片刚毛状，基部较宽，短于花序；长侧枝聚伞花序一次至多次复出，辐射枝 3-6 条，长 0.8-5 cm；小穗单生，近球形，长 1.5-5 mm，宽 2 mm；鳞片卵形，顶端钝，长约 1 mm，栗色，背面具龙骨状突起，有 3 脉；雄蕊 2；花柱三棱形，基部膨大，无缘毛，柱头 3。小坚果倒卵形，长约 1 mm，有三钝棱，具疣状突起和横长圆形网纹。花果期 7-11 月。

分布于华东、华南、华中、西南及河北、青海、陕西、台湾，生于水边、稻田、草地、路旁；海拔 100-2 000 m。非洲、亚洲、美洲及大洋洲均有分布。

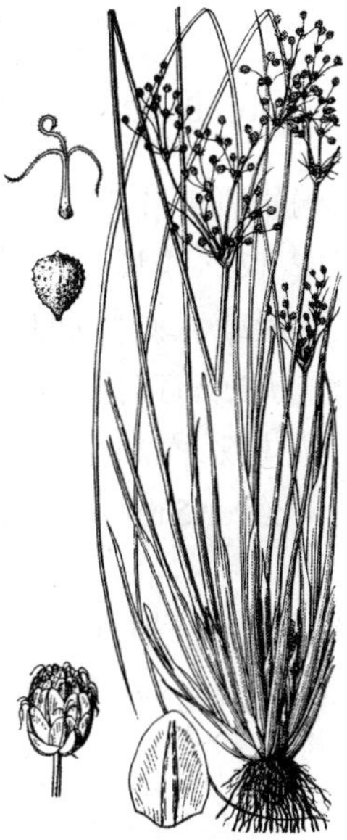

图 843 水虱草

8. 长穗飘拂草

Fimbristylis longispica Steud., Syn. Pl. Glumac. 2: 118. 1855.

具根状茎。秆丛生，高 25-60 cm。叶线形，短于秆，宽 1.5-2.5 mm，无毛。苞片叶状，2 或 3 枚，最下部 1 枚长于花序；长侧枝聚伞花序简单、复出至多次复出，有 3-6 条辐射枝；小穗单生，长圆形至狭长圆形，长 6-20 cm；鳞片宽卵形，长约 3 mm，黄棕色，背面具 3-5 条棕色脉，顶端有短尖；雄蕊 3；花柱扁，上部有缘毛，基部稍宽，柱头 2，有疣状突起。小坚果宽倒卵形，双凸状，长 1.2-1.5 mm，有六角形网纹。花果期 8-9 月。

图 844 长穗飘拂草

分布于福建、广东、广西、江苏、辽宁、陕西、山东、云南、浙江，生于海边湿地、山坡，海拔达600m。也分布于日本、朝鲜、缅甸。

9. 少穗飘拂草

Fimbristylis schoenoides (Retz.) Vahl, Enum. Pl. 2: 286. 1805.

一年生。秆丛生，高5-40cm，稍扁，基部具叶。叶短于秆，宽0.5-1mm，两边常内卷，上部边缘具小刺。苞片无或有1-2枚，线形，最长达2.5cm；长侧枝聚伞花序减退，仅具1-2（-3）小穗；小穗宽卵形、卵形或长圆状卵形，长5-16mm，宽3-4mm，具多数花；鳞片膜质，宽卵形，顶端圆，无短尖或有时中脉稍延伸出顶端，长约3mm，黄白色，具棕色短条纹，具多数脉；雄蕊3；花柱长而扁平，基部扩大，上部具缘毛，柱头2。小坚果圆倒卵形或近于圆形，双凸状，长约1.5mm，具短柄，黄白色，表面具六角形网纹。花果期8-11月。

分布于华南及福建、江西、台湾、云南、浙江，生于溪旁、沟边、水田边低洼潮湿处、路旁、荒地，海拔300-800m。也分布于东南亚、热带非洲及澳大利亚北部。

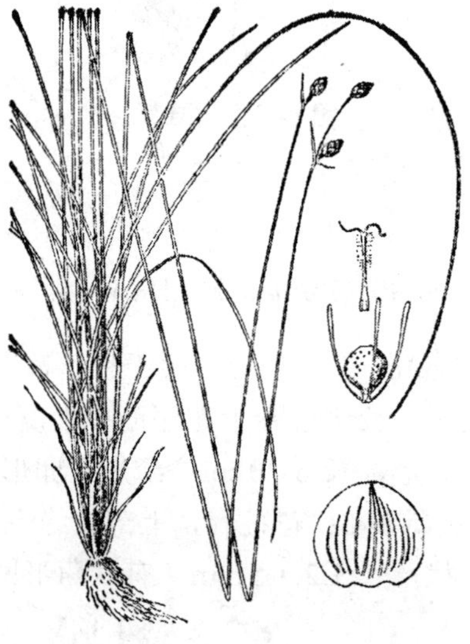

图845 少穗飘拂草

10. 畦畔飘拂草

Fimbristylis squarrosa Vahl, Enum. Pl. 2: 289. 1805.

一年生。秆密丛生，高6-20cm，纤细。叶基生，短于秆，宽不及1mm，被疏柔毛，叶鞘密被长柔毛。苞片叶状，短于或稍长于花序，两面疏被毛；长侧枝聚伞花序简单或复出，具两至十几条辐射枝；小穗单生，卵形或披针形，长2-3mm，具十几朵花；鳞片膜质，长圆形或长圆状披形，长1.5-2mm，淡黄色，背面有绿色龙骨状突起，3脉延伸成长芒，芒外弯；雄蕊1；花柱长而扁，有疏缘毛，基部膨大具下垂的丝状长柔毛，柱头2。小坚果倒卵形，双凸状，长约1mm，表面平滑。花期9月。

分布于华东、华南及贵州、河北、河南、黑龙江、台湾、西藏东南部、云南，生于水边、湿地、田边、沟边，海拔 100-2 200 m。亚洲、欧洲及大洋洲均有分布。

图 846 畦畔飘拂草

11. 双穗飘拂草

Fimbristylis subbispicata Nees & Meyen., Nov. Actorum Acad. Caes. Leop.-Carol. Nat. Cur (Suppl. 1): 75. 1843.

秆丛生，高 7-60 cm，扁三棱形。叶基生短于秆，宽约 1 mm。苞片 1 枚或无，直立，线形，长 7-17 mm，长于花序；长侧枝聚伞花序通常只 1 个小穗，顶生，稀 2 个，卵形、长圆状卵形或长圆状披针形，长 8-30 mm，宽 4-8 mm；鳞片膜质，卵形，长 5-7 mm，棕色，背面无龙骨状突起，具多脉；雄蕊 3；花柱长而扁，具缘毛，基部稍扩大，柱头 2。小坚果倒卵形，扁双凸状，长 1.5-1.7 mm，具柄，表面有六角形网纹。花果期 9-10 月。

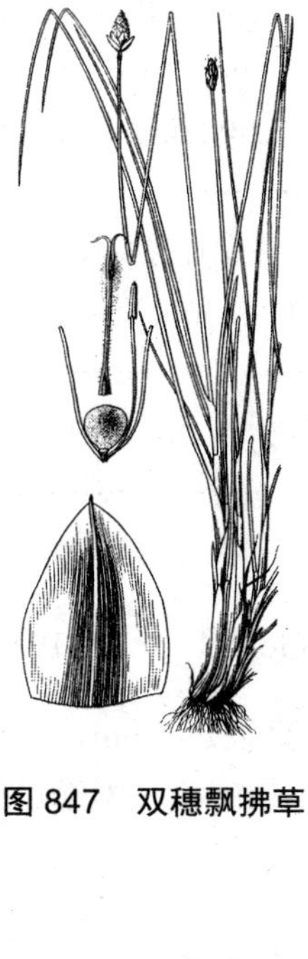

图 847 双穗飘拂草

分布于华南、辽宁、河北、山西、河南、湖北、山东、安徽、江苏、浙江、福建、台湾、陕西、贵州，生于沼泽、溪边、水边、海边、山谷、山坡、盐沼地，海拔达1 200m，也分布于日本、朝鲜、越南。

10. 嵩草属 *Kobresia* Willd.

多年生草本。根状茎短，稀长而匍匐；秆密丛生，直立，三棱形或圆柱形，基部具宿存叶鞘。叶多基生，平展或外卷呈线形。小穗单一顶生，或多数组成穗状花序或穗状圆锥花序，两性或单性，雌雄同株，异序或异株，含多数或少数支小穗；支小穗单性或两性，生于鳞片腋内，单性的含1朵雄花或1朵雌花，两性则雄雌顺序；两性和雌性支小穗具1枚先出叶，先出叶分离、部分愈合或几乎全部愈合成囊状，雌性支小穗中通常存在退化小穗轴。雄花具1枚鳞片，雄蕊2-3；雌花通常仅具一枚雌蕊，子房上位，柱头2-3。小坚果三棱状或双凸状，完全或不完全为先出叶所包。

本属约有54种，主要分布于北半球的温带地区。我国有44种（16种特有）。

分种检索表

1. 花序一般为紧缩的穗状圆锥花序，通常有分枝。
    2. 先出叶在腹面边缘连合至上部，呈囊状，上部密被短柔毛；退化小穗轴长于小坚果，伸出先出叶之外……………………………………7. 钩状嵩草 *K. uncinoides*
    2. 先出叶边缘分离至基部或近基部，退化小穗轴如存在则短于小坚果。
        3. 植株粗壮；花序长3.5-6.5cm……………………………………1. 甘肃嵩草 *K. kansuensis*
        3. 植株较细弱；花序长1-3.5cm……………………………………3. 喜马拉雅嵩草 *K. royleana*
1. 花序穗状，稀基部有短分枝。
    4. 秆较粗壮，一般直径在1mm以上；花序狭长圆形或长圆形，长1.3-2cm，直径3-5mm。
        5. 秆基部的干枯叶鞘黄褐色至褐色有光泽；先出叶草质至膜质，具2脊；小坚果倒卵形，三棱形，褐色，无光泽……………………………………4. 赤箭嵩草 *K. schoenoides*
        5. 秆基部的干枯叶鞘暗褐色无光泽；先出叶膜质，通常无脊；小坚果长圆形，扁三棱形，暗褐色，稍有光泽……………………………………6. 西藏嵩草 *K. tibetica*
    4. 秆较纤细，一般直径在1mm以下；花序圆柱形，长1-3.5cm，直径2-5mm。
        6. 侧生支小穗的雌花之上具1（2）朵雄花，先出叶腹面边缘分离至2/3；花序直径2-3mm……………………………………2. 嵩草 *K. myosuroides*
        6. 侧生支小穗的雌花之上有2-5朵雄花，先出叶边缘分离至近基部；花序直径3-5mm……………………………………5. 四川嵩草 *K. setschwanensis*

1. 甘肃嵩草

Kobresia kansuensis Kük., Acta Horti Gothob. 5: 38. 1930.

秆密丛生，坚挺，高30-90cm，直径3-4mm，三棱形，基部干枯的叶鞘黑褐色，有光泽，不分裂。叶短于秆，宽6-10mm。圆锥花序紧缩圆锥形或长圆状圆柱形，长3.5-6.5cm，粗 1-1.2 cm；支小穗多数，顶生的雄性，侧生的雌性与雄雌顺序并存，苞片短叶状或鳞片状顶端具芒；两性支小穗在雌花之上具 1-3 朵雄花；鳞片长圆状披针形，纸质，两侧黑褐色或暗褐色，稍有光泽，中脉绿色，边缘具狭的白色膜质；先出叶狭长圆形，纸质，具粗糙的 2 脊。小坚果狭长圆形，三棱形，长 3-5 mm，灰褐色，具短柄；柱头 3。退化小穗轴刚毛状，长为小坚果的 1/3。花果期 5-9 月。

分布于甘肃、青海、四川、西藏、云南，生于潮湿草地、河漫滩、山坡阴处和林边草地以及高山灌丛中，海拔 3 000-4 800 m。

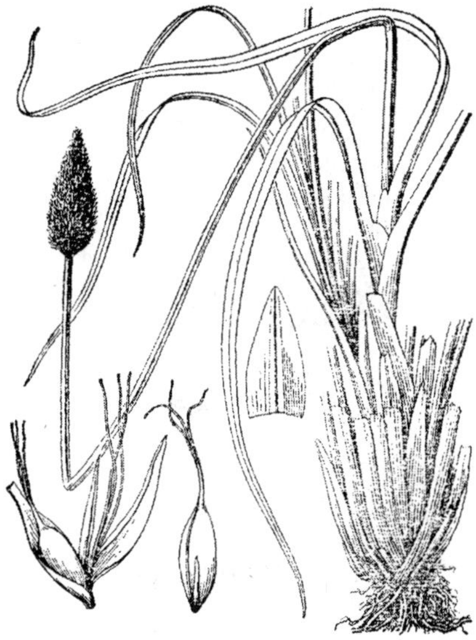

图 848 甘肃嵩草

2. 嵩草

Kobresia myosuroides (Vill.) Fiori in Fiori & al., Fl. Ital. 1: 125. 1896.——*Carex myosuroides* Vill.

2a. 嵩草（原亚种）

Kobresia myosuroides (Vill.) Fiori subsp. **myosuroides**

秆密丛生，钝三棱形，纤细，高 10-50 cm。叶基生，丝状，边缘内卷，通常短于秆。花序穗状，线状圆柱形，长 10-35 mm，宽 2-3 mm，黄褐色至暗褐色；支小穗两性，基部雌花之上有 1（2）朵雄花；鳞片卵形，中部草质，边缘膜质，长 2-4 mm；先出叶卵形，腹面边缘分离至 2/3，膜质；柱头 3（2）。小坚果长圆形，扁三棱形，暗褐色，稍有光泽，长 2-2.8 mm。花果期 5-9 月。

分布于华北及黑龙江、吉林、新疆，生于河漫滩、湿润草地、沼泽草甸、林下、灌丛草甸，海拔 1 500-4 800 m。也分布于日本、朝鲜、蒙古、俄罗斯、中亚及欧洲和北美洲。

图 849 嵩草

2b. 二蕊嵩草（亚种）

Kobresia myosuroides (Vill.) Fiori subsp. ***bistaminata*** (W. Z. Di & M. J. Zhong) S. R. Zhang, Novon 9: 453. 1999.

与嵩草的区别在于：鳞片长 2.5-3.5 mm，边缘的透明膜质部分比较窄，小坚果长 1.8-2.3 mm。花果期 6-9 月。

分布于甘肃、宁夏、青海、四川、西藏、新疆、云南，生于高山草甸，海拔 2 100-4 500 m。

本植物为优良牧草。

3. 喜马拉雅嵩草

Kobresia royleana (Nees) Boeck., Linnaea 39: 8. 1875.——*Trilepis royleana* Nees.

秆密丛生或疏丛生，高 6-35 cm，下部圆柱形，上部钝三棱形，基部干枯叶鞘深褐色。叶短于秆，宽 2-4 mm。圆锥花序，有时紧缩呈穗状，卵状长圆形，长 1-3.5 cm；苞片鳞片状，仅基部的具短芒；支小穗两性雄雌顺序，在基部 1 朵雌花之上具 1-3 朵雄花，有时单性仅具 1 朵雌花；鳞片卵状长圆形或长圆状披针形，长 3-4 mm，纸质，两侧淡褐色、褐色或深褐色，中间绿色；先出叶长圆形，膜质，具稍粗糙的 2 脊。小坚果长圆形或倒卵状长圆形，三棱形，长 2.5-3.5 mm，灰褐色，有光泽。柱头 3（2）个。

分布于青海、四川、西藏、新疆、云南，生于高山草甸、高山灌丛草甸、河漫滩，海拔 3 700-5 300 m。也分布于阿富汗、尼泊尔、印度、塔吉克斯坦、哈萨克斯坦。

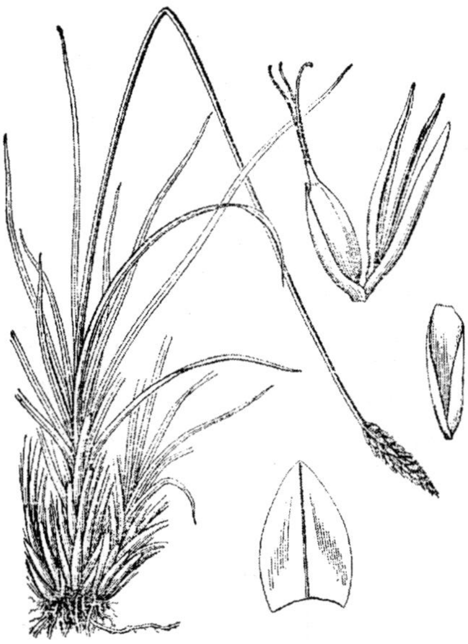

图 850 喜马拉雅嵩草

4. 赤箭嵩草

Kobresia schoenoides (C. A. Mey.) Steud., Syn. Pl. Glumac. 2: 246.1855.

与西藏嵩草相似，区别在于植物各部分均较粗壮，秆基部的干枯叶鞘黄褐色至褐色有光泽；先出叶草质至膜质，具 2 脊；小坚果倒卵形，三棱形，褐色，无光泽。花果期 5-9 月。

分布于青海、新疆、四川、西藏、云南，生于沼泽草甸，海拔 2 500-5 000 m。也分布于不丹、尼泊尔、克什米尔地区、哈萨克斯坦、格鲁吉亚、俄罗斯（高加索、西伯利亚）。

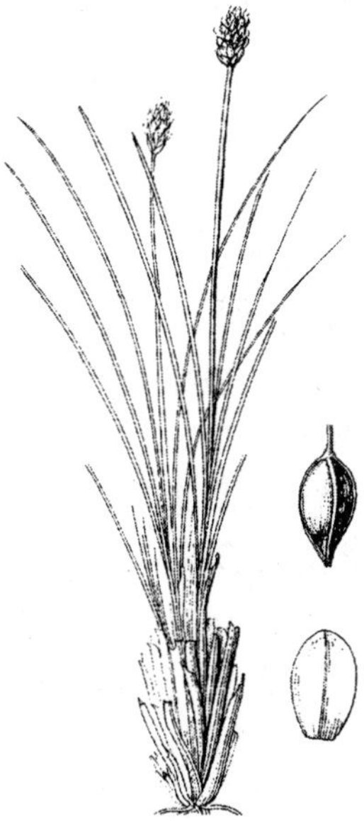

图 851 赤箭嵩草

5. 四川嵩草

Kobresia setschwanensis Hand.-Mazz., Symb. Sin. 7 (5): 1254. 1936.

秆密丛生，纤细，稍坚挺，高 5-40 cm，钝三棱形，基部密生栗色宿存叶鞘。叶短于秆，对折呈线形，宽 1-2 mm。花序穗状，但基部有时具 1-2 个短分枝，圆柱形，长 1-3.5 cm，宽 3-5 mm；苞片鳞片状，顶端具长芒；支小穗两性，基部雌花之上有 2-5 朵雄花；鳞片长圆状披针形，长 3.5-4.5 mm，纸质，两侧淡褐色或褐色，具宽的白色膜质边缘或无，中间黄色，脉 3 条延伸成芒；先出叶长圆形，边缘分离至近基部，背面具光滑 2 脊。小坚果倒卵状长圆形，扁三棱形，黄色，长 2-3 mm；柱头 3。花果期 5-9 月。

分布于青海、四川、西藏、云南，生于亚高山草甸、林下草地、湿润草地，海拔 2 300-4 300 m。

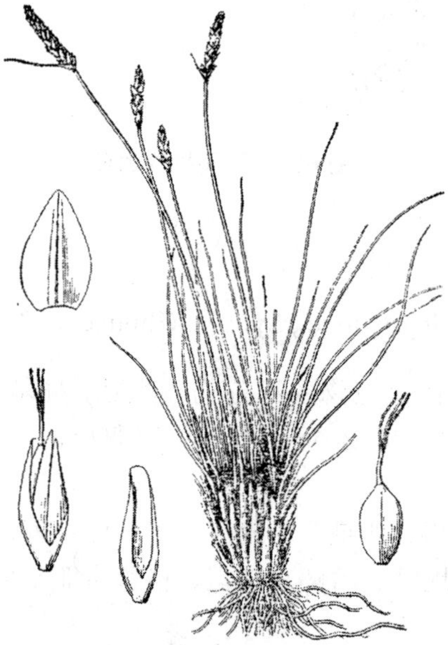

图 852 四川嵩草

6. 西藏嵩草

Kobresia tibetica Maxim., Bull. Acad. Imp. Sci. Saint–Pétersbourg 29: 219. 1883.

秆密丛生，钝三棱形，高 20-50 cm，基部干枯叶鞘暗褐色无光泽。叶基生，针状，边缘内卷，通常短于秆。花序穗状，狭长圆形，长 13-20 mm，宽 3-5 mm，暗褐色；支小穗两性，基部雌花之上有数朵雄花；鳞片长圆形，中部草质，边缘膜质；先出叶狭卵形，透明膜质，通常无脊；柱头 3。小坚果长圆形，扁三棱形，暗褐色，稍有光泽，长 2.3-3 mm。花果期 5-8 月。

分布于甘肃、青海、四川、西藏、云南，生于沼泽草甸，海拔 3 000-4 600 m。

为优良牧草。

7. 钩状嵩草

Kobresia uncinoides (Boott) C. B. Clarke in Hook. f., Fl. Brit. Ind. 6: 698. 1894.——*Carex unicinoides* Boott.

根状茎肥大略呈块状。秆疏丛生或单生，高 20-45 cm，坚挺，钝三棱形，基部具稀疏的淡褐色的干枯叶鞘。叶基生或秆生，短于秆，宽 2-6 mm。圆锥花序长 3-7 cm，宽 1-1.5 cm；苞片鳞片状，具长芒，短于花序；支小穗单性，顶生的雄性，侧生的雌性；鳞片长圆形或长圆状披针形，长 6-7 mm，顶端渐尖，具芒尖，纸质，两侧褐色，中脉绿色；先出叶囊状，长圆形，长 6-8 mm，淡绿色，膜质，上部密被短柔毛，腹面边缘连合至上部，背面具粗短 2 脊。小坚果狭长圆形，三棱形，长 4-4.5 mm，褐色；柱头 3。退化小穗轴长于小坚果，伸出先出叶之外。花果期 6-10 月。

分布于四川、西藏、云南，生于高山灌丛草甸、沼泽化草甸、河滩草地、林边草地，海拔 3 400-4 500 m。也分布于不丹、印度、尼泊尔。

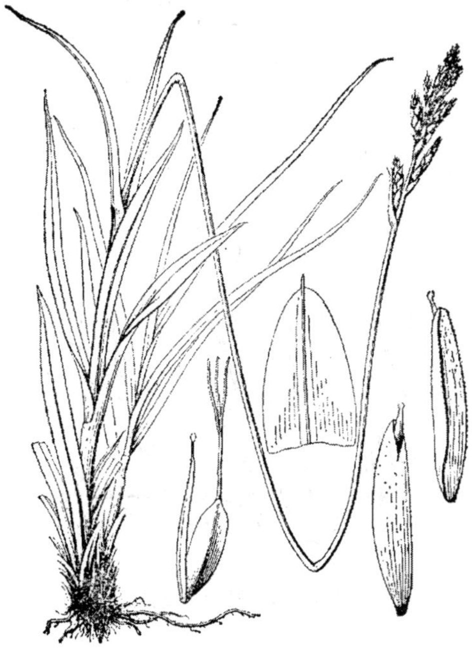

图 853 钩状嵩草

11. 水蜈蚣属 *Kyllinga* Rottb.

多年生草本，少一年生，具根状茎或无。秆丛生或散生。叶基生。苞片叶状，开展；穗状花序 1-3，头状，无总花梗，具多数密聚的小穗；小穗小，扁，通常具 1-2 朵两性花；小穗轴基部具关节，成熟时在关节处脱落；鳞片 2 列，宿存，后期与小穗一起脱落，基部两枚鳞片内无花，最上部 1 枚鳞片内亦无花，或极少具 1 雄花；无下位刚毛或鳞片状花被；雄蕊 1-3；花柱基部不膨大，脱落，柱头 2。小坚果扁双凸状，棱向小穗轴。

本属约有 75 种，广布于世界热带和暖温带。我国有 7 种。

1. 短叶水蜈蚣

Kyllinga brevifolia Rottb., Descr. Icon. Rar. Pl. 13. 1773.

秆生于细长根状茎的节上，成列散生，高 7-20 cm，扁三棱形，较细，基部具 4-5 个叶鞘，上部 2 或 3 个叶鞘具叶片，叶短于或稍长于秆，宽 2-4 mm。穗状花序单一顶生，稀 2 或 3 个，球形或卵球形，长 5-11 mm，宽 4.5-10 mm，具极多数密生小穗；小穗披针形，长约 1 mm，具 1 朵花；鳞片长 2.8-3 mm，中间龙骨状突起绿色，两侧苍白色，具锈色斑点，顶端具外弯短尖；雄蕊 1-3；花柱细长，柱头 2。小坚果倒卵状长圆形，扁双凸状，长约 1.5 mm，表面具密的细点。花果期 5-9 月。

除青海、宁夏、新疆以外，全国均有分布，生于山坡、沼泽、草甸、河边、水边、海边沙滩湿处、浅水中、沟边、草地，海拔达 2 800 m。亚洲、热带非洲、美洲、大洋洲均有分布。

图 854 短叶水蜈蚣

12. 湖瓜草属 *Lipocarpha* R. Br.

一年生草本，稀多年生。叶基生。苞片叶状；穗状花序 2-7 个簇生呈头状，稀单生；穗状花序具多数小苞片和小穗，每小苞片具 1 小穗；小穗具 2 个鳞片和 1 朵两性花，小鳞片沿小穗轴腹背排列，互生，膜质，下部 1 小鳞片无花，上部 1 小鳞片紧包 1 朵两性花；无下位刚毛；雄蕊 2；柱头 3。小坚果三棱形、双凸状或平凸状，顶端具小短尖，为鳞片所包。

本属约有 35 种，分布于暖温带和亚热带区域。我国有 4 种。

1. 湖瓜草

Lipocarpha microcephala (R. Br.) Kunth, Enum. Pl. 2: 268. 1837.——*Hypaelyptum microcephala* R. Br.

秆丛生，稍扁，高 5-30 cm，直径约 0.7 mm。叶基生，短于秆，宽 0.7-1.5 mm，边缘内卷；叶鞘长 1.5-2.5 cm。穗状花序 2-4 个簇生于秆顶端，卵形，长 3-5 mm，宽 3 mm，具多数小苞片；小苞片倒披针形，长 1-1.5 mm，顶端具短尖；小穗具 2 小鳞片，下部鳞片无花，上部鳞片具 1 朵两性花；小鳞片长圆形，顶端急尖或钝，长约 1 mm；雄蕊 2；花柱细长，柱头 3。小坚果狭长圆形，三棱形，顶端具短尖，长约 1 mm，麦秆黄色，表面具细皱纹。花果期 6-10 月。

分布于东北、华北、华东、华南、华中，生于水边、湿地和沼泽中。也分布于柬埔寨、印度、印度尼西亚、日本、朝鲜、老挝、马来西亚、缅甸、巴布亚新几内亚、菲律宾、泰国、越南及澳大利亚和太平洋岛屿。

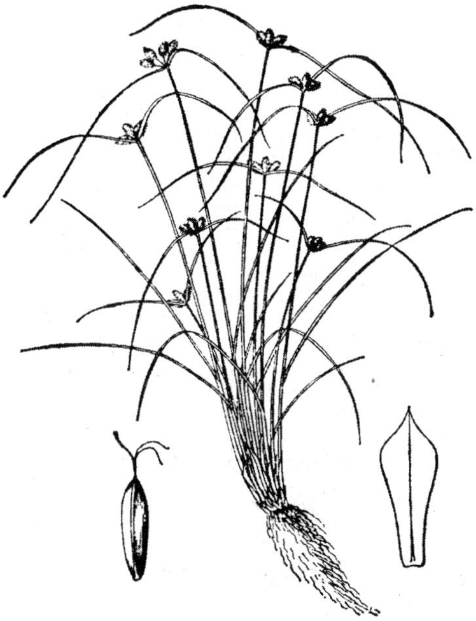

图 855 湖瓜草

13. 鳞籽莎属 *Lepidosperma* Labill.

多年生草本。根状茎短，木质。秆丛生，圆柱形，粗壮。叶基生，圆柱状，有叶鞘。圆锥花序具多数小穗；小穗密聚，具 5-10 鳞片，最下部的数鳞片中空无花，上部有 2-3 朵花，全部结实，稀 1 花结实，最下部的 1 朵花具不完全的雌、雄蕊；下位鳞片 6，稀 3；雄蕊 3；花柱细长，基部无毛或近无毛，柱头 3，细长。小坚果三棱形，平滑，无喙，通常为硬化的鳞片所包。

本属有 100 多种，主要分布于澳大利亚、新西兰和亚洲东南部。我国有 1 种。

1. 鳞籽莎

Lepidosperma chinense Nees ex Kunth, Enum. Pl. 2: 320. 1837.

根状茎匍匐；秆丛生，高45-90 cm，圆柱形，直立，坚挺，基部具紫黑色叶鞘。叶基生，圆柱形，稍短于秆，直径2-3 mm，平滑，坚挺。总苞片圆柱状或半圆柱状，基部鞘状；圆锥花序紧缩呈穗状，长3-10 cm；小穗密集，长圆形，长6-8 mm；鳞片5，卵形或卵状披针形，长4-6.5 mm，顶端钝，具短尖，背面有龙骨状突起，最下部2鳞片内无花，最上部1鳞片不发达，中间2鳞片内各有1朵两性花，下部的1朵花雌蕊不发育；下位鳞片6枚，极短；雄蕊3；柱头3。小坚果椭圆形，长3.5-4 mm，褐黄色，平滑，基部为硬化的鳞片所包。

分布于华南及福建、湖南、浙江，生于湿地、河边、山谷疏林下、山坡，海拔800-1 500 m。也分布于印度尼西亚、马来西亚、巴布亚新几内亚和越南。

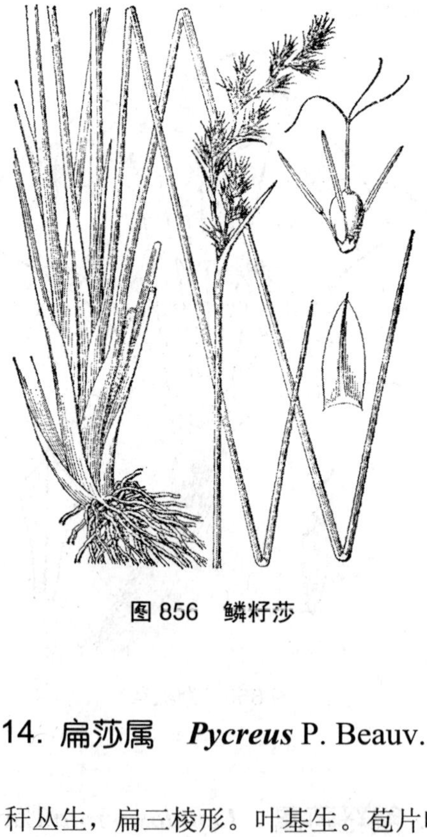

图856 鳞籽莎

14. 扁莎属 ***Pycreus*** P. Beauv.

一年生或多年生草本。秆丛生，扁三棱形。叶基生。苞片叶状；长侧枝聚伞花序简单或复出，疏展或密集呈头状，辐射枝长短不等，有时极短缩；小穗排列成穗状或头状，小穗轴延续，基部无关节，宿存；鳞片2列，最下部1-2鳞片内无花，其余均具1朵两性花；无下位刚毛或鳞片状花被；雄蕊1-3；花柱基部不膨大，柱头2。小坚果两侧压扁，棱向小穗轴，双凸状，表面具网纹和微突的细点以及横波纹。

本属有70余种，分布于世界各大洲。我国有11种（3种特有）。

分种检索表

1. 鳞片两侧无宽槽，边缘白色透明……………………………………………………1. 球穗扁莎 *P. flavidus*
1. 鳞片两侧具宽凹槽，边缘暗血红色…………………………………………2. 红鳞扁莎 *P. sanguinolentus*

1. 球穗扁莎

Pycreus flavidus (Retz.) T. Koyama, J. Jap. Bot. 51: 316. 1976.——*Cyperus flavidus* Retz.

1a. 球穗扁莎（变种）

Pycreus flavidus (Retz.) T. Koyama var. ***flavidus***

秆丛生，高 7-50 cm，较细，钝三棱形，基部生少数叶。叶短于秆，宽 1-2 mm。长侧枝聚伞花序简单，具 2-6 个辐射枝，每辐射枝密生 2-20 余个小穗；小穗狭长圆形或狭条形，长 5-18 mm，宽 1.5-3 mm，具多数花；鳞片长圆状卵形，长 1.5-2 mm，中间龙骨状突起绿色，两侧黄褐色、红褐色或暗紫红色，边缘白色透明；雄蕊 2；花柱中等长，柱头 2，较细长。小坚果倒卵形，长约 0.6 mm，双凸状，稍扁，褐色或暗褐色，表面具微突起细点，有时可见到白色透明的膜。花果期 6-11 月。

分布于全国各地，生于沼泽、浅水中、河边、阴湿地、草甸、水边、沟边、稻田边，海拔 100-3 400 m。非洲、亚洲及大洋洲均有分布。

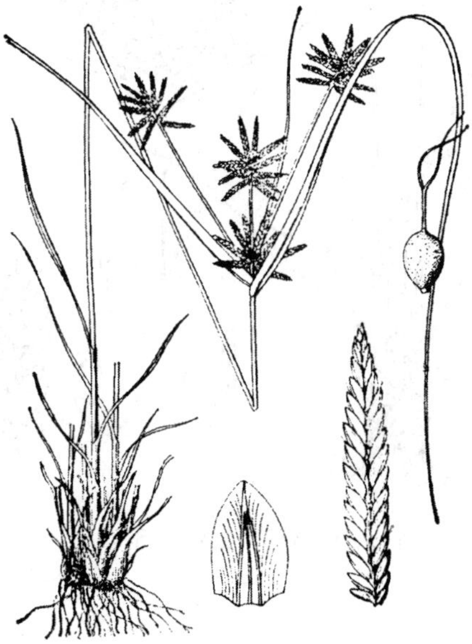

图 857　球穗扁莎

1b. 小球穗扁莎（原变种）

Pycreus flavidus (Retz.) T. Koyama var. ***nilagiricus*** (Hochst. ex Steud.) C. Y. Wu ex S. Karthik., Fl. Ind. Enumerat.-Monocot. 65. 1989.——*Cyperus nilagiricus* Hochst. ex Steud.

与球穗扁莎的区别：小穗狭，宽不超过 1.5 mm，鳞片排列紧密，栗色或紫褐色。花果期 7-9 月。

分布于全国各地，生于水中、溪旁或阴湿处，海拔 2 400 m 以下。

2. 红鳞扁莎

Pycreus sanguinolentus (Vahl) Nees ex C. B. Clarke in Hook. f., Fl. Brit. India 6: 590. 1893.——*Cyperus sanguinolentus* Vahl

秆密丛生，高 5-50 cm，扁三棱形，稍细，较坚挺。叶短于秆，宽 2-4 mm。长侧枝聚伞花序简单，具 3-5 个辐射枝，每辐射枝顶端具 1 穗状花序；穗状花序密生 4-10 余个小穗；小穗长圆形或长圆状披针形，长 5-18 mm，宽 2.5-3 mm，具 6-30 朵花；鳞片卵形，长 2 mm，中间黄绿色，两侧淡黄色或褐黄色，具稍宽的凹槽，边缘暗血红色；雄蕊 3 或 2；花柱长，柱头 2，细长。小坚果倒卵形，长 1-1.2 mm，双凸状，黑色。花果期 7-12 月。

除西藏以外分布全国各地，生于山谷、田边、河边或浅水中，海拔 100-3 400 m。非洲、亚洲、欧洲南部及大洋洲均有分布。

图 858　红鳞扁莎

15. 刺子莞属　*Rhynchospora* Vahl.

多年生草本，极少一年生。秆丛生，三棱形或圆柱形。叶基生或秆生，扁平，鞘合生。苞片叶状，具鞘；穗状花序由两至少数长侧枝聚伞花序组成，或有时为头状花序；鳞片紧包，下部的多少呈 2 列，质坚硬，上部的呈螺旋状复瓦式排列，质薄，下部的 3-4 片内无花，上部的 1-3 片内各具 1 朵花；具有刺或无刺的下位刚毛；雄蕊 3；稀 2-1；花柱长，基部膨大，柱头 2。小坚果扁，具各种花纹或刺状突起，顶部具宿存而膨大的花柱基，即喙。

本属约有350种，分布于全世界，美洲热带和亚热带较多。我国有9种。

分种检索表

1. 头状花序，花单性……………………………………………………………3. 刺子莞 *R. rubra*
1. 圆锥花序，花两性。
    2. 秆较细，直径0.5-1mm；叶宽0.5-1mm；下位刚毛被倒刺…………………………2. 细叶刺子莞 *R. faberi*
    2. 秆粗壮，直径1.5mm；叶宽1.5-2.5mm；下位刚毛被顺刺。
        3. 小穗长7mm；花柱基及下位刚毛长于或等长于小坚果……………………1. 华刺子莞 *R. chinensis*
        3. 小穗长4.5mm；花柱基及下位刚毛短于小坚果……………4. 白喙刺子莞 *R. rugosa* subsp. *brownii*

1. 华刺子莞

Rhynchospora chinensis Nees & Meyen ex Nees, Nov. Actorum Acad. Caes. Leop.-Carol. Nat. Cur. 19 (Suppl. 1): 108. 1843.

秆丛生，高25-60cm，三棱形。叶基生和秆生，细线形，短于花序，宽1.5-2.5mm。苞片叶状，细线形，下部的具鞘；长侧枝聚伞花序排成圆锥状；小穗2-9簇生，卵状披针形，长约7mm，褐色；鳞片7-8，上部2或3片内各具1朵两性花，仅最下部1花结实；下位刚毛6，被顺刺，长于或等长于小坚果；雄蕊3；柱头2。小坚果椭圆状倒卵形，长约3.7mm，双凸状，表面具皱纹；花柱基狭圆锥状，长于或等长于小坚果。花果期5-10月。

分布于华东、华南及湖北，生于沼泽、潮湿处和湿草地，海拔100-3 000m。也分布于日本、缅甸、斯里兰卡、泰国、越南、印度洋岛屿、马达加斯加。

图859 华刺子莞

2. 细叶刺子莞

Rhynchospora faberi C. B. Clarke, J. Linn. Soc. Bot. 36: 259. 1903.

秆丛生，高 20-60 cm，直径 0.5-1 mm，三棱形。叶基生和少数秆生，叶片丝状，宽 0.5-1 mm。苞片叶状或刚毛状，具鞘；圆锥花序由顶生和 3-4 侧生长侧枝聚伞花序组成，具少数小穗；小穗卵状披针形，长 3.5 mm，顶端渐尖，褐色，有 1-2 朵花，具 5-6 片鳞片，最上部 1 片和最下部 3-4 片无花；有花鳞片卵形或椭圆状卵形，具雌雄花各 1 或均为两性花，上部 1 朵花不发育；下位刚毛 6，稍长于小坚果，被倒刺；雄蕊 1；花柱细长，基部膨大，柱头 2。小坚果倒卵状圆形或宽卵形，长 1.5 mm，双凸状，褐色或淡栗色，表面微具横皱纹；宿存花柱基狭圆锥形，基部仅有小坚果宽的 1/3，长为小坚果的 2/3 或 1/2。花果期 8-10 月。

分布于福建、广东、广西、湖南、江苏、江西、山东、浙江，生于沼泽、溪边。也分布于日本、朝鲜、俄罗斯（远东地区）。

3. 刺子莞

Rhynchospora rubra (Lour.) Makino, Bot. Mag. (Tokyo) 17: 180. 1903.——*Schoenus ruber* Lour.

秆直立丛生，高 20-65 cm，圆柱形。叶基生，线形，长 10-30 cm，宽 1-3.5 mm。苞片 4-10 枚，叶状，长短不一；头状花序顶生，球形，直径 15-17 mm，具多数小穗；小穗钻状披针形，长约 8 mm；鳞片 6-8 枚，具 2 或 3 朵单性花，最上部 1 或 2 片内具雄花，其下 1 片具雌花；下位刚毛 4-6，长短不一；雄蕊 2（3）；柱头 2。小坚果宽倒卵形，长 1.5-2 mm，双凸状，上部被短柔毛，表面具细点；花柱基三角形。花果期 5-11 月。

广布于长江流域以南各省区和台湾，生于湿草地、草坡、路边，海拔 100-1 400 m。非洲、亚洲和大洋洲均有分布。

全草药用。

图 860　刺子莞

4. 白喙刺子莞

Rhynchospora rugosa (Vahl) Gale subsp. ***brownii*** (Roem. & Schult.) T. Koyama in H. Hava & al, Enum. Fl. Pl. Nepal 1: 118. 1976.——*R. brownii* Roem. & Schult.

秆丛生，直立，纤细，高 30-50 cm，直径约 1 mm，三棱形。叶基生和秆生，叶鞘管状，叶片线形，宽 1.5-3 mm。苞片叶状，下部的具鞘；圆锥花序由顶生或侧生长侧枝聚伞花序组成；小苞片刚毛状；小穗椭圆形或卵形，长约 4.5 mm，锈棕色，有鳞片 7-8 片，下部 3-4 片内无花，较短小，上部 3 片较大，宽卵形，各有 1 朵两性花，其中最上部的雌蕊不发育；下位刚毛 6，长短不一，有顺刺；雄蕊 3，稀 1-2；柱头 2。小坚果椭圆状倒卵形，长约 1.7 mm，双凸状；花柱基圆锥状，较小坚果短而稍狭。

分布于西南及福建、广东、广西、湖南、江西、台湾、浙江，生于沼泽、河边潮湿处，海拔 1 000-2 400 m。非洲、亚洲、欧洲和大洋洲均有分布。

图 861 白喙刺子莞

16. 水葱属 *Schoenoplectus*（Reich.）Palla

一年生或多年生草本，有的具匍匐根状茎。秆丛生，无节。叶通常退化成鞘，极少具舌状叶片。苞片为秆的延长；长侧枝聚伞花序简单或复出，假侧生，具 1 至多个小穗；小穗卵形至椭圆形；鳞片螺旋排列，每一片包裹 1 朵两性花；下位刚毛 0-6，针状，有倒刺或羽毛状；雄蕊 1-3；花柱宿存。小坚果倒卵形，双凸状，平滑或皱纹。

本属约有 77 种，广布全世界。我国有 21 种（5 种特有）。

分种检索表

1. 鳞片顶端微凹，具芒尖或芒；小坚果平滑；秆散生。
   2. 秆圆柱形；鳞片棕色或紫褐色，具锈色小突起，顶端微凹，具芒，边缘具纤毛；匍匐根状茎粗壮…………………………………………………………………………………………3. 水葱 *S. tabernaemontani*
   2. 秆锐三棱形；鳞片黄棕色，顶端微凹，具短尖，边缘疏生缘毛；匍匐根状茎细长…………………………………………………………………………………………4. 三棱水葱 *S. triqueter*
1. 鳞片顶端急尖，具短尖；小坚果有皱纹；秆丛生。
   3. 秆锐三棱形……………………………………………………2. 水毛花 *S. mucronatus* subsp. *robustus*
   3. 秆圆柱形。
      4. 下位刚毛 5-6 条，与小坚果近等长……………………………………………1. 萤蔺 *S. juncoides*
      4. 下位刚毛 4 条，长约为小坚果的 1.5 倍……………………………………5. 猪毛草 *S. wallichii*

1. 萤蔺

Schoenoplectus juncoides (Roxb.) Palla, Bot. Jahrb. Syst. 10: 299. 1888.

秆直立，丛生，高 15-70cm，圆柱形，无叶片，秆的基部具 1-3 个叶鞘。苞片为秆的延长，直立，长 3-15cm；小穗 3-15 个排成头状，卵形或长圆形，长 8-17mm，宽 3.5-6mm，具多花；鳞片宽卵形，长 3.5-4mm，具短尖，中脉绿色，两侧具棕色条纹；下位刚毛 5-6，短于或等长于小坚果，有倒刺；雄蕊 3；柱头 2（3）。小坚果宽倒卵形，长 2-2.5mm，具不明显的横皱纹。花果期 8-11 月。

除内蒙古外，全国均有分布，生于溪边、水塘边、田边、沼泽及潮湿沙土中。非洲、亚洲和大洋洲均有分布。

可造纸及编草篮，药用可清热解毒、凉血利尿、止渴明目等。

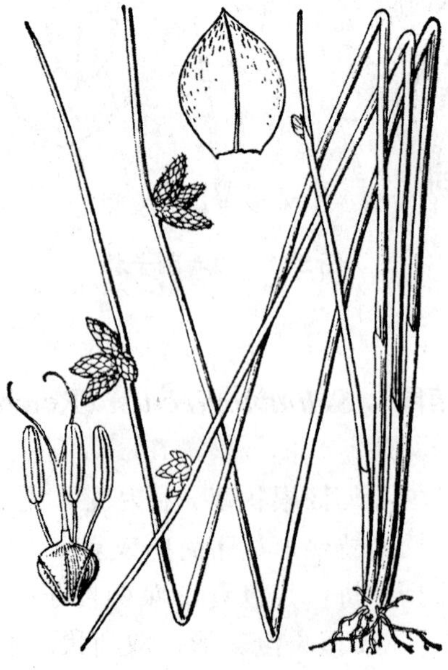

图 862 萤蔺

2. 水毛花

Schoenoplectus mucronatus (L.) Palla subsp. ***robustus*** (Miq.) T. Koyama, Fl. Taiwan 5: 214. 1978.——*Scirpus mucronatus* L. var. *robustus* Miq.; *S. triangulates* Roxb.

秆丛生，高 50-120 cm，锐三棱形。苞片为秆的延长，直立或斜展，长 2-9 cm；小穗 2-9（-20）聚集成头状，侧生，卵形、长圆状卵形或披针形，长 8-12 mm，宽 4-6 mm，具多数花；鳞片卵形或长圆状卵形，长 4-4.5 mm，淡棕色，具短尖，具红棕色短条纹；下位刚毛 6，有倒刺，长于或等长于小坚果；雄蕊 3；花柱长，柱头 3。小坚果倒卵形，扁三棱形，长 2-2.5 mm，暗棕色，稍具皱纹。花果期 5-8 月。

除新疆外全国均有分布，生于水塘边、沼泽地、溪边草地、湖边、稻田，海拔 100-2 700 m。亚洲、非洲、欧洲南部均有分布。

秆可编织蒲包。

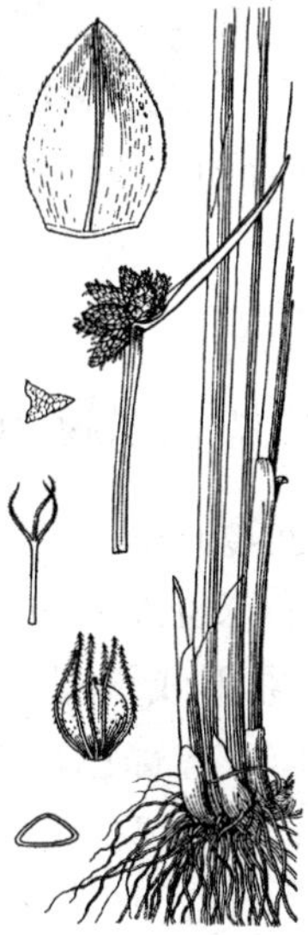

图 863 水毛花

3. 水葱

Schoenoplectus tabernaemontani (Gmel.) Palla, Verh. K. K. Zool.-Bot. Ges. Wien 38: 49. 1888.——*Scirpus tabernaemontani* Gmel.

秆高 1-2 m，粗壮，圆柱形。叶鞘管状，仅最上 1 枚具叶片，叶片线形，长 1.5-11 cm。苞片为秆的延长，直立，短于花序；长侧枝聚伞花序假侧生，具 3-8 个辐射枝；小穗卵形或卵状长圆形，长 5-10 mm，具多数花；鳞片椭圆形或宽卵形，长约 3 mm，棕色或紫褐色，具锈色小突起，边缘具纤毛，顶端微凹，具芒；下位刚毛 6，与小坚果近等长，有倒刺；雄蕊 3；柱头 3 或 2。小坚果倒卵形，长约 2 mm。花果期 6-9 月。

分布于东北、华北、西北、西南及湖北、湖南、广东、江苏，生于沼泽或湖边浅水中，海拔 300-3 200 m。亚洲、非洲北部、欧洲、大洋洲、美洲均有分布。

图 864 水葱

4. 三棱水葱

Schoenoplectus triqueter (L.) Palla, Verh. K. K. Zool.-Bot. Ges. Wien 38: 49. 1888.

匍匐根状茎红褐色；秆散生，高 20-90 cm，三棱形。仅最上部 1 枚叶鞘具叶片，叶片线形，长 1.3-5.5 cm。苞片为秆的延长，长 1.5-7 cm；长侧枝聚伞花序有 1-8 个三棱形的辐射枝，每枝有 1-8 个小穗；小穗簇生，卵形或长圆形，长 6-12 mm，宽 3-7 mm，具多数花；鳞片长圆形或宽卵形，长 3-4 mm，膜质，黄棕色，顶端微凹，具短尖，边缘具疏缘毛；下位刚毛 3-5，与小坚果近等长，具倒刺；雄蕊 3；柱头 2。小坚果倒卵形，长 2-3 mm，褐色。花果期 6-10 月。

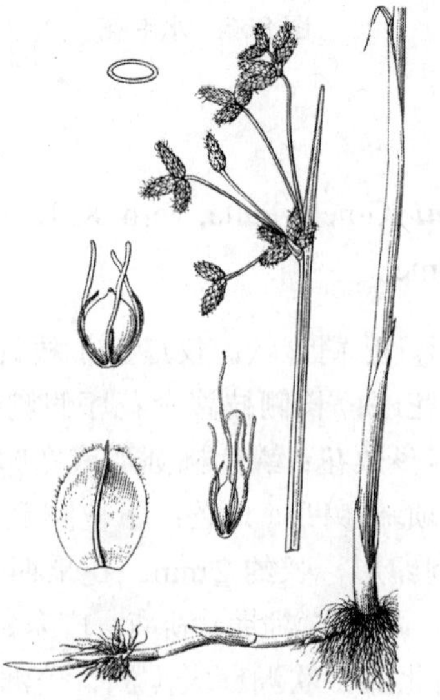

图 865 三棱水葱

除海南岛外全国均有分布，生于水沟边、塘边、河边湿地、沼泽，海拔 100-2 300m。非洲北部、亚洲和欧洲均有分布。

可造纸和编席。

5. 猪毛草

Schoenoplectus wallichii (Nees) T. Koyama, Fl. Taiwan 5: 210. 1978.——*Scirpus wallichii* Nees.

秆直立，丛生，高 10-40cm，圆柱形，细弱。无叶片，叶鞘管状，2-3 枚着生于秆的基部，近膜质，长 3-9cm。苞片为秆的延长，直立，长约 4.5-13cm；小穗单生或 2-3 个簇生，长圆卵形，长 7-17mm，宽 3-6mm，有多数花；鳞片长圆卵形，顶端渐尖，有短尖，纸质，长 4-5.5mm，淡棕绿色，近半透明状；下位刚毛 4，有倒刺；雄蕊 3；柱头 2。小坚果宽椭圆形，长约 2mm，有不明显的横皱纹。花果期 9-11 月。

分布于安徽、福建、广东、广西、贵州、湖北、湖南、江苏、江西、台湾、云南、浙江，生于湿地、溪边、河边、稻田，海拔 800-1 300m。也分布于印度、日本、朝鲜、马来西亚、缅甸、菲律宾、越南。

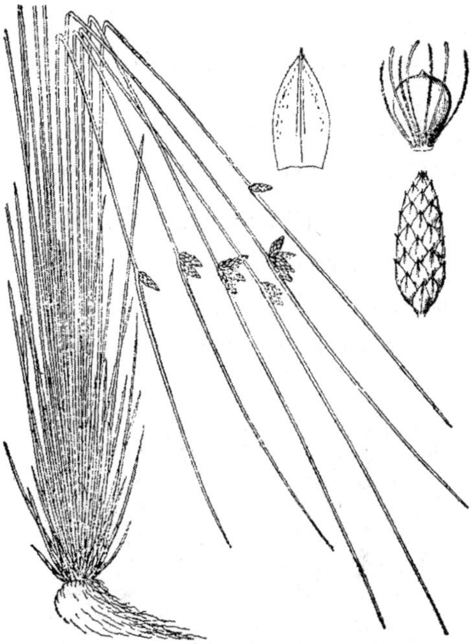

图 866 猪毛草

17. 藨草属 *Scirpus*

多年生草本。具匍匐根状茎或无，秆具节，散生或丛生。叶基生或秆生。苞片叶状；长侧枝聚伞花序多次复出；小穗卵形至椭圆形，通常较小；鳞片螺旋排列，每 1 鳞片内具 1 花；花两性，下位刚毛 3-6，长于或等长于小坚果，具倒刺或顺刺，弯曲或直，花柱基不膨大，柱头 3。小坚果倒卵形至椭圆形，扁三棱形至三棱形或双凸状，平滑，顶端具喙。

本属约有 35 种，主要分布于北半球的温带地区。我国有 12 种（4 种特有）。

分种检索表

1. 小穗暗绿色。
  2. 下位刚毛直，全部具倒刺，等长或稍长于小坚果；鳞片背面 3 脉……………3. 东方藨草 *S. orientalis*
  2. 下位刚毛长而弯曲，近顶端具倒刺，长于小坚果 3-4 倍………………………………4. 单穗藨草 *S. radicans*
1. 小穗褐红色。
  3. 鳞片顶端钝或稍圆…………………………………………………………………5. 百球藨草 *S. rosthornii*
  3. 鳞片顶端尖。
    4. 小穗 5-10 个聚成头状，长 6-9 mm；鳞片长圆状卵形或披针形，长 2.5-3 mm；秆丛生……………………………………………………………………………………………1. 华东藨草 *S. karuizawensis*
    4. 小穗单生或 2-4 簇生，长 3-6 mm；鳞片三角状卵形，长约 1.5 mm；秆单生………………………………………………………………………………………………2. 庐山藨草 *S. lushanensis*

1. 华东藨草

Scirpus karuisawensis Makino, Bot. Mag. (Tokyo) 18: 119. 1904.

秆丛生，高 80-150 cm，粗壮，有节。叶线形，基生或秆生，基生叶仅具叶鞘，其余的叶短于秆，宽 4-10 mm。苞片 3-4，叶状，长于花序；长侧枝聚伞花序顶生或侧生，排成圆锥花序，顶生的具多数辐射枝，侧生的辐射枝则较少，每枝有 5-10 个小穗排成头状；小穗卵状长圆形，长 6-9 mm，宽 3-4 mm，具多数花；鳞片膜质，长圆卵形或披针形，顶端尖，长 2.5-3 mm，红棕色，边缘具刺毛状细齿；下位刚毛 6 条，下部卷曲，较小坚果长得多，顶端疏生顺刺；柱头 3。小坚果长圆形或倒卵形，扁三棱状，长约 1 mm，顶端具短喙。花果期 6-9 月。

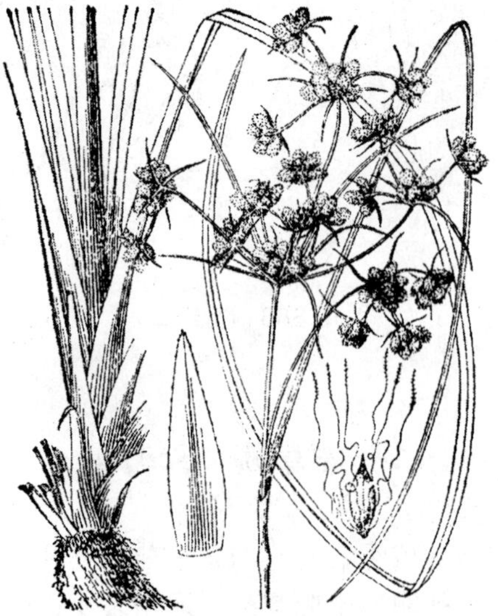

图 867 华东藨草

分布于东北、华中及安徽、贵州、江苏、陕西、山东、浙江、云南，生于湿地、沼泽、河旁、溪边或水中。也分布于日本、朝鲜。

2. 庐山藨草

Scirpus lushanensis Ohwi, Acta Phytotax. Geobot. 7: 134. 1938.

秆单生，高 100-150 cm，粗壮，钝三形，有节，叶基生或秆生，线形，短于秆，宽 5-10 mm，叶鞘长 3-10 cm，红棕色。苞片 2-4 枚，长于花序；长侧枝聚伞花序多次复出，辐射枝最长达 10 cm，小穗单生或 2-4 个成簇顶生，长 4-6 mm，直径约 2 mm，具多数花；鳞片三角状卵形或长圆卵形，顶端尖，长约 1.5 mm，锈色；下位刚毛 6，下部卷曲，上部具顺刺，极长于小坚果；柱头 3。小坚果倒卵形，长约 1 mm，有 3 棱，顶端具喙。花果期 6-9 月。

分布于华东、华中、西南及广东、广西、吉林、辽宁、陕西、西藏，生于潮湿草地、沼泽、溪边、山坡路边，海拔 300-2 800 m。也分布于印度、印度尼西亚、日本、朝鲜、俄罗斯（远东地区）、泰国、越南。

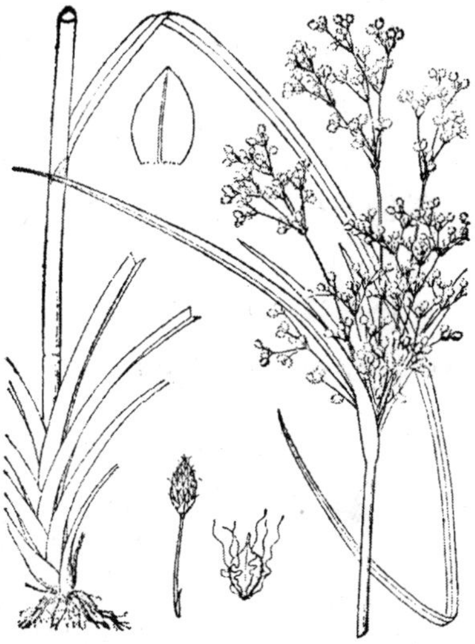

图 868　庐山藨草

3. 东方藨草

Scirpus orientalis Ohwi, Acta Phytotax. Geobot 1: 76. 1932.

秆高 80-120 cm，直径 7-12 mm，有节。叶秆生或基生，线形，宽 5-15 mm，边缘和中肋常具刺毛；苞片 2-4，叶状，长于花序；长侧枝聚伞花序多次复出，具多数辐射枝，最长的可达 10 cm，小穗单生或 2-3 个聚合，长卵形，长 4-6 mm，宽约 2 mm，暗绿色，具多数花；鳞片膜质，宽卵形，长约 1.5 mm，黄绿色；下位刚毛直，5-6，等长于小坚果，有倒刺；雄蕊 3；柱头 3。小坚果倒卵形、扁三棱形，长约 1.5 mm。花果期 6-8 月。

分布于东北、华北及甘肃、河北、陕西、山东、新疆，生于林中沼泽、湿地，海拔 400-2 700 m。也分布于日本、朝鲜、蒙古、俄罗斯（远东地区、西伯利亚）。

4. 单穗藨草

Scirpus radicans Schkuhr, Ann. Bot. (Usteri) 4: 48. 1793.

秆散生，高 65-90 cm，粗壮，有节。叶基生或秆生，短于花序，宽 7-10 mm，叶鞘长；苞片 2-3，叶状，长于花序，长侧枝聚伞花序多次复出，第一次辐射枝长达 9 cm；小穗暗绿色，单生或 2-4 个簇生于辐射枝顶端，长圆状卵形，长 6-7 mm，宽 2 mm，多花；鳞片长圆形，长约 2 mm，背面中脉淡黄色，两边黑色，上部边缘具纤毛状；下位刚毛 6，长为小坚果 3-4 倍，弯曲，近顶端稍有倒刺；柱头 3。小坚果倒卵形，扁三棱状，长约 1 mm，淡黄色。花果期 6-9 月。

分布于东北及内蒙古，生于水中、沼泽地，海拔 400-900 m。也分布于日本、哈萨克斯坦、朝鲜、蒙古、俄罗斯及欧洲。

5. 百球藨草

Scirpus rosthornii Diels, Bot. Jahrb. Syst. 29: 228. 1900.

秆高 20-100 cm，粗壮，三棱形，有节。叶基生和秆生，线形，宽 5-15 mm，叶鞘长 3-12 cm。苞片 3-5，叶状，长于花序；长侧枝聚伞花序多次复出，具 6-7 个辐射枝，长达 12 cm，各次辐射枝粗糙；小穗无柄，4-15 个聚生成头状，卵形或椭圆形，长 2-3 mm，宽 1.5 mm，具多数花；鳞片宽卵形，顶端钝，长 1 mm，中间淡绿色，两侧麦秆黄色或棕色；下位刚毛 2 或 3，上部具顺刺，稍长于小坚果；柱头 2。小坚果近圆形，双凸状，黄色。花果期 5-9 月。

分布于华中、西南及安徽、福建、甘肃、广东、广西、江西、陕西、山东、浙江，生于湿地、沼泽地、溪边、山坡林中、路边，海拔 300-2 600 m。也分布于日本、尼泊尔。

图 869 百球藨草

18. 珍珠茅属 *Scleria* Berg.

多年生或一年生草本。具根状茎或无，有时具匍匐茎；秆直立，三棱形，稀圆柱形。具秆生叶或兼具茎生叶，叶线形，稍粗糙，具鞘，中部的叶鞘具翅或无，具叶舌。圆锥花序顶生，稀为间断的穗状花序；苞片多为叶状，具鞘，稀鳞片状；小苞片刚毛状，稀鳞片状；花单性；小穗最下部的2-4鳞片内无花；雄小穗具数朵雄花；雌小穗具1朵雌花；两性小穗下部1朵为雌花，以上数朵为雄花；雄蕊1-3，花药线形或线状长圆形，药隔钻状；花柱基不膨大，柱头3。小坚果球形或卵形，钝三棱状，骨质，具网纹、皱纹或平滑，被毛或无毛，多有光泽，通常具稍3裂或全裂的下位盘。

本属约有200种，主要分布于热带地区，有些类群延伸至温带地区。我国有24种（3种特有）。

1. 小型珍珠茅

Scleria parvula Steud., Syn. Pl. Glumac. 2: 174. 1855.

一年生。秆丛生，纤细，三棱形，高40-60 cm，直径1.5 mm。叶秆生，线形，宽3.5-5.5 mm，被毛。圆锥花序，分枝远离，具少数小穗；小穗披针形，多为单性。小坚果近球形，长约2.5 mm，宽2 mm，无毛或被褐色微柔毛，表面具方格纹，顶端具黄白色短尖；下位盘黄白色，3浅裂，裂片卵状三角形或近圆形，长为小坚果的1/4-1/3，顶端急尖，边缘反折。花果期7-10月。

分布于长江以南，生于溪边、山谷湿地、水田中、山坡、荒地，海拔700-2 700 m。也分布于热带和亚热带地区及非洲热带。

图870 小型珍珠茅

19. 针蔺属 *Trichophorum* Pers.

多年生草本。根状茎短或具细长匍匐根状茎；秆丛生，秆细，基部具几枚无叶片的叶鞘。苞片鳞片状；长侧枝聚伞花序十分退化，有几个甚至只有一个小穗；小穗椭圆形；鳞片螺旋排列，膜质；花两性或单性，下位刚毛 6，丝状，长于小坚果。小坚果倒卵形，三棱形或扁，平滑，顶端具喙。

本属约有 10 种，分布于北极地区及温带和热带地区的高山区。我国有 6 种（1 种特有）。

1. 玉山针蔺

Trichophorum subcapitatum (Thw. & Hook.) D. A. Simpson, Kew Bull. 53: 227. 1998.——*Scirpus subcapitatus* Thw. & Hook.

秆密丛生，高 20-90 cm，圆柱形。叶鞘 5 或 6，最上 1 枚长达 15 cm，顶端具钻状叶片。苞片鳞片状，卵形或长圆形，长 3-7 mm，顶端具短尖；蝎尾状聚伞花序小，具 2-4 个小穗；小穗卵形或披针形，长 5-10 mm，宽 2 mm，具 5-10 朵花；鳞片卵形，长 3.5-4.5 mm，麦秆黄色或棕色；下位刚毛 6，较小坚果长 1 倍，上部具顺刺；雄蕊 3；柱头 3。小坚果长圆形或长圆状倒卵形，三棱形，长 2 mm，黄褐色。花果期 3-6 月。

分布于安徽、福建、广东、广西、贵州、湖北、湖南、江西、台湾、浙江，生于林边湿地、溪旁、山坡路旁湿地或灌木林中。也分布于印度、印度尼西亚、日本、马来西亚、巴布亚新几内亚、菲律宾、斯里兰卡、泰国、越南。

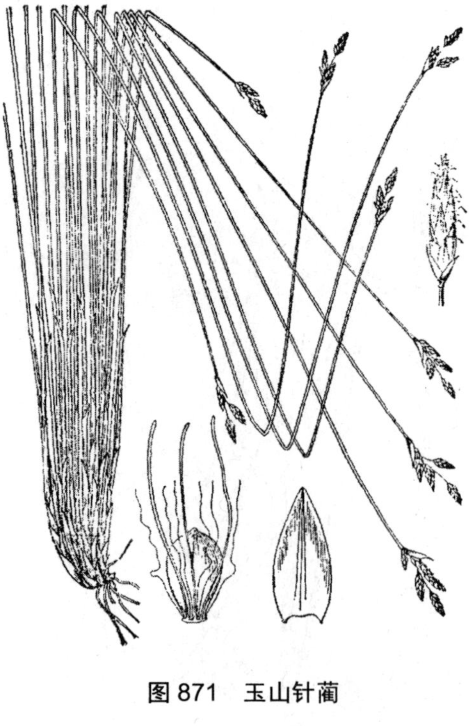

图 871 玉山针蔺

棕榈科 Arecaceae（Palmae）

灌木、藤本或乔木。茎单生或丛生，平滑、粗糙、有刺或有叶痕，稀被柔毛。叶互生，羽状或掌状分裂，稀全缘或近全缘，叶柄基部通常扩大成鞘。花小，单性或两性，雌雄同株或异株，有时杂性；肉穗花序被一个或多个鞘状或管状佛焰苞所包；花萼和花瓣均 3 片，离生或合生；雄蕊通常 6，2 轮，花药 2 室，纵裂，退化雄蕊通常存在；子房 1-3 室或 3 心皮离生或基部合生，柱头 3，每心皮有 1-2 胚珠。核果或硬浆果，果皮光滑或有毛、有刺、粗糙或被鳞片。种子通常 1，有时 2-3 至 10，与外果皮分离或黏合，外种皮薄或肉质，胚乳均匀或嚼烂状。

本科约有 183 属 2 450 种，分布于热带、亚热带地区，主产于非洲、亚洲、美洲和太平洋岛屿。我国有 18 属（2 属特有）77 种（27 种特有，4 种引进）。

分属检索表

1. 乔木；花被片卵状长圆形或卵形，雄花具 6 雄蕊；果卵球形或近球形，长 15-25 cm，顶端微具 3 棱，内果皮木质……………………………………………………………………………………1. 椰子属 *Cocos*

1. 灌木；花被片倒披针形；雄花具 3 雄蕊，花丝和花药合生成雄蕊柱；果倒卵球形，长 9-11 cm，稍扁，具 6 棱，内果皮海绵状………………………………………………………………………2. 水椰属 *Nypa*

1. 椰子属 *Cocos* L.

乔木状，高 15-30 m。茎粗壮，有环状叶痕，基部粗，常有簇生气根。叶羽状全裂，长 3-4 m，簇生茎顶，羽片多数，外折，革质，线状披针形，长 0.7-1 m；叶柄粗壮，长 1 m 以上。圆锥花序生于叶丛中，长 1.5-2 m，多分枝；佛焰苞 2，纺锤形，厚木质，最下部的长 0.6-1 m，脱落；花单性，雌雄同株；雄花多数，聚生于花序分枝上部及顶部；雄花萼片 3，长 3-4 mm；花瓣 3，卵状长圆形，长 1-1.5 cm；雄蕊 6，内藏，退化雌蕊极小或缺；雌花基部有数枚小苞片；萼片 3，卵形，宽约 2.5 cm；花瓣 3；子房 3 室，每室 1 胚珠，1 室发育，花柱短，柱头 3，外弯。果卵球形或近球形，长 15-25 cm，顶端微具 3 棱，外果皮薄，中果皮厚纤维质，内果皮木质，基部有 3 孔，1 孔与胚相对。种子 1，萌发时由孔穿出，富含胚乳（“果肉”或椰仁）和汁液（椰子水）。

本属为单种属。

1. 椰子

Cocos nucifera L., Sp. Pl. 2: 1188. 1753.

形态特征同属。花果期为秋季。

分布于广东南部、广西南部、海南和台湾及云南南部，多栽培。广布于热带地区海岸，尤以亚洲东南部最多。

经济价值极高，是热带著名水果，椰肉（胚乳）可榨油、制糕点和糖果，椰棕（中果皮纤维）可制缆绳、毛刷等，根药用，木材可作梁柱或伞柄。树形高耸、壮观、优美，是热带风光的标志。

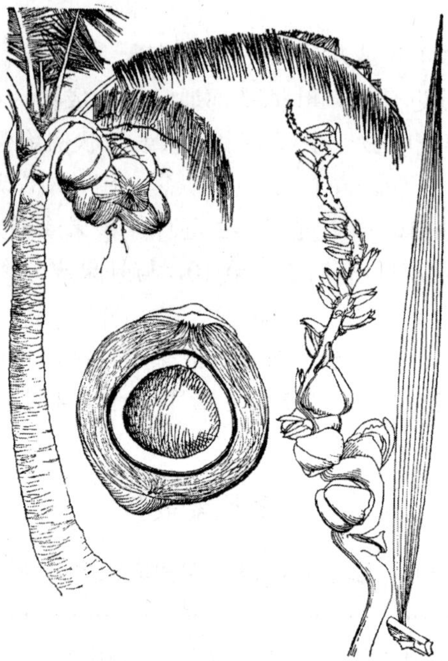

图 872　椰子

2. 水椰属　*Nypa* Steck

灌木，大型具匍匐茎的丛生棕榈。叶羽状全裂，外折，长 4-7 m，羽片多数，线状披针形，外折，长 50-80 cm，宽 3-5 cm，全缘，中脉凸起，下面沿中脉近基部有纤维束状、丁字着生膜质小鳞片。花序单生叶间，长达 1 m，直立，分枝 5（6）级，有几个管状佛焰苞；花单性，雌雄同株；雄花序葇荑状，着生雌花序侧边；雌花序头状，顶生；雄花每花具 1 小苞片；萼片 3，离生，倒披针形；花瓣 3，离生，与萼片相似；雄蕊 3，花丝和花药合生成雄蕊柱，花丝细长无退化雌蕊；雌花萼片 3，离生，不整齐倒披针形；花瓣 3，与雄花相似，无退化雄蕊，心皮 3（4），离生，倒生胚珠 3。果序球形，32-38 果簇生，核果状，褐色，有光泽，倒卵球形，长 9-11 cm，稍扁，具 6 棱，外果皮光滑，中果皮肉质具纤维，内果皮海绵状。种子卵球形或宽卵球形，长 3-4 cm，直径约 4 cm，胚乳白色。

本属为单种属。

1. 水椰

Nypa fruticans Wurmb., Verh. Batav. Genootsch. Kunsten 1: 349. 1779.

形态特征同属。花期 7 月。

分布于海南，生于海滨泥沼地带。亚洲东南部至澳大利亚也有分布。

嫩果可生食或糖渍，叶轴外皮坚韧可编织各种用具，花柄可榨糖浆。为国家三级保护植物。

图 873 水椰

菖蒲科 Acoraceae

多年生常绿草本。根状茎匍匐，肉质。叶 2 列，箭形，基部叶鞘套折。佛焰苞大部分与花序柄合生，叶状，箭形，直立，宿存；花序梗长，全部贴生佛焰苞鞘，三棱形；肉穗花序圆锥形或鼠尾状，花密，自下而上开放；花两性；花被片 6，拱形，靠合，近平截，外轮 3；雄蕊 6，花丝线形，与花被片等长，花药短，药室长圆状椭圆形，近对生，超出药隔；子房倒圆锥状长圆形，与花被片等长，顶端近平截，2-3 室，每室胚珠多数，直生，着生于室顶，下垂，近纺锤形，近珠孔的外珠被被毛状体，珠孔内陷，花柱极短，柱头小。浆果长圆形，顶端近圆锥状，红色，藏于宿存花被之下，2-3 室。种子长圆形，外种皮肉质，长于内种皮，内种皮薄，具小尖头，具外胚乳和丰富的胚乳。

本科有 1 属 2 种，分布于亚洲的温带、亚热带和热带，我国均产。

1. 菖蒲属 *Acorus* L.

形态特征和分布同科。

本属有 2 种，生于沼泽和水中。

菖蒲属长期以来置于天南星科，但许多特征与天南星科不同，宜独立为菖蒲科。分子系统学研究也显示菖蒲属与所有其他单子叶植物是姐妹群，表明菖蒲属与天南星科没有密切的关系。

分种检索表

1. 叶具中脉，叶片剑状，长 70-150 cm，宽 1-3 cm；根状茎粗壮，直径 1-3 cm……………1. 菖蒲 *A. calamus*
1. 叶无中脉，叶片线形，长 20-30 cm，宽少于 6 mm；根状茎细，直径 0.4-0.8 cm…… 2. 金钱蒲 *A. gramineus*

1. 菖蒲

Acorus calamus L., Sp. Pl. 1: 324. 1753.

根状茎粗壮，直径 5-10 mm。叶片剑形，长 70-150 cm，宽 1-3 cm，中脉明显，基部叶鞘套折。花序柄三棱形，短于叶片；佛焰苞叶状，长 30-40 cm，宽 0.5-1 cm；肉穗花序锥状圆柱形，长 4.5-8 cm，宽 0.6-1.2 cm；花两性，花被片顶端平截而内卷，黄绿色；雄蕊 6，花丝扁平，约等长于花被，花药淡黄色，稍伸出花被；子房顶端圆锥状，花柱短。浆果长圆形，红色。花期（2-）6-9 月。

分布于全国各地，生于水边、沼泽湿地或湖泊，常有栽培。海拔 2 800 m。广布于全球温带和亚热带。

根状茎入药，为芳香健胃剂；全株可作农药。

图 874　菖蒲

2. 金钱蒲

Acorus gramineus Sol. ex Aiton, Hort. Kew 1: 474. 1789.——*A. tatarinowii* Schott.

植株高 20-30 cm。根状茎细，直径 4-6（-8）mm。叶基对折，叶片质地较厚，绿色，线形，长 20-30 cm，宽少于 6 mm，先端长渐尖，无中脉，平行脉多数。花序柄长 2.5-9（-15）cm；叶状佛焰苞短，长 3-9cm，宽 3-5mm。果序直径达 1cm；果黄绿色。花期 5-6 月，果期 7-8 月。

分布于华东、华南、华中、西北、西南及台湾，生于水旁湿地或石上，各地常栽培，海拔 2 600 m 以下。也分布于朝鲜、日本、俄罗斯（西伯利亚）、印度、菲律宾及东南亚。

根状茎入药。

图 875 金钱蒲

天南星科 Araceae

草本具块茎或根状茎，稀攀缘灌木或附生藤本或漂浮水中，含苦液或乳汁。叶通常基生，茎生叶互生，全缘或掌状、鸟足状、羽状或放射状分裂，多具网状脉。肉穗花序包有佛焰苞；花小，两性或单性，雌雄同株、同序或异株；雌雄同序则雌花在下，雄花在上；两性花有或无花被，花被 2 轮，花被片 2 或 3，整齐或不整齐，稀合生呈坛状；雄蕊常与花被片同数，对生；无花被的花中，雄蕊 2-4-8 或多数，分离或合生为雄蕊柱，花药 2 室，室孔纵长；常有假雄蕊（不育雄蕊），雌花序的假雄蕊围绕雌蕊，有时单一，位于雌蕊下侧，雌雄同序的有时多数假雄蕊位于雌花群之上，或常合生成假雄蕊柱，全部假雄蕊常合生与肉穗花序轴上部形成海绵质附属器；雌花子房上位，一至多室，中轴或侧膜胎座，胚珠直生、横生或侧生，一至多数，外珠被常于珠孔附近成流苏状。浆果，极稀结合成聚合果。种子一至多数，圆形、椭圆形、肾形，胚乳厚，肉质。

本科约有 110 属 3 500 多种，分布于热带和亚热带地区。我国有 26 属 118 种（72 种特有）。

分属检索表

1. 花两性；水生草本……………………………………………………………………2. 水芋属 *Calla*
1. 花单性；雌雄同株或异株。
  2. 肉穗花序无不育附属物，背面与佛焰苞合生；漂浮植物………………………………6. 大薸属 *Pistia*
  2. 肉穗花序有顶生附属物。
    3. 雄蕊合生成一体。
      4. 子房胚珠多数或少数，侧膜胎座……………………………………………3. 芋属 *Colocasia*
      4. 子房胚珠少数，基底胎座…………………………………………………1. 海芋属 *Alocasia*
    3. 雄蕊分离。
      5. 佛焰苞管部喉部内无隔膜；叶箭状戟形或 3-5 浅裂……………………7. 犁头尖属 *Typhonium*
      5. 佛焰苞管部喉部内具隔膜或闭合。
        6. 两性花序的雄花序部分伸出佛焰苞外，雌花序背面与佛焰苞合生，单侧着花；浆果长圆状卵形……………………………………………………………………5. 半夏属 *Pinellia*
        6. 两性花序完全包于佛焰苞内；聚合果瓣裂…………………………4. 隐棒花属 *Cryptoryne*

1. 海芋属 ***Alocasia*** (Schott) G. Don

多年生草本。茎粗厚，多为地下茎，密被叶柄痕。叶盾状着生，箭状心形，全缘或浅波状，后裂片卵形或三角形，叶柄长，下部多少具长鞘。花序梗后叶抽出，佛焰苞管部卵形、长圆形、席卷，宿存，果期不整齐撕裂，檐部长圆形，舟状，从管部上缘脱落；肉穗花序短于佛焰苞，圆柱形，直立；雌花序锥状圆柱形，不育雄花序（中性花序）窄，能育雄花为合生雄蕊柱，倒金字塔形，顶部近六角形，有雄蕊 3-8，花药线状长圆形，具药隔；不育雄花为合生假雄蕊，扁平，倒金字塔形，顶部平截；雌花有心皮 3-4，花柱短，柱头扁头状，3-4 裂，子房卵形或长圆形，1 室，有时顶部 3-4 室，胚珠少数，直生。浆果红色，椭圆形、倒圆锥状椭圆形或近球形，柱头宿存。种子少数或 1，近球形。

本属约有 80 种，分布于热带亚洲。我国有 8 种。

1. 尖尾芋

Alocasia cucullata (Lour.) G. Don in Sweet, Hort. Brit. (ed. 3) 631. 1839.——*Arum cucullatum* Lour.

地上茎圆柱形，直径 3-6 cm，具环形叶痕，基部发出新枝，丛生。叶膜质或近革质，宽卵状心形，长 10-16（-40）cm，先端骤凸尖，基部圆，前裂片最下 2 对侧脉基出，下倾，弧曲上升；叶柄绿色，长 25-30（-80）cm，中部至基部成宽鞘。花序梗圆柱形，常单生，长 20-30 cm；佛焰苞近肉质，淡绿色至深绿色，背部长圆状卵形，长 4-8 cm，檐部窄舟状，长 5-10 cm。边缘内卷，先端具窄长凸尖；肉穗花序长约 10 cm；雌花序圆柱形，长 1.5-2.5 cm；不育雄花序长 2-3 cm，直径约 3 mm；能育雄花序近纺锤形，长 3.5 cm，中部直径 8 cm，黄色；附属器淡绿色，窄圆锥形，长约 3.5 cm，下部直径 6 mm。浆果近球形，直径 6-8 mm。种子 1。花期 5 月。

分布于华南、西南及福建、台湾，生于水边或田地，有栽培，海拔 2 000 m 以下。印度、斯里兰卡、缅甸、孟加拉国、泰国、越南、老挝也有分布。

全株药用。

2. 水芋属 *Calla* L.

多年生水生草本。根状茎匍匐，圆柱形，长达 50 cm，直径 1-2 cm，节具纤维质根。叶片心形，宽卵形或圆形，长宽均 6-14 cm。先端聚尖，叶脉弧曲；叶柄圆柱形，长 12-24 cm，叶鞘长 7-8 cm，上部与叶柄分离。花序长 10-20 cm；佛焰苞宽卵形或椭圆形，长 3-5 cm，先端凸尖或短尾尖，宿存；肉穗花序短圆柱形，长 1.5-2 cm，直径 0.5-1 cm，花序梗长 0.7-1 cm；花大部分为两性，花序顶端为雄性；无花被；雄蕊 6，花丝扁平，顶端为细丝隔，药室椭圆形，盾状着生，侧向纵裂；子房卵圆形，1 室，侧生胚珠 6-9。果序近球形或宽椭圆形，长 4.5 cm，直径 3 cm，柄长 5-7 cm；浆果靠合，橙红色。

本属为单种属。

1. 水芋

Calla palustris L., Sp. Pl. 2: 968. 1753.

形态特征同属。花期 6-7 月，果期 8 月。

分布于东北及内蒙古，生于沼泽、草甸、林下浅水中，成片生长，海拔 1 100 m。亚洲、欧洲和北美洲广泛分布。

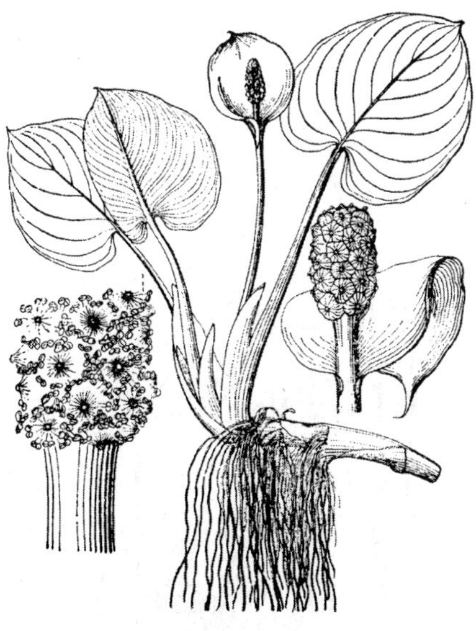

图 876 水芋

3. 芋属 *Colocasia* Schott

多年生草本。具块茎或直立茎。叶盾状着生，卵状心形或箭状心形，后裂片圆，连合部分短或达 1/2；叶柄长，下部鞘状。花序梗通常多数，生于叶腋；佛焰苞管部短，为檐部长 1/5-1/2，卵圆形或长圆形，席卷，宿存，果期增大，不规则撕裂，檐部长圆形或窄披针形，脱落；肉穗花序短于佛焰苞，雌花序短，不育雄花序（中性花序）短而细，能育雄花序长圆柱形，不育附属器直立，长圆锥状；花单性，无花被；能育雄花为合生雄蕊，雄蕊 3-6，倒金字塔形，顶部几平截，不规则多边形，药室线形，比雄蕊柱短，纵裂；不育雄花合生假雄蕊扁平，倒圆锥形，顶部平截，侧扁；雌花心皮 3-4，子房卵圆形或长圆形，无花柱，柱头扁头状，子房 1 室，胚珠多数或少数。浆果绿色，倒圆锥形或长圆形，具残存柱头。种子多数，长圆形。

本属约有 20 种，分布于亚洲热带和亚热带地区。我国有 6 种。

1. 芋

Colocasia esculenta (L.) Schott in Schott & Endlich., Melet. Bot. 18. 1832.——*Arum esculentum* L.

湿生草本。块茎通常卵形。叶 2-3 或更多，卵形，盾状着生，绿色，长 20-60 cm，先端短尖或短渐尖，后裂片深圆，合生长度达 1/3-1/2，弯曲较钝，深 3-5 cm；叶柄绿色或淡紫色，长 20-90 cm。花序柄常单生，短于叶柄；佛焰苞长 20 cm，管部绿色，长 4 cm，宽 2.2 cm，长卵形，檐部披针形或椭圆形，长约 17 cm，展开呈舟状，边缘内卷，淡黄色至绿白色；肉穗花序下部为雌花，其上有一段不孕部分，上部为雄花，顶端附属器长 1 cm，宽 1 mm。花期 2-4 月（云南）至 8-9 月（秦岭）。

原产我国和印度、马来西亚等热带地区，我国南方广泛栽培。埃及、菲律宾、印度尼西亚普遍栽培。

块茎可食。

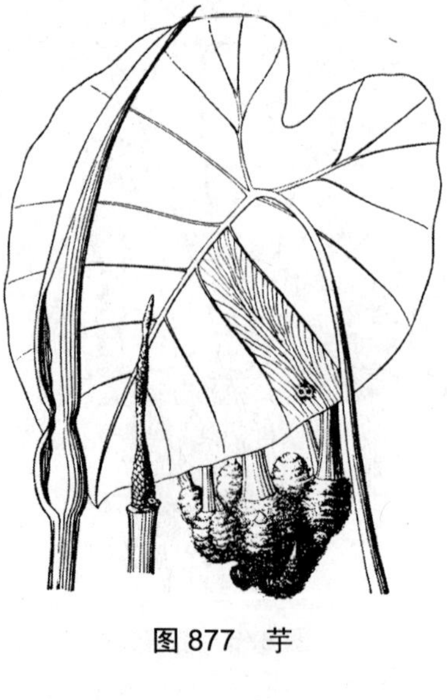

图 877 芋

4. 隐棒花属 *Cryptocoryne* Fisch. ex Wydl.

多年生草本。根状茎有时具匍匐茎。叶心形、椭圆形或披针形，叶柄具长鞘，或线形无叶柄。花序梗通常短；佛焰苞管部藏于地下或水中，下部包花序，管内花序上方有钟形隔片覆盖雄花序，檐部多少披针形，张开或边缘靠合，张口窄，常长尾状，劲直或螺旋状扭旋；肉穗花序纤细，附属器杯状，与佛焰苞隔片相连；雌花序常具 4-7 花，花 1 轮或 2 轮，上轮不育，下轮连生；雄花序花多而密，与雌花序间裸秃；花单生，无花被；雄花有雄蕊 1-2，雄蕊短，无花丝，具短药隔，顶孔开裂；雌花 4-8，子房 1 室，胚珠多数，直生，密生长毛，着生侧膜胎座下部，2-4 列，珠孔环状，花柱粗短，外弯，柱头盘状，下凹。果聚合，由浆果合生，瓣裂。种子倒卵状长圆形。

全属有 50 多种，分布于亚洲热带，从印度至马来西亚。我国只有 1 变种。

1. 八仙过海

Crytocoryne crispatula Engl. var. ***yunnanensis*** (H. Li) H. Li & N. Jacobsen, Fl. China 23: 21. 2010.

根状茎圆柱形，长 3-4 cm，直径 0.5-1 cm。叶丛生，线形，无柄，连叶鞘长 10-20 cm，宽 0.5-1 cm，边缘波状。花序 1-3，腋生，花序柄长 5-10 mm；佛焰苞 6-7 cm，旋卷，内面顶端下垂 1 淡紫色倒卵状隔片，长 3-4 mm，宽 1-4 mm，檐部旋卷，长 4.5-5.5 cm，外面暗青紫色，内面淡紫色，密布斑点和曲纹，光亮；肉穗花序，雌花序淡黄色，圆锥状，光滑，雌雄花序间隔 7-8 mm，雄花序略呈圆锥状，椭圆状或球形，黄色，轴肥大，肉质，向上延伸为白色、球形的附属器；雌花 10，2 轮，内轮不育而外轮能育；雄花无柄。聚合果卵球形。花期 11-12 月。

分布于云南，生于河滩沙地，海拔 600 m。老挝、泰国、越南也有分布。

全草入药，治跌打损伤、风湿关节炎、痧症、急性胃肠炎。

图 878 八仙过海

5. 半夏属 *Pinellia* Tenore

多年生草本，具块茎，叶和花序同出。叶全缘，3 深裂或鸟足状分裂，裂片长椭圆形或卵状长圆形；叶柄下部、上部或叶片基部常有珠芽。花序梗单生，与叶柄等长或较长；佛焰苞宿存，管部席卷，有厚横隔膜，喉部几闭合，檐部长圆形，长约为管部的 2 倍，舟形；肉穗花序下部雌花序与佛焰苞合生至喉部的隔膜，单侧有花，内藏于佛焰苞管部；雄花序位于隔膜以上，圆柱形，短，附属器线状圆锥形，长于佛焰苞；花单性，无花被；雄花有雄蕊 2，雄蕊短，扁，顶孔纵向开裂；雌花子房卵圆形，1 室，1 胚珠。浆果长圆状卵形，略尖，有不规则疣皱。种子胚乳丰富。

本属有 9 种，分布于亚洲东部。我国 9 种均产（7 种特有）。

1. 滴水珠

Pinellia cordata N. E. Br., J. Linn. Soc., Bot. 36: 171. 1903.

块茎球状，直径 1.5-3 cm。通常仅具 1 叶，叶片心形至戟形，长 5-15 cm，绿色或下面带淡紫色，弯曲处有 1 珠芽；叶柄长达 15 cm，有时中部以下具 1 珠芽。花序柄短于叶柄，佛焰苞长 2.5-3.5 cm，下部筒状，长 5-7 mm，上部兜状；肉穗花序下部雌花部分长约 4 mm，贴生于佛焰苞，上部雄花部分约与雌花部分等长，二者之间有不育部分间隔，顶端附属器长达 10 cm，细长；子房椭圆形，长约 1 mm，具短而明显的花柱。花期 3-6 月，果期 8-9 月。

分布于安徽、福建、广东、广西、贵州、湖北、湖南、江西、浙江，生于林下溪旁、潮湿草地、岩壁上，海拔 800 m 以下。

根状茎入药，有小毒，能解毒止痛，散结消肿。

图 879　滴水珠

6. 大薸属 *Pistia* L.

水生草本，漂浮水面。主茎缩短而叶呈莲座状，有匍匐茎和长不定根。叶倒卵状楔形或倒三角形，长 1.3-10 cm，宽 1.5-6 cm，顶端钝圆而呈微波状，基部有柔毛，两面密被细毛，叶鞘托叶状。花序着生于叶腋间，具短的总梗；佛焰苞叶状，白色，内面光滑，外面被毛，长 0.5-1.2 cm；肉穗花序稍短于佛焰苞，花单性同序，下部雌花具单花，有 1 雌蕊贴生于佛焰苞，子房卵圆形，上部具雄花 2-8 朵，轮状排列，与佛焰苞分离，其下有杯状薄膜。浆果小，卵圆形。种子无柄，圆柱形。

本属为单种属。

1. 大薸

Pistia tratiotes L., Sp. Pl. 2: 963. 1753.

形态特征同属。花期 5-11 月。

分布于福建、广东、广西、台湾、云南，其他省区有栽培，生于山溪浅水、水田或湿地。全球热带及亚热带地区广布。

全株作猪饲料，块茎入药。

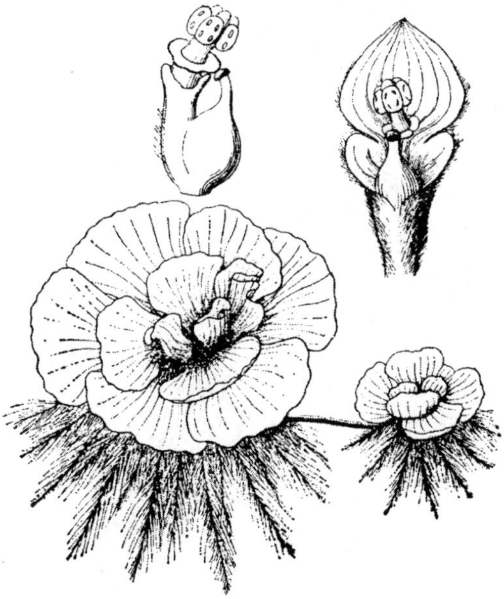

图 880 大薸

7. 犁头尖属 *Typhonium* Schott

多年生草本。块茎小。叶多数，和花序梗同出，叶箭状戟形或 3-5 浅裂、3 裂或鸟足状分裂；叶柄稍长，稀顶端生珠芽。花序梗短；佛焰苞管部席卷，喉部多少缢缩，檐部后期后仰，卵状披针形或披针形，常紫红色，稀白色；肉穗花序两性，雌花序短，与雄花序有较长间隔；附属器具短柄，基部近平截，圆锥形、线状圆锥形、棒状或纺锤状；花单性，无花被；雄花雄蕊 1-3，无花丝，花药扁，药隔薄；雌花子房卵圆形或长圆状卵圆形，1 室，胚珠 1-2，卵圆形或近葫芦形，基生，无花柱，柱头平头状；中性花同型或异型，上部的与雌花相邻（假雌蕊）、棒状、匙状等。浆果卵圆形。种子 1-2，球形。

本属约有 50 种，从印度分布至波利尼西亚。我国有 9 种（4 种特有）。

1. 鞭檐犁头尖　水半夏

Typhonium flagelliforme (Lodd.) Blume, Rumphia 1: 134. 1837.——*Arum flagelliforme* Lodd.

块茎近圆形，直径 1-2 cm。叶柄 5-30 cm，中下部具宽鞘，叶片戟状长圆形，前裂片长圆形或长圆状披针形，长 5-14 cm，宽 2-4 cm，侧裂长三角形，长 4-5 cm，宽 3-5 mm。花序柄细，长 5-20 cm；佛焰苞管部绿色，卵圆形或长圆形，长 1.5-2.5 cm，宽 1.2-2 cm，檐部绿色至绿白色，披针形，常伸长卷曲为长鞭状或较短而渐尖，长 7.5-25 cm；肉穗花序有时长达 20 cm，雌花序卵形，长 1.5-1.8 cm，中性花序长 1.7 cm，雄花序长 5-6 cm；附属器淡黄绿色，长 16-17 cm；雄蕊 2；子房倒卵形，无花柱，柱头小；中性花黄色。浆果卵圆形，绿色。花期 4-5 月。

分布于广东、广西、云南，生于山溪浅水中、水田或湿地，海拔 400 m 以下。印度、孟加拉国、斯里兰卡及东南亚也有。

块茎入药，能燥湿化痰、止咳，常与半夏通用；外用治跌打损伤、疮毒。

图 881　鞭檐犁头尖

浮萍科 Lemnaceae

漂浮或沉水小草本。根丝状或无根。茎不发育。具圆形或长圆形小叶状体，叶状体绿色，扁平，稀背面凸起，无叶或茎基部具细小膜质鳞片。无性繁殖，在叶状体边缘的侧囊中形成小叶状体，幼叶状体长大从侧囊中浮出，新植株与母体联系或分离。稀开花，每花序常有 1-2 朵雄花和 1 雌花，外围膜质佛焰苞；花单性，无花被，生于茎基侧囊中；雄花有雄蕊 1；雌花单一，子房 1 室，胚珠 1-6。果不裂。种子 1-6。

本科有 5 属 38 种，分布遍及全球的水生生态系统。我国有 4 属 8 种。

分属检索表

1. 植株无根；无脉；花序具 1 雄花和 1 雌花……………………………………………3. 无根萍属 *Wolffia*
1. 植株有根；有脉；花序具 2 雄花和 1 雌花。
    2. 根 1 条；脉 1-5……………………………………………………………………1. 浮萍属 *Lemna*
    2. 根多条，成束；脉 3-12………………………………………………………2. 紫萍属 *Spirodela*

1. 浮萍属 *Lemna* L.

漂浮或悬浮水生草本。根 1 条，无维管束。叶状体扁平，两面绿色，具 1-5 脉；叶状体基部两侧具囊，囊内生营养芽和花芽；营养芽萌发后，新的叶状体通常脱离母体或数代与母体相连。花单性，雌雄同株；佛焰苞膜质，每花序有雄花 2 朵，雌花 1 朵，雄蕊花丝细小，花药 2 室，子房 1 室，胚珠 1-6。果卵状，种子 1，具肋突。

本属有 13 种，分布几遍全球。我国约有 5 种。

分种检索表

1. 漂浮植物；叶状体无柄或极短……………………………………………………1. 浮萍 *L. minor*
1. 悬浮植物；叶状体具细柄，长 0.5-1 cm…………………………………………2. 品藻 *L. trisulca*

1. 浮萍

Lemna minor L., Sp. Pl. 2: 920. 1753.

漂浮植物。根 1 条，长 3-4 cm，根鞘无附属物，根冠钝。叶状体对称，倒卵形、椭圆形或近圆形，长 1.5-6 mm，表面绿色，背面紫色，无柄。花单生，雌雄同株，生于叶状体边缘开裂处；佛焰苞囊状，内有雌花 1 朵，雄花 2 朵；雄蕊花药 2 室，花丝细；雌花具 1 雌蕊，子房 1 室，胚珠单生。果实圆形近陀螺状，无翅。种子 1 粒，具突起的胚乳和不规划的凸脉 12-15 条。

分布于我国南北各地，生于水田、池沼、湖泊和静水中。全世界温暖地区广泛分布。

全草入药，有发汗、利尿、消肿之效；也可作家禽饲料和稻田绿肥。

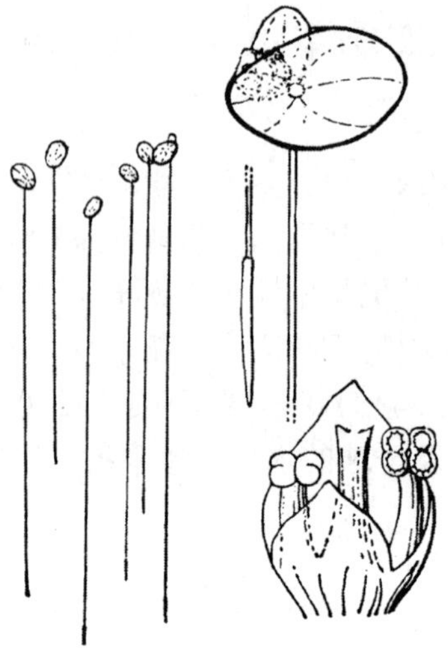

图 882 浮萍

2. 品藻

Lemna trisulca L., Sp. Pl. 2: 970. 1753.

多年生沉水或浮水草本。根 1 条，根冠尖。叶状体常数个相连成簇或呈连珠状，幼嫩的叶状体常生在老叶状体的两侧，经数代不脱落构成品字形，叶状体椭圆形至卵状披针形，长 3-7（-20）mm，宽 2-3 mm，淡绿色，半透明，越冬时沉于水中的无气孔，基部狭长成细柄，柄长 0.5-1 cm，具 3 条脉，开花时浮于水面，具气孔。花单性，雌雄同株，着生于叶状体的开裂处；花丝细，花药 2 室。果实卵形。种子有 12-25 条凸起的脉纹。

遍布全国，生于池塘、浅水湖泊和泉水中。世界温带地区较常见。

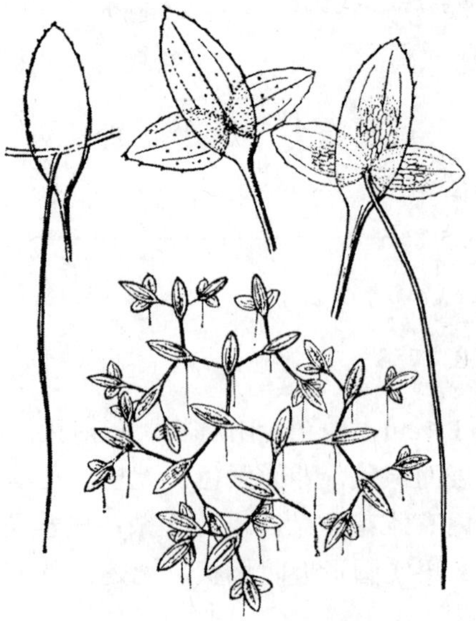

图 883 品藻

2. 紫萍属 *Spirodela* Schleid.

水生漂浮草本。叶状体盘状，具 3-12 脉，背面的根多条，束生，根冠薄，具 1 条维管束。花序藏于叶状体侧囊中，佛焰苞袋状，具 2 朵雄花和 1 朵雌花；花药 2 室；子房 1 室，胚珠 2。果球状，边缘有翅。

本属有 2 种，1 种广布世界各地，另 1 种分布于中美洲和南美洲。我国有 1 种。

1. 紫萍

Spirodela polyrrhiza (L.) Schleid., Linnaea 13: 392. 1839.——*Lemna polyrrhiza* L.

细小草本，漂浮水面。根 5-11 条束生，纤维状，在根的着生处一侧产新芽，新芽与母体分离之前由一细弱的柄相连接。叶状体扁平，倒卵状圆形，长 4-10mm，1 或 2-5 个簇生，上面稍向内凹，深绿色，背面呈紫色，具掌状脉 5-11 条。花单性，雌雄同株，生于叶状体边缘的缺刻内；佛焰苞袋状，内有 1 雌花和 2 雄花；花药 2 室，花丝纤细；子房 1 室，具 2 胚珠，花柱短。果实圆形，边缘具翅。

遍布全国，生于池沼、湖泊或静水中。全球温带至热带地区广泛分布。

全草药用，为发汗、祛湿、散湿药，也是良好的饲料。由于具有同化氮素和繁殖迅速的特点，常为稻田肥料。

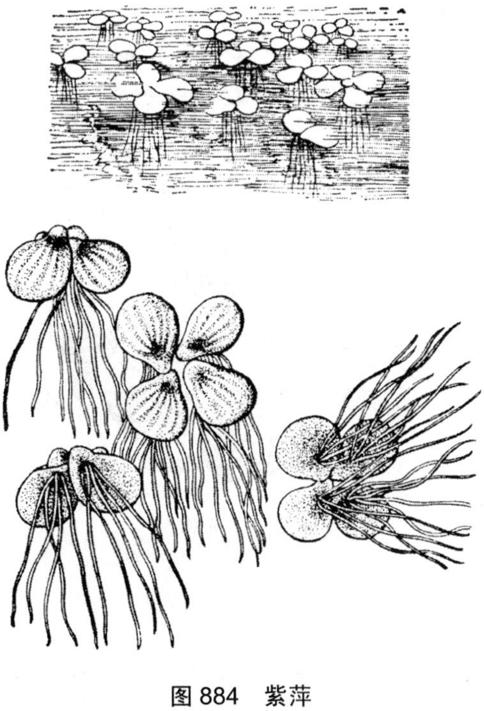

图 884　紫萍

3. 无根萍属 ***Wolffia*** Horkel ex Schleid.

漂浮草本，植株细小如沙粒。无根。叶状体具 1 个侧囊，从中发育新的叶状体，通常上面突起，单一或 2 个相连。花生于叶状体上面的囊内，无佛焰苞；花序具 1 朵雄花和 1 朵雌花。花药 1 室。子房具胚珠 1 枚。果实球状，光滑。

本属有 7 种，几乎遍布全球。我国有 1 种。

1. 无根萍　芜萍

Wolffia globosa (Roxb.) Hartog & Plas, Blumea 18: 367. 1970.——*Lemna globosa* Roxb.

植物细小如砂，为种子植物中最小的植物之一，漂浮水面，无根，通常分裂繁殖。叶状体长 1.2-1.5 mm，宽 1 mm；生于最盛时每平方米的面积可有植物体 100 万个。花单性，雌雄同株，生长在叶状体表面，无佛焰苞；雄花单生，具 1 雄蕊，花药 1 室；雌花花柱短，子房无柄，1 室，具 1 直立胚珠。果实圆球形，光滑。

分布于我国南北各地，生于静水池沼中，常密盖于水面。广布全世界热带和亚热带地区。

为饲养鱼苗的饲料。

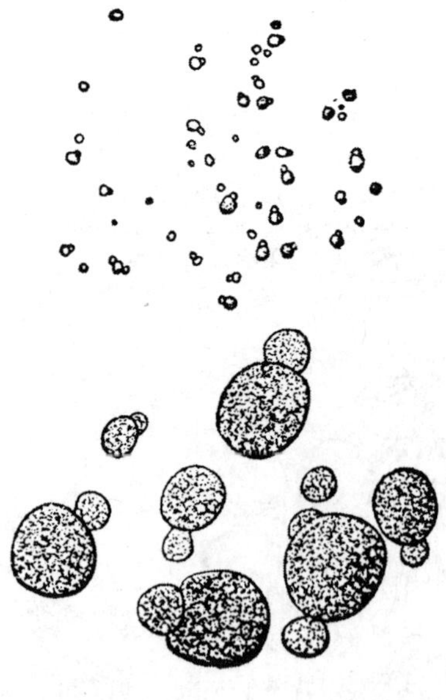

图 885　无根萍

谷精草科　Eriocaulaceae

一年生或多年生草本，沼泽生或水生。叶丛生，狭窄，质薄。头状花序，花葶细长，具棱，常高于叶，基部被鞘状叶所包；外苞片（总苞片）位于花序下面，一至多数，苞片较外苞片窄；花单性，集生于花托，常雌雄同序；花被膜质，3 或 2 基数，2 轮；雄花花萼常合成佛焰苞状，远轴面开展，花冠常合成柱状或倒圆锥状，顶端 3 或 2 裂，雄蕊 3-6；雌花萼片离生或合生，花瓣常离生，子房上位，1-3 室，每室 1 胚珠，花柱 1，柱头 3。蒴果室背开裂。种子有六角形网格、网格底边伸出“T”字形、条形或齿状突起。

本科约有 13 属 1 200 种，广布于热带和亚热带地区，尤以美洲热带为多。我国有 1 属约 35 种。

1. 谷精草属 *Eriocaulon* L.

沼泽生、稀水生草本。茎短至极短。叶丛生，狭窄，膜质。头状花序生于多少扭转的花葶顶端；总苞片覆瓦状排列；苞片与花被常有短白毛或细柔毛；花 3 或 2 基数，单性，雌雄同序；花被 2 轮，有时花瓣退化；雄花花萼常呈佛焰苞状，偶离生，花冠下部合生成柱状，顶端 3 或 2 裂，内面近顶处常有腺体，雄蕊 6，2 轮，花药 2 室，常黑色，有时乳黄或白色；雌花萼片 3 或 2，离生或合生；花瓣离生，3 或 2 枚，内面顶端常有腺体，或花瓣缺；子房 1-3 室。蒴果室背开裂，每室 1 种子。种子椭圆形，橙红或黄色，常具横格及突起。

本属约有 400 种，广布于热带和亚热带，以亚洲热带为中心，在非洲和南美洲也有分布。我国约有 35 种，主要产于南部和西南部。

分种检索表

1. 花 2 基数，子房 2 室，有时 1 室发育……………………6. 长苞谷精草 *E. decemflorum*

1. 花 3 基数，有时其中一部分退化或愈合而减少，子房 3 室或 1 室。

  2. 雌花花萼合生成佛焰苞状，顶端 3 裂。

    3. 子房 1 室；植株高 15-35 cm……………………7. 江南谷精草 *E. faberi*

    3. 子房 3 室。

      4. 苞片背面上部密生白毛……………………4. 谷精草 *E. buergerianum*

      4. 苞片无毛或边缘有少数短毛。

        5. 总苞片长为花序 1/2；种子每横格有 1-2“T”形突起……………………1. 高山谷精草 *E. alpestre*

        5. 总苞片长不及花序 1/2；种子每横格有 2-4“T”形、“Y”形或条形突起……………………10. 宽叶谷精草 *E. robustius*

  2. 雌花萼片离生，2 或 3 数。

    6. 雌花无花瓣，萼片常 2 枚……………………5. 白药谷精草 *E. cinereum*

    6. 雌花有花瓣。

      7. 总花托具毛。

        8. 雄花冠 3 裂片等大……………………3. 毛谷精草 *E. australe*

        8. 雄花冠中裂片较侧面 2 片大。

          9. 叶中部宽 2-3 mm；总苞片倒卵状长圆形；雌花萼片有龙骨状突起……………………8. 南投谷精草 *E. nantoense*

9. 叶中部宽 1-2.5 mm；总苞片近圆形；雌花萼片中肋加厚，无龙骨状突起…………………………………………………………………………………………2. 狭叶谷精草 *E. angustulum*

7. 总花托无毛或偶有疏短毛。

10. 雄花冠中瓣较侧瓣大。

11. 叶中部宽 6-8 mm……………………………………9. 尼泊尔谷精草 *E. nepalense*

11. 叶中部宽 3 mm………………………………………14. 大药谷精草 *E. sollyanum*

10. 雄花 3 裂片等大。

12. 沉水草本，茎长达 20 cm 以上；叶丝状…………………12. 丝叶谷精草 *E. setaceus*

12. 非沉水草本，茎不伸长。

13. 苞片背面上部有疏白色毛…………………………13. 华南谷精草 *E. sexangulare*

13. 苞片背面及花被密生白毛，苞片背面的毛有时早落；花序常有黑色苞片…………………………………………………………………………11. 云贵谷精草 *E. schochianum*

1. 高山谷精草

Eriocaulon alpestre Hook. f. & Thoms. ex Koern. in Miquel, Arnn. Mus. Bot. Lugdno- Batavli 3: 163. 1867.

叶丛生，线形，长 8-15 cm，宽 4-5 mm。花葶具 3-5 棱；鞘状苞片长 5-8 cm；头状花序倒圆锥形，长 3-4 mm，宽 4-6 mm；总苞片卵形，长 1.5-3.8 cm，宽 1.2-2.6 mm，硬膜质，不反折；苞片倒卵形或倒披针形，长 1.5-1.9 mm，宽 0.7-1.1 mm；雄花花萼佛焰苞状连合，长 1.4-2 mm，上端 3 浅裂或近截形，有时边缘具泡状微毛；花冠裂片 3，锥形，肉质，各具 1 黑色腺体；雄蕊 6；雌花花萼佛焰苞状连合，长 1.8-2.2 mm；花瓣 3 枚，长卵形，具柄，肉质，近顶端各具 1 黑色腺体，内面被长柔毛；子房 3 室，柱头 3。种子长卵形，长 0.65-8 mm，表面具横格，每格有 1-4 “T” 字形突起。

分布于安徽、贵州、黑龙江、湖北、江西、辽宁、西藏、云南，生于水田或湿地，海拔 3 500 m 左右。也分布于朝鲜、日本、印度及喜马拉雅山区。

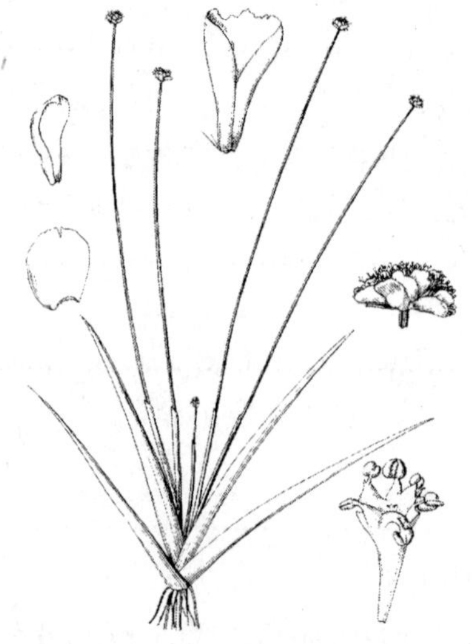

图 886　高山谷精草

2. 狭叶谷精草

Eriocaulon angustulum W. L. Ma, Acta Phytotax. Sin. 29 (4): 295. f. 2: 1-15. 1991.

叶丛生，线形，长 2.8-8 cm，宽 1-2.5 mm。花葶具 5-6 棱；鞘状苞片长 2-5 cm；头状花序近球形，直径 4 mm；总苞片近圆形，长 1.6-2 mm，宽 1.3-1.7 mm，淡棕色，硬膜质，稍反折；总花托密被长毛；苞片倒卵形或倒披针形，长 1.5-2 mm，宽 0.6-1.7 mm，背面上部被毛；雄花花萼佛焰苞状，3 裂，上部被毛；花冠裂片 3，长圆形，中裂大，具黑色至棕色腺体；雄蕊 6；雌花萼片 3，离生，舟形，长 1.2-1.8 mm，花瓣 3，线状倒披针形，膜质，顶端及边缘被毛；子房 3 室，柱头 3。种子卵形，长 0.3-0.4 mm，表面具横格，每格具 2-5 个条状突起。花果期 8-12 月。

分布于华南及福建、台湾、浙江，生于山沟、池塘边。

图 887　狭叶谷精草

3. 毛谷精草

Eriocaulon australe R. Br., Prodr. 254. 1810.

大型草本。叶丛生，窄带形，长 10-35 cm，宽 4-5 mm，疏被长柔毛；头状花序近球形，直径 6 mm；总苞片圆肾形，软骨质，不反折，背面被毛；总花托有毛；苞片倒卵形，长 2.3-3.2 mm，宽 1.6-3 mm，上部被毛；雄花花萼合生，长 2-2.3 mm，3 裂，侧片舟状具翅，中片条形；花冠 3 裂，裂片条形，各有 1 黑色腺体；雄蕊 6；雌花萼片 3，离生，长 2-2.3 mm，侧片具宽翅，中片线形；花瓣 3，线形，稍肉质，近顶端各有 1 黑色腺体且被短毛，中部疏生长柔毛；子房 3 室，柱头 3。种子卵圆形，长 0.65-0.8 mm，表面具横格，每格具 1 或 2 个“T”字形突起。花果期为夏秋季。

分布于福建、广东、海南、湖南、江西，生于水塘、湿地，海拔 100-2 000 m。也分布于柬埔寨、马来西亚、泰国、越南及大洋洲和太平洋岛屿。

花序是一种中药。

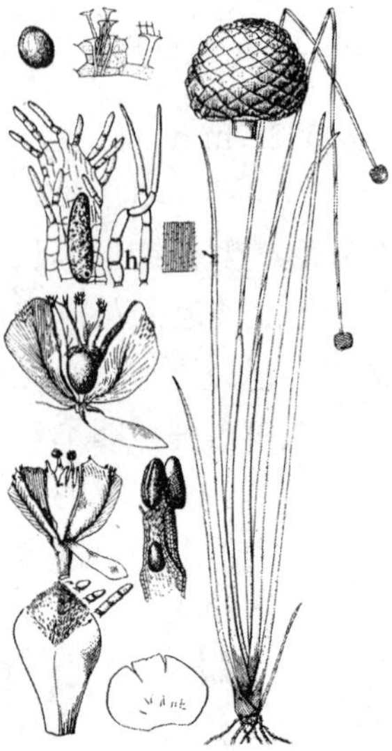

图 888 毛谷精草

4. 谷精草

Eriocaulon buergerianum Koern. in Miquel. Arnn. Mus. Bot. Lugduno-Batavli 3: 163. 1867.

叶丛生，线形，长 4-20 cm，宽 2-5 mm。花葶具 4-5 棱；鞘状苞片长 3-5 cm；头状花序近球形，长 3-5 mm，直径 4-5 mm；总苞片倒卵形或近圆形，长 2-2.5 mm，宽 1.5-1.8 mm，上部具毛；雄花花萼佛焰苞状，外侧裂开，长 1.8-2.5 mm，顶端 3 浅裂；花冠裂片 3，近锥形，近顶端有一枚腺体；雄蕊 6；雌花花萼合生，外侧开裂，顶端 3 浅裂，长 1.8-2.5 mm；花瓣 3 枚，离生，扁棒状，肉质，顶端各具 1 黑色腺体；子房 3 室，柱头 3。种子长圆形，长 0.8-1 mm，表面具横格和“T”字形突起。花果期 7-12 月。

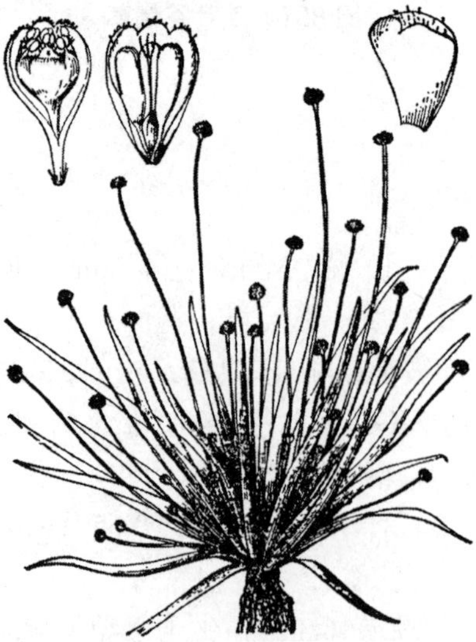

图 889 谷精草

分布于华东、华南、华中及贵州、四川、台湾，生于稻田、水边，海拔 500-1 300 m。也分布于朝鲜、日本。

全草可入药。

5. 白药谷精草

Eriocaulon cinereum R. Br., Prodr. 254. 1810.

一年生。叶丛生，窄线形，长 2-8 cm，宽 1-3 mm，具 3-5 脉。花葶具 4-6 棱；鞘状苞片 1.5-3.5 cm；头状花序宽卵形或近球形，长 4 mm，直径 3-3.5 mm；总苞片倒卵形或狭椭圆形，不反折，长 0.9-1.9 mm，宽 1-1.4 mm；苞片长圆形或倒披针形，长 1.5-2 mm，宽 0.4-0.7 mm；雄花花萼佛焰苞状，顶端 3 裂，长 1.3-1.9 mm，花冠裂片 3，卵形或长圆形，远轴片稍大，各具 1 黑色腺体，顶端具短毛，雄蕊 6；雌花萼片 2（3），线形，侧裂片长 1-1.7 mm，中片缺或长 0.1-1 mm，花瓣缺，子房 3 室，柱头 3。种子卵圆形，长 0.35-0.5 mm，表面具六角形横格，无突起。花果期 6-10 月。

分布于华东、华南、华中、西南及甘肃、陕西，生于稻田水沟中，海拔 1 200 m 以下。也分布于亚洲其他国家、澳大利亚及非洲。

全草药用。

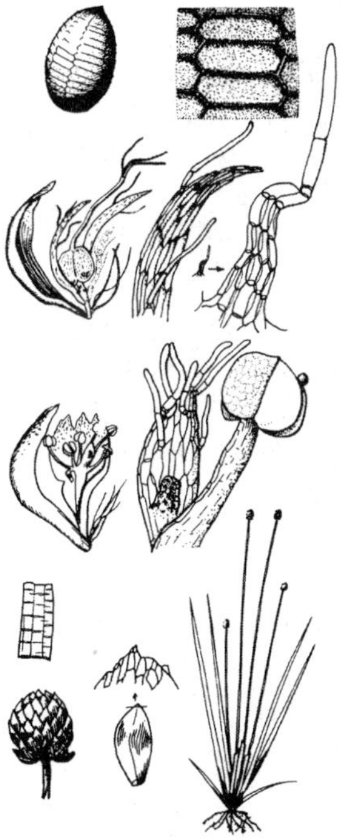

图 890　白药谷精草

6. 长苞谷精草

Eriocaulon decemflorum Maxim., Diagn. Pl. Nov. Asiat 8: 7. 1892.

叶丛生，线形，长 4-13 cm，宽 1-1.5 mm。花葶具 3-5 棱；鞘状苞片长 3-7 cm；头状花序倒圆锥形或半球形，长 4-5 mm，直径 7-10 mm；总苞片长圆形或倒披针形，不反折，长

3.5-6 mm，宽 0.8-2 mm；苞片倒披针形，长 2-3.7 mm，宽 0.6-1 mm；雄花花萼常 2 深裂，有时只有单个裂片，稀 3 个，裂片舟形，长 1.6-2.2 mm；花冠裂片 2（1），狭卵形或椭圆形，近顶端具黑色或棕色腺体；雄蕊 4，稀 2、3 或 5；雌花花萼 2 裂或不裂，长 1.8-2.3 mm；花瓣 2，狭倒披针形，近肉质，花葶和花冠具毛；子房 2（1）室，柱头 2（1）。种子近圆形，长 0.8-1 mm，表面具横格和“T”字形毛。花果期 8-10 月。

分布于福建、广东、黑龙江、湖南、江苏、江西、辽宁、浙江，生于稻田或山坡湿地，海拔 1 600-1 700 m。也分布于朝鲜、日本和俄罗斯（远东地区）。

图 891 长苞谷精草

7. 江南谷精草

Eriocaulon faberi Ruhland in Engl., Pflanzenr. 13 (IV 30): 95. 1903.

高 15-35 cm。叶丛生，长 4-12 mm，宽（0.6-）2-4 mm。花葶具 4-5 棱；鞘状苞片长 3-7 cm；头状花序半球形或卵状圆锥形，长 4（-7）mm，直径 4-6 mm；总苞片长圆形或卵形，长 2-4.5 mm，宽 1.2-2.2 mm；苞片倒卵形或倒披针形，长 1.8-2.7 mm，宽 0.7-1.7 mm；雄花花萼佛焰苞状，长 1.5-2.2 mm，顶端近截形或 3 浅裂；花冠 3 裂，裂片宽卵形，各有 1 黑色腺体；雄蕊 6；雌花花萼佛焰苞状，长 1.5-2 mm，顶端 3 浅裂；花瓣 3，棒槌形，肉质，上端各具 1 黑色或棕色腺体；子房 1 室，柱头 1。种子椭圆形或近圆形，长 0.9 mm，表面具横格和“T”字形突起。花果期 6-11 月。

分布于福建、湖北、湖南、江苏、江西、浙江，生于稻田、水沟、沼泽地。

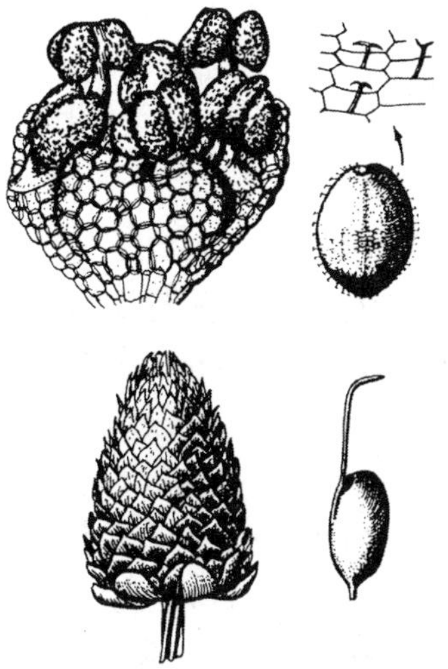

图 892 江南谷精草

8. 南投谷精草

Eriocaulon nantoense Hayata, Icon. Pl. Formosa 10: 51. 272. f. 28. 1921.

叶丛生，线形，长 2.5-4 cm，宽 1-3 mm。花葶具 4-5 棱；鞘状苞片膜质；头状花序近球形，长 3.5-4 mm，直径 4-5 mm；总苞片椭圆形或倒卵形，硬膜质，稍反折，长 1.6-2 mm，宽 1.5 mm；总花托有密毛；苞片倒卵形或倒披针形，长 1.5-2 mm，宽 0.6-1.5 mm；雄花花萼漏斗状，上端 3 裂；花冠 3 裂，近顶端各具 1 棕色或灰色腺体，远轴裂片稍大；雄蕊 6；雌花萼 3 片，舟形，长 1.2-2 mm，背面具狭龙骨状突起，具短毛；花瓣 3 枚，线状倒披针形，厚膜质，近顶端无腺体或各有 1 小腺体，具毛；子房 3 室，柱头 3。种子卵形，长 0.3-0.5 mm，表面具横格，每格边缘生 1-6 条向下的条状突起。花果期 9-11 月。

分布于华南及福建、贵州、台湾、云南、浙江，生于稻田中或沼泽地，海拔 2 500 m。

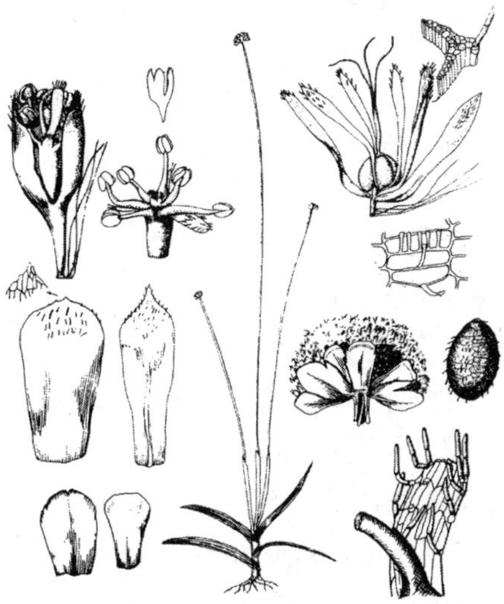

图 893 南投谷精草

9. 尼泊尔谷精草

Eriocaulon nepalense Prescott ex Bongard, Mem. Acad. Imp. Sci. St.-Petersb. Dives Savan 1: 610. 1831.——*E. senile* Honda.

茎长 2-6 cm。叶丛生或茎生，线形，长 4-11 cm，宽 3-5 mm。花葶具 4-7 棱；鞘状苞片长 3-6 cm；头状花序近球形，直径 5 mm；总苞片倒卵形，长 2-2.7 mm，宽 1.5-2 mm；总花托密被长毛；苞片倒披针形，长 1.7-2.2 mm，宽 0.8-11 mm；雄花花萼合生，3 裂，长 1.5-2 mm；花冠裂片 3，中片稍大，长圆形，常各具 1 黑色腺体；雌花萼片 3 枚，舟形，长 1.5-2 mm，中萼片有时退化；花瓣 3，线状倒披针形，顶端有时凹缺并有 1 黑色或棕色腺体，有毛；子房 3 室，柱头 3。种子狭卵形，长 0.5 mm，表面具横格，每格具 1-4 条状突起。花果期 4-9 月。

分布于福建、广东、广西、湖南、江西、台湾、浙江及西南，生于沼泽湿地，海拔达 2 500 m。也分布于日本、尼泊尔。

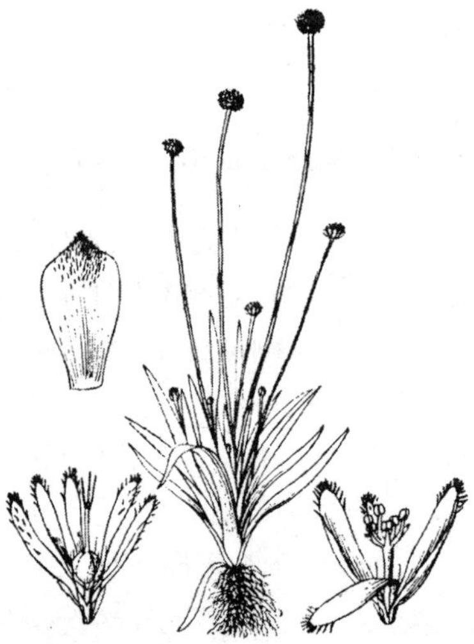

图 894 尼泊尔谷精草

10. 宽叶谷精草

Eriocaulon robustius (Maxim.) Makino, J. Jap. Bot. 3 (7): 27. 1926.——*E. alpestre* var. *robustius* Maxim.

叶丛生，线形，长 6-15 cm，宽 2-6 mm。花葶具 4（5）棱；鞘状苞片长 5-6 cm；头状花序近球形，长 2.5-3.5 mm，直径 4-5 mm；总苞片宽卵形或长圆形，长 1.5-2.5 mm，宽 1.5-2.2 mm；苞片倒卵形或倒披针形，长 1.5-2 mm，宽 0.5-1.3 mm，无毛或边缘被疏毛；雄花花萼佛焰苞状，顶端 3 浅裂，长 1.4-1.8 mm；花冠 3 裂，裂片锥形，各具 1 黑色腺体；雄蕊 6；雌花花萼佛焰苞状，3 浅裂，长 1.5-2 mm；花瓣 3 枚，匙形，肉质，各具 1 黑色腺体；子房 3 室，柱头 3。种子倒卵形，长 0.65-0.9 mm，表面具横格，每格有 2-4 横条形、“Y”字形或少数为“T”字形突起。花果期 7-11 月。

分布于黑龙江、辽宁、内蒙古，生于河滩水边。也分布于朝鲜、日本、俄罗斯（远东地区）。

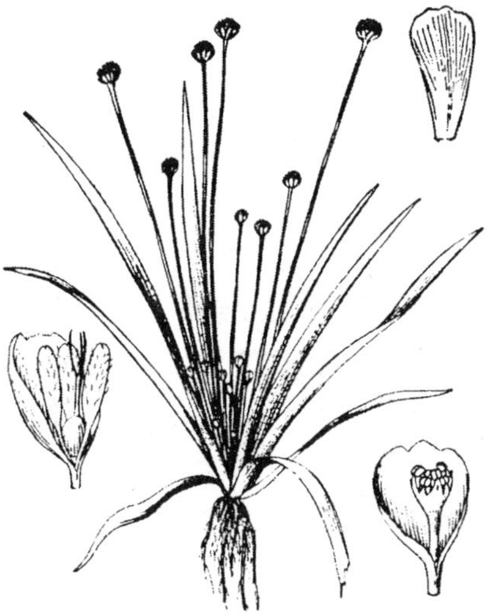

图 895 宽叶谷精草

11. 云贵谷精草

Eriocaulon schochianum Hand.-Mazz., Anz. Akad. Wiss. Wien, Math.-Naturwiss Kl. 57: 238. 1920.

叶丛生，剑状线形，长 3-10 cm，宽 2-5 mm。花葶具 5 棱；鞘状苞片膜质；头状花序球形，直径 5-6 mm，粉白色，常有黑色斑块；总苞片卵形或倒卵形，长 1.5-2 mm，几无毛；总花托无毛；苞片倒卵形或倒披针形，长 1.5-2.5 mm，黑色；雄花花萼 3 深裂，长 1.5-2 mm，具短毛；花冠 3（2）裂，中裂片稍长，各有 1 黑色或棕色腺体，有毛；雄蕊 6；雌花萼片 3，离生，有白毛，侧片舟形，中肋稍厚，中片平展；花瓣 3，匙形，中片稍大或近等大，密生白毛，各有 1 黑色腺体；子房 3（2）室，柱头 3。种子近圆形，直径 0.5 mm，表面具横格，横格四周具条状突起。花果期 3-6 月。

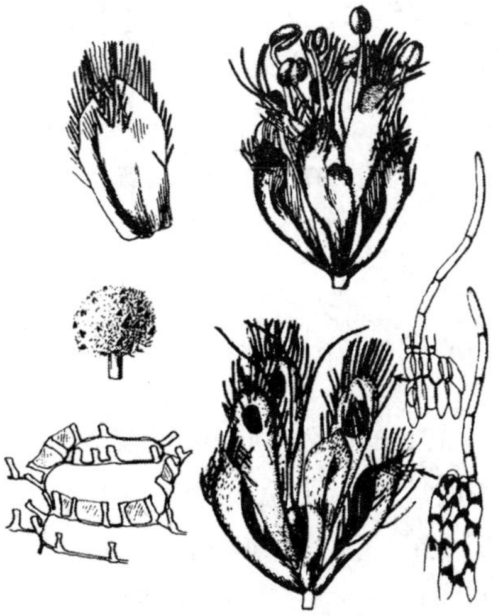

图 896 云贵谷精草

分布于广西及西南，生于池塘、水边或山坡，海拔 1 900-2 300m。

12. 丝叶谷精草

Eriocaulon setaceum L., Sp. Pl. 1: 87. 1753.

水生草本。茎长达 20cm 以上。叶丝状，长 3-4cm，仅具 1 脉。花葶呈伞形排列；鞘状苞片长 2-2.5cm；头状花序近于球形，长 2.5mm，直径 3mm；总苞片卵圆形，长 1mm，薄膜质，反折；总花托被长毛；苞片近圆形或倒披针形，有短毛；雄花花萼合生，佛焰苞状，3（2）裂，长 0.8-1mm，具短毛；花冠合生，3 裂，裂片小，常有短毛，均有 1 黑色腺体；雄蕊 6；雌花萼片 3 枚，离生，有短毛；花瓣 3，狭倒披针形，中片稍大，膜质，有短毛，各有 1 黑色腺体；子房 3 室，柱头 3。种子长圆形，长 0.3-0.4mm，表面有横格，每格具 1 或 2 个条状突起。花果期 8-10 月。

分布于华南及四川、云南，生于池塘、沼泽，海拔达 1 300m。也分布于亚洲南部及澳大利亚北部。

图 897 丝叶谷精草

13. 华南谷精草

Eriocaulon sexangulare L., Sp. Pl. 1: 87. 1753.

大型草本。叶丛生，长 10-37cm，宽 4-13mm，较厚，脉 15-37 条。花葶具 4-6 棱；鞘状苞片长 4-12cm；头状花序近球形，直径 6.5mm；总苞片宽倒卵形，长 2.2-2.4mm，背面被毛；苞片倒卵形，长 2-2.5mm，被毛；雄花花萼佛焰苞状，顶端 3（2）浅裂，侧片具不规则齿状翅；花冠 3 裂，裂片条形，各有 1 个不明显的腺体；雄蕊 6（-4）；雌花萼片 3（2）枚，侧片舟形，长 2-23mm，背面具宽翅，翅端齿状；花瓣 3 枚，线形，各有 1 不明显腺体，子房 3 室，柱头 3。种子卵形，长 0.6-0.7 mm，表面具横格和“T”字形毛。花果期夏季至冬季。

分布于华南及福建、湖北、台湾、云南，生于水坑、池塘、稻田中，海拔达 800 m。也分布于日本、亚洲南部和东南部以及马达加斯加。

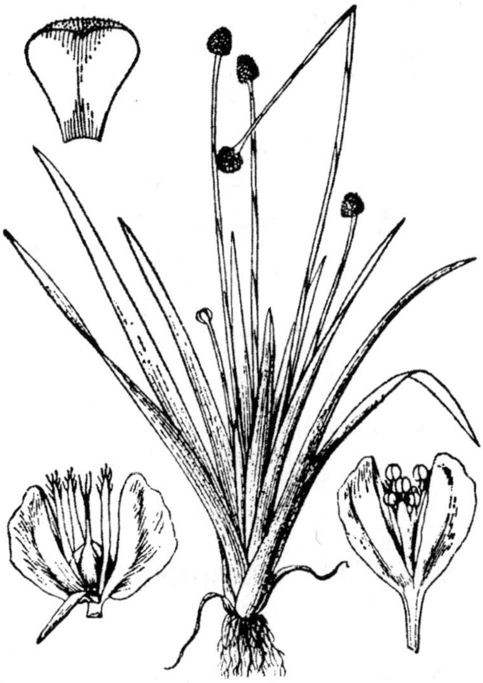

图 898 华南谷精草

14. 大药谷精草

Eriocaulon sollyanum Royle, Ill. Bot. Himal. Mts. 409. Pl. 97. 1840.

茎长 1 cm。叶丛生，长 3-4.5 cm，宽 3 mm。花葶具 5-6 棱；鞘状苞片长 4 cm；头状花序近于球形，直径 3.5 mm；总苞片长 1.5-1.9 mm，宽 1.2-1.4 mm，膜质，不反折；苞片长圆形或倒卵形，长 1.6-2 mm，宽 0.8-1 mm，有毛；雄花花萼佛焰苞状，3 裂，侧片舟形，有毛；花冠 3 裂片小，顶端具 1 棕色或黑色腺体；雄蕊 6；雌花萼片 3 枚，离生，长 1.5-1.8 mm，具毛，侧片舟形；花瓣 3 枚，狭倒披针形，顶端凹缺，缺口处有 1 棕色或黑色腺体，边缘有毛；子房 3 室，柱头 3。种子卵形，长 0.5 mm，表面具横格，每格具 3 或 4 条状突起。花果期 7-11 月。

分布于贵州、西藏、云南，生于池沼、水边，海拔 2 300-2 800 m。也分布于尼泊尔、印度、印度尼西亚、斯里兰卡、泰国及非洲。

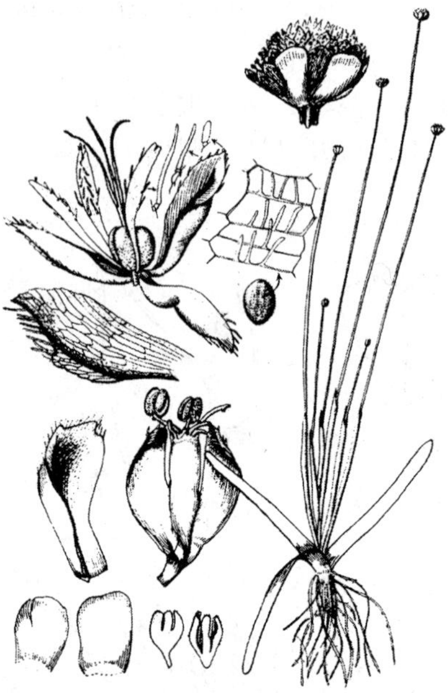

图 899 大药谷精草

鸭跖草科 Commelinaceae

一年生或多年生草本。茎有节。叶互生，叶鞘开口或闭合。蝎尾状聚伞花序单生或集成圆锥花序，有的伸长，有的缩短成头状，有的无花序梗而花簇生，或退化为单花，顶生或腋生，腋生聚伞花序有的穿叶鞘而出鞘外；花两性，稀单性，萼片 3，分离或基部连合，常舟状或龙骨状，有的顶端盘状；花瓣 3，分离，有时中段合生成筒，两端分离；雄蕊 6，全育或 2-3 枚能育，花丝有念珠状长毛或无毛，花药并行或稍叉开，纵裂稀顶孔开裂，退化雄蕊顶端 4 裂成蝴蝶状、3 全裂、2 裂叉开成哑铃状或不裂；子房（2）3 室，每室有一至数颗直生胚珠。蒴果室背开裂，稀浆果。种子多数。

本科约有 40 属 650 种，主要分布于热带区域，少数种类分布于亚热带和温带区域。我国有 15 属（2 属引种）59 种（12 种特有，3 种引种）。

分属检索表

1. 总苞片有或无，有则不为佛焰苞状，平展或呈鞘状……………………………3. 水竹叶属 *Murdannia*
1. 总苞片佛焰苞状。
    2. 花瓣全离生；能育雄蕊 3……………………………………………………1. 鸭跖草属 *Commelina*
    2. 花瓣中部合生成管，两端分离；雄蕊 6，全育…………………………………2. 蓝耳草属 *Cyanotis*

1. 鸭趾草属 *Commelina* L.

一年生或多年生草本。茎上升或匍匐生根，通常多分枝。蝎尾状聚伞花序包于佛焰苞状总苞片内，总苞片基部开口或漏斗状，苞片极小或缺如，花序下部分枝的花较小，早落，上部分枝的花正常发育；花两侧对称，萼片 3，膜质，内面 2 枚基部常合生；花瓣 3，蓝色，内面 2 枚较大，具爪；能育雄蕊 3，位于一侧，2 枚对萼，1 枚对瓣，退化雄蕊 2-3，顶端 4 裂，裂片蝴蝶状，花丝长而无毛；子房无柄，无毛，3 或 2 室，背面 1 室 1 胚珠，有时胚珠败育或缺，腹面 2 室，每室 1-2 胚珠。蒴果包于总苞片内，3-2（-1）室，常 2 瓣裂，背面 1 室常不裂，腹面 2 室每室有 1-2 种子或有时无。种子椭圆形或金字塔状，具网纹或近平滑。

本属约有 170 种，主要分布于热带和亚热带区域。我国有 8 种。

分种检索表

1. 佛焰苞下缘连合成扁的漏斗状；蒴果 3 室，3 瓣裂……………………………………1. 饭包草 *C. bengalensis*

1. 佛焰苞边缘分离，基部心形；蒴果 2 室，2 瓣裂………………………………………2. 鸭跖草 *C. communis*

1. 饭包草

Commelina bengalensis L., Sp. Pl. 1: 41. 1753.

多年生匍匐草本。茎披散，长达 70cm，多分枝，被疏柔毛。叶有明显的叶柄，叶片卵形，长 3-7cm，宽 1.5-3.5cm，顶端钝或急尖，近无毛，叶鞘口有疏而长的睫毛。总苞片佛焰苞状，柄极短，与叶对生，常数个集于枝顶，下部边缘合生而呈扁漏斗状，长 8-12mm，疏被毛；聚伞花序有花数朵，几乎不伸出佛焰苞；花萼膜质，披针形，长约 2mm；花瓣蓝色，圆形，长 3-5mm，具爪；雄蕊 6。蒴果椭圆形，长 4-6mm，3 室，3 瓣裂。花期夏秋季。

图 900 饭包草

分布于华东、华南、华中及甘肃、河北、陕西、四川、台湾、云南，生于湿地，海拔 2 300 m 以下。亚洲和非洲热带、亚热带广布。

药用有清热解毒、消肿利尿之效。

2. 鸭跖草

Commelina communis L., Sp. Pl. 1: 40. 1753.

一年生披散草本。茎匍匐生根，多分枝，长达 1 m，下部被短毛。叶披针形至卵状披针形，长 3-9 cm，宽 1.5-2 cm。总苞佛焰苞状，与叶对生，折叠状，展开后为心形，顶端急尖，基部心形，长 1.2-2.5 cm，边缘常有硬毛，柄长 1.5-4 cm；聚伞花序有数朵花，稍伸出佛焰苞；萼片 3，膜质，长约 5 mm，内面 2 枚常靠近或合生；花瓣深蓝色，长近 1 cm，内面 2 枚具爪；雄蕊 6。蒴果椭圆形，长 5-7 mm，2 室，2 瓣裂。

分布于甘肃、四川、云南以东的南北各省区，生于湿地。越南、朝鲜、日本、俄罗斯（远东地区）及北美洲也有分布。

药用有消肿利尿、清热解毒之效。

图 901 鸭跖草

2. 蓝耳草属 *Cyanotis* D. Don

一年生或多年生草本。茎直立或匍匐。叶通常线形，稀长圆形。蝎尾状聚伞花序无总梗，总苞片佛焰苞状，苞片镰刀状弯曲，覆瓦状排列或 2 列；花无梗，整齐；萼片 3，几分离或基部连合；花瓣长，中部合生成管，两端分离；雄蕊 6，全育，圆形，花丝被念珠状长绒毛；子房 3 室，每室 2 胚珠。蒴果 3 室，3 瓣裂，每室 1-2 颗种子。种子柱状金字塔形。

本属约有 50 种，分布于非洲和亚洲的热带和亚热带区域至澳大利亚北部。我国有 5 种。

1. 珠丝毛蓝耳草

Cyanotis arachnoidea C. B. Clarke in DC., Monogr. Phanerog. 3: 250. 1881.

须根粗壮，直径约 2mm。主茎不育，缩短。基生叶丛生，线形，长 8-35cm，宽 0.5-1.5cm，被珠丝状毛。可育茎从叶丛下部发出，披散或匍匐，节上生根，长 20-70cm，有珠丝状毛；茎生叶长不超过 7cm，被毛。蝎尾状聚伞花序数个簇生于枝顶或叶腋，无梗或花序梗长 4cm；总苞佛焰苞状，长 1-3.5cm，被珠丝状毛；苞片长 7-8cm；花无梗，萼片 3，线状披针形，基部连合，长约 5mm，外被珠丝状毛；花瓣蓝紫色、蓝色或白色，比萼片长；花丝被蓝色珠丝状毛。蒴果小，宽长圆状三棱形，长约 2.5mm，顶端密生细长硬毛。花期 6-9 月。果期 10 月。

分布于华南及江西、云南，生于山谷湿地或湿润岩石上，海拔 2 700m 以下。印度、斯里兰卡至越南、老挝及柬埔寨也有分布。

根入药，通经活络，除湿止痛。植株含脱皮激素。

图 902 珠丝毛蓝耳草

3. 水竹叶属 ***Murdannia*** Royle

多年生稀一年生草本。根纺锤状。茎花葶状或否。叶片通常窄长，带状，主茎多不育而叶密集呈莲座状。花序具总梗，蝎尾状聚伞花序单生或复出组成圆锥花序，有时缩短为头状或退化为单花；萼片 3，浅舟状；花瓣 3，分离，近相等；能育雄蕊 3，对萼，有时 1（2）枚败育，退化雄蕊 3（稀 2-1 枚或无），对瓣，顶端钝，戟状 2 浅裂或 3 全裂，花丝有毛或无毛；子房3室，每室胚珠一至数颗。蒴果3室，室背3瓣裂，每室种子二至数颗，稀1颗，排成1或2列。

本属约有50种，分布于热带和亚热带区域，主要在亚洲。我国有20种（6种特有）。

分种检索表

1. 花序通常单花或1-3朵簇生叶腋或顶生；根状茎长而横走。
    2. 蒴果长椭圆形，不明显三棱，长10mm，两端尖；种子稍扁；萼片长0.6-1cm……………………………… 1. 疣草 *M. keisak*
    2. 蒴果卵圆状三棱形，长5-7mm，两端钝或短急尖；种子不扁；萼片长4-6mm……………………………… 4. 水竹叶 *M. triquetra*
1. 蝎尾状聚伞花序单一顶生或2-3集成圆锥花序；无横走的根状茎。
    3. 主茎不育；叶呈莲座状；花梗果期弯曲；叶鞘沿口部一侧具长睫毛……… 2. 牛鞭草 *M. loriformis*
    3. 主茎可育；植株基部无成丛基生叶；花梗细而挺直；叶鞘具长睫毛………3. 裸花水竹叶 *M. nudiflora*

1. 疣草

Murdannia keisak (Hassk.) Hand.-Mazz., Symb. Sin. 7. 1243. 1936.——*Aneilema keisak* Hassk.

一年生草本，全体无毛。茎长而多分枝，匍匐生根，分枝常上升。叶无柄，叶片狭披针形，长4-8cm，宽0.5-1cm。聚伞花序腋生或顶生，具1-3花；苞片披针形，长0.5-2cm；花梗长0.5-1cm；萼片3，披针形，长5-7mm；花瓣蓝紫色或粉红色，倒卵形，比萼片长；能育雄蕊3，不育雄蕊3，花丝具长丝毛。蒴果长椭圆形，两端急尖，长10mm，宽2-3mm。种子扁。花期8-9月。

分布于东北及福建、江西、浙江，生于湿地。朝鲜、日本及北美东部也有分布。

图903 疣草

2. 牛鞭草

Murdannia loriformis (Hassk.) Rao Rolla & Kammathy, Bull. Bot. Surv. India 3: 393. 1961.——*Aneilema loriforme* Hassk.

多年生草本。主茎不发育。叶丛莲座状，叶片禾叶状或剑形，长 5-15（-30）cm，宽 1 cm；从叶丛中发出多条可育茎，茎上叶较短，叶鞘口一侧具硬睫毛。蝎尾状聚伞花序单一顶生或 2-3 集成圆锥花序；总苞叶状，长约 1 cm；总花序梗长 2.5 cm，具数朵花，密集呈头状；苞片早落，长约 4 mm；花梗果期长 2.5-4 mm，稍弯曲；萼片 3，草质，卵状椭圆形，浅舟状，长约 3 mm；花瓣紫红色或蓝色，倒卵圆形，长 5 mm；能育雄蕊 2。蒴果卵圆形三棱形，长 3-4 mm。花果期 5-10 月。

分布于华南、西南及安徽、湖南、江西、浙江，生于低海拔的山谷溪边林下、山坡草地。中南半岛也有分布。

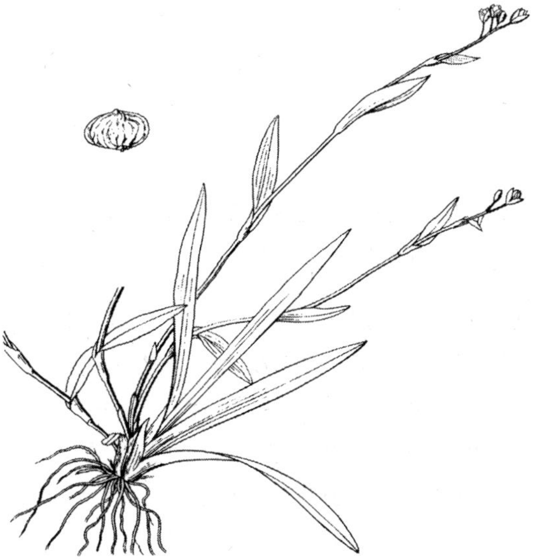

图 904 牛鞭草

3. 裸花水竹叶

Murdannia nudiflora (L.) Brenan, Kew Bull. 7: 189. 1952.——*Commelina nudiflora* L.

多年生草本。茎常丛生，少有单生，近直立，下部常匍匐生根，长 10-50 cm，无毛。叶鞘具长睫毛，叶片线状披针形，长 2.5-10 cm，宽 0.5-1 cm。蝎尾状聚伞花序数个排成顶生圆锥花序；总苞片叶状，长约 1 cm；苞片早落；花梗细而挺直，长 3-5 mm；萼片 3，卵状椭圆形，浅舟状，长约 3 mm；花瓣 3，紫色，长约 3 mm；能育雄蕊 2，不育雄蕊 2-4，花丝下部有须毛。蒴果卵圆状三棱形，长 3-4 mm。花果期 6-10 月。

分布于华东、华南、西南及河南、湖南，生于水边潮湿处，海拔可达 1 500 m。日本、老挝、印度、印度尼西亚、斯里兰卡、巴布亚新几内亚、太平洋岛屿和印度洋岛屿也有分布。

全草和烧酒捣烂，外敷可治疮疖红肿。

图 905 裸花水竹叶

4. 水竹叶

Murdannia triquetra (Wall. ex Clarke) G. Brückn. in Engl. & Prantl, Nat. Pflanzenfam. ed. 2, 15a: 173. 1930.——*Aneilema triquetra* Wall. ex Clarke.

草本。茎肉质，长达 60 cm，下部匍匐，节上生根，上部上升，通常多分枝，节间长 8 cm，密生白色硬毛。叶无柄，叶片竹叶形，长 2-6 cm，宽 0.5-0.8 cm，顶端渐钝尖。花序通常单花，顶生和腋生，花序梗长 1-4 cm；萼片 3，绿色，狭长圆形，浅舟状，长 4-6 mm，无毛，果期宿存；花瓣粉红色或蓝紫色，倒卵圆形，稍长于萼片；花丝密生长须毛。蒴果卵圆状三棱形，长 5-7 mm，宽 3-4 mm，两端钝或短急尖。种子短柱状，不扁。花期 9-10 月，果期 10-11 月。

图 906 水竹叶

分布于华东、华南、华中、西南，生于水稻田边或湿地上，海拔 1 600m 以下。印度至越南、老挝、柬埔寨也有分布。

可作饲料，幼嫩茎叶可食用；全草有清热解毒、利尿消肿之效，外敷可治蛇虫咬伤。

雨久花科 Pontederiaceae

多年生或一年生水生或沼生草本，直立或漂浮。具根状茎或匍匐茎，常有分枝，富海绵质和通气组织。叶通常 2 列，多数有叶鞘和叶柄；叶宽线形、披针形、卵形或宽心形，具平行脉，浮水、沉水或露出水面。顶生花序总状、穗状或聚伞圆锥状，生于佛焰苞状叶鞘的腋部；花两性，辐射对称或两侧对称；花被片 6，2 轮，花瓣状，蓝色、淡紫色或白色，稀黄色，分离或下部连合成筒；雄蕊多为 6，2 轮，稀 3 或 1，1 枚雄蕊位于内轮的近轴面，稀有 2 枚退化雄蕊，花丝细长，贴生于花被筒，有时具腺毛，花药底着或盾状，2 室，纵裂，稀顶孔开裂；子房上位，3 室，中轴胎座，或 1 室具 3 个侧膜胎座，花柱 1，细长，柱头头状或 3 裂，胚珠少数或多数，倒生或稀仅有 1 下垂胚珠。蒴果室背开裂或小坚果。种子卵圆形，具纵肋。

本科有 6 属约 40 种，广布热带和亚热带区域。我国有 2 属（1 属引种）5 种（1 种引种）。

分属检索表

1. 花具梗；花被片辐射对称，近离生；雄蕊 6，其中 1 枚最长，花丝无毛………2. 雨久花属 *Monochoria*
1. 花无梗；花被片两侧对称，合生；雄蕊 3 长 3 短，长雄蕊的花丝有毛………… 1. 凤眼蓝属 *Eichhornia*

1. 凤眼蓝属 ***Eichhornia*** Kunth

一年生或多年生浮水草本，节上生根。叶基生，莲座状或互生，叶片宽卵状菱形或线状披针形，通常具长柄，叶柄常膨大，基部具鞘。穗状花序顶生，具两至多花；花两侧对称，花被漏斗状，中下部连合成或长或短的花被筒，裂片 6，淡紫蓝色，有的裂片常具 1 黄色斑点；雄蕊 6，生于花被筒，常 3 长 3 短，花丝丝状或基部膨大，常有毛，花药长圆形；子房无柄，3 室，胚珠多数，花柱线形，弯曲，柱头稍扩大或 3-6 浅裂。蒴果卵圆形、长圆形或线形，包藏于凋存的花被筒内，室背开裂。种子卵圆形，有棱。

本属有 7 种，主要分布在热带美洲，1 种在非洲热带。我国引种 1 种。

1. 凤眼蓝 凤眼莲、水葫芦

Eichhornia crassipes (Mart.) Solms in A. DC. & C. DC., Monogr. Phan. 4: 527. 1883.——*Pontederia crassipes* Mart.

浮水草本或根生于泥中，高 30-60 cm。叶基生，莲座状，叶片宽卵形或棱形，长 4.5-14.5 cm，宽 5-14 cm，顶端圆钝，基部浅心形或宽楔形，全缘，光亮，具弧状脉；叶柄长达 30 cm，中部膨胀成囊状，内有气室，基部有鞘状苞片。花葶多棱角；花 9-12 朵形成穗状花序，长 17-20 cm；花被筒长 1.5-1.7 cm，花被裂片 6，卵形，长圆形或倒卵形，紫蓝色，外面近基部有腺毛，上裂片中部有 1 黄斑；雄蕊 6，花丝上具腺毛。蒴果卵形。花期 7-10 月，果期 8-11 月。

原产于巴西，我国长江、黄河流域及华南各地区有栽培或逸为野生，为典型的外来入侵种，生于水塘、沟渠和稻田中，海拔 200-1 500 m。

可作饲料，嫩叶和叶柄可作蔬菜。繁殖迅速，有时堵塞水道，成为害草。

图 907 凤眼蓝

2. 雨久花属 *Monochoria* Presl.

多年生沼生或水生草本。茎直立或斜上。叶基生或单生于茎枝，具长柄，形状多变，具弧状脉。花序总状或近伞形，从最上部的叶鞘内抽出，基部总苞片鞘状；花近无梗或具短梗，花被片 6，深裂几达基部，白色、淡紫色或蓝色，中脉绿色，开花时展开，后螺旋状扭曲，内轮 3 枚较宽；雄蕊 6，生于花被片基部，较花被片短，其中 1 枚较大，其花丝一侧有斜升的裂齿，花药较大，蓝色，余 5 枚相等，花药基着，顶孔开裂；子房 3 室，有多数胚珠，花柱线形，柱头近全缘或微 3 裂。蒴果室背开裂成 3 瓣。种子小，多数。

本属有 8 种，分布于非洲、亚洲至大洋洲的热带、亚热带地区。我国有 4 种。

分种检索表

1. 植株高 4-35 cm；叶心状宽卵形、长卵形或披针形，长 2-7 cm，基部圆或浅心形，全缘；花序有 3-15 朵花……………………………………………………………………3. 鸭舌草 *M. vaginalia*

1. 植株高 35-90 cm；叶卵状心形、箭形或三棱状卵形。

 2. 叶卵形至卵状心形，基部裂片圆钝，长 4-10 cm；花序有 10 余朵花…………1. 雨久花 *M. korsakowii*

 2. 叶三角状卵形，基部裂片戟形，长 5-15(-25)cm；花序有 10-40 朵花…………2. 箭叶雨久花 *M. kastata*

1. 雨久花

Monochoria korsakowii Regel & Maack in Regel, Mem. Acad. Imp. Sci. Saint. Peterbourg. sér 7, 4 (4): 155. 1861.

水生草本。根状茎粗壮。茎高 20-70 cm，全株光滑。基生叶卵形至卵状心形，长 4-10 cm，宽 3-8 cm，顶端急尖或渐尖，基部心形，膜质，全缘，具弧状脉，叶柄长达 30 cm，有时膨胀成囊状；茎生叶基部抱茎，叶柄较短。总状花序顶生，有花 10 余朵，花梗长 5-10 mm，花直径长约 2 mm；花被裂片椭圆形，蓝色，长约 1 cm，顶端钝圆；雄蕊 6，其中 1 枚较大，花药浅蓝色，其余较小，花药黄色。蒴果卵形，长 8-10 mm。花期 7-8 月，果期 9-10 月。

分布于东北、华北及安徽、河南、湖北、江苏、陕西、山东，生于池塘、湖边和稻田。朝鲜、日本、俄罗斯（西伯利亚）也有分布。

全草可作饲料；入药有清热解毒、定喘、消肿之效。

图 908 雨久花

2. 箭叶雨久花

Monochoria kastata (L.) Solms in A. DC. & C. DC., Monogr. Phan. 4: 523. 1883.——*Pontederia kastata* L.

水生草本。根状茎长而粗壮，匍匐，具残存老叶鞘，纤维根很多。茎直立或斜升，高 50-120 cm。基生叶三角状卵形，长 5-15（-25）cm，宽 3-9 cm，顶端急尖，基部戟形稀心形，纸质，全缘，基部裂片扩展，具弧状脉，叶柄长 30-50（-70）cm；基生叶鞘加宽，叶脉缩短。总状花序腋生，有 10-40 朵花，花梗长 1-3 cm，花直径 7-10 mm；花被片卵形，淡蓝色，长 10-14 mm，有 1 绿色中脉及红色斑点；雄蕊 6，其中大的 1 枚花药蓝色，其余黄色。蒴果长圆形，长约 1 cm。花果期 8 月至翌年 3 月。

分布于广东、贵州、海南、云南，生于水塘、沟边、稻田及海滨湿地，海拔 100-700 m。亚洲热带和亚热带地区广泛分布。

图 909　箭叶雨久花

3. 鸭舌草

Monochoria vaginalis (Burm. f.) C. Presl. ex Kunth, Enum. Pl. 4: 134. 1843.——*Pontederia vaginalis* Burm. f.

水生草本，高 4-35 cm，无毛。根状茎极短。叶基生或茎生，叶片形状和大小变化较大，由心状宽卵形、长卵形至披针形，长 2-7 cm，宽 0.8-5 cm，顶端急尖或渐尖，基部圆形或浅心形，全缘，具弧状脉；叶柄长 10-20 cm，基部扩大成鞘。总状花序腋生，有花 3-25 朵，蓝色，花梗长 3-8 mm，花直径 5-7 mm；花被片卵状披针形或长圆形，长 10-15 mm；雄蕊 6，其中 1 枚较大。蒴果卵形至长圆形，长约 1 cm。花期 8-9 月，果期 9-10 月。

分布几乎遍及全国，生于稻田、沟旁、浅水池塘、沼泽、湿地，海拔 1 500 m。日本、马来西亚、菲律宾、印度、尼泊尔及不丹也有分布。

嫩茎和叶可作蔬菜，也可作猪饲料。

图 910 鸭舌草

田葱科 Philydraceae

直立草本，根状茎短。叶线形或剑形，基生或茎生。花两性，两侧对称，单生或稀 2 朵生于佛焰苞状的苞片内；花被片 4，花瓣状，离生，两轮；雄蕊 1，着生于花被片基部，花丝扁平，花药 2 室，直立或旋卷，纵裂；子房上位，3 室，中轴胎座，或 1 室侧膜胎座，花柱单一，胚珠多数，倒生。蒴果开裂为 3 瓣。种子多数。

本科有 4 属 5 种，分布于亚洲东南部至澳大利亚。我国只有 1 属 1 种。

1. 田葱属 ***Philydrum*** Banks

茎单生，多少被白色蛛丝状毛。叶剑形，2 列，长 30-80 cm。穗状花序顶生，密被白色绵毛；苞片卵形，顶端具尾状渐尖；花黄色，两性，左右对称，无柄，1-2 朵生于穗状花序上的苞片内；花被片 4，花瓣状，外轮的 2 片较内轮的大；雄蕊 1，花药室旋卷；子房上位，1 室，有 3 个侧膜胎座，胚珠多颗。蒴果长圆形，长 8-10 mm，密被白色绵毛。种子狭卵形，种皮上有螺旋状条纹。

本属为单种属。

1. 田葱

Philydrum lanuginosum Gaertn., Fruct. Sem. Pl. 1: 62. 1788.

形态特征同属。

分布于华南及福建、台湾，生于池塘、水田或湿地。亚洲南部至澳大利亚也有分布。

全株药用，治疥癣。

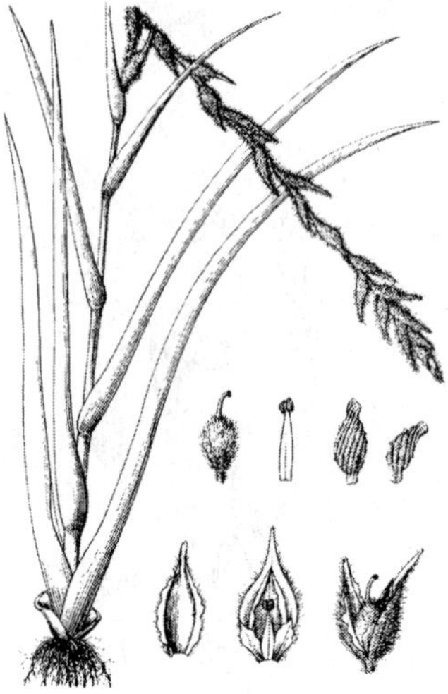

图 911 田葱

灯心草科 Juncaeceae

多年生、少一年生草本。根状茎直伸或横走；茎丛生，圆柱形或扁圆柱形，不分枝，具纵沟，具间断或不间断的髓心或中空。叶基生或兼茎生，茎生叶常 3 列，稀 2 列；叶线形、圆筒形或披针形，稀毛发状或芒刺状；叶鞘开放或闭合，叶鞘与叶片连接处有或无叶耳。花单生或组成穗状或头状花序，头状花序常组成圆锥状、总状、伞形或伞房状复花序；具苞片及小苞片；花两性，稀单性异株；花被片 6，2 轮，稀内轮退化；雄蕊 6，与花被片对生，有时内轮 3 枚退化，花药基着，药室纵裂；雌蕊具 3 心皮，子房上位，1 室或 3 室，柱头 3，常扭曲，胚珠多数。蒴果室背开裂。种子一端或两端具尾状附属物。

本科约有 8 属 300 种，广布于温带、寒带，热带山区种类较少。我国有 2 属，约 93 种。

分属检索表

1. 叶鞘开放，叶无毛；子房 1 室或 3 室，每室胚珠多数……………………………………1. 灯心草属 *Juncus*
1. 叶鞘闭合，叶缘具毛；子房 1 室，3 胚珠……………………………………………………2. 地杨梅属 *Luzula*

1. 灯心草属 *Juncus* L.

多年生，少一年生草本。根状茎横走或直伸；茎丛生，直立。叶基生和茎生或全部基生，有时仅具叶鞘或鳞片；叶鞘开放，偶闭合，有叶耳或无；叶片扁平或圆柱状、毛发状或芒刺状。花单一顶生，成聚伞花序或头状花序，头状花序单一或多个，组成聚伞状或圆锥状花序，顶生或假侧生；总苞片叶状或似茎的延伸；有小苞片或无。花被片 6，2 轮，外轮具脊；雄蕊 6 或 3；子房 1 室、3 室或不完全 3 室，每室多数胚珠，柱头 3。蒴果 3 瓣裂。种子多数，两端具白色附属物或无。

本属约有 240 种，广布于世界各地。我国有 76 种（27 种特有）。

分种检索表

1. 叶在茎基部的为鞘状或鳞片状，叶刺芒状；苞片圆柱形，似茎的延伸；花序假侧生；花有小苞片。
  2. 茎直径 1.5-4 mm；花被片线状披针形；蒴果长圆形或卵形，3 室……7. 灯心草 *J. effuses*
  2. 茎直径 1-1.5 mm；花被片卵状披针形；蒴果卵形或圆球形，1 室（具 3 个不完全半月形隔膜）……11. 野灯心草 *J. sechuensis*
1. 叶基生和茎生或全部基生；苞片叶状或无苞片；花无或稀具小苞片；花序顶生，稀假侧生，如假侧生，其苞片叶状，稀扁平。
  3. 一年生，无根状茎……3. 小灯心草 *J. bufonius*
  3. 多年生，有根状茎。
    4. 花多数，集成聚伞状或圆锥状花序。
      5. 花被片长 1.8-3.5 mm，顶端钝，花药长于花丝或近等长；叶耳长 1-1.5 mm……6. 扁茎灯心草 *J. gracillinus*
      5. 花被片长 3.5-4 mm，顶端锐尖，花药短于花丝；叶耳长 2-4 mm……13. 洮南灯心草 *J. taonanensis*
    4. 花两至多朵呈头状花序，头状花序单生茎顶端或两至多个集成聚伞状或圆锥状花序。
      6. 叶无横隔或横隔不明显；叶扁平，有时折叠或圆柱形。
        7. 叶基生或茎生。
          8. 花被片长 4-5 mm；蒴果长于花被片……4. 栗花灯心草 *J. castaneus*
          8. 花被片长 7-9 mm；蒴果短于花被片……12. 枯灯心草 *J. sphacelatus*
        7. 叶全部基生。
          9. 苞片开展；雄蕊长于花被片，花药线形，长 1.6-2 mm……14. 展苞灯心草 *J. thomsonii*
          9. 苞片紧贴花；雄蕊与花被片近等长，花药长圆形，长 0.7-1 mm……15. 贴苞灯心草 *J. trigluma*
      6. 叶具横隔，叶片圆柱形，稍扁或扁平。
        10. 叶具不完全横隔，稀具完全横隔，叶片扁平。
          11. 雄蕊 6，茎扁，两侧具窄翅……1. 翅茎灯心草 *J. alatus*
          11. 雄蕊 3，茎圆柱形或稍扁，两侧几无翅或有窄翅。
            12. 花被片内轮比外轮长；头状花序星芒状球形；茎微扁，上部两侧略有微翅……5. 星花灯心草 *J. diastrophanthus*
            12. 花被片等长或内轮稍短；头状花序半球形或近球形；茎圆柱形或稍扁，几无翅……10. 江南灯心草 *J. prismatocarpus*
        10. 叶具完全横隔，叶片圆柱形或扁圆柱形。
          13. 雄蕊 3。
            14. 蒴果三棱状披针形或披针状三角锥形，顶端长渐尖；头状花序具 2-4 花……9. 乳头灯心草 *J. papillosus*

14. 蒴果三棱状长圆形，顶端骤尖有短尖头；头状花序具 4-6 花……………………………………………………………………………17. 针灯心草 *J. wallichiana*

13. 雄蕊 6。

15. 植株高 4-18 cm；花被片内轮比外轮稍长，花药卵形，长 0.5-0.6 mm……………………………………………………………………………8. 短喙灯心草 *J. krameri*

15. 植株高 15-45 cm；花被片等长或外轮稍长，花药线形或长圆形，长 0.7-1 mm。

16. 花被片长 2.5-3 mm；花药与花丝等长或稍长；头状花序具 5-15 朵花；蒴果长 3-3.5 mm；叶具横隔，叶耳长而钝………………2. 小花灯心草 *J. articulatus*

16. 花被片长 2-2.4 mm，花药短于花丝；头状花序具 3-6 花；蒴果长 2.6-3 mm；叶具不明显横隔………………………………16. 尖被灯心草 *J. turczaninowii*

1. 翅茎灯心草

Juncus alatus Franch. & Sav., Enum. Pl. Jap. 2: 98. 1876.

茎丛生，高 11-48 cm，扁，两侧具宽 2-4 mm 的窄翅。叶片线形，长 5-16 cm，叶鞘两侧扁，边缘膜质，叶耳小。头状花序 4-27 个排列成聚伞花序；叶状总苞长 2-9 cm；头状花序扁平，具 2 或 3 枚苞片和 3-7 朵花；苞片宽卵形，长 2-2.5 mm，宽 1.5 mm；小苞片 1 枚，卵形；花淡绿色或黄褐色，花被片披针形，长 3-3.5 mm，宽 1-1.3 mm，边缘膜质，外轮背脊明显，内轮稍长；雄蕊 6；子房 1 室，柱头 3。蒴果三棱状圆筒形，长 3.5-5 mm，顶端具短尖，淡黄褐色。花果期 4-10 月。

图 912 翅茎灯心草

分布于华东、华南、华中、西南及甘肃、河北、陕西，生于水边、田边、湿草地、沼泽草甸、山坡林下阴湿处，海拔 100-2 300 m。也分布于朝鲜、日本。

2. 小花灯心草

Juncus articulatus L., Sp. Pl. 1: 327. 1753.

茎密丛生，高 10-60 cm，直径 1-1.5 mm。叶短于茎，基部的鞘状，长 1-3 cm；茎生叶 1 或 2 枚，叶鞘基部红褐色或褐色；基生叶 1-4 枚，叶片扁圆柱形，长 2.5-10 cm，宽 1-1.5 cm，具明显的横隔；叶鞘长 0.8-3.5 cm，叶耳明显，较窄。头状花序 5-30 个排列成复聚伞花序；头状花序半球形或近球形，直径 6-8 mm，具 5-15 朵花；叶状总苞 1，长 1.5-5 cm，短于花序；苞片披针形或三角形，长 2.5-3 mm，黄色；花被片披针形，2 轮等长，长 2.5-3 mm，边缘膜质，晚期淡红褐色；雄蕊 6，花柱极短；柱头 3。蒴果三棱状长卵形，长 3-3.5 mm，1 室，深褐色。花果期 6-9 月。

分布于西北、西南及河北、河南、湖北、山东、山西，生于沟边湿地、沙滩、河边、草甸，海拔 1 200-3 700 m。也分布于阿富汗、不丹、印度、克什米尔地区、蒙古、尼泊尔、巴基斯坦、俄罗斯（西伯利亚）、越南以及北美洲、欧洲和非洲。

图 913 小花灯心草

3. 小灯心草

Juncus bufonius L., Sp. Pl. 1: 328. 1753.

一年生草本。茎丛生，高 4-30 cm，基部红褐色，叶基生或茎生，茎生叶常 1 枚；叶片线形，长 1-13 cm，叶鞘具膜质边缘。花序呈二歧聚伞状或圆锥状，每分枝上常顶生或侧生具 2-4 朵花；叶状总苞 1-9 cm，短于花序；小苞片 2-3，三角状卵形，膜质，长 1.3-2.5 mm；花被片披针形，外轮长 3.2-6 mm，中间绿色，两侧白色膜质，内轮稍短；雄蕊 6，花药长为花被片 1/3-1/2，子房具短花柱，柱头 3。蒴果三棱状椭圆形，长 3-4 mm，黄褐色。花期 5-7 月，果期 6-9 月。

分布于东北、华北、华中、华东、西南及陕西、宁夏、甘肃、青海、新疆，生于湿草地、湖边、河边、沼泽地，海拔 100-3 500 m。也分布于朝鲜、日本、俄罗斯（西伯利亚）、阿富汗、不丹、印度、蒙古、尼泊尔、巴基斯坦、菲律宾、斯里兰卡、泰国、越南、亚洲西南部、哈萨克斯坦、欧洲及南美洲、北美洲。

图 914 小灯心草

4. 栗花灯心草

Juncus castaneus Sm., Fl. Brit. 1: 383. 1800.

茎单生或丛生，高 15-40 cm，直径 2-3.5 mm，圆柱形。基部叶鞘状或鳞片状，褐色或红褐色；基生叶 2-4 枚，长 6-25 cm，边缘常内卷或对褶；叶鞘长 5-11 cm，无叶耳；茎生叶 1 枚或缺。头状花序 2-8 个排列成聚伞花序；叶状总苞 1 枚，线状披针形，长于花序，长 1.5-5 cm；苞片披针形，长于花序；头状花序半球形或近球形，直径 7-8 mm；苞片 2 或 3 枚，披针形，短于花；花被片披针形，长 4-5 mm，外轮背脊明显，稍长于内轮，暗褐色或淡褐色；雄蕊 6；柱头 3。蒴果三棱状长圆形，长 6-7 mm，具 3 隔膜，深褐色。花果期 7-9 月。

图 915 栗花灯心草

分布于华北及甘肃、吉林、宁夏、青海、陕西、四川、云南，生于山地湿草甸、沼泽地，海拔 2 100-3 100 m。也分布于俄罗斯东部、欧洲及北美洲。

5. 星花灯心草

Juncus diastrophanthus Buchen., Bot. Jahrb. Syst. 12: 309. 1890.

茎丛生，高 5-35 cm，微扁，两侧具 1-2.5 mm 宽的翅。基部叶鞘状，长 1.5-2.5 cm，下部紫褐色，基生叶叶片较短，叶鞘 1.5-3 cm；茎生叶 1-3 枚，叶片平展，长 4-10 cm，宽 1-3.5 mm，具不明显横隔，叶鞘较短，叶耳钝。头状花序 3-24 个排成复聚伞花序；头状花序长 6-10 mm，具 5-14 朵花；叶状总苞线形，长 3-7 cm，短于花序；苞片 2 或 3 枚，小苞片 1 枚；花被片宽 0.7-0.9 mm，内轮长于外轮，顶端具刺状芒尖，边缘膜质；雄蕊 3；柱头 3。蒴果三棱状圆筒形，长 4-5 mm，顶端尖，黄褐色。花果期 5-7 月。

分布于华东、华中、西南及甘肃、陕西，生于溪边、田边、疏林下水湿地，海拔 600-1 300 m。也分布于朝鲜、日本和印度。

图 916 星花灯心草

6. 扁茎灯心草

Juncus gracillimus (Buchen.) V. T. Krecz. & Gontsch. in Kom., Fl. URSS 3: 627. 1935.——*J. compressus* Jacq. var. *gracillimus* Buchen.

茎丛生，高 10-70 cm，圆柱形或稍扁。基部的叶鞘状，长 1.5-3 cm，基生叶 2-3，叶片线形，长 3-15 cm；茎生叶 1-2，长 10-20 cm；叶鞘长 2-9 cm，叶耳圆形。复伞形花序顶生，长 13 cm，具 2 回或多回分枝；叶状总苞 1 枚，线形，长于花序；花具 2 枚小苞片；小苞片宽卵形，长 1 mm，膜质；花被片披针形，顶端钝圆，长 1.8-2.6 mm，宽 0.9-1.1 mm，外轮稍长；雄蕊 6；花柱很短，柱头 3。蒴果卵球形，长 2.5 mm，具短尖，具 3 隔膜，褐色。

花果期 5-8 月。

分布于东北、华北、西北和长江流域，生于河岸、池塘边、田埂上、沼泽和草原湿地，海拔 500-1 500 m。也分布于俄罗斯、格鲁吉亚及欧洲。

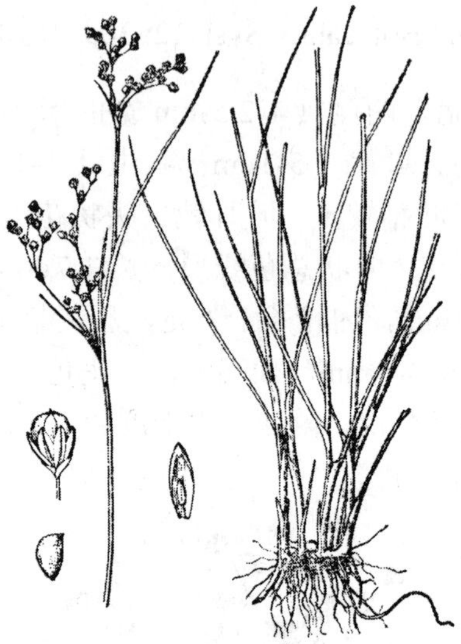

图 917 扁茎灯心草

7. 灯心草

Juncus effuses L., Sp. Pl. 1: 326. 1753.

茎丛生，高 27-90 cm，直径 1.5-4 mm，圆柱形，髓白色。叶生于基部，鞘状或鳞片状，长 1-22 cm，基部红褐色或黑褐色；叶片退化为芒状。聚伞花序假侧生，具多数花；总苞片圆柱形，似茎的延伸，长 5-28 cm；小苞片 2 枚，宽卵形，顶端尖；花被片狭披针形，长 2-2.3 mm，宽 0.8 mm，边缘膜质，外轮稍长于内轮；雄蕊 3（6）；子房 3 室，花柱极短，柱头 3。蒴果长圆形或卵形，长 2.8 mm，顶端钝或微凹，黄褐色。花果期 4-9 月。

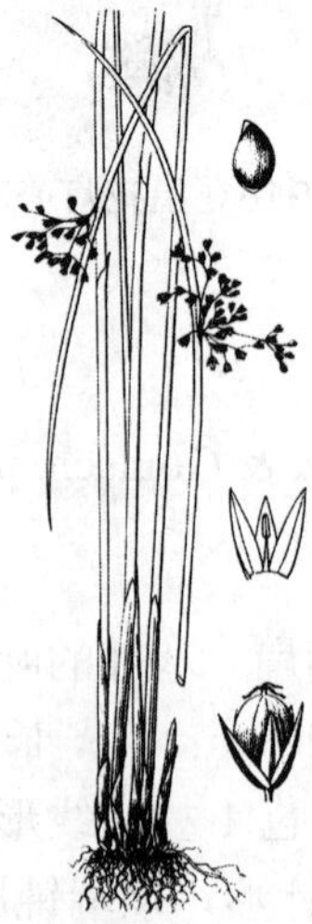

图 918 灯心草

分布于东北、华北、华东、华中、西南及陕西、甘肃，生于河边、池旁、沟边、稻田旁沼泽及湿草地、林缘，海拔 200-3 400 m。温带地区也分布。

茎髓可制烛心，植株可入药，茎纤维可用作纺织和造纸原料。

8. 短喙灯心草

Juncus krameri Franch. & Sav., Enum Pl. Jap. 2: 99. 1876.

茎丛生，坚挺，近圆柱形，直径 0.8 mm。叶基生或茎生，叶片线形，长 2-9 cm，先端钝，叶鞘边缘膜质，叶耳钝圆。头状花序 3-26 个排成聚伞花序，长 1.5-11 cm，头状花序具 2-6 花；叶状总苞长 0.6-4.2 cm，小苞片 1，宽卵形，长 1.2 mm。花被片披针形，长 2.5 mm，边缘膜质，禾秆色，内轮比外轮稍长或近等长；雄蕊 6；柱头 3。蒴果三棱状椭圆形，长 3.1 mm，顶端具短尖，红褐色。花果期 7-9 月。

分布于东北及山东，生于河边、湿草地、沼泽草甸、山坡、路旁，海拔 100-1 300 m。也分布于朝鲜、日本。

图 919 短喙灯心草

9. 乳头灯心草

Juncus papillosus Franch. & Sav., Enum. Pl. Jap. 2: 98. 1876.

茎圆柱形，高 15-50 cm；直径 1-2 mm，全株具细小乳突。基生叶 2-3 枚，茎生叶 2 枚；叶片长圆柱形，长 3-10 cm，宽 1-2 mm，顶端近针形，中空，具明显的横隔；叶鞘长 2-4 cm，顶端具窄的叶耳。小头状花序多数，具 2-4 朵花，排列成复聚伞花序；叶状总苞 1 枚，短于花序；苞片卵形，边缘膜质；花被片 2 轮，狭披针形，长 2 mm，内轮稍长于外轮；雄蕊 3 枚。蒴果三棱状披针形，长 3-3.5 mm，顶端长渐尖。花果期 7-9 月。

分布于东北及河北、河南、内蒙古、山东，生于湿草甸，海拔 1 200-1 500 m。也分布于朝鲜和日本。

图 920　乳头灯心草

10. 江南灯心草

Juncus prismatocarpus R. Br., Prodr. 259. 1810.

茎丛生，高 17-65 cm，直径 1-3 mm。基生叶少，茎生叶 2-4 枚；叶片线形，长 10-25 cm，宽 2-4 mm；叶鞘 2-10 cm，边缘膜质，有时带红褐色，叶耳稍钝。头状花序直径 7-10 mm，具 4-20 朵花，5-30 个排成复聚伞花序；叶状总苞 1 枚，短于花序；苞片多枚；花被片线状披针形，长 3.5-4 mm，宽 1 mm，内外轮等长或内轮稍短，绿色或淡红褐色，边缘狭膜质；雄蕊 3；柱头 3，常弯曲。蒴果三棱状圆锥形，长 3.8-4.5 mm，顶端具短尖，淡褐色或黄褐色。花果期 3-8 月。

图 921　江南灯心草

分布于华东、华南、华中、西南，生于溪边、沟边、疏林下草地和山坡湿地，海拔 500-3 000 m。也分布于亚洲其他国家及大洋洲。

11. 野灯心草

Juncus setchuensis Buchen. ex Diels, Bot. Jahrb. Syst. 29: 238. 1900.

茎丛生，茎直立，高 25-65 cm，直径 1-1.5 mm，具明显的纵沟。叶基生，鞘状或鳞片状，长 1-9.5 cm，基部红褐色或棕褐色，叶片退化成芒状。聚伞花序假侧生，具多数花；总苞片似茎的延长，长 5-15 cm，圆柱形，顶端渐尖；小苞片 2 枚，三角状卵形，长 1-1.2 mm，宽 0.9 mm，膜质；花淡绿色，花被片卵状披针形，长 2-3 mm，宽 0.9 mm，顶端急尖，边缘宽膜质，内外轮等长；雄蕊 3；花柱极短，柱头 3。蒴果卵形，长于花被片，顶端钝圆，黄褐色或棕褐色。花果期 5-9 月。

分布于华东、华南、华中、西南，生于山沟边、溪边、林下阴湿处及路边浅水处，海拔 300-1 800 m。

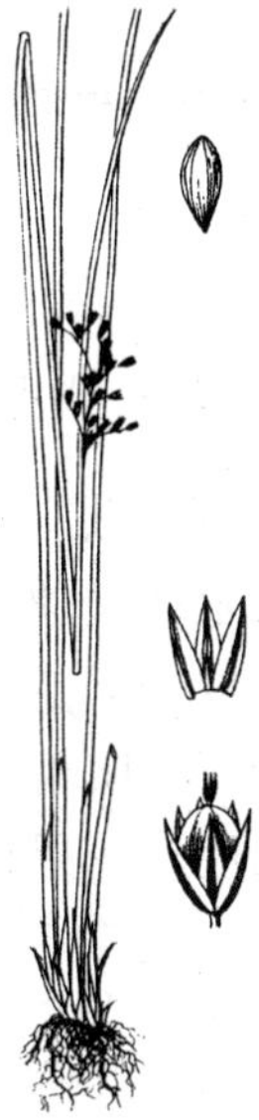

图 922 野灯心草

12. 枯灯心草

Juncus sphacelatus Decne., Jacquen., Voy Inde. 172. 1844.

茎圆柱形，粗壮，高 17-50 cm，直径 2-3.5 mm。叶基生和茎生；基部的叶鞘状，长 2-7 cm，淡黄褐色；基生叶 2-3 枚，叶片线状披针形，长 4-14 cm；叶鞘长 4-7 cm；茎生叶 1-2 枚，叶片与基生叶相似，叶鞘具白色膜质，有长圆形网格，叶耳钝圆。2-8 个头状花序排成聚伞花序，头状花序半球形，直径 1.2-2 cm，具 5-7 花；叶状总苞线状披针形，长 5-15 cm；花被片披针形，长 7-9 mm，近等长，膜质，栗褐色或黑褐色；雄蕊 6；柱头 3。蒴果三棱状长圆形，长 6-8 mm，淡黄或黄褐色，顶端圆，具短尖，有 3 隔膜。花果期 7-9 月。

分布于青海、四川、西藏、云南，生于沟旁或河边湿地及山坡，海拔 3 300-4 800 m。

印度、不丹、尼泊尔、阿富汗、克什米尔地区也有。

图 923 枯灯心草

13. 洮南灯心草

Juncus taonanensis Satake & Kitag., Bot. Mag. (Tokyo) 48: f. 17. 610. 1934.

茎丛生，稍扁，高 5-20 cm。叶基生或茎生；基生叶 3-4 枚，茎生叶 1-2 枚，线形，长 6-20 cm；叶鞘松散抱茎，叶耳圆钝。聚伞花序顶生，具 3-26 朵花；花单生；叶状总苞与花序近等长，长 2-7 cm；小苞片 2，卵形，长 1.8-2.5 mm，膜质，顶端钝圆，黄绿色；花被片近等长，披针状长圆形，长 3.1-4 mm，顶端尖，边缘宽膜质；雄蕊 3，花柱极短，柱头 3。蒴果长圆状卵形，长 3 mm，淡褐色。花果期 6-9 月。

图 924 洮南灯心草

分布于东北及河北、江苏、内蒙古、山东，生于河边、水塘边湿地或湿草甸，海拔约 1 000 m。

14. 展苞灯心草

Juncus thomsonii Buchen., Bot. Zeitung (Berlin) 25: 148. 1867.

茎丛生，圆柱形，高 5-30 cm，直径 0.6-1 mm。叶基生，常 2 枚，叶片细线形，长 1-10 cm，顶端有胼胝体；叶鞘红褐色，边缘膜质，叶耳钝圆。头状花序单一顶生，直径 5-10 mm，具 4-8 朵花；苞片 3-4 枚，开展，卵状披针形，长 3-8 mm，红褐色；花具短梗，花被片长圆状披针形，近等长，长 5 mm，黄色或黄白色，后期背部褐色；雄蕊 6；花柱短，柱头 3。蒴果三棱状椭圆形，长 5.5-6 mm，顶端具短尖，具 3 隔膜。花果期 7-9 月。

分布于甘肃、河北、青海、陕西、山西、四川、西藏、新疆、云南，生于高山草甸、池边、沼泽地、林下潮湿处，海拔 2 800-5 000 m。也分布于中亚、喜马拉雅山区。

图 925　展苞灯心草

15. 贴苞灯心草

Juncus triglumis L., Sp. Pl. 1: 328. 1753.

茎丛生，高 7-30 cm，直径 0.7-1 mm，平滑。叶基生，线形，短于茎；叶片长 2-6 cm，宽 0.7 mm，顶端渐尖；叶鞘长 1-4 cm，边缘膜质；叶耳钝圆，常带淡紫红色。头状花序单一顶生，直径 5-9 mm，具 2-5 朵花；苞片 3-4 枚，紧贴花，宽卵形，长 4-6 mm，暗棕色；花被片披针形，长 3-4 mm，外轮比内轮稍长，膜质，黄白色；雄蕊 6；花柱短，柱头 3。蒴果三棱状长圆形，长 4 mm，具 3 隔膜，顶端具短尖，红褐色。花果期 6-8 月。

分布于河北、青海、山西、四川、西藏、新疆、云南，生于河旁、山坡，海拔 600-4 500 m。也分布于朝鲜、日本、蒙古、俄罗斯（西伯利亚）、印度北部、不丹、克什米尔地区、中亚及欧洲。

图 926 贴苞灯心草

16. 尖被灯心草

Juncus turczaninowii (Buchen.) V. Krecz. in Kom., Fl. URSS 3: 539. 1935.——*J. lampocarpus* Ehrh. ex Hoffm. var. *turzaninowii*.

茎密丛生，高 20-45 cm，直径 1-1.5 mm，具纵沟纹。基生叶 1 或 2 枚，茎生叶 2 枚；叶片扁圆柱形，长 5-15 cm，宽 1-1.5 mm，具明显关节状横隔；叶鞘长 3-7 cm，顶端具窄的叶耳。头状花序多数，具 2-7 朵花，半球形，直径 2-5 mm，排列成复聚伞花序；叶状总苞 1 枚，常短于花序；苞片 2 枚，卵形，较花短；小苞片 1 枚，卵形，膜质；花被片披针形，2 轮近等长，长 2-2.4 mm，边缘膜质；雄蕊 6；柱头 3。蒴果三棱状长圆形或椭圆形，长 2.6-3 mm，顶端具短尖，黑褐色或褐色。花果期 6-9 月。

分布于东北、华北，生于河边湿草地、沼泽草甸，海拔 700-1 350 m。也分布于俄罗斯（远东地区、西伯利亚）。

图 927 尖被灯心草

17. 针灯心草

Juncus wallichianus J. Gay ex Laharpe, Mem. Soc. Hist. Nat. Paris 3: 139. 1827.

茎密丛生，高25-40cm，直径1-2mm，具纵条纹。基生叶1-2枚；叶片细长圆柱形，长3-15cm，宽1-1.5mm，顶端渐尖，具明显横隔；叶鞘长2-6cm，下部有时呈红紫色；叶耳钝圆，宽1mm。头状花序多数，具2-10朵花，直径2-5mm，排列成复聚伞花序；叶状总苞1枚，长3-5cm，短于花序；苞片卵形，长2mm，膜质；花被片披针形，长2-2.8mm，宽0.8mm，边缘宽膜质，淡黄褐色或淡紫褐色，内轮长于外轮；雄蕊3；花柱短，柱头3。蒴果三棱状长圆形，长3-3.5mm，顶端骤尖，棕褐色。花果期7-9月。

分布于东北及福建、甘肃、广东、海南、内蒙古、山东、台湾、云南、浙江，生于河边、沼泽草甸，海拔1 800-2 900m。也分布于朝鲜、日本、不丹、印度、尼泊尔、斯里兰卡、俄罗斯（远东地区、西伯利亚）。

茎、叶可作造纸和编织的材料。嫩茎叶作饲料。

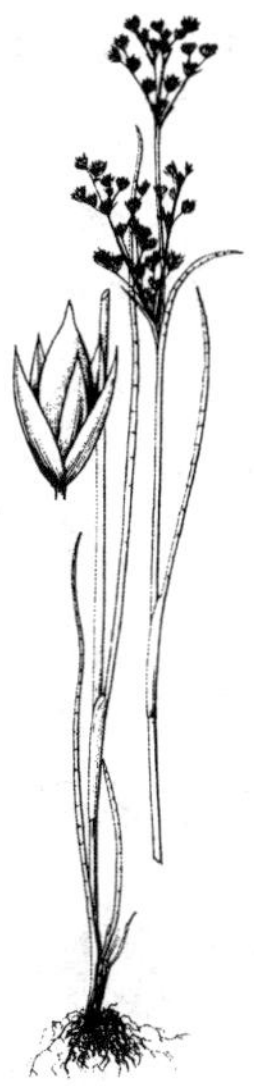

图928 针灯心草

2. 地杨梅属 *Luzula* DC.

多年生草本。根状茎短；茎直立，多丛生，通常圆柱形，具纵沟纹。叶基生和茎生；茎生叶较少，常较短较窄；叶线形或披针形，边缘常具白色丝状缘毛；叶鞘闭合抱茎，鞘口常密生丝状长毛，无叶耳。花序复聚伞状、伞状或伞房状，或多花呈头状或穗状；花单生或簇生，花基部具2小苞片，小苞片具缘毛或撕裂状，有时具小裂齿；花被片6，2轮，绿色或褐色，稀黄白色，内外轮近等长；雄蕊（3）6，短于花被片，花药长圆形或线形，黄色；子房1室，花柱线形或短，柱头3分叉，线形，胚珠3，着生于子房底部。蒴果3瓣裂。种子3，基部或顶部具淡黄色种阜或无。

本属约有75种，广布于温带或热带地区，北半球最多。我国有16种（6种特有）。

分种检索表

1\. 花数朵集成头状花序，5-12 个头状花序排成聚伞花序……………………………1. 多花地杨梅 *L. multiflora*
1\. 花单生或 2-3 朵聚生于花序顶端。
  2\. 单伞形花序，花序枝通常不分叉；花被片长 2.5-3 mm，花药通常长于花丝；种阜比种子短………………………………………………………………………………3. 火红地杨梅 *L. rufescens*
  2\. 伞状复聚伞花序，花序枝通常分叉；花被片长 3-4 mm；花药通常短于花丝或近等长；种阜与种子等长………………………………………………………………………………2. 羽毛地杨梅 *L. plumose*

1. 多花地杨梅

Luzula multiflora (Ehrhart) Lej., Fl. Spa. 1: 169. 1811.——*Juncus campestris* L. var. *multiflora* Erhart.

茎圆柱形，密丛生，高 16-35 cm，直径 0.6-1 mm，具纵沟。基生叶数枚，茎生叶 1-3 枚，线状披针形，长 4-11 cm，宽 2-4 mm，顶端钝圆加厚呈胼胝状，边缘具丝状长毛；叶鞘口密生丝状长毛。头状花序半球形，直径 4-7 mm，具 3-8 朵花，5-12 个头状花序排成聚伞花序；叶状总苞线状披针形，长 2-5 cm；花梗基部具 1 或 2 苞片；小苞片 2 枚生花基部，宽卵形，长 2 mm，具芒尖，边缘具丝状长毛，有时呈撕裂状；花被片 6，披针形，长 2.5-3 mm，宽 0.9 mm，内外轮近等长，边缘膜质，淡褐色或红褐色；雄蕊 6，花丝长 0.6-0.8 mm；花药长 1-1.5 mm；花柱长 0.7-0.9 mm，柱头 3，螺旋状扭转。蒴果三棱状倒卵形，与花被近等长，顶端具小短尖，红褐色或紫褐色。种子椭圆形，长 1.2 mm，种阜长为种子的 1/2。花果期 5-8 月。

分布于南北各地，生于林缘水沟旁、溪边潮湿处及山坡草地，海拔 2 700-3 600 m。也分布于不丹、印度、日本、蒙古、尼泊尔、俄罗斯及欧洲和北美洲。

图 929 多花地杨梅

2. 羽毛地杨梅

Luzula plumose E. Mey., Linnaea 22: 387. 1849.

茎圆柱形，丛生，高 8-25 cm，具纵沟纹。基生叶数枚，线状披针形，平展，长 8-18 cm，宽 2-5 mm，顶端渐尖，加厚呈胼胝状，边缘疏生长柔毛；茎生叶 1-3 枚，长 2-7 cm；叶鞘口密生长柔毛。复聚伞花序顶生；叶状总苞长 1-3 cm，花梗基部具苞片；花单生，小苞片 2 枚生花基部，卵形，长 1.5-2 mm，宽 1.2 mm，边缘疏生长柔毛或撕裂，淡黄褐色；花被片 6，卵状披针形至披针形，长 3-4 mm，宽 1-1.2 mm，外轮背脊明显，具短尖，内轮稍长，边缘膜质，淡褐色；雄蕊 6，花药长 1-1.2 mm，花丝长 1 mm，花柱短于子房，柱头 3，长 1.5-2 mm。蒴果三棱状卵圆形，长 3.2-4 mm，黄绿色。种子卵圆形至椭圆形，长 1-1.4 mm，种阜弯曲与种子等长。花期 3-4 月，果期 5-6 月。

分布于安徽、甘肃、湖北、湖南、江苏、江西、台湾、浙江、陕西和西南，生于水边潮湿处，山坡林缘、路旁，海拔 1 100-3 000 m。也分布于不丹、印度、朝鲜、日本、尼泊尔。

图 930　羽毛地杨梅

3. 火红地杨梅

Luzula rufescens Fisch. ex E. Mey., Linnaea 22: 385. 1849.

茎丛生，高 10-40 cm，直径 0.5 mm。基生叶多数，线形，长 5-12 cm，宽 2-5 mm，顶端钝尖并加厚，具缘毛；茎生叶 2-3 枚，长 2-4 cm；叶鞘口密生长柔毛。伞形花序顶生，疏散；总苞片披针形或卵形，长 1-5 cm，边缘具长柔毛；花单生，花梗纤细，基部具苞片；小苞片生花基部，卵形，长 1.5-2 mm，宽 1.2 mm，边缘具长柔毛，有时撕裂；花被片 6，卵状披针形至披针形，长 2.5-3 mm，宽 1-1.3 mm，内外轮近等长，中间红褐色，边缘膜质；雄蕊 6，花丝长 0.6-0.9 mm，花药长 1-1.3 mm，柱头 3，长 2 mm。蒴果三棱状卵形，长 2.8-5 mm，顶端具短尖，淡黄色。种子卵圆形至椭圆形，长 1.1 mm，种阜黄色，长 1 mm。花期 5-6 月，果期 6-7 月。

分布于东北及内蒙古，生于林缘湿草地、沼泽地、山坡路旁、田间潮湿处，海拔约 800 m。也分布于朝鲜、日本、蒙古、俄罗斯（西伯利亚）及北美洲。

图 931　火红地杨梅

百合科　Liliaceae

多年生草本、稀灌木或乔木，具根状茎、块茎或鳞茎。叶基生或茎生，互生、对生或轮生。花序为总状、圆锥状、穗状、伞形状或花单生；花两性，稀单性异株或杂性，通常辐射对称，极少两侧对称；花被片 6，稀 4 或 8，排成 2 轮，离生或不同程度合生，呈花冠状；雄蕊 6，花丝离生或贴生于花被管上，花药基着或背着，药室 2，较少汇合成 1 室而为横缝开裂；心皮合生或不同程度离生，子房上位，极少半下位，（2）3（4）室，中轴胎座，稀 1 室而具侧膜胎座，每室具一至多数侧生胚珠。蒴果或浆果，较少为坚果。种子具丰富的胚乳，胚小。

本科约有 250 属 3 500 种，广布全世界，特别是温带和亚热带地区。我国有 57 属（3 属特有，2 属引种）和 726 种（379 种特有，11 种引种）。

分属检索表

1. 植株具鳞茎，鳞茎膨大呈球形至卵形或近圆柱状（如葱白）。
  2. 伞形花序，开放前为膜质总苞所包；植物绝大多数有葱蒜味……………………………1. 葱属 *Allium*
  2. 不为伞形花序，开放前不包被膜质总苞；植物无葱蒜味。

3. 花俯垂，花被片基部有蜜腺窝（凹穴）……………………………………………3. 贝母属 *Fritillaria*

3. 花仰立、平展或斜出，花被片基部无蜜腺窝（凹穴）。

4. 花药丁字状着生；叶茎生，互生、对生或轮生；植株高大，一般高 40 cm 以上……5. 百合属 *Lilium*

4. 花药基着；叶基生或兼有基生和茎生叶；植株矮小，一般 10-30 cm。

5. 花较小，单朵或 2-4 朵排成近二歧的伞房状花序，花通常平展或斜出，花被片长不及 2 cm ……………………………………………………………………………………………7. 洼瓣花属 *Lloydia*

5. 花大，通常单朵顶生，仰立，花被片长 2 cm 以上……………………………13. 郁金香属 *Tulipa*

1. 植株具根状茎，绝不具鳞茎。

6. 果实在成熟前已经不整齐开裂，露出幼嫩的种子；成熟种子为小核果状，貌似 2-3 个小核果簇生于 1 个花梗上。

7. 花近直立，子房上位，花丝与花药近等长或比花药长…………………………6. 山麦冬属 *Liriope*

7. 花俯垂，子房半下位，花丝不明显或稍明显，长不及花药一半…………8. 沿阶草属 *Ophiopogon*

6. 果实在未成熟前绝不开裂；成熟种子也绝不为小核果状。

8. 叶退化为鳞片状；叶状枝（貌似叶）很小，通常针状、扁圆柱状或近线形，宽 0.2-2（-3）mm，2-10 枚簇生于茎和枝条上，每一植株有几百枚之多…………………………2. 天门冬属 *Asparagus*

8. 叶较大，不退化为鳞片状，多枚基生，或互生、对生、轮生于茎或枝条上，每一植株的叶几枚至几十枚。

9. 花单性，雌雄异株，通常排成伞形花序；一般为多分枝的小灌木，极少为草本……12. 菝葜属 *Smilax*

9. 花两性（仅藜芦属 *Veratrum*，雄性花与两性花同株）。

10. 叶四至多枚排成 1 轮生于茎的顶端；花单朵顶生，花被片 6，分离，2 轮，外轮花被片叶状，绿色，内轮花被片比外轮狭……………………………………………9. 重楼属 *Paris*

10. 叶多枚，基生或茎生。

11. 圆锥花序轴被毛，雄性花和两性花同株，极少仅为两性花………14. 黎芦属 *Veratrum*

11. 花序轴上无毛，花两性。

12. 蒴果；花大，花被近漏斗状，全长 5 cm 以上……………………4. 萱草属 *Hemerocallis*

12. 浆果；花较小，花被钟状、筒状或高脚碟状，长不及 3 cm。

13. 圆锥花序或总状花序顶生………………………………11. 鹿药属 *Smilacina*

13. 花腋生，通常集生成伞状、伞房或总状花序…………10. 黄精属 *Polygonatum*

1. 葱属 *Allium* L.

多年生草本，常有葱蒜味。须根通常细长，有时增粗，肉质化，甚至呈块根状。鳞茎形态多样，圆柱状至球状，鳞茎外皮膜质、革质或纤维质。叶狭线形至卵圆形，实心至空心的圆柱状，无叶柄或基部收狭为叶柄。花葶从鳞茎基部长出，中生或侧生；伞形花序开放前为一闭合的总苞所包，开放时总苞单侧开裂或两至数裂，早落或宿存；花两性，极少退化为单性；花被片 6，2 轮，分离或基部连合呈管状；雄蕊 6，2 轮，花丝全缘或每侧具齿，通常基部合生并与花被片贴生，有时合生部位较高而呈筒状；子房 3 室，每室具一至数枚胚珠，基部具蜜腺，蜜腺的形状多样；花柱单一，柱头全缘或 3 裂。蒴果室背开裂。种子黑色，多棱形或近球形。

本属约有 660 种，分布于北温带。我国有 138 种（50 种特有，5 种引种）。本属植物生于干旱地区的较多，但有的种类则生于阴湿的沟边林下或多水的草甸上。

本属许多种类可食用，如蒜、葱、韭、藠头、洋葱等；有的种类可作药用，如薤白、蒜、韭、葱等的鳞茎或种子。

分种检索表

1. 花黄色、后变红色或紫色，花被片外轮较长，长圆状倒卵形、长圆形或长圆状披针形，子房倒卵状……………………………………………………………………………………1. 蓝苞葱 *A. atrosanguineum*
1. 花紫红色至淡红色，花被片内外轮等长，披针形、长圆状披针形或长圆形，子房近球状………………………………………………………………………………………2. 北葱 *A. schoenoprasum*

1. 蓝苞葱

Allium atrosanguineum Schrenk, Bull. Sci. Acad. Imp. Sci. Saint-Pétersbourg 10: 355. 1842.

鳞茎圆柱状，直径 1 cm。叶管状中空，比花葶短或与花葶近等长，直径 2-4 mm。花葶圆柱状中空，7-60 cm 或更高，直径 2-4 mm；总苞蓝色，2 裂，与伞形花序近等长；伞形花序球状，花多而密；小花梗不等长，外层的短，而内层的长，基部无小苞片；花黄色，后变红色或紫色，具光泽；花被片内轮比外轮短，长圆状倒卵形、长圆形或长圆状披针形，先端钝，长 7-16 mm，宽 3-4 mm；花丝下部的 1/3-3/4 合生呈管状，合生部分的 1/2-2/3 与花被片贴生，内轮花丝的分离部分的基部比外轮的宽，呈三角形或肩状扩大，外轮花丝的分离部分锥形；子房倒卵状。

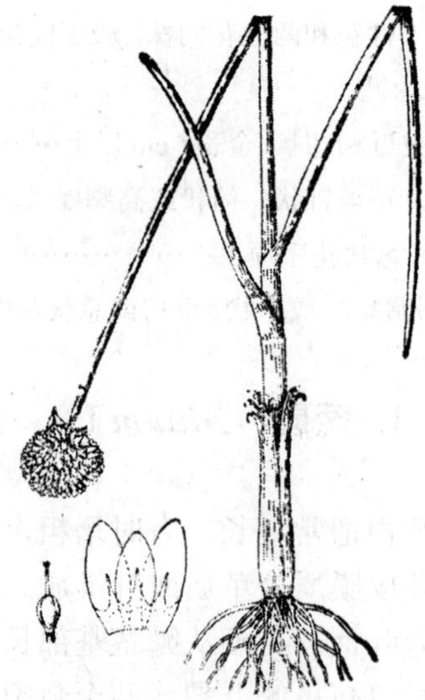

图 932 蓝苞葱

分布于甘肃、青海、四川、西藏、新疆、云南，生于草甸或草地，海拔 2 400-5 400 m。也分布于阿富汗、印度、蒙古、巴基斯坦、俄罗斯及中亚。

2. 北葱

Allium schoenoprasum L., Sp. Pl. 1: 301. 1753.

鳞茎卵状圆柱形，直径 0.5-1 cm。叶 1-2 枚，光滑，管状中空，比花葶稍短，直径 2-6 mm。花葶圆柱状中空，光滑，高 10-40（-60）cm，直径 2-4 mm；总苞紫红色，2 裂，宿存；伞形花序近球状，花多而密；小花梗常不等长，短于花被片，内层的比外层长，基部无小苞片；花紫红色至淡红色，具光泽；花被片内外轮等长，披针形、长圆状披针形或长圆形，先端短尖或渐尖，长 7-11（-17）mm，宽 3-4 mm；花丝下部的 1-1.5 mm 合生并与花被片贴生，内轮花丝基部狭三角形扩大，比外轮的基部宽 1.5 倍；子房近球状。

分布于新疆阿尔泰地区；生于潮湿的草地、河谷、山坡或草甸。也分布于亚洲北部、中部和西南部以及欧洲和北美洲。

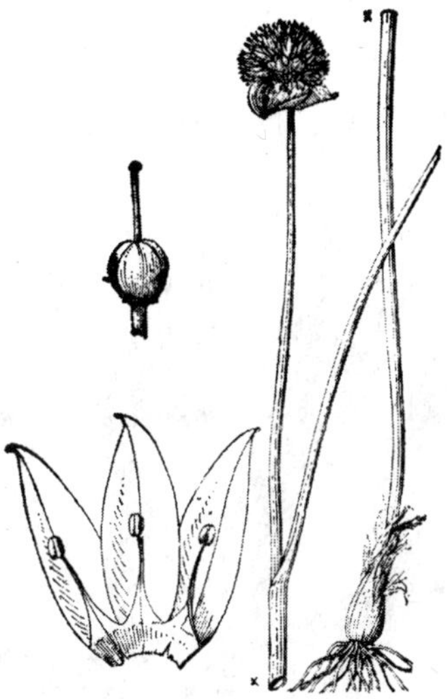

图 933 北葱

2. 天门冬属 *Asparagus* L.

多年生草本或半灌木，直立或攀缘。根肉质或呈纺锤形。小枝近叶状，称叶状枝，扁平、锐三棱形或近圆柱形，常多枚成簇；在茎、分枝和叶状枝上有时有透明的乳突状细齿或软骨质齿。叶退化成鳞片状，基部多少延伸成距或刺。花小，1-4 朵腋生或多朵排成总状花序或伞形花序，两性或单性，有时杂性，单性雄花具退化雌蕊，雌花具退化雄蕊；花梗一般有关节；花被钟形、宽圆筒形或近球形；花被片离生，少有基部合生；花丝全部离生或部分贴生于花被片；花药长圆形、卵形或圆形，基部 2 裂，背着或近背着；柱头 3；子房 3 室，每室两至多个胚珠。浆果球形，基部有宿存的花被片，有一至多颗种子。

本属有 160-300 种，广泛分布于非洲、亚洲和欧洲的温带和热带地区。我国有 31 种，包括一些外来的栽培种（15 种特有），广布全国各地。

分种检索表

1. 直立草本；花 1-2 朵腋生，黄绿色，雄花花被长 7-9 mm……………………………1. 南玉带 *A. oligoclonos*
1. 攀缘植物；花 2-4 朵腋生，红紫色或绿白色，雄花花被长 6 mm……………2. 西北天门冬 *A. breslerianus*

1. 南玉带

Asparagus oligoclonos Maxim., Mém. Acad. Imp. Sci. St.-Pétersbourg Divers Savans 9: 286. 1859.

直立草本，高 40-80 cm。茎平滑或稍具条纹，坚挺；分枝具条纹，稍坚挺，有时分枝疏生软骨质齿。叶状枝常 5-12 枚成簇，近扁圆柱形，稍有钝棱，长 1-3 cm，宽 0.4-0.6 mm；鳞片状叶基部距通常不明显或有短距，极少具短刺。花 1-2 朵腋生，单性，雌雄异株，黄绿色，花梗 1.5-2 cm，关节位于近中部或上部；雄花花被长 7-9 mm；花丝 3/4 贴生于花被片上；雌花被长 3 mm。浆果球形，直径 8-10 mm。花期 5 月，果期 6-7 月。

分布于东北、华北以及河南、山东，生于潮湿地上、草原或林下，海拔 500 m 以下。也分布于日本、朝鲜、蒙古、俄罗斯（远东地区、西伯利亚）。

图 934 南玉带

2. 西北天门冬

Asparagus breslerianus Schult. f., in Roem. & Schult., Syst. Veg. 7: 323. 1829.

攀援植物。茎长 30-100 cm，分枝稍具条纹或近平滑。叶状枝常 4-8 枚成簇，稍扁的圆柱形，有数钝棱，长 5-15（-35）mm，宽 0.4-0.7 mm，极少稍具软骨质齿；鳞片状叶基部有时有短的刺状距。花 2-4 朵腋生，单性，雌雄异株，红紫色或绿白色；花梗长 0.6-1.8 cm，关节位于上部或近花被基部；雄花花被长 6mm，花丝中部以下贴生于花被片上，花药顶端具细尖；雌花花被长 3mm。浆果球形，红色，直径 6mm，有 5-6 颗种子。花期 5 月，果期 8 月。

分布于甘肃、宁夏、青海、新疆，生于河岸、荒滩、盐碱地或戈壁滩。海拔 2 900m 以下。

3. 贝母属 *Fritillaria* L.

多年生草本。鳞茎近卵形或球形，外有鳞茎皮。茎直立。叶线形至披针形，基生叶有长柄；茎生叶对生、轮生或散生，先端卷曲或不卷曲，基部半抱茎。花单朵或多朵排成总状或伞形花序，具叶状苞片；花钟形，俯垂，果期直立，辐射对称，少有两侧对称；花被片长圆形、近匙形至狭卵形，常连合，内面近基部有一凹陷的蜜腺窝；雄蕊 6 枚，花药近基着或背着，2 室，内向开裂；花柱 3 裂或近不裂，柱头伸出于雄蕊之外；子房 3 室，每室有 2 纵裂胚珠，中轴胎座。蒴果具 6 棱，棱上常有翅，室背开裂。种子多数，扁平，边缘有狭翅。

分布于北半球的温带地区，主要在亚洲中部和地中海地区。我国有 24 种（15 种特有）。

1. 川贝母

Fritillaria cirrhosa D. Don., Prodr. Fl. Nepal. 51. 1825.

鳞茎具 2 枚鳞片，直径 1-2cm。茎高 15-60cm。叶 7-11 枚，对生或有时 3-4 枚轮生，线形或线状披针形，长 4-12cm，宽 3-5（-15）mm，先端卷曲或稍弯；苞片 3 枚，先端卷曲；花常单生，极少 2-3 朵；花梗短于花被片；花钟形、俯垂，花被片黄色或黄绿色，具斑点或紫色小方格，长圆状椭圆形，长 3-5cm，宽 1.2-1.8cm；蜜腺窝椭圆形至卵形，背面明显突出；雄蕊 2 或 3，长 2-3cm；花丝有时具小乳突；花柱 3 裂，裂片 3-5mm。蒴果具窄翅，翅宽 1-1.5mm。花期 5-7 月，果期 8-10 月。

图 935 川贝母

分布于甘肃、青海、四川、西藏、云南；生于湿草地、潮湿处、林下、灌丛，海拔1 800-4 200m。

鳞茎药用。

4. 萱草属 **Hemerocallis** L.

多年生草本。根常肉质，中下部有时具纺锤状膨大。叶基生，2 列，带状。花葶顶端具总状或假二歧状的圆锥花序，较少花序缩短或具单花；具苞片，花梗短；花直立或平展，近漏斗状，下部具花被管；花被裂片 6，明显长于花被管，内 3 片常比外 3 片宽大；雄蕊 6，着生于花被管上端；花药背着或近基着；子房 3 室，每室胚珠多数；花柱细长，柱头小。蒴果钝三棱状椭圆形或倒卵形，表面常略具横皱纹，室背开裂。种子 10 余颗，黑色，有棱角。

本属约有 15 种，分布于亚洲东部至欧洲中部。我国有 11 种（4 种特有）。

分种检索表

1. 苞片宽卵形，宽 10-25mm；花葶不分枝，通常缩短，花近簇生…………………3. 大苞萱草 *H. middendorffii*
1. 苞片披针形，宽 3-7mm；花葶明显分枝，花疏离，绝不簇生。
    2. 花被淡黄色或黄色，内花被片无倒 V 字形彩斑，有香味…………………1. 北黄花菜 *H. lilioasphodelus*
    2. 花被橘红色至橘黄色，内花被片下部一般有倒 V 字形彩斑，无香味……………………2. 萱草 *H. fulva*

1. 北黄花菜

Hemerocallis liliasphodelus L., Sp. Pl. 1: 324. 1753.

根肉质，有时膨大。根状茎短。叶基生，线形，长 20-80cm，宽 3-15mm，顶端渐尖。花葶高 80-100cm，常为假二歧状的总状花序或圆锥花序，有花数朵；苞片披针形，长 1-2cm；花被淡黄色或黄色，芳香；花梗长 1-2cm；花被长 8-10cm，下部 2-3cm 合生呈花被筒，裂片 6，外轮倒披针形，宽 1.2cm，内轮长圆状椭圆形，宽 2cm，盛开时反曲；雄蕊伸出，上弯；花柱伸出，上弯，稍比雄蕊长而比花被片略短。蒴果椭圆形。花果期 6-9 月。

分布于长江流域及以北各省区；生于草甸、湿草地，荒山坡或林下及灌丛下，海拔100-2 300m。

花可食用。根及根状茎可药用。

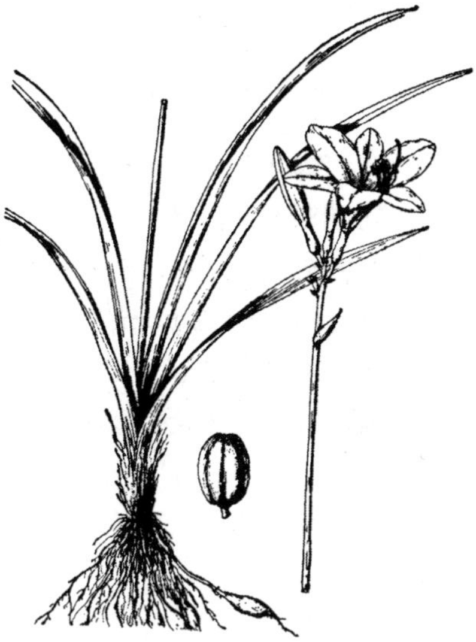

图 936 北黄花菜

2. 萱草

Hemerocallis fulva (L.) L., Sp. Pl. ed. 2, 1: 462. 1762.

根肉质，中下部纺锤状膨大。叶基生，宽线形，长 50-90 cm，宽 1-2.8 cm，顶端急尖。花葶高 40-150 cm，具花数朵；苞片鳞片状或披针形；花梗长 5 mm；花橘红色至橘黄色，内花被片下部一般有倒 V 字形彩斑，无香味；花被长 5-12 cm，宽 1-3 cm，下部 2-4 cm 合生成花被管，花丝长 7.5-9.5 cm；花药黑紫色，长 7-8 mm；花柱伸出花被。蒴果椭圆形，长 2-2.5 cm。花果期 6-11 月。

全国各地常见栽培，秦岭以南各省区有野生。

根及根状茎可药用。

图 937 萱草

3. 大苞萱草

Hemerocallis middendorffii Trautv. & C. A. Mey. in Middend., Reise Sibir. 1 (2): 94. 1856.

根稍肉质。叶线形，长 35-80 cm，宽 1-2 cm。花葶不分枝，顶端聚生 2-6 朵花；苞片宽卵形，长 1.8-4 cm，宽 1-2.5 cm，先端长渐尖至尾状；花金黄色或橘黄色，微香；花梗极短，花近簇生；花被长 7-9 cm，花被管长 1-1.7 cm，约 1/3-2/3 为苞片所苞（最上部的花例外），花被裂片 6，内 3 片宽于外 3 片，宽 1.5-2.5 cm；花丝长约 4.5 cm；花药紫黑色，长约 5 mm。蒴果椭圆形，长 1.5-2.3 cm。花果期 5-6 月。

分布于东北，生于草甸和湿草地、林下或林缘，海拔 2 000 m 以下。也分布于朝鲜、俄罗斯、日本。

根可药用。

图 938 大苞萱草

5. 百合属 *Lilium* L.

鳞茎卵形或近球形，鳞片多数，肉质，白色，少有黄色。茎圆柱形，具小乳突或无，有的带紫色条纹。叶通常散生，较少轮生，线形、披针形、长圆形至椭圆形，无柄或具柄，全缘或边缘具小乳突。花单生或排成总状花序，少有近伞形或伞房状排列；苞片叶状，但较小；花常有鲜艳色彩，有时有香气；花被片 6，2 轮，离生，常多少靠合而呈喇叭形或钟形，较少强烈反卷，通常披针形或匙形，基部有蜜腺，蜜腺两边有乳突或无，有的还有鸡冠状突起或流苏状突起；雄蕊 6，花丝钻形，花药椭圆形，丁字状背着；子房圆柱形，花柱细长，柱头膨大，3 裂。蒴果长圆形，室背开裂。种子多数，扁平，周围有翅。

本属约有 150 种，分布于北半球的温带和高山地区，特别是在亚洲东部。我国有 55 种（35 种特有，1 种引种）。

1. 毛百合

Lilium dauricum Ker. Gawl., Bot. Mag. 30: t. 1210. 1809.

鳞茎卵球形，直径2cm，鳞片白色，宽披针形，长1-1.4cm，宽5-6mm，有节或无节。茎高50-70cm。叶散生，顶端有4-5枚叶轮生，基部有1簇白绵毛。花梗长（1-）2.5-8.5cm，具白绵毛；花1-2朵，钟形，橙红色或红色，有紫红色斑点；外轮花被片倒披针形，长7-9 cm，宽1.5-2.3cm，外被白色绵毛；内轮花被片稍窄，蜜腺两边有深紫色的乳突；花丝长5-5.5cm，花药长约1cm；子房圆柱形，花柱长为子房的2倍以上，柱头膨大，3裂。蒴果长圆形。花期6-7月，果期8-9月。

分布于东北及内蒙古、河北，生于湿草甸、灌丛中、疏林下或路边，海拔400-1 500m。

鳞茎药用。

图939 毛百合

6. 山麦冬属 *Liriope* Lour.

多年生草本。根细长，有时近末端纺锤状膨大。根状茎很短，有的具地下匍匐茎；茎很短。叶基生，密集成丛，禾叶状，基部常为具膜质边缘的叶鞘所包裹。花葶从叶丛中抽出，总状花序具多花；花数朵簇生于苞片腋内；苞片小，干膜质；小苞片很小，位于花梗基部；花梗直立，具关节；花被片6，分离，2轮排列，淡紫色或白色；雄蕊6，着生于花被片基部；花丝细线形，花药基着；子房上位，3室，每室具2胚珠；花柱三棱柱状，柱头小，稍具三齿裂。果实在发育早期外果皮即破裂，露出种子。种子一个或几个同时发育，浆果状，球形或椭圆形，早期绿色，成熟后暗紫色。

本属约有8种，分布于亚洲东部，延伸至菲律宾和越南。我国有6种（3种特有），主要产于秦岭以南各省区，华北也有分布。

1. 禾叶山麦冬

Liriope graminifolia (L.) Baker, J. Linn. Soc., Bot. 14: 538. 1875.——*Asparagus graminifolia* L.

根细或稍粗，分枝多，有时有纺锤形小块根。根状茎短或稍长，具地下走茎。叶基生，禾叶状，长 20-50 cm，宽 2-3 mm，先端钝或渐尖，基部残存的枯叶分裂成纤维状。花葶高 20-48 cm，总状花序长 6-15 cm，具多数花；花常 3-5 朵簇生于苞片腋内；苞片卵形，先端具长尖，最下面的长 5-6 mm；花梗长 4 mm，关节位于近顶端；花白色或淡紫色，花被片 6，狭长圆形或长圆形，先端钝圆，长 3.5-4 mm；雄蕊 6，花丝长 1-1.5 mm，扁而宽；花药长圆形，长 1 mm；子房球形，花柱长 2 mm，柱头与花柱等宽。种子卵圆形或近球形，直径 4-5 mm。花期 6-8 月，果期 9-11 月。

分布于华东、西南及甘肃、广东、河北、河南、湖北、陕西、山西、台湾、新疆，生于山沟阴处、山谷林下灌丛中、石缝和草丛中，海拔 50-2 300 m。

小块根可作药用。

图 940 禾叶山麦冬

7. 洼瓣花属 *Lloydia* Salisb. ex Rchb.

多年生草本。鳞茎通常狭卵形，上端延长成圆筒状；茎不分枝。基生叶 1 至多枚，线形，茎生叶互生。花两性，单朵顶生，或 2-4 朵排成近二歧伞房状花序；花被片 6，离生，3-7 脉，近基部常有凹穴、毛或褶片；通常内外花被片相似；雄蕊 6，短于花被片，花丝有时具毛，花药基着，向两侧开裂；子房 3 室，具多数胚珠，花柱与子房近等长或较长，柱头近头状或短 3 裂。蒴果狭倒卵状长圆形至宽倒卵形，室背上部开裂。种子多数，三角形至狭卵状线形，有时一端具短翅。

本属约有 20 种，分布于北半球的温带地区。我国有 8 种（2 种特有）。

1. 三花洼瓣花

Lloydia triflora (Ledeb.) Baker, J. Linn. Soc., Bot. 14: 300. 1874.——*Ornithogalum triflorum* Ledeb.

鳞茎球形，直径 6 mm；茎高 15-30 cm。基生叶 1 枚，线形，长 10-25 cm，宽 1-1.5 mm；茎生叶 1-4 枚，线状披针形，长 3.5-7 cm，宽 4-6 mm。花 2-4 朵排成二歧伞房花序；小苞片细线形；花被片 6，线形至倒披针形，长 10-12 mm，宽 1.7-2.2 mm，白色有绿脉纹，里面基部无褶无毛；雄蕊 6，花丝长 4-6 mm，平滑，花药长圆形；子房倒卵形，长 3-4 mm，花柱与子房近等长，柱头不明显 3 裂。蒴果倒卵形，花被片宿存。花期 5-6 月，果期 7 月。

分布于东北及河北、山西，生于河边、山坡草地和灌丛。

图 941　三花洼瓣花

8. 沿阶草属　*Ophiopogon* Ker. Gawl.

多年生草本。根分枝多，近末端有时膨大成小块根。根状茎短，木质，有的具细长的地下匍匐茎；茎不分枝，匍匐或直立，常为叶鞘所包裹，有的每年延长，上部生新叶，下部叶脱落后直立或平卧地面，并生根，形如根状茎。叶基生成丛或散生于茎上，禾叶状无明显叶柄，上面绿色，背面粉绿色或具粉白色条纹。总状花序生于花葶顶端或茎的先端；花单生或 2-7 朵簇生于苞片腋内；花梗常下弯，具关节；花被片 6，分离，2 轮排列；雄蕊 6，通常分离，少数花药连合成圆锥形，花丝很短，有时不明显，花药基着；子房半下位，3 室，每室 2 胚珠，花柱三棱柱状或细圆锥状，或基部粗向上渐细，柱头微 3 裂。果实在发育早期外果皮即破裂而露出种子。种子浆果状，球形或椭圆形，早期绿色，成熟时暗蓝色。

本属约有 65 种，分布于亚洲的暖温带、亚热带和热带地区。我国有 47 种（38 种特有）。

1. 麦冬

Ophiopogon japonicus (L. f.) Ker. Gawl., Bot. Mag. 27: pl. 1063. 1807.——*Convallaria japonica* L. f.

地下走茎细长，直径1-2mm，节上具膜质鞘；茎很短。叶基生成丛，禾叶状，长10-50cm，宽1.5-3.5mm。花葶长6-15cm，通常比叶短得多，总状花序长2-5cm，具数朵至十余朵花；花单生或成对着生于苞片腋内；苞片披针形，最下面的长可达7-8mm；花梗长3-4mm，关节位于中部以下或近中部；花被片稍下垂而不展开，披针形，长5mm，白色或淡紫色；花药三角状披针形，长2.5-3mm；花柱长4mm，较粗，宽1mm，基部宽阔，向上渐狭。种子球形，直径7-8mm。花期5-8月，果期8-9月。

分布于华东、华中、西南及广东、广西、河北、陕西、台湾，生于山坡阴湿处、林下或溪边草丛中。也分布于朝鲜、日本。

图942 麦冬

9. 重楼属 *Paris* L.

多年生草本。根状茎圆柱形，粗厚或细长，具环节。茎直立。叶四至多枚在茎顶端排成1轮，叶片绿色或具紫色斑块。花单生于叶轮中央，花梗似茎的延续；花被片离生，2轮，每轮（3-）4-6（-10）枚，外轮花被片叶状，绿色，极少花瓣状呈白色或沿叶脉具白色斑纹，披针形至宽卵形，有时基部变狭成短柄；内轮花被片线形，极少不存在；雄蕊与花被片同数，1-2轮，极少3轮，花丝细，扁平，花药基着，线形，向两侧纵裂，药隔突出于花药顶端或不明显；子房近球形或圆锥形，4-10室，顶端具盘状花柱基或不具，花柱短或较细长，分枝4-10。蒴果或浆果状蒴果，光滑或具棱，具多数种子。

1. 北重楼

Paris verticillata M. Bieb., Fl. Taur.-Caucas. 3: 287. 1819.

根状茎细长，直径 3-5 mm；茎高 25-60 cm。叶 6-8 枚轮生于茎顶，披针形、倒卵状披针形、狭长圆形，长 4-15 cm，宽 1.5-3.5 cm，先端渐尖，基部楔形，具短柄或近无柄。花单生于叶轮中央；花梗长 4.5-12 cm；外轮花被片绿色，极少带紫色，叶状，常 4（-5）枚，卵状披针形、长圆状披针形或倒披针形，长 2.5-5 cm，宽 1-3 cm，内轮花被片黄绿色，线形，长 1-2 cm；花丝长 3-8（-10）mm；子房近球形，中轴胎座，紫褐色，柱头 4-5，向外反卷。浆果球形，直径 1 cm，紫黑色。花期 5-6 月，果期 7-9 月。

分布于东北、华北及安徽、甘肃、陕西、四川西北部、浙江，生于阴湿地或沟边、林下草丛。也分布于朝鲜、俄罗斯（西伯利亚）、蒙古和日本。

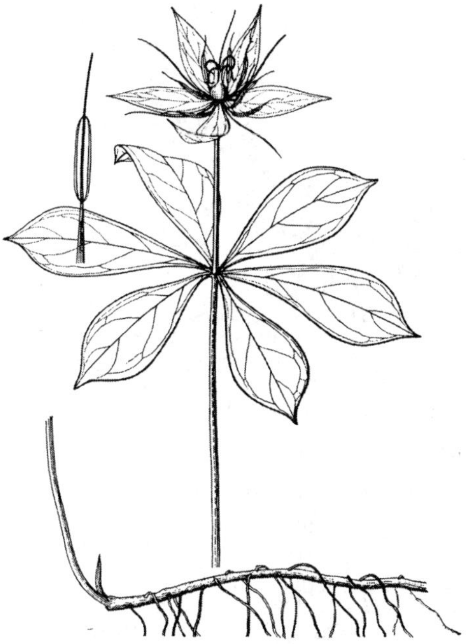

图 943 北重楼

10. 黄精属 ***Polygonatum*** Mill.

多年生草本。具根状茎；茎直立，不分枝。叶互生、对生或轮生。花腋生，聚集成似伞形、伞房或总状花序；花被片 6，下部合生成筒，裂片顶端外面通常具乳头状毛，花被筒基部与子房贴生，呈小柄状，并与花梗间有一关节；雄蕊 6，内藏，花丝下部贴生于花被筒，上部离生，花药长圆形至线形，基部 2 裂，内向开裂；子房 3 室，每室具 2-6 颗胚珠，花柱丝状，柱头小。浆果近球形，具数颗种子。

本属约有 60 种，分布于北半球的温带地区。我国有 39 种（20 种特有）。

1. 玉竹

Polygonatum odoratum (Mill.) Druce, Ann. Scott. Nat. Hist. 60: 226. 1906.——*Convallaria odorata* Mill.

根状茎圆柱形，直径 5-14 mm。茎高 20-50 cm。叶 7-12，互生，椭圆形至卵状长圆形，长 5-12 cm，宽 3-6 cm，先端尖。花序腋生，具 1-4 花（栽培的可多至 8 朵），总花梗长 1-1.5 cm；花被黄绿色至白色，长 13-20 mm，花被筒较直，裂片长 3 mm；雄蕊 6，花丝丝状，近平滑至具乳头状突起，花药长 4 mm；子房长 3-4 mm，花柱长 10-14 mm。浆果蓝黑色，直径 7-10 mm，具 7-9 颗种子。花期 5-6 月，果期 7-9 月。

分布于东北、华北、华中及安徽、甘肃、江苏、青海、山东、台湾，生于林下或阴坡，海拔 500-3 000 m。

图 944 玉竹

11. 鹿药属 *Smilacina* Desf.

多年生草本。根状茎短，直生或匍匐；茎单生，直立。叶长圆形或椭圆形，互生。圆锥花序或总状花序顶生；花小，两性或雌雄异株；花被片 6，离生或不同程度合生，较少合生呈高脚碟状；雄蕊 6，花丝长或极短，常有不同程度的贴生，花药球形或椭圆形，基着，内向纵裂；子房近球形，3 室，每室有 1-2 个胚珠，花柱长或短，柱头 3 浅裂或深裂。浆果球形，具 1 室数颗种子。

本属约有 25 种，分布于亚洲东部、北美洲至中美洲。我国有 14 种。

1. 鹿药

Smilacina japonica A. Gray in Perry, Jap. Exped. 2: 321. 1856.

根状茎匍匐，圆柱形，直径 6-10mm；茎高 30-60cm，中部以上被糙伏毛。叶 4-9 枚，互生，卵状椭圆形或狭长圆形，长 6-15cm，宽 3-7cm，两面被毛或近无毛，具短柄。圆锥花序高 3-6cm，被毛，具花 10-20 余朵；花单生，白色；花梗长 2-6mm；花被片 6，离生或仅基部合生，长圆形或长圆状倒卵形，长 3mm；雄蕊 6，长 2-2.5mm，花丝基部贴生于花被片，花药小；花柱长 0.5-1mm，与子房近等长，柱头几不分裂。浆果球形，红色。种子 1-2 颗。花期 5-6 月，果期 8-9 月。

分布于东北、华北、华东及甘肃、贵州、湖北、湖南、陕西、四川；生于林下阴湿处或岩缝中，海拔 900-2 000m。

图 945 鹿药

附：管花鹿药 *Smilacina henryi*（Baker）H. Hara

花被高脚碟状，花被管长 6-10mm，裂片长为筒部 1/4-1/3。花期 5-6（-8）月，果期 8-10 月。

分布于华中及甘肃（东南部）、陕西（秦岭以南）、山西、四川、西藏、云南，生于水旁湿地、林下或林缘以及灌丛下，海拔 1 300-4 000m。

12. 菝葜属 *Smilax* L.

攀援藤本或小灌木，木质，稀草本，常具坚硬的根状茎。枝条圆柱形或有时四棱形，常有刺，有时有疣状突起或刚毛。叶互生，卵形至披针形，具3-7条主脉和网状细脉；叶柄两侧边缘常具或长或短的翅状鞘，具卷须或无，由于脱落点的位置不同，叶片脱落时带着一段叶柄或几乎不带叶柄。花单性异株，排成单个腋生的伞形花序，少有若干个伞形花序又排成圆锥花序或穗状花序；腋生花序的基部有时有一枚与叶柄相对的鳞片；花序托常膨大，有时稍伸长，而使伞形花序呈总状；花被片6，离生，有时连合；雄花具6枚雄蕊，极少3枚；花药基着，2室，内向，近药隔的一侧开裂；雌花具（1-）3-6枚丝状或线形的退化雄蕊，极少无，子房3室，每室具1-2枚胚珠，花柱较短，柱头3裂。浆果球形，具少数种子。

本属约有300种，广布于全球热带、亚热带和温带地区。我国有79种（39种特有）。

分种检索表

1. 茎一年生，草质，中空而有少量髓，干后凹瘪，无刺；叶下面苍白色，常有粉尘状微柔毛，主脉上无毛……………………………………………………………………1. 白背牛尾菜 *S. nipponica*
1. 茎多年生，木质，实心，无髓，干后不凹瘪，疏生刺；叶下面通常淡绿色，无粉尘状微柔毛………………………………………………………………………………2. 菝葜 *S. china*

1. 白背牛尾菜

Smilax nipponica Miq., Verslagen Meded. Afd. Natuurk. Kon. Akad. Wetensch. 2: 87. 1868.

草本，直立或攀缘。茎圆柱形，长0.2-1 m。叶卵形至长圆形，长4-20 cm，宽2-14 cm，叶柄长1.5-4.5 cm。花单性，绿黄色或白色，多朵排成伞形花序；总花梗长3-9 cm，稍扁；雄花花被片长4 mm，宽1 mm，内外轮相似，盛开时花被片反折，雄蕊长2.5-3.5 mm，花丝明显长于花药；雌花与雄花大小相似，具6枝退化雄蕊。浆果球形，直径6-7 mm，蓝黑色，有白色粉霜。花期4-5月，果期8-9月。

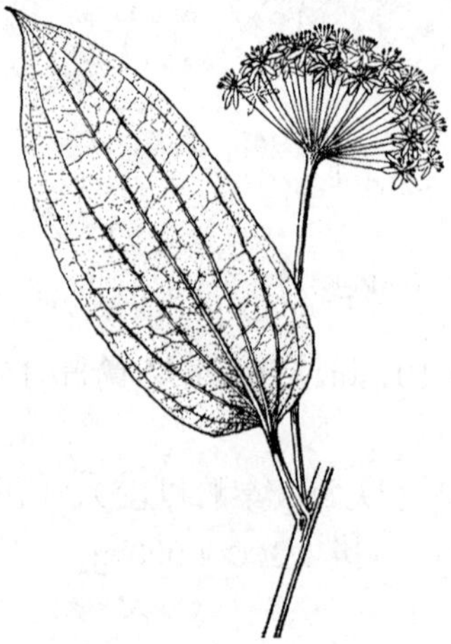

图946 白背牛尾菜

分布于华东、华中及辽宁、广东、贵州、四川、台湾，生于水边、林下或山坡草丛中，海拔 200-1 400m。也分布于朝鲜、日本。

2. 菝葜

Smilax china L., Sp. Pl. 2: 1029. 1753.

木质藤本。茎长 1-3（-5）m。叶圆形、卵形或其他形状，长 3-10cm，宽 1.5-6（-10）cm，叶柄长 5-15mm。花单性，绿黄色，多朵排成伞形花序；总花梗长 1-2cm；雄花花被片长 3.5-4.5mm，宽 1.5-2.5mm，雄蕊长 3-4mm；雌花大小与雄花相似，具 6 枚退化雄蕊。浆果球形，直径 6-15mm，红色，具白色白霜。

分布于华东、华中、西南及广东、广西，生于河谷或山坡上，林下或灌丛中，海拔 2 000m 以下。也分布于缅甸、菲律宾、泰国、越南。

图 947 菝葜

13. 郁金香属 *Tulipa* L.

多年生草本。鳞茎具多层干的薄革质或纸质的鳞茎皮，褐色或暗褐色，内层色淡，内面有伏贴毛或柔毛。叶线形、长披针形或长卵形，通常 2-6 枚聚生于茎中部、下部至近基部，互生，稀 2 叶对生，边缘平展或波状。花较大，单朵顶生；花被钟状或漏斗形钟状，花被片 6，离生，易脱落；雄蕊 6 枚，等长或 3 长 3 短，生于花被片基部，花药基着，内向开裂，花丝常在中部或基部扩大；子房长椭圆形，3 室，胚珠多数，成 2 纵列生于胎座上，花柱明显或不明显，柱头 3 裂。蒴果椭圆形或近球形，室背开裂。种子扁平，近三角形。

本属约有150种，分布于非洲北部、亚洲和欧洲温带地区，主要产于亚洲中部和地中海地区。我国有13种（1种特有）。

1. 老鸦瓣

Tulipa edulis (Miq.) Baker, J. Linn. Soc., Bot. 14: 295. 1874.

鳞茎卵形，直径1.5-2.5cm，外层鳞茎皮纸质，内面密被长柔毛。茎高10-25cm。叶2枚对生，少有3枚轮生，窄线形，长2-3cm。花单生，花被片狭椭圆状披针形，长2-3cm，宽4-7mm，白色，背面具紫红色纵条纹；雄蕊3长3短，花丝无毛，中部或向基部扩大；子房长椭圆形，花柱4mm。蒴果近球形，长5-7mm，具长喙。花期3-4月，果期4-5月。

分布于华东及辽宁、湖北、湖南，生于山坡草地和路旁。

鳞茎可药用亦可提取淀粉。

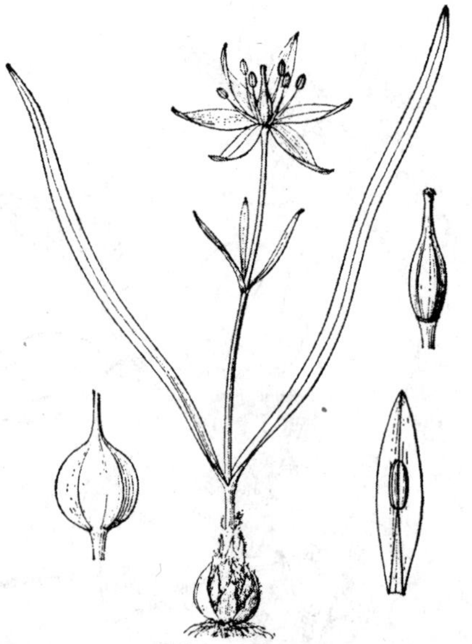

图948 老鸦瓣

14. 藜芦属 *Veratrum* L.

多年生草本。根状茎粗短，具多数稍肉质、成束的须根，须根表面常具横皱纹。茎直立，圆柱形，上部有毛，基部为叶鞘所包，叶鞘枯死后分裂成棕褐色的纤维。叶互生，椭圆形至线形，有柄或无柄，全缘。圆锥花序具多花，雄性花和两性花同株，极少仅为两性花；花被片6，离生，内轮较外轮长而狭，宿存；雄蕊6，花丝丝状，花药近肾形，背着，汇合成1室，横向开裂，易脱落；子房上端稍微3裂，3室，每室有多数胚珠；花柱3，较短，多少外弯，宿存，柱头小，位于花柱顶端与内侧。蒴果椭圆形或卵圆形，多少具三钝棱，直立或下垂，室间开裂，每室有多数种子。种子扁平，种皮薄，周围具膜质翅。

本属约有40种，主要分布于北半球温带地区。中国有13种（8种特有）。

1. 牯岭藜芦

Veratrum schindleri Loes., Verh. Bot. Vereins Prov. Brandenburg 68: 139. 1926.

植株高 1 m，基部具棕褐色的网状纤维。叶宽椭圆形或狭长圆形，长 15-30 cm，宽 2-13 cm，顶端渐尖，基部渐狭成柄。圆锥花序，花序轴被灰白色绵毛；花被片 6，伸展或反折，淡黄绿色、绿白色或褐色，椭圆形或倒卵状椭圆形，长 6-8 mm，宽 2-3 mm，外花被片背面至少在基部被毛；雄蕊长为花被片的 2/3；子房卵状长圆形。蒴果直立，长 1.5-2 cm，宽约 1 cm。花果期 6-10 月。

分布于华东及广东、广西、湖北、湖南，生于海拔 700-1 350 m 的山坡林下阴湿处。

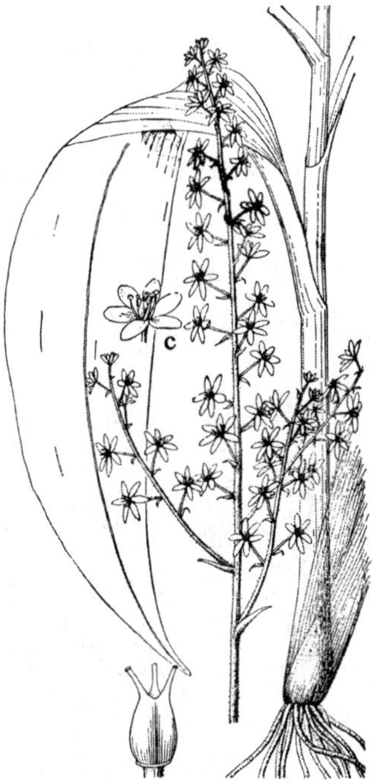

图 949 牯岭藜芦

石蒜科 Amaryllidaceae

多年生草本，具鳞茎或根状茎。叶基生或茎生，细长，全缘或有刺。花艳丽，两性，辐射对称或两侧对称，单生或数朵组成顶生伞形花序，佛焰状总苞有或无；花被片 6，2 轮，花瓣状，分离或下部合生成筒状；雄蕊 6，与花被片对生，花丝分离或连合成筒；子房下位，常 3 室，中轴胎座，胚珠多数。蒴果，稀浆果。

本科有 100 多属，1 200 余种，分布于热带、亚热带和温带地区。我国有 10 属 34 种（14 种特有，4 种引种）。

1. 文殊兰属 ***Crinum*** L.

具鳞茎。叶基生，带状和剑状，常宽大。花茎实心，顶生伞形花序少花至多花，稀单花；总苞片 2，大而宽；花被高脚碟状或漏头状，花被筒细长，裂片直伸或弯曲；雄蕊 6，着生花被筒喉部，花丝丝状，分离，花药线形，丁字着生；子房 3 室，每室两至多枚胚珠。花柱纤细，稍外倾，柱头头状。蒴果近球形，不规则开裂。种子球形或具棱角。

本属有 65-100 多种，分布于热带和亚热带，主要在亚洲。我国有 2 种。

1. 文殊兰

Crinum asiaticum L. var. ***sinicum*** (Roxb. ex Herb.) Baker, Handb. Amaryll. 75. 1888.——*Crinum sinicum* Roxb.ex Herb.

植株粗壮，鳞茎直径 10-15 cm。叶线状披针形，长可达 1 m 左右，宽 7-12 cm。花葶直立，高约与叶等长；伞形花序，总苞片 2，披针形，外折，长 6-10 cm，膜质；苞片多数，狭线形，长 3-7 cm；花梗长约 0.5-2 cm；花被高脚碟状，白色，具芳香，筒部纤细，长 4-10 cm，裂片线形，长 4.5-9 cm，宽 7-9 mm，花丝比花被裂片短，上部淡紫红色，花药黄色，狭线形。蒴果近球形。

分布于福建、广东、台湾，生于海滨地区或河旁沙地。

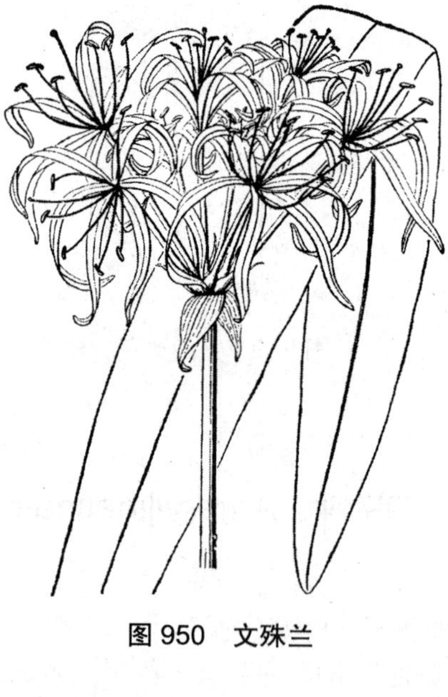

图 950 文殊兰

薯蓣科 Dioscoreaceae

草质缠绕藤本，地下部分为根状茎或块茎。叶互生，有时中部以上对生，叶腋有株芽或无，单叶或指状 3-9 小叶，基出脉且有网脉。花单性，雌雄同株或异株，集成穗状、总状或圆锥花序；雄花花被片 6，辐射对称，2 轮排列，通常基部合生；雄蕊 3-6，有时 3 枚发育 3 枚退化，花丝着生于花被片基部或花托上；雌花与雄花相似，退化雄蕊 3-6 或无；子房下位，3 室，花柱 3，分离。蒴果或浆果，蒴果 3 裂，有 3 翅。种子有翅。

本科约有 9 属，约 650 种，广布于全球的温带及热带地区，特别是在热带美洲。我国只有薯蓣属 1 属，约 52 种（21 种特有，2 种引种）。

1. 薯蓣属 *Dioscorea* L.

缠绕藤本。具根状茎和块茎。单叶或掌状复叶，互生或对生，基出脉 3-9，叶腋有珠芽或无。花单性，雌雄异株，稀同株；雄花雄蕊 6，有时 3 枚退化；雌花花被 6 裂，有退化雄蕊 3-6 或无。蒴果三棱形，每棱翅状，成熟后顶端开裂。种子着生于果轴，有膜质翅。

本属有 600 余种，广泛分布于热带和温带区域。我国有 52 种（21 种特有，1 种引种）。

分种检索表

1. 叶全缘，长椭圆状狭三角形……………………………………………………1. 日本薯蓣 *D. japonica*
1. 叶缘耳状 3 浅裂至 3 深裂，叶三角状卵形或宽卵形………………………………2. 薯蓣 *D. polystachya*

1. 日本薯蓣

Dioscorea japonica Thunb. in Murray, Syst. Veg. ed. 14, 889. 1784.

块茎圆柱形，垂直生长；茎细长，光滑无毛。叶腋间有珠芽；中部以上叶对生，叶片长椭圆状狭三角形，基部心形，长 5-10 cm，宽 2-5 cm，两面无毛，全缘。雄花序穗状，直立，1-4 个腋生；花被片圆形或椭圆形，雄蕊 6，花药长圆形，药隔厚；雌花序下垂。蒴果肾形，不反曲，具 3 翅。种子广卵形，四周有薄膜状翅。花期 5-10 月，果期 7-11 月。

图 951 日本薯蓣

分布于华东、华南、华中、西南，生于向阳山坡、山谷、溪边、路边灌丛或林下，海拔 150-1 200 m。日本也有分布。

块茎可食用，也可入药，为强壮健胃剂。

2. 薯蓣

Dioscorea polystachya Turcz., Bull. Soc. Imp. Naturalistes Moscou 1019: 158. 1837.

块茎略呈圆柱形，垂直生长，长可达 1 m；茎左旋，稀 3 叶轮生，叶腋间有珠芽，叶片三角状卵形、宽卵形或耳状 3 浅裂至深裂。雄花序穗状，直立，花轴多数呈曲折状；花被片 6，2 轮，基部合生，背面具棕色毛并常有紫褐色腺点；雄蕊 6，有时 3 枚发育，3 枚退化；子房下位，3 室，花柱 3，分离。蒴果翅半月形，表面常被白色粉状物。种子四周具薄膜状栗褐色的翅。

我国各地均有栽培或野生，生于向阳山坡林边或溪边灌丛中。海拔 150-1 500 m。朝鲜、日本也有分布。

块茎为常用中药，作滋补强壮之用。

图 952 薯蓣

蒟蒻薯科 Taccaceae

多年生草本。具根状茎或块茎。叶基生，直立，有柄，基部有鞘，叶片全缘或分裂。花两性，辐射对称；伞形花序，花葶长；花苞片 2-12 枚，2 列；小苞片线形；花被管与子房合生，花被裂片 6，花瓣状，2 轮，近相等或不等；雄蕊 6，着生花被裂片上，花丝短，顶端兜状或勺状，花药生于兜内或勺内，2 室，内向，纵裂；子房下位，花柱短，柱头 3，常片状，反折面覆盖花柱，胚珠多数。浆果或蒴果3瓣裂。种子多数。

本科有2属约13种，分布于热带地区。我国有2属6种。

分属检索表

1. 蒴果；叶片全缘，基部下延至叶柄……………………………………………………1. 裂果薯属 *Schizeocapsa*
1. 浆果；叶片全缘或分裂，基部楔形或圆楔形，不下延………………………………2. 蒟蒻薯属 *Tacca*

1. 裂果薯属 *Schizocapsa* Hance

多年生草本。根状茎近圆柱形，较短。叶基生，全缘，羽状脉。伞形花序顶生，总苞片4，小苞片线形；花被钟状，6裂，裂片不等，脱落；雄蕊6，花丝短，顶部兜状；子房下位，1室，侧膜胎座3，柱头3瓣裂。蒴果，3瓣裂。种子多数。

本属约有2种，分布于中国、老挝、越南、泰国。

1. 裂果薯

Schizocapsa plantaginca Hance, J. Bot. 19: 292. 1881.

高20-30cm。根状茎粗短，常弯曲。叶狭椭圆形或狭椭圆状披针形，长10-25cm，先端渐尖，基部下延，沿叶柄两侧成狭翅，叶柄长6-13cm。总苞片4，卵形或三角状卵形，长1-3cm，内轮2片较小；小苞片线形，长5-20cm；伞形花序有8-20朵花，花被片淡绿色或淡紫色，外轮3片披针形，长约6mm，宽约3mm，内轮3片卵圆形，长约4mm，宽约5mm，顶端具小尖头；雄蕊6，花丝极短，顶端兜状，两侧向下呈耳状；子房下位，柱头3裂，每裂片又2浅裂。蒴果近倒卵圆形，3瓣裂，长6-8mm。花果期4-11月。

分布于福建、广东、广西、贵州、湖南、江西、云南，生于水边、山谷、林下、路边和田边潮湿处。海拔200-600m。泰国、越南、老挝也有分布。

根状茎有清热解毒、消肿止痛的功能。

图953 裂果薯

2. 蒟蒻薯属 *Tacca* Forst.

多年生草本。具圆柱形或球形根状茎或块茎。叶基生，全缘，羽状分裂或掌状分裂，叶脉羽状或掌状。伞形花序顶生，总苞片 2-12 枚，小苞片线形或缺；花被裂片近相等或不等，宿存或脱落；雄蕊 6，花丝短，顶部兜状或勺状；子房下位，1 室或不完全 3 室，侧膜胎座 3，花柱短，柱头 3 瓣裂，常反折而覆盖花柱。浆果。种子多数。

本属约有 11 种，主要分布于亚洲热带和大洋洲，少数分布于南美洲和非洲。我国有 4 种。

1. 箭根薯　蒟蒻薯

Tacca chantrieri Andre, Rev. Hort. Paris 73: 541, pl. 241. 1901.

根状茎近圆柱形。叶长圆形或长圆状椭圆形，长 20-60 cm，宽 7-24 cm，叶柄长 10-30 cm，基部具鞘。总苞片 4 枚，暗紫色，外轮 2 枚卵状披针形，长 3-5 cm，宽 1-2 cm，内轮 2 枚宽卵形，长 2.5-4（-7）cm，宽 2.5-3（-6.5）cm；小苞片线形，长 10 cm；伞形花序具 5-7（-18）朵花；花被片紫褐色，外轮 3 片披针形，长 1 cm，宽 0.5 cm，内轮 3 片较宽，顶端具小尖头；雄蕊 6，花丝顶部兜状；子房下位。浆果椭圆形，长 3 mm，具 6 棱，紫褐色，顶端具宿存的花被片。花果期 4-11 月。

分布于广东、广西、湖南、云南，生于水边、山坡林下阴湿处，海拔 170-1 300 m。越南、老挝、柬埔寨、泰国、新加坡、马来西亚也有分布。

根状茎药用，有清热解毒、消炎止痛之效。全株有毒，慎用。

图 954　箭根薯

鸢尾科 Iridaceae

多年生草本，稀一年生。有根状茎、球茎或鳞茎。叶多基生，稀互生，线形、剑形或丝状，基部鞘状，互相套迭，具平行脉。花两性，辐射对称，稀两侧对称，色泽鲜艳，单生、数朵簇生或多花组成总状、穗状、聚伞或圆锥花序；花或花序具一至多枚苞片，苞片草质或膜质，簇生、对生或互生；花被裂片 6，2 轮，花被筒细或喇叭形；雄蕊 3，花药常外向开裂；花柱 1，上部常 3 分枝，分枝圆柱状或扁平花瓣状，柱头 3-6，子房下位，3 室，中轴胎座，胚珠多数。蒴果室背开裂。种子多数，半圆形、椭圆形或不规则多面体形，常有附属物或小翅。

本科有 70 余属，1 800 种，几乎广布全世界，特别是在非洲南部、亚洲和欧洲。我国有 3 属 61 种（21 种特有，1 种引种）。

1. 鸢尾属 *Iris* L.

多年生草本。根状茎长线形或块状。叶多基生，相互套迭，2 列，草质，剑形，线形或丝状，叶脉平行。常有花茎，无明显的地上茎。花或花序下有一至多枚苞片；花较大，鲜艳，花被筒喇叭形，细或无，花被裂片 6，2 轮，外轮常较内轮大，无附属物或有鸡冠状及须毛状附属物，内轮裂片直立或平展；花柱分枝扁平花瓣状，顶端 2 裂，柱头生于裂片基部，子房下位，3 室。蒴果室背开裂。种子多数，有或无附属物。

本属约有 225 种，分布于北半球温带地区。我国有 58 种（21 种特有）。

分种检索表

1. 花黄色；外花被裂片有褐色条纹及斑点，爪部两侧有紫褐色耳状附属物；蒴果椭圆形……………………………………………………………………………………………5. 黄花鸢尾 *I. wilsonii*

1. 花天蓝色、深蓝色或蓝紫色。
  2. 叶中脉明显。
    3. 叶宽 0.5-1.2（-1.8）c m；苞片草质；花紫色，外花被裂片中脉有黄色条纹……1. 玉蝉花 *I. ensata*
    3. 叶宽 2-3 mm；苞片膜质；花深蓝紫色，外花被裂片有红褐色斑纹…………4. 北陵鸢尾 *I. typhifolia*
  2. 叶中脉不明显。
    4. 外花被裂片爪部有褐色网纹及黄斑，花天蓝色……………………………3. 溪荪 *I. sanguinea*
    4. 外花被裂片爪部无网状花纹，花蓝紫色…………………………………………2. 燕子花 *I. laevigata*

1. 玉蝉花

Iris ensata Thunb., Trans. Linn. Soc. London 2: 328. 1794.

植株基部围有叶鞘残存的红褐色纤维。叶线形，长 30-80 cm，宽 0.5-1.2 cm，灰绿色，两面中脉明显。花茎高 30-100 cm，有 1-3 枚茎生叶；苞片 3 枚，披针形，长 4.5-7.5 cm，宽 0.8-1.2 cm，革质，内含 2 朵花；花深紫色，外轮花被裂片较大，匙形，中部有黄色条纹，内轮 3 片狭披针形，花柱分枝 3，花瓣状，顶端 2 裂。蒴果长椭圆形，长 4-6 cm，具纵肋 6 条，有尖喙。花期 6-7 月，果期 8-9 月。

分布于东北及内蒙古、山东、浙江，生于沼泽地或河岸的水湿地，海拔 400-700 m。朝鲜、日本、俄罗斯也有分布。

根状茎药用，可清热消食，治胃痛、气胀水肿。

图 955　玉蝉花

2. 燕子花

Iris laevigata Fisch. in Fisch. & C. A. Mey., Index Sem. Hort. Petrop. 5: 236. 1839.

根状茎粗壮。叶片剑形或宽条形，无明显中脉，长 40-100 cm，宽 0.8-1.5 cm。花茎高 40-60 cm，具 2 或 3 枚茎生叶；苞片 3-5 枚，披针形，长 6-9 cm，宽 1-1.5 cm，内含 2-4 朵花；花大，蓝紫色，直径 9-10 cm，花梗长 1.5-3.5 cm；外花被裂片倒卵形或椭圆形，长 7.5-9 cm，宽 4-4.5 cm，上部反折，无附属物，内花被裂片倒披针形，长 5-6.5 cm，宽 0.8-1.5 cm，直立；花柱分枝扁平，花瓣状，拱曲，顶端裂片半圆形，边缘有波状齿痕。蒴果长椭圆形，长 6.5-7 cm，具 6 条纵肋。花期 5-6 月，果期 7-8 月。

分布于东北及内蒙古、云南，生于沼泽地、河岸边水湿处，海拔 1 900-3 200 m。朝鲜、日本、俄罗斯也有分布。

图 956 燕子花

3. 溪荪

Iris sanguinea Dorm ex Horm., Hort. Bot. Hafn. 1: 58. 1813.

根状茎粗壮，斜伸。叶线形，中脉不明显。花茎高 40-60 cm；苞片 3，披针形，长 5-7 cm，膜质，内含 2 花；花天蓝色，直径 6-7 cm；外花被裂片倒卵形，长 4.5-5 cm，宽约 1.8 cm，无附属物，爪部有褐色网纹及黄斑，内花被裂片倒披针形，长约 4.5 cm；雄蕊长约 3 cm，花药黄色；花柱分枝扁平，顶端裂片三角形，长约 3.5 cm，子房三棱状圆柱形，长 1.5-2 cm。花期 5-6 月，果期 7-9 月。

图 957 溪荪

分布于东北及内蒙古，生于沼泽地、湿草地或向阳草地，海拔约 500 m。朝鲜、日本、蒙古、俄罗斯也有分布。

根状茎和根可入药，可治胃病。

4. 北陵鸢尾

Iris typhifolia Kitag., Bot. Mag. (Tokyo) 48: 94, f. 10. 1934.

根状茎较粗，斜伸。叶线形，中脉明显，长 30-40 cm，宽 2-3 mm。花茎高 50-60 cm；苞片 3-4，膜质，有红褐色细斑点；花深蓝紫色，直径 6-7 cm；外花被裂片倒卵形，长 5-5.5 cm，爪部楔形，有红褐色斑纹，无附属物，内花被裂片倒披针形，长 4.5-5.5 cm；雄蕊长约 3 cm；花柱分枝扁平，花瓣状，长约 3.5 cm；子房三棱状柱形。蒴果三棱状椭圆形，长 4.5-5 cm，室背开裂。种子扁平。花期 5-6 月，果期 7-9 月。

分布于东北及内蒙古，生于沼泽地或水边湿地。

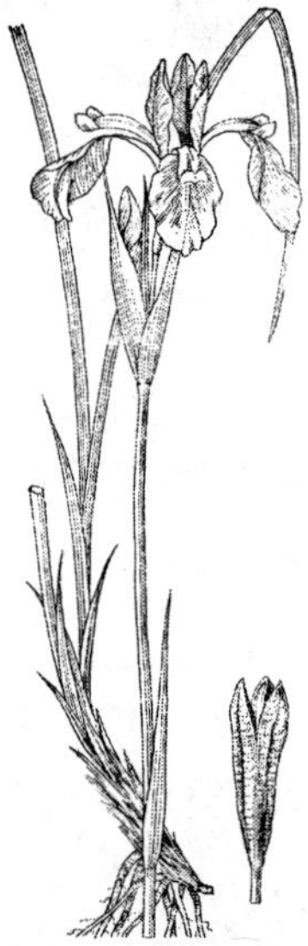

图 958　北陵鸢尾

5. 黄花鸢尾

Iris wilsonii C. H. Wright, Bull. Misc. Misc. Inform. Kew 1907: 321. 1907.

根状茎粗壮。叶基生，宽条形，长 25-55 cm，宽 5-8 mm。花茎高 50-60 cm，有 1 或 2 枚茎生叶；苞片 3 枚，披针形，长 6-9（-16）cm，中脉明显，内含 2 朵花；花黄色，直径 6-7 cm；花梗长 3-11 cm；外花被裂片倒卵形，长 6-6.5 cm，宽 1.5 cm，具紫褐色条纹和斑点，爪部两侧边缘有紫褐色的耳状突起物，内花被裂片倒披针形，长 4.5-5 cm，宽 7 mm，盛开时向外倾；花柱分枝深黄色，顶端裂片钝三角形或半圆形，有疏牙齿。蒴果椭圆形，长 3-4 cm，6 条肋明显，顶端无喙。花期 5-6 月，果期 7-8 月。

分布于甘肃、河南、湖北、陕西、四川、云南，生于河旁沟边湿地、山坡草丛、林缘草地。

图 959 黄花鸢尾

姜科 Zingiberaceae

多年生草本，通常具匍匐或块状的根状茎，有时根的末端呈块状。地上茎基部通常具鞘。叶基生或茎生，常 2 列，叶片披针形或椭圆形，有多数致密平行的羽状脉，具叶鞘，叶鞘顶端有叶舌。花单生或呈穗状、总状或圆锥花序，生于茎上或花葶上；花两性，稀杂性，具苞片；花被片 6，2 轮，外轮萼状，内轮花冠状，基部合生呈管状，上部具 3 裂片，位于后方的 1 枚花被裂片常较两侧的大；退化雄蕊 2 或 4，侧生退化雄蕊花瓣状、齿状或不存在，内轮 2 枚连合成唇瓣，常显著而美丽；发育雄蕊 1，花丝具槽，花药 2 室；子房下位，1-3 室，中轴或侧膜胎座，花柱 1 枚，丝状，柱头漏斗状，具缘毛。蒴果开裂为 3 瓣或肉质不开裂，呈浆果状。种子圆形或有棱角，有假种皮。

本科约有 50 属 1 320 种，主要分布于亚洲南部和东南部，有些分布在美洲。我国约有 20 属（1 属特有）216 种（141 种特有，4 种引种）。

1. 姜属 *Zingiber* Boehmer

根状茎块状肉质，具芳香或辛辣味。叶 2 列。穗状花序由根状茎抽出，稀生于茎顶，有绿色或淡红色、覆瓦状排列的苞片，每一苞片内有花一至数朵；萼管状，3 裂；花冠管常长于苞片，纤细，裂片白色或淡黄色；唇瓣外翻，全缘或 2 裂；侧生退化雄蕊常与唇瓣相连合，形成具有 3 裂片的唇瓣；药隔附属体延伸于花药外成弯喙；子房下位，3 室，有胚珠多数。蒴果成熟时 3 瓣裂。种子黑色，有假种皮。

本属有 100-150 种，分布于亚洲的热带至暖温带地区，我国有 42 种（34 种特有，1

种引种）。

分种检索表

1. 根状茎淡黄色；唇瓣淡黄色，株高 0.6-1 m……………………………………………………1. 蘘荷 *Z. mioga*
1. 根状茎白色；唇瓣淡紫色，株高 1-1.5 m……………………………………………………2. 阳荷 *Z. striolatum*

1. 蘘荷

Zingiber mioga (Thunb.) Roscoe, Trans. Linn. Soc. London 8: 348. 1807.

株高 0.6-1 m。根状茎淡黄色，具辛辣味。叶片条状披针形，顶端尾尖，两面无毛或叶背中脉附近被长毛，叶舌 2 裂。穗状花序椭圆形，长 5-7 cm，由根状茎发出；苞片卵状长圆形，长 4-5 cm；花萼管状；花冠管裂片披针形，白色；唇瓣淡黄色，中部颜色较深，约与花冠裂片等长；药隔顶端附属体长约 1 cm；退化雄蕊 2；子房下位。蒴果卵形，成熟时 3 裂。种子黑色或暗褐色，有白色或灰褐色假种皮。

分布于贵州、江西、四川、云南、浙江等地，生于山地林荫下或水沟旁。日本也有分布。

嫩花序可作蔬菜。

图 960　蘘荷

2. 阳荷

Zingiber striolatum Diels, Bot. Jahrb. Syst. 29 (2): 262. 1900.

株高 1-1.5 m。根状茎白色，微有芳香味。叶片披针形或卵状披针形，长 25-35 cm，宽 3-6 cm，顶端具尾尖，基部渐狭，叶被极疏柔毛至无毛。总花梗长 1.5-2 cm，具 2-3 枚鳞片；穗状花序近卵形；苞片红色，宽卵形或椭圆形，长 3.5-5 cm，被疏柔毛；花萼膜质；花冠管白色，长 4-5 cm，裂片长圆状披针形，白色或稍带黄色，有紫褐色条纹，唇瓣浅紫色；花丝极短；药隔附属物喙状，长 1.5 cm。蒴果 3 裂。花期 7-9 月，果期 9-11 月。

分布于广东、广西、贵州、湖南、湖北、江苏、江西、四川、云南等地，生于林下、溪边，海拔 300-1 900 m。

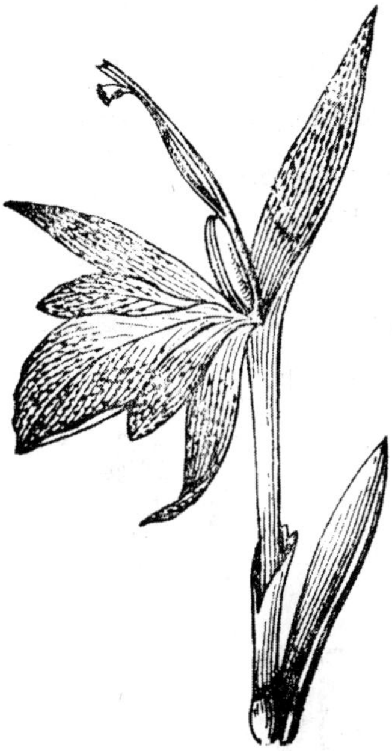

图 961 阳荷

水玉簪科 Burmanniaceae

一年或多年生草本，常为腐生植物，稀绿色自养植物。茎纤细，叶基生或茎生，或生于茎上的较小而呈鳞片状。花葶细小；花两性，辐射对称，单生或呈穗状花序或二叉分枝的聚伞花序；花被片合生，裂片 6，2 轮，花被筒有翅或有棱；雄蕊 6 或 3，与内轮花被裂片对生；子房下位，1 室侧膜胎座或 3 室中轴胎座；花柱 1，上部 3 裂或 3 短分枝。蒴果，有时肉质，具翅或无。

本科约有 16 属 148 种，分布于热带亚热带地区的潮湿森林中或稀树草原。我国有 3 属约 13 种（2 种特有），大部分产南部及西南部。

1. 水玉簪属 *Burmannia* L.

腐生或绿色自养植物。叶绿色或在腐生种类中退化成鳞片状，茎生或在基部为莲座状。花单生或数朵簇生茎顶呈头状，或组成二歧蝎尾状聚伞花序，花被管有棱翅或无，花被裂片外轮 3 枚大，内轮 3 枚小，花后宿存；雄蕊 3，着生花被管喉部，花药顶端常有 2 个鸡冠状附属物；子房 3 室，中轴胎座，胚珠多数，柱头 3 裂。蒴果常具 3 棱或 3 翅，顶端有宿存花被。种子长圆形或椭圆形。

本属约有57种，分布于热带和亚热带地区。我国有10种（1种特有）。

1. 三品一枝花

Burmannia coelestis D. Don, Prodr. Fl. Nepal 44. 1825.

一年生纤细草本。茎直立，高10-30 cm，基生叶少数，线形至披针形，长1-2 cm，宽1-3 mm，茎生叶少数，紧贴于茎。花单生或2-4朵聚生于茎顶；苞片披针形，长5-8 mm；花冠蓝紫色至淡紫色，花被裂片6，带黄色，外轮裂片卵状三角形，长约1.5 mm，内轮裂片很小，花被筒长1-1.6 cm，有纵翅3条，翅宽1.5-2.5 mm。蒴果倒卵形，横裂。种子多且小。花期10-11月。

分布于福建、广东、广西、贵州、江西、云南、浙江，多生于溪边或阴湿草地。印度、马来西亚、菲律宾、印度尼西亚也有分布。

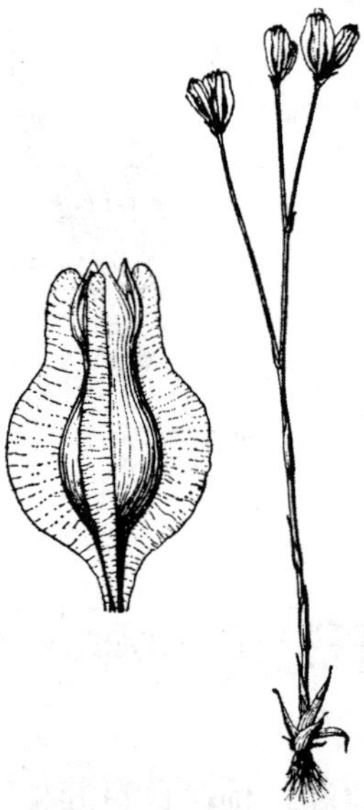

图962 三品一枝花

兰科 Orchidaceae

陆生、附生稀腐生草本。陆生与腐生种类具茎和根状茎，附生种类有肉质假鳞茎。叶基生或茎生，全缘，稀对生；附生种类叶常为肉质，而腐生种类的叶则退化为鳞片状或鞘状。花常组成穗状、总状或圆锥状花序，少单生，两性，两侧对称；花被片6，2轮，外轮3片萼片状，内轮3片花瓣状，中间向轴的1片变为各种奇特的形状，称为唇瓣；唇瓣由于花序的下垂或子房和子房柄作180°扭转而位于下方，基部常呈囊状或有距；雄蕊与花柱通常合生成合蕊柱，位于唇瓣的上方；雄蕊1个，少为2个，花药2室，每室具1-4个花粉块，花粉块常具柄；子房下位，1室，侧膜胎座，少为3室而为中轴胎座；柱头3，通常2个侧生的可育，另1个不育的变为小突起，位于柱头与花药之间，称为蕊喙；蕊喙常位于柱头上方，其上形成2个黏盘。蒴果直立或下垂，由3-6条纵缝开裂。种子极多，细小，具1个未分化的胚，无胚乳。

本科约有800属25 000多种，广泛分布于全球。我国有194属（11属特有，1属引种）1 388种（491种特有，1种引种）。

分属检索表

1. 唇瓣有距；花粉块经常为粒状，基部有柄和黏盘，紧密贴生于蕊柱上，花后不脱落。
  2. 柱头1个，凹陷或不隆起，唇瓣基部有明显的距……………………………4. 舌唇兰属 *Platanthera*
  2. 柱头2个，分离，或多或少突起于蕊柱凹穴。
    3. 蕊喙无臂……………………………………………………………………2. 手掌参属 *Gymnadenia*
    3. 蕊喙有臂……………………………………………………………………3. 玉凤花属 *Habenaria*
1. 唇瓣无距；在花粉块顶端有柄和黏盘，一般狭窄地连接蕊柱，通常脱落。
  4. 花在花轴上螺旋状扭转；花药直立，蕊喙直……………………………………6. 绶草属 *Spiranthes*
  4. 花药多少向前倾斜并向内曲。
    5. 植株无假鳞茎，具块状或根状茎………………………………………………5. 朱兰属 *Pogonia*
    5. 植株具假鳞茎……………………………………………………………………1. 白芨属 *Bletilla*

1. 白芨属 *Bletilla* Rchb.

陆生植物。茎基部具膨大的假鳞茎及残留的假鳞茎，假鳞茎上具环带，肉质，富黏性，生数条细长根。叶（2-）3-6枚，互生，狭长圆状披针形至线状披针形，叶片与叶柄之间具关节，叶柄互相卷抱呈茎状。总状花序顶生，常具数朵花，不分枝；花序轴常曲折呈“之”字状，苞片花时脱落；花紫红色、粉红色、黄色或白色；萼片与花瓣相似，近等长；唇瓣具5纵褶片，中部以上常3裂，侧裂片直立，多少抱蕊柱，基部无距；蕊柱细长，两侧具翅，顶端药床的侧裂片常略宽圆形，后侧中裂片齿状；花药着生于药床的齿状中裂片，帽状，内曲或近悬垂，具多少分离的2室，花粉团8个，每室4个，多颗粒状，柄不明显，无黏盘；柱头1个，位于蕊喙之下。蒴果长圆状纺锤形，直立。

本属约有6种，分布于东亚。我国有4种。

假鳞茎均可供药用，有止血补肺、生肌止痛的功效。

1. 黄花白芨

Bletilla ochracea Schltr., Repert. Spec. Nov. Regni Veg. 12: 105. 1913.

高达55 cm。假鳞茎扁斜卵形。叶长圆状披针形，长8-35 cm，宽1.5-2.5 cm。花序具3-8花，花黄色或萼片和花瓣外面黄绿色，内面黄白色；苞片长圆状披针形；萼片和花瓣近等长，长1.8-2.3 cm，唇瓣白色或淡黄色，椭圆形，长1.5-2 cm，中部以上3裂，侧裂片斜长圆形，直立，合抱蕊柱，先端钝，中裂片近正方形，先端微凹，唇瓣具5纵褶片，褶片在中裂片波状；蕊柱长1.5-1.8 cm。花期6-7月。

分布于华中、西南及甘肃、广西、陕西，生于林下、草丛或沟边，海拔 300-2 400m。越南也有分布。

图 963 黄花白芨

2. 手掌参属 *Gymnadenia* R. Br.

陆生草本。块根掌状分裂。茎直立，在中部或近基部具 3-5 片叶，基部被叶鞘。茎生叶狭椭圆形、狭卵形。总状花序顶生，花常为红色或紫红色，萼片离生，中萼片和花瓣合成盔状，侧生萼片斜伸；唇瓣椭圆形或宽倒卵形，3 裂，基部凹陷，具距，常弯曲；退化雄蕊 2 枚，位于合蕊柱两侧，近圆形；蕊喙臂位于两药室中间的下面；柱头 2 裂，贴生于唇瓣基部；花粉块 2，具柄和黏盘。蒴果直立。

本属约有 16 种，遍布欧洲和亚洲中部、东喜马拉雅至日本。我国有 5 种，分布于华北、东北、西南等地，其中 2 种较为广布。

1. 手掌参

Gymnadenia conopsea (L.) R. Br. in Aiton, Hortus. Kew (ed. 2) 5: 191. 1813.

植株高 20-60cm，茎圆柱形，基部具 2-3 枚筒状鞘，具 4-5 枚叶，上部具一至数枚小叶。总状花序密生小花，苞片披针形，先端尾状，长于或等长于花；花粉红色，稀粉白色；中萼片宽椭圆形，长 3.5-5mm，先端急尖，稍兜状；侧萼片斜卵形，反折，边缘反卷，先端急尖；花瓣斜卵状三角形，边缘具细锯齿；唇瓣前伸，宽倒卵形，长 4-5mm，3 裂，中裂片三角形，距狭圆筒形，下垂，稍前弯，长于子房；子房纺锤形；花粉块具细长的柄和黏盘。花期 6-8 月。

产于东北、华北及甘肃东南部、陕西、四川西部至北部、云南西北部及西藏（察隅），生于海拔 260-4 700 m 的山坡林下、草地或砾石滩草丛中。朝鲜、日本、俄罗斯（西伯利亚）及欧洲一些国家也有分布。

块茎药用，有补肾益精、理气止痛的功效。

图 964 手掌参

3. 玉凤花属 *Habenaria* Willd.

陆生草本。块茎卵圆形，肉质；茎直立。叶茎生或基生，一至数枚，基部具鞘。总状花序顶生；萼片和花瓣不连合，萼片几相等，或中萼片最短，侧裂片斜伸反卷或上卷；花瓣全缘或分裂，唇瓣多样，连于合蕊柱基部，3 圆裂或 3 深裂，作十字形，基部具距；合蕊柱很短；花粉块具柄，柄和黏盘相连；柱头 2 个位于花药下方；蕊喙通常小，直立于药室之间。

本属约有 600 种，世界广布，主要在热带和亚热带地区。我国 54 种（19 种特有），主要分布西南地区。

分种检索表

1. 花较大，花瓣长 5-5.5 mm，中萼片卵形或宽卵形，唇瓣侧裂片下部与中裂片几垂直，上部多少向前弧曲，距长 2.5-3.5 cm，向末端逐渐成细棒状，长于子房……………………1. 线叶玉凤花 *H. linearifolia*
1. 花较小，花瓣长 4 mm，中萼片卵圆形，唇瓣侧裂片与中裂片垂直，距长 1.4-1.5 cm，近末端突然膨大呈粗棒状，与子房等长……………………………………………………2. 十字兰 *H. schindleri*

1. 线叶玉凤花

Habenaria linearifolia Maxim., Mem. Acad. Imp. Sci. St. Petersb. Divers Sav. 9: 269. 1859.

株高 25-80 cm。块茎肉质，球形或卵形。具多枚叶，叶线形，基部鞘抱茎。苞片披针形，短于子房；花白色或绿白色，中萼片舟状，与花瓣靠合呈兜状，侧萼片反折，斜卵形；花瓣直立，三角形，前侧具先端 2 浅裂的侧裂片，唇瓣前伸，3 深裂近中部，裂片线形，中裂片全缘，侧裂片向前弧曲，距下垂，稍向前弯曲，末端逐渐增粗呈细棒状，稍长于子房。花期 7-9 月。

分布于东北、华东及河北、河南、湖南、内蒙古，生于山坡林下或沟谷草丛中，海拔 200-1 500 m。朝鲜、日本、俄罗斯（远东地区）也有分布。

2. 十字兰

Habenaria schindleri Schlecht., Repert. Spec. Nov. Regni Veg. 16: 354. 1920.

植株高 25-70 cm。块茎长圆形，肉质。总状花序疏生 8-30 朵花，花苞片卵形，骤渐尖，长于子房；花白色，中萼片长 5-7 mm，侧萼片稍大，反折；花瓣三角形，2 裂，上裂片稍钝，下裂片小齿状，唇瓣较长，基部 3 深裂呈十字形，中裂片不再裂，侧裂片与中裂片垂直伸展，近直，距下垂，近末端突然膨大，粗棒状，与子房等长；柱头 2 个。花期 7-10 月。

分布于东北、华东及广东、河北、湖南，生于山沟或林下阴湿草地上，海拔 200-1 700 m。朝鲜、日本也有分布。

图 965 十字兰

4. 舌唇兰属 *Platanthera* L. C. Rich.

陆生草本，具肥厚的根状茎和块茎。茎直立。叶互生，稀对生。总状花序顶生，花少数至多数；花苞片直伸，花白色或黄绿色；中萼片短而宽，凹陷，与花瓣靠合呈兜状，侧萼片伸展或反折；唇瓣线形或舌状，肉质，不裂，基部内侧无耳，下方具长距；蕊柱短粗；花粉团 2，棒状；蕊喙基部具叉开的臂，黏盘附于蕊喙臂，裸露，或黏盘藏于基部 2 末端的蚌壳状黏囊中，柱头 1，凹陷，或 2 个，隆起；退化雄蕊 2，位于花药基部两侧。蒴果直立。

本属约有 200 种，分布于欧洲、北非、亚洲至北美洲。我国有 42 种（19 种特有）。

分种检索表

1. 唇瓣舌形或舌状披针形，基部两侧无小裂片，距长 10-20 mm………………1. 密花舌唇兰 *P. hologlottis*
1. 唇瓣线性，基部两侧各具 1 枚半圆形小裂片，距长 8-9 mm…………………2.东亚舌唇兰 *P. ussuriensis*

1. 密花舌唇兰

Platanthera hologlottis Maxim., Mem. Acad. Imp. Sci. St.-Perersbourg Divers Savans 9: 268. 1859.

植株高 25-85 cm。茎具 5 或 6 叶。叶线状披针形，长 8-18 cm，宽 0.8-2 cm。总状花序花多而密，长 5-20 cm；花苞片披针形，与花等长或较长；花白色，中萼片直立，内弯，卵形，长 4-5 mm，宽 3-3.5 mm；侧萼片反折，偏斜，椭圆状卵形；花瓣直立，较小，卵形，顶端钝；唇瓣舌形或披针形，稍肉质，长 6-7 mm，宽 2.5-3 mm，顶端钝，距渐狭，丝状圆筒形，悬垂，顶端向上弯，长 10-20 mm，距突起显著；子房圆柱形，扭曲，长 10-13 mm。花期 6-7 月。

分布于东北、华东及广东、河北、湖南、内蒙古、四川、云南，生于山坡林下或山沟潮湿草地，海拔 260-3 200 m。朝鲜、日本、俄罗斯也有分布。

图 966 密花舌唇兰

2. 东亚舌唇兰 小花蜻蜓兰

Platanthera ussuriensis (Regel) Maxim., Bull. Acacl. Imp. Sci. Saint.-Petersbourg 31: 107. 1887.——*Tulotis ussuriensis* (Regel) H. Hara.

植株高 20-55 cm。根稍细，肉质，多少呈指状。茎较纤细，直立。下部 2 或 3 枚叶较大，匙形或狭长圆形，长 6-10 cm，宽 1.5-3 cm，中上部的叶小。总状花序长 5-10 cm，具 10-20 多朵疏生的花；花苞片狭披针形，稍长于子房；花小，淡黄绿色，中萼片宽卵形，长 2.5-3 mm，宽 2-2.5 mm，侧萼片斜狭椭圆形，长 4 mm，宽 1.5 mm；花瓣狭长圆状披针形，长 3.5 mm，宽 1 mm；唇瓣线形，长 4 mm，基部两侧各具 1 枚半圆形小裂片；距纤细，下垂，长 8-9 mm；黏盘长椭圆形，被蕊喙边缘所形成的蚌壳状黏囊所包。花期 7-8 月，果期 9-10 月。

分布于华中及安徽、福建、广西、河北、吉林、江苏、江西、陕西、四川、浙江，生于沟边、山坡林下或林缘，海拔 400-2 800 mm。朝鲜、日本、俄罗斯（远东地区）也有。

5. 朱兰属 *Pogonia* Juss.

陆生草本，常有直生的短根状茎及细长而稍肉质的根。茎较细，直立，中上部具 1 枚叶。叶扁平，椭圆形至长圆状披针形，草质至稍肉质，基部具抱茎的鞘，无关节。花常单朵顶生，少 2-3 朵；苞片叶状，小于叶，宿存；萼片离生；花瓣通常较萼片略宽而短；唇瓣 3 裂或近不裂，基部无距，前部或中裂片常有流苏状或鬃毛状附属物；蕊柱细长，上端稍扩大，无蕊柱足；药床边缘啮蚀状；花药顶生，有短柄，向前俯倾；花粉团 2 个，无花粉团柄与黏盘；柱头单一。

本属有 4 种，分布于东亚及北美洲。我国有 3 种（1 种特有）。

1. 朱兰

Pogonia japonica Rchb. f., Linnaea 25: 228. 1825.

植株高 10-25 cm，纤细，在中部或中部以上具 1 枚叶。叶披针形，长 3-8 cm，宽 0.8-1.5 cm，基部抱茎。苞片叶状，狭长圆形，花梗和子房短于苞片；花单朵顶生，紫红色或淡紫红色；萼片倒披针形，长 1.5-2.2 cm，宽 2.2-3.5 mm；花瓣与萼片相似；唇瓣狭长圆形，中部以上 3 裂，侧裂片顶端有不规则缺刻，中裂片长，舌状；自唇瓣基部有 2-3 条纵褶片延伸至中裂片上，褶片常相互靠合形成肥厚的脊，在中裂片上变为鸡冠状突起；蕊柱细长，上部具狭翅。蒴果长圆形。花果期 5-10 月。

分布于东北和长江流域以南各省区，生于山顶草丛、山谷林下、灌丛下湿地或其他湿润处，海拔 400-2 000 m。

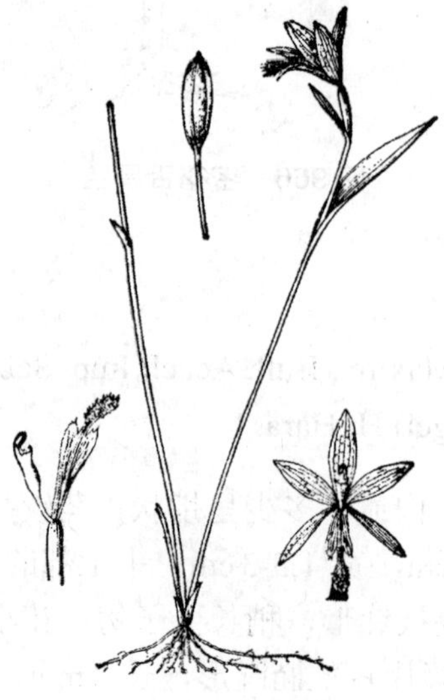

图 967 朱兰

6. 绶草属 *Spiranthes* L. G. Rich.

陆生草本。根指状，肉质，簇生。叶基生，多少肉质，叶片线形或椭圆形，稀为半圆柱形，基部下延成柄状鞘。总状花序顶生，具多数密生的小花，似穗状，常呈螺旋状扭转；花小，萼片中裂片直立，常与花瓣靠合呈兜状，侧萼片基部常下延而膨大，有时囊状；唇瓣基部凹陷，常有2胼胝体，有时具短爪，多少包蕊柱，不裂或3裂，边缘常呈皱波状；蕊柱短或长，圆柱形或棒状，无蕊柱足或具长的蕊柱足；花药直立，2室，位于蕊柱背侧；花粉团2个，具短的花粉团柄和狭黏盘；蕊喙直立，2裂；柱头2个，位于蕊喙下方两侧。

本属约有50种，主要分布于北美洲，少数几种分布于其他大洲。我国3种（2种特有）。

1. 绶草

Spiranthes sinensis (Pers.) Ames, Orch. 2: 53. 1908.——*Neottia sinensis* Pers.

植株高13-30cm。茎较短，近基部生2-5叶。叶片线状披针形，长3-10cm，宽5-10mm，叶鞘柄状抱茎。花茎直立，长10-25cm，上部被毛或至无毛；总状花序花多而密，长4-10cm，螺旋状扭转，花苞片卵状披针形，下部的长于子房；子房纺锤形，扭转，被毛；花小，紫红色、粉红色或白色，萼片的下部靠合，中萼片狭长圆形，与花瓣靠合呈兜状，侧萼片偏斜，披针形；花瓣斜菱状长圆形，与中萼片等长；唇瓣宽长圆形，前半部上面具长硬毛，且边缘具强烈皱波状啮齿，基部凹陷。花期7-8月。

产于全国各省区，生于海拔200-3 400m的山坡林下、灌丛下、草地或河滩沼泽草甸中。俄罗斯（西伯利亚）、蒙古、朝鲜、日本、阿富汗、克什米尔地区至东南亚及澳大利亚也有分布。

本种全草民间作药用。

图968 绶草

参考文献

[1] 陈伟烈. 1995. 中国的湿地植被类型、分布及其保护//湿地保护与合理利用——中国湿地保护研讨会论文集. 北京：中国林业出版社，92-98.

[2] 陈耀东. 1995. 中国湿地植物资源及其保护问题//湿地保护与合理利用——中国湿地保护研讨会论文集. 北京：中国林业出版社，132-137.

[3] 陈宜瑜（主编）. 1995. 中国湿地研究. 长春：吉林科学技术出版社.

[4] 付书遐（主编）. 1957. 中国主要植物图说——蕨类植物门. 北京：科学出版社.

[5] 傅立国，陈潭清，郎楷永，等. 1999—2009. 中国高等植物（第2～13卷）. 青岛：青岛出版社.

[6] 耿以礼（主编）. 1959. 中国主要植物图说——禾本科. 北京：科学出版社.

[7] 国家林业局. 2000. 中国湿地保护行动计划. 北京：中国林业出版社.

[8] 贺士元，邢其华，尹祖棠，等. 1993. 北京植物志（上、下册，修订版）. 北京：科学出版社.

[9] 贾萍，宫辉力，赵文吉，等. 2003. 我国湿地研究的现状与发展趋势. 首都师范大学学报：自然科学版，24（3）：84-95.

[10] 江苏省植物研究所编. 1977—1982. 江苏植物志（上、下册）. 南京：江苏人民出版社.

[11] 孔昭宸，刘长江，张芸. 2011. 中国新石器时代考古遗址湿地植物遗存与人类生存环境//江南文化之源——纪念马家浜遗址发现五十周年图文集（上卷）. 北京：中国摄影出版社，134-145.

[12] 刘尚武（主编）. 1996—1999. 青海植物志. 西宁：青海人民出版社.

[13] 陆健健. 1990. 中国湿地. 上海：华东师范大学出版社.

[14] 马毓泉（主编）. 1989—1998. 内蒙古植物志（第1～5卷）. 呼和浩特：内蒙古人民出版社.

[15] 裴鉴，单人骅. 1952. 华东水生维管束植物. 北京：中国科学院.

[16] 孙广友. 2000. 中国湿地科学的进展与展望. 地球科学进展，15（6）：666-672.

[17] 田自强. 2011. 中国湿地及其植物与植被. 北京：中国环境科学出版社.

[18] 王长科，王跃思，张安定，等. 2001. 若尔盖高原湿地资源及其保护对策. 水土保持通报，21（5）：20-40.

[19] 王宁珠，张树藩，黄仁煌，等. 1983. 中国水生维管束植物图谱. 武汉：湖北人民出版社.

[20] 王苏民，窦鸿身. 1998. 中国湖泊志. 北京：科学出版社.

[21] 吴征镒（主编）. 1977—2010. 云南植物志（第1～21卷）. 北京：科学出版社.

[22] 吴征镒（主编）. 1983—1987. 西藏植物志（第1～5卷）. 北京：科学出版社.

[23] 吴征镒，路安民，汤彦承，等. 2003. 中国被子植物科属综论. 北京：科学出版社.

[24] 新疆植物志编辑委员会编. 1993—2011. 新疆植物志（第1～6卷）. 乌鲁木齐：新疆科技卫生出版社

[25] 徐景先，赵良成，林秦文. 2009. 北京湿地植物. 北京：北京科学技术出版社.

[26] 严素珠. 1983. 中国水生高等植物图说. 北京：科学出版社.

[27] 余国营. 2001. 湿地研究的若干基本科学问题初论. 地理科学进展，20（2）：177-183

[28] 张乔民，隋淑珍. 2001. 中国红树林湿地资源及其保护. 自然资源学报，16（1）：28-36.

[29] 张树仁（主编）. 2009. 中国常见湿地植物. 北京：科学出版社.

[30] 章绍尧，等（主编）. 1992—1993. 浙江植物志（第 1～7 卷）. 杭州：浙江科学技术出版社.

[31] 赵魁义（主编）. 1999. 中国沼泽志. 北京：科学出版社.

[32] 赵学敏. 2005. 湿地：人与自然和谐共存的家园. 北京：中国林业出版社.

[33] 中国科学院沈阳应用生态研究所. 1958—2005. 东北草本植物志（第 1～12 卷）. 北京：科学出版社.

[34] 中国科学院武汉植物研究所. 1980. 中国水生维管束植物图谱. 武汉：湖北人民出版社.

[35] 中国科学院西北植物研究所. 1970—1985. 秦岭植物志（第 1～3 卷）. 北京：科学出版社.

[36] 中国科学院植物研究所. 1972—1983. 中国高等植物图鉴（第 1～5 册，补编第 1～2 册）. 北京：科学出版社.

[37] 中国科学院中国植物志编辑委员会. 1959—2004. 中国植物志（第 1～80 卷）. 北京：科学出版社.

[38] 中国湿地百科全书编辑委员会. 2009. 中国湿地百科全书. 北京：科学技术版社.

[39] 中国湿地植被编辑委员会. 1999. 中国湿地植被. 北京：科学出版社.

[40] Wu C. Y.，Raven P. H.，Hong D. Y. 1994—2012. Flora of China（Vol. 4～25）. Beijing：Science Press，St. Louis：Missouri Botanical Garden Press.

拉丁名索引

A

B

C

D

F

G

H

I

J

K

L

M

N

R

S

W

X

Y

Z

中文名索引

四画

五画

六画

七画

八画

九画

十画

十一画

十二画

十三画

十四画

十五画

十六画

十七画

十八画

二十画

二十一画

二十二画